D1701791

Fetzer/Fränkel

Mathematik

Lehrbuch für
Fachhochschulen

Band 3

HERMANN SCHROEDEL VERLAG KG
Hannover · Dortmund · Darmstadt · Berlin

Mathematik

Lehrbuch für
Fachhochschulen
Band 3

Herausgegeben von:
Dr. Albert Fetzer (Professor an der Fachhochschule Aalen)
Dr. Heiner Fränkel (Professor an der Fachhochschule Ulm)

Bearbeitet von:
Dr. Dietrich Feldmann (Akademischer Oberrat an der TU Hannover)
Dr. Albert Fetzer (Professor an der FH Aalen)
Dr. Heiner Fränkel (Professor an der FH Ulm)
Dipl.-Math. Horst Schwarz (Professor an der FH Aalen)
Dr. Werner Spatzek (Professor an der FH Aachen)
Dr. Siegfried Stief (Professor an der FH Ulm)

unter Mitwirkung der Verlagsredaktion

Illustrationen: Gisela Stief, Ulm
Einbandgestaltung: Volkmar Rinke, Hildesheim

CIP-Kurztitelaufnahme der Deutschen Bibliothek

Mathematik: Lehrbuch für Fachhochsch./Fetzer-Fränkel.
[Bearb. von: Dietrich Feldmann ...]. –
Hannover, Dortmund, Darmstadt, Berlin: Schroedel.
NE: Fetzer, Albert [Hrsg.]; Fetzer-Fränkel, ...
Bd. 3. – 1979.
ISBN 3-507-**99047**-4

© 1979 HERMANN SCHROEDEL VERLAG KG, HANNOVER

Satz, Druck, Einband: Universitätsdruckerei H. Stürtz AG, Würzburg
Reproduktion: Friedrichs KG, Hannover

Alle Rechte vorbehalten.
Die Vervielfältigung und Übertragung auch einzelner Textabschnitte, Bilder oder Zeichnungen ist – mit Ausnahme der Vervielfältigung zum persönlichen und eigenen Gebrauch gemäß §§ 53, 54 URG – ohne schriftliche Zustimmung des Verlages nicht zulässig. Das gilt sowohl für Vervielfältigung durch Fotokopie oder irgendein anderes Verfahren, als auch für die Übertragung auf Filme, Bänder, Platten, Arbeitstransparente oder andere Medien.

Vorwort

Zielgruppen

Das dreibändige Werk richtet sich hauptsächlich an Studenten und Dozenten der technischen Fachrichtungen an Fachhochschulen. Auch Studenten an Universitäten und Technischen Hochschulen können es während ihrer mathematischen Grundausbildung mit Erfolg verwenden. Die Darstellung des ausgewählten Stoffes ist so ausführlich, daß es sich zum Selbststudium eignet.

Vorkenntnisse

Der Leser sollte die Differential- und Integralrechnung für Funktionen einer Veränderlichen kennen, wie sie z.B. in Band 2 diskutiert sind. Außerdem sind Kenntnisse über Vektorrechnung, Rechnen mit komplexen Zahlen und über Zahlenfolgen nötig. In Band 1 sind diese Teilgebiete ausführlich dargestellt.

Darstellung

Besonderer Wert wurde auf eine weitgehend exakte und doch anschauliche Darstellung gelegt. Das erfordert, einerseits Beweise mathematischer Sätze nicht fortzulassen und andererseits sie durch Beispiele und Zusatzbemerkungen zu erhellen. Da die Beweise einiger Sätze jedoch über den Rahmen dieses Buches hinausgehen, wurde in solchen Fällen der Beweis ersetzt durch zusätzliche Gegenbeispiele, die die Bedeutung der Voraussetzungen erkennen lassen.

Hinweise für den Benutzer

Die Strukturierung ist ein wertvolles didaktisches Hilfsmittel, auf das die Autoren gern zurückgegriffen haben.
Die Hauptabschnitte werden mit einstelligen, die Teilabschnitte mit zweistelligen Nummern usw. versehen. Am Ende eines jeden Teilabschnittes findet der Leser ausgewählte Aufgaben (schwierige Aufgaben sind mit einem Stern gekennzeichnet), an Hand derer er prüfen kann, ob er das Lernziel erreicht hat. Zur Kontrolle sind die Lösungen mit zum Teil ausführlichem Lösungsgang im Anhang zu finden, so daß sich eine zusätzliche Aufgabensammlung erübrigt. Definitionen sind eingerahmt, wichtige Formeln grau unterlegt, Sätze eingerahmt und grau unterlegt. Das Ende des Beweises eines Satzes ist durch einen dicken Punkt gekennzeichnet.
Oft werden Definitionen und Sätze durch anschließende Bemerkungen erläutert, oder es wird auf Besonderheiten hingewiesen.

Zum Inhalt des vorliegenden dritten Bandes

In Abschnitt 1 werden Reihen behandelt, zunächst in ausführlicher Darstellung Zahlenreihen. Besonderer Wert wird auf die in der Praxis häufig auftretenden Potenz- und Fourier-Reihen gelegt. Mit Hilfe der gliedweisen Integration und Differentiation werden Potenzreihen von einigen wichtigen Funktionen hergeleitet und damit Näherungsformeln für z.B. den Umfang einer Ellipse, das Durchhängen eines Seiles usw. angegeben. Die Fourier-Reihe wird, auch in komplexer Form, ausführlich diskutiert. Zahlreiche Beispiele aus der Elektrotechnik zeigen die Anwendung dieser Reihen.

Bei der Behandlung der Funktionen mehrerer Variablen in Abschnitt 2 ist besonderer Wert auf Anschaulichkeit gelegt worden. Das geschieht aus folgendem Grund: Ein Ingenieur muß z.B. bei der Bestimmung eines Trägheitsmomentes (mehrfaches Integral), der Berechnung der Arbeit eines Feldes (Linienintegral) oder der Untersuchung des Temperaturgefälles (Gradient) seine Fragestellung in eine geeignete mathematische Formulierung »übersetzen« können. Die dabei entstehenden mathematischen Probleme sind häufig geometrisch interpretierbar, also einer Anschauung zugänglich. Das bedeutet, daß zunächst der »Raum«, der dreidimensionale Anschauungsraum, mit einigen seiner möglichen Koordinatensysteme behandelt wird. Da die mathematische Beschreibung von Körpern (z.B. von Kegeln, Zylindern, Ringen) erfahrungsgemäß dem Anfänger Schwierigkeiten bereitet, wurde ihr im ersten Teilabschnitt breiter Raum gewidmet.
Die Technik des partiellen Differenzierens macht Anfängern bekanntlich kaum Schwierigkeiten, so daß (im zweiten Teilabschnitt) besonderer Wert auf eine anschauliche und ausführliche Erläuterung der Begriffe »partielle Ableitung« und »Differenzierbarkeit« gelegt werden konnte.
Die Integralrechnung im dritten Teilabschnitt ist ebenfalls anschaulich dargestellt und enthält viele Anwendungen für Ingenieure.
Ein weiterer Teilabschnitt ist einigen elementaren Grundbegriffen der Vektoranalysis gewidmet. Hier wird insbesondere das Linienintegral auf eine Weise eingeführt, die unseres Erachtens nach für Ingenieure besonders geeignet ist: Es wird zunächst ein Problem der Naturwissenschaften gelöst (Arbeit eines Feldes längs einer Kurve) und danach der mathematische Begriff »passend« erklärt. Bei der Behandlung der Wegunabhängigkeit von Linienintegralen (konservative Felder) ist bewußt auf mathematische Allgemeinheit verzichtet worden, da in nahezu allen für Anwender wichtigen Fällen der etwas umständliche Begriff des »einfach zusammenhängenden Gebietes« unnötig allgemein ist.

Im dritten Abschnitt werden komplexwertige Funktionen behandelt, und zwar ausschließlich im Hinblick auf die Anwendung in der Wechselstromlehre. Der Vorteil der komplexen Schreibweise besteht darin, daß lineare Wechselstromkreise nach den gleichen Gesetzen berechnet werden können, wie solche für Gleichstrom. Die ersten beiden Teilabschnitte stellen die für die Berechnung von linearen Wechselstromkreisen nötigen Kenntnisse zusammen, wie z.B. die Abbildung $w=\frac{1}{z}$.
Nachdem dann die komplexe Schreibweise in der Wechselstromtechnik eingeführt ist, werden Ortskurven von Netzwerkfunktionen an Hand von Beispielen erläutert.

Der letzte Abschnitt Differentialgleichungen ist in vier Teilabschnitte gegliedert.
Im ersten Teil werden die theoretischen Grundlagen untersucht. Wir stellen hier insbesondere Kriterien für die Existenz und Eindeutigkeit von Lösungen zur Verfügung.

Im zweiten Teilabschnitt werden einige Typen von Differentialgleichungen erster Ordnung behandelt, und es werden Lösungsmethoden für diese Differentialgleichungen vorgestellt. Einen wesentlichen Teil dieses Teilabschnittes bilden Anwendungen aus der Physik und der Elektrotechnik.
Als nächstes werden lineare Differentialgleichungen zweiter Ordnung mit konstanten Koeffizienten diskutiert. Bewußt wurde auf eine Diskussion der linearen Differentialgleichungen der Ordnung n ($n > 2$) verzichtet, da im Ingenieurbereich hauptsächlich Differentialgleichungen der Ordnung zwei vorkommen. Wir stellen mehrere Lösungsmethoden vor, die in Abhängigkeit von der speziellen Gestalt der Differentialgleichung anwendbar sind. Am Ende des Teilabschnittes diskutieren wir einige mechanische und elektrotechnische Probleme, die auf Differentialgleichungen der Ordnung zwei führen.
Im letzten Teilabschnitt untersuchen wir lineare Systeme von Differentialgleichungen erster Ordnung mit konstanten Koeffizienten. Wir lösen diese Systeme und untersuchen Aufgaben, die auf diese Systeme führen.

Wir danken Herrn Dipl.-Math. Dr. Herget für die kritische Durchsicht des Manuskriptes. Herrn Reuter vom Verlag sind wir für die zahlreichen Anregungen, Diskussionsbeiträge und Aufgabenvorschläge, hauptsächlich zum Kapitel Reihen, überaus dankbar. Schließlich sind wir dem Schroedel Verlag für seine Initiative sowie für die sehr angenehme Zusammenarbeit zu großem Dank verpflichtet.

Hannover, im April 1979 Die Autoren

Inhalt

1 Reihen

1.1 Zahlenreihen

1.1.1 Definitionen und Sätze

Gegeben sei eine Folge $\langle a_n\rangle = a_1, a_2, a_3, \ldots$. Bezeichnen wir die Summe der ersten n Glieder dieser Folge mit s_n, also

$$\begin{aligned}
s_1 &= a_1,\\
s_2 &= a_1 + a_2,\\
s_3 &= a_1 + a_2 + a_3,\\
&\vdots\\
s_n &= a_1 + a_2 + a_3 + \cdots + a_n = \sum_{k=1}^{n} a_k,\\
&\vdots
\end{aligned}$$

so erhalten wir eine neue Folge

$$\langle s_n\rangle = s_1, s_2, s_3, \ldots \quad \text{bzw.}$$
$$\langle s_n\rangle = \left\langle \sum_{k=1}^{n} a_k \right\rangle,$$

nämlich die Folge der Partialsummen von $\langle a_n\rangle$.

Beispiel 13.1

Gegeben sei die geometrische Folge $1, \frac{1}{2}, \frac{1}{4}, \frac{1}{8}, \ldots$. Durch Partialsummenbildung erhalten wir daraus die Folge

$$s_1 = 1, \quad s_2 = 1 + \tfrac{1}{2} = \tfrac{3}{2}, \quad s_3 = 1 + \tfrac{1}{2} + \tfrac{1}{4} = \tfrac{7}{4}, \ldots,$$
$$s_n = 1 + \tfrac{1}{2} + \cdots + (\tfrac{1}{2})^{n-1} = \sum_{k=1}^{n} (\tfrac{1}{2})^{k-1} = 2(1 - (\tfrac{1}{2})^n).$$

Man nennt diese Folge $\langle s_n\rangle$ eine geometrische Reihe.

Allgemein definiert man:

Definition 13.1

Gegeben sei eine Folge $\langle a_k\rangle$. Dann heißt die Folge $\langle s_n\rangle$ ihrer Partialsummen $s_n = \sum_{k=1}^{n} a_k$ (die zu der Folge $\langle a_k\rangle$ gehörende unendliche) **Reihe.**

Bemerkungen:

1. Die Zahlen s_n nennt man Teilsummen der unendlichen Reihe $\langle s_n \rangle = \left\langle \sum_{k=1}^{n} a_k \right\rangle$, die Zahl a_k heißt das k-te **Reihenglied.**
2. Ist $n_0 \in \mathbb{N}_0$, so bezeichnet man auch $\left\langle \sum_{k=n_0}^{n} a_k \right\rangle$ als Reihe.

Beispiel 14.1

a) Arithmetische Reihe

Es sei $a_1 \in \mathbb{R}$ und $d \in \mathbb{R} \setminus \{0\}$, dann erhält man aus der arithmetischen Folge $\langle a_k \rangle$ mit $a_k = a_1 + (k-1)d$, die arithmetische Reihe $\langle s_n \rangle$ mit

$$s_n = \sum_{k=1}^{n} (a_1 + (k-1)d) = \frac{n}{2}(2a_1 + (n-1)d) = \frac{n}{2}(a_1 + a_n).$$

b) Geometrische Reihe

Es sei $a_1 \in \mathbb{R}$ und $q \in \mathbb{R} \setminus \{0; 1\}$, dann erhält man aus der geometrischen Folge $\langle a_k \rangle$ mit $a_k = a_1 \cdot q^{k-1}$ die geometrische Reihe $\langle s_n \rangle$ mit

$$s_n = \sum_{k=1}^{n} a_1 \cdot q^{k-1} = a_1 \cdot \frac{1-q^n}{1-q}.$$

c) Harmonische Reihe

Aus der Folge $\langle a_k \rangle$ mit $a_k = \frac{1}{k}$ erhalten wir die **harmonische Reihe** $\langle s_n \rangle$ mit

$$s_n = \sum_{k=1}^{n} \frac{1}{k} = 1 + \tfrac{1}{2} + \tfrac{1}{3} + \cdots + \frac{1}{n}.$$

Es ist beispielsweise $s_1 = 1$; $s_2 = 1{,}5$; $s_3 = 1{,}83\ldots$; $s_4 = 2{,}08\ldots$; $s_5 = 2{,}28\ldots$; $s_{10} = 2{,}92\ldots$; $s_{50} = 4{,}49\ldots$; $s_{100} = 5{,}18\ldots$.

Da eine Reihe eine Folge (von Partialsummen) ist, können alle Begriffe, die wir von den Folgen her kennen, direkt auf Reihen übertragen werden, insbesondere der der Konvergenz.

Definition 14.1

Konvergiert die Reihe $\langle s_n \rangle$ mit $s_n = \sum_{k=1}^{n} a_k$ gegen s, so sagen wir, die (unendliche) Reihe sei **konvergent** und besitze die **Summe** s.

Schreibweise: $s = \sum_{k=1}^{\infty} a_k = \lim_{n \to \infty} \sum_{k=1}^{n} a_k = a_1 + a_2 + \cdots$.

Bemerkungen:

1. Eine Reihe ist demnach genau dann konvergent gegen die Summe s, wenn es zu jedem $\varepsilon > 0$ ein n_0 gibt, so daß für alle $n \in \mathbb{N}$ mit $n \geqq n_0$ gilt: $|s - s_n| = \left| s - \sum_{k=1}^{n} a_k \right| < \varepsilon$. Wenn wir für s die Schreibweise $\sum_{k=1}^{\infty} a_k$ verwenden, folgt aus $\left| \sum_{k=n+1}^{\infty} a_k \right| < \varepsilon$ für alle $n \in \mathbb{N}$ mit $n \geqq n_0$ die Konvergenz der Reihe.

2. Existiert der Grenzwert der Reihe $\langle s_n \rangle$ nicht, so heißt die Reihe **divergent.** Ist $\langle s_n \rangle$ bestimmt divergent, so schreibt man symbolisch $\sum_{k=1}^{\infty} a_k = \infty$ bzw. $\sum_{k=1}^{\infty} a_k = -\infty$.

3. Mit $\sum_{n=1}^{\infty} a_n = s$ bezeichnen wir den Grenzwert der Reihe $\langle s_n \rangle = \left\langle \sum_{k=1}^{n} a_k \right\rangle$. Wir wollen nun eine bequemere Schreibweise für Reihen einführen und das Symbol $\sum_{n=1}^{\infty} a_n$ auch zur Bezeichnung der Reihe selbst verwenden. Dasselbe Symbol bezeichnet daher einerseits eine Folge und hat einen Sinn, unabhängig davon, ob diese Folge konvergiert oder nicht, andererseits aber auch den Grenzwert dieser Folge und hat dann nur einen Sinn, wenn die Folge konvergent ist. Die Schreibweise $\sum_{n=1}^{\infty} a_n = s$ soll demnach stets bedeuten, daß die Reihe $\sum_{n=1}^{\infty} a_n$ konvergent ist mit dem Grenzwert s.

4. Die Addition ist kommutativ und assoziativ, daher ist die Summe endlich vieler Zahlen unabhängig von der Reihenfolge der Summanden, bzw. unabhängig davon, ob Klammern gesetzt werden oder nicht. Für unendliche Reihen gilt dies i. allg. nicht, wie folgendes Beispiel zeigt. Die Reihe $\sum_{n=1}^{\infty} (1-1) = (1-1) + (1-1) + \cdots$ besitzt wegen $s_1 = s_2 = \cdots = 0$ den Grenzwert Null, wohingegen die Reihe $\sum_{n=1}^{\infty} (-1)^{n-1} = 1 - 1 + 1 - 1 \pm \cdots$ wegen $s_1 = 1$, $s_2 = 0$, $s_3 = 1$ usw. divergent ist
In Beispiel 33.2 zeigen wir, daß auch die Reihenfolge der Summanden die Summe beeinflussen kann.

Beispiel 15.1

Die geometrische Reihe ist für $|q| < 1$ konvergent. Es gilt (vgl. Band 1 (252.2)):

$$\sum_{k=1}^{\infty} a_1 \cdot q^{k-1} = \frac{a_1}{1-q} \qquad \text{für } |q| < 1.$$

So ist beispielsweise $1 + \frac{1}{2} + \frac{1}{4} + \frac{1}{8} + \cdots = \sum_{k=1}^{\infty} (\frac{1}{2})^{k-1} = 2$.

Beispiel 15.2

Wir untersuchen die Reihe $\sum_{n=1}^{\infty} \frac{1}{n(n+1)}$ auf Konvergenz.

Dazu zerlegen wir das n-te Glied dieser Reihe in Partialbrüche und erhalten $\frac{1}{n(n+1)} = \frac{1}{n} - \frac{1}{n+1}$.

Es ist also

$$s_n = \sum_{k=1}^{n} \left(\frac{1}{k} - \frac{1}{k+1}\right) = \sum_{k=1}^{n} \frac{1}{k} - \sum_{k=1}^{n} \frac{1}{k+1} = 1 + \sum_{k=2}^{n} \frac{1}{k} - \sum_{k=2}^{n} \frac{1}{k} - \frac{1}{n+1} = 1 - \frac{1}{n+1}.$$

Daher ist die Folge $\langle s_n \rangle$ konvergent mit dem Grenzwert 1, also

$$\sum_{n=1}^{\infty} \frac{1}{n(n+1)} = 1.$$

Beispiel 16.1

Die harmonische Reihe $\langle s_n \rangle$ mit $s_n = \sum\limits_{k=1}^{n} \frac{1}{k}$ ist divergent.

Wir zeigen, daß $\langle s_n \rangle$ nicht beschränkt ist. Aufgrund von Band 1 Satz 248.1 ist $\langle s_n \rangle$ dann auch nicht konvergent.

Es sei $n \geqq 4$ und $n \in \mathbb{N}$. Dann liegt n zwischen zwei Potenzen von 2, d.h. es gibt ein $k \in \mathbb{N}$ mit $2^{k+1} \leqq n < 2^{k+2}$. Wir erhalten:

$$s_n = 1 + \tfrac{1}{2} + \tfrac{1}{3} + \cdots + \frac{1}{2^{k+1}} + \cdots + \frac{1}{n}$$

$$= 1 + \tfrac{1}{2} + (\tfrac{1}{3} + \tfrac{1}{4}) + (\tfrac{1}{5} + \cdots + \tfrac{1}{8}) + (\tfrac{1}{9} + \cdots + \tfrac{1}{16}) + \cdots + \left(\frac{1}{2^k + 1} + \cdots + \frac{1}{2^{k+1}}\right) + \cdots + \frac{1}{n}$$

Ersetzen wir in jeder Klammer alle Summanden durch den dort auftretenden kleinsten (z. B. in $(\tfrac{1}{5} + \cdots + \tfrac{1}{8})$ durch $\tfrac{1}{8}$) und vernachlässigen wir die nach $\frac{1}{2^{k+1}}$ auftretende Summanden, so verkleinern wir offensichtlich, und es ergibt sich:

$$s_n > 1 + \tfrac{1}{2} + 2 \cdot \tfrac{1}{4} + 4 \cdot \tfrac{1}{8} + 8 \cdot \tfrac{1}{16} + \cdots + 2^k \cdot \frac{1}{2^{k+1}} = 1 + \tfrac{1}{2} + \underbrace{\tfrac{1}{2} + \tfrac{1}{2} + \tfrac{1}{2} + \cdots + \tfrac{1}{2}}_{k \text{ Summanden}}.$$

Daher ist $s_n > \frac{3}{2} + \frac{k}{2} = \frac{k+3}{2}$.

Die Folge $\langle s_n \rangle$ ist also nicht beschränkt, und es gilt

$$\sum_{n=1}^{\infty} \frac{1}{n} = \infty.$$

Beispiel 16.2

Ein Kreis mit Radius r ist in Kreisausschnitte mit den Mittelpunktswinkeln $\frac{\pi}{6}$ geteilt. Vom Endpunkt eines Radius ist das Lot auf den nächsten gefällt, von diesem wiederum das Lot auf den nachfolgenden usw. (vgl. Bild 17.1). Wie groß ist die Summe der Längen aller Lote?

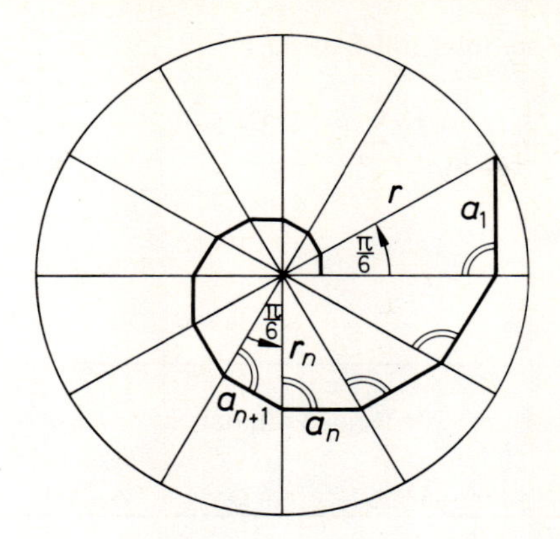

17.1 Zu Beispiel 16.2

Übernehmen wir die Bezeichnungen von Bild 17.1, so ergibt sich für das $(n+1)$-te bzw. n-te Lot: $\frac{a_{n+1}}{r_n}=\sin\frac{\pi}{6}$, $\frac{a_n}{r_n}=\tan\frac{\pi}{6}$, woraus $\frac{a_{n+1}}{a_n}=\cos\frac{\pi}{6}=\frac{1}{2}\sqrt{3}$ folgt. Die a_n bilden daher eine geometrische Folge mit $a_1=r\cdot\sin\frac{\pi}{6}=\frac{r}{2}$ und $q=\frac{1}{2}\sqrt{3}$. Wir erhalten also für die Summe der Längen der Lote:

$$s=\sum_{n=1}^{\infty}a_n=\sum_{n=1}^{\infty}\frac{r}{2}\left(\tfrac{1}{2}\sqrt{3}\right)^{n-1}=\frac{r}{2-\sqrt{3}}=(2+\sqrt{3})r=r\cdot 3{,}73\ldots.$$

Da Reihen spezielle Folgen sind, lassen sich entsprechende Sätze über Folgen auf Reihen übertragen. So erhalten wir z.B.

Satz 17.1

Wenn $\sum_{n=1}^{\infty}a_n$ und $\sum_{n=1}^{\infty}b_n$ konvergente Reihen mit den Summen a und b sind und $\alpha, \beta\in\mathbb{R}$, dann gilt

$$\sum_{n=1}^{\infty}(\alpha a_n+\beta b_n)=\alpha\cdot\sum_{n=1}^{\infty}a_n+\beta\cdot\sum_{n=1}^{\infty}b_n=\alpha a+\beta b.$$

Beispiel 17.1

Ist die Reihe $\sum_{n=1}^{\infty}\frac{3^{n+1}-2^{n+1}}{6^n}$ konvergent? Gegebenenfalls ist der Grenzwert zu berechnen.

Es ist $\frac{3^{k+1}-2^{k+1}}{6^k}=3\cdot(\frac{1}{2})^k-2\cdot(\frac{1}{3})^k$. Da die (geometrischen) Reihen $\sum_{n=1}^{\infty}(\frac{1}{2})^{n-1}$ und $\sum_{n=1}^{\infty}(\frac{1}{3})^{n-1}$ nach

Beispiel 15.1 konvergent sind, folgt mit Satz 17.1:

$$\sum_{n=1}^{\infty} \frac{3^{n+1}-2^{n+1}}{6^n} = 3 \cdot \sum_{n=1}^{\infty} \left(\tfrac{1}{2}\right)^n - 2 \cdot \sum_{n=1}^{\infty} \left(\tfrac{1}{3}\right)^n = 3 - 1 = 2.$$

Es gilt auch folgender Satz.

Satz 18.1

Wenn $\sum_{n=1}^{\infty} a_n$ und $\sum_{n=1}^{\infty} b_n$ konvergente Reihen mit den Summen a und b sind und $a_n \leqq b_n$ für alle $n \in \mathbb{N}$ gilt, dann ist $a \leqq b$.

Das Abändern endlich vieler Glieder oder das Hinzufügen bzw. Weglassen endlich vieler Glieder einer Folge hat keinen Einfluß auf den Grenzwert dieser Folge (vgl. Band 1, Abschnitt 6.2). Bei Reihen gilt folgender

Satz 18.2

Es sei $\sum_{n=1}^{\infty} a_n$ eine konvergente bzw. divergente Reihe. Läßt man in den Partialsummen endlich viele Summanden weg oder fügt endlich viele Summanden hinzu, so ist auch die neue Reihe konvergent bzw. divergent.

Bemerkung:

Der Satz besagt, daß endlich viele Glieder keinen Einfluß auf das Konvergenzverhalten der Reihe haben. Die Änderung endlich vieler Glieder beeinflußt i. allg. den Grenzwert, was bei Folgen nicht der Fall ist.

1.1.2 Konvergenzkriterien

Bei Reihen ergeben sich (wie auch bei Folgen) zunächst zwei Hauptfragen, nämlich erstens die Frage nach der Konvergenz und, falls diese positiv beantwortet werden kann, zweitens die Frage nach der Summe der unendlichen Reihe.

Ist der Grenzwert bekannt, so ist die Konvergenz offensichtlich. Nicht immer ist es möglich (wie in den Beispielen 14.1 a), b) und 15.2) die Partialsummen geschlossen darzustellen und daraus (durch Grenzwertbildung) die Summe der Reihe direkt zu bestimmen. Oft ist nur die Frage nach der Konvergenz von Interesse bzw. kann aufgrund der Konvergenzaussage die Summe der Reihe ermittelt werden.

In diesem Abschnitt stellen wir Kriterien zusammen, mit Hilfe derer die Konvergenz (bzw. Divergenz) einer Reihe nachgewiesen werden kann, ohne den Grenzwert zu bestimmen.

Zunächst formulieren wir das Cauchysche Konvergenzkriterium. Dieses hat den Vorteil, daß nicht der

»Reihenrest« $\sum\limits_{k=n+1}^{\infty} a_k$ (mit unendlich vielen Glieder) abgeschätzt werden muß, sondern »nur« der Term $\sum\limits_{k=n+1}^{m} a_k$ mit endlich vielen Summanden.

Satz 19.1 (Cauchysches Konvergenzkriterium)

Die Reihe $\sum\limits_{n=1}^{\infty} a_n$ ist genau dann konvergent, wenn es zu jedem $\varepsilon>0$ ein $n_0=n_0(\varepsilon)\in\mathbb{N}$ gibt, so daß $\left|\sum\limits_{k=n+1}^{m} a_k\right|<\varepsilon$ für alle $m, n\in\mathbb{N}$ mit $m>n\geqq n_0$ gilt.

Bemerkung:

Setzt man $m=n+p$, so lautet das Cauchysche Konvergenzkriterium: Die Reihe $\sum\limits_{n=1}^{\infty} a_n$ konvergiert genau dann, wenn es zu jedem $\varepsilon>0$ ein $n_0\in\mathbb{N}$ gibt, so daß $\left|\sum\limits_{k=n+1}^{n+p} a_k\right|=|a_{n+1}+a_{n+2}+\cdots+a_{n+p}|<\varepsilon$ für alle $n\in\mathbb{N}$ mit $n\geqq n_0$ und alle $p\in\mathbb{N}$ ist.

Beispiel 19.1

Die Reihe $\sum\limits_{n=1}^{\infty}(-1)^{n+1}\cdot\dfrac{1}{n}=1-\frac{1}{2}+\frac{1}{3}-\frac{1}{4}\pm\cdots$ ist konvergent.

Für den Beweis verwenden wir das Cauchysche Konvergenzkriterium und setzen zunächst p als gerade voraus.

$$\left|\sum_{k=n+1}^{n+p}(-1)^{k+1}\cdot\frac{1}{k}\right|=\left|\pm\left(\frac{1}{n+1}-\frac{1}{n+2}+\frac{1}{n+3}-\frac{1}{n+4}\pm\cdots-\frac{1}{n+p}\right)\right|$$

$$=\left|\left(\frac{1}{n+1}-\frac{1}{n+2}\right)+\left(\frac{1}{n+3}-\frac{1}{n+4}\right)+\cdots+\left(\frac{1}{n+p-1}-\frac{1}{n+p}\right)\right|.$$

Alle Klammerausdrücke sind positiv, daher können die Betragstriche weggelassen werden. Es ist

$$\left|\sum_{k=n+1}^{n+p}(-1)^{k+1}\cdot\frac{1}{k}\right|=\frac{1}{n+1}-\left(\frac{1}{n+2}-\frac{1}{n+3}\right)-\cdots-\frac{1}{n+p}\leqq\frac{1}{n+1}<\varepsilon$$

für alle $n\geqq n_0>\dfrac{1}{\varepsilon}-1$ und alle $p\in\mathbb{N}$, da sich auch für ungerades p die gleiche Abschätzung ergibt.

Es sei darauf hingewiesen, daß Klammern gesetzt bzw. weggelassen werden konnten, da es sich immer nur um endlich viele Summanden handelte.

Wir geben nun eine notwendige Bedingung für die Konvergenz von unendlichen Reihen an.

Satz 20.1

> Wenn die Reihe $\sum_{n=1}^{\infty} a_n$ konvergent ist, so ist $\lim_{n\to\infty} a_n = 0$.

Bemerkung:
Die Bedingung $\lim_{n\to\infty} a_n = 0$ ist nur notwendig und nicht hinreichend für die Konvergenz, wie das Beispiel der harmonischen Reihe (vgl. Beispiel 16.1) zeigt.

Beweis:

$\langle s_n \rangle$ mit $s_n = \sum_{k=1}^{n} a_k$ sei gegen s konvergent, d.h. es gelte $\lim_{n\to\infty} s_n = s$ und damit auch $\lim_{n\to\infty} s_{n-1} = s$. Dann folgt $\left(\text{wegen } a_n = \sum_{k=1}^{n} a_k - \sum_{k=1}^{n-1} a_k = s_n - s_{n-1}\right)$:

$$\lim_{n\to\infty} a_n = \lim_{n\to\infty} (s_n - s_{n-1}) = \lim_{n\to\infty} s_n - \lim_{n\to\infty} s_{n-1} = s - s = 0. \qquad \bullet$$

Die Kontraposition des Satzes 20.1 lautet:

> Ist $\langle a_n \rangle$ divergent oder ist $\lim_{n\to\infty} a_n \neq 0$, so ist die Reihe $\sum_{n=1}^{\infty} a_n$ divergent.

Beispiel 20.1

Die Reihe $\langle s_n \rangle$ mit $s_n = \sum_{k=1}^{n} \left(\frac{k}{k+1}\right)^k$ ist divergent, da $\lim_{k\to\infty} \left(\frac{k}{k+1}\right)^k = \lim_{k\to\infty} \left(1 + \frac{1}{k}\right)^{-k} = \frac{1}{e} \neq 0$ ist. Die nach Satz 20.1 notwendige Bedingung für die Konvergenz ist nicht erfüllt, daher ist die Reihe divergent, also (da $\langle s_n \rangle$ monoton wachsend ist) $\sum_{n=1}^{\infty} \left(\frac{n}{n+1}\right)^n = \infty$.

Im folgenden geben wir hinreichende Bedingungen für Konvergenz bzw. Divergenz von Reihen an. Von besonderer Bedeutung sind dabei die sogenannten Vergleichskriterien. Man vergleicht dabei die zu untersuchende Reihe mit einer zweiten, deren Konvergenzverhalten bekannt ist.

Satz 20.2 (Majoranten- und Minorantenkriterium)

> a) Majorantenkriterium
>
> Gegeben sei die Reihe $\sum_{n=1}^{\infty} a_n$. Gibt es eine konvergente Reihe $\sum_{n=1}^{\infty} c_n$, so daß $|a_n| \leqq c_n$ für alle $n \in \mathbb{N}$ ist, dann ist die Reihe $\sum_{n=1}^{\infty} a_n$ konvergent [1]).

[1]) Die Reihe ist dann sogar absolut konvergent (vgl. Bemerkung 2 zu Satz 34.1).

b) Minorantenkriterium

Gegeben sei die Reihe $\sum_{n=1}^{\infty} a_n$. Gibt es eine gegen $+\infty$ bestimmt divergente Reihe $\sum_{n=1}^{\infty} d_n$, so daß $a_n \geqq d_n$ für alle $n \in \mathbb{N}$ ist, dann ist die Reihe $\sum_{n=1}^{\infty} a_n$ bestimmt divergent gegen $+\infty$.

Bemerkungen:

1. Die Reihe $\sum_{n=1}^{\infty} c_n$ in Teil a) heißt eine **Majorante** von $\sum_{n=1}^{\infty} a_n$ und die Reihe $\sum_{n=1}^{\infty} d_n$ in Teil b) eine **Minorante** von $\sum_{n=1}^{\infty} a_n$.
2. Es genügt, daß $|a_n| \leqq c_n$ bzw. $a_n \geqq d_n$ erst ab einer Stelle $n_0 \in \mathbb{N}$ gilt.
3. Teil b) gilt entsprechend für bestimmte Divergenz gegen $-\infty$.

Beweis von Satz 20.2:

a) $\sum_{n=1}^{\infty} c_n$ ist konvergent, d.h. zu jedem $\varepsilon > 0$ existiert aufgrund des Cauchyschen Konvergenzkriteriums (Satz 19.1) ein $n_1 = n_1(\varepsilon) \in \mathbb{N}$, so daß $\left|\sum_{k=n+1}^{m} c_k\right| < \varepsilon$ für alle m, n mit $m > n \geqq n_1$ ist. Wegen $c_k > 0$ für alle $k \in \mathbb{N}$ folgt:

$$\left|\sum_{k=n+1}^{m} a_k\right| \leqq \sum_{k=n+1}^{m} |a_k| \leqq \sum_{k=n+1}^{m} c_k < \varepsilon$$

für alle m, n mit $m \geqq n \geqq n_1$. Mit dem Cauchyschen Konvergenzkriterium (Satz 19.1) folgt daraus die Behauptung.

b) Wegen $s_n = \sum_{k=1}^{n} a_k \geqq \sum_{k=1}^{n} d_n$ für alle $n \in \mathbb{N}$ ist die Folge $\langle s_n \rangle$ nicht beschränkt, die Reihe $\sum_{n=1}^{\infty} a_n$ also bestimmt divergent. ●

Die folgenden Beispiele demonstrieren die Anwendung des Majoranten- und Minorantenkriteriums.

Beispiel 21.1

Die Reihe $\sum_{n=1}^{\infty} \frac{1}{n^2}$ ist konvergent.

Für alle $n \in \mathbb{N}$ mit $n > 1$ gilt nämlich $\left|\frac{1}{n^2}\right| \leqq \frac{1}{n(n-1)}$. Nach Beispiel 15.2 ist die Reihe $\sum_{n=1}^{\infty} \frac{1}{n(n+1)}$ konvergent und daher auch die Reihe $\sum_{n=2}^{\infty} \frac{1}{(n-1)\,n}$. Damit haben wir eine konvergente Majorante von $\sum_{n=1}^{\infty} \frac{1}{n^2}$ gefunden, und nach dem Majorantenkriterium ist $\sum_{n=1}^{\infty} \frac{1}{n^2}$ konvergent.

Wir werden in Abschnitt 1.3 (Beispiel 88.1) zeigen, daß $\sum_{n=1}^{\infty} \frac{1}{n^2} = \frac{\pi^2}{6}$ ist.

Beispiel 22.1

Wir untersuchen die Reihe $\sum_{n=1}^{\infty} \frac{1}{\sqrt[3]{n}}$ mit Hilfe des Minorantenkriteriums.

Für alle $n \in \mathbb{N}$ gilt $\frac{1}{\sqrt[3]{n}} \geqq \frac{1}{n}$. Da $\sum_{n=1}^{\infty} \frac{1}{n}$ bestimmt divergent ist (vgl. harmonische Reihe, Beispiel 16.1) gilt: $\sum_{n=1}^{\infty} \frac{1}{\sqrt[3]{n}} = \infty$.

Beispiel 22.2

Mit Hilfe des Majorantenkriteriums zeigen wir die Konvergenz der Reihe $\sum_{n=1}^{\infty} \frac{1}{n!}$.

Für alle $n \in \mathbb{N}$ gilt: $\frac{1}{n!} = 1 \cdot \frac{1}{2} \cdot \frac{1}{3} \cdot \dots \cdot \frac{1}{n} \leqq 1 \cdot \frac{1}{2} \cdot \frac{1}{2} \cdot \dots \cdot \frac{1}{2} = (\frac{1}{2})^{n-1}$.

$\sum_{n=1}^{\infty} (\frac{1}{2})^{n-1}$ ist also eine konvergente Majorante (geometrische Reihe mit $q = \frac{1}{2}$), daher ist $\sum_{n=1}^{\infty} \frac{1}{n!}$ konvergent.
Wie wir in Abschnitt 1.2 zeigen werden (s. (58.1)) ist

$$\sum_{n=0}^{\infty} \frac{1}{n!} = 1 + 1 + \frac{1}{2!} + \frac{1}{3!} + \dots = e = 2{,}718281828\dots.$$

Diese Reihe konvergiert »schnell«, es ist z.B. $s_2 = 2{,}5$; $s_3 = 2{,}666\dots$; $s_5 = 2{,}716\dots$; $s_{10} = 2{,}71828180\dots$; s_{10} stimmt, wie man sieht, bereits auf 7 Stellen hinter dem Komma mit e überein.

Als Vergleichsreihen werden oft die Reihen $\sum_{n=1}^{\infty} \frac{1}{n^\alpha}$ mit $\alpha \in \mathbb{R}$ herangezogen.

Für $\alpha \leqq 0$ ist die notwendige Bedingung $\left(\lim_{n \to \infty} \frac{1}{n^\alpha} = 0\right)$ nicht erfüllt, und daher ist für $\alpha \leqq 0$ die Reihe divergent.

Für $0 < \alpha \leqq 1$ gilt $\frac{1}{n^\alpha} \geqq \frac{1}{n}$ für alle $n \in \mathbb{N}$. Da die harmonische Reihe $\sum_{n=1}^{\infty} \frac{1}{n}$ divergent ist (divergente Minorante), ist auch $\sum_{n=1}^{\infty} \frac{1}{n^\alpha}$ für $0 < \alpha \leqq 1$ divergent.

Für $\alpha > 2$ folgt: $\left|\frac{1}{n^\alpha}\right| \leqq \frac{1}{n^2}$ für alle $n \in \mathbb{N}$. Damit haben wir eine konvergente Majorante (vgl. Beispiel 21.1).

In Beispiel 30.1 zeigen wir, daß $\sum_{n=1}^{\infty} \frac{1}{n^\alpha}$ auch konvergent ist für $1 < \alpha \leqq 2$. Zusammenfassend erhalten wir also:

$$\sum_{n=1}^{\infty} \frac{1}{n^\alpha} \text{ ist konvergent für } \alpha > 1 \text{ und divergent für } \alpha \leqq 1. \tag{23.1}$$

Beispiel 23.1

Die Reihe $\sum_{n=1}^{\infty} \frac{\sqrt{n+2}}{\sqrt[3]{n^5+n^3-1}}$ ist konvergent. Für alle $n \in \mathbb{N}$ mit $n \geqq 2$ gilt nämlich: $\left|\frac{\sqrt{n+2}}{\sqrt[3]{n^5+n^3-1}}\right| \leqq \frac{\sqrt{2n}}{\sqrt[3]{n^5}} = \sqrt{2} \cdot \frac{1}{n^{\frac{7}{6}}}$. Nach (23.1) haben wir daher eine konvergente ($\alpha = \frac{7}{6} > 1$) Majorante.

Satz 23.1 (Quotientenkriterium)

Gegeben sei die Reihe $\sum_{n=1}^{\infty} a_n$ mit $a_n \neq 0$ für alle $n \in \mathbb{N}$. Ist die Folge $\left\langle \left|\frac{a_{n+1}}{a_n}\right| \right\rangle$ konvergent gegen den Grenzwert α $\left(\text{d.h. } \lim_{n\to\infty} \left|\frac{a_{n+1}}{a_n}\right| = \alpha\right)$, so gilt:

a) Ist $\alpha < 1$, so ist die Reihe $\sum_{n=1}^{\infty} a_n$ konvergent[1]).

b) Ist $\alpha > 1$, so ist die Reihe $\sum_{n=1}^{\infty} a_n$ divergent.

Bemerkungen:

1. Das Quotientenkriterium ist hinreichend. Ist also die Folge $\left\langle \left|\frac{a_{n+1}}{a_n}\right| \right\rangle$ nicht konvergent, so kann die Reihe $\sum_{n=1}^{\infty} a_n$ trotzdem konvergent sein (vgl. Beispiel 25.2).

2. Ist der Grenzwert $\alpha = 1$, so macht das Quotientenkriterium keine Aussage. Die Reihe kann dann entweder konvergent oder divergent sein. So ist z.B. die harmonische Reihe $\sum_{n=1}^{\infty} a_n = \sum_{n=1}^{\infty} \frac{1}{n}$ divergent (vgl. Beispiel 16.1), jedoch die Reihe $\sum_{n=1}^{\infty} b_n = \sum_{n=1}^{\infty} \frac{1}{n^2}$ konvergent, obwohl $\lim_{n\to\infty} \left|\frac{a_{n+1}}{a_n}\right| = \lim_{n\to\infty} \frac{n}{n+1} = 1$ und $\lim_{n\to\infty} \left|\frac{b_{n+1}}{b_n}\right| = \lim_{n\to\infty} \left(\frac{n}{n+1}\right)^2 = 1$ ist.

Beweis:

$\lim_{n\to\infty} \left|\frac{a_{n+1}}{a_n}\right| = \alpha$ bedeutet, daß zu jedem $\varepsilon > 0$ ein n_0 existiert, so daß $\left|\left|\frac{a_{n+1}}{a_n}\right| - \alpha\right| < \varepsilon$ ist für alle $n \in \mathbb{N}$ mit $n \geqq n_0$, d.h. es ist

[1]) Die Reihe ist dann sogar absolut konvergent (vgl. Bemerkung 2 zu Satz 34.1).

$$\alpha - \varepsilon < \left| \frac{a_{n+1}}{a_n} \right| < \alpha + \varepsilon \quad \text{für alle } n \in \mathbb{N} \text{ mit } n \geqq n_0. \tag{24.1}$$

Zu a) Es ist $0 \leqq \alpha < 1$, daher gibt es zu $\varepsilon = \frac{1-\alpha}{2} > 0$ ein $n_0 \in \mathbb{N}$, so daß $0 < \left| \frac{a_{n+1}}{a_n} \right| < \alpha + \varepsilon = < \frac{\alpha+1}{2} = q < 1$ für alle $n \geqq n_0$ ist (vgl. Bild 24.1 a).

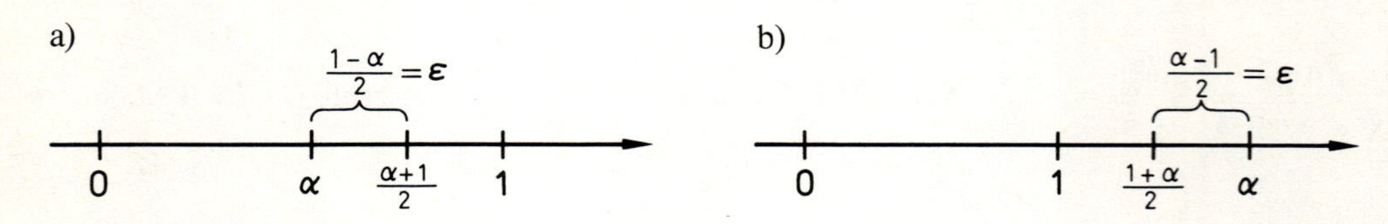

24.1 Zum Beweis des Quotientenkriteriums

Daraus ergibt sich $|a_{n+1}| < q \cdot |a_n|$ für alle $n \in \mathbb{N}$ mit $n \geqq n_0$, woraus z.B. mit Hilfe der vollständigen Induktion

$$|a_n| < |a_{n_0}| \cdot q^{n-n_0} = \frac{|a_{n_0}|}{q^{n_0}} \cdot q^n \quad \text{für alle } n \geqq n_0$$

folgt. Wegen $0 < q < 1$ ist die Reihe $\sum_{n=1}^{\infty} q^n$ konvergent, und aufgrund des Majorantenkriteriums (Satz 20.2a)) ist in diesem Fall $\sum_{n=1}^{\infty} a_n$ konvergent.

Zu b) Ist $\alpha > 1$, so gibt es wegen (24.1) zu $\varepsilon = \frac{\alpha-1}{2} > 0$ ein n_0, so daß $1 < \frac{\alpha+1}{2} = q < \left| \frac{a_{n+1}}{a_n} \right|$ für alle $n \in \mathbb{N}$ mit $n \geqq n_0$ gilt, d.h. es ist $|a_{n+1}| > |a_n| > \cdots > |a_{n_0}| > 0$ für alle $n \geqq n_0$ (vgl. Bild 24.1 b)). Also ist die notwendige Bedingung (s. Satz 20.1) $\lim_{n \to \infty} a_n = 0$ nicht erfüllt. ●

Beispiel 24.1

Die Reihe $\sum_{n=1}^{\infty} \frac{n^2}{3^n}$ ist konvergent, denn wir erhalten:

$$\lim_{n \to \infty} \left| \frac{a_{n+1}}{a_n} \right| = \lim_{n \to \infty} \frac{(n+1)^2 \cdot 3^n}{3^{n+1} \cdot n^2} = \lim_{n \to \infty} \tfrac{1}{3} \left(1 + \frac{1}{n}\right)^2 = \tfrac{1}{3} < 1,$$

woraus mit dem Quotientenkriterium (Satz 23.1) die Konvergenz folgt.

Beispiel 24.2

Die Reihe $\sum_{n=1}^{\infty} \frac{3^n}{2^n \cdot n^5}$ ist divergent. Es ist nämlich

$$\lim_{n\to\infty}\left|\frac{a_{n+1}}{a_n}\right| = \lim_{n\to\infty}\frac{3^{n+1}\cdot 2^n\cdot n^5}{2^{n+1}\cdot(n+1)^5\cdot 3^n} = \lim_{n\to\infty}\tfrac{3}{2}\left(1-\frac{1}{n+1}\right)^5 = \tfrac{3}{2} > 1,$$

woraus die Divergenz folgt.

Beispiel 25.1

Die Reihe $\sum\limits_{n=1}^{\infty}\frac{5^n}{n!}$ konvergiert wegen $\lim\limits_{n\to\infty}\frac{5^{n+1}\cdot n!}{(n+1)!\cdot 5^n} = \lim\limits_{n\to\infty}\frac{5}{n+1} = 0 < 1$.

Wie man dem Beweis des Quotientenkriteriums entnehmen kann, benötigt man als Voraussetzung nur, daß es eine Zahl q gibt mit

$$\left|\frac{a_{n+1}}{a_n}\right| \leqq q < 1 \quad \text{bzw.} \quad \left|\frac{a_{n+1}}{a_n}\right| \geqq q > 1 \quad \text{für alle } n \geqq n_0. \tag{25.1}$$

Die Existenz des Grenzwertes $\lim\limits_{n\to\infty}\left|\frac{a_{n+1}}{a_n}\right| \neq 1$ impliziert zwar eine dieser Ungleichungen, jedoch kann eine Ungleichung wie in (25.1) bestehen, ohne daß die Folge $\left\langle\left|\frac{a_{n+1}}{a_n}\right|\right\rangle$ konvergent ist.

In Fällen, in denen dieser Grenzwert nicht existiert, kann also die Konvergenz bzw. die Divergenz eventuell aufgrund von (25.1) nachgewiesen werden. Dazu folgendes Beispiel.

Beispiel 25.2

Die Reihe $\sum\limits_{n=1}^{\infty} a_n$ mit $a_n = \begin{cases} \dfrac{1}{\sqrt{3^{3(n-1)}}} & \text{für ungerades } n \\[2ex] \dfrac{1}{\sqrt{3^{3n-4}}} & \text{für gerades } n, \end{cases}$

also $1+\frac{1}{3}+\frac{1}{3^3}+\frac{1}{3^4}+\frac{1}{3^6}+\frac{1}{3^7}+\cdots$ ist auf Konvergenz zu untersuchen.

Es ergibt sich

$$\left|\frac{a_{n+1}}{a_n}\right| = \begin{cases} \dfrac{\sqrt{3^{3(n-1)}}}{\sqrt{3^{3(n+1)-4}}} = \dfrac{1}{3} & \text{für ungerades } n \\[2ex] \dfrac{\sqrt{3^{3n-4}}}{\sqrt{3^{3n}}} = \dfrac{1}{9} & \text{für gerades } n. \end{cases}$$

Die Folge $\left\langle\left|\frac{a_{n+1}}{a_n}\right|\right\rangle = \frac{1}{3}, \frac{1}{9}, \frac{1}{3}, \frac{1}{9}, \frac{1}{3}, \frac{1}{9}, \ldots$ konvergiert offensichtlich nicht. Aufgrund obiger Bemerkung ist trotzdem eine Konvergenzaussage über die Reihe $\sum\limits_{n=1}^{\infty} a_n$ möglich, da für alle $n \in \mathbb{N}$ gilt:

$$\left|\frac{a_{n+1}}{a_n}\right| \leqq q = \tfrac{1}{3} < 1.$$

Wie schon bemerkt wurde, ist eine Aussage über die Konvergenz der Reihe $\sum\limits_{n=1}^{\infty} a_n$ mit Hilfe des

Quotientenkriteriums nicht möglich, wenn $\lim\limits_{n\to\infty}\left|\frac{a_{n+1}}{a_n}\right|=1$ ist. In einigen Fällen kann die Konvergenzfrage eventuell dann mit Hilfe des Wurzelkriteriums beantwortet werden (vgl. Beispiel 27.1)

Satz 26.1 (Wurzelkriterium)

Gegeben sei die Reihe $\sum\limits_{n=1}^{\infty} a_n$. Ist die Folge $\langle\sqrt[n]{|a_n|}\rangle$ konvergent gegen den Grenzwert α (d.h. $\lim\limits_{n\to\infty}\sqrt[n]{|a_n|}=\alpha$), so gilt:

a) Ist $\alpha<1$, so ist die Reihe $\sum\limits_{n=1}^{\infty} a_n$ konvergent [1]).

b) Ist $\alpha>1$, so ist die Reihe $\sum\limits_{n=1}^{\infty} a_n$ divergent.

Der Beweis dieses Kriteriums erfolgt ähnlich wie der des Quotientenkriteriums (Satz 23.1) mit Hilfe des Majoranten- bzw. Minorantenkriteriums (Satz 20.2).

Bemerkungen:

1. Ebenso wie beim Quotientenkriterium genügt für den Nachweis der Konvergenz bzw. der Divergenz, daß es eine Zahl q gibt mit $\sqrt[n]{|a_n|}\leqq q<1$ bzw. $\sqrt[n]{|a_n|}\geqq q>1$ für alle $n\in\mathbb{N}$ mit $n\geqq n_0$.
2. Das Wurzelkriterium ist in der Handhabung oftmals schwieriger als das Quotientenkriterium, dafür jedoch, wie oben schon erwähnt, weitreichender (vgl. Beispiel 27.1).
3. Ist der Grenzwert $\lim\limits_{n\to\infty}\sqrt[n]{|a_n|}=1$, so kann mit Hilfe dieses Satzes über die Konvergenz von $\sum\limits_{n=1}^{\infty} a_n$ keine Aussage gemacht werden. Es gilt z.B. für die divergente harmonische Reihe $\sum\limits_{n=1}^{\infty}\frac{1}{n}$ (vgl. Beispiel 16.1): $\lim\limits_{n\to\infty}\sqrt[n]{\frac{1}{n}}=1$, für die konvergente Reihe $\sum\limits_{n=1}^{\infty}\frac{1}{n^2}$ (vgl. Beispiel 21.1): $\lim\limits_{n\to\infty}\sqrt[n]{\frac{1}{n^2}}=1$.

   Es gibt divergente und konvergente Reihen $\sum\limits_{n=1}^{\infty} a_n$, für die $\lim\limits_{n\to\infty}\sqrt[n]{|a_n|}=1$ ist.

Beispiel 26.1

a) Die Reihe $\sum\limits_{n=1}^{\infty}\frac{1}{n^n}$ ist konvergent, da $\lim\limits_{n\to\infty}\sqrt[n]{\frac{1}{n^n}}=\lim\limits_{n\to\infty}\frac{1}{n}=0$ ist.

b) Die Reihe $\sum\limits_{n=1}^{\infty}(\sqrt[n]{2}-1)^n$ ist konvergent, da

[1]) Die Reihe ist dann sogar absolut konvergent (vgl. Bemerkung 2 zu Satz 34.1).

$$\lim_{n\to\infty} \sqrt[n]{|\sqrt[n]{2}-1|^n} = \lim_{n\to\infty} (\sqrt[n]{2}-1) = 0 \quad \text{ist.}$$

c) Die Reihe $\sum_{n=1}^{\infty} \frac{5^n}{4^n \cdot n^4}$ ist divergent, da $\lim_{n\to\infty} \frac{5}{4\cdot\sqrt[n]{n^4}} = \frac{5}{4} > 1$ ist.

Folgendes Beispiel belegt die Bemerkung 2 zum Wurzelkriterium (Satz 26.1).

Beispiel 27.1

Wir betrachten $\frac{1}{3}+\frac{1}{5^2}+\frac{1}{3^3}+\frac{1}{5^4}+\frac{1}{3^5}+\frac{1}{5^6}+\cdots$, also die Reihe

$$\sum_{n=1}^{\infty} a_n \text{ mit } a_n = \begin{cases} \frac{1}{3^n}, & \text{falls } n \text{ ungerade} \\ \frac{1}{5^n}, & \text{falls } n \text{ gerade.} \end{cases}$$

Wir versuchen, die Konvergenz mit Hilfe des Quotientenkriteriums (Satz 23.1) zu beweisen und bilden dazu

$$\left|\frac{a_{2n+1}}{a_{2n}}\right| = \frac{5^{2n}}{3^{2n+1}} = \frac{1}{3}\cdot\left(\frac{5}{3}\right)^{2n} \quad \text{bzw.} \quad \left|\frac{a_{2n}}{a_{2n-1}}\right| = \frac{3^{2n-1}}{5^{2n}} = \frac{1}{3}\cdot\left(\frac{3}{5}\right)^{2n}.$$

Da $(\frac{5}{3})^{2n}$ nicht beschränkt ist, gibt es kein n_0 und kein q, so daß $\left|\frac{a_{n+1}}{a_n}\right| \leqq q < 1$ für alle $n\in\mathbb{N}$ mit $n \geqq n_0$ gilt (vgl. (25.1)).

Die Konvergenz läßt sich also nicht mit Hilfe des Quotientenkriteriums beweisen. Untersuchen wir jedoch $\sqrt[n]{|a_n|}$, so ergibt sich

$$\sqrt[2n]{|a_{2n}|} = \sqrt[2n]{\frac{1}{5^{2n}}} = \frac{1}{5} \quad \text{bzw.} \quad \sqrt[2n-1]{|a_{2n-1}|} = \sqrt[2n-1]{\frac{1}{3^{2n-1}}} = \frac{1}{3}.$$

Da sowohl $\lim_{n\to\infty} \sqrt[2n]{\frac{1}{5^{2n}}} = \frac{1}{5}$ als auch $\lim_{n\to\infty} \sqrt[2n-1]{\frac{1}{3^{2n-1}}} = \frac{1}{3}$ ist, gibt es ein n_0 und ein q, so daß $\sqrt[n]{|a_n|} \leqq q < 1$ ist für alle $n\in\mathbb{N}$ mit $n \geqq n_0$. Aufgrund der Bemerkung 1 zum Wurzelkriterium (Satz 26.1) ist die vorgelegte Reihe konvergent.

Man kann die Summe einer unendlichen Reihe $\sum_{n=1}^{\infty} a_n$ auch geometrisch veranschaulichen. Wir zeigen das für den Fall, daß alle $a_n > 0$ sind. Dazu trägt man in einem kartesischen Koordinatensystem die Punkte $P_n(n, a_n)$ ein und erhält daraus, wie in Bild 28.1 ersichtlich, eine »Treppenfläche«. Der Flächeninhalt dieser (nach rechts nicht beschränkten) Treppenfläche veranschaulicht den Grenzwert der unendlichen Reihe $\sum_{n=1}^{\infty} a_n$.

Diese geometrische Veranschaulichung legt es nahe, mit Hilfe eines uneigentlichen Integrals die Konvergenz bzw. Divergenz einer unendlichen Reihe nachzuweisen. In der Tat gilt folgender

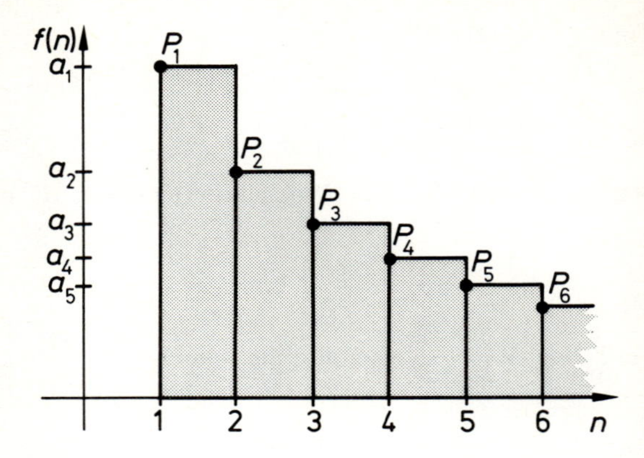

28.1 Geometrische Veranschaulichung der Summe einer unendlichen Reihe

Satz 28.1 (Integralkriterium)

Es sei f auf $[1, \infty)$ definiert und monoton fallend. Weiter sei $f(x) \geqq 0$ für alle $x \in [1, \infty)$. Dann ist die unendliche Reihe $\sum_{n=1}^{\infty} f(n)$ genau dann konvergent, wenn das uneigentliche Integral $\int_1^{\infty} f(x)\,\mathrm{d}x$ konvergent ist.

Bemerkungen:

1. Ist das uneigentliche Integral divergent, so divergiert die unendliche Reihe.
2. Während bei den bisherigen Kriterien die Glieder positiv oder negativ sein konnten, ist das Integralkriterium nur anwendbar, wenn alle Glieder nichtnegativ sind.
3. Der Satz gilt entsprechend für das Intervall $[k, \infty)$.

Beweis:

Da f monoton fallend ist, gilt für alle $n \in \mathbb{N}$:

$$f(n+1) \leqq f(x) \leqq f(n) \quad \text{mit} \quad n \leqq x \leqq n+1.$$

Aufgrund der Monotonie des Integrals (vgl. Band 2, Satz 131.1) folgt dann

$$\int_n^{n+1} f(n+1)\,\mathrm{d}x \leqq \int_n^{n+1} f(x)\,\mathrm{d}x \leqq \int_n^{n+1} f(n)\,\mathrm{d}x, \qquad \text{d.h.}$$

$$f(n+1) \leqq \int_n^{n+1} f(x)\,\mathrm{d}x \leqq f(n) \qquad \text{für alle } n \in \mathbb{N}.$$

Durch Addition ergibt sich daraus

$$f(2)+\cdots+f(n) \leqq \int_1^n f(x)\,\mathrm{d}x \leqq f(1)+\cdots+f(n-1).$$

Bezeichnen wir die Teilsummen mit s_n, d.h. $s_n=\sum_{k=1}^{n} f(k)$, so ergibt sich (vgl. Bild 29.1)

$$s_n-f(1) \leqq \int_1^n f(x)\,\mathrm{d}x \leqq s_{n-1} \quad \text{für alle } n \in \mathbb{N}. \tag{29.1}$$

Ist das uneigentliche Integral $\int_1^\infty f(x)\,\mathrm{d}x$ konvergent, so folgt wegen

$$0 \leqq s_n-f(1) \leqq \int_1^n f(x)\,\mathrm{d}x \leqq \int_1^\infty f(x)\,\mathrm{d}x \quad \text{für alle } n \in \mathbb{N}$$

die Beschränktheit der Folge $\langle s_n \rangle$. Weiterhin ist $\langle s_n \rangle$ monoton wachsend, daher ist $\langle s_n \rangle$ konvergent.

Wenn umgekehrt die Reihe $\langle s_n \rangle$ gegen s konvergiert, dann gilt $s_n \leqq s$ für alle $n \in \mathbb{N}$. Aus der rechten Ungleichung von (29.1) folgt dann

$$0 \leqq \int_1^t f(x)\,\mathrm{d}x \leqq \int_1^{[t]+1} f(x)\,\mathrm{d}x = s_{[t]} \leqq s \quad \text{für alle } t \geqq 1,$$

d.h. $\int_1^\infty f(x)\,\mathrm{d}x$ existiert, da der Integrand nichtnegativ ist. ●

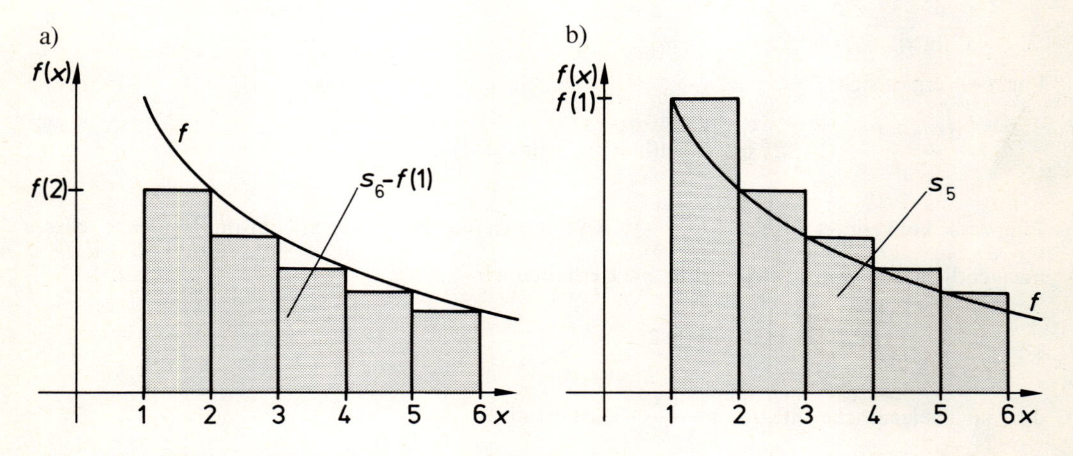

29.1 Abschätzung einer Reihe mit Hilfe eines uneigentlichen Integrals

Beispiel 30.1

Es sei $\alpha > 0$. Wir untersuchen die unendliche Reihe $\sum_{n=1}^{\infty} \frac{1}{n^\alpha}$ auf Konvergenz.

Wir setzen $a_n = \frac{1}{n^\alpha} = f(n)$, d.h. $f\colon [1, \infty) \to \mathbb{R}$ mit $f(x) = \frac{1}{x^\alpha}$.

f ist wegen $f'(x) = -\frac{\alpha}{x^{\alpha+1}} < 0$ für alle $x \in [1, \infty)$ monoton fallend, weiter ist $f(x) \geqq 0$ für alle $x \in [1, \infty)$. Damit erfüllt f die Voraussetzungen des Integralkriteriums. Wie in Band 2 mit Beispiel 168.2 gezeigt wurde, ist das uneigentliche Integral $\int_1^{\infty} \frac{dx}{x^\alpha}$ divergent für $\alpha \leqq 1$ und konvergent für $\alpha > 1$. Aufgrund des Integralkriteriums ist damit auch die unendliche Reihe $\sum_{n=1}^{\infty} \frac{1}{n^\alpha}$ divergent für $\alpha \leqq 1$ und konvergent für $\alpha > 1$.

Beispiel 30.2

Für welche $\alpha \in \mathbb{R}$ ist die Reihe $\sum_{n=2}^{\infty} \frac{1}{n \cdot (\ln n)^\alpha}$ konvergent, für welche divergent?

Wegen $a_n = f(n) = \frac{1}{n \cdot (\ln n)^\alpha}$ wählen wir $f\colon [2, \infty) \to \mathbb{R}$ mit $f(x) = \frac{1}{x \cdot (\ln x)^\alpha}$.

Wie man leicht nachweisen kann, erfüllt f die Voraussetzungen des Integralkriteriums. Wir untersuchen daher das uneigentliche Integral $\int_2^{\infty} \frac{dx}{x \cdot (\ln x)^\alpha}$. Mit Hilfe der Substitution $t = \ln x$ $\left(dt = \frac{dx}{x}\right)$ erhalten wir

$$\int_2^R \frac{dx}{x \cdot (\ln x)^\alpha} = \int_{\ln 2}^{\ln R} \frac{dt}{t^\alpha}.$$

Für $\alpha \neq 1$ ergibt sich:

$$\int_{\ln 2}^{\ln R} \frac{dt}{t^\alpha} = \frac{1}{1-\alpha} \cdot t^{1-\alpha} \Big|_{\ln 2}^{\ln R} = \frac{1}{1-\alpha} \cdot ((\ln R)^{1-\alpha} - (\ln 2)^{1-\alpha}).$$

Für $\alpha > 1$ konvergiert also $\int_2^{\infty} \frac{dx}{x \cdot (\ln x)^\alpha}$, wohingegen für $\alpha < 1$, wegen $\lim_{R \to \infty} (\ln R)^{1-\alpha} = \infty$, dieses uneigentliche Integral divergiert. Für $\alpha = 1$ erhalten wir

$$\int_{\ln 2}^{\ln R} \frac{dt}{t} = \ln t \Big|_{\ln 2}^{\ln R} = \ln(\ln R) - \ln(\ln 2),$$

d.h. das uneigentliche Integral $\int_2^{\infty} \frac{dx}{x \cdot \ln x}$ existiert nicht.

Zusammenfassend ergibt sich:

$\sum_{n=2}^{\infty} \frac{1}{n \cdot (\ln n)^{\alpha}}$ ist konvergent für $\alpha > 1$ und divergent für $\alpha \leqq 1$.

Zum Abschluß geben wir noch ein Kriterium an, das sich auf Reihen anwenden läßt, deren Glieder abwechselnd negativ und positiv sind. Man nennt solche Reihen **alternierend.** Für alternierende Reihen $\sum_{n=1}^{\infty} a_n$ gilt also

$$a_n \cdot a_{n+1} < 0 \quad \text{für alle } n \in \mathbb{N}.$$

Beispiel 31.1

Die Reihe $\langle s_n \rangle$ mit $s_n = \sum_{k=1}^{n} (-1)^{k+1} \cdot \frac{1}{k} = 1 - \frac{1}{2} + \frac{1}{3} - \frac{1}{4} + - \cdots + (-1)^{n+1} \cdot \frac{1}{n}$ ist eine alternierende Reihe.

Satz 31.1 (Leibniz-Kriterium)

Eine alternierende Reihe $\sum_{n=1}^{\infty} a_n$ ist konvergent, wenn die Folge $< |a_n| >$ eine monoton fallende Nullfolge ist.

Bemerkung:

Dieses Kriterium läßt sich selbstverständlich auch auf Reihen anwenden, die erst ab einer Stelle $n_0 \in \mathbb{N}$ alternierend sind. Dasselbe gilt, wenn die Folge $\langle |a_n| \rangle$ erst ab einem $n_0 \in \mathbb{N}$ eine monoton fallende Nullfolge ist.

Beweis:

Es sei $a_1 > 0$ (für $a_1 < 0$ läuft der Beweis entsprechend). Da die Reihe alternierend ist, gilt:

$$a_{2m-1} > 0 \quad \text{und} \quad a_{2m} < 0 \quad \text{für alle } m \in \mathbb{N}.$$

Aus der Monotonie der Folge $\langle |a_n| \rangle$ folgt

$$a_{2m} + a_{2m+1} \leqq 0 \quad \text{und} \quad a_{2m-1} + a_{2m} \geqq 0 \quad \text{für alle } m \in \mathbb{N}. \tag{31.1}$$

Wir betrachten nun die zwei Folgen $\langle s_{2m-1} \rangle$ und $\langle s_{2m} \rangle$. Die erste ist monoton fallend, die zweite monoton wachsend, denn für alle $m \in \mathbb{N}$ gilt wegen (31.1):

$$s_{2m+1} = s_{2m-1} + (a_{2m} + a_{2m+1}) \leqq s_{2m-1} \quad \text{bzw.} \quad s_{2m+2} = s_{2m} + (a_{2m+1} + a_{2m+2}) \geqq s_{2m}.$$

Wir zeigen nun, daß beide Folgen beschränkt sind.

Aufgrund der Monotonie beider Folgen ist s_1 eine obere Schranke von $\langle s_{2m-1} \rangle$ und s_2 eine untere Schranke von $\langle s_{2m} \rangle$. Weiterhin gilt

$$s_{2m+1} = s_{2m} + a_{2m+1} \geqq s_{2m} \geqq s_2 \quad \text{und} \quad s_{2m} = s_{2m-1} + a_{2m} \leqq s_{2m-1} \leqq s_1 \quad \text{für alle } m \in \mathbb{N},$$

daher ist s_2 auch eine untere Schranke von $\langle s_{2m-1} \rangle$ und s_1 eine obere Schranke von $\langle s_{2m} \rangle$.

Die Folgen $\langle s_{2m-1} \rangle$ und $\langle s_{2m} \rangle$ sind danach beschränkt und monoton und daher konvergent (vgl. Band 1, Satz 258.1).

Es ist also $\lim\limits_{m\to\infty} s_{2m-1}=s'$ und $\lim\limits_{m\to\infty} s_{2m}=s''$. Daraus folgt

$$s''-s'=\lim_{m\to\infty} s_{2m}-\lim_{m\to\infty} s_{2m-1}=\lim_{m\to\infty}(s_{2m}-s_{2m-1})=\lim_{m\to\infty} a_{2m}=0.$$

da nach Voraussetzung $\langle|a_m|\rangle$ und somit auch $\langle a_m\rangle$ eine Nullfolge ist. Die beiden Folgen $\langle s_{2m-1}\rangle$ und $\langle s_{2m}\rangle$ streben also gegen den gleichen Grenzwert, die Folge $\langle s_n\rangle$ ist daher konvergent. ●

Beispiel 32.1

a) Die Reihe $\sum\limits_{n=1}^{\infty}(-1)^{n+1}\cdot\frac{1}{n}=1-\frac{1}{2}+\frac{1}{3}-\frac{1}{4}+\frac{1}{5}\mp\ldots$ ist konvergent, da die Folge

$\langle|a_n|\rangle=\left\langle\left|(-1)^{n+1}\cdot\frac{1}{n}\right|\right\rangle=\left\langle\frac{1}{n}\right\rangle$ eine monoton fallende Nullfolge ist.

In Beispiel 52.1 zeigen wir, daß $\sum\limits_{n=1}^{\infty}(-1)^{n+1}\cdot\frac{1}{n}=\ln 2$ ist.

b) Die Reihe $\sum\limits_{n=1}^{\infty}\frac{(-1)^{n+1}}{2n-1}$ ist eine alternierende Reihe. Die Folge $\left\langle\left|\frac{(-1)^{n+1}}{2n-1}\right|\right\rangle=\left\langle\frac{1}{2n-1}\right\rangle$ ist monoton fallend, und es gilt $\lim\limits_{n\to\infty}\frac{1}{2n-1}=0$, woraus mit Hilfe des Leibniz-Kriteriums die Konvergenz folgt.

Es ist (vgl. Beispiel 52.2) $\sum\limits_{n=1}^{\infty}\frac{(-1)^{n+1}}{2n-1}=\frac{\pi}{4}$.

c) $\sum\limits_{n=0}^{\infty}(-1)^n\cdot\frac{1}{n!}$ ist konvergent, da $\left\langle\frac{1}{n!}\right\rangle$ eine monoton fallende Nullfolge ist.

Ist $s=\sum\limits_{n=1}^{\infty}a_n$ eine alternierende Reihe, die die Voraussetzungen des Leibniz-Kriteriums erfüllt, so gilt folgende Fehlerabschätzung:

$$|s_n-s|\leqq|a_{n+1}| \quad \text{für alle } n\in\mathbb{N}. \tag{32.1}$$

In Bild 32.1 ist diese Ungleichung veranschaulicht.

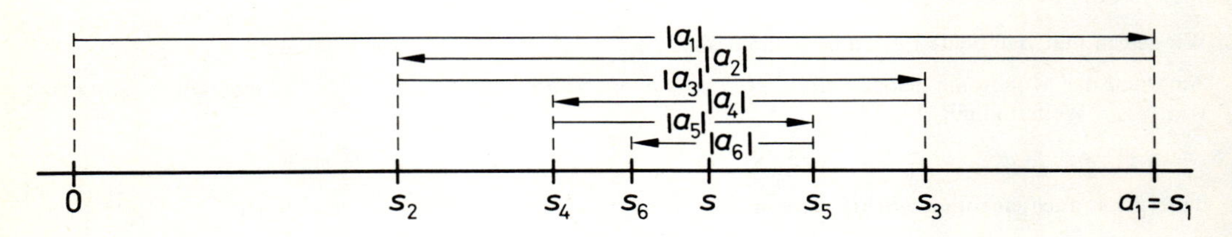

32.1 $|s_n-s|\leqq|a_{n+1}|$ für alle $n\in\mathbb{N}$

Diese Fehlerabschätzung erhalten wir aus dem Beweis des Leibniz-Kriteriums (Satz 31.1). Wie dort sei $a_1 > 0$, d.h.

$$a_{2m-1} > 0 \quad \text{und} \quad a_{2m} < 0 \qquad \text{für alle } m \in \mathbb{N}.$$

Die Folgen $\langle s_{2m-1} \rangle$ und $\langle s_{2m} \rangle$ sind daher monoton, haben den gleichen Grenzwert, und es gilt $s_{2m} \leqq s \leqq s_{2m-1}$ für alle $m \in \mathbb{N}$.

Daraus schließt man für alle $m \in \mathbb{N}$:

$$|s_{2m-1} - s| = s_{2m-1} - s \leqq s_{2m-1} - s_{2m} = -a_{2m} = |a_{2m}| \quad \text{und}$$

$$|s_{2m} - s| = s - s_{2m} \leqq s_{2m+1} - s_{2m} = a_{2m+1} = |a_{2m+1}|,$$

also gilt die Abschätzung 32.1.

Beispiel 33.1

Wieviel Glieder der Reihe $\sum_{n=1}^{\infty} (-1)^{n+1} \cdot \frac{1}{n}$ müssen mindestens addiert werden, damit der Grenzwert $\ln 2$ auf 4 Stellen nach dem Komma genau ist?

Aus (32.1) erhalten wir $|s_n - s| \leqq |a_{n+1}| = \frac{1}{n+1} < 0{,}5 \cdot 10^{-4}$, wozu $n > 2 \cdot 10^4 - 1$ genügt. Man muß also 20000 oder mehr Summanden addieren, um die geforderte Genauigkeit zu erreichen. Man sagt, die Reihe konvergiert »langsam«, sie eignet sich also nicht gut zur Berechnung von $\ln 2$.

1.1.3 Bedingte und absolute Konvergenz

Bei der Definition der Summe einer unendlichen Reihe (Definiton 14.1) haben wir mit Bemerkung 4 bereits darauf hingewiesen, daß die Reihenfolge der Summanden die Summe beeinflussen kann. Folgendes Beispiel belegt dies.

Beispiel 33.2

Wir betrachten die nach Beispiel 32.1a) konvergente Reihe $\sum_{n=1}^{\infty} (-1)^{n+1} \cdot \frac{1}{n}$. Es ist also

$$1 - \tfrac{1}{2} + \tfrac{1}{3} - \tfrac{1}{4} + \tfrac{1}{5} - \tfrac{1}{6} + \tfrac{1}{7} - \tfrac{1}{8} + - \cdots = s.$$

Diese Reihe ordnen wir nun um und zwar so, daß jeweils auf einen positiven Summanden zwei negative folgen, also

$$1 - \tfrac{1}{2} - \tfrac{1}{4} + \tfrac{1}{3} - \tfrac{1}{6} - \tfrac{1}{8} + \tfrac{1}{5} - \tfrac{1}{10} - \tfrac{1}{12} + \tfrac{1}{7} - \tfrac{1}{14} - \tfrac{1}{16} + - \cdots$$

Setzen wir Klammern, so ergibt sich

$$(1 - \tfrac{1}{2}) - \tfrac{1}{4} + (\tfrac{1}{3} - \tfrac{1}{6}) - \tfrac{1}{8} + (\tfrac{1}{5} - \tfrac{1}{10}) - \tfrac{1}{12} + (\tfrac{1}{7} - \tfrac{1}{14}) - \tfrac{1}{16} + - \cdots$$

und daraus

$$\tfrac{1}{2} - \tfrac{1}{4} + \tfrac{1}{6} - \tfrac{1}{8} + \tfrac{1}{10} - \tfrac{1}{12} + \tfrac{1}{14} - \tfrac{1}{16} + - \cdots = \sum_{n=1}^{\infty} (-1)^{n+1} \cdot \frac{1}{2n}.$$

Die letzte Reihe ist aufgrund des Leibnitz-Kriteriums (Satz 31.1) konvergent. Der Faktor $\frac{1}{2}$ kann also vor die Summe gezogen werden.

$$\sum_{n=1}^{\infty}(-1)^{n+1}\cdot\frac{1}{2n}=\tfrac{1}{2}\cdot\sum_{n=1}^{\infty}(-1)^{n+1}\cdot\frac{1}{n}=\tfrac{1}{2}\cdot s.$$

Durch die vorgenommene Umordnung der Reihe $\sum_{n=1}^{\infty}(-1)^{n+1}\cdot\frac{1}{n}$ mit der Summe s erhielten wir also eine wiederum konvergente Reihe, jedoch mit der Summe $\frac{1}{2}\cdot s$.

Definition 34.1

> Eine gegen s konvergente Reihe heißt **bedingt konvergent,** wenn es eine Umordnung gibt, so daß die umgeordnete Reihe entweder divergent ist oder gegen eine von s verschiedene Summe konvergiert.

Es gibt Reihen, die bei jeder Umordnung konvergent sind und auch die gleiche Summe besitzen. Man nennt diese Reihen auch **unbedingt konvergent.** Wie man zeigen kann, sind dies genau die Reihen $\sum_{n=1}^{\infty} a_n$, für die auch $\sum_{n=1}^{\infty}|a_n|$ konvergent sind.

Definition 34.2

> Eine Reihe $\sum_{n=1}^{\infty} a_n$ heißt **absolut konvergent,** wenn die Reihe $\sum_{n=1}^{\infty}|a_n|$ konvergent ist.

Bemerkung:

Konvergente Reihen, die nur nichtnegative Glieder besitzt (d.h. $a_n \geqq 0$ für alle $n \in \mathbb{N}$) sind, wegen $a_n = |a_n|$, absolut konvergent.

Beispiel 34.1

Die Reihe $\sum_{n=1}^{\infty}\frac{1}{n^2}$ ist nach Beispiel 21.1 konvergent und gleichzeitig absolut konvergent.

Satz 34.1

> Jede absolut konvergente Reihe ist konvergent.

Der Beweis erfolgt mit dem Majorantenkriterium.

Bemerkungen:

1. Die Umkehrung dieses Satzes ist nicht richtig, wie die Reihe $\sum_{n=1}^{\infty}(-1)^{n+1}\cdot\frac{1}{n}$ zeigt. Diese Reihe

ist (obwohl sie konvergent ist) nicht absolut konvergent, denn wir erhalten mit

$\sum_{n=1}^{\infty} \left|(-1)^{n+1} \cdot \frac{1}{n}\right| = \sum_{n=1}^{\infty} \frac{1}{n}$ die divergente harmonische Reihe.

2. Wird die Konvergenz einer Reihe mit dem Majoranten-, Quotienten- oder Wurzelkriterium bewiesen, so ist die Reihe sogar absolut konvergent.

Wie oben schon angedeutet wurde, besteht ein Zusammenhang zwischen den unbedingt konvergenten und den absolut konvergenten Reihen. In der Tat läßt sich folgender Satz beweisen.

Satz 35.1

Eine Reihe ist genau dann absolut konvergent, wenn sie unbedingt konvergent ist.

Bemerkung:

Aufgrund dieses Satzes dürfen absolut konvergente Reihen umgeordnet werden; der Grenzwert ändert sich dabei nicht.

Will man zwei konvergente unendliche Reihen $\sum_{n=1}^{\infty} a_n$ und $\sum_{n=1}^{\infty} b_n$ miteinander multiplizieren, so treten dabei folgende Summanden auf:

$$\begin{array}{llll} a_1b_1 & a_1b_2 & a_1b_3 & a_1b_4 \ \ldots \\ a_2b_1 & a_2b_2 & a_2b_3 \ \ldots & \\ a_3b_1 & a_3b_2 \ \ldots & & \\ a_4b_1 \ \ldots & & & \\ \ldots & & & \end{array}$$

Die Summe dieser Produkte ist (wie man zeigen kann) unabhängig von der Reihenfolge dieser Summanden, wenn beide Reihen $\sum_{n=1}^{\infty} a_n$ und $\sum_{n=1}^{\infty} b_n$ absolut konvergent sind. In diesem Fall wählt man als Anordnung zweckmäßig »Schrägzeilen« also:

$$a_1b_1 + (a_1b_2 + a_2b_1) + (a_1b_3 + a_2b_2 + a_3b_1) + (a_1b_4 + \cdots + a_4b_1) + \cdots.$$

Bezeichnen wir $a_1b_1 = c_1$, $a_1b_2 + a_2b_1 = c_2$, also $\sum_{k=1}^{n} a_k b_{n-k+1} = c_n$, so stellt sich die Frage, ob das Produkt zweier unendlicher Reihen sich durch die Reihe $\sum_{n=1}^{\infty} c_n$ mit $c_n = \sum_{k=1}^{n} a_k b_{n-k+1}$ berechnen läßt.

Dazu folgender

Satz 36.1

Die Reihen $\sum_{n=1}^{\infty} a_n = a$ und $\sum_{n=1}^{\infty} b_n = b$ seien absolut konvergent, und es sei $c_n = \sum_{k=1}^{n} a_k b_{n-k+1}$.

Dann ist auch die Reihe $\sum_{n=1}^{\infty} c_n$ (absolut) konvergent, und es gilt

$$\sum_{n=1}^{\infty} c_n = \left(\sum_{n=1}^{\infty} a_n\right) \cdot \left(\sum_{n=1}^{\infty} b_n\right) = a \cdot b.$$

Aufgaben

1. Bestimmen Sie den Grenzwert nachstehender Reihen $\langle s_n \rangle$ mit Hilfe der Partialbruchzerlegung (vgl. Beispiel 15.2).

a) $s_n = \sum_{k=1}^{n} \frac{1}{(3k-2)(3k+1)}$; b) $s_n = \sum_{k=1}^{n} \frac{5}{(k+5)(k+6)}$;

c) $s_n = \sum_{k=1}^{n} \frac{k}{(k+1)(k+2)(k+3)}$; d) $s_n = \sum_{k=1}^{n} \frac{1}{k(k+m)}$ mit $m \in \mathbb{N}$;

e) $s_n = \sum_{k=1}^{n} \frac{1}{k(k+1)(k+2)}$.

2. Welche der nachstehenden Reihen sind nach Satz 20.1 divergent?

a) $\sum_{n=1}^{\infty} \frac{1}{\sqrt[n]{n}}$; b) $\sum_{n=1}^{\infty} \left(\frac{n}{n+1}\right)^{2n}$; c) $\sum_{n=1}^{\infty} \frac{n^5}{n!}$;

d) $\sum_{n=1}^{\infty} (-1)^n \cdot \frac{n-1}{n+1}$; e) $\sum_{n=1}^{\infty} \frac{1}{\arctan n}$; f) $\sum_{n=1}^{\infty} \frac{1}{n \cdot \ln\left(1+\frac{1}{n}\right)}$;

g) $\frac{2}{3} - \frac{3}{6} + \frac{4}{9} - \frac{5}{12} \pm \cdots$; h) $\left(\frac{1}{2}\right)^1 + \left(\frac{2}{3}\right)^2 + \left(\frac{3}{4}\right)^3 + \left(\frac{4}{5}\right)^4 + \cdots$.

3. Mit Hilfe des Majoranten- bzw. Minorantenkriteriums (Satz 20.2) sind folgende Reihen auf Konvergenz bzw. Divergenz zu untersuchen:

a) $\sum_{n=1}^{\infty} \frac{\sqrt{n-1}}{n^2+1}$; b) $\sum_{n=1}^{\infty} \frac{2^{n-1}}{3^n+1}$; c) $\sum_{n=2}^{\infty} \frac{1}{\sqrt{n^2-1}}$;

d) $\sum_{n=1}^{\infty} \frac{\sqrt[3]{n^2+1}}{n \cdot \sqrt[6]{n^5+n-1}}$; e) $\sum_{n=1}^{\infty} \frac{\sqrt[4]{n+4}}{\sqrt[6]{n^7+3n^2-2}}$.

4. Verwenden Sie das Quotienten- bzw. Wurzelkriterium (Satz 23.1 bzw. 26.1) um die Konvergenz oder die Divergenz der nachstehenden Reihen zu zeigen.

a) $\sum_{n=1}^{\infty} (\sqrt[n]{a}-1)^n$ mit $a \in \mathbb{R}^+$; b) $\sum_{n=1}^{\infty} (\sqrt[n]{n}-1)^n$; c) $\sum_{n=1}^{\infty} \frac{n!}{2 \cdot 4 \cdot 6 \cdot \cdots \cdot 2n}$;

d) $\sum_{n=1}^{\infty} \left(\frac{5}{6}\right)^n \cdot \frac{n-2}{n+2}$; e) $\sum_{n=1}^{\infty} \frac{100^n}{n!}$; f) $\sum_{n=1}^{\infty} \frac{n^5}{n!}$;

g) $\sum_{n=1}^{\infty} \frac{n!}{n^9}$; h) $\sum_{n=1}^{\infty} n^4 \cdot (\frac{9}{10})^n$; i) $\sum_{n=1}^{\infty} \left(\frac{1}{\arctan n}\right)^n$; j) $\sum_{n=1}^{\infty} \frac{3^n}{n^n}$.

5. Prüfen Sie das Konvergenzverhalten der alternierenden Reihen mit Hilfe des Leibniz-Kriteriums.

a) $\sum_{n=1}^{\infty} \frac{(-1)^{n+1}}{2n+1}$; b) $\sum_{n=1}^{\infty} \frac{(-1)^{n+1} \cdot n}{n^2+1}$; c) $\sum_{n=4}^{\infty} \frac{(-1)^n \cdot n}{(n-3)^2+1}$;

d) $\sum_{n=1}^{\infty} (-1)^{n+1}(1-\sqrt[n]{a})$; e) $\frac{1}{2}\ln(\ln 2) - \frac{1}{3}\ln(\ln 3) \pm \cdots$.

6. Wieviel Glieder müssen mindestens addiert werden, wenn $\frac{\pi}{4}$ durch die unendliche Reihe $\sum_{n=1}^{\infty} \frac{(-1)^{n+1}}{2n-1}$ auf 3 Stellen nach dem Komma genau berechnet werden soll?

7. Berechnen Sie die Summe s_4 der ersten vier Glieder von

a) $\sum_{n=1}^{\infty} \frac{(-1)^{n+1}}{n^2}$; b) $\sum_{n=1}^{\infty} \frac{(-1)^n}{n!} = \frac{1}{e} - 1$,

und schätzen Sie den Fehler $|s - s_4|$ ab.

8. a) Es sei $a_n \geqq 0$ für alle $n \in \mathbb{N}$ und die Reihe $\sum_{n=1}^{\infty} a_n$ konvergent. Zeigen Sie, daß dann auch die Reihe $\sum_{n=1}^{\infty} a_n^2$ konvergiert.

b) Geben Sie ein Beispiel an, durch das gezeigt wird, daß die Bedingung $a_n \geqq 0$ für alle $n \in \mathbb{N}$ nicht fortgelassen werden kann.

9. Untersuchen Sie folgende Reihen auf Konvergenz:

a) $\sum_{n=1}^{\infty} \frac{\sqrt{(n^2+1)^3}}{\sqrt[4]{(n^4+n^2+1)^5}}$; b) $\sum_{n=3}^{\infty} \frac{1}{n(\ln n)(\ln \ln n)^p}$; c) $\sum_{n=1}^{\infty} \frac{n!}{n^n}$;

d) $\sum_{n=1}^{\infty} \frac{(n+1)^n}{n^{n+1}}$; e) $\sum_{n=1}^{\infty} \frac{(-1)^n \cdot n}{(n+1)(n+2)}$; f) $\sum_{n=1}^{\infty} \frac{(n!)^2}{(2n)!}$;

g) $\sum_{n=1}^{\infty} n^n \cdot \sin^n \frac{2}{n}$; h) $\sum_{n=1}^{\infty} \frac{3^n}{2^n \cdot \arctan^n n}$; i) $\sum_{n=1}^{\infty} \frac{\sin 2^n}{3^n}$

10. Für welche $\alpha \in \mathbb{R}$ konvergieren die Reihen

a) $\sum_{n=1}^{\infty} \frac{\alpha^{2n}}{(1+\alpha^2)^{n-1}}$; b) $\sum_{n=1}^{\infty} \frac{\alpha^{2n}}{1+\alpha^{4n}}$?

11. a) Zeigen Sie, daß die Reihe $\sum_{n=1}^{\infty} \frac{(-1)^n}{\sqrt{n}}$ zwar konvergent, jedoch nicht absolut konvergent ist.

*b) Für das Produkt zweier absolut konvergenter Reihen $\sum_{n=1}^{\infty} a_n$ und $\sum_{n=1}^{\infty} b_n$ gilt:

$$\left(\sum_{n=1}^{\infty} a_n\right) \cdot \left(\sum_{n=1}^{\infty} b_n\right) = \sum_{n=1}^{\infty} c_n \quad \text{mit} \quad c_n = \sum_{k=1}^{n} a_k \cdot b_{n-k+1}.$$

Zeigen Sie, daß diese Gleichung i. allg. nicht mehr richtig ist, wenn keine der beiden Reihen absolut konvergiert. Wählen Sie dazu die Reihen mit $a_n = b_n = \frac{(-1)^n}{\sqrt{n}}$ und beweisen Sie, daß dann $\sum_{n=1}^{\infty} c_n$ divergiert.

12. Bezeichnen wir die Summe der absolut konvergenten Reihe $\sum_{n=1}^{\infty} \frac{1}{n^2}$ mit a, zeigen Sie, daß dann gilt:

$$1 + \frac{1}{3^2} + \frac{1}{5^2} + \cdots = \tfrac{3}{4} a.$$

13. Zeigen Sie, daß für alle $|q| < 1$ gilt:

a) $\sum_{n=1}^{\infty} n \cdot q^{n-1} = \frac{1}{(1-q)^2}$; b) $\sum_{n=1}^{\infty} n(n+1) \cdot q^{n-1} = \frac{2}{(1-q)^3}$.

14. Nach Bild 38.1 werden Halbkreise so aneinandergesetzt, daß eine Spirale entsteht. Der Radius des ersten Kreises sei a, der Radius des jeweils folgenden Halbkreises sei $\frac{3}{4}$mal so groß. Berechnen Sie die Länge s der gesamten Spirale.

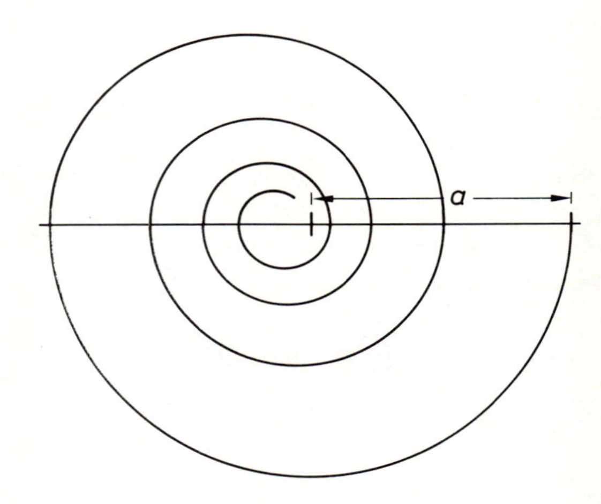

38.1 Zu Aufgabe 14

*15. Homogene Ziegelsteine der Länge l sollen mit einem Überhang gestapelt werden (s. Bild 39.1). Wie groß kann dieser Überhang T maximal werden, wenn genügend Steine vorhanden sind und labiles Gleichgewicht noch zugelassen wird?

*16. Beweisen Sie:

Sind $\sum_{n=1}^{\infty} a_n$ und $\sum_{n=1}^{\infty} b_n$ konvergente Reihen, dann gilt die

Schwarzsche Ungleichung:

$$\left(\sum_{n=1}^{\infty} a_n \cdot b_n\right)^2 \leqq \left(\sum_{n=1}^{\infty} a_n^2\right) \cdot \left(\sum_{n=1}^{\infty} b_n^2\right).$$

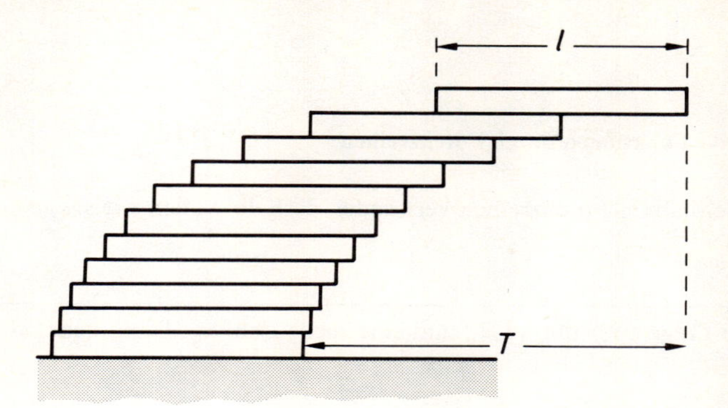

39.1 Zu Aufgabe 15

17. Gegeben ist die Punktfolge $\langle P_n \rangle$ mit $P_n = \left(\sum_{k=1}^{n} (\frac{3}{4})^{k-1},\ \sum_{k=1}^{n} (-\frac{3}{4})^{k-1} \right)$.

a) Skizzieren Sie die ersten vier Punkte P_1, P_2, P_3 und P_4.

b) Ist $\langle P_n \rangle$ eine Punktfolge mit $P_n = (x_n, y_n)$, so bezeichnet man den Punkt $P = (x, y)$ mit $x = \lim_{n \to \infty} x_n$ und $y = \lim_{n \to \infty} y_n$ als Grenzpunkt und schreibt $P = \lim_{n \to \infty} P_n$.

Berechnen Sie die Koordinaten des Grenzpunktes der obigen Punktfolge.

*18. Ein Ball wird mit der Anfangsgeschwindigkeit v_0 unter dem Winkel α zur Waagrechten geworfen. Er pralle in den Entfernungen $x_1, x_2, \ldots, x_n, \ldots$ unter dem gleichen Winkel wieder von ihr ab. Die Anfangsgeschwindigkeiten nehme nach dem Gesetz $\frac{v_{n-1}}{v_n} = c > 1$ ab (vgl. Bild 39.2). Wie weit springt der Ball?

19. An eine Viertelellipse mit den Halbachsen a_0 und b_0 ($a_0 > b_0$) ist (s. Bild 39.3) eine zweite Viertelellipse mit den Halbachsen $a_1 = b_0$ und b_1, an diese eine dritte Viertelellipse mit den Halbachsen $a_2 = b_1$ und b_2 angesetzt usw. Die Achsen werden dabei immer im gleichen Verhältnis verkleinert. Berechnen Sie den Gesamtflächeninhalt der entstandenen Figur.

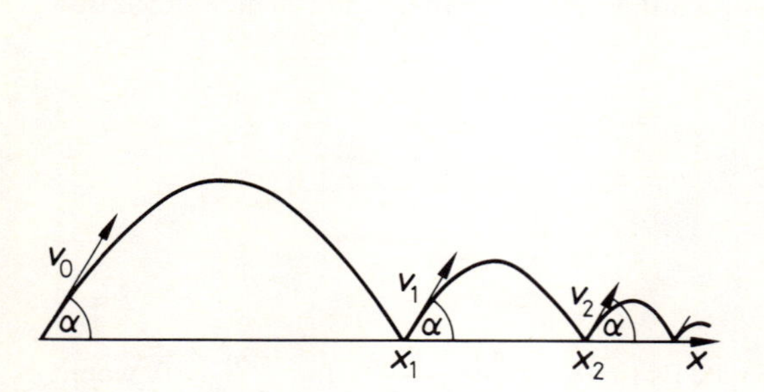

39.2 Zu Aufgabe 18

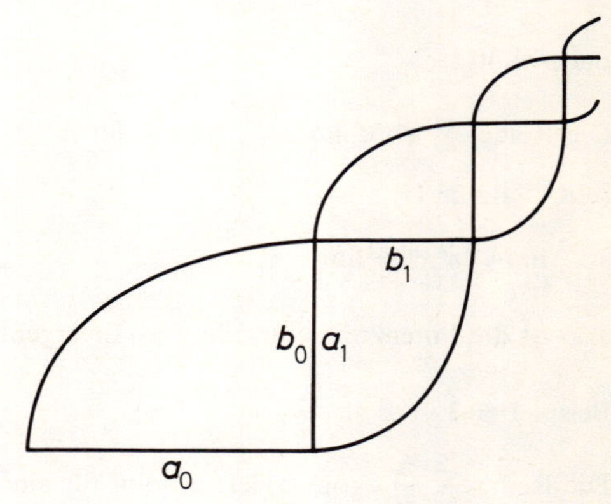

39.3 Zu Aufgabe 19

1.2 Potenzreihen

1.2.1 Darstellung von Funktionen durch Potenzreihen

In der Praxis werden häufig Potenzreihen verwendet, deshalb wollen wir sie genauer untersuchen.

Definition 40.1

Gegeben sei eine Folge $\langle a_n \rangle$ mit $n \in \mathbb{N}_0$ und eine reelle Zahl x_0. Dann nennt man

$$\sum_{n=0}^{\infty} a_n (x-x_0)^n \tag{40.1}$$

Potenzreihe mit dem **Entwicklungspunkt** x_0. Die Zahlen $a_0, a_1, \dots$ heißen **Koeffizienten** der Potenzreihe (40.1).

Beispiel 40.1

$\sum_{n=0}^{\infty} \frac{(x+1)^n}{n!} = 1 + (x+1) + \frac{(x+1)^2}{2!} + \cdots$ ist eine Potenzreihe mit dem Entwicklungspunkt -1 und den Koeffizienten $a_n = \frac{1}{n!}$.

Durch die Substitution $y = x - x_0$ erhält man aus (40.1) die Potenzreihe $\sum_{n=0}^{\infty} a_n y^n$, also eine Potenzreihe mit dem Entwicklungspunkt 0. Daher genügt es, den Fall $x_0 = 0$ zu betrachten.

Die wichtigste Frage ist, für welche $x \in \mathbb{R}$ die Potenzreihe konvergiert. Zunächst stellen wir fest, daß für $x = 0$ jede Potenzreihe $\sum_{n=0}^{\infty} a_n x^n$ konvergiert. Die folgenden Beispiele zeigen, daß eine Potenzreihe (mit Entwicklungspunkt 0) für $x = 0$, für alle $x \in \mathbb{R}$ oder auf einem zu 0 symmetrischen offenen oder abgeschlossenen Intervall konvergent sein kann. Das Intervall kann auch halboffen sein. Daß es andere Möglichkeiten nicht gibt, zeigt Satz 41.1.

Beispiel 40.2

Die Reihe $\sum_{n=1}^{\infty} n^n \cdot x^n$ konvergiert nur für $x = 0$. Für $x \neq 0$ ergibt sich nämlich mit dem Wurzelkriterium (Satz 26.1):

$$\lim_{n \to \infty} \sqrt[n]{|n^n x^n|} = \lim_{n \to \infty} n|x| = \infty,$$

also ist die Potenzreihe für alle $x \neq 0$ divergent.

Beispiel 40.3

Die Reihe $\sum_{n=1}^{\infty} \frac{x^n}{n!}$ konvergiert absolut für alle $x \in \mathbb{R}$. Es ist $\lim_{n \to \infty} \left| \frac{x^{n+1} \cdot n!}{(n+1)!\, x^n} \right| = \lim_{n \to \infty} \frac{|x|}{n+1} = 0$, womit aufgrund des Quotientenkriteriums (Satz 23.1) die Behauptung folgt.

Beispiel 41.1

Wir wollen die $x \in \mathbb{R}$ bestimmen, für die die Reihe $\sum_{n=1}^{\infty} n x^n$ konvergiert. Mit Hilfe des Quotientenkriteriums ergibt sich

$$\lim_{n\to\infty} \left| \frac{(n+1)\, x^{n+1}}{n x^n} \right| = \lim_{n\to\infty} \left(1 + \frac{1}{n}\right) |x| = |x|.$$

Daraus folgt, daß die Reihe für alle x mit $|x| < 1$ absolut konvergent und für $|x| > 1$ divergent ist. Für $x = 1$ ergibt sich die gegen $+\infty$ bestimmt divergente Reihe $\sum_{n=1}^{\infty} n$ und für $x = -1$ die unbestimmt divergente Reihe $\sum_{n=1}^{\infty} (-1)^n n$, daher ist die Reihe $\sum_{n=1}^{\infty} n x^n$ für alle $x \in (-1, 1)$ absolut konvergent und für alle x mit $|x| \geqq 1$ divergent.

Beispiel 41.2

Die Reihe $\sum_{n=1}^{\infty} \frac{x^n}{n}$ ist für alle $x \in [-1, 1)$ konvergent.

Es ist $\lim_{n\to\infty} \frac{n\,|x|^{n+1}}{(n+1)\,|x|^n} = |x|$, d.h. für alle $x \in (-1, 1)$ ist die Potenzreihe absolut konvergent, für alle x mit $|x| > 1$ divergent. Für $x = 1$ ergibt sich die divergente harmonische Reihe (vgl. Beispiel 16.1) und für $x = -1$ die nach dem Leibniz-Kriterium (Satz 31.1) konvergente (jedoch nicht absolut konvergente) Reihe $\sum_{n=1}^{\infty} (-1)^n \cdot \frac{1}{n}$.

Beispiel 41.3

Die Reihe $\sum_{n=1}^{\infty} \frac{x^n}{n^2}$ ist für alle $x \in [-1, 1]$ absolut konvergent, da $\lim_{n\to\infty} \left| \frac{x^{n+1} n^2}{(n+1)^2 x^n} \right| = |x|$ ist und $\sum_{n=1}^{\infty} \frac{1}{n^2}$ sowie $\sum_{n=1}^{\infty} \frac{(-1)^n}{n^2}$ konvergente Reihen sind.

Folgender Satz zeigt, daß jede Potenzreihe entweder nur für $x = 0$ oder auf einem Intervall konvergiert. Dieses Intervall ist symmetrisch zu 0, wenn die Randpunkte nicht beachtet werden.

Satz 41.1

Gegeben sei die Potenzreihe $\sum_{n=0}^{\infty} a_n x^n$.

a) Es sei $\lim_{n\to\infty} \sqrt[n]{|a_n|} = a$. Dann gilt:

i) Ist $a = 0$, dann ist die Potenzreihe für alle $x \in \mathbb{R}$ absolut konvergent.

ii) Ist $a > 0$, so ist die Potenzreihe für alle x mit $|x| < \frac{1}{a}$ absolut konvergent und für alle x mit $|x| > \frac{1}{a}$ divergent.

b) Ist die Folge $\langle \sqrt[n]{|a_n|} \rangle$ nicht beschränkt, so ist die Potenzreihe nur für $x = 0$ konvergent.

Bemerkung:

Für $x=\frac{1}{a}$ bzw. $x=-\frac{1}{a}$ macht der Satz keine Aussage.

Beweis:

a) Wir verwenden das Wurzelkriterium (Satz 26.1). Es ist

$$\lim_{n\to\infty} \sqrt[n]{|a_n \cdot x^n|} = \lim_{n\to\infty} \sqrt[n]{|a_n|} \cdot |x|.$$

i) Ist $a=0$, d.h. $\lim_{n\to\infty} \sqrt[n]{|a_n|}=0$, so ist auch $\lim_{n\to\infty} \sqrt[n]{|a_n \cdot x^n|}=0$ für alle $x \in \mathbb{R}$,

d.h. die Potenzreihe konvergiert für alle $x \in \mathbb{R}$ absolut.

ii) Ist $a>0$, so ergibt sich

$$\lim_{n\to\infty} \sqrt[n]{|a_n x^n|} = \lim_{n\to\infty} \sqrt[n]{|a_n|} \cdot |x| = a \cdot |x|.$$

Das Produkt $a \cdot |x|$ ist genau dann kleiner als 1, wenn $|x|<\frac{1}{a}$ ist, d.h. für alle x mit $|x|<\frac{1}{a}$ konvergiert die Potenzreihe absolut.

Ist $|x|>\frac{1}{a}$, dann ist $a \cdot |x|>1$, d.h. die Reihe ist divergent.

b) Ist $\langle \sqrt[n]{|a_n|} \rangle$ nicht beschränkt, so ist für $x \neq 0$ auch $\langle \sqrt[n]{|a_n|}\,|x| \rangle$ nicht beschränkt, woraus die Divergenz für alle $x \neq 0$ folgt. Die Konvergenz für $x=0$ ist trivial. ●

Obiger Satz gibt Anlaß zu folgender

Definition 42.1

Ist die Folge $\langle \sqrt[n]{|a_n|} \rangle$ konvergent, und gilt $\lim_{n\to\infty} \sqrt[n]{|a_n|}=a>0$, so heißt die Zahl $\rho=\frac{1}{a}$ **Konvergenzradius** der Potenzreihe $\sum_{n=0}^{\infty} a_n x^n$.

Ist $\lim_{n\to\infty} \sqrt[n]{|a_n|}=0$, so schreibt man symbolisch $\rho=\infty$, ist $\langle \sqrt[n]{|a_n|} \rangle$ nicht beschränkt, so setzt man $\rho=0$.

Bemerkungen:

1. Verwendet man bei der Bestimmung des Konvergenzbereichs von $\sum_{n=0}^{\infty} a_n x^n$ statt des Wurzelkriteriums (Satz 26.1) das Quotientenkriterium (Satz 23.1), so ergibt sich für den Konvergenzradius

$$\rho=\frac{1}{\lim_{n\to\infty} \left|\frac{a_{n+1}}{a_n}\right|}=\lim_{n\to\infty} \left|\frac{a_n}{a_{n+1}}\right|,$$

falls dieser Grenzwert existiert.

2. Satz 41.1 besagt also, daß die Potenzreihe $\sum_{n=0}^{\infty} a_n x^n$ für alle $x \in (-\rho, \rho)$ absolut konvergent ist und für alle $x \in \mathbb{R} \setminus [-\rho, \rho]$ divergent ist. Ist $\rho = 0$, so konvergiert die Potenzreihe nur für $x = 0$; ist $\rho = \infty$, so ist für alle $x \in \mathbb{R}$ absolut konvergent.
3. Es läßt sich zeigen, daß jeder Potenzreihe ein Konvergenzradius zugeordnet werden kann, auch solchen, bei denen die Folge $\langle \sqrt[n]{|a_n|} \rangle$ nicht konvergent ist.

Beispiel 43.1

Die Potenzreihe $\sum_{n=1}^{\infty} n x^n$ besitzt den Konvergenzradius 1, denn es ist $\rho = \lim_{n \to \infty} \frac{1}{\sqrt[n]{n}} = 1$.

Beispiel 43.2

Es sei $\alpha \in \mathbb{R}_0^+$. Der Konvergenzradius ρ der Reihe $\sum_{n=1}^{\infty} \frac{x^n}{n^\alpha}$ ist zu bestimmen sowie das Konvergenzverhalten für $|x| = \rho$.

Wir erhalten für $\alpha \neq 0$: $\rho = \frac{1}{\lim\limits_{n \to \infty} \sqrt[n]{n^\alpha}} = \frac{1}{\lim\limits_{n \to \infty} (\sqrt[n]{n})^\alpha} = \frac{1}{1^\alpha} = 1$

und für $\alpha = 0$: $\rho = \frac{1}{\lim\limits_{n \to \infty} \sqrt[n]{1}} = 1$.

Also ist die Potenzreihe für alle $x \in (-1, 1)$ absolut konvergent. Um das Konvergenzverhalten am Rand zu untersuchen machen wir eine Fallunterscheidung.

i) $\alpha = 0$ ergibt $\sum_{n=1}^{\infty} (-1)^n$ bzw. $\sum_{n=1}^{\infty} 1^n$. Beide Reihen sind divergent (die notwendige Bedingung $\lim\limits_{n \to \infty} a_n = 0$ ist nicht erfüllt).

ii) $0 < \alpha \leqq 1$, in diesem Fall ist $\sum_{n=1}^{\infty} \frac{(-1)^n}{n^\alpha}$ nach dem Leibniz-Kriterium (Satz 31.1) konvergent, $\sum_{n=1}^{\infty} \frac{1}{n^\alpha}$ ist jedoch nach (23.1) divergent. Also ist die Reihe konvergent für alle $x \in [-1, 1)$.

iii) Ist $\alpha > 1$, so konvergiert die Reihe absolut für alle $x \in [-1, 1]$, da sowohl $\sum_{n=1}^{\infty} \frac{(-1)^n}{n^\alpha}$ als auch $\sum_{n=1}^{\infty} \frac{1}{n^\alpha}$ konvergent sind.

Wie schon in Bemerkung 1 zu Definition 42.1 festgestellt wurde, kann zur Bestimmung des Konvergenzradius auch das Quotientenkriterium benutzt werden, das in der Handhabung oft einfacher ist als das Wurzelkriterium.

Beispiel 44.1

Von folgenden Potenzreihen ist der Konvergenzradius zu bestimmen.

a) $\sum_{n=0}^{\infty} \frac{x^n}{n!}$.

Es ist $\rho = \lim_{n\to\infty} \frac{(n+1)!}{n!} = \lim_{n\to\infty} (n+1) = \infty$, d.h. die Reihe konvergiert absolut für alle $x \in \mathbb{R}$.

b) $\sum_{n=0}^{\infty} \binom{\alpha}{n} \cdot x^n$ mit $\alpha \in \mathbb{R} \setminus \mathbb{N}_0$.

Für $\alpha \in \mathbb{N}$ hat diese Potenzreihe nur endlich viele Glieder, da $\binom{m}{n} = 0$ ist für alle $m, n \in \mathbb{N}$ mit $n > m$, daher interessiert nur $\alpha \in \mathbb{R} \setminus \mathbb{N}_0$.

Wir erhalten $\left(\text{wegen } \binom{\alpha}{n} = \frac{\alpha(\alpha-1)\cdot \ldots \cdot(\alpha-n+1)}{n!}\right)$:

$$\rho = \lim_{n\to\infty} \left| \frac{\binom{\alpha}{n}}{\binom{\alpha}{n+1}} \right| = \lim_{n\to\infty} \left| \frac{\alpha(\alpha-1)\cdot \ldots \cdot(\alpha-n+1)(n+1)!}{n!\,\alpha(\alpha-1)\cdot \ldots \cdot(\alpha-n+1)(\alpha-n)} \right| = \lim_{n\to\infty} \left| \frac{n+1}{\alpha-n} \right| = 1,$$

die Reihe ist also für alle $x \in (-1, 1)$ absolut konvergent.

c) $\sum_{n=0}^{\infty} \frac{x^n}{10^n}$.

Für den Konvergenzradius erhalten wir:

$\rho = \lim_{n\to\infty} \frac{10^{n+1}}{10^n} = 10$, also ist diese Potenzreihe absolut konvergent für alle $x \in (-10, 10)$.

d) $\sum_{n=1}^{\infty} n^2 3^n x^{2n}$.

Es ergibt sich $\lim_{n\to\infty} \left| \frac{a_n}{a_{n+1}} \right| = \lim_{n\to\infty} \frac{n^2 \cdot 3^n}{(n+1)^2 \cdot 3^{n+1}} = \frac{1}{3} \cdot \lim_{n\to\infty} \left(\frac{n}{n+1} \right)^2 = \frac{1}{3}$.

Beachten wir $x^{2n} = (x^2)^n$, so ist die Potenzreihe absolut konvergent für alle x mit $x^2 < \frac{1}{3}$, folglich ist sie absolut konvergent für alle x mit $|x| < \sqrt{\frac{1}{3}}$.

e) $\sum_{n=1}^{\infty} 2^n n (x-3)^n$.

Der Entwicklungspunkt dieser Potenzreihe ist 3. Ist ρ sein Konvergenzradius, so konvergiert diese Reihe für alle $x \in (3-\rho,\ 3+\rho)$. Es ist $\rho = \lim_{n\to\infty} \frac{2^n \cdot n}{2^{n+1} \cdot (n+1)} = \frac{1}{2}$, also konvergiert diese Potenzreihe absolut für alle $x \in (\frac{5}{2}, \frac{7}{2})$.

Gegeben sei die Potenzreihe $\sum_{n=0}^{\infty} a_n x^n$ mit dem Konvergenzradius ρ. Durch diese Reihe wird jedem $x \in (-\rho, \rho)$ eine Zahl zugeordnet. Damit ist eine auf $(-\rho, \rho)$ definierte Funktion f mit $f: x \mapsto \sum_{n=0}^{\infty} a_n x^n$ gegeben. Sie heißt die **durch die Potenzreihe dargestellte Funktion** f und man schreibt: $f(x) = \sum_{n=0}^{\infty} a_n x^n$ für alle x des Konvergenzintervalles.

Beispiel 45.1

Die geometrische Reihe $\sum_{n=0}^{\infty} x^n$ besitzt den Konvergenzradius 1 und stellt daher auf $(-1, 1)$ die Funktion $f: (-1, 1) \to \mathbb{R}$ mit $f(x) = \frac{1}{1-x}$ dar, also ist

$$\sum_{n=0}^{\infty} x^n = \frac{1}{1-x} \quad \text{für alle } x \text{ mit } |x| < 1. \tag{45.1}$$

In Bild 45.1 ist der Graph von f dargestellt sowie die Graphen von f_1, f_2 und f_3 mit $f_1(x) = 1 + x$, $f_2(x) = 1 + x + x^2$ und $f_3(x) = 1 + x + x^2 + x^3$.

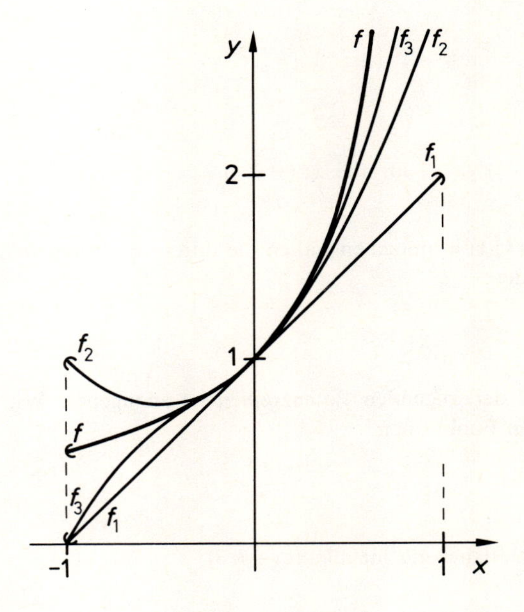

45.1 Zu Beispiel 45.1

Beispiel 45.2

Folgende Funktionen sind durch Potenzreihen darzustellen und das Konvergenzintervall ist anzugeben.

a) f mit $f(x)=\frac{1}{2-3x}$.

Wir erhalten:

$$\frac{1}{2-3x}=\frac{1}{2}\cdot\frac{1}{1-\frac{3}{2}x}=\frac{1}{2}\cdot\sum_{n=0}^{\infty}(\tfrac{3}{2}x)^n=\sum_{n=0}^{\infty}\frac{3^n\cdot x^n}{2^{n+1}}$$

(Die letzte Gleichheit gilt aufgrund von Satz 17.1)

Konvergenzradius: $\rho=\lim\limits_{n\to\infty}\left|\frac{3^n\cdot 2^{n+2}}{2^{n+1}\cdot 3^{n+1}}\right|=\frac{2}{3}$.

Also gilt

$$\frac{1}{2-3x}=\sum_{n=0}^{\infty}\frac{3^n\cdot x^n}{2^{n+1}} \quad \text{für alle } x\in(-\tfrac{2}{3},\tfrac{2}{3});$$

b) f mit $f(x)=\frac{2}{3+8x}$.

Wir erhalten:

$$\frac{2}{3+8x}=\frac{2}{3}\cdot\frac{1}{1-(-\frac{8}{3}x)}=\frac{2}{3}\cdot\sum_{n=0}^{\infty}(-\tfrac{8}{3}x)^n=\frac{2}{3}\cdot\sum_{n=0}^{\infty}(-\tfrac{8}{3})^n\cdot x^n.$$

Konvergenzradius: $\rho=\lim\limits_{n\to\infty}|(-\frac{8}{3})^n\cdot(-\frac{3}{8})^{n+1}|=\frac{3}{8}$.

Also gilt

$$\frac{2}{3+8x}=\frac{2}{3}\cdot\sum_{n=0}^{\infty}(-\tfrac{8}{3})^n\cdot x^n \quad \text{für alle } x\in(-\tfrac{3}{8},\tfrac{3}{8}).$$

Umgekehrt kann durch (45.1) in manchen Fällen die durch die Potenzreihe dargestellte Funktion einfacher dargestellt werden.

Beispiel 46.1

Das Konvergenzintervall der folgenden Potenzreihen ist anzugeben. Wie lauten die durch diese Potenzreihen dargestellten Funktionen?

a) $\sum\limits_{n=0}^{\infty}\frac{x^n}{3^n}$.

Es ist $\rho=\lim\limits_{n\to\infty}\frac{3^{n+1}}{3^n}=3$, daher gilt für alle $x\in(-3,3)$:

$$\sum_{n=0}^{\infty}\frac{x^n}{3^n}=\sum_{n=0}^{\infty}\left(\frac{x}{3}\right)^n=\frac{1}{1-\frac{x}{3}}=\frac{3}{3-x}.$$

b) $\sum\limits_{n=0}^{\infty}(-\frac{1}{5})^n x^{n+1}$.

Der Konvergenzradius ist 5, daher gilt für alle $x \in (-5, 5)$:

$$\sum_{n=0}^{\infty} (-\tfrac{1}{5})^n x^{n+1} = x \cdot \sum_{n=0}^{\infty} (-\tfrac{1}{5})^n x^n = \frac{x}{1+\frac{x}{5}} = \frac{5x}{5+x}.$$

1.2.2 Sätze über Potenzreihen

Eine unmittelbare Folgerung aus den Sätzen 17.1 und 36.1 ist

Satz 47.1

Der Konvergenzradius von $\sum_{n=0}^{\infty} a_n x^n$ sei ρ_1, der von $\sum_{n=0}^{\infty} b_n x^n$ sei ρ_2. Weiter sei $\rho = \min\{\rho_1, \rho_2\}$.
Dann gilt für alle $x \in (-\rho, \rho)$:

a) $\sum_{n=0}^{\infty} a_n x^n + \sum_{n=0}^{\infty} b_n x^n = \sum_{n=0}^{\infty} (a_n + b_n) x^n$

b) $\left(\sum_{n=0}^{\infty} a_n x^n\right) \cdot \left(\sum_{n=0}^{\infty} b_n x^n\right) = \sum_{n=0}^{\infty} \left(\sum_{k=0}^{n} a_k b_{n-k}\right) x^n.$

Bemerkungen:

1. Da die Summe mit $n=0$ beginnt, ist hier $c_n = \sum_{k=0}^{n} a_k b_{n-k}$ und nicht, wie in Satz 36.1, $c_n = \sum_{k=1}^{n} a_k b_{n-k+1}$.

2. Der Konvergenzradius der auf der rechten Seite stehenden Potenzreihen kann größer als ρ sein.

Beispiel 47.1

Wir wollen die Funktion f mit $f(x) = \frac{3-4x}{2-5x+3x^2}$ in eine Potenzreihe entwickeln.

Dazu zerlegen wir den Term $\frac{3-4x}{2-5x+3x^2}$ in Partialbrüche und erhalten mit (45.1) und Beispiel 45.2a):

$$\frac{3-4x}{2-5x+3x^2} = \frac{1}{1-x} + \frac{1}{2-3x} = \sum_{n=0}^{\infty} x^n + \sum_{n=0}^{\infty} \frac{3^n x^n}{2^{n+1}}.$$

Der Konvergenzradius der ersten Potenzreihe ist $\rho_1 = 1$, der der zweiten $\rho_2 = \frac{2}{3}$. Aufgrund von Satz 47.1 erhalten wir wegen $\rho = \min\{1, \frac{2}{3}\} = \frac{2}{3}$:

$$\frac{3-4x}{2-5x+3x^2}=\sum_{n=0}^{\infty}\frac{2^{n+1}+3^n}{2^{n+1}}\cdot x^n \quad \text{für alle } x\in(-\tfrac{2}{3},\tfrac{2}{3}).$$

Beispiel 48.1

Die Funktion f mit $f(x)=\frac{1}{1-2x+x^2}$ ist als Produkt der Funktion $f_1\colon x\mapsto\frac{1}{1-x}$ mit sich selbst darstellbar. Aufgrund von Satz 47.1 erhalten wir für alle x mit $|x|<1$

$$\frac{1}{1-2x+x^2}=\left(\frac{1}{1-x}\right)^2=\left(\sum_{n=0}^{\infty}x^n\right)\cdot\left(\sum_{n=0}^{\infty}x^n\right)=\sum_{n=0}^{\infty}\left(\sum_{k=0}^{n}1\right)x^n=\sum_{n=0}^{\infty}(n+1)\,x^n,$$

also gilt

$$\frac{1}{(1-x)^2}=\sum_{n=0}^{\infty}(n+1)\,x^n=\sum_{n=1}^{\infty}nx^{n-1} \quad \text{für alle } x\in(-1,1). \tag{48.1}$$

Dieses Beispiel zeigt eine Eigenschaft auf, die alle Potenzreihen mit positivem Konvergenzradius haben. Nach Beispiel 48.1 erhält man die Ableitung auch dadurch, daß die unendliche Reihe gliedweise differenziert wird.

Es gilt nämlich einerseits:

$$f(x)=\frac{1}{1-x} \Rightarrow f'(x)=\frac{1}{(1-x)^2}$$

und andererseits, wenn man gliedweise differenziert:

$$\sum_{n=0}^{\infty}(x^n)'=\sum_{n=1}^{\infty}nx^{n-1},$$

so daß (wegen (48.1)) für alle $x\in(-1,1)$ gilt:

$$\left(\sum_{n=0}^{\infty}x^n\right)'=\sum_{n=1}^{\infty}nx^{n-1}.$$

In der Tat läßt sich folgender Satz beweisen.

Satz 48.1

Es sei $\sum_{n=0}^{\infty}a_nx^n$ eine Potenzreihe mit dem Konvergenzradius $\rho>0$.

a) Dann hat die durch gliedweise Differentiation entstehende Potenzreihe $\sum_{n=1}^{\infty}n\cdot a_nx^{n-1}$ auch den Konvergenzradius ρ.

b) Es gilt:

$$\left(\sum_{n=0}^{\infty}a_nx^n\right)'=\sum_{n=1}^{\infty}n\cdot a_nx^{n-1} \quad \text{für alle } x\in(-\rho,\rho).$$

Beweis:

a) Da die Reihe $\sum_{n=0}^{\infty} a_n x^n$ für alle x mit $|x|<\rho$ konvergent ist, gibt es (wegen Satz 20.1) zu jedem $\varepsilon>0$ ein $n_1 \in \mathbb{N}$, so daß $|a_n x^n| \leqq |a_n \rho^n| < \varepsilon$ für alle $n \geqq n_1$ und alle x mit $|x|<\rho$. x_1 sei nun eine Zahl zwischen $|x|$ und ρ, d.h. $|x|<x_1<\rho$. Dann gilt

$$|n \cdot a_n x^{n-1}| = |a_n x_1^n| \cdot \frac{n}{x_1} \cdot \left|\frac{x}{x_1}\right|^{n-1} < \frac{\varepsilon \cdot n}{x_1} \cdot \left|\frac{x}{x_1}\right|^{n-1} \quad \text{für alle } n \geqq n_1.$$

Also ist die Reihe $\frac{\varepsilon}{x_1} \cdot \sum_{n=1}^{\infty} n \cdot \left|\frac{x}{x_1}\right|^{n-1}$ eine Majorante von $\sum_{n=1}^{\infty} n \cdot a_n x^{n-1}$. Ihre Konvergenz erhalten wir mit dem Quotientenkriterium:

$$\lim_{n \to \infty} \frac{|x|^n \cdot x_1^{n-1} \cdot (n+1)}{x_1^n \cdot |x|^{n-1} \cdot n} = \frac{|x|}{x_1} < 1, \quad \text{da} \quad |x| < x_1 < \rho.$$

b) Setzen wir $f(x) = \sum_{n=0}^{\infty} a_n x^n$ und $g(x) = \sum_{n=1}^{\infty} n \cdot a_n x^{n-1}$, dann haben wir zu zeigen, daß

$$\lim_{h \to 0} \left[\frac{f(x+h)-f(x)}{h} - g(x)\right] = 0$$

ist für alle $x \in (-\rho, \rho)$.

Wählen wir h so, daß für $|x|<x_1<\rho$ auch $|x+h|<x_1<\rho$ ist, dann erhalten wir, da beide Reihen für alle x mit $|x|<\rho$ absolut konvergent sind

$$\frac{f(x+h)-f(x)}{h} - g(x) = \frac{1}{h}\left(\sum_{n=0}^{\infty} a_n (x+h)^n - \sum_{n=0}^{\infty} a_n x^n\right) - \sum_{n=1}^{\infty} n \cdot a_n x^{n-1}$$

$$= \sum_{n=1}^{\infty} a_n \cdot \left(\frac{(x+h)^n - x^n}{h} - n \cdot x^{n-1}\right) = \sum_{n=2}^{\infty} a_n \cdot \left(\frac{(x+h)^n - x^n}{h} - n \cdot x^{n-1}\right).$$

Mit Hilfe des Mittelwertsatzes der Differentialrechnung (Band 2, Satz 72.1) erhalten wir für alle $n \in \mathbb{N} \setminus \{1\}$:

$$\frac{(x+h)^n - x^n}{h} = n \cdot \xi_n^{n-1},$$

wobei ξ_n zwischen x und $x+h$ ist, d.h. $|\xi_n - x| < h$.

Damit ergibt sich für alle $n \in \mathbb{N} \setminus \{1\}$

$$\frac{(x+h)^n - x^n}{h} - n \cdot x^{n-1} = n \cdot (\xi_n^{n-1} - x^{n-1}),$$

also, wenn wir den Mittelwertsatz noch einmal auf $\xi_n^{n-1} - x^{n-1}$ anwenden

$$\frac{(x+h)^n - x^n}{h} - n \cdot x^{n-1} = n(n-1)(\xi_n - x) \cdot \eta_n^{n-2},$$

wobei η_n zwischen x und ξ_n liegt. Wegen $|\xi_n - x| < h$ und $\eta_n < x_1$ für alle $n \in \mathbb{N} \setminus \{1\}$ folgt daher

$$\left|\frac{(x+h)^n - x^n}{h} - n \cdot x^{n-1}\right| < n(n-1) \cdot h \cdot x_1^{n-2}, \quad \text{woraus}$$

$$\left|\frac{f(x+h) - f(x)}{h} - g(x)\right| < h \cdot \sum_{n=2}^{\infty} n(n-1) \cdot |a_n| \cdot x_1^{n-2} \tag{50.1}$$

folgt. Nun ist die Reihe $\sum_{n=2}^{\infty} n(n-1)|a_n| x_1^{n-2}$ absolut konvergent, da sie durch Differentiation aus der Reihe $\sum_{n=1}^{\infty} n \cdot a_n x^{n-1}$ entsteht und daher (nach Teil a) dieses Satzes) ebenfalls den Konvergenzradius ρ besitzt und $0 < x_1 < \rho$ ist. Für $h \to 0$ ergibt sich daher aus (50.1) die Behauptung. ●

Folgerungen aus Satz 48.1

1. Die Potenzreihe $\sum_{n=0}^{\infty} a_n x^n$ habe den positiven Konvergenzradius ρ und die sie darstellende Funktion sei f, also

   $$f(x) = \sum_{n=0}^{\infty} a_n x^n \quad \text{für alle } x \in (-\rho, \rho).$$

   Nach Satz 48.1 ist f auf $(-\rho, \rho)$ differenzierbar, daher ist f auch (vgl. Band 2, Satz 25.1) auf $(-\rho, \rho)$ stetig.

2. Alle Potenzreihen mit einem positiven Konvergenzradius ρ sind für alle $x \in (-\rho, \rho)$ beliebig oft (gliedweise) differenzierbar, es gilt:

$$\begin{aligned} f(x) &= \sum_{n=0}^{\infty} a_n x^n, \\ f'(x) &= \sum_{n=1}^{\infty} n \cdot a_n x^{n-1}, \\ f''(x) &= \sum_{n=2}^{\infty} n(n-1)\, a_n x^{n-2}, \\ &\vdots \\ f^{(i)}(x) &= \sum_{n=i}^{\infty} n(n-1) \cdot \ldots \cdot (n-i+1) \cdot a_n x^{n-i} \quad \text{für alle } i \in \mathbb{N}. \end{aligned} \tag{50.2}$$

3. Hat $f(x) = \sum_{n=0}^{\infty} a_n x^n$ den positiven Konvergenzradius ρ, dann gilt

$$\int \sum_{n=0}^{\infty} a_n x^n \,\mathrm{d}x = \sum_{n=0}^{\infty} a_n \int x^n \,\mathrm{d}x = \sum_{n=0}^{\infty} \frac{a_n}{n+1} \cdot x^{n+1} \quad \text{für alle } x \in (-\rho, \rho), \tag{50.3}$$

   d.h. f kann, falls $0 < r < \rho$, auf $[-r, r]$ gliedweise integriert werden.

In der Tat, ist F gegeben durch $F(x)=\sum_{n=0}^{\infty}\frac{a_n}{n+1}\cdot x^{n+1}$, so ist nach Satz 48.1

$F'(x)=\sum_{n=0}^{\infty}a_n x^n=f(x)$, also ist F Stammfunktion von f, damit ist (50.3) bewiesen.

Da zusätzlich $F(0)=0$ ist, gilt auch

$$\int_0^x \sum_{n=0}^{\infty} a_n t^n\,\mathrm{d}t=\sum_{n=0}^{\infty}\frac{a_n}{n+1}\cdot x^{n+1} \quad \text{für alle } x\in(-\rho,\rho). \tag{51.1}$$

Die folgenden Beispiele zeigen, wie sich Satz 48.1 anwenden läßt.

Beispiel 51.1

Wir wollen die auf $(-1, 1)$ konvergente Potenzreihe $\sum_{n=0}^{\infty} nx^n$ in »geschlossener Form« angeben. Dazu differenzieren wir die Potenzreihe $\frac{1}{1-x}=\sum_{n=0}^{\infty}x^n$ und erhalten für alle $x\in(-1,1)$:

$$\frac{1}{(1-x)^2}=\left(\sum_{n=0}^{\infty}x^n\right)'=\sum_{n=1}^{\infty}nx^{n-1}.$$

Durch Multiplikation mit x ergibt sich

$$\sum_{n=1}^{\infty}nx^n=\frac{x}{(1-x)^2} \quad \text{für alle } x\in(-1,1).$$

Beispiel 51.2

Für alle $x\in(-1,1)$ gilt $\frac{1}{1+x}=\sum_{n=0}^{\infty}(-x)^n$ (geometrische Reihe).

Mit (51.1) erhalten wir daher für alle $x\in(-1,1)$:

$$\ln(1+x)=\int_0^x\frac{\mathrm{d}t}{1+t}=\int_0^x\sum_{n=0}^{\infty}(-t)^n\mathrm{d}t=\sum_{n=0}^{\infty}(-1)^n\cdot\int_0^x t^n\mathrm{d}t=\sum_{n=0}^{\infty}\frac{(-1)^n x^{n+1}}{n+1},$$

also

$$\ln(1+x)=x-\frac{x^2}{2}+\frac{x^3}{3}-\frac{x^4}{4}+-\cdots \quad \text{für alle } x\in(-1,1).$$

Beispiel 51.3

Für alle $x\in(-1,1)$ gilt: $\frac{1}{1+x^2}=\sum_{n=0}^{\infty}(-x^2)^n=\sum_{n=0}^{\infty}(-1)^n\cdot x^{2n}$.

Daher ist für alle $x\in(-1,1)$:

$$\arctan x=\int_0^x\frac{\mathrm{d}t}{1+t^2}=\sum_{n=0}^{\infty}(-1)^n\cdot\int_0^x t^{2n}\mathrm{d}t=\sum_{n=0}^{\infty}\frac{(-1)^n}{2n+1}\cdot x^{2n+1},$$

also

$$\arctan x = x - \frac{x^3}{3} + \frac{x^5}{5} - \frac{x^7}{7} + - \cdots \quad \text{für alle } x \in (-1, 1).$$

Damit haben wir eine Potenzreihenentwicklung für die arctan-Funktion erhalten.

Aufgrund der Folgerung 1 zu Satz 48.1 ist die durch die Potenzreihe $\sum_{n=0}^{\infty} a_n x^n$ gegebene Funktion auf $(-\rho, \rho)$ stetig, wenn ρ der Konvergenzradius der Potenzreihe ist. Die Folgerung macht also nur eine Aussage über das offene Intervall $(-\rho, \rho)$.

Man kann nun weiter zeigen:

Ist die Potenzreihe $\sum_{n=0}^{\infty} a_n x^n$ mit dem Konvergenzradius $\rho > 0$ auf $[-\rho, \rho]$ konvergent, so ist die durch diese Potenzreihe definierte Funktion f auf dem abgeschlossenen Intervall $[-\rho, \rho]$ stetig.

Das bedeutet, daß dann f an der Stelle $-\rho$ rechtsseitig und an der Stelle ρ linksseitig stetig ist.

Daher gilt

$$\lim_{x \downarrow -\rho} \sum_{n=0}^{\infty} a_n x^n = \sum_{n=0}^{\infty} a_n \cdot (-\rho)^n \quad \text{bzw.} \quad \lim_{x \uparrow \rho} \sum_{n=0}^{\infty} a_n x^n = \sum_{n=0}^{\infty} a_n \cdot \rho^n, \tag{52.1}$$

falls die Potenzreihe $\sum_{n=0}^{\infty} a_n x^n$ auf $[-\rho, \rho]$ konvergiert.

Beispiel 52.1

Wie in Beispiel 51.2 gezeigt wurde, gilt

$$\ln(1+x) = \sum_{n=0}^{\infty} \frac{(-1)^n}{n+1} \cdot x^{n+1} \quad \text{für alle } x \in (-1, 1).$$

Für $x = 1$ erhalten wir die nach Beispiel 32.1 a) konvergente Reihe $\sum_{n=0}^{\infty} \frac{(-1)^n}{n+1}$. Aufgrund von (52.1) ist daher

$$\sum_{n=0}^{\infty} \frac{(-1)^n}{n+1} = \lim_{x \uparrow 1} \ln(1+x) = \ln 2, \quad \text{also} \quad \ln 2 = 1 - \tfrac{1}{2} + \tfrac{1}{3} - \tfrac{1}{4} \pm \cdots,$$

wie schon in Beispiel 32.1 a) erwähnt.

Beispiel 52.2

Nach Beispiel 51.3 gilt für alle $x \in (-1, 1)$:

$$\arctan x = x - \frac{x^3}{3} + \frac{x^5}{5} - \frac{x^7}{7} \pm \cdots.$$

Für $x = 1$ ist diese Reihe nach dem Leibniz-Kriterium (Satz 31.1) konvergent (vgl. Beispiel 32.1 b)).

Mit (52.1) erhalten wir also wegen $\arctan 1 = \frac{\pi}{4}$ (man beachte Aufgabe 8):

$$\frac{\pi}{4} = 1 - \tfrac{1}{3} + \tfrac{1}{5} - \tfrac{1}{7} \pm \cdots.$$

Ohne Beweis geben wir noch den Eindeutigkeitssatz für Potenzreihen an.

Satz 53.1 (Eindeutigkeitssatz für Potenzreihen)

Gibt es eine Umgebung $U(0)$, so daß für alle $x \in U$ gilt

$$\sum_{n=0}^{\infty} a_n x^n = \sum_{n=0}^{\infty} b_n x^n,$$

dann stimmen die Koeffizienten überein, d.h. es ist

$$a_n = b_n \quad \text{für alle } n \in \mathbb{N}_0.$$

An zwei Beispielen wollen wir die Anwendung dieses Satzes demonstrieren.

Beispiel 53.1

Gesucht ist eine Potenzreihenentwicklung der Funktion f mit $f(x) = (1+x)^\alpha$, $\alpha \in \mathbb{R} \setminus \mathbb{N}_0$. Wie groß ist der Konvergenzradius dieser Potenzreihe?

Es sei $(1+x)^\alpha = \sum_{n=0}^{\infty} a_n x^n$ mit dem Konvergenzradius $\rho > 0$.

Dann erhalten wir für alle $x \in (-\rho, \rho)$ durch Differentiation:

$$\alpha(1+x)^{\alpha-1} = \sum_{n=1}^{\infty} n a_n x^{n-1} \quad \text{und daraus}$$

$$\begin{aligned} \alpha(1+x)^\alpha &= (1+x) \cdot \sum_{n=1}^{\infty} n a_n x^{n-1} = \sum_{n=1}^{\infty} n a_n x^{n-1} + \sum_{n=1}^{\infty} n a_n x^n \\ &= \sum_{n=0}^{\infty} (n+1) a_{n+1} x^n + \sum_{n=0}^{\infty} n a_n x^n = \sum_{n=0}^{\infty} \big((n+1) a_{n+1} + n a_n\big) x^n. \end{aligned}$$

Andererseits gilt $\alpha(1+x)^\alpha = \alpha \cdot \sum_{n=0}^{\infty} a_n x^n$, also

$$\sum_{n=0}^{\infty} \big((n+1) a_{n+1} + n a_n\big) x^n = \sum_{n=0}^{\infty} \alpha a_n x^n \quad \text{für alle } x \in (-\rho, \rho).$$

Aufgrund des Eindeutigkeitssatzes für Potenzreihen folgt dann für alle $n \in \mathbb{N}_0$:

$$(n+1) a_{n+1} + n a_n = \alpha a_n \quad \text{bzw.} \quad a_{n+1} = \frac{\alpha - n}{n+1} \cdot a_n.$$

Damit erhalten wir beispielsweise für

$n=0$: $a_1 = \alpha a_0$;

$n=1$: $a_2 = \frac{\alpha-1}{2} \cdot a_1 = \frac{\alpha(\alpha-1)}{1 \cdot 2} \cdot a_0$;

$n=2$: $a_3 = \frac{\alpha-2}{3} \cdot a_2 = \frac{\alpha(\alpha-1)(\alpha-2)}{3!} \cdot a_0; \ldots$

Mit Hilfe der vollständigen Induktion zeigt man

$$a_n = \frac{\alpha(\alpha-1) \cdot \ldots \cdot (\alpha-n+1)}{n!} \cdot a_0 = \binom{\alpha}{n} \cdot a_0 \quad \text{für alle } n \in \mathbb{N}.$$

Aus $(1+x)^\alpha = \sum_{n=0}^{\infty} a_n x^n$ folgt für $x=0$: $a_0 = 1$, daher gilt:

$$(1+x)^\alpha = \sum_{n=0}^{\infty} \binom{\alpha}{n} \cdot x^n \quad \text{für alle } x \in (-1, 1), \tag{54.1}$$

denn der Konvergenzradius dieser Potenzreihe beträgt 1 (vgl. Beispiel 44.1 b)).

Beispiel 54.1

Gesucht ist eine Funktion f mit der Eigenschaft $f' = f$ und $f(0) = 1$. (Solche Aufgaben nennt man Anfangswertprobleme (vgl. Abschnitt 4)). Für die Funktion f machen wir einen Potenzreihenansatz:

$$f(x) = \sum_{n=0}^{\infty} a_n x^n \quad \text{und erhalten wegen} \quad f'(x) = \sum_{n=1}^{\infty} n \cdot a_n x^{n-1}$$

$$\sum_{n=0}^{\infty} a_n x^n = \sum_{n=0}^{\infty} (n+1) \cdot a_{n+1} \cdot x^n$$

und aus dem Eindeutigkeitssatz für Potenzreihen (Satz 53.1) folgt

$$a_{n+1} = \frac{a_n}{n+1} \quad \text{für alle } n \in \mathbb{N}_0.$$

Mit Hilfe der vollständigen Induktion folgt $a_n = \frac{a_0}{n!}$ für alle $n \in \mathbb{N}$ und aus $f(0) = 1$ ergibt sich $a_0 = 1$, so daß wir für die gesuchte Funktion erhalten

$$f(x) = \sum_{n=0}^{\infty} \frac{x^n}{n!} \quad \text{für alle } x \in \mathbb{R},$$

da der Konvergenzradius $\rho = \infty$ ist (vgl. Beispiel 44.1 a)). Im nächsten Abschnitt zeigen wir, daß durch diese Potenzreihe die e-Funktion dargestellt wird, so daß durch die e-Funktion das obige Anfangswertproblem gelöst wird.

1.2.3 Die Taylor-Reihe

Gegeben sei die Potenzreihe $\sum_{k=0}^{\infty} a_k x^k$ mit dem Konvergenzradius $\rho > 0$. Dann wird durch diese Potenzreihe (nach (50.2)) eine auf $(-\rho, \rho)$ beliebig oft differenzierbare Funktion f mit $f(x) = \sum_{k=0}^{\infty} a_k x^k$ definiert. Für die Koeffizienten a_k erhalten wir:

$$f^{(n)}(x) = \sum_{k=n}^{\infty} k(k-1) \cdot \ldots \cdot (k-n+1) \cdot a_k x^{k-n}, \qquad \text{also für } x = 0:$$

$$f^{(n)}(0) = n(n-1) \cdot \ldots \cdot 1 \cdot a_n.$$

Daher ist

$$a_n = \frac{f^{(n)}(0)}{n!} \qquad \text{für alle } n \in \mathbb{N}_0 \tag{55.1}$$

Ist f eine auf einer Umgebung U von 0 beliebig oft differenzierbare Funktion, so nennt man die Zahlen $a_n = \frac{f^{(n)}(0)}{n!}$ die **Taylor-Koeffizienten** von f. Mit Hilfe dieser Taylor-Koeffizienten von f läßt sich die Reihe $\sum_{n=0}^{\infty} \frac{f^{(n)}(0)}{n!} \cdot x^n$ bilden, die man **Taylor-Reihe der Funktion f** nennt.

Allgemein definiert man:

Definition 55.1

f sei eine auf (a, b) beliebig oft stetig differenzierbare Funktion und $x_0 \in (a, b)$. Dann nennt man

$$\sum_{n=0}^{\infty} \frac{f^{(n)}(x_0)}{n!} \cdot (x - x_0)^n$$

die **Taylor-Reihe von f bezüglich der Stelle x_0**.

Beispiel 55.1

Von folgenden, auf D_f beliebig oft differenzierbaren Funktionen f ist die Taylor-Reihe bezüglich der Stelle 0 zu bestimmen:

a) f mit $f(x) = \mathrm{e}^x$, $D_f = \mathbb{R}$.

Es ist $f^{(n)}(x) = \mathrm{e}^x$, woraus $f^{(n)}(0) = 1$ für alle $n \in \mathbb{N}_0$ folgt. Daher lautet die Taylor-Reihe der e-Funktion bezüglich der Stelle 0:

$$\sum_{n=0}^{\infty} \frac{x^n}{n!}.$$

b) f mit $f(x) = \ln(1-x)$, $D_f = (-1, 1)$.

Wir erhalten $f'(x)=-\frac{1}{1-x}$, $f''(x)=-\frac{1}{(1-x)^2}$, $f'''(x)=-\frac{2!}{(1-x)^3}$, also (wie man z.B. mit Hilfe der vollständigen Induktion beweisen kann)

$$f^{(n)}(x)=-\frac{(n-1)!}{(1-x)^n} \quad \text{für alle } n\in\mathbb{N},$$

woraus $f^{(n)}(0)=-(n-1)!$ für alle $n\in\mathbb{N}$ folgt. Die Taylor-Reihe von f bez. der Stelle Null ist daher (man beachte $f(0)=0$):

$$-\sum_{n=1}^{\infty}\frac{x^n}{n}.$$

c) f mit $f(x)=\ln(1+x)$, $D_f=(-1,1)$.

Die Taylor-Koeffizienten erhalten wir aus $f^{(n)}(x)=(-1)^{n-1}\cdot\frac{(n-1)!}{(1+x)^n}$ zu $\frac{f^{(n)}(0)}{n!}=\frac{(-1)^{n-1}}{n}$. Also lautet die Taylor-Reihe dieser Funktion:

$$\sum_{n=1}^{\infty}\frac{(-1)^{n-1}}{n}\cdot x^n.$$

Es stellen sich sofort zwei Fragen.

1. Für welche $x\in\mathbb{R}$ konvergiert die Taylor-Reihe von f?
2. Wird jede Funktion durch ihre Taylor-Reihe dargestellt?

Die erste Frage läßt sich sofort beantworten, da die Taylor-Reihe einer Funktion eine Potenzreihe ist. Folgende drei Fälle sind daher möglich:

a) Die Taylor-Reihe konvergiert für alle $x\in\mathbb{R}$.
b) Die Taylor-Reihe besitzt einen positiven Konvergenzradius.
c) Die Taylor-Reihe konvergiert nur für $x=x_0$.

Alle drei Fälle können auch bei Taylor-Reihen eintreten. So ist z.B. die Taylor-Reihe der e-Funktion (Beispiel 55.1 a)) für alle $x\in\mathbb{R}$ konvergent (vgl. Beispiel 40.3), wohingegen die Taylor-Reihe in Beispiel 55.1 b) den Konvergenzradius $\rho=1$ (s. Beispiel 41.2) besitzt. Man kann zeigen, daß auch der Fall c) möglich ist.

Die zweite Frage ist nur interessant für die Fälle a) und b) und ist mit nein zu beantworten, da es Funktionen gibt, deren Taylor-Reihe nicht die Funktion darstellt.

Beispiel 56.1

Es sei f mit $f(x)=\begin{cases} e^{-\frac{1}{x^2}} & \text{für } x\neq 0 \\ 0 & \text{für } x=0. \end{cases}$

f ist auf $\mathbb{R}$ beliebig oft differenzierbar. Für $x\neq 0$ ist

$$f'(x)=\frac{2}{x^3}\cdot e^{-\frac{1}{x^2}}, \quad f''(x)=\left(\frac{4}{x^6}-\frac{6}{x^4}\right)e^{-\frac{1}{x^2}},$$

schließlich

$$f^{(n)}(x)=\frac{p(x)}{q(x)}\cdot e^{-\frac{1}{x^2}},$$

wobei p und q ganzrationale Funktionen sind. Mit Hilfe der vollständigen Induktion zeigen wir, daß $f^{(n)}(0)=0$ für alle $n\in\mathbb{N}$ ist.

(I) Induktionsanfang: $f'(0)=\lim\limits_{h\to 0}\frac{e^{-\frac{1}{h^2}}}{h}=0$ (man vgl. Band 1, (335.3)).

(II) Induktionsschritt:

Es sei $f^{(n)}(0)=0$, folglich ist $f^{(n+1)}(0)=\lim\limits_{h\to 0}\frac{p(h)}{h\cdot q(h)}\cdot e^{-\frac{1}{h^2}}=0.$

Also ist die Taylor-Reihe dieser Funktion die Nullfunktion und stellt somit nicht die Funktion dar.

Mit Hilfe des Taylorschen Satzes (siehe Band 2, Satz 80.1) erhalten wir eine notwendige und hinreichende Bedingung dafür, daß die Taylor-Reihe von f die Funktion f darstellt.

Nach dem Satz von Taylor (Band 2, Satz 80.1) gilt:

Ist f beliebig oft auf $[a, b]$ differenzierbar und $x_0\in(a, b)$, dann existiert ein ξ, das zwischen x und x_0 liegt, so daß

$$f(x)=\sum_{k=0}^{n}\frac{f^{(k)}(x_0)}{k!}\cdot(x-x_0)^k+\frac{f^{(n+1)}(\xi)}{(n+1)!}\cdot(x-x_0)^{n+1}$$

ist. Daher gilt folgender

Satz 57.1

f sei auf $[a, b]$ beliebig oft differenzierbar und $x_0\in(a, b)$, dann konvergiert die Taylor-Reihe von f bez. der Stelle x_0 genau dann gegen die Funktion f, wenn für alle $x\in(a, b)$

$$\lim_{n\to\infty}\frac{f^{(n+1)}(\xi)}{(n+1)!}\cdot(x-x_0)^{n+1}=0$$

ist, wobei ξ zwischen x und x_0 liegt.

Bemerkungen:

1. Es genügt also nicht, wie bereits Beispiel 56.1 zeigt, die Taylor-Reihe auf Konvergenz zu untersuchen, vielmehr muß für alle $x\in(a, b)$ $\lim\limits_{n\to\infty}\frac{f^{(n+1)}(\xi)}{(n+1)!}\cdot(x-x_0)^{n+1}=0$ sein, nur dann stellt die Taylor-Reihe von f die Funktion f dar.

2. Ist ρ der Konvergenzradius der Taylor-Reihe von f, so wird f nur auf dem Intervall $(x_0-\rho, x_0+\rho)$ durch die Taylor-Reihe dargestellt. So ist z. B. die Funktion f mit $f(x)=\ln(1+x)$ auf dem Intervall $(-1, \infty)$ beliebig oft differenzierbar, die Taylor-Reihe dieser Funktion bez. der Stelle 0 jedoch nur für $x\in(-1, 1]$ konvergent (vgl. Beispiel 55.1 c)). Also gilt (vgl. Beispiel 51.2)

$$\ln(1+x)=\sum_{n=1}^{\infty}\frac{(-1)^{n-1}}{n}\cdot x^n \quad \text{für alle } x\in(-1,1].$$

Wir wollen nun die Taylor-Reihe einiger Funktionen bestimmen und zeigen, daß diese Taylor-Reihen auch jeweils die Funktion darstellen.

a) Taylor-Reihe der e-Funktion

Nach Beispiel 55.1 a) lautet die Taylor-Reihe der e-Funktion bez. der Stelle Null: $\sum_{n=0}^{\infty}\frac{x^n}{n!}$. Diese Potenzreihe ist für alle $x\in\mathbb{R}$ (nach Beispiel 40.3 und 44.1) absolut konvergent. Weiterhin gilt

$$\lim_{n\to\infty}\frac{f^{(n+1)}(\xi)}{(n+1)!}\cdot x^{n+1}=\lim_{n\to\infty}e^{\xi}\cdot\frac{x^{n+1}}{(n+1)!}=0 \quad \text{für alle } \xi,\ x\in\mathbb{R}$$

(vgl. Band 1, Beispiel 259.1), so daß aufgrund von Satz 57.1 die Taylor-Reihe die e-Funktion darstellt. Es ist daher

$$e^x=\sum_{n=0}^{\infty}\frac{x^n}{n!} \quad \text{für alle } x\in\mathbb{R}. \tag{58.1}$$

Für $x=1$ folgt hieraus die bereits in Beispiel 22.2 erwähnte Reihe für e:

$$e=\sum_{n=0}^{\infty}\frac{1}{n!}=1+1+\frac{1}{2}+\frac{1}{3!}+\cdots$$

b) Taylor-Reihe der sin-Funktion

Für die Funktion f mit $f(x)=\sin x$, $D_f=\mathbb{R}$ gilt:

$$f^{(2n+1)}(0)=(-1)^n,\quad f^{(2n)}(0)=0 \quad \text{für alle } n\in\mathbb{N}.$$

Für das Restglied R_{2n} erhalten wir $\lim_{n\to\infty}(-1)^n\cdot\frac{\cos\xi}{(2n+1)!}\cdot x^{2n+1}=0$ für alle ξ, $x\in\mathbb{R}$ (vgl. Band 2, Beispiel 83.1). Ebenso zeigt man $\lim_{n\to\infty}R_{2n-1}=0$, also

$$\sin x=\sum_{n=0}^{\infty}\frac{(-1)^n x^{2n+1}}{(2n+1)!} \quad \text{für alle } x\in\mathbb{R}. \tag{58.2}$$

c) Taylor-Reihe der cos-Funktion

Ebenso erhält man die Taylor-Reihe der cos-Funktion, es gilt

$$\cos x=\sum_{n=0}^{\infty}\frac{(-1)^n x^{2n}}{(2n)!} \quad \text{für alle } x\in\mathbb{R}. \tag{58.3}$$

d) Taylor-Reihe der Funktion f mit $f(x)=\ln(1+x)$

Nach Beispiel 55.1 c) lautet die Taylor-Reihe dieser Funktion $\sum_{n=1}^{\infty}\frac{(-1)^{n-1}}{n}\cdot x^n$, die für alle

$x \in (-1, 1]$ konvergent ist. In Band 2 wurde in Beispiel 84.2 gezeigt, daß das Restglied für $n \to \infty$ gegen Null konvergiert. Aufgrund von Satz 57.1 und wegen Bemerkung 2 zu diesem Satz gilt also

$$\ln(1+x) = \sum_{n=1}^{\infty} \frac{(-1)^{n-1}}{n} \cdot x^n \quad \text{für alle } x \in (-1, 1]. \tag{59.1}$$

e) Taylor-Reihe der sinh- und cosh-Funktion

Wegen $(\sinh x)^{(2n)} = \sinh x$, $(\sinh x)^{(2n-1)} = \cosh x$, $(\cosh x)^{(2n)} = \cosh x$, $(\cosh x)^{(2n-1)} = \sinh x$ für alle $n \in \mathbb{N}$ und wegen

$$\lim_{n\to\infty} \frac{x^{n+1}}{(n+1)!} \cdot \sinh \xi = 0 \quad \text{und} \quad \lim_{n\to\infty} \frac{x^{n+1}}{(n+1)!} \cdot \cosh \xi = 0$$

gilt nach Satz

$$\sinh x = \sum_{n=0}^{\infty} \frac{x^{2n+1}}{(2n+1)!} = x + \frac{x^3}{3!} + \frac{x^5}{5!} + \cdots \quad \text{für alle } x \in \mathbb{R} \tag{59.2}$$

und

$$\cosh x = \sum_{n=0}^{\infty} \frac{x^{2n}}{(2n)!} = 1 + \frac{x^2}{2!} + \frac{x^4}{4!} + \cdots \quad \text{für alle } x \in \mathbb{R}. \tag{59.3}$$

f) Reihenentwicklung der Arcus-Funktionen

Aus (54.1) folgt mit $x = -t^2$ und $\alpha = -\frac{1}{2}$ für alle $t \in (-1, 1)$:

$$\frac{1}{\sqrt{1-t^2}} = \sum_{n=0}^{\infty} \binom{-\frac{1}{2}}{n} \cdot (-1)^n t^{2n} = 1 + \tfrac{1}{2} t^2 + \frac{1 \cdot 3}{2 \cdot 4} t^4 + \frac{1 \cdot 3 \cdot 5}{2 \cdot 4 \cdot 6} t^6 + \cdots.$$

Es darf gliedweise integriert werden:

$$\begin{aligned} \arcsin x &= \int_0^x \frac{dt}{\sqrt{1-t^2}} = \int_0^x \sum_{n=0}^{\infty} \binom{-\frac{1}{2}}{n} \cdot (-1)^n t^{2n} dt = \sum_{n=0}^{\infty} \binom{-\frac{1}{2}}{n} \cdot (-1)^n \cdot \int_0^x t^{2n} dt \\ &= \sum_{n=0}^{\infty} \binom{-\frac{1}{2}}{n} \cdot (-1)^n \cdot \frac{x^{2n+1}}{2n+1}, \end{aligned}$$

woraus

$$\arcsin x = x + \frac{1}{2} \cdot \frac{x^3}{3} + \frac{1 \cdot 3}{2 \cdot 4} \cdot \frac{x^5}{5} + \frac{1 \cdot 3 \cdot 5}{2 \cdot 4 \cdot 6} \cdot \frac{x^7}{7} + \cdots \quad \text{für alle } x \in (-1, 1) \tag{59.4}$$

folgt.

Wegen $\arccos x = \dfrac{\pi}{2} - \arcsin x$ für alle $x \in [-1, 1]$ (vgl. Band 1, Seite 107) ergibt sich

$$\operatorname{arccos} x = \frac{\pi}{2} - \left(x + \frac{1}{2} \cdot \frac{x^3}{3} + \frac{1 \cdot 3}{2 \cdot 4} \cdot \frac{x^5}{5} + \frac{1 \cdot 3 \cdot 5}{2 \cdot 4 \cdot 6} \cdot \frac{x^7}{7} + \cdots\right) \quad \text{für alle } x \in (-1, 1). \quad (60.1)$$

Nach Beispiel 51.3 gilt:

$$\arctan x = x - \frac{x^3}{3} + \frac{x^5}{5} - \frac{x^7}{7} + - \cdots \quad \text{für alle } x \in [-1, 1], \quad (60.2)$$

da die Reihe nach dem Leibniz-Kriterium (Satz 31.1) auch für $x = \pm 1$ konvergiert und folglich (52.1) angewandt werden kann.

Wegen $\operatorname{arccot} x = \frac{\pi}{2} - \arctan x$ für alle $x \in \mathbb{R}$ folgt

$$\operatorname{arccot} x = \frac{\pi}{2} - \left(x - \frac{x^3}{3} + \frac{x^5}{5} - \frac{x^7}{7} + - \cdots\right) \quad \text{für alle } x \in [-1, 1] \quad (60.3)$$

g) Reihenentwicklung der Areafunktionen

Aus $\operatorname{arsinh} x = \int_0^x \frac{\mathrm{d}t}{\sqrt{t^2+1}}$ für alle $x \in \mathbb{R}$ folgt durch gliedweise Integration:

$$\operatorname{arsinh} x = x - \frac{1}{2 \cdot 3} \cdot x^3 + \frac{1 \cdot 3}{2 \cdot 4 \cdot 5} \cdot x^5 - \frac{1 \cdot 3 \cdot 5}{2 \cdot 4 \cdot 6 \cdot 7} \cdot x^7 + - \cdots \quad \text{für alle } x \in (-1, 1) \quad (60.4)$$

und ebenso

$$\operatorname{artanh} x = x + \frac{x^3}{3} + \frac{x^5}{5} + \frac{x^7}{7} + \cdots \quad \text{für alle } x \in (-1, 1). \quad (60.5)$$

An Hand von Beispielen wollen wir zeigen, wie man obige Ergebnisse in der Praxis anwenden kann.

Beispiel 60.1

Ein an zwei Punkten festgehaltenes Seil oder festgehaltene Kette hat, wie man zeigen kann, die Form des Graphen einer cosh-Funktion. Wählen wir das Koordinatensystem so, daß der tiefste Punkt dieser Kurve in $A = (0, a)$ mit $a > 0$ zu liegen kommt, dann wird diese Kurve durch die Funktion f mit $f(x) = a \cdot \cosh \frac{x}{a}$ beschrieben. Es sei nun der Durchhang $h > 0$ sowie die Spannweite $2l$ ($l > 0$) des Seiles gegeben (vgl. Bild 61.1). Gesucht ist a in Abhängigkeit von l und h.

Wir erhalten

$$a + h = a \cdot \cosh \frac{l}{a},$$

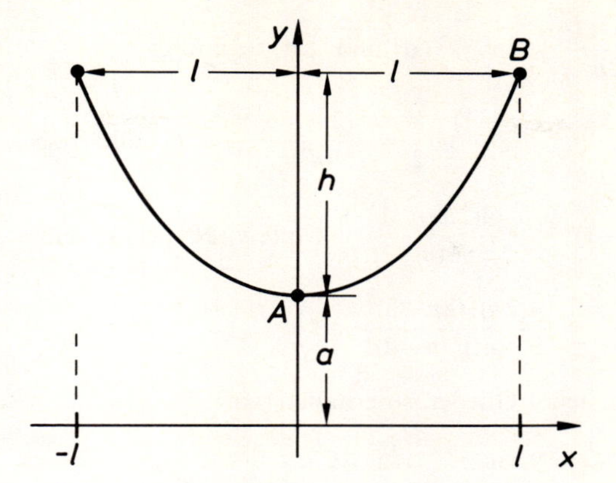

61.1 Kettenlinie

da der Punkt $B=(l, a+h)$ die Gleichung $y=a\cdot\cosh\dfrac{x}{a}$ erfüllen muß.

Sind h und l gegeben, so kann a z.B. mit Hilfe eines allgemeinen Iterationsverfahrens berechnet werden. Man kann jedoch auch eine Näherung dadurch erhalten, daß man die cosh-Funktion durch die ersten beiden Glieder ihrer Taylor-Reihe ersetzt. Dies ergibt

$$a+h\approx a\left(1+\frac{l^2}{2a^2}\right),\quad \text{woraus}\quad a\approx\frac{l^2}{2h}\quad \text{folgt.}$$

Beispiel 61.1

Es soll der Umfang s_E einer Ellipse mit den Halbachsen a und b mit $0<b<a$ berechnet werden.

Nach Band 2, Beispiel 201.1 b) gilt für den Umfang dieser Ellipse:

$$s_E=4a\cdot\int_0^{\frac{1}{2}\pi}\sqrt{1-\varepsilon^2\sin^2 t}\,dt, \tag{61.1}$$

wobei $\varepsilon=\dfrac{e}{a}<1$ die numerische Exzentrizität und $e^2=a^2-b^2$ ist.

(Beachte: In Band 2, Beispiel 201.1 b) war $b>a$ vorausgesetzt, durch Vertauschung von a und b ergibt sich (61.1).)

Mit (54.1) erhalten wir, wenn man $x=-\varepsilon^2\sin^2 t$ und $\alpha=\frac{1}{2}$ setzt:

$$s_E=4a\cdot\int_0^{\frac{1}{2}\pi}\sum_{n=0}^{\infty}\binom{\frac{1}{2}}{n}\cdot(-\varepsilon^2\sin^2 t)^n\,dt.$$

Wegen $|x|=|\varepsilon^2\sin^2 t|<1$ für alle $t\in[0,\frac{1}{2}\pi]$ kann (vgl. (50.3)) gliedweise integriert werden. Es ist also

$$s_E=4a\cdot\sum_{n=0}^{\infty}(-1)^n\binom{\frac{1}{2}}{n}\varepsilon^{2n}\cdot\int_0^{\frac{1}{2}\pi}\sin^{2n}t\,dt.$$

Wegen $\int\limits_0^{\frac{1}{2}\pi} \sin^{2n} t\,dt = \frac{2n-1}{2n} \int\limits_0^{\frac{1}{2}\pi} \sin^{2n-2} t\,dt$ und $\int\limits_0^{\frac{1}{2}\pi} dt = \frac{1}{2}\pi$ folgt

$$\int\limits_0^{\frac{1}{2}\pi} \sin^{2n} t\,dt = \frac{1\cdot 3\cdot 5\cdot \ldots \cdot (2n-1)}{2\cdot 4\cdot 6\cdot \ldots \cdot 2n}\cdot\frac{\pi}{2} = \frac{(2n)!}{2^{2n}(n!)^2}\cdot\frac{\pi}{2} \quad \text{für alle } n\in\mathbb{N}_0.$$

Außerdem gilt $\binom{\frac{1}{2}}{n} = (-1)^{n+1}\cdot\frac{4(2n-3)!}{2^{2n}n!\,(n-2)!}$ für alle $n\in\mathbb{N}\setminus\{1\}$, so daß

$$s_E = 2a\pi\cdot\left(1-\tfrac{1}{4}\varepsilon^2 - \sum_{n=2}^{\infty}\frac{4(2n)!\,(2n-3)!}{2^{4n}(n!)^3\,(n-2)!}\cdot\varepsilon^{2n}\right)$$

ist. Berechnen wir die ersten 4 Glieder, so erhalten wir

$$s_E = 2a\pi\cdot(1-\tfrac{1}{4}\varepsilon^2 - \tfrac{3}{64}\varepsilon^4 - \tfrac{5}{256}\varepsilon^6 - \tfrac{175}{16\,384}\varepsilon^8 - \cdots). \tag{62.1}$$

Eine gute Näherung für den Umfang der Ellipse ist $s_E \approx \pi\left(3\cdot\frac{a+b}{2} - \sqrt{ab}\right)$.

Wir wollen die Größenordnung des Fehlers dieser Näherung berechnen. Wegen $\sqrt{1-\varepsilon^2} = \frac{b}{a}$ folgt:

$$\frac{a+b}{2} = \frac{a}{2}(1+\sqrt{1-\varepsilon^2}) = 2a(\tfrac{1}{2} - \tfrac{1}{8}\varepsilon^2 - \tfrac{1}{32}\varepsilon^4 - \tfrac{1}{64}\varepsilon^6 - \tfrac{5}{512}\varepsilon^8 - \cdots)$$

$$\sqrt{ab} = a\sqrt[4]{1-\varepsilon^2} = 2a(\tfrac{1}{2} - \tfrac{1}{8}\varepsilon^2 - \tfrac{3}{64}\varepsilon^4 - \tfrac{7}{256}\varepsilon^6 - \tfrac{77}{4096}\varepsilon^8 - \cdots),$$

also

$$\pi\left(3\cdot\frac{a+b}{2} - \sqrt{ab}\right) = 2a\pi(1-\tfrac{1}{4}\varepsilon^2 - \tfrac{3}{64}\varepsilon^4 - \tfrac{5}{256}\varepsilon^6 - \tfrac{43}{4096}\varepsilon^8 - \cdots).$$

Die Übereinstimmung mit der Reihenentwicklung (62.1) von s_E ist recht gut (bis auf einen Fehler der Größenordnung $\frac{3}{16\,384}\varepsilon^8$).

Beispiel 62.1

Bezeichnet T bzw. T_0 die Dauer einer gedämpften bzw. ungedämpften Zeigerschwingung eines Galvanometers, dann gilt $T_0 = T\cdot\frac{\pi}{\sqrt{\pi^2+\lambda^2}}$.

Dabei ist $\lambda = \frac{2\pi}{\omega}\delta$ das sogenannte logarithmische Dekrement der Dämpfung (vgl. (338.2)).

Für »kleine« Werte von λ soll eine Näherungsformel für T_0 entwickelt werden.

Es ist $T_0 = T\left(1+\left(\frac{\lambda}{\pi}\right)^2\right)^{-\frac{1}{2}}$. Setzen wir in (54.1) $\alpha = -\frac{1}{2}$, $x = \left(\frac{\lambda}{\pi}\right)^2$, so folgt für alle λ mit $0 \leqq \lambda < \pi$:

$$T_0 = T\cdot\sum_{n=0}^{\infty}\binom{-\frac{1}{2}}{n}\cdot\left(\frac{\lambda}{\pi}\right)^{2n}, \quad \text{also sind} \quad T\left(1-\frac{\lambda^2}{2\pi^2}\right) \quad \text{oder} \quad T\left(1-\frac{\lambda^2}{2\pi^2}+\frac{3\lambda^4}{8\pi^4}\right)$$

Näherungen für T_0, falls $0 \leqq \lambda < \pi$ ist.

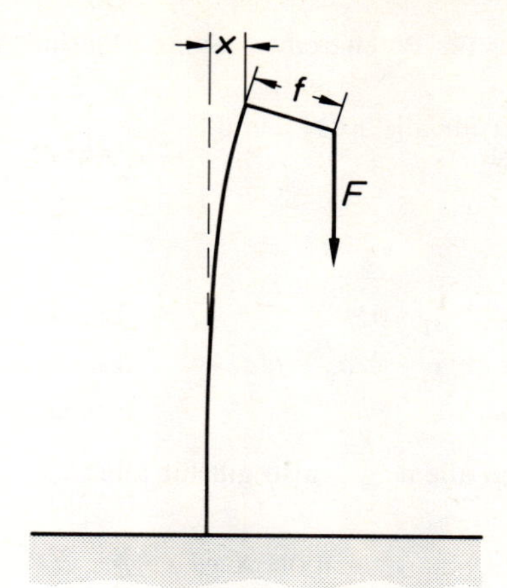

63.1 Exzentrische Druckbelastung eines Stabes

Beispiel 63.1

Ein Stab werde exzentrisch auf Druck beansprucht (s. Bild 63.1). Ist f die Exzentrizität der Kraft F und $\alpha = l\sqrt{\frac{F}{EI}}$, wobei l die Stablänge, E der Elastizitätsmodul und I das Trägheitsmoment des Stabquerschnittes bezeichnet, so gilt für die maximale Ausbiegung:

$$x = f \cdot \left(\frac{1}{\cos\alpha} - 1\right).$$

Wir wollen eine für »kleine« α gültige Näherungsformel herleiten. Dazu entwickeln wir zunächst die Funktion φ mit $\varphi(\alpha) = \frac{1}{\cos\alpha}$ in eine Potenzreihe mit dem Konvergenzradius ρ.

Es sei also $\varphi(\alpha) = \sum\limits_{n=0}^{\infty} a_n \alpha^n$ für alle $\alpha \in (-\rho, \rho)$ mit $0 < \rho < \frac{1}{2}\pi$. Dann gilt $(\cos\alpha) \cdot \left(\sum\limits_{n=0}^{\infty} a_n \alpha^n\right) = 1$ oder, wenn wir die Taylor-Reihe der Kosinusfunktion (vgl. (58.3)) verwenden:

$$\left(\sum_{n=0}^{\infty} \frac{(-1)^n}{(2n)!} \cdot \alpha^{2n}\right) \cdot \left(\sum_{n=0}^{\infty} a_n \alpha^n\right) = 1 \qquad \text{für alle } \alpha \in (-\rho, \rho).$$

Mit Satz 47.1 folgt daraus

$$\sum_{n=0}^{\infty} \left[\left(\sum_{k=0}^{n} \frac{(-1)^k}{(2k)!} \cdot a_{2(n-k)}\right) \cdot \alpha^{2n} + \left(\sum_{k=0}^{n} \frac{(-1)^k}{(2k)!} \cdot a_{2(n-k)+1}\right) \cdot \alpha^{2n+1}\right] = 1.$$

Aufgrund des Eindeutigkeitssatzes für Potenzreihen (Satz 53.1) erhalten wir.

$$a_0=1, \quad \sum_{k=0}^{n} \frac{(-1)^k}{(2k)!} a_{2(n-k)}=0 \text{ für alle } n\in\mathbb{N} \quad \text{und} \quad \sum_{k=0}^{n} \frac{(-1)^k}{(2k)!} a_{2(n-k)+1}=0 \text{ für alle } n\in\mathbb{N}_0.$$

So ergibt sich z.B. für

$n=0$: $a_1=0$;

$n=1$: $a_2-\frac{1}{2!}a_0=0$ und $a_3-\frac{1}{2!}a_1=0$, d.h. $a_2=\frac{1}{2!}$ und $a_3=0$;

$n=2$: $a_4-\frac{1}{2!}a_2+\frac{1}{4!}a_0=0$ und $a_5-\frac{1}{2!}a_3+\frac{1}{4!}a_1=0$, d.h. $a_4=\frac{5}{4!}$ und $a_5=0$;

$n=3$: $a_6-\frac{1}{2!}a_4+\frac{1}{4!}a_2-\frac{1}{6!}a_0=0$, d.h. $a_6=\frac{61}{6!}$

usw. Wie man sieht, verschwinden alle a_{2n+1}, also gilt für alle $\alpha\in(-\rho,\rho)$:

$$\frac{1}{\cos\alpha}=1+\frac{1}{2!}\alpha^2+\frac{5}{4!}\alpha^4+\frac{61}{6!}\alpha^6+\cdots, \quad \text{woraus } x=f\alpha^2\left(\frac{1}{2!}+\frac{5}{4!}\alpha^2+\frac{61}{6!}\alpha^4+\cdots\right)$$

folgt. Eine Näherung für die maximale Ausbiegung ist daher z.B. gegeben durch

$$x\approx\frac{f\alpha^2}{24}(12+5\alpha^2).$$

Beispiel 64.1

Wird beim freien Fall eines Massenpunktes der Luftwiderstand berücksichtigt und zwar als Reibungskraft, die proportional dem Quadrat der Geschwindigkeit ist, so lautet die Weg-Zeit-Funktion s:

$$s(t)=\frac{m}{r}\cdot\ln\cosh\left(\sqrt{\frac{rg}{m}}\cdot t\right).$$

Dabei ist r der Reibungskoeffizient, m die Masse und g die Erdbeschleunigung.

Um eine Näherung für $s(t)$ zu erhalten, bestimmen wir die Taylor-Reihe der Funktion s bez. der Stelle Null. Es ist

$$s'(t)=\sqrt{\frac{mg}{r}}\cdot\tanh\left(\sqrt{\frac{rg}{m}}\cdot t\right), \quad \text{also } s'(0)=0;$$

$$s''(t)=g\left(1-\tanh^2\left(\sqrt{\frac{rg}{m}}\cdot t\right)\right), \quad \text{also } s''(0)=g;$$

$$s'''(t)=\left(-2g\sqrt{\frac{rg}{m}}\tanh\left(\sqrt{\frac{rg}{m}}\cdot t\right)\right)\left(1-\tanh^2\left(\sqrt{\frac{rg}{m}}\cdot t\right)\right), \quad \text{also } s'''(0)=0;$$

$$s^{(4)}(t)=-2\frac{rg^2}{m}\left(1-\tanh^2\left(\sqrt{\frac{rg}{m}}\cdot t\right)\right)\left(1-3\tanh^2\left(\sqrt{\frac{rg}{m}}\cdot t\right)\right), \quad \text{also } s^{(4)}(0)=-2\frac{rg^2}{m}$$

usw. Damit ergibt sich

$$s(t)=\frac{g}{2}t^2-\frac{2rg^2}{4!\,m}t^4+\cdots \quad \text{und als Näherung:} \quad s(t)\approx\frac{g}{2}t^2\left(1-\frac{rg}{6m}t^2\right).$$

Zusammenstellung wichtiger Potenzreihenentwicklungen

Funktion	Potenzreihenentwicklung	Konvergenzbereich
$(1+x)^\alpha$ mit $\alpha\in\mathbb{R}$ [1])	$\sum_{n=0}^{\infty}\binom{\alpha}{n}x^n=1+\alpha x+\frac{\alpha(\alpha-1)}{2!}x^2+\cdots$	$\lvert x\rvert\leqq 1$
$\sin x$	$\sum_{n=0}^{\infty}(-1)^n\cdot\frac{x^{2n+1}}{(2n+1)!}=x-\frac{x^3}{3!}+\frac{x^5}{5!}-+\cdots$	$\lvert x\rvert<\infty$
$\cos x$	$\sum_{n=0}^{\infty}(-1)^n\cdot\frac{x^{2n}}{(2n)!}=1-\frac{x^2}{2!}+\frac{x^4}{4!}-+\cdots$	$\lvert x\rvert<\infty$
$\tan x$	$x+\frac{1}{3}x^3+\frac{2}{15}x^5+\frac{17}{315}x^7+\frac{62}{2835}x^9+\cdots$	$\lvert x\rvert<\frac{\pi}{2}$
$\arcsin x$	$\sum_{n=0}^{\infty}(-1)^n\binom{-\frac{1}{2}}{n}\frac{x^{2n+1}}{2n+1}=x+\frac{1}{2}\cdot\frac{x^3}{3}+\frac{1\cdot 3}{2\cdot 4}\cdot\frac{x^5}{5}+\cdots$	$\lvert x\rvert<1$
$\arccos x$	$\frac{\pi}{2}-\sum_{n=0}^{\infty}(-1)^n\binom{-\frac{1}{2}}{n}\frac{x^{2n+1}}{2n+1}=\frac{\pi}{2}-\left(x+\frac{1}{2}\cdot\frac{x^3}{3}+\cdots\right)$	$\lvert x\rvert<1$
$\arctan x$	$\sum_{n=0}^{\infty}(-1)^n\cdot\frac{x^{2n+1}}{2n+1}=x-\frac{x^3}{3}+\frac{x^5}{5}-+\cdots$	$\lvert x\rvert\leqq 1$
e^x	$\sum_{n=0}^{\infty}\frac{x^n}{n!}=1+x+\frac{x^2}{2!}+\frac{x^3}{3!}+\frac{x^4}{4!}+\cdots$	$\lvert x\rvert<\infty$
$\ln(1+x)$	$\sum_{n=0}^{\infty}(-1)^n\cdot\frac{x^{n+1}}{n+1}=x-\frac{x^2}{2}+\frac{x^3}{3}-+\cdots$	$-1<x\leqq 1$
$\ln\frac{1+x}{1-x}$	$2\cdot\sum_{n=0}^{\infty}\frac{x^{2n+1}}{2n+1}=2\left(x+\frac{x^3}{3}+\frac{x^5}{5}+\cdots\right)$	$\lvert x\rvert<1$
$\sinh x$	$\sum_{n=0}^{\infty}\frac{x^{2n+1}}{(2n+1)!}=x+\frac{x^3}{3!}+\frac{x^5}{5!}+\cdots$	$\lvert x\rvert<\infty$
$\cosh x$	$\sum_{n=0}^{\infty}\frac{x^{2n}}{(2n)!}=1+\frac{x^2}{2!}+\frac{x^4}{4!}+\cdots$	$\lvert x\rvert<\infty$
$\operatorname{arsinh} x$	$\sum_{n=0}^{\infty}\binom{-\frac{1}{2}}{n}\frac{x^{2n+1}}{2n+1}=x-\frac{1}{2}\cdot\frac{x^3}{3}+\frac{1\cdot 3}{2\cdot 4}\cdot\frac{x^5}{5}-+\cdots$	$\lvert x\rvert<1$
$\operatorname{artanh} x$	$\sum_{n=0}^{\infty}\frac{x^{2n+1}}{2n+1}=x+\frac{x^3}{3}+\frac{x^5}{5}+\cdots$	$\lvert x\rvert<1$

[1]) Ist $\alpha\in\mathbb{N}_0$, so hat die Reihe nur endlich viele (nämlich $\alpha+1$) Glieder, da dann $\binom{\alpha}{\alpha+k}=0$ für alle $k\in\mathbb{N}$ ist.

1.2.4 Reihen mit komplexen Gliedern

Zunächst übertragen wir den Begriff Konvergenz auf Folgen und Reihen mit komplexen Gliedern. Dazu benötigen wir zunächst den Begriff einer Umgebung einer komplexen Zahl, den wir mit Hilfe des Betrags einer komplexen Zahl definieren.

Definition 66.1

Es sei $z_0 \in \mathbb{C}$ und $\varepsilon \in \mathbb{R}^+$. Die Menge

$$U_\varepsilon(z_0) = \{z \mid z \in \mathbb{C} \text{ und } |z - z_0| < \varepsilon\}$$

heißt die **ε-Umgebung von z_0** (oder kurz eine **Umgebung von z_0**).

Bemerkungen:

1. In der Gaußschen Zahlenebene ist eine ε-Umgebung eine Kreisscheibe (ohne Rand) mit dem Radius ε um den Mittelpunkt z_0 (vgl. Bild 66.1).
2. Aus $0 < \varepsilon_1 < \varepsilon$ folgt $U_{\varepsilon_1}(z_0) \subset U_\varepsilon(z_0)$.
3. Für $z_0 = x_0 + \mathrm{j}\,y_0$ gilt $U_\varepsilon(z_0) = \{z = x + \mathrm{j}\,y \mid (x - x_0)^2 + (y - y_0)^2 < \varepsilon^2\}$.

Die Definition einer komplexen Folge und einer komplexen Reihe lassen sich direkt aus dem Reellen übertragen.

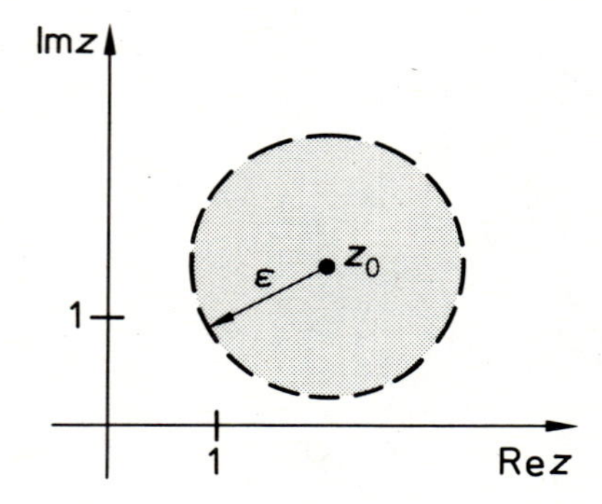

66.1 ε-Umgebung von z_0

Beispiel 66.1

Komplexe Folgen

a) $\langle \mathrm{j}^n \rangle = \mathrm{j}, -1, -\mathrm{j}, 1, \mathrm{j}, \ldots;$

b) $\left\langle \frac{n+1}{n} + \frac{2n\mathrm{j}}{n+3} \right\rangle = 2 + \frac{1}{2}\mathrm{j}, \frac{3}{2} + \frac{4}{5}\mathrm{j}, \frac{4}{3} + \mathrm{j}, \ldots;$

Komplexe Reihen

c) $\left\langle \sum_{k=0}^{n} \mathrm{j}^k \right\rangle = 1, 1 + \mathrm{j}, 1 + \mathrm{j} - 1, \ldots;$

d) $\sum_{n=0}^{\infty} (\frac{1}{2}+\frac{1}{2}\mathrm{j})^n = 1+(\frac{1}{2}+\frac{1}{2}\mathrm{j})+(\frac{1}{2}+\frac{1}{2}\mathrm{j})^2+\cdots$.

In Bild 67.1 sind die Folgen und Reihen von Beispiel 66.1 als Punktmengen veranschaulicht.

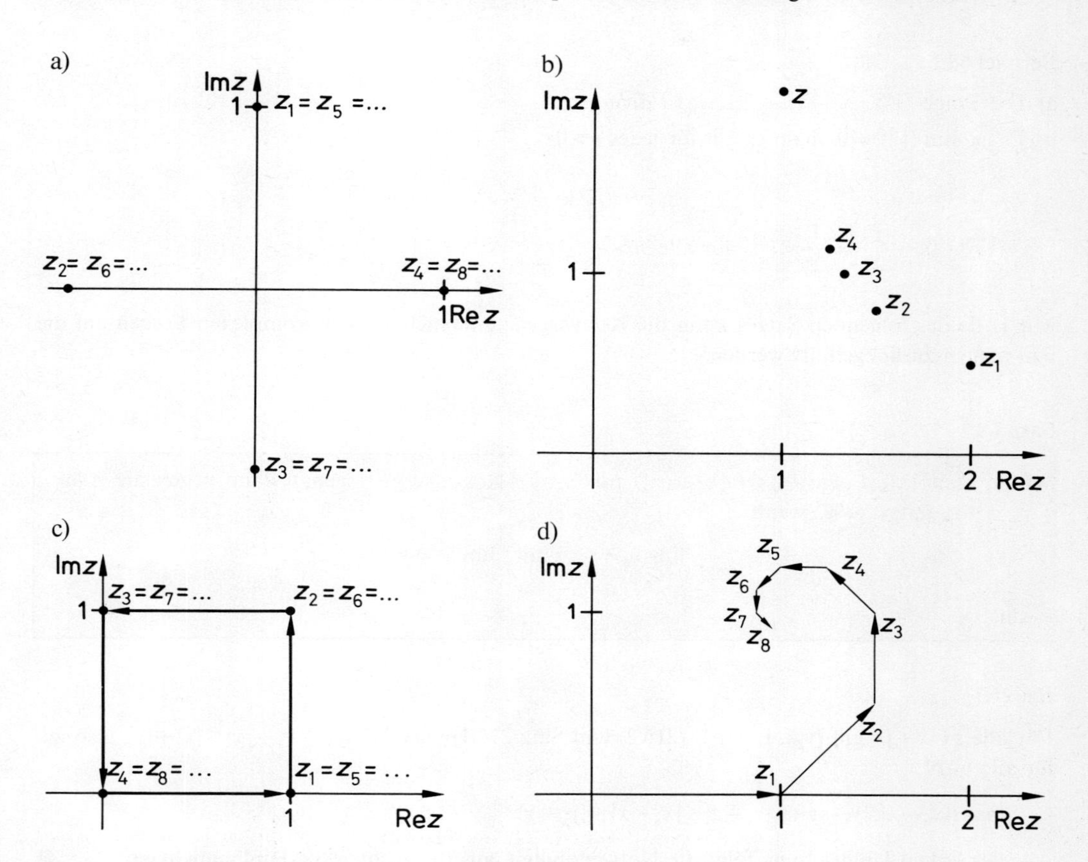

67.1 Veranschaulichung der Folgen bzw. Reihen von Beispiel 66.1

Definition 67.1

$\langle z_n \rangle$ sei eine komplexe Folge. $z \in \mathbb{C}$ heißt **Grenzwert** dieser Folge, wenn es zu jedem $\varepsilon > 0$ ein $n_0(\varepsilon)$ gibt, so daß für alle $n \in \mathbb{N}$ mit $n \geqq n_0$ gilt $|z_n - z| < \varepsilon$.

Besitzt die Folge $\langle z_n \rangle$ den Grenzwert z, so wird sie **konvergent gegen** z genannt.

Schreibweise: $\lim\limits_{n \to \infty} z_n = z$

Besitzt die Folge $\langle z_n \rangle$ keinen Grenzwert, so wird sie **divergent** genannt.

Bemerkung:

Eine gegen z konvergente Folge $\langle z_n \rangle$ hat also die Eigenschaft, daß in jeder (noch so kleinen) Umgebung von z, fast alle (d.h. alle bis auf endliche viele) Glieder der Folge $\langle z_n \rangle$ liegen.

Beispiel 68.1

a) Die Folge $\langle \mathrm{j}^n \rangle = \mathrm{j}, -1, -\mathrm{j}, 1, \ldots$ ist divergent.

b) Es ist $\lim\limits_{n\to\infty} (\frac{1}{2}\mathrm{j})^n = 0$, denn es gilt für jedes $\varepsilon > 0$:

$$|(\tfrac{1}{2}\mathrm{j})^n - 0| = \left|\frac{\mathrm{j}^n}{2^n}\right| = \frac{1}{2^n} < \varepsilon \quad \text{für alle } n > \frac{\ln\frac{1}{\varepsilon}}{\ln 2}.$$

Mit Hilfe des folgenden Satzes kann die Konvergenzuntersuchung von komplexen Folgen auf die von reellen zurückgeführt werden.

Satz 68.1

Eine komplexe Folge $\langle z_n \rangle = \langle x_n + \mathrm{j} y_n \rangle$ mit $x_n, y_n \in \mathbb{R}$ konvergiert genau dann gegen die Zahl $z = x + \mathrm{j} y$ mit $x, y \in \mathbb{R}$, wenn

$$\lim_{n\to\infty} x_n = x \quad \text{und} \quad \lim_{n\to\infty} y_n = y$$

gilt.

Beweis:

Für alle $z = x + \mathrm{j} y$ gilt (vgl. Band 1, (216.2) und Satz 216.1) $\max(|x|, |y|) \leqq |x + \mathrm{j} y| \leqq |x| + |y|$, also gilt für alle $n \in \mathbb{N}$:

$$\max(|x_n - x|, |y_n - y|) \leqq |z_n - z| \leqq |x_n - x| + |y_n - y|.$$

Aus der linken Ungleichung folgt die Notwendigkeit, aus der rechten die Hinlänglichkeit. ●

Folgerung aus Satz 68.1:

Sind $\langle z_n \rangle$ und $\langle w_n \rangle$ zwei konvergente komplexe Folgen mit den Grenzwerten z und w, so sind aufgrund von Satz 68.1 auch $\langle z_n + w_n \rangle$, $\langle z_n \cdot w_n \rangle$ bzw. (falls $z_n \neq 0$ für alle n und $z \neq 0$) $\left\langle \frac{w_n}{z_n} \right\rangle$ konvergente Folgen mit den Grenzwerten $z + w$, $z \cdot w$ bzw. $\frac{w}{z}$.

Beispiel 68.2

Aufgrund von Satz 68.1 ist die Folge $\left\langle \frac{n+1}{n} + \frac{2n\mathrm{j}}{n+3} \right\rangle$ wegen $\lim\limits_{n\to\infty} \frac{n+1}{n} = 1$ und $\lim\limits_{n\to\infty} \frac{2n}{n+3} = 2$ konvergent gegen den Grenzwert $1 + 2\mathrm{j}$.

Beispiel 69.1

Wir betrachten die geometrische Reihe $\sum_{n=0}^{\infty} q^n$ mit $q \in \mathbb{C}$. Aus $z_n = \sum_{k=0}^{n-1} q^k$ und $q z_n = \sum_{k=1}^{n} q^k$ folgt durch Subtraktion:

$$(1-q)\,z_n = 1-q^n, \quad \text{d.h.} \quad z_n = \frac{1-q^n}{1-q} \quad \text{für alle } q \in \mathbb{C} \setminus \{1\}.$$

Ist $|q|<1$, so ist wegen $|q^n| = |q|^n$ die Folge $\langle q^n \rangle$ konvergent gegen Null. Aufgrund der Folgerung zu Satz 68.1 folgt also $\sum_{n=0}^{\infty} q^n = \frac{1}{1-q}$ für alle $q \in \mathbb{C}$ mit $|q|<1$.

Ist $|q|>1$, so ist die Folge $\langle |q^n| \rangle = \langle |q|^n \rangle$ nicht beschränkt, also divergent und daher auch die geometrische Reihe $\sum_{n=0}^{\infty} q^n$. Da auch bei komplexen Reihen $\sum_{n=1}^{\infty} c_n$ (mit $c_n \in \mathbb{C}$) die Bedingung $\lim_{n\to\infty} c_n = 0$ für die Konvergenz notwendig ist, ist die geometrische Reihe $\sum_{n=0}^{\infty} q^n$ auch für $|q|=1$ divergent. Zusammenfassend gilt also:

$$\sum_{n=0}^{\infty} q^n = \begin{cases} \dfrac{1}{1-q} & \text{für alle } q \in \mathbb{C} \text{ mit } |q|<1 \\ \text{divergent} & \text{für alle } q \in \mathbb{C} \text{ mit } |q| \geqq 1. \end{cases}$$

Die geometrische Reihe komvergiert also für alle $q \in \mathbb{C}$, die im Innern des Einheitskreises der Gaußschen Zahlenebene liegen und divergiert für alle q, die außerhalb des Einheitskreises oder auf seinem Rand liegen.

In der Theorie der komplexen Reihen ist der Begriff der absoluten Konvergenz äußerst wichtig.

Wie im Reellen sagen wir, die komplexe Reihe $\sum_{n=0}^{\infty} c_n$ mit $c_n \in \mathbb{C}$ ist **absolut konvergent,** wenn auch die (reelle) Reihe $\sum_{n=0}^{\infty} |c_n|$ konvergiert.

Mit Hilfe des Cauchyschen Konvergenzkriteriums (Satz 19.1) zeigt man, daß aus der absoluten Konvergenz einer Reihe die Konvergenz dieser Reihe folgt, d.h.:

Ist $\sum_{n=1}^{\infty} |c_n|$ konvergent, so ist auch $\sum_{n=1}^{\infty} c_n$ mit $c_n \in \mathbb{C}$ konvergent. Für absolut konvergente Reihen mit komplexen Gliedern gilt auch (wie man zeigen kann) das für reelle Reihen auf Seite 35 mit der Bemerkung zu Satz 35.1 Gesagte; sie können umgeordnet werden, ohne daß dabei sich ihr Grenzwert ändert.

Wir wollen noch Potenzreihen mit komplexen Gliedern betrachten. Es seien $c_n \in \mathbb{C}$ für alle $n \in \mathbb{N}_0$, und wir fragen, für welche $z \in \mathbb{C}$ die Potenzreihe $\sum_{n=0}^{\infty} c_n z^n$ absolut konvergiert.

Wegen $|c_n z^n| = |c_n|\,|z|^n$ erhalten wir aus Satz 41.1 zusammen mit Definition 42.1 und der dazugehörigen Bemerkung 1:

Die Potenzreihe $\sum_{n=0}^{\infty} c_n z^n$ konvergiert absolut für alle die $z \in \mathbb{C}$, für die gilt

$$|z| < \rho = \lim_{n \to \infty} \left| \frac{c_n}{c_{n+1}} \right|.$$

Für diejenigen z, für die $|z| > \rho$ gilt divergiert dagegen die Reihe. Ist $\lim_{n \to \infty} \left| \frac{c_n}{c_{n+1}} \right| = \infty$, so konvergiert die Reihe absolut für alle $z \in \mathbb{C}$.

Beispiel 70.1

Für welche $z \in \mathbb{C}$ konvergiert die Potenzreihe $\sum_{n=0}^{\infty} \frac{z^n}{n!}$ absolut?

Wir erhalten $\rho = \lim_{n \to \infty} \frac{(n+1)!}{n!} = \lim_{n \to \infty} (n+1) = \infty$, also ist die Reihe $\sum_{n=0}^{\infty} \frac{z^n}{n!}$ für alle $z \in \mathbb{C}$ absolut konvergent.

Nach (58.1) gilt $e^x = \sum_{n=0}^{\infty} \frac{x^n}{n!}$ für alle $x \in \mathbb{R}$. Es ist daher naheliegend, die e-Funktion auf ganz $\mathbb{C}$ durch $z \mapsto e^z = \sum_{n=0}^{\infty} \frac{z^n}{n!}$ zu erklären.

Wir zeigen noch, daß die Funktionalgleichung $f(z_1) \cdot f(z_2) = f(z_1 + z_2)$ der e-Funktion auch auf ganz $\mathbb{C}$ gilt. Es ist nämlich für alle $z_1, z_2 \in \mathbb{C}$ wegen Satz 36.1

$$\begin{aligned} e^{z_1} \cdot e^{z_2} &= \left(\sum_{n=0}^{\infty} \frac{z_1^n}{n!} \right) \cdot \left(\sum_{n=0}^{\infty} \frac{z_2^n}{n!} \right) = \sum_{n=0}^{\infty} \left(\sum_{k=0}^{n} \frac{z_1^k}{k!} \cdot \frac{z_2^{n-k}}{(n-k)!} \right) \\ &= \sum_{n=0}^{\infty} \frac{1}{n!} \left(\sum_{k=0}^{n} \binom{n}{k} z_1^k \cdot z_2^{n-k} \right) = \sum_{n=0}^{\infty} \frac{(z_1 + z_2)^n}{n!} = e^{z_1 + z_2}. \end{aligned}$$

Ist also $z = x + jy$ mit $x, y \in \mathbb{R}$, dann gilt

$$e^z = e^{x + jy} = e^x \cdot e^{jy} \tag{70.1}$$

Die bereits in Band 1 durch (231.1) angegebene Eulersche Formel können wir nun beweisen. Für alle $y \in \mathbb{R}$ gilt, wenn wir in $e^z = \sum_{n=0}^{\infty} \frac{z^n}{n!}$ für z die Zahl jy setzen: $e^{jy} = \sum_{n=0}^{\infty} \frac{(jy)^n}{n!}$.

Diese Reihe ist für alle $y \in \mathbb{R}$ absolut konvergent und kann (ohne dabei den Grenzwert zu ändern) daher umgeordnet werden. Wir erhalten wegen $j^{2n} = (-1)^n$ und $j^{2n+1} = j(-1)^n$ für alle $n \in \mathbb{N}$:

$$e^{jy} = \sum_{n=0}^{\infty} \frac{(jy)^n}{n!} = \sum_{n=0}^{\infty} \frac{(jy)^{2n}}{(2n)!} + \sum_{n=0}^{\infty} \frac{(jy)^{2n+1}}{(2n+1)!} = \sum_{n=0}^{\infty} \frac{(-1)^n y^{2n}}{(2n)!} + j \sum_{n=0}^{\infty} \frac{(-1)^n y^{2n+1}}{(2n+1)!} = \cos y + j \cdot \sin y,$$

wenn man noch (58.2) und (58.3) beachtet. Also ist

$$e^{jy} = \cos y + j \cdot \sin y \quad \text{für alle } y \in \mathbb{R} \tag{70.2}$$

und, wegen (70.1)

$$e^{x + jy} = e^x(\cos y + j \cdot \sin y) \quad \text{für alle } x, y \in \mathbb{R}. \tag{70.3}$$

Aufgaben

1. Bestimmen Sie den Konvergenzradius folgender Potenzreihen:

a) $\sum_{n=0}^{\infty} n^2 x^n$; b) $\sum_{n=0}^{\infty} \frac{(n+1)\,x^n}{2^n}$; c) $\sum_{n=0}^{\infty} 2^n(n+2)\,x^n$;

d) $\sum_{n=1}^{\infty} \frac{x^n}{n^2}$; e) $\sum_{n=1}^{\infty} \frac{n!}{n^n}\cdot x^n$; f) $\sum_{n=1}^{\infty} \left(\sin\frac{1}{n}\right)\cdot x^n$;

g) $\sum_{n=1}^{\infty} (n!)\cdot x^n$; h) $\sum_{n=1}^{\infty} \frac{x^n}{n\cdot\sqrt{n+1}}$; i) $\sum_{n=0}^{\infty} \frac{n!}{(2n)!}\cdot x^n$.

2. Wie lauten die Taylor-Reihen der nachstehenden Funktionen bez. der Stelle Null?

a) $f(x)=e^{2+x}$; b) $f(x)=e^{2x}$; c) $f(x)=e^{-2x^2}$.

Werden die Funktionen durch ihre Taylor-Reihen dargestellt?

3. Entwickeln Sie die folgenden Funktionen in eine Potenzreihe mit dem Entwicklungspunkt Null, und geben Sie den Konvergenzradius an.

a) $f(x)=\frac{1}{(1+x)^2}$; b) $f(x)=\frac{\ln(1+x)}{1+x}$; c) $f(x)=e^{\sin x}$;

d) $f(x)=\cos^2 x$; e) $f(x)=e^x\cdot\sin x$; f) $f(x)=\sqrt{\frac{1+x}{1-x}}$.

4. Mit Hilfe einer Partialbruchzerlegung gebe man die Potenzreihenentwicklung mit einem geeigneten Entwicklungspunkt von folgenden Funktionen an:

a) $f(x)=\frac{x}{x^2+x-2}$; b) $f(x)=\frac{1}{x^2+4x+5}$;

c) $f(x)=\frac{5-2x}{6-5x+x^2}$; d) $f(x)=\frac{11-9x}{6+x-12x^2}$.

5. Summieren Sie folgende Potenzreihen und geben Sie den Konvergenzradius ρ an.

a) $\sum_{n=1}^{\infty} \frac{x^n}{n(n+2)}$; b) $\sum_{n=1}^{\infty} \frac{n}{n+1}\cdot x^n$; c) $\sum_{n=1}^{\infty} (n+3)\,x^n$;

d) $\sum_{n=1}^{\infty} \frac{n-1}{n+1}\cdot x^n$; e) $\sum_{n=1}^{\infty} \frac{x^n}{n(n+1)(n+2)}$.

6. Mit Hilfe der Taylor-Reihe der sin-Funktion soll sin 20° auf 6 Stellen nach dem Komma genau berechnet werden. Wieviel Glieder dieser Reihe müssen mindestens berücksichtigt werden?

7. Die Taylor-Reihen der Funktionen f_1 und f_2 mit $f_1(x)=\ln(1+x)$ und $f_2(x)=\ln(1-x)$ sind nur für $x\in(-1,1)$ konvergent. Daher verwendet man zur Berechnung der ln-Funktionswerte die Funktion f mit $f(x)=\ln\frac{1+x}{1-x}$, da $\frac{1+x}{1-x}$ ganz $\mathbb{R}^+$ durchläuft, wenn x das Intervall $(-1,1)$ durchläuft.

a) Bestimmen Sie die Potenzreihe der Funktion f mit Hilfe der Taylor-Reihen von f_1 und f_2.

b) Berechnen Sie näherungsweise ln 7 mit der in Teil a) gewonnenen Potenzreihe.

8. Um die Zahl π näherungsweise zu berechnen kann die Taylor-Reihe der arctan-Funktion verwendet werden.

   a) Wieviel Glieder der Reihe $\frac{\pi}{4}=\sum_{n=0}^{\infty}\frac{(-1)^n}{2n+1}$ müssen berücksichtigt werden, damit der Fehler $\left(\text{für } \frac{\pi}{4}\right)$ kleiner als 10^{-4} wird?

   b) Wie das Ergebnis in a) zeigt, konvergiert diese Reihe »langsam«. Daher wird für die näherungsweise Berechnung von π u.a. folgender Ansatz gemacht: $\frac{\pi}{4}=4\cdot\arctan\frac{1}{5}-\arctan\frac{1}{239}$. Zeigen Sie die Richtigkeit dieses Ansatzes und berechnen Sie den Fehler, den man begeht, wenn man die zugehörige Reihe dieses Ansatzes nach dem 3. Glied abbricht.

9. Die Funktion f mit $f(x)=\sqrt{x}$ ist durch eine Potenzreihe mit Entwicklungspunkt 1 darzustellen. Geben Sie das Konvergenzintervall an.

10. Durch Potenzreihenentwicklung sind folgende Grenzwerte zu berechnen:

   a) $\lim\limits_{x\to\infty} x\cdot\ln\frac{x+3}{x-3}$;
   b) $\lim\limits_{x\to 0}\frac{x-\sin x}{x\cdot\sin x}$;
   c) $\lim\limits_{x\to 0}\frac{e^{x^2-x}+x-1}{1-\sqrt{1-x^2}}$;
   d) $\lim\limits_{x\to 0}\frac{2\sqrt{1+x^2}-x^2-2}{(e^{x^2}-\cos x)\sin(x^2)}$.

11. Durch Potenzreihenentwicklung des Integranden sind folgende bestimmte Integrale (näherungsweise) zu berechnen.

   a) $\int_0^1\frac{e^{x^2}-1}{x^2\cdot e^{x^2}}\cdot dx$;
   b) $\int_0^1\frac{\sin x}{x}dx$;
   c) $\int_0^{0,4}\sqrt{1+x^4}\,dx$;
   d) $\int_0^{0,2}\sqrt{1-x^2-x^3}\,dx$;
   e) $\int_0^{0,5}\frac{dx}{\cos x}$;
   f) $\int_0^{\frac{\pi}{2}}\sqrt{1-\frac{3}{4}\sin^2 2\varphi}\,d\varphi$.

12. Bestimmen Sie die Potenzreihe $f(x)=\sum_{n=0}^{\infty}a_n x^n$, die den folgenden Bedingungen genügt:

   $f(0)=f'(0)=1$ und $f''=-f$.

13. Mit Hilfe eines Potenzreihenansatzes bestimme man eine Funktion, die den folgenden Bedingungen genügt:

   $f(0)=2$, $f'(0)=1$ und $f''+2f'=0$.

14. Die Bogenlänge l eines Kreisbogens mit Radius r, der Sehnenlänge $2a$, dem Zentriwinkel α und der Höhe h (vgl. Bild 73.1) ist nach Potenzen von $\frac{h}{a}$ zu entwickeln.

15. Für den Kreuzkopfabstand x eines Schubkurbelgetriebes (vgl. Bild 73.2) gilt

$$x=l(\lambda\cdot\cos\varphi+\sqrt{1-\lambda^2\sin^2\varphi}), \tag{72.1}$$

   wobei $\lambda=\frac{r}{l}$ gesetzt wurde.

   a) Entwickeln Sie (72.1) in Potenzen von λ.

   b) Mit Hilfe von a) ist die Geschwindigkeit $v=\dot{x}=\frac{dx}{d\varphi}\cdot\omega$ $\left(\omega=\frac{d\varphi}{dt}\text{ ist die (konstante) Winkelgeschwindigkeit}\right)$ und die Beschleunigung $a=\dot{v}=\frac{d^2x}{d\varphi^2}\cdot\omega^2$ des Kreuzkopfes zu berechnen.

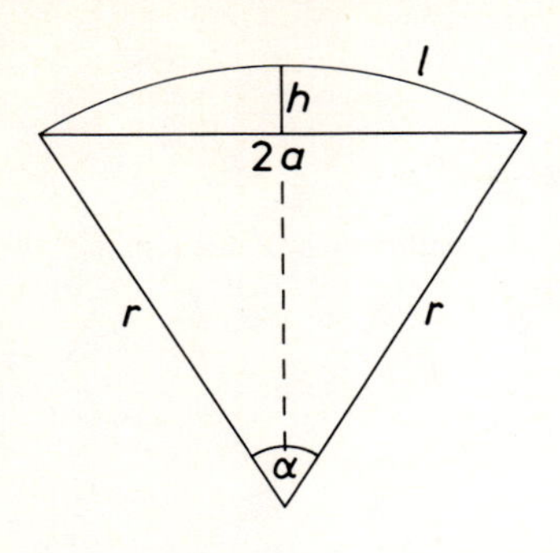

73.1 Zu Aufgabe 14

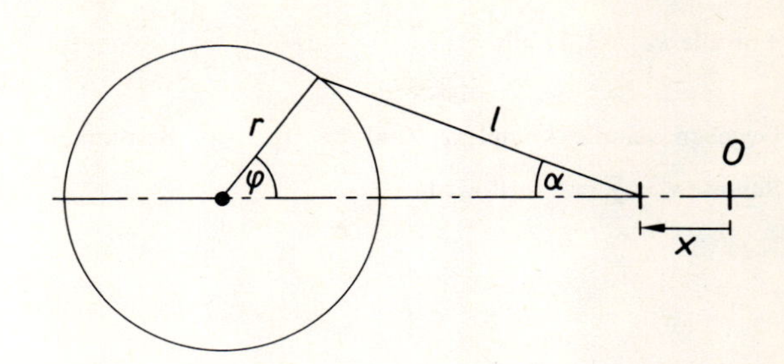

73.2 Zu Aufgabe 15

16. Lösen Sie näherungsweise die Gleichung $\cos x = x^2$.
Anleitung: Ersetzen Sie die Kosinusfunktion durch ihr viertes Taylorpolynom.

*17. Die Funktion E sei durch die auf ganz $\mathbb{R}$ konvergente Potenzreihe

$$\mathrm{E}(x) = \sum_{n=0}^{\infty} \frac{x^n}{n!}$$

definiert. Zeigen Sie:

a) Für jedes $x, y \in \mathbb{R}$ gilt $\mathrm{E}(x) \cdot \mathrm{E}(y) = \mathrm{E}(x+y)$.

b) Mit Hilfe von a) zeige man:
Es ist $\mathrm{E}(x) \neq 0$ für alle $x \in \mathbb{R}$, und es gilt $\mathrm{E}(0) = 1$.

c) Es gilt $\mathrm{E}' = \mathrm{E}$.

d) Die Funktion E ist äquivalent mit der in Band 1 eingeführten e-Funktion (als Umkehrfunktion der ln-Funktion).

18. Gegeben sei die Funktion f mit $f(x) = x^2$.

a) Wie lautet die Gleichung $y = \kappa(x)$ des Scheitelkrümmungskreises?

b) Bestimmen Sie den ersten nicht verschwindenden Koeffizienten in der Taylorentwicklung der Funktion d mit $d(x) = f(x) - \kappa(x)$.

19. Durch Vergleich der zugehörigen Reihe zeige man:

a) Die Graphen der Funktionen f und φ mit $f(x) = \ln x$ und $\varphi(x) = \sqrt{x} - \frac{1}{\sqrt{x}}$ berühren sich an der Stelle 1 von genau zweiter Ordnung.

b) Die Graphen der Funktionen f und φ mit $f(x) = \mathrm{e}^{-x^2}$ und $\varphi(x) = \frac{1}{1+x^2}$ berühren sich an der Stelle 0 genau von dritter Ordnung.

*20. Für die von (0, 1) aus gemessene Bogenlänge $s(x)$ der Funktion $x \mapsto \mathrm{e}^x$ gilt für große x:
$s(x) = \frac{1}{2}\mathrm{e}^x + \sinh x + C$, wobei C eine unendliche Reihe ist.
Begründen Sie diese Formel und geben Sie einen Näherungswert für C an.

21. Man nähere die Funktion f mit $f(x) = \int\limits_0^x \frac{\sin t}{t}\, dt$ so durch eine ganzrationale Funktion p an, daß $|f(x) - p(x)| \leqq \frac{1}{2} \cdot 10^{-2}$ für alle $x \in [-2, 2]$ gilt.

22. Zeigen Sie:

Für alle $x \in [-1, 1]$ gilt $-\int\limits_0^x \frac{\ln(1-t)}{t}\,dt = \sum\limits_{n=1}^{\infty} \frac{x^n}{n^2}$.

23. Gegeben sei die komplexe Zahl $z = \frac{1}{2}(\sqrt{3} - j)$. Bestimmen Sie alle natürlichen Zahlen n, für die die Summe $s_n = \sum\limits_{k=0}^{n-1} z^{2k}$ reell wird.

1.3 Fourier-Reihen

In der Praxis treten häufig periodische Vorgänge auf (z.B. Schwingungen in der Akustik, Optik und Elektrotechnik usw.), die nicht immer durch trigonometrische Funktionen darstellbar sind. Als Beispiel sei nur die Sägezahnspannung u mit $u(t) = u_0\left(\frac{t}{2\pi} - \left[\frac{t}{2\pi}\right]\right)$ erwähnt (vgl. Bild 74.1).

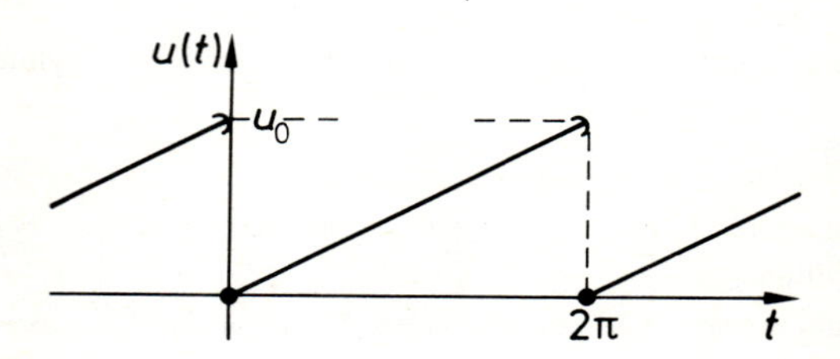

74.1 Sägezahnspannung

Man kann nun versuchen, periodische Funktionen mit Hilfe sogenannter trigonometrischen Reihen anzunähern bzw. darzustellen, ähnlich, wie im vorigen Abschnitt Funktionen durch Potenzreihen dargestellt wurden.

1.3.1 Trigonometrische Reihen und Fourier-Reihen

Definition 75.1

Gegeben seien zwei Folgen $\langle a_n \rangle$ mit $n \in \mathbb{N}_0$ und $\langle b_n \rangle$ mit $n \in \mathbb{N}$, dann nennt man

$$\frac{a_0}{2} + \sum_{n=1}^{\infty} (a_n \cos nx + b_n \sin nx) \tag{75.1}$$

trigonometrische Reihe.

Bemerkungen:

1. Ist in (75.1) $b_n = 0$ für alle $n \in \mathbb{N}$, so spricht man von einer (reinen) Kosinusreihe:

$$\frac{a_0}{2} + \sum_{n=1}^{\infty} a_n \cos nx = \frac{a_0}{2} + a_1 \cos x + a_2 \cos 2x + \cdots$$

Ist $a_n = 0$ für alle $n \in \mathbb{N}_0$, so nennt man (75.1) eine (reine) Sinusreihe:

$$\sum_{n=1}^{\infty} b_n \sin nx = b_1 \sin x + b_2 \sin 2x + b_3 \sin 3x + \cdots.$$

2. Ist die trigonometrische Reihe (75.1) für alle $x \in \mathbb{R}$ konvergent, so wird durch (75.1) eine auf $\mathbb{R}$ definierte Funktion $f: x \mapsto \frac{a_0}{2} + \sum_{n=1}^{\infty} (a_n \cos nx + b_n \sin nx)$ dargestellt, und man sagt, die trigonometrische Reihe ist **punktweise konvergent gegen die Funktion *f*.** In diesem Fall ist f eine 2π-periodische Funktion, da für alle $x \in \mathbb{R}$ gilt:

$$\begin{aligned} f(x+2\pi) &= \frac{a_0}{2} + \sum_{n=1}^{\infty} (a_n \cos n(x+2\pi) + b_n \sin n(x+2\pi)) \\ &= \frac{a_0}{2} + \sum_{n=1}^{\infty} (a_n \cos nx + b_n \sin nx) = f(x). \end{aligned}$$

Satz 75.1

Wenn die Reihen $\sum_{n=1}^{\infty} a_n$ und $\sum_{n=1}^{\infty} b_n$ absolut konvergent sind, dann gilt:

a) Die trigonometrische Reihe

$$\frac{a_0}{2} + \sum_{n=1}^{\infty} (a_n \cos nx + b_n \sin nx) \tag{75.2}$$

ist für alle $x \in \mathbb{R}$ konvergent.

b) Die Funktion f mit $f(x) = \frac{a_0}{2} + \sum_{n=1}^{\infty} (a_n \cos nx + b_n \sin nx)$ ist auf $\mathbb{R}$ stetig.

Beweis:

Wir zeigen nur Teil a)

Wegen $|\sin nx| \leqq 1$ und $|\cos nx| \leqq 1$ für alle $x \in \mathbb{R}$ und alle $n \in \mathbb{N}$ folgt mit der Dreiecksungleichung

$$|a_n \cos nx + b_n \sin nx| \leqq |a_n \cos nx| + |b_n \sin nx| \leqq |a_n| + |b_n|,$$

womit wir eine für alle $x \in \mathbb{R}$ konvergente Majorante der trigonometrischen Reihe (75.2) haben.

●

Bemerkung:

Es gibt aber auch trigonometrische Reihen, z.B. $\sum_{n=1}^{\infty} \frac{\sin nx}{n}$, die auf ganz $\mathbb{R}$ konvergieren, obwohl die zugehörigen Koeffizientenreihe, in diesem Beispiel $\sum_{n=1}^{\infty} \frac{1}{n}$, nicht absolut konvergent sind. Wir werden später zeigen (vgl. Beispiel 84.1), daß die Reihe $\sum_{n=1}^{\infty} \frac{\sin nx}{n}$ für alle $x \in \mathbb{R}$ konvergiert.

Beispiel 76.1

a) Die trigonometrische Reihe $\sum_{n=1}^{\infty} \left(\frac{\cos nx}{n^2} + \frac{\sin nx}{(n+1)^2} \right)$ ist wegen Satz 75.1 für alle $x \in \mathbb{R}$ konvergent und stellt somit eine auf $\mathbb{R}$ definierte Funktion f dar. Wir schreiben

$$f(x) = \sum_{n=1}^{\infty} \left(\frac{\cos nx}{n^2} + \frac{\sin nx}{(n+1)^2} \right) = \cos x + \tfrac{1}{4} \cdot \sin x + \frac{\cos 2x}{4} + \frac{\sin 2x}{9} + \cdots.$$

b) Die cos-Reihe $\sum_{n=1}^{\infty} \frac{\cos(2n-1)x}{(2n-1)^2} = \cos x + \frac{\cos 3x}{3^2} + \frac{\cos 5x}{5^2} + \cdots$ ist (aufgrund der Bemerkung 2) für alle $x \in \mathbb{R}$ konvergent.

Es seien $\langle a_n \rangle$ mit $n \in \mathbb{N}_0$ und $\langle b_n \rangle$ mit $n \in \mathbb{N}$ zwei Folgen, deren zugehörigen Reihen absolut konvergent sind. Dann ist die trigonometrische Reihe (75.1) nach Satz 75.1 für alle $x \in \mathbb{R}$ konvergent und stellt eine auf $\mathbb{R}$ stetige Funktion f dar, also ist

$$f(x) = \frac{a_0}{2} + \sum_{n=1}^{\infty} (a_n \cos nx + b_n \sin nx). \tag{76.1}$$

Es besteht nun ein enger Zusammenhang zwischen den Koeffizienten a_n, b_n und der Funktion f, den wir im folgenden herleiten wollen. Dazu integrieren wir zunächst (76.1) über $[-\pi, \pi]$, was möglich ist, da f auf $\mathbb{R}$ stetig ist.

$$\int_{-\pi}^{\pi} f(x)\,dx = \int_{-\pi}^{\pi} \left[\frac{a_0}{2} + \sum_{n=1}^{\infty} (a_n \cos nx + b_n \sin nx) \right] dx. \tag{76.2}$$

Da $\sum_{n=1}^{\infty} a_n$ und $\sum_{n=1}^{\infty} b_n$ absolut konvergent sind darf (wie man zeigen kann) auf der rechten Seite von (76.2) gliedweise integriert werden.

$$\int_{-\pi}^{\pi} f(x)\,dx = \int_{-\pi}^{\pi} \frac{a_0}{2}\,dx + \sum_{n=1}^{\infty} \int_{-\pi}^{\pi} a_n \cos nx\,dx + \sum_{n=1}^{\infty} \int_{-\pi}^{\pi} b_n \sin nx\,dx.$$

Wegen $\int_{-\pi}^{\pi} \cos nx\,dx = \int_{-\pi}^{\pi} \sin nx\,dx = 0$ für alle $n \in \mathbb{N}$ und $\int_{-\pi}^{\pi} \frac{a_0}{2}\,dx = \pi a_0$ folgt

$$a_0 = \frac{1}{\pi} \int_{-\pi}^{\pi} f(x)\,dx.$$

Damit haben wir einen Zusammenhang zwischen f und dem Koeffizienten a_0.

Um entsprechende Beziehungen zwischen den Koeffizienten a_n und der Funktion f zu erhalten, multiplizieren wir (76.1) mit $\cos mx$, wobei $m \in \mathbb{N}$ sei, und integrieren über $[-\pi, \pi]$.

$$\int_{-\pi}^{\pi} f(x) \cdot \cos mx\,dx = \int_{-\pi}^{\pi} \left[\frac{a_0}{2} \cos mx + \sum_{n=1}^{\infty} (a_n \cos nx \cdot \cos mx + b_n \sin nx \cdot \cos mx)\right] dx.$$

Es darf gliedweise integriert werden. Unter Berücksichtigung von

$$\int_{-\pi}^{\pi} \cos mx\,dx = \int_{-\pi}^{\pi} \sin nx \cdot \cos mx\,dx = 0 \qquad \text{für alle } n, m \in \mathbb{N} \text{ und}$$

$$\int_{-\pi}^{\pi} \cos nx \cdot \cos mx\,dx = \begin{cases} 0 & \text{für } n \neq m \\ \pi & \text{für } n = m \end{cases}$$

(vgl. Band 2, Aufgabe 11 zu Abschnitt 2.3, Lösung auf Seite 328) erhalten wir

$$a_m = \frac{1}{\pi} \int_{-\pi}^{\pi} f(x) \cdot \cos mx\,dx \qquad \text{für alle } m \in \mathbb{N}.$$

Entsprechend erhält man, wenn (76.1) mit $\sin mx$ multipliziert und anschließend integriert wird

$$b_m = \frac{1}{\pi} \int_{-\pi}^{\pi} f(x) \cdot \sin mx\,dx.$$

Damit hat man

$$a_n = \frac{1}{\pi} \int_{-\pi}^{\pi} f(x) \cdot \cos nx\,dx \qquad \text{für alle } n \in \mathbb{N}_0$$
$$b_n = \frac{1}{\pi} \int_{-\pi}^{\pi} f(x) \cdot \sin nx\,dx \qquad \text{für alle } n \in \mathbb{N}. \tag{77.1}$$

Da die Integranden 2π-periodisch sind, kann jedes Intervall der Länge 2π als Integrationsintervall (vgl. Band 2, Beispiel 130.1) verwendet werden, so z.B. $[0, 2\pi]$.

Ist f eine gerade Funktion, so ist

$$a_n = \frac{2}{\pi} \cdot \int_{0}^{\pi} f(x) \cdot \cos nx\,dx \qquad \text{für alle } n \in \mathbb{N}_0$$
$$b_n = 0 \qquad \text{für alle } n \in \mathbb{N}. \tag{77.2}$$

Ist f eine ungerade Funktion, dann gilt

$$\begin{aligned} a_n &= 0 && \text{für alle } n \in \mathbb{N}_0 \\ b_n &= \frac{2}{\pi} \cdot \int_0^{\pi} f(x) \cdot \sin nx \, dx && \text{für alle } n \in \mathbb{N}. \end{aligned} \tag{78.1}$$

Die Formeln (77.1) haben auch dann einen Sinn, wenn die Funktion f nicht durch eine trigonometrische Reihe gegeben ist. Es genügt offensichtlich die Integrierbarkeit von f über $[-\pi, \pi]$. Das führt zu folgender

Definition 78.1

Es sei f über $[-\pi, \pi]$ integrierbar. Dann heißen die Zahlen a_n und b_n mit

$$a_n = \frac{1}{\pi} \cdot \int_{-\pi}^{\pi} f(x) \cdot \cos nx \, dx, \qquad n \in \mathbb{N}_0$$

$$b_n = \frac{1}{\pi} \int_{-\pi}^{\pi} f(x) \cdot \sin nx \, dx, \qquad n \in \mathbb{N}$$

die **Fourier-Koeffizienten der Funktion f** und die mit Hilfe dieser Fourier-Koeffizienten gebildete trigonometrische Reihe

$$\frac{a_0}{2} + \sum_{n=1}^{\infty} (a_n \cos nx + b_n \sin nx)$$

die **zur Funktion f gehörende Fourier-Reihe.**

Schreibweise: $f(x) \sim \frac{a_0}{2} + \sum_{n=1}^{\infty} (a_n \cos nx + b_n \sin nx).$

Bemerkung:

Die Bestimmung der Fourier-Koeffizienten einer Funktion heißt **harmonische Analyse.**

Beispiel 78.1

Wir wollen die Fourier-Reihe der auf $[-\pi, \pi]$ definierten Funktion f mit $f(x) = x$ für alle $x \in [-\pi, \pi]$ ermitteln.

Da f ungerade ist, kann (78.1) verwendet werden. Für die Fourier-Koeffizienten erhalten wir damit

$$a_n = 0 \quad \text{für alle } n \in \mathbb{N}_0 \text{ und}$$

$$b_n = \frac{2}{\pi} \cdot \int_0^{\pi} x \cdot \sin nx \, dx = \frac{2}{\pi} \left[\frac{\sin nx}{n^2} - \frac{x \cdot \cos nx}{n} \right]_0^{\pi} = -\frac{2}{\pi} \cdot \frac{\pi}{n} \cdot \cos n\pi = (-1)^{n+1} \cdot \frac{2}{n},$$

daher lautet die Fourier-Reihe s dieser Funktion:

$$s(x) = 2 \cdot \sum_{n=1}^{\infty} \frac{(-1)^{n+1}}{n} \cdot \sin nx = 2\left(\sin x - \frac{\sin 2x}{2} + \frac{\sin 3x}{3} - + \cdots \right). \tag{78.2}$$

Man kann zeigen, daß (78.2) für alle $x \in \mathbb{R}$ konvergiert. Nach Bemerkung 2 zu Definition 75.1 ist s eine 2π-periodische Funktion, wohingegen f nur auf $[-\pi, \pi]$ definiert ist, also ist für dieses Beispiel $s \neq f$, d.h. die Fourier-Reihe s von f stellt die Funktion f nicht dar. Auch die naheliegende Vermutung, daß die zu einer integrierbaren Funktion f gehörende (konvergente) Fourier-Reihe für alle $x \in [-\pi, \pi]$ mit $f(x)$ übereinstimmt ist nicht immer richtig. So ist in Beispiel 78.1 $s(\pi) = 0$, da für $x = \pi$ alle Summanden von (78.2) verschwinden, aber $f(\pi) = \pi$. Man sieht das auch, wenn man eine integrierbare Funktion f an endlich vielen Stellen abändert und dadurch eine neue Funktion g erhält. Aufgrund dieser Änderung ist $f \neq g$. Die Fourier-Koeffizienten von f und g sind jedoch gleich, da das Abändern eines Integranden an endlich vielen Stellen den Wert des Integrals nicht ändert (vgl. dazu Band 2, Beispiel 125.1). Also haben in diesem Fall f und g die gleiche Fourier-Reihe, obwohl $f \neq g$ ist.

Es ergeben sich also zunächst folgende zwei Fragen:

1. Für welche $x \in \mathbb{R}$ konvergiert die Fourier-Reihe einer auf $[-\pi, \pi]$ integrierbaren Funktion?
2. Wenn die Fourier-Reihe für gewisse $x \in \mathbb{R}$ konvergiert, stimmt dann der Wert der Fourier-Reihe mit dem Funktionswert überein?

Daß die zweite Frage im allgemeinen zu verneinen ist, wurde schon oben ausgeführt. Zur ersten Frage: Es gibt sogar stetige Funktionen, deren Fourier-Reihen nicht für alle $x \in \mathbb{R}$ konvergieren. Konvergiert die Fourier-Reihe einer Funktion f für alle $x \in [-\pi, \pi]$, so konvergiert sie für alle $x \in \mathbb{R}$, da sie dann eine 2π-periodische Funktion darstellt. Insofern ist es zweckmäßig, die auf $[-\pi, \pi]$ definierte Funktion f, deren zugehörige Fourier-Reihe ermittelt werden soll, 2π-periodisch auf ganz $\mathbb{R}$ fortzusetzen [1]).

Wir wollen nun eine hinreichende Bedingung für Funktionen angeben, deren zugehörigen Fourier-Reihen konvergieren. Dazu benötigen wir folgende

Definition 79.1

Die Funktion $f: [a, b] \to \mathbb{R}$ heißt auf $[a, b]$ **stückweise stetig,** wenn f auf $[a, b]$ bis auf endlich viele Sprungstellen stetig ist.

Sie heißt auf $[a, b]$ **stückweise glatt,** wenn f und f' auf $[a, b]$ stückweise stetig sind.

In Bild 79.1 sind die Graphen einiger auf $[-\pi, \pi]$ stückweise glatten Funktionen dargestellt.

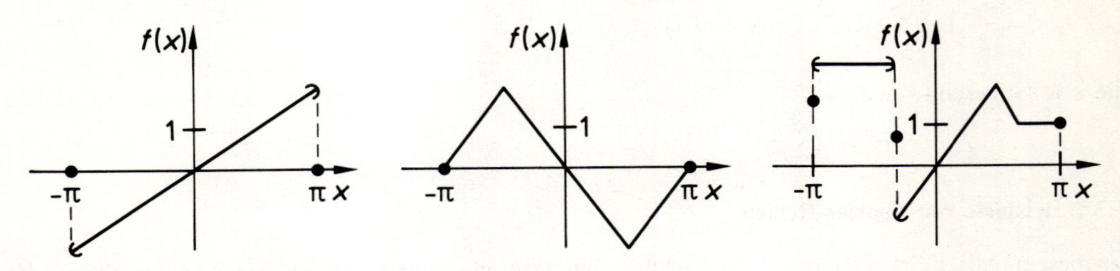

79.1 Stückweise glatte Funktionen

[1]) Um eine auf $[-\pi, \pi]$ definierte Funktion 2π-periodisch fortsetzen zu können, muß $f(-\pi) = f(\pi)$ sein. Gegebenenfalls ist der Wert der Funktion f an der Stelle π bzw. $-\pi$ abzuändern.

Es gilt folgender

Satz 80.1

Es sei f eine auf $\mathbb{R}$ definierte, 2π-periodische und auf $[-\pi, \pi]$ stückweise glatte Funktion. Dann konvergiert die zu f gehörende Fourier-Reihe s mit

$$s(x)=\frac{a_0}{2}+\sum_{n=1}^{\infty}(a_n \cos nx+b_n \sin nx)$$

für alle $x\in\mathbb{R}$, und es gilt:

$$s(x)=\tfrac{1}{2}\cdot(f(x+0)+f(x-0)) \quad \text{für alle } x\in\mathbb{R}.$$

Bemerkungen:

1. Mit $f(x+0)$ bzw. $f(x-0)$ sind die Grenzwerte $\lim\limits_{t\downarrow x} f(t)$ bzw. $\lim\limits_{t\uparrow x} f(t)$ bezeichnet. Ist f also an der Stelle $x\in\mathbb{R}$ insbesondere stetig, d.h. $f(x+0)=f(x-0)$. so ist offensichtlich $s(x)=f(x)$. In allen Stetigkeitspunkten von f ist daher der Wert der Fourier-Reihe von f gleich dem Funktionswert. Wenn also f auf $\mathbb{R}$ stetig ist, dann gilt:

$$f(x)=\frac{a_0}{2}+\sum_{n=1}^{\infty}(a_n \cos nx+b_n \sin nx) \qquad \text{für alle } x\in\mathbb{R}.$$

2. Hat f an der Stelle $x\in\mathbb{R}$ einen Sprung, so nimmt die Fourier-Reihe von f an dieser Stelle x das arithmetische Mittel der einseitigen Grenzwerte an.
3. Die Bedingung, daß f auf $[-\pi, \pi]$ stückweise glatt ist, ist nur hinreichend. Es sind Funktionen bekannt, die nicht stückweise glatt sind, deren zugehörigen Fourier-Reihen aber trotzdem konvergent sind. In der Praxis ist meist jedoch diese hinreichende Bedingung ausreichend.

Mit Satz 80.1 haben wir nun die Möglichkeit, 2π-periodische Funktionen mit Hilfe ihrer zugehörigen Fourier-Reihe darzustellen, was ja zunächst auch unser Anliegen war. Teilsummen der zu f gehörenden Fourier-Reihen werden in diesem Zusammenhang als **Näherung von f** benutzt, so heißt beispielsweise $s_0=\frac{a_0}{2}$ die 0. Näherung, $s_1(x)=\frac{a_0}{2}+a_1 \cos x+b_1 \sin x$ die 1. Näherung, allgemein

$$s_n(x)=\frac{a_0}{2}+\sum_{k=1}^{n}(a_k \cos kx+b_k \sin kx)$$

die **n-te Näherung von f.**

1.3.2 Beispiele von Fourier-Reihen

In diesem Abschnitt wollen wir die zugehörigen Fourier-Reihen von Funktionen berechnen, die häufig in der Praxis (hauptsächlich in der Elektrotechnik) auftreten. Da es sich dabei meist um sogenannte Zeitfunktionen handelt (d.h. die unabhängige Variable ist die Zeit), wollen wir in diesen Beispielen die unabhängige Veränderliche mit t bezeichnen.

Beispiel 81.1 (Rechteckpuls)

Es sei f die 2π-periodische Funktion mit

$$f(t)=\begin{cases} A & \text{für } |t|<\frac{1}{2}\pi \\ \dfrac{A}{2} & \text{für } |t|=\frac{1}{2}\pi \\ 0 & \text{für } \frac{1}{2}\pi<|t|\leqq\pi. \end{cases}$$

Der Graph dieser Funktion ist in Bild 81.1 dargestellt.

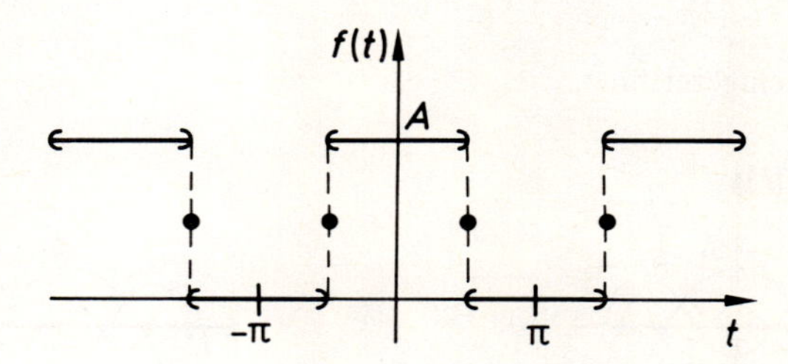

81.1 Rechteckpuls

Da f stückweise glatt auf $[-\pi,\pi]$ ist und außerdem der Funktionswert an den Sprungstellen gleich dem arithmetischen Mittel der einseitigen Grenzwerte ist $\left(\text{z.B. ist } f\left(\frac{\pi}{2}-0\right)=A,\ f\left(\frac{\pi}{2}+0\right)=0\right)$, kann Satz 80.1 angewendet werden. Also stellt die zu f gehörende Fourier-Reihe die Funktion f für alle $t\in\mathbb{R}$ dar.

Berechnung der Fourier-Koeffizienten von f:

f ist gerade, daher kann (77.2) verwendet werden. Wir erhalten

für $n=0$:

$$a_0=\frac{2}{\pi}\int_0^{\pi} f(t)\,\mathrm{d}t=\frac{2}{\pi}\int_0^{\frac{\pi}{2}} A\,\mathrm{d}t=A.$$

für $n\in\mathbb{N}$:

$$a_n=\frac{2}{\pi}\int_0^{\pi} f(t)\cdot\cos nt\,\mathrm{d}t=\frac{2A}{\pi}\int_0^{\frac{\pi}{2}}\cos nt\,\mathrm{d}t=\frac{2A}{n\pi}\cdot\sin\frac{n\pi}{2}=\begin{cases}\dfrac{2A(-1)^{k+1}}{(2k-1)\cdot\pi} & \text{für } n=2k-1\\ 0 & \text{für } n=2k.\end{cases}$$

Nach Satz 80.1 gilt also, weil nach (77.2) $b_n=0$ ist für alle $n\in\mathbb{N}$:

$$f(t)=\frac{A}{2}+\frac{2A}{\pi}\sum_{n=1}^{\infty}\frac{(-1)^{n+1}}{2n-1}\cdot\cos(2n-1)\,t=\frac{A}{2}+\frac{2A}{\pi}\left(\cos t-\frac{\cos 3t}{3}+\frac{\cos 5t}{5}-+\cdots\right). \quad (81.1)$$

In der Schwingungslehre spricht man in diesem Zusammenhang von der Grundschwingung und den Oberschwingungen eines periodischen Vorganges.

In Bild 82.1 sind die Näherungen

$$s_0(t)=\frac{A}{2}, \quad s_1(t)=\frac{A}{2}+\frac{2A}{\pi}\cdot\cos t,$$

$$s_3(t)=\frac{A}{2}+\frac{2A}{\pi}\cdot\cos t-\frac{2A}{3\pi}\cdot\cos 3t \quad \text{und}$$

$$s_5(t)=\frac{A}{2}+\frac{2A}{\pi}\cdot\cos t-\frac{2A}{3\pi}\cdot\cos 3t+\frac{2A}{5\pi}\cdot\cos 5t,$$

sowie der Graph von f eingezeichnet.

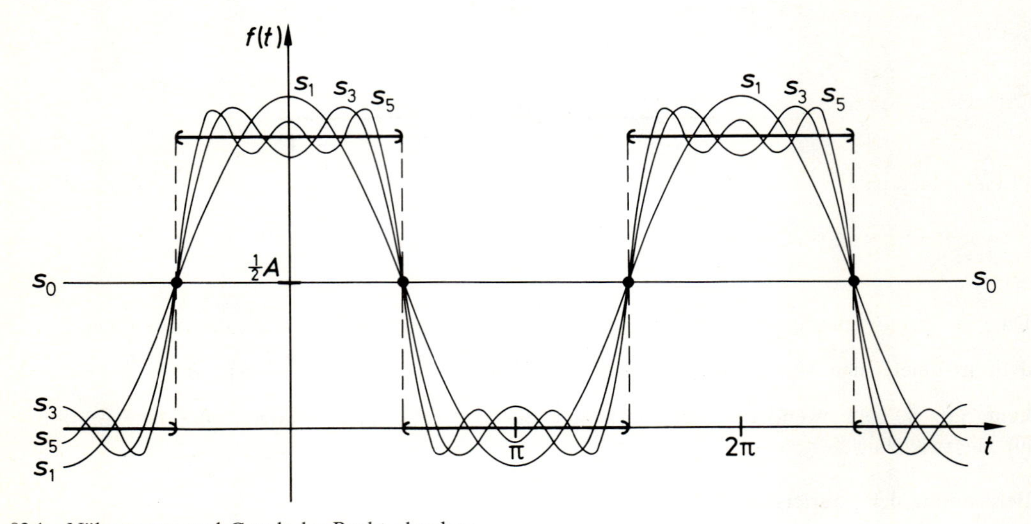

82.1 Näherungen und Graph des Rechteckpulses

Um die Konvergenz der Fourier-Reihe des Rechteckpulses deutlicher zu zeigen, haben wir in Bild 83.1 die neunzehnte Näherung eingezeichnet. Aus diesem Bild entnimmt man u.a. ein eigenartiges Verhalten der Teilsummen der Fourier-Reihe an den Sprungstellen, das als **Gibbssches Phänomen** bekannt ist. Man sieht sehr deutlich, daß die Teilsummen an den Sprungstellen »überschwingen«, d.h. daß in einer (kleinen) Umgebung der Sprungstellen die Näherungen s_n ein Maximum bzw. Minimum aufweisen. Man kann zeigen, daß die Teilsummen den rechtsseitigen Grenzwert (vorausgesetzt, daß die Funktion an der Sprungstelle streng monoton wächst) an der Sprungstelle immer um etwa das 0,09fache der Sprunghöhe übersteigen. Entsprechendes gilt für den linksseitigen Grenzwert. Dieses »Überschwingen« wird also mit wachsendem n nicht kleiner, es verlagert sich lediglich die Maximum- bzw. Minimumstelle von s_n und zwar nähern sie sich immer mehr der Sprungstelle, so daß ab einem »gewissen« n alle Teilsummen s_n der Fourier-Reihe obiger Funktion in dem in Bild 83.2 schraffiertem Bereich liegen.

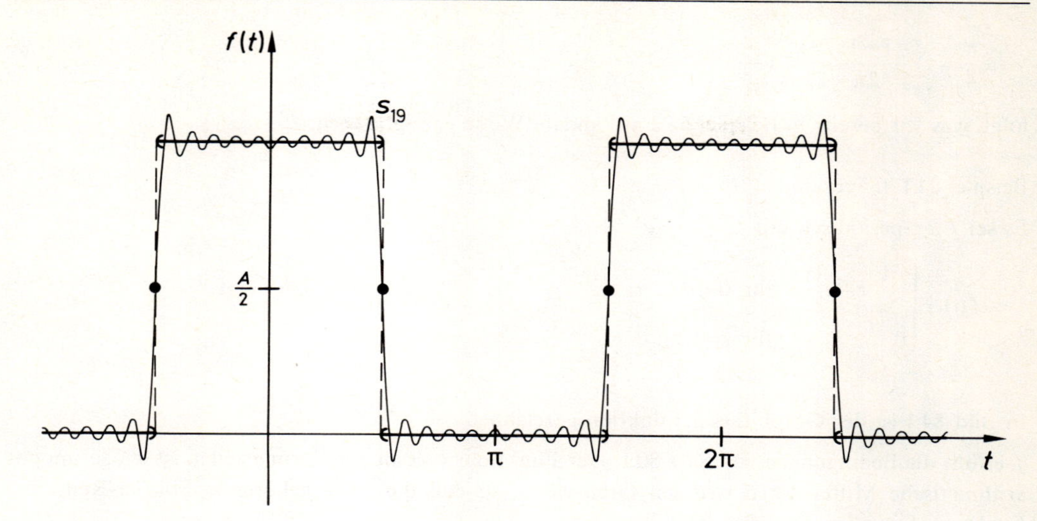

83.1 Das Gibbssche Phänomen

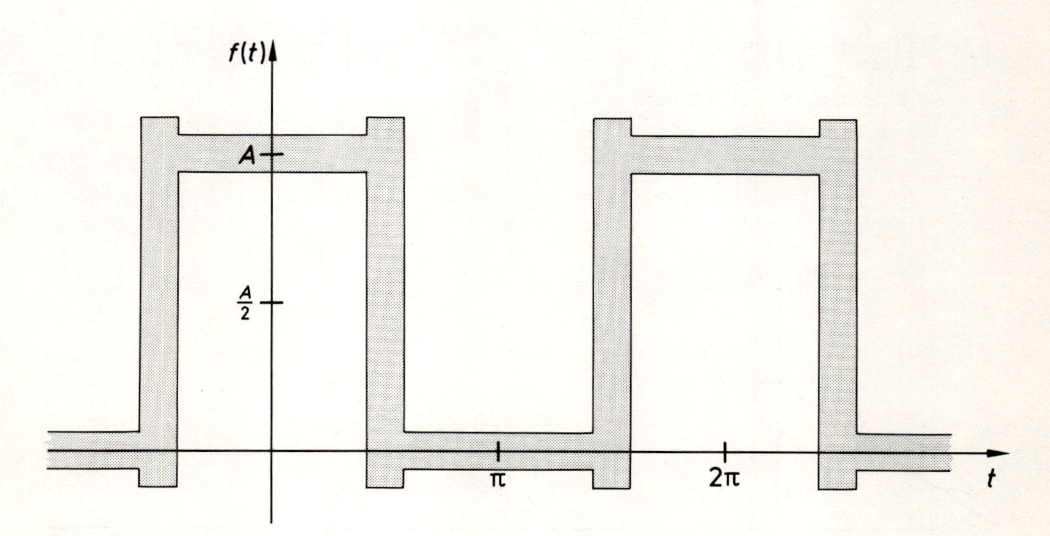

83.2 Das Gibbssche Phänomen

Aus (81.1) erhalten wir, wenn wir dort $t=0$ setzen (wegen $f(0)=A$):

$$A=\frac{A}{2}+\frac{2A}{\pi}\cdot\sum_{n=1}^{\infty}\frac{(-1)^{n+1}}{2n-1}\cdot\cos(2n-1)\frac{\pi}{2},\quad \text{woraus}$$

$$\frac{\pi}{4}=\sum_{n=1}^{\infty}\frac{(-1)^{n+1}}{2n-1}=1-\tfrac{1}{3}+\tfrac{1}{5}-\tfrac{1}{7}+-\cdots$$

folgt, was wir bereits in Beispiel 52.2 auf andere Weise gezeigt haben.

Beispiel 84.1 (Sägezahn)

Es sei f 2π-periodisch mit

$$f(t)=\begin{cases}\dfrac{A}{2\pi}t-\dfrac{A}{2} & \text{für } 0<t<2\pi\\ 0 & \text{für } t=0.\end{cases}$$

In Bild 84.1 ist der Graph dieser Funktion gezeichnet.

f erfüllt die Bedingungen von Satz 80.1. Der Funktionswert an den Sprungstellen ist wiederum das arithmetische Mittel der einseitigen Grenzwerte, so daß die zu f gehörende Fourier-Reihe die Funktion f in allen Punkten darstellt.

Da f ungerade ist, kann (78.1) verwendet werden, also ist

$$a_n=0 \quad \text{für alle } n\in\mathbb{N}_0 \quad \text{und}$$

$$b_n=\frac{2}{\pi}\int_0^{\pi}\left(\frac{A}{2\pi}t-\frac{A}{2}\right)\sin nt\,dt=\frac{A}{\pi^2}\left[\frac{\sin nt}{n^2}-\frac{t\cdot\cos nt}{n}\right]_0^{\pi}+\frac{A}{\pi}\left[\frac{\cos nt}{n}\right]_0^{\pi}$$

$$=-\frac{A}{\pi^2}\cdot\frac{\pi\cdot\cos n\pi}{n}+\frac{A}{\pi}\left(\frac{\cos n\pi}{n}-\frac{1}{n}\right)=-\frac{A}{\pi}\cdot\frac{1}{n}.$$

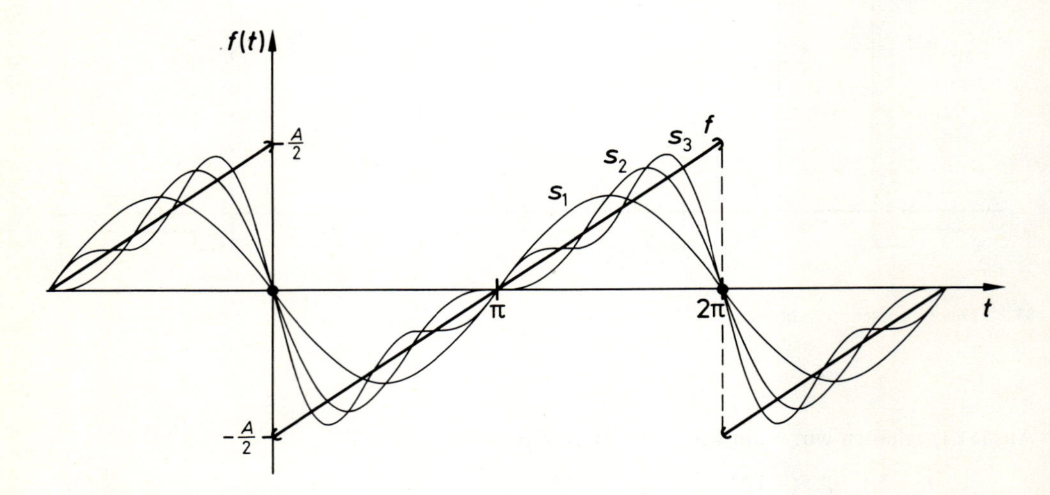

84.1 Sägezahnfunktion und ihre ersten drei Näherungen

Die Fourier-Reihe von f lautet daher

$$-\frac{A}{\pi}\cdot\sum_{n=1}^{\infty}\frac{\sin nt}{n}=-\frac{A}{\pi}\left(\sin t+\frac{\sin 2t}{2}+\frac{\sin 3t}{3}+\cdots\right).$$

In Bild 84.1 sind die ersten drei Näherungen von f dargestellt.

Der Fourier-Reihe der Sägezahnfunktion entnimmt man, daß die Sägezahnfunktion aus lauter Sinusschwingungen besteht, die als Frequenzen alle ganzzahligen Vielfachen der Frequenz $\frac{1}{2\pi}$, nämlich $f_1=\frac{1}{2\pi}$, $f_2=\frac{2}{2\pi}$, $f_3=\frac{3}{2\pi}$, usw. enthält. Dabei sind die auftretenden Sinusschwingungen alle in Phase. So können beispielsweise aus einer Sägezahnspannung mit Hilfe von Filtern diese Sinusschwingungen phasengleich entnommen werden.

Da nach Satz 80.1 die Fourier-Reihe von f für alle $t\in\mathbb{R}$ konvergiert, ist die Behauptung in Bemerkung zu Satz 75.1 gezeigt.

Beispiel 85.1 (Dreieckpuls)

Es sei f 2π-periodisch mit $f(t)=|t|$ für $-\pi\leqq t\leqq\pi$ (vgl. Bild 85.1).

f ist gerade, daher folgt mit (77.2) für $n=0$:

$$a_0=\frac{2}{\pi}\int_0^{\pi}|t|\,\mathrm{d}t=\pi,\qquad \text{und für alle } n\in\mathbb{N}:$$

$$a_n=\frac{2}{\pi}\int_0^{\pi}|t|\cos nt\,\mathrm{d}t=\frac{2}{\pi}\left[\frac{\cos nt}{n^2}+\frac{t\cdot\sin nt}{n}\right]_0^{\pi}$$

$$=\frac{2}{\pi}\left(\frac{\cos n\pi}{n^2}-\frac{1}{n^2}\right)=\frac{2}{\pi}\left(\frac{(-1)^n}{n^2}-\frac{1}{n^2}\right).$$

Ist also n gerade, so ist $a_n=0$, daher gilt:

$$a_{2n-1}=-\frac{4}{\pi(2n-1)^2},\qquad a_{2n}=b_n=0\qquad \text{für alle } n\in\mathbb{N}.$$

Die zu f gehörende Fourier-Reihe lautet also:

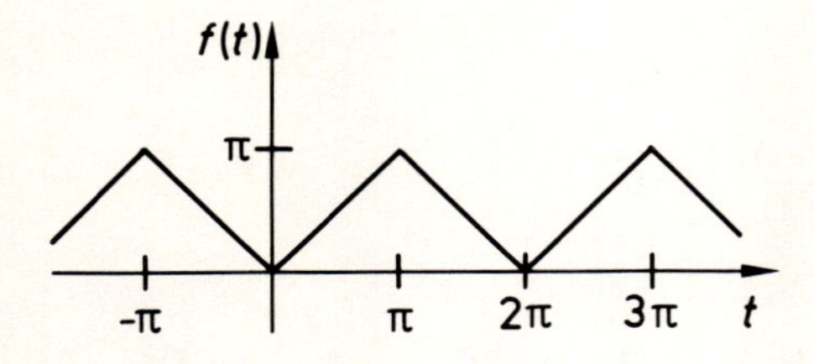

85.1 Dreieckpuls

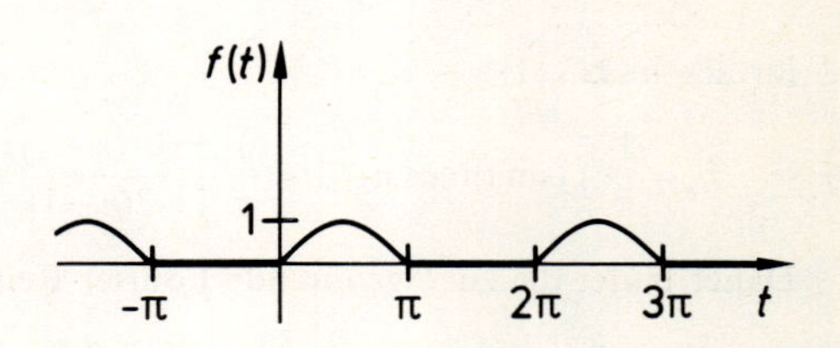

85.2 Einweggleichrichter

$$f(t)=\frac{\pi}{2}-\frac{4}{\pi}\sum_{n=1}^{\infty}\frac{\cos(2n-1)t}{(2n-1)^2}=\frac{\pi}{2}-\frac{4}{\pi}\left(\cos t+\frac{\cos 3t}{3^2}+\cdots\right). \tag{86.1}$$

Die Funktionswerte von f stimmen (nach Satz 80.1) mit den Werten der Fourier-Reihe überein. Insbesondere erhält man aus (86.1) für $t=0$ die Beziehung

$$0=\frac{\pi}{2}-\frac{4}{\pi}\sum_{n=1}^{\infty}\frac{1}{(2n-1)^2}, \quad \text{woraus} \quad \frac{\pi^2}{8}=1+\frac{1}{3^2}+\frac{1}{5^2}+\cdots$$

folgt.

Beispiel 86.1 (Einweggleichrichter)

Es sei f eine 2π-periodische Funktion mit

$$f(t)=\begin{cases}0 & \text{für } -\pi<t<0\\ \sin t & \text{für } 0\leqq t\leqq\pi\end{cases} \quad \text{(vgl. Bild 85.2)}$$

f erfüllt die Voraussetzungen von Satz 80.1 und ist darüberhinaus auf $\mathbb{R}$ stetig.

Wie erhalten wegen (77.1) (beachte, daß der Integrand auf $[-\pi, 0]$ die Nullfunktion ist):

$$a_0=\frac{1}{\pi}\int_0^{\pi}\sin t\,\mathrm{d}t=-\frac{1}{\pi}\cdot\cos t\Big|_0^{\pi}=\frac{2}{\pi},$$

$$a_1=\frac{1}{\pi}\int_0^{\pi}(\sin t)\cdot(\cos t)\,\mathrm{d}t=\frac{1}{2\pi}\cdot\sin^2 t\Big|_0^{\pi}=0$$

und für alle $n\in\mathbb{N}\setminus\{1\}$:

$$\begin{aligned}a_n&=\frac{1}{\pi}\int_0^{\pi}(\sin t)(\cos nt)\,\mathrm{d}t=\frac{1}{\pi}\left[-\frac{\cos(n+1)t}{2(n+1)}+\frac{\cos(n-1)t}{2(n-1)}\right]_0^{\pi}\\ &=\frac{1}{\pi}\left(\frac{\cos(n-1)\pi}{2(n-1)}-\frac{\cos(n+1)\pi}{2(n+1)}+\frac{1}{2(n+1)}-\frac{1}{2(n-1)}\right)\\ &=\frac{1}{\pi}\left(\frac{(-1)^{n+1}}{2(n-1)}-\frac{(-1)^{n+1}}{2(n+1)}+\frac{1}{2(n+1)}-\frac{1}{2(n-1)}\right),\end{aligned}$$

d.h. $a_{2n+1}=0$ und $a_{2n}=-\frac{2}{\pi}\cdot\frac{1}{(2n+1)(2n-1)}$ für alle $n\in\mathbb{N}\setminus\{1\}$.

$$b_1=\frac{1}{\pi}\int_0^{\pi}\sin^2 t\cdot\mathrm{d}t=\frac{1}{\pi}\left[\tfrac{1}{2}t-\tfrac{1}{4}\sin 2t\right]_0^{\pi}=\tfrac{1}{2},$$

für alle $n\in\mathbb{N}\setminus\{1\}$:

$$b_n=\frac{1}{\pi}\int_0^{\pi}(\sin t)(\cos nt)\,\mathrm{d}t=\frac{1}{\pi}\left[\frac{\sin(n-1)t}{2(n-1)}-\frac{\sin(n+1)t}{2(n+1)}\right]_0^{\pi}=0.$$

Daher lautet die zu f gehörende Fourier-Reihe:

$$f(t)=\frac{1}{\pi}+\frac{1}{2}\cdot\sin t-\frac{2}{\pi}\sum_{n=1}^{\infty}\frac{\cos 2nt}{(2n-1)(2n+1)}=\frac{1}{\pi}+\frac{1}{2}\cdot\sin t-\frac{2}{\pi}\left(\frac{\cos 2t}{1\cdot 3}+\frac{\cos 4t}{3\cdot 5}+\frac{\cos 6t}{5\cdot 7}+\cdots\right)$$

Wegen $f(0)=0$ ergibt sich für $t=0$ die Beziehung:

$$\frac{1}{1\cdot 3}+\frac{1}{3\cdot 5}+\frac{1}{5\cdot 7}+\cdots=\frac{1}{2}.$$

Bisher betrachteten wir nur 2π-periodische Funktionen. Wir wollen nun die den Formeln (77.1) für p-periodische Funktionen entsprechenden herleiten. Ist f eine p-periodische Funktion ($p>0$), dann ist g mit $g(x)=f\left(\frac{p}{2\pi}x\right)$ eine 2π-periodische Funktion. In der Tat gilt für alle $k\in\mathbb{Z}$ und alle $x\in\mathbb{R}$:

$$g(x+2k\pi)=f\left(\frac{p}{2\pi}(x+2k\pi)\right)=f\left(\frac{p}{2\pi}x+kp\right)=f\left(\frac{p}{2\pi}x\right)=g(x).$$

Aus (77.1) ergibt sich

$$a_n=\frac{1}{\pi}\int_{-\pi}^{\pi}g(x)\cdot\cos nx\,\mathrm{d}x=\frac{1}{\pi}\int_{-\pi}^{\pi}f\left(\frac{p}{2\pi}x\right)\cdot\cos nx\,\mathrm{d}x.$$

Durch die Substitution $u=\frac{p}{2\pi}x$, also $\mathrm{d}x=\frac{2\pi}{p}\mathrm{d}u$ ergibt sich daraus

$$a_n=\frac{2}{p}\int_{-\frac{p}{2}}^{\frac{p}{2}}f(u)\cdot\cos n\frac{2\pi}{p}u\,\mathrm{d}u,$$

oder, da die Integration über eine Periode erfolgt:

$$a_n=\frac{2}{p}\int_0^p f(x)\cdot\cos\frac{2\pi}{p}nx\,\mathrm{d}x \qquad \text{für alle } n\in\mathbb{N}_0,$$

ebenso erhält man

$$b_n=\frac{2}{p}\int_0^p f(x)\cdot\sin\frac{2\pi}{\mathrm{p}}nx\,\mathrm{d}x \qquad \text{für alle } n\in\mathbb{N}.$$

Damit erhalten wir:

Es sei f über $[0, p]$ integrierbar. Dann heißen die Zahlen a_n und b_n mit

$$a_n=\frac{2}{p}\int_0^p f(x)\cdot\cos\frac{2\pi}{p}nx\,\mathrm{d}x \qquad \text{für alle } n\in\mathbb{N}_0,$$
$$b_n=\frac{2}{p}\int_0^p f(x)\cdot\sin\frac{2\pi}{p}nx\,\mathrm{d}x \qquad \text{für alle } n\in\mathbb{N} \tag{87.1}$$

die Fourier-Koeffizienten der Funktion f und die mit Hilfe dieser Fourier-Koeffizienten gebildete trigonometrische Reihe

$$\frac{a_0}{2}+\sum_{n=1}^{\infty}\left(a_n\cdot\cos\frac{2\pi}{p}nx+b_n\cdot\sin\frac{2\pi}{p}nx\right)$$

die zur Funktion f gehörende Fourier-Reihe.

Beispiel 88.1

Es sei f eine π-periodische Funktion und $f(x)=x(\pi-x)$ für $x\in[0,\pi)$ (vgl. Bild 88.1).

Die Voraussetzungen an f von Satz 80.1 sind erfüllt auf $[0,\pi]$, weiterhin ist f auf $\mathbb{R}$ stetig, so daß die zu f gehörende Fourier-Reihe für alle $x\in\mathbb{R}$ konvergiert und auch die Funktion f darstellt. Für $p=\pi$ ergibt sich aus (87.1):

$$a_0=\frac{2}{\pi}\int_0^\pi x(\pi-x)\,\mathrm{d}x=\frac{2}{\pi}\left[\pi\frac{x^2}{2}-\frac{x^3}{3}\right]_0^\pi=\frac{\pi^2}{3}$$

und für alle $n\in\mathbb{N}$:

$$\begin{aligned}a_n&=\frac{2}{\pi}\int_0^\pi x(\pi-x)\cdot\cos 2nx\,\mathrm{d}x\\&=\frac{2}{\pi}\left[\pi\left(\frac{\cos 2nx}{(2n)^2}+\frac{x\cdot\sin 2nx}{2n}\right)-\frac{2x}{(2n)^2}\cdot\cos 2nx-\left(\frac{x^2}{2n}-\frac{2}{(2n)^3}\right)\sin 2nx\right]_0^\pi\\&=\frac{2}{4n^2}\cdot\cos 2n\pi-\frac{2}{4n^2}-\frac{4}{4n^2}\cdot\cos 2n\pi=-\frac{1}{n^2}.\end{aligned}$$

Da f gerade ist, gilt $b_n=0$ für alle $n\in\mathbb{N}$, also ist

$$f(t)=\frac{\pi^2}{6}-\sum_{n=1}^{\infty}\frac{\cos 2nx}{n^2}=\frac{\pi^2}{6}-\left(\cos 2x+\frac{\cos 4x}{2^2}+\frac{\cos 6x}{3^2}+\cdots\right).$$

Wegen $f(0)=0$ erhält man für $t=0$ die bereits in Beispiel 21.1 behauptete Beziehung

$$\frac{\pi^2}{6}=\sum_{n=1}^{\infty}\frac{1}{n^2}.$$

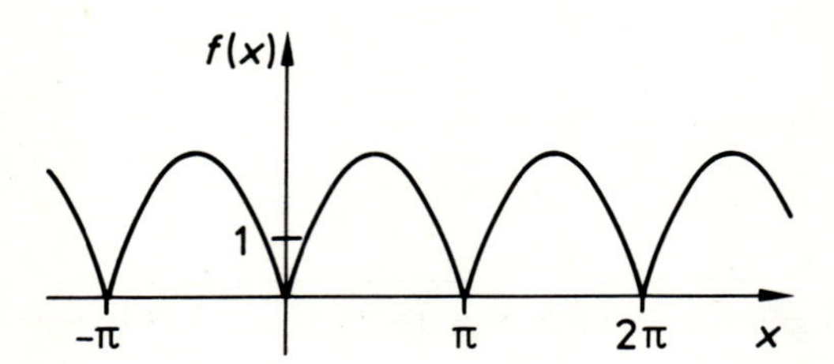

88.1 Zu Beispiel 88.1

1.3.3 Komplexe Schreibweise der Fourier-Reihe

Mit Hilfe der Eulerschen Formel (70.2) können wir eine Summe der Form

$$\frac{a_0}{2}+\sum_{k=1}^{n}(a_k\cos kx+b_k\sin kx) \tag{88.1}$$

auch exponentiell darstellen.

Aus $e^{jx} = \cos x + j \cdot \sin x$ und $e^{-jx} = \cos x - j \cdot \sin x$ erhalten wir durch Addition bzw. Subtraktion:

$$\cos x = \tfrac{1}{2}(e^{jx} + e^{-jx}) \quad \text{bzw.} \quad \sin x = \frac{1}{2j}(e^{jx} - e^{-jx}). \tag{89.1}$$

Dies eingesetzt in (88.1) ergibt

$$\frac{a_0}{2} + \sum_{k=1}^{n} \left(\frac{a_k - jb_k}{2} \cdot e^{jkx} + \frac{a_k + jb_k}{2} \cdot e^{-jkx} \right). \tag{89.2}$$

Setzt man nun

$$c_0 = \frac{a_0}{2} \qquad c_k = \tfrac{1}{2}(a_k - jb_k), \qquad c_{-k} = \tfrac{1}{2}(a_k + jb_k), \tag{89.3}$$

so ergibt sich aus (89.2):

$$c_0 + \sum_{k=1}^{n} c_k e^{jkx} + \sum_{k=1}^{n} c_{-k} e^{-jkx}$$

oder, wenn wir in der zweiten Summe den Summationsindex umbenennen:

$$c_0 + \sum_{k=1}^{n} c_k e^{jkx} + \sum_{k=-1}^{-n} c_k e^{jkx}.$$

Dafür können wir auch schreiben $\sum\limits_{k=-n}^{n} c_k e^{jkx}$.

In dieser Schreibweise ist der Summationsindex aus der Menge der ganzen Zahlen, es sind also nacheinander die Zahlen $-n, -n+1, \ldots, -1, 0, 1, \ldots, n-1, n$ einzusetzen.

Eine trigonometrische Reihe

$$\frac{a_0}{2} + \sum_{n=1}^{\infty} (a_n \cos nx + b_n \sin nx) \tag{89.4}$$

kann daher auch durch die Reihe

$$\sum_{n=-\infty}^{\infty} c_n e^{jnx} \quad \text{mit } c_n \in \mathbb{C} \tag{89.5}$$

komplex dargestellt werden, wobei die Konvergenz von (89.5) bedeutet, daß der Grenzwert $\lim\limits_{n \to \infty} \sum\limits_{k=-n}^{n} c_k e^{jkx}$ existiert.

Den Zusammenhang zwischen den Koeffizienten a_n, b_n aus (89.4) einerseits und den Koeffizienten c_n aus (89.5) andererseits erhalten wir aus (89.3)

$$c_n = \begin{cases} \tfrac{1}{2}(a_n - jb_n) & \text{für } n > 0 \\ \tfrac{1}{2} a_0 & \text{für } n = 0 \\ \tfrac{1}{2}(a_{-n} + jb_{-n}) & \text{für } n < 0 \end{cases} \tag{89.6}$$

bzw.

$$a_0=2c_0, \quad a_n=c_n+c_{-n}, \quad b_n=\mathrm{j}(c_n-c_{-n}) \quad \text{für alle } n\in\mathbb{N}. \tag{90.1}$$

Aus (89.3) ergibt sich weiter

$$c_{-n}=c_n^* \quad \text{für alle } n\in\mathbb{Z}.$$

Aufgrund dieser Beziehung sind die durch (90.1) gegebene Koeffizienten a_n und b_n in der Tat reell.

Um die Fourier-Reihe einer Funktion komplex darzustellen, muß nicht (89.6) verwendet werden. Man erhält nämlich aus (77.1) zusammen mit (89.1) und (89.6):

$$c_0=\tfrac{1}{2}a_0=\frac{1}{2\pi}\int_{-\pi}^{\pi} f(x)\,\mathrm{d}x \quad \text{und für alle } n\in\mathbb{N}:$$

$$\begin{aligned} c_n &=\tfrac{1}{2}(a_n-\mathrm{j}b_n)=\frac{1}{2\pi}\int_{-\pi}^{\pi} f(x)\cdot\cos nx\,\mathrm{d}x-\frac{\mathrm{j}}{2\pi}\int_{-\pi}^{\pi} f(x)\cdot\sin nx\,\mathrm{d}x \\ &=\frac{1}{4\pi}\int_{-\pi}^{\pi} f(x)(\mathrm{e}^{\mathrm{j}nx}+\mathrm{e}^{-\mathrm{j}nx})\,\mathrm{d}x-\frac{1}{4\pi}\int_{-\pi}^{\pi} f(x)(\mathrm{e}^{\mathrm{j}nx}-\mathrm{e}^{-\mathrm{j}nx})\,\mathrm{d}x=\frac{1}{2\pi}\int_{-\pi}^{\pi} f(x)\,\mathrm{e}^{-\mathrm{j}nx}\,\mathrm{d}x. \end{aligned}$$

Ebenso ergibt sich für alle $n\in\mathbb{N}$: $c_{-n}=\frac{1}{2\pi}\int_{-\pi}^{\pi} f(x)\,\mathrm{e}^{\mathrm{j}nx}\,\mathrm{d}x$.

Daher gilt:

$$c_n=\frac{1}{2\pi}\int_{-\pi}^{\pi} f(x)\cdot\mathrm{e}^{-\mathrm{j}nx}\,\mathrm{d}x \quad \text{für alle } n\in\mathbb{Z}. \tag{90.2}$$

Beispiel 90.1

Es sei f eine 2π-periodische Funktion mit $f(x)=\begin{cases}\mathrm{e}^x & \text{für } -\pi<x<\pi \\ \tfrac{1}{2}(\mathrm{e}^{\pi}+\mathrm{e}^{-\pi}) & \text{für } x=\pi.\end{cases}$

Die zugehörige Fourier-Reihe ist in komplexer Form anzugeben. In Bild 91.1 ist der Graph der Funktion f dargestellt.

Wir erhalten wegen (90.2) für alle $n\in\mathbb{Z}$:

$$\begin{aligned} c_n &=\frac{1}{2\pi}\int_{-\pi}^{\pi} \mathrm{e}^{(1-\mathrm{j}n)x}\,\mathrm{d}x=\frac{1}{2\pi}\cdot\frac{1}{1-\mathrm{j}n}\cdot\mathrm{e}^{(1-\mathrm{j}n)x}\Big|_{-\pi}^{\pi} \\ &=\frac{1}{2\pi}\cdot\frac{1+\mathrm{j}n}{1+n^2}(\mathrm{e}^{(1-\mathrm{j}n)\pi}-\mathrm{e}^{-(1-\mathrm{j}n)\pi}) \\ &=\frac{1}{2\pi}\cdot\frac{1+\mathrm{j}n}{1+n^2}(\mathrm{e}^{\pi}(\cos n\pi-\mathrm{j}\cdot\sin n\pi)-\mathrm{e}^{-\pi}(\cos n\pi+\mathrm{j}\cdot\sin n\pi)) \\ &=\frac{1}{2\pi}\cdot\frac{1+\mathrm{j}n}{1+n^2}(\mathrm{e}^{\pi}-\mathrm{e}^{-\pi})\cdot(-1)^n. \end{aligned}$$

Also lautet die Fourier-Reihe von f in komplexer Form:

$$\frac{\mathrm{e}^{\pi}-\mathrm{e}^{-\pi}}{2\pi}\cdot\sum_{n=-\infty}^{\infty}(-1)^n\cdot\frac{1+\mathrm{j}n}{1+n^2}\cdot\mathrm{e}^{\mathrm{j}nx}.$$

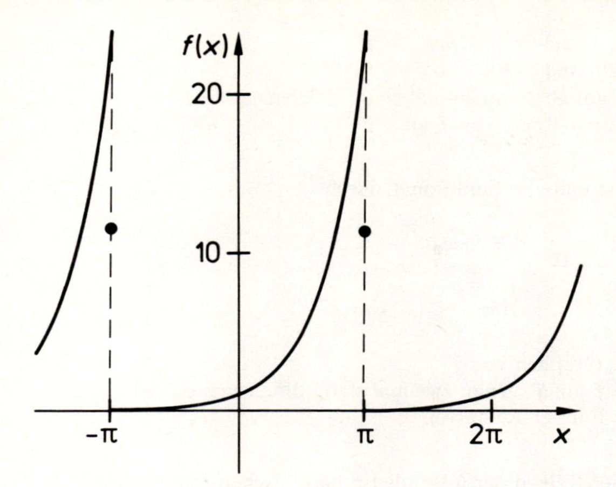

91.1 Zu Beispiel 90.1

Abschließend geben wir noch die komplexe Form der Fourier-Reihe einer p-periodischen Funktion an:

Ist f eine p-periodische Funktion, so lautet die komplexe Form der Fourier-Reihe von f:

$$\sum_{n=-\infty}^{\infty} c_n \cdot e^{j \cdot \frac{2n\pi}{p} x}.$$

Die komplexen Fourier-Koeffizienten c_n ergeben sich aus

$$c_n = \frac{1}{p} \cdot \int_0^p f(x) \cdot e^{-j \cdot \frac{2n\pi}{p} x} \, dx \qquad \text{für alle } n \in \mathbb{Z}.$$

Aufgaben

1. Geben Sie die Fourier-Reihen der folgenden 2π-periodischen Funktionen f an. Skizzieren Sie den Graph von f sowie die ersten beiden Näherungen s_1 und s_2.

   a) $f(x) = \begin{cases} x & \text{für } 0 < x < 2\pi \\ \pi & \text{für } x = 0; \end{cases}$
   b) $f(x) = \begin{cases} x & \text{für } -\pi < x < \pi \\ 0 & \text{für } x = -\pi; \end{cases}$

   c) $f(x) = \left| x + \frac{\pi}{2} \right| - \frac{\pi}{2}$ für $-\frac{3}{2}\pi \leqq x < \frac{1}{2}\pi$;
   d) $f(x) = x^2$ für $-\pi \leqq x < \pi$.

2. Die 2π-periodische Funktion f sei gegeben durch

$$f(x) = \begin{cases} x(\pi - x) & \text{für } 0 \leqq x < \pi \\ x^2 - 3\pi x + 2\pi^2 & \text{für } \pi \leqq x < 2\pi. \end{cases}$$

a) Skizzieren Sie den Graphen von f.
b) Berechnen Sie $f(20)$ und $f(30)$.
c) Zeigen Sie, daß f auf $\mathbb{R}$ genau einmal stetig differenzierbar ist.
d) Geben Sie die Fourier-Reihe von f an.

3. Gegeben sei die 2π-periodische Funktion f durch

$$f(x)=\begin{cases}\frac{1}{\pi^3}x^4-\frac{3}{2\pi}x^2+\frac{5\pi}{16} & \text{für } |x|<\frac{\pi}{2}\\ \cos x & \text{für } \frac{\pi}{2}\leqq|x|\leqq\pi.\end{cases}$$

a) Skizzieren Sie den Graphen von f.
b) Beweisen Sie, daß f auf $\mathbb{R}$ genau zweimal stetig differenzierbar ist.
c) Berechnen Sie die Fourier-Reihe von f.

4. Wie lauten die Fourier-Reihen der folgenden π-periodischen Funktionen?

a) $f(t)=t^2$ für $-\frac{\pi}{2}\leqq t<\frac{\pi}{2}$;

b) $f(t)=\begin{cases}\cos t & \text{für } 0<t<\pi\\ 0 & \text{für } t=0.\end{cases}$

5. In Bild 93.1 a) – d) sind die Graphen von periodischen Funktionen abgebildet. Bestimmen Sie die Fourier-Reihen dieser Funktionen.

6. Es sei $0<\alpha<\frac{\pi}{2}$. Die auf $\mathbb{R}$ definierte Funktion f sei durch

$$f(x)=\begin{cases}\frac{ax}{\alpha} & \text{für } 0\leqq x\leqq\alpha\\ a & \text{für } \alpha<x\leqq\pi-\alpha\\ \frac{a(\pi-x)}{\alpha} & \text{für } \pi-\alpha<x\leqq\pi\end{cases}$$

gegeben. Weiterhin sei f ungerade, d.h. $f(-x)=-f(x)$ für alle $x\in\mathbb{R}$ und 2π-periodisch.
a) Zeichnen Sie den Graph von f und stellen Sie die Fourier-Reihe von f auf.
b) Wie lautet die Fourier-Reihe von f, wenn $\alpha=\frac{\pi}{3}$ ist?

*7. Es sei $a\in\mathbb{R}$ und f eine 2π-periodische Funktion mit $f(x)=\sin ax$ für $0\leqq x<2\pi$.
a) Entwickeln Sie f in eine Fourier-Reihe.
Welchen Wert hat die Fourier-Reihe an der Stelle $x=0$?
b) Beweisen Sie mit Hilfe von a) die Formel

$$\sum_{n=1}^{\infty}\frac{1}{n^2-a^2}=\frac{1}{2a^2}-\frac{\pi}{2a}\cdot\frac{\sin 2\pi a}{1-\cos 2\pi a}. \tag{92.1}$$

c) In (92.1) ist der Grenzwert für $a\to 0$ zu berechnen.
Welcher Wert ergibt sich für $\sum_{n=1}^{\infty}\frac{1}{n^2}$?
(Hinweis: In (92.1) kann eine Vertauschung der Summation mit dem Grenzübergang $a\to 0$ erfolgen.)
d) Skizzieren Sie die Funktion f und ihre Näherungen erster und zweiter Ordnung für den Fall $a=\frac{1}{2}$.

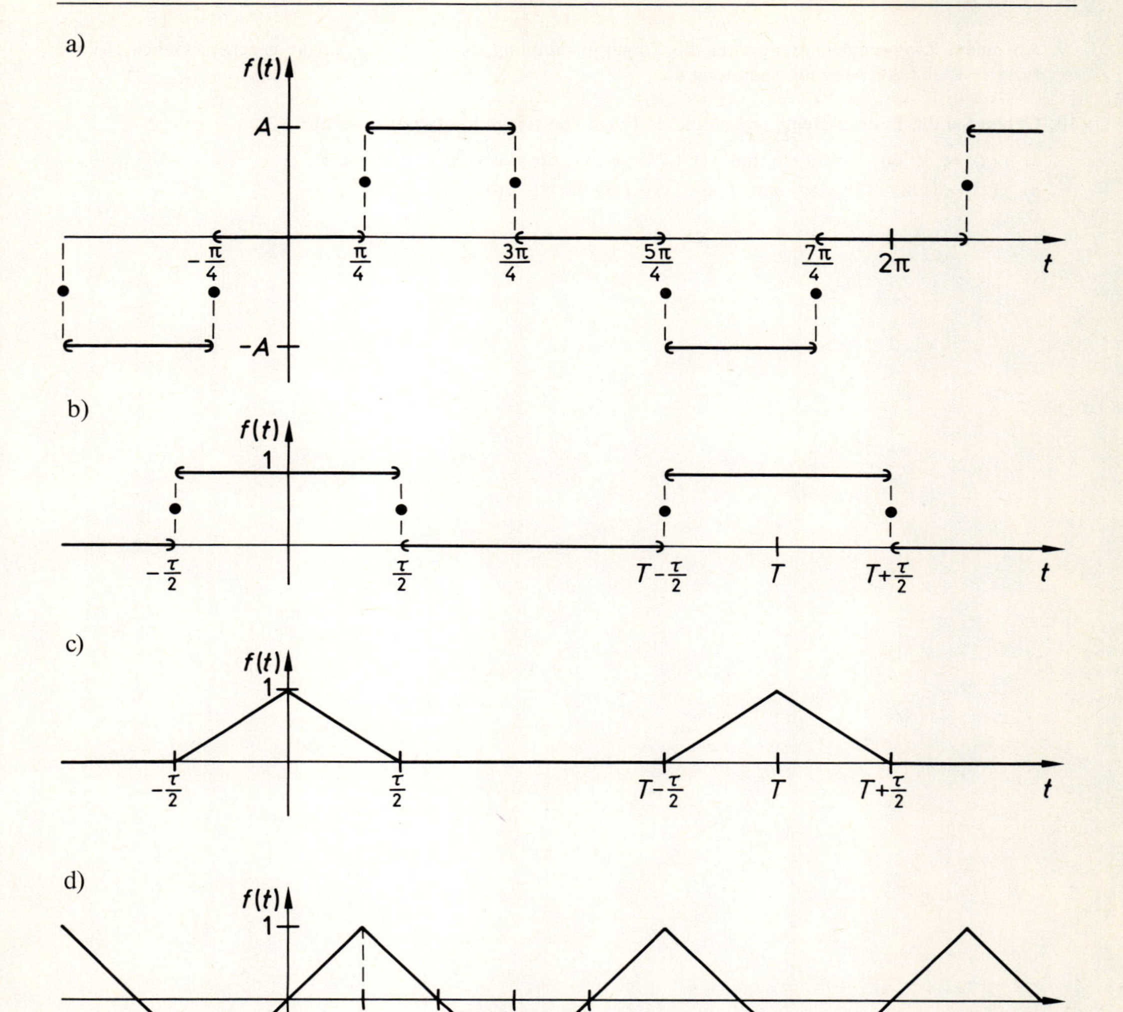

93.1 Zu Aufgabe 5

8. a) Wie lautet die Fourier-Reihe der Funktion f mit $f(x)=|\cos x|$?

   b) Beweisen Sie mit Hilfe von a) die Beziehung

$$\frac{1}{1\cdot 3}-\frac{1}{3\cdot 5}+\frac{1}{5\cdot 7}-+\cdots=\frac{\pi}{4}-\frac{1}{2}.$$

9. An einem Zweiweggleichrichter sei die Eingangsspannung durch $u(t)=u_0 \sin \omega t$ gegeben. Geben Sie die Fourier-Reihe der Ausgangsspannung an.

10. Geben Sie die Fourier-Reihe in komplexer Form von folgenden Funktionen an:

    a) $f(x)=\mathrm{e}^{-|x|}$ für $-\pi \leqq x<\pi$ und $f(x+2k\pi)=f(x)$ für alle $x\in\mathbb{R}$ und alle $k\in\mathbb{Z}$;

    b) $f(x)=\mathrm{e}^{|x|}$ für $-1\leqq x<1$ und $f(x+2k)=f(x)$ für alle $x\in\mathbb{R}$ und alle $k\in\mathbb{Z}$.

2 Funktionen mehrerer Variablen

Die kinetische Energie E eines Körpers hängt von seiner Masse m und seiner Geschwindigkeit v ab, E ist eine Funktion der zwei Variablen m und v, es gilt $E=\frac{1}{2}mv^2$. Wenn der Körper zusätzlich eine Rotationsbewegung um eine feste Achse ausführt, so hängt E ferner von der Winkelgeschwindigkeit ω und dem Trägheitsmoment J des Körpers bez. dieser Achse ab. E ist dann eine Funktion der vier Veränderlichen m, v, ω und J. Im folgenden werden wir Funktionen von zwei oder mehr Veränderlichen untersuchen und Teile der Differential- und Integralrechnung auf sie übertragen.

2.1 Grundbegriffe: *n*-dimensionaler Raum, Stetigkeit

Folgende Begriffe treten beim Aufbau der Differential- und Integral-Rechnung auf: Teilmengen in $\mathbb{R}$, insbesondere Umgebungen einer Zahl. Teilmengen, insbesondere offene und abgeschlossene Intervalle begegnen uns als Definitions- und Integrationsbereiche, Umgebungen spielen beim Grenzwertbegriff eine entscheidende Rolle. Diese Begriffe werden nun verallgemeinert.

2.1.1 Die Ebene

Wir legen in der Ebene ein rechtwinkliges Koordinatensystem zugrunde.

Definition 95.1

> Unter dem **zweidimensionalen Raum** $\mathbb{R}^2$ versteht man die Menge aller geordneten Paare reeller Zahlen. Seine Elemente heißen **Punkte.**
>
> Kurz: $\mathbb{R}^2=\{(x,y)|x\in\mathbb{R} \text{ und } y\in\mathbb{R}\}$.

Um eine formale Ähnlichkeit zwischen Funktion einer und solchen mehrerer Variablen zu erhalten, verwenden wir auch hier Betragsstriche im Zusammenhang mit Abständen. Dazu sei daran erinnert, daß der Betrag einer Zahl x ihr Abstand vom Nullpunkt ist und daß $|x-y|$ der Abstand der Zahlen x und y (der Punkte auf der Zahlengeraden) voneinander ist. Diese Bezeichnungen übernehmen wir für die entsprechenden Begriffe und bezeichnen mit $|P-Q|$ den Abstand der Punkte P und Q voneinander. Wenn $P=(a,b)$ und $Q=(c,d)$ ist, so gilt nach dem Satz von Pythagoras

$$|P-Q|=\sqrt{(a-c)^2+(b-d)^2}, \tag{95.1}$$

und es ist $|P|=\sqrt{a^2+b^2}$ der Abstand des Punktes P vom Nullpunkt $(0,0)$, vgl. Bild 96.1.

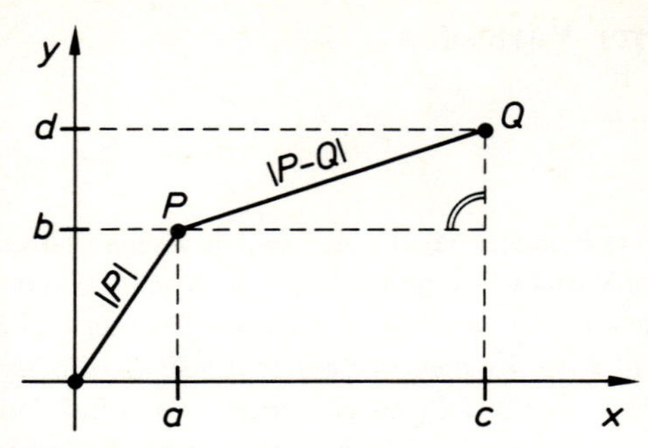

96.1 Punkte in der Ebene und ihr Abstand

Definition 96.1

Es sei $P_0 \in \mathbb{R}^2$ und $\varepsilon > 0$. Die Menge

$$U_\varepsilon(P_0) = \{P \mid P \in \mathbb{R}^2 \quad \text{und} \quad |P - P_0| < \varepsilon\} \tag{96.1}$$

heißt die (offene) **ε-Umgebung** des Punktes P_0, kurz eine Umgebung von P_0.

Bemerkungen:

1. $U_\varepsilon(P_0)$ ist eine Kreisscheibe mit dem Mittelpunkt P_0 vom Radius ε, deren Rand, die Kreislinie, nicht zu $U_\varepsilon(P_0)$ gehört (vgl. Bild 96.2). Sind $P = (x, y)$ und $P_0 = (a, b)$, so ist die Ungleichung $|P - P_0| < \varepsilon$ gleichwertig mit $(x-a)^2 + (y-b)^2 < \varepsilon^2$.
2. Aus $0 < \varepsilon' < \varepsilon$ folgt offenbar $U_{\varepsilon'}(P) \subset U_\varepsilon(P)$.

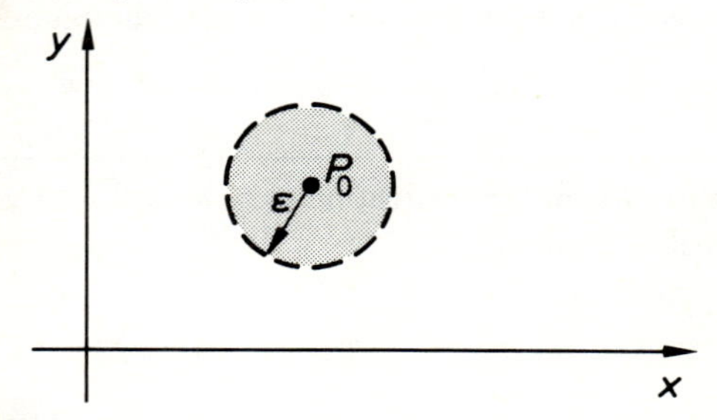

96.2 Die offene ε-Umgebung von P_0

Definition 96.2

Es sei $D \subset \mathbb{R}^2$. Der Punkt $P \in \mathbb{R}^2$ heißt

a) **innerer Punkt** von D, wenn es eine Umgebung $U_\varepsilon(P)$ gibt, die in D liegt, für die also $U_\varepsilon(P) \subset D$ gilt;

b) **Randpunkt** von D, wenn in jeder Umgebung $U_\varepsilon(P)$ sowohl ein Punkt von D als auch ein Punkt von $\mathbb{R}^2 \setminus D$ liegt, d.h. wenn für jedes $\varepsilon > 0$ sowohl $U_\varepsilon(P) \cap D \neq \emptyset$ als auch $U_\varepsilon(P) \cap (\mathbb{R}^2 \setminus D) \neq \emptyset$ gilt.

Bemerkungen:

1. Wenn P innerer Punkt von D ist, so gibt es sogar unendlich viele Umgebungen von P, die in D liegen, denn mit $U_\varepsilon(P)$ liegt auch jede Umgebung $U_{\varepsilon'}(P)$ in D, wenn $0<\varepsilon'<\varepsilon$.

2. Ist P innerer Punkt von D, so ist P nicht Randpunkt von D, ist P Randpunkt von D, so ist P nicht innerer Punkt von D.

3. Wenn P innerer Punkt von D ist, so gilt $P\in D$. Wenn P Randpunkt von D ist, so kann $P\in D$ oder $P\notin D$ gelten.

Definition 97.1

Die Menge $D\subset\mathbb{R}^2$ heißt **offen,** wenn jeder Punkt $P\in D$ innerer Punkt von D ist. D heißt **abgeschlossen,** wenn $\mathbb{R}^2\setminus D$ offen ist. Die Menge aller Randpunkte von D heißt der **Rand** von D.

Bemerkungen:

1. Wenn D offen ist, so ist $\mathbb{R}^2\setminus D$ abgeschlossen.

2. $\mathbb{R}^2$ und $\emptyset$ sind sowohl offen als auch abgeschlossen. Dies sind allerdings auch die einzigen Mengen in $\mathbb{R}^2$, die offen und abgeschlossen sind.

3. Es gibt Mengen, die weder offen noch abgeschlossen sind (z.B. die Menge D_3 aus dem folgenden Beispiel).

4. Liegt jeder Randpunkt von D in D, so ist D abgeschlossen und umgekehrt. D ist daher genau dann abgeschlossen, wenn der Rand von D Teilmenge von D ist.

Beispiel 97.1

Es seien

$$D_1=\{(x,y)|1<x<3 \text{ und } -1<y<2\},$$
$$D_2=\{(x,y)|1\leqq x\leqq 3 \text{ und } -1\leqq y\leqq 2\},$$
$$D_3=\{(x,y)|1\leqq x<3 \text{ und } -1<y\leqq 2\}.$$

Jede dieser drei Mengen stellt ein Rechteck dar (vgl. Bild 98.1). Der Punkt $P=(\frac{3}{2},1)$ ist innerer Punkt jeder dieser drei Mengen, denn die Umgebung $U_{0,1}(P)$ ist Teilmenge jeder dieser drei Mengen. Der Punkt $Q=(1,1)$ ist Randpunkt jeder dieser drei Mengen. Diejenigen Teile des Randes, die nicht zur jeweiligen Menge gehören, sind in Bild 98.1 gestrichelt gezeichnet, die zur Menge gehörenden ausgezogen. D_1 ist eine offene Menge, D_2 eine abgeschlossene und D_3 eine weder offene noch abgeschlossene Menge.

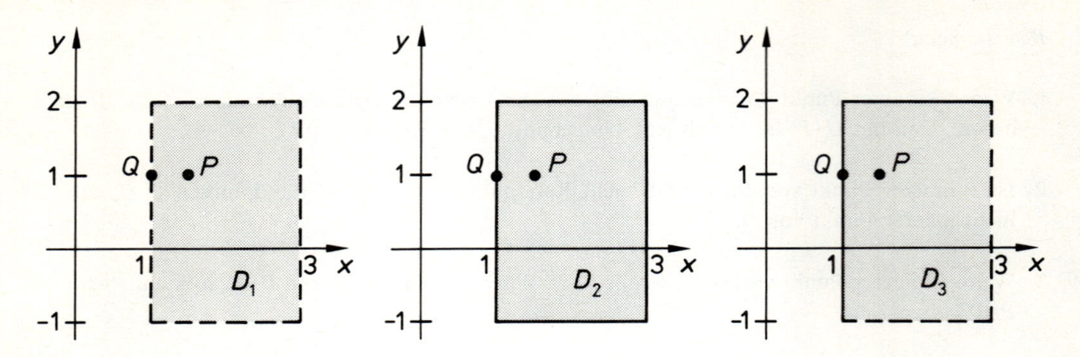

98.1 Die drei Rechtecke aus Beispiel 97.1

Definition 98.1

> Die Menge $D \subset \mathbb{R}^2$ heißt **beschränkt,** wenn es eine Zahl A gibt, so daß für alle $P \in D$ gilt $|P| \leqq A$, andernfalls heißt D **unbeschränkt.**

Bemerkung:

Die Menge D ist also genau dann beschränkt, wenn es eine Kreisscheibe $U_A(0,0)$ um $(0,0)$ gibt, für die $D \subset U_A(0,0)$ gilt.

Beispiel 98.1

a) Die Menge

$$D = \left\{(x, y) \mid -1 \leqq x < 2 \quad \text{und} \quad -\frac{x}{2} - 2 < y < x + 1\right\}$$

ist beschränkt, denn $D \subset U_A(0,0)$ für z.B. $A = 5$ oder auch $\sqrt{13}$. Die Zahl $\sqrt{13}$ ist die kleinste aller dieser Schranken. D ist übrigens weder offen noch abgeschlossen, vgl. Bild 99.1.

b) Die Menge

$$D = \{(x, y) \mid -2 < y < 1 \quad \text{und} \quad -y^2 < x\}$$

ist nicht beschränkt und offen, vgl. Bild 99.2.

Das bisher zugrunde gelegte x, y-Koordinatensystem erweist sich bei der Behandlung mancher Probleme als unzweckmäßig. Ein anderes Koordinatensystem erhält man durch Verwendung von **Polarkoordinaten** (vgl. Bild 99.3). Dabei bedeuten r den Abstand des Punktes $P = (x, y)$ von $(0,0)$ und φ das Bogenmaß des Winkels, den die Strecke von $(0,0)$ nach $(x, y) \neq (0,0)$ mit der positiven Richtung der x-Achse bildet, und zwar in mathematisch positiven Sinn mit $0 \leqq \varphi < 2\pi$. Dem Bild 99.3 entnimmt man die Umrechnungsformeln

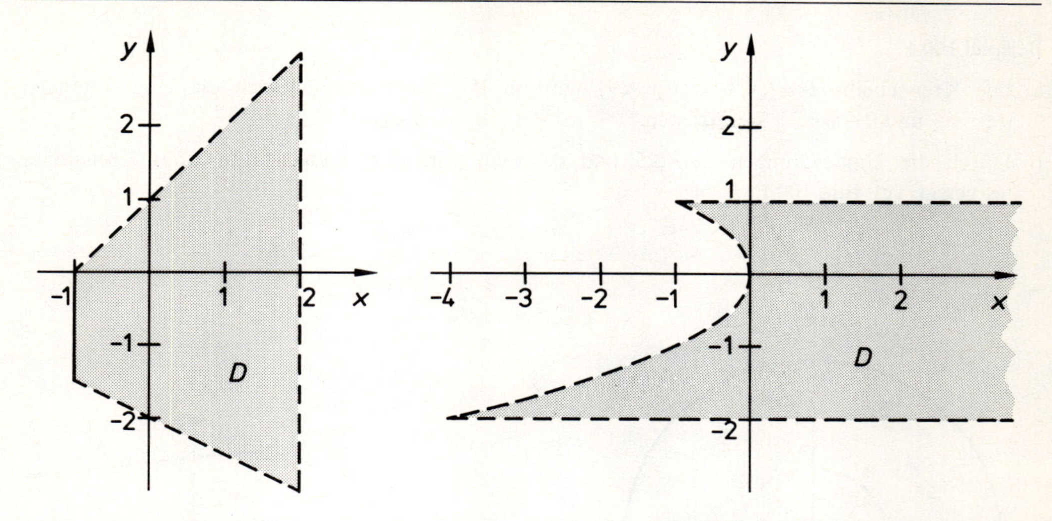

99.1 Die Menge aus Beispiel 98.1a)

99.2 Die Menge aus Beispiel 98.1b)

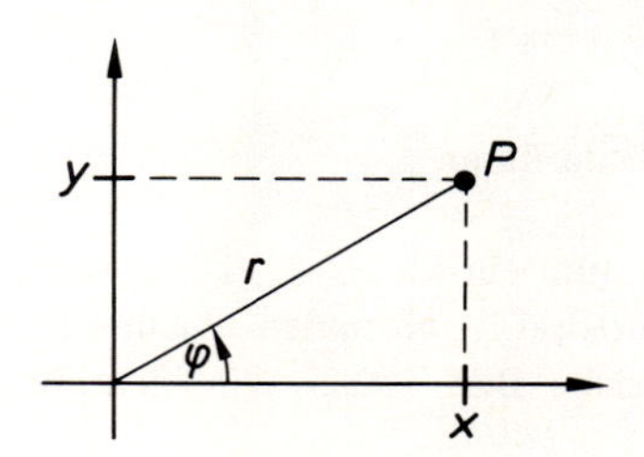

99.3 Polarkoordinaten und kartesische Koordinaten eines Punktes P.

$$x = r \cdot \cos\varphi \quad \text{und} \quad y = r \cdot \sin\varphi \quad \text{für } r \geqq 0 \text{ und } 0 \leqq \varphi < 2\pi. \tag{99.1}$$

Es gilt dann $|P| = r$.

Beispiel 99.1

a) Der Punkt $P = (x, y) = (2, -3)$ hat im Polarkoordinatensystem die Koordinaten $r = \sqrt{4+9} = 3{,}60555\ldots$, $\varphi = 5{,}30039\ldots$, denn aus $x = r \cdot \cos\varphi$ folgt, da offenbar $\frac{3}{2}\pi < \varphi < 2\pi$ gilt: $\varphi = 2\pi - 0{,}98279\ldots = 5{,}30039\ldots$.

b) Umgekehrt gilt, wenn der Punkt P die Koordinaten $r = 3$ und $\varphi = 0{,}73$ (Bogenmaß!) hat: $x = r \cdot \cos\varphi = 2{,}2355\ldots$ und $y = r \cdot \sin\varphi = 2{,}0006\ldots$.

Beispiel 100.1

a) Die Kreisscheibe $D=\{(x, y)|x^2+y^2<9\}$ wird in Polarkoordinaten durch die Ungleichungen $0 \leqq r<3$ und $0 \leqq \varphi<2\pi$ beschrieben.

b) Durch die Ungleichungen $2<r \leqq 5$ und $0 \leqq \varphi<\pi$ wird die obere Hälfte eines Kreisringes festgelegt, vgl. Bild 100.1.

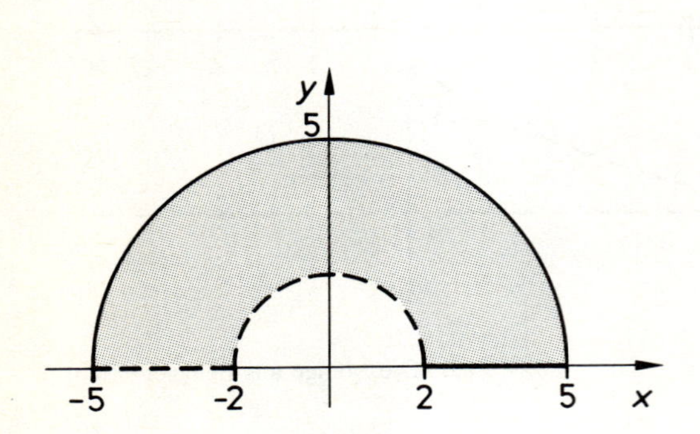

100.1 Zu Beispiel 100.1 b)

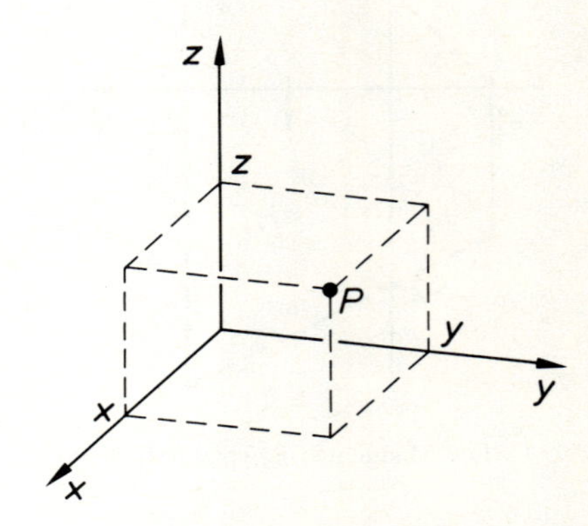

100.2 Ein Punkt P und seine Koordinaten

2.1.2 Der drei- und der n-dimensionale Raum

Legt man im dreidimensionalen Raum ein kartesisches Koordinatensystem zugrunde, so erkennt man, daß jeder Punkt P durch seine drei Koordinaten x, y und z gekennzeichnet ist, d.h. durch ein geordnetes Zahlentripel (x, y, z), siehe Bild 100.2. Wir identifizieren den Punkt P mit diesem Tripel und schreiben $P=(x, y, z)$.

Definition 100.1

> Unter dem **dreidimensionalen Raum** $\mathbb{R}^3$ versteht man die Menge aller geordneten Tripel reeller Zahlen. Seine Elemente heißen **Punkte.**
>
> Kurz: $\mathbb{R}^3=\{(x, y, z)|x \in \mathbb{R}$ und $y \in \mathbb{R}$ und $z \in \mathbb{R}\}$.

Die folgenden Definitionen sind Übertragungen entsprechender Begriffe des zweidimensionalen Raumes auf den dreidimensionalen Raum.

Sind $P=(u, v, w)$ und $Q=(x, y, z)$, so bezeichnen wir ihren Abstand mit $|P-Q|$. Aus dem Satz von Pythagoras folgt dann

$$|P-Q|=\sqrt{(u-x)^2+(v-y)^2+(w-z)^2}. \tag{100.1}$$

Dann ist $|P|=\sqrt{u^2+v^2+w^2}$ der Abstand des Punktes P vom Nullpunkt $(0,0,0)$.

Definition 101.1

Es sei $P_0 \in \mathbb{R}^3$ und $\varepsilon > 0$. Die Menge

$$U_\varepsilon(P_0) = \{P \mid P \in \mathbb{R}^3 \text{ und } |P - P_0| < \varepsilon\} \qquad (101.1)$$

heißt die (offene) **ε-Umgebung** des Punktes P_0, kurz eine Umgebung von P_0.

Bemerkungen:

1. $U_\varepsilon(P_0)$ ist eine Kugel mit dem Mittelpunkt P_0 und dem Radius ε, deren »Rand«, das ist ihre Oberfläche, nicht zu $U_\varepsilon(P_0)$ gehört. Sind $P_0 = (a, b, c)$ und $P = (x, y, z)$, so sind die Ungleichungen $|P - P_0| < \varepsilon$ und $(x-a)^2 + (y-b)^2 + (z-c)^2 < \varepsilon^2$ gleichwertig.
2. Aus $0 < \varepsilon' < \varepsilon$ folgt $U_{\varepsilon'}(P) \subset U_\varepsilon(P)$.

Definition 101.2

Es sei $D \subset \mathbb{R}^3$. Der Punkt $P \in \mathbb{R}^3$ heißt

a) **innerer Punkt** von D, wenn es eine Umgebung $U_\varepsilon(P)$ gibt, die in D liegt, für die also $U_\varepsilon(P) \subset D$ gilt;

b) **Randpunkt** von D, wenn in jeder Umgebung $U_\varepsilon(P)$ von P sowohl ein Punkt von D als auch ein Punkt von $\mathbb{R}^3 \setminus D$ liegt, d.h. wenn für jedes $\varepsilon > 0$ sowohl $U_\varepsilon(P) \cap D \neq \emptyset$ als auch $U_\varepsilon(P) \cap (\mathbb{R}^3 \setminus D) \neq \emptyset$ gilt.

Bemerkung:

Die im Anschluß an die Definition 96.2 gemachten drei Bemerkungen gelten auch hier.

Definition 101.3

Die Menge $D \subset \mathbb{R}^3$ heißt **offen,** wenn jeder Punkt $P \in D$ innerer Punkt von D ist. D heißt **abgeschlossen,** wenn $\mathbb{R}^3 \setminus D$ offen ist.

Die Menge aller Randpunkte von D heißt der **Rand** von D.

Definition 101.4

Die Menge $D \subset \mathbb{R}^3$ heißt **beschränkt,** wenn es eine Zahl A gibt, so daß für alle $P \in D$ gilt $|P| \leqq A$, andernfalls heißt D **unbeschränkt.**

Bemerkung:

Die Menge D ist also genau dann beschränkt, wenn es eine Umgebung $U_A(0, 0, 0)$ gibt, für die $D \subset U_A(0, 0, 0)$ gilt.

Beispiel 102.1

Die Menge

$$D_1 = \{(x, y, z) \in \mathbb{R}^3 | 1 \leqq x \leqq 3 \text{ und } 0 \leqq y \leqq 3 \text{ und } 1 \leqq z \leqq 4\}$$

ist der in Bild 102.1 dargestellte Quader. Da in allen D_1 definierenden Ungleichungen Gleichheit zugelassen ist, gehört die Quaderoberfläche zur Menge D_1, diese Menge ist also abgeschlossen. Die Menge ist auch beschränkt, denn jeder Punkt $P \in D$ hat einen Abstand $|P|$ von $(0, 0, 0)$, der kleiner ist, als z.B. 6; es gilt daher $D_1 \subset U_6(0, 0, 0)$. Den größten Abstand vom Ursprung von allen Punkten aus D_1 hat $(3, 3, 4)$ mit $\sqrt{9+9+16} = 5{,}83\ldots < 6$. Wenn man in den drei D_1 definierenden doppelten Ungleichungen alle $\leqq$-Zeichen durch $<$-Zeichen ersetzt, entsteht eine Menge D_2, die sich von D_1 nur dadurch unterscheidet, daß die Quaderoberfläche, das sind die sechs begrenzenden Rechtecke, nicht zur Menge D_2 gehört. D_2 ist eine offene Menge.

In vielen Fällen hat man das Problem, einen gegebenen Körper, etwa eine Kugel, einen Kegel, einen Zylinder durch ein System von Ungleichungen zu beschreiben. Das folgende Beispiel zeigt, wie man vorgehen kann, um diese Ungleichungen aufzustellen.

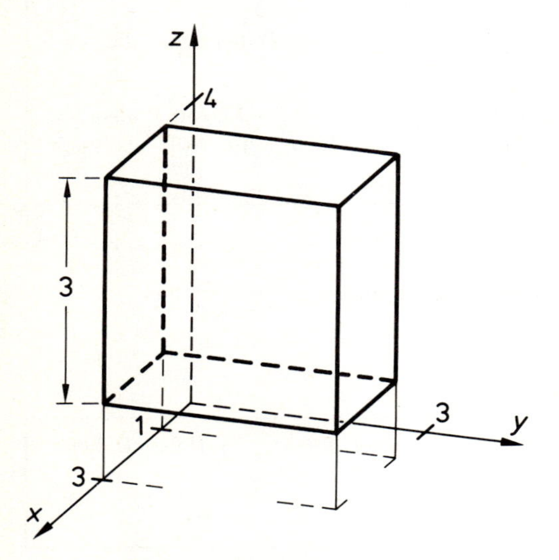

102.1 Der Quader aus Beispiel 102.1

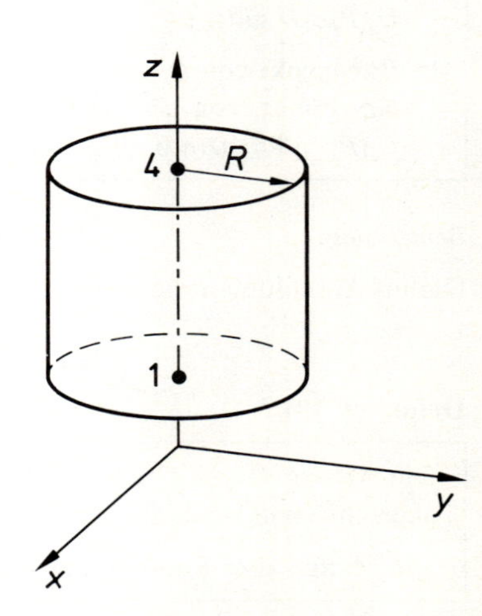

102.2 Der Zylinder aus Beispiel 102.2

Beispiel 102.2

Der gerade Kreiszylinder Z aus Bild 102.2 ist durch ein System von Ungleichungen zu beschreiben (seine Oberfläche gehöre zu Z). Jeder Punkt (x, y, z) von Z genügt offenbar der Ungleichung $1 \leqq z \leqq 4$, denn der »untere Deckel« liegt in der Höhe $z = 1$, der »obere« in der Höhe $z = 4$, alle anderen Zylinderpunkte liegen zwischen diesen zwei Ebenen. Aber es gehören nicht alle zwischen diesen Ebenen liegenden Punkte zum Zylinder, zu ihm gehören nämlich genau diejenigen Punkte, deren Abstand von der Zylinderachse, das ist die z-Achse, höchstens R ist. Der Abstand des Punktes (x, y, z) von der z-Achse ist $\sqrt{x^2+y^2}$. Daher tritt zu obiger Ungleichung noch die Ungleichung $\sqrt{x^2+y^2} \leqq R$ hinzu. Es ist also $Z=\{(x, y, z) \mid \sqrt{x^2+y^2} \leqq R$ und $1 \leqq z \leqq 4\}$. Wir wollen die Ungleichung $\sqrt{x^2+y^2} \leqq R$ durch je eine doppelte Ungleichung für x bzw. y ersetzen: Diese Ungleichung beschreibt in der x, y-Ebene eine Kreisscheibe (Bild 103.1), deren Punkte (x, y) zunächst der Ungleichung $-R \leqq x \leqq R$ genügen. Für jedes solche x liegt y zwischen der unteren und der oberen Kreislinie, diese haben die Gleichungen $y=-\sqrt{R^2-x^2}$ bzw. $y=\sqrt{R^2-x^2}$, also gilt $-\sqrt{R^2-x^2} \leqq y \leqq \sqrt{R^2-x^2}$. Daher ist

$$Z=\{(x, y, z) \mid -R \leqq x \leqq R \text{ und } -\sqrt{R^2-x^2} \leqq y \leqq \sqrt{R^2-x^2} \text{ und } 1 \leqq z \leqq 4\}.$$

Wir wollen noch zwei weitere Koordinatensysteme im Raum einführen, das der Zylinder- und das der Kugelkoordinaten.

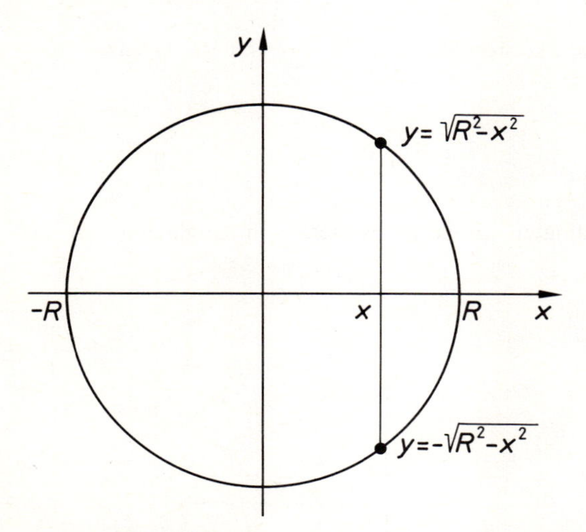

103.1 Zur Darstellung der Menge Z aus Beispiel 102.2

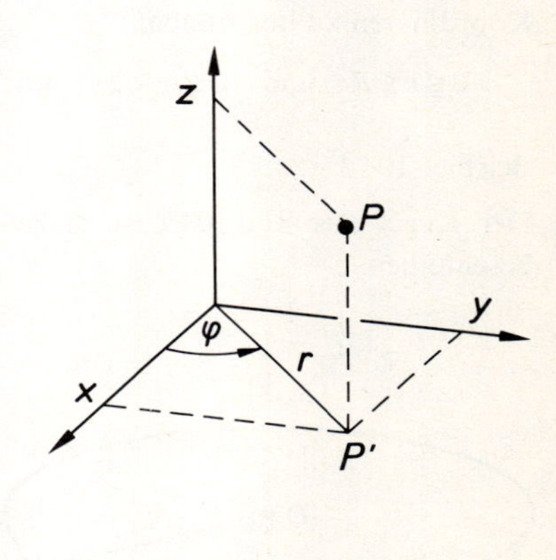

103.2 Ein Punkt P mit seinen kartesischen und Zylinderkoordinaten

Zylinderkoordinaten

Es sei $P=(x, y, z) \in \mathbb{R}^3$. Dann bezeichnen (vgl. Bild 103.2)

r den Abstand des Punktes P von der z-Achse,

φ den Winkel der Verbindungsstrecke von $(0,0,0)$ nach $P'=(x, y, 0) \neq (0,0,0)$ gegen die positive Richtung der x-Achse in mathematisch positivem Sinn mit $0 \leqq \varphi < 2\pi$ (im Bogenmaß), und

z habe dieselbe geometrische Bedeutung wie bisher.

Man entnimmt Bild 103.2 folgende Umrechnungsformeln zwischen kartesischen und Zylinderkoordinaten:

$$x=r \cdot \cos \varphi, \quad y=r \cdot \sin \varphi, \quad z=z \quad (0 \leqq \varphi < 2\pi, r \geqq 0), \tag{103.1}$$

ferner ist $r=\sqrt{x^2+y^2}$.

Bemerkung:

Die Gleichung $z=z$ soll in diesem Zusammenhang andeuten, daß die z-Koordinate in beiden Systemen dieselbe ist.

Beispiel 104.1

Der Punkt $P=(2, -3, 1)$ hat die Zylinderkoordinaten

$$r=\sqrt{4+9}=3{,}60555\ldots, \qquad \varphi=5{,}30039\ldots, \qquad z=1$$

(vgl. auch Beispiel 99.1).

Beispiel 104.2

Der Zylinder aus Beispiel 102.2 ist in Zylinderkoordinaten durch jeweils feste Grenzen der Koordinaten zu beschreiben:

$$0 \leqq r \leqq R \quad \text{und} \quad 0 \leqq \varphi < 2\pi \quad \text{und} \quad 1 \leqq z \leqq 4.$$

Beispiel 104.3

Der Kegel aus Bild 104.1 ist in Zylinderkoordinaten durch ein System von Ungleichungen zu beschreiben.

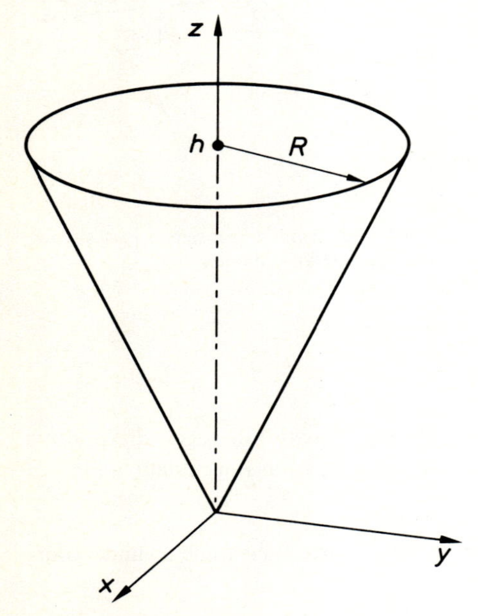

104.1 Zu Beispiel 104.3

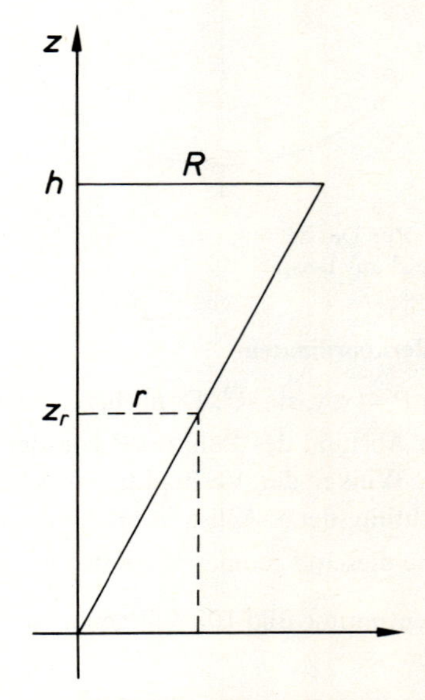

104.2 Ein senkrechter Schnitt durch den Kegel aus Bild 104.1

Für alle Punkte des Kegels gilt $0 \leqq r \leqq R$ und $0 \leqq \varphi < 2\pi$. Durch diese zwei Ungleichungen ist zunächst ein Zylinder beschrieben, der nach oben und unten (d.h. in beiden Richtungen der z-Achse) nicht beschränkt ist. Die untere Begrenzung für z ist durch den Kegelmantel festgelegt, sie hängt offenbar von r ab. Bei gegebenem r »läuft« z von z_r bis h, vgl. Bild 104.2. Diesem Bild entnimmt man $\frac{z_r}{r} = \frac{h}{R}$, d.h. für die Punkte der Mantelfläche gilt $z_r = \frac{h}{R} \cdot r$.

Der Kegel wird also in Zylinderkoordinaten beschrieben durch folgende Ungleichungen:

$$0 \leqq r \leqq R \quad \text{und} \quad 0 \leqq \varphi < 2\pi \quad \text{und} \quad \frac{h}{R} \cdot r \leqq z \leqq h.$$

Durch $r = 3$, $0 \leqq \varphi < 2\pi$ und $z \in \mathbb{R}$ (in Zylinderkoordinaten) werden genau diejenigen Punkte $P \in \mathbb{R}^3$ beschrieben, deren Abstand von der z-Achse 3 beträgt, also eine nach oben und unten unbeschränkte Zylinderfläche mit der z-Achse als Zylinderachse. Diese Fläche heißt die zu $r = 3$ gehörende Koordinatenfläche.

Allgemein wird jede Fläche, die dadurch gegeben ist, daß genau eine der drei Koordinaten einen festen Wert hat und die zwei anderen beliebige Werte ihres Bereiches annehmen, eine **Koordinatenfläche** des Koordinatensystems genannt. Die Koordinatenflächen des Systems der Zylinderkoordinaten sind daher (vgl. Bild 105.1 und 106.1).

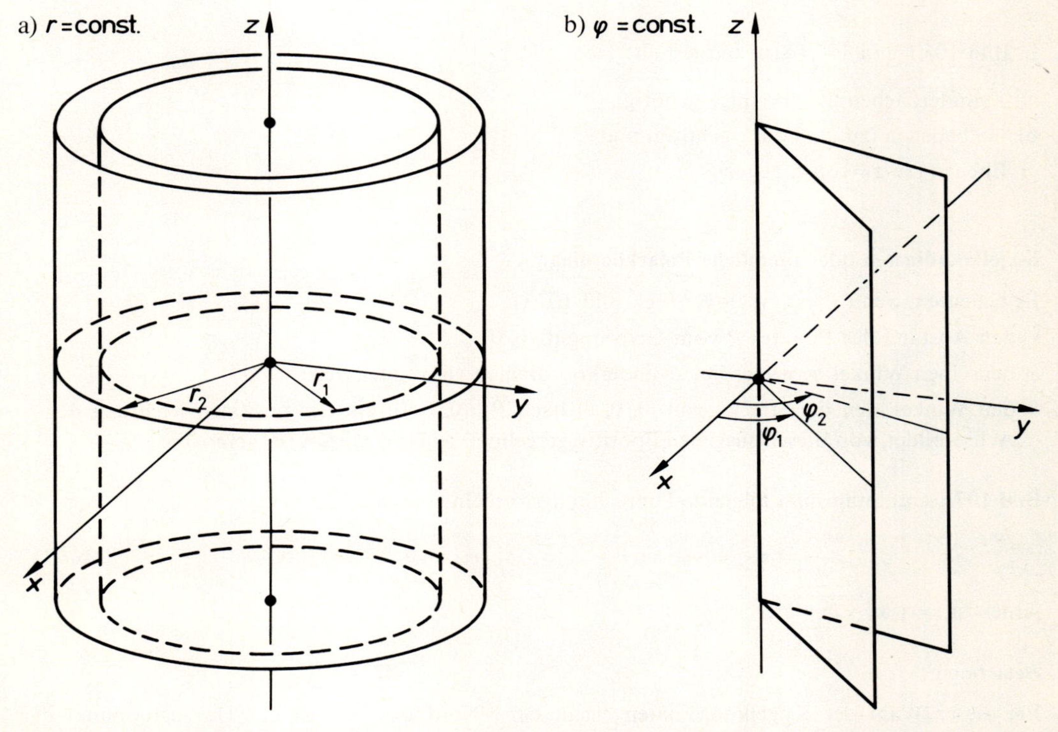

105.1 Koordinatenflächen des Systems der Zylinderkoordinaten. Es sind jeweils zwei verschiedene Koordinatenflächen gezeichnet

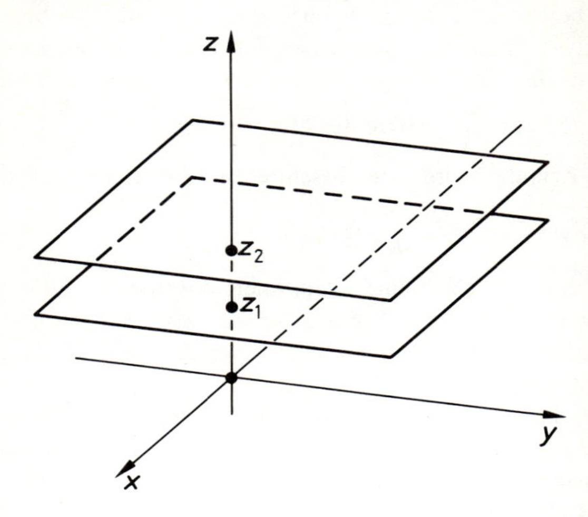

106.1 Die zu $z = \text{const}$ gehörenden Koordinatenflächen des Systems der Zylinderkoordinaten

In Bild 105.1 und 106.1 sind dargestellt:

a) Zylinderflächen (zu $r = \text{const.}$ gehörig),

b) Halbebenen (zu $\varphi = \text{const.}$ gehörig) und

c) Ebenen (zu $z = \text{const.}$ gehörig).

Kugelkoordinaten oder **räumliche Polarkoordinaten**

Es bedeuten, wenn $P = (x, y, z) \in \mathbb{R}^3$ (vgl. Bild 107.1)

r den Abstand des Punktes P vom Ursprung $(0, 0, 0)$,

φ denselben Winkel φ, wie er bei Zylinderkoordinaten verwendet wurde und

ϑ den Winkel, den die Strecke von $(0, 0, 0)$ nach $P \neq (0, 0, 0)$ mit der positiven Richtung der z-Achse bildet, von dieser ausgehend positiv gerechnet, wobei $0 \leqq \vartheta \leqq \pi$ (Bogenmaß).

Bild 107.1 entnimmt man folgende Umrechnungsformeln:

$$x = r \cdot \cos\varphi \cdot \sin\vartheta, \qquad y = r \cdot \sin\varphi \cdot \sin\vartheta, \qquad z = r \cdot \cos\vartheta, \tag{106.1}$$

ferner ist $r = \sqrt{x^2 + y^2 + z^2}$.

Bemerkung:

Bei dieser Wahl der Kugelkoordinaten erhält der »Nordpol«, das ist der Durchstoßpunkt der positiven z-Achse durch die Kugel vom Radius R, den Winkel $\vartheta = 0$. Der dem Nordpol gegenüberliegende »Südpol« bekommt den Winkel $\vartheta = \pi$. Der »Äquator«, der in der x, y-Ebene liegt, erhält

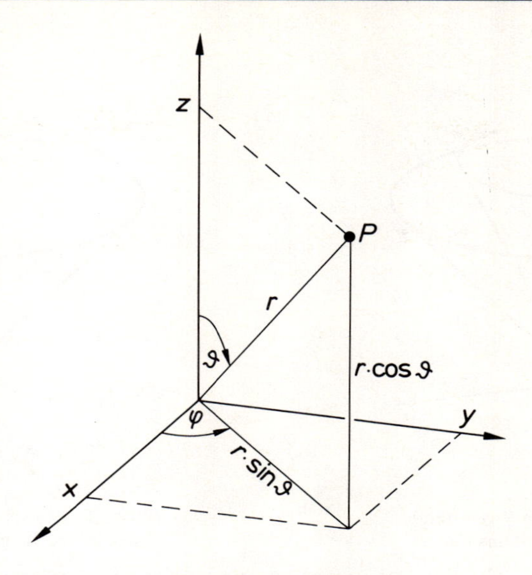

107.1 Ein Punkt P und seine kartesischen und Polarkoordinaten

den Winkel $\vartheta=\frac{\pi}{2}$. Ersetzt man ϑ durch $\frac{\pi}{2}-\vartheta$, so erhält der Äquator den Winkel $\vartheta=0$, der Nordpol $\vartheta=\frac{\pi}{2}$ und der Südpol $\vartheta=-\frac{\pi}{2}$. Dieses zuletzt genannte System heißt auch das der geographischen Koordinaten, ersteres hier eingeführtes System wird im Gegensatz hierzu astronomisches Kugelkoordinatensystem genannt.

Beispiel 107.1

Der Punkt $P=(2, -3, 1)$ hat in Kugelkoordinaten die Komponenten

$$r=\sqrt{4+9+1}=3{,}74165\ldots, \qquad \varphi=5{,}30039\ldots, \qquad \vartheta=1{,}30024\ldots.$$

Die Koordinatenflächen des Systems der Kugelkoordinaten sind

a) Kugelflächen mit dem Mittelpunkt (0, 0, 0), für sie ist r konstant,

b) Halbebenen, wie bei den Zylinderkoordinaten, für sie ist φ konstant und

c) Kegelflächen, deren Spitze in (0, 0, 0) liegt und deren Achse die z-Achse ist, für sie ist ϑ konstant, s. Bild 108.1.

Beispiel 107.2

Eine Kugel vom Radius R mit Mittelpunkt (0, 0, 0) wird in Kugelkoordinaten durch die Ungleichungen

$$0\leqq r\leqq R \quad \text{und} \quad 0\leqq\varphi<2\pi \quad \text{und} \quad 0\leqq\vartheta\leqq\pi \tag{107.1}$$

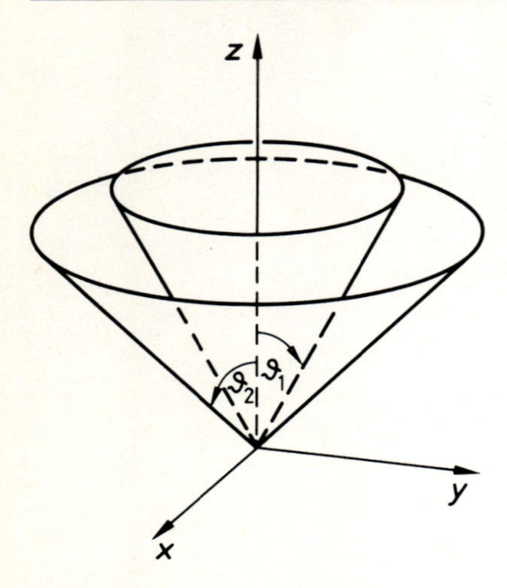

108.1 Zwei zu konstantem ϑ gehörende Koordinatenflächen des Systems der Kugelkoordinaten

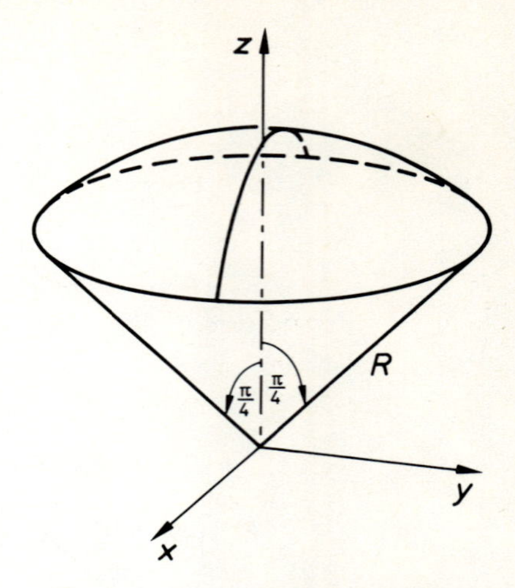

108.2 Der durch die Ungleichungen (108.1) beschriebene Kugelausschnitt

beschrieben. Bemerkenswert hierbei ist die Tatsache, daß die Grenzen für die drei Koordinaten konstant sind.

Beispiel 108.1

Durch das Ungleichungssystem

$$0 \leqq r \leqq R \quad \text{und} \quad 0 \leqq \varphi < 2\pi \quad \text{und} \quad 0 \leqq \vartheta \leqq \tfrac{1}{4}\pi \tag{108.1}$$

in Kugelkoordinaten wird der in Bild 108.2 dargestellte Kugelausschnitt mit dem Öffnungswinkel $\dfrac{\pi}{2}$ beschrieben.

Beispiel 108.2

Durch das Ungleichungssystem

$$0 \leqq r \leqq R \quad \text{und} \quad 0 \leqq \varphi < 2\pi \quad \text{und} \quad \tfrac{1}{4}\pi \leqq \vartheta \leqq \tfrac{3}{4}\pi \tag{108.2}$$

(in Kugelkoordinaten) wird der in Bild 109.1 dargestellte Körper beschrieben. Er entsteht durch Rotation der in Bild 109.2 unterlegten Fläche um die z-Achse.

Viele der Beispiele zeigen, daß die Einfachheit der mathematischen Beschreibung eines Körpers vom gewählten Koordinatensystem abhängt.

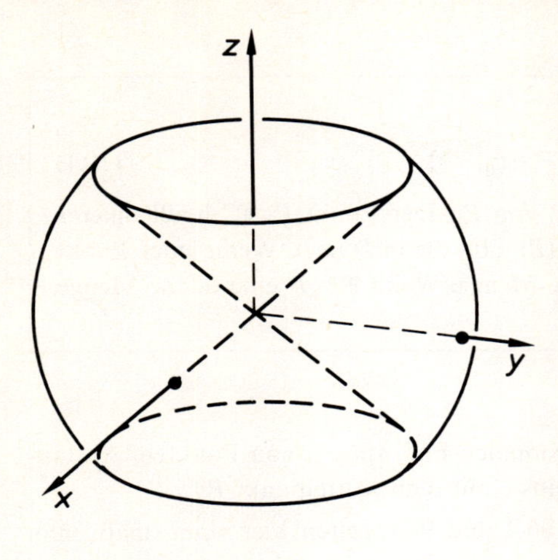

109.1 Zu Beispiel 108.2

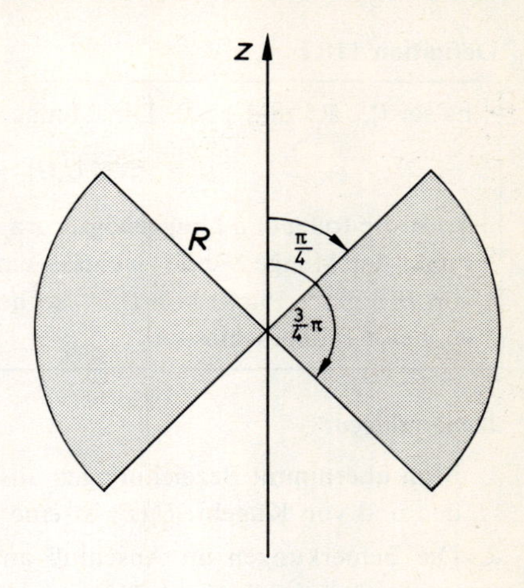

109.2 Zu Beispiel 108.2

Einige der Begriffe dieses und des vorigen Abschnittes sollen abschließend auf den sogenannten n-dimensionalen Raum verallgemeinert werden.

Definition 109.1

Unter dem ***n*-dimensionalen Raum** $\mathbb{R}^n$ versteht man die Menge aller geordneten n-Tupel $(x_1, x_2, x_3, \ldots, x_n)$ reeller Zahlen. Die Elemente von $\mathbb{R}^n$ heißen seine **Punkte.** Sind $P=(x_1, x_2, \ldots, x_n)\in\mathbb{R}^n$ und $Q=(y_1, y_2, \ldots, y_n)\in\mathbb{R}^n$ Punkte des $\mathbb{R}^n$, so gelte $P=Q$ genau dann, wenn $x_1=y_1, x_2=y_2, \ldots, x_n=y_n$. Die Zahl $|P-Q|=\sqrt{\sum_{i=1}^{n}(x_i-y_i)^2}$ heißt der **Abstand** der Punkte P und Q voneinander.

Bemerkungen:

1. x_i heißt die i-te Koordinate des Punktes $P=(x_1, \ldots, x_n)\in\mathbb{R}^n$.
2. Der Abstand zweier Punkte voneinander ist im zwei- und dreidimensionalen Fall nach dem Satz von Pythagoras zu berechnen. Hier (im unanschaulichen Fall) wird die dort gewonnene Formel in naheliegender Weise verallgemeinert, der Abstand durch obigen Wurzelausdruck also definiert.
3. Es sei ausdrücklich bemerkt, daß im Gegensatz zu $\mathbb{R}$ im $\mathbb{R}^n$ $(n>1)$ keine Anordnung definiert ist. Formeln wie »$P<Q$« sind hier sinnlos.

Definition 110.1

Es sei $P_0 \in \mathbb{R}^n$ und $\varepsilon > 0$. Die Menge

$$U_\varepsilon(P_0) = \{P \mid P \in \mathbb{R}^n \text{ und } |P - P_0| < \varepsilon\} \tag{110.1}$$

heißt die (offene) **ε-Umgebung** (kurz eine Umgebung) von P_0. Der Punkt $P \in \mathbb{R}^n$ heißt **innerer Punkt** der Menge $D \subset \mathbb{R}^n$, wenn es eine Umgebung $U_\varepsilon(P)$ gibt, die in D liegt. Wenn jeder Punkt von D innerer Punkt von D ist, so heißt D eine **offene Menge.** Wenn $\mathbb{R}^n \setminus D$ eine offene Menge ist, heißt D **abgeschlossen.**

Bemerkungen:

1. Man übernimmt Bezeichnungen aus dem dreidimensionalen Fall, spricht von Punkten, Abständen und von Kugeln: $U_\varepsilon(P)$ ist eine Kugel vom Radius ε mit dem Mittelpunkt P.
2. Die Bemerkungen im Anschluß an die Definition 96.2 und 97.1 gelten hier sinngemäß, man ersetze $\mathbb{R}^2$ jeweils durch $\mathbb{R}^n$.

2.1.3 Beispiele für Funktionen mehrerer Variablen und die Veranschaulichung von Funktionen zweier Variablen

Der Gesamtwiderstand des in Bild 110.1 skizzierten Stromkreises beträgt $R_1 + \frac{R_2 \cdot R_3}{R_2 + R_3}$. Der Widerstand wird also durch eine Funktion f von drei Veränderlichen beschrieben, nämlich

$$f(x, y, z) = x + \frac{y \cdot z}{y + z},$$

wobei x, y bzw. z die Widerstände R_1, R_2 bzw. R_3 bedeuten. Der größte Definitionsbereich von f ist

$$D_f = \{(x, y, z) \in \mathbb{R}^3 \mid y + z \neq 0\}.$$

Die Punkte, die der Gleichung $y + z = 0$ genügen, bilden übrigens eine Ebene. Es ist z.B. $f(2, -1, 3) = \frac{1}{2}$.

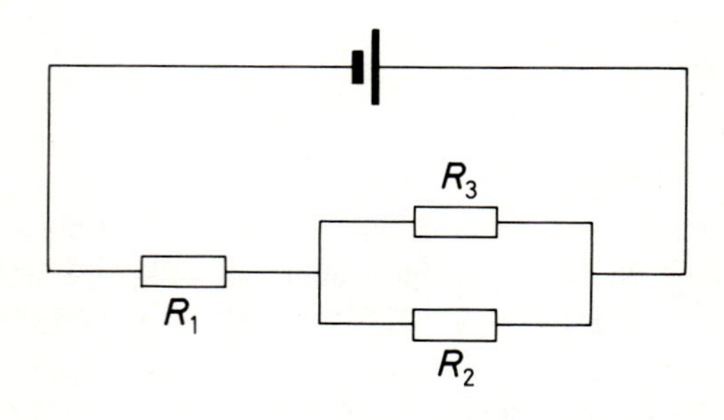

110.1 Gesamtwiderstand in Abhängigkeit von R_1, R_2 und R_3

Gegeben sei die Menge $D_f \subset \mathbb{R}^n$ und eine Zuordnungsvorschrift, die jedem Punkt $P \in D_f$ eine reelle Zahl zuordnet. Dann ist durch D_f und diese Zuordnungsvorschrift eine **Funktion f** von D_f in $\mathbb{R}$ gegeben. Die dem Punkt $P=(x_1, x_2, \dots, x_n)$ zugeordnete Zahl wird mit $f(P)$ oder $f(x_1, x_2, \dots, x_n)$ bezeichnet. Da $f(P)$ von den n reellen Zahlen $x_1, x_2, \dots, x_n$ abhängt, heißt f eine **(reellwertige) Funktion von n (reellen) Veränderlichen.**

Bemerkungen:

1. Die im Anschluß an die Definition der Funktion in Band 1, Seite 56 gemachten Bemerkungen und Sprechweisen werden sinngemäß übernommen.
2. Man beachte, daß im Falle $n>1$ Definitionsbereich und Wertevorrat verschiedenen Mengen angehören. Ersterer liegt in $\mathbb{R}^n$, letzterer aber in $\mathbb{R}$.

Eine geometrische Veranschaulichung ist bei Funktionen zweier Variablen möglich. Ist f eine solche Funktion mit dem Definitionsbereich D, so ist $\{(x, y, z) | (x, y) \in D \text{ und } z=f(x, y)\}$ eine Menge in $\mathbb{R}^3$, die man versuchen kann, zu veranschaulichen. Das folgende Beispiel zeigt verschiedene Möglichkeiten der geometrischen Veranschaulichung dieser Menge.

Beispiel 111.1

Wir betrachten die durch

$$f(x, y)=(x-2)^2+2y \tag{111.1}$$

definierte Funktion f, deren Definitionsbereich $\mathbb{R}^2$ ist.

Wir stellen zunächst eine Wertetabelle auf, wobei wir uns auf das Rechteck $\{(x, y) | -2 \leqq x \leqq 6 \text{ und } -2 \leqq y \leqq 4\}$ beschränken:

x \ y	-2	-1	0	1	2	3	4
-2	12	14	16	18	20	22	24
-1	5	7	9	11	13	15	17
0	0	2	4	6	8	10	12
1	-3	-1	1	3	5	7	9
2	-4	-2	0	2	4	6	8
3	-3	-1	1	3	5	7	9
4	0	2	4	6	8	10	12
5	5	7	9	11	13	15	17
6	12	14	16	18	20	22	24

Diese Tabelle mit den zwei »Eingängen« für x bzw. y enthält z.B. für $x=1$ und $y=3$ den Funktionswert $f(1, 3)=(1-2)^2+2\cdot 3=7$, der im Schnittpunkt der entsprechenden x-Zeile und y-Spalte notiert wird. Diese Tabelle liefert uns einen groben Überblick über den »Verlauf« dieser Funktion, z.B. den, daß mit wachsendem y für gleiches x auch die zugehörigen Funktionswerte $f(x, y)$ zunehmen.

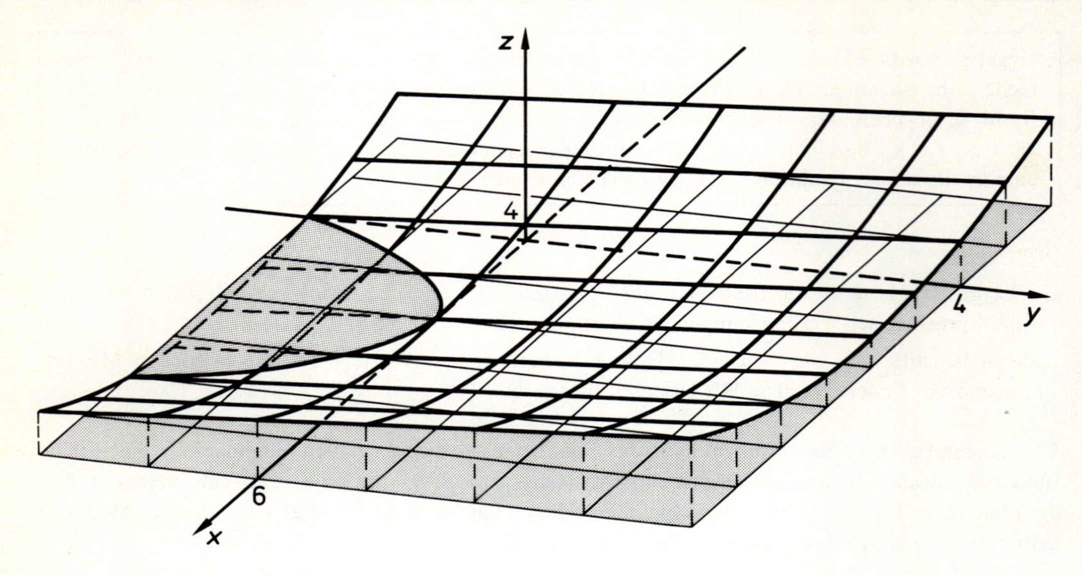

112.1 Zu Beispiel 111.1

Trägt man über jedem Punkt (x, y) den zugehörigen Funktionswert $f(x, y)$ in z-Richtung ab, so entsteht als Schaubild von f eine Fläche im Raum, der Oberfläche eines Gebirges vergleichbar. Diese Fläche wollen wir nun zu skizzieren versuchen, s. Bild 112.1. Wir verwenden dazu u.a. Methoden, die von Landkarten her geläufig sind, vgl. Bild 113.1.

1. **Höhenlinienskizze**

In der x, y-Ebene markieren wir alle Punkte (x, y) mit gleichem Funktionswert c, was wir für verschiedene Werte c tun wollen. Auf diese Weise erhalten wir z.B. für $c=-3$ die Menge aller Punkte (x, y) mit $f(x, y)=-3$, also $(x-2)^2+2y=-3$.

Löst man nach y auf, so erkennt man, daß es sich um die Parabel mit der Gleichung

$$y=-\tfrac{1}{2}(x-2)^2-\tfrac{3}{2}$$

handelt; in Bild 113.1 ist sie mit der Zahl -3 versehen. Diese Parabel verbindet also alle Punkte der x, y-Ebene, für die der Funktionswert -3 ist, man hat sie sich im Raum um 3 Einheiten unter (da -3) der Zeichenebene zu denken. Man stellt fest, daß für andere Werte von c wieder Parabeln entstehen, zu $z=c$ die Parabel mit der Gleichung

$$y=-\tfrac{1}{2}(x-2)^2+\frac{c}{2}.$$

In Bild 113.1 sind zu verschiedenen c-Werten die Parabeln skizziert, die zugehörige Zahl c ist jeweils an der entsprechenden Parabel vermerkt. Man hat sich zur Gewinnung einer räumlichen Vorstellung jede Parabel in entsprechender Höhe zu denken, die einzige in der Zeichenebene

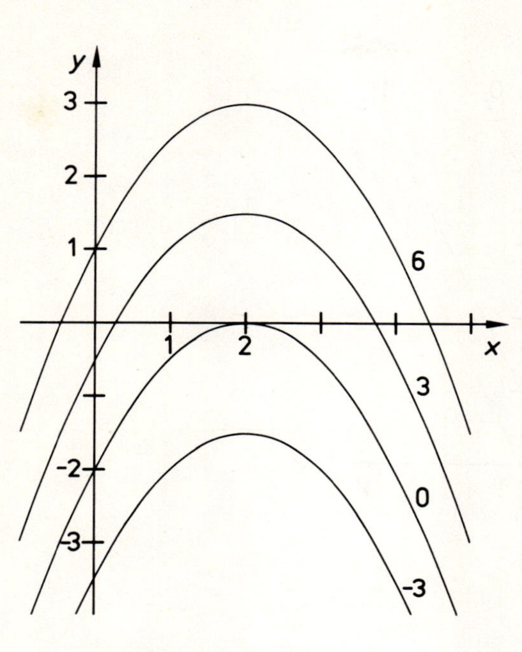

113.1 Höhenlinien von f

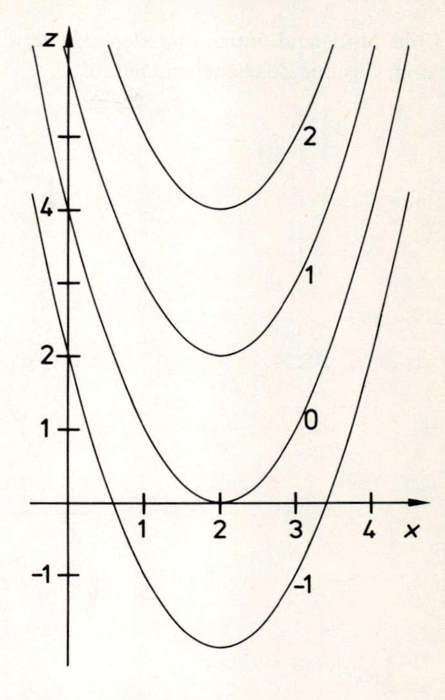

113.2 Schnitte mit $y=c$

liegende Höhenlinie ist die für $c=0$. Diese Höhenlinien sind als »Linien gleicher Höhe« den Kurven eines Meßtischblattes vergleichbar. Eine ähnliche Bedeutung haben die Isobaren auf Landkarten als »Linien gleichen Luftdruckes«, die Isothermen als »Linien gleicher Temperatur«.

2. **Senkrechte Schnitte**

Ein weiteres Hilfsmittel zur Veranschaulichung der Fläche sind Schnitte mit zur z-Achse parallelen Ebenen, insbesondere solchen, die die x-Achse bzw. die y-Achse senkrecht schneiden, d.h. zur y- bzw. x-Achse parallel sind. Schneiden wir die Fläche mit der zur x, z-Ebene parallelen Ebene, die der Gleichung $y=c$ genügt, so erhalten wir z.B. für $c=2$ aus der Funktionsgleichung (111.1) die Gleichung $z=(x-2)^2+4$. Dies ist die Gleichung einer Parabel, die im Raum 2 Einheiten hinter der Zeichenebene von Bild 113.2 liegt, in dem die y-Achse nach unten in die Zeichenebene zeigt. Weitere Schnitte bekommt man, wenn man andere Werte für c wählt, die in Bild 113.2 mit den entsprechenden c-Werten vermerkt sind.

Ebenen, die zur y, z-Ebene parallel sind, haben die Gleichung $x=c$. Setzt man in (111.1) $x=c$, so erhält man die Gleichung $z=2y+(c-2)^2$. Für jedes c beschreibt diese Gleichung eine Gerade in der y, z-Ebene, die im Raum auf der Fläche im Abstand c vor bzw. hinter dieser Ebene liegt. In

Bild 114.1 sind einige Geraden skizziert, die entsprechenden c-Werte sind vermerkt. Die x-Achse zeigt aus der Zeichenebene heraus.

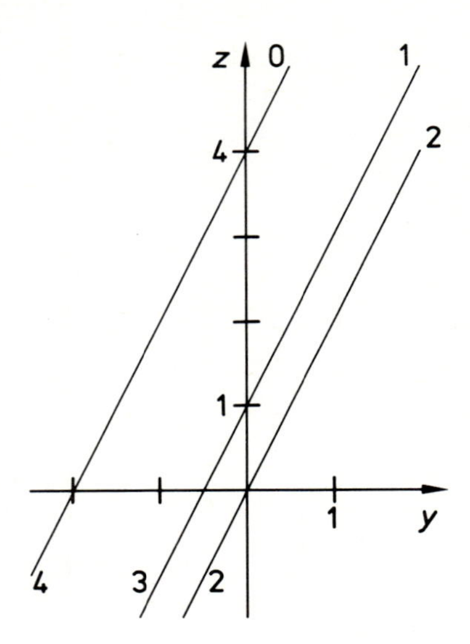

114.1 Schnitte mit $x=c$

Beispiel 114.1

Sind A, B und C reelle Zahlen, so wird durch

$$f(x, y) = Ax + By + C \tag{114.1}$$

eine Funktion f zweier Variablen mit dem Definitionsbereich $\mathbb{R}^2$ definiert. Falls $A = B = 0$ gilt, ist das Schaubild von f eine zur x, y-Ebene parallele Ebene mit der Gleichung $z = C$. Andernfalls erhält man als Höhenlinien Geraden. Auch die Schnitte mit $x = c$ und mit $y = c$ sind Geraden. Es handelt sich bei dem Schaubild der Funktion f aus (114.1) um eine Ebene im Raum. Daher beschreibt auch die Gleichung

$$z = z_0 + A(x - x_0) + B(y - y_0) \tag{114.2}$$

eine Ebene im Raum, wie man durch Ausmultiplizieren erkennt. Es ist dann in (114.1) $C = z_0 - Ax_0 - By_0$. Die Ebene geht durch den Punkt (x_0, y_0, z_0).

Wir wollen noch zwei Sonderfälle von Funktionen zweier Variablen betrachten, nämlich solche, die von einer der zwei Variablen unabhängig sind (also nur von einer der zwei Variablen abhängen) und solche, deren Schaubilder rotationssymmetrische Flächen sind, deren Achse die z-Achse ist.

1. Funktionen zweier Variablen, die von einer der Veränderlichen unabhängig sind.

Es sei g eine auf einem Intervall $J \subset \mathbb{R}$ definierte Funktion einer Variablen. Dann wird durch

$f(x, y) = g(x)$ auf $D = \{(x, y) | x \in J$ und $y \in \mathbb{R}\}$ eine Funktion f zweier Variablen definiert. Die Höhenlinien dieser Funktion f sind die Geraden mit der Gleichung $g(x) = c$, die man nach x auflösen wird. Alle Schnitte mit Ebenen $y = c$ sind einander gleich und genügen der Gleichung $z = g(x)$.

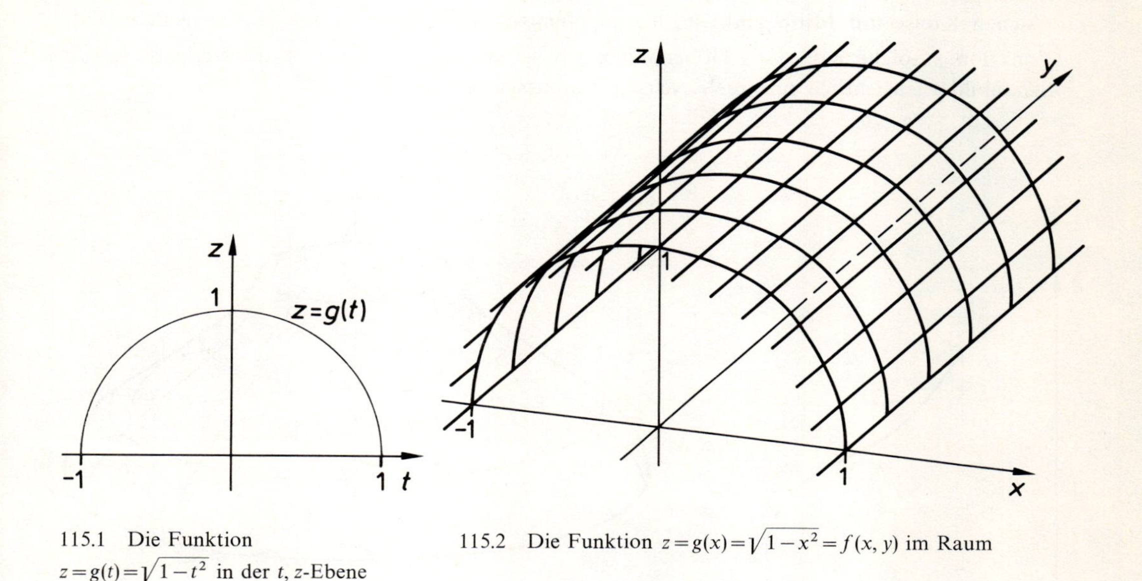

115.1 Die Funktion $z = g(t) = \sqrt{1 - t^2}$ in der t, z-Ebene

115.2 Die Funktion $z = g(x) = \sqrt{1 - x^2} = f(x, y)$ im Raum

Beispiel 115.1

Es sei $g(t) = \sqrt{1 - t^2}$ mit dem Definitionsbereich $J = [-1, 1]$. Bild 115.1 zeigt das Schaubild dieser Funktion $z = g(t)$, Bild 115.2 zeigt das Schaubild von $z = f(x, y)$ mit $f(x, y) = g(x) = \sqrt{1 - x^2}$ mit dem Definitionsbereich $D = \{(x, y) | -1 \leqq x \leqq 1$ und $y \in \mathbb{R}\}$, einem »Streifen« in der x, y-Ebene. Man kann sich die Fläche wie folgt kinematisch entstanden denken: Die durch $z = g(x) = \sqrt{1 - x^2}$ in der x, z-Ebene definierte Kurve (das ist ein Halbkreis) wird in der zu dieser Ebene senkrechten Richtung nach beiden Seiten bewegt. Die dann »überstrichene« Fläche hat die Gleichung $z = f(x, y) = \sqrt{1 - x^2}$.

2. Funktionen zweier Variablen, deren Schaubilder rotationssymmetrisch sind.

Es sei $0 \leqq a < b$ und g eine auf $[a, b]$ definierte Funktion. Bild 116.1 zeigt die durch $z = g(x)$ definierte Kurve in der x, z-Ebene für alle $x \in [a, b]$. Diese Kurve rotiere um die z-Achse. Dann »überstreicht« sie eine Fläche, die in Bild 116.2 skizziert ist. Die Gleichung dieser Fläche sei $z = f(x, y)$, der Ausdruck für f soll nun berechnet werden.

a) f ist definiert für alle $(x, y) \in \mathbb{R}^2$, deren Abstand $\sqrt{x^2 + y^2}$ von der Drehachse, also von $(0, 0)$, zwischen a und b liegt, d.h. für alle (x, y) mit $a^2 \leqq x^2 + y^2 \leqq b^2$. Also ist $D = \{(x, y) | a^2 \leqq x^2 + y^2 \leqq b^2\}$ der Definitionsbereich von f.

b) Sei $P=(x, y) \in D$. Der Funktionswert $f(P)$ ist derselbe wie der in demjenigen Punkt $u \in [a, b]$ auf der x-Achse, der denselben Abstand von 0 wie P von der Drehachse hat. P hat den Abstand $\sqrt{x^2+y^2}$ von der Rotationsachse und u den Abstand u von 0 (man beachte $0 \leqq a \leqq u$).
Daher ist $f(x, y)=g(u)=g(\sqrt{x^2+y^2})$ Funktionsgleichung von f. Die in D verlaufenden konzentrischen Kreise mit Mittelpunkt $(0, 0)$ sind offenbar Höhenlinien von f. Hat umgekehrt eine Funktion f solche Kreise als Höhenlinien, d.h. ist sie nur von $\sqrt{x^2+y^2}$ abhängig, so ist ihr Schaubild offensichtlich eine zur z-Achse rotationssymmetrische Fläche.

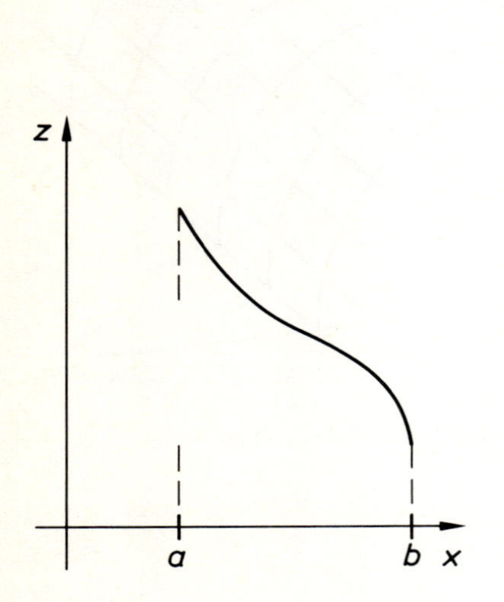

116.1 Funktionsbild von $z=g(x)$

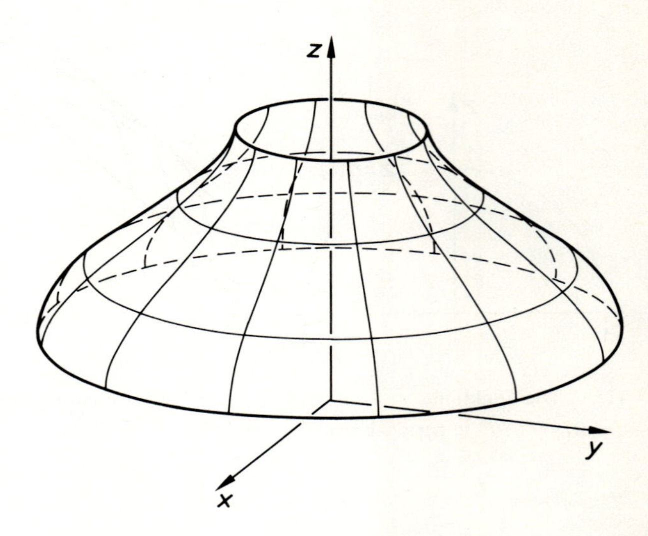

116.2 Funktionsbild von $z=g(\sqrt{x^2+y^2})$

Beispiel 116.1

Der Halbkreis mit der Gleichung $(x-R)^2+z^2=\rho^2$ für $z \geqq 0$ und $0<\rho<R$ rotiere um die z-Achse. Explizit ist dieser Halbkreis durch $z=g(x)=\sqrt{\rho^2-(x-R)^2}$ definiert.

Nach dem Gesagten wird die entstehende Fläche durch die Gleichung $z=f(x, y)$ mit
$f(x, y)=\sqrt{\rho^2-(\sqrt{x^2+y^2}-R)^2}$ beschrieben. Bild 117.1 zeigt den Halbkreis, Bild 117.2 die durch $z=f(x, y)$ definierte Fläche. Bei ihr handelt es sich um die obere Hälfte einer sogenannten **»Ringfläche« (Torus)** mit großem Radius R und kleinem Radius ρ.

Es kann mitunter günstig sein, bei Funktionen zweier Variablen durch $x=r \cdot \cos \varphi$, $y=r \cdot \sin \varphi$ Polarkoordinaten einzuführen (s. (99.1)). Das folgende Beispiel soll das illustrieren.

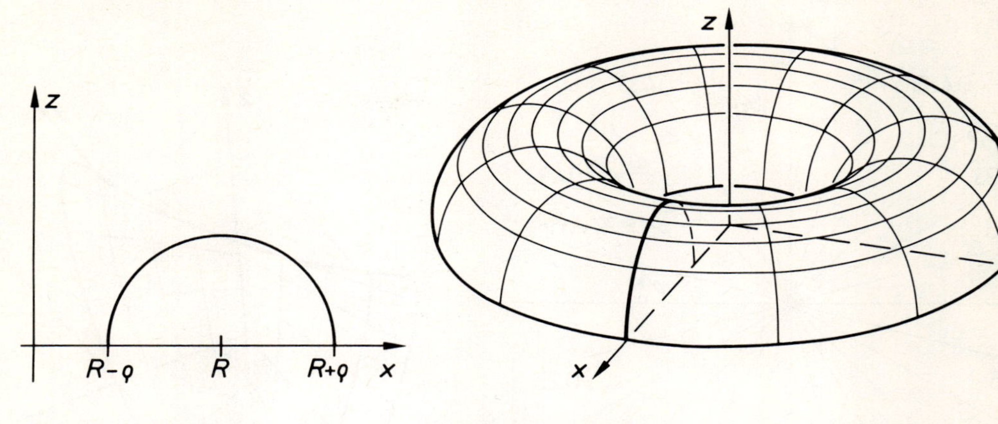

117.1 Zu Beispiel 116.1

117.2 Zu Beispiel 116.1

Beispiel 117.1

Wir wollen die durch

$$f(x, y)=\frac{xy}{x^2+y^2} \tag{117.1}$$

auf $D=\{(x, y)|x \neq 0 \text{ oder } y \neq 0\}$ definierte Funktion f untersuchen. Führt man Polarkoordinaten ein, so erhält man

$$f(x, y)=\frac{r \cdot \cos\varphi \cdot r \cdot \sin\varphi}{r^2}$$

und wegen $2 \cdot \sin\varphi \cdot \cos\varphi = \sin 2\varphi$ weiter die Polarkoordinatendarstellung

$$z=\tfrac{1}{2} \cdot \sin 2\varphi \tag{117.2}$$

für die durch f dargestellte Fläche. Aus dieser Darstellung liest man ab, daß für alle $(x, y) \in D$ gilt $|f(x, y)| \leqq \frac{1}{2}$. Ferner hängt der Funktionswert $f(x, y)$ nicht vom Abstand $r=\sqrt{x^2+y^2}$ des Punktes (x, y) von $(0, 0)$ ab, sondern nur vom Polarwinkel φ dieses Punktes. Die Höhenlinien sind durch $\varphi=\text{const.}$ festgelegt. Die durch $f(x, y)=\frac{1}{4} \cdot \sqrt{3}$ festgelegte Höhenlinie entnimmt man (117.2): $\frac{1}{2} \cdot \sin 2\varphi = \frac{1}{4} \cdot \sqrt{3}$; aus dieser Gleichung folgt $\varphi_1=\frac{1}{6}\pi$ oder $\varphi_2=\frac{1}{3}\pi$, $\varphi_3=\frac{7}{6}\pi$ oder $\varphi_4=\frac{4}{3}\pi$ (man beachte, daß $0 \leqq \varphi < 2\pi$ gilt). In Bild 118.1 ist die Höhe der Fläche $z=f(x, y)$ an den Höhenlinien vermerkt. Man kann sich diese Fläche folgendermaßen veranschaulichen: Man nimmt einen Stock (Strahl), der auf der z-Achse beginnt und dreht ihn, stets waagerecht haltend, um die z-Achse, wobei man ihn anhebt und senkt in Abhängigkeit vom Winkel φ, nach der Vorschrift

$$z=\tfrac{1}{2} \cdot \sin 2\varphi.$$

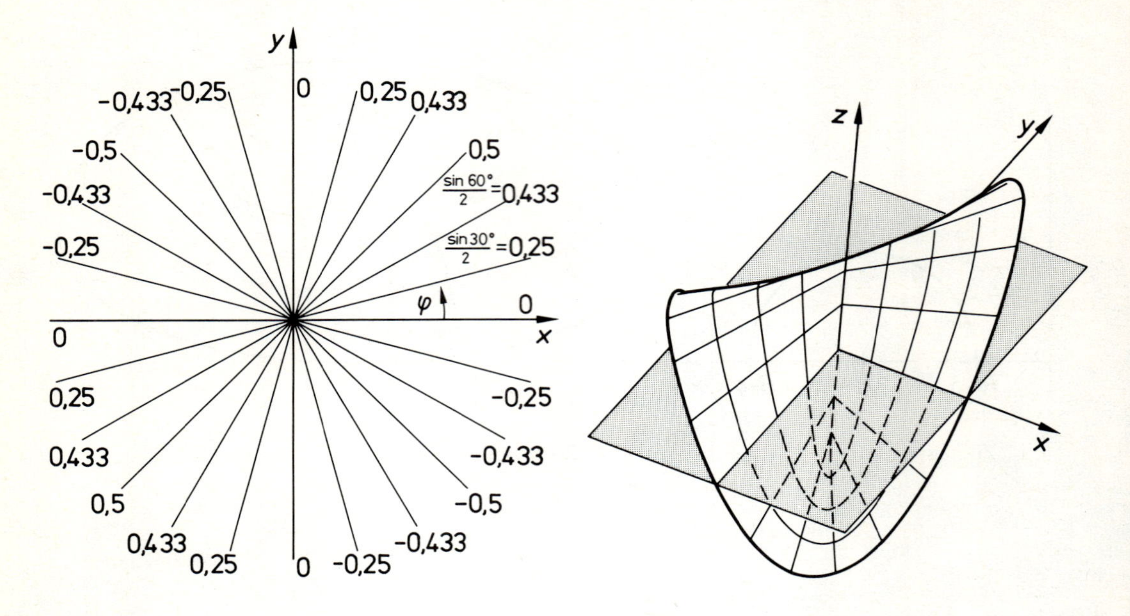

118.1 Höhenlinien zu Beispiel 117.1

118.2 Schaubild zu Beispiel 117.1

Da wir mehrfach auf diese Funktion f zurückkommen werden, empfehlen wir dem Leser dringend, sich diese Fläche gut zu veranschaulichen, s. Bild 118.2.

Abschließend sei noch folgendes bemerkt:

Eine durch $f(x, y) = c$ definierte Höhenlinie der Funktion f muß keineswegs immer eine »Linie« sein:

a) Sie kann z.B. ein einzelner Punkt sein: Die Höhenlinie für $c = 0$ und $f(x, y) = x^2 + y^2$ besteht nur aus dem Nullpunkt $(0, 0)$.

b) Sie kann eine Kurve sein, die sich aus mehreren »Einzelkurven« zusammensetzt: Die Höhenlinie für $c = 0$ und $f(x, y) = xy$ besteht aus der x-Achse und der y-Achse.

c) Sie kann der ganze Definitionsbereich oder leer sein: Die Höhenlinie für $c = 3$ der konstanten Funktion f mit $f(x, y) = 3$ ist die ganze Ebene, die für $c = 4$ ist leer.

Obwohl solche »Entartungsfälle« möglich sind, werden wir doch auch in diesen Fällen weiterhin von Höhenlinien sprechen.

Bei Funktionen f von drei Variablen x, y und z ist das Analogon zu den Höhenlinien durch Gleichungen der Form $f(x, y, z) = c$ festgelegt. (Wenn möglich, löse man diese Gleichung nach z auf, es handelt sich dann um eine »Fläche« im Raum.)

Definition 119.1

f sei eine auf einer nichtleeren Menge $D \subset \mathbb{R}^3$ definierte Funktion. Die Menge aller Punkte $(x, y, z) \in \mathbb{R}^3$, für die $f(x, y, z) = c$ ist, heißt die **Niveaufläche von f zum Niveau c.**

Bemerkungen:

1. Auch hier sind Entartungsfälle möglich: Die Niveaufläche kann aus nur einem Punkt bestehen, kann der ganze Raum $\mathbb{R}^3$ sein oder auch beliebige Teilmengen von $\mathbb{R}^3$ enthalten. Trotzdem werden wir von Niveauflächen sprechen.
2. Bei Funktionen von mehr als drei Variablen sind entsprechende Begriffe definiert, von Anwendungen her gesehen jedoch nicht von großem Interesse.

Beispiel 119.1

Die Niveaufläche der Funktion f mit

$$f(x, y, z) = \frac{1}{[(x-2)^2 + (y+3)^2 + z^2]^2},$$

deren Definitionsbereich $\mathbb{R}^3 \setminus \{(2, -3, 0)\}$ ist, zum Niveau c ist durch die Gleichung $f(x, y, z) = c$ definiert, also durch $(x-2)^2 + (y+3) + z^2 = \sqrt{\frac{1}{c}}$, wenn $c > 0$ ist. Diese Gleichung beschreibt eine Kugelfläche vom Radius $\sqrt[4]{\frac{1}{c}}$ und dem Mittelpunkt $(2, -3, 0)$. Im Falle $c \leqq 0$ ist die »Niveaufläche« die leere Menge.

2.1.4 Stetige Funktionen mehrerer Variablen

Im folgenden bezeichne D_f den Definitionsbereich der Funktion f, dabei sei, wenn nichts anderes vorausgesetzt wird, stets $\emptyset \neq D_f \subset \mathbb{R}^n$.

Sind f und g Funktionen und ist $c \in \mathbb{R}$, so sind die Summe $f + g$, das Produkt $f \cdot g$ und die Funktion $c \cdot f$ wie im Falle der Funktionen einer Variablen definiert. Entsprechend wird der Quotient $\frac{f}{g}$ definiert.

Definition 119.2

Es sei g eine auf $D \subset \mathbb{R}$ definierte Funktion und f eine auf $D_f \subset \mathbb{R}^n$ definierte Funktion, für deren Wertevorrat $W_f = \{z \in \mathbb{R} \mid \text{es gibt ein } P \in D_f \text{ mit } z = f(P)\}$ gilt: $W_f \subset D$. Dann bezeichnet $g \circ f$ die auf D_f durch $P \mapsto g(f(P))$ definierte Funktion.

Bemerkung:

Wenn $g \circ f$ definiert ist, ist $f \circ g$ nicht definiert, da der Wertevorrat von g eine Teilmenge von $\mathbb{R}$ ist und nicht von $\mathbb{R}^n (n > 1)$.

Beispiel 120.1

Ist $f(P)=f(x, y, z)=x^2+3e^x\cdot\sqrt{y}$ und $g(t)=\sqrt{t}\cdot\sin t$, so wird

$$g(f(P))=\sqrt{f(P)}\cdot\sin f(P)=\sqrt{x^2+3\,e^x\cdot\sqrt{y}}\cdot\sin(x^2+3\,e^x\cdot\sqrt{y}).$$

Definition 120.1

> Die auf D definierte Funktion f heißt auf D **beschränkt,** wenn es eine Zahl A gibt, so daß für alle $P\in D$ gilt $|f(P)|\leqq A$.

Beispiel 120.2

Die durch $f(x, y)=\sin(x+e^{x\cdot y})$ definierte Funktion f ist auf $\mathbb{R}^2$ beschränkt, da für alle $(x, y)\in\mathbb{R}^2$ gilt $|f(x, y)|\leqq 1$. Die durch $f(x, y, z)=(x^2+y^2+z^2)^{-2}$ definierte Funktion ist auf $D=\{(x, y, z)\in\mathbb{R}^3\,|\,x^2+y^2+z^2>10\}$ beschränkt, da für alle $P\in D$ gilt $|f(P)|\leqq\frac{1}{100}$.

Die folgende Definition des Begriffes der Stetigkeit ist eine Verallgemeinerung von Definition 299.1 aus Band 1:

Definition 120.2

> Die Funktion f sei auf D_f definiert und $P_0\in D_f$. f heißt **stetig** im Punkte P_0, wenn es zu jedem $\varepsilon>0$ eine Zahl $\delta>0$ gibt, so daß für alle Punkte $P\in U_\delta(P_0)\cap D_f$ gilt: $|f(P)-f(P_0)|<\varepsilon$. f heißt **in D_f stetig,** wenn f in jedem Punkt $P_0\in D_f$ stetig ist.

Bemerkungen:

1. Da $P\in U_\delta(P_0)\cap D_f$ genau dann gilt, wenn $P\in D_f$ und $|P-P_0|<\delta$, kann man die Stetigkeitsdefinition auch so formulieren: f ist in P_0 stetig, wenn zu jedem $\varepsilon>0$ eine Zahl $\delta>0$ existiert, so daß für alle $P\in D_f$ mit $|P-P_0|<\delta$ gilt $|f(P)-f(P_0)|<\varepsilon$.
2. Ist P_0 Randpunkt von D_f, so enthält jede Umgebung $U_\delta(P_0)$ Punkte, die nicht zu D_f gehören; in diesem Falle ist für die Ungleichung $|f(P)-f(P_0)|<\varepsilon$ die Forderung $P\in D_f\cap U_\delta(P_0)$, wesentlich, da sie $P\in D_f$ sicherstellt.

Beispiel 120.3

Die Funktion f: $(x, y, z)\mapsto x$ ist auf $\mathbb{R}^3$ stetig. Zum Beweis sei $P_0=(x_0, y_0, z_0)$ ein beliebiger Punkt des $\mathbb{R}^3$ und $\varepsilon>0$. Für die Zahl $\delta=\varepsilon$ gilt dann: Wenn $P\in U_\delta(P_0)$, d.h. wenn

$$|P-P_0|=\sqrt{(x-x_0)^2+(y-y_0)^2+(z-z_0)^2}<\delta,$$

so ist

$$|f(P)-f(P_0)|=|x-x_0|=\sqrt{(x-x_0)^2}\leqq\sqrt{(x-x_0)^2+(y-y_0)^2+(z-z_0)^2}<\delta=\varepsilon.$$

Beispiel 120.4

Die durch $f(x, y)=x+y$ definierte Funktion f ist in $\mathbb{R}^2$ stetig. Zum Beweis sei $\varepsilon>0$ und

$P_0=(x_0, y_0)\in\mathbb{R}^2$. Wir wählen $\delta=\frac{\varepsilon}{2}$. Dann gilt für alle $P=(x, y)\in\mathbb{R}^2$ mit $|P-P_0|<\delta$ die Abschätzung (mit Hilfe der Dreiecksungleichung)

$$|f(P)-f(P_0)|=|(x-x_0)+(y-y_0)|\leqq|P-P_0|+|P-P_0|<\varepsilon.$$

Beispiel 121.1

Es sei g eine auf dem Intervall $[a, b]\subset\mathbb{R}$ stetige Funktion (einer Veränderlichen). Dann ist $f\colon (x, y)\mapsto g(x)$ eine in $D_f=\{(x, y)|x\in[a, b] \text{ und } y\in\mathbb{R}\}$ stetige Funktion.

Beweis:

Es sei $P_0=(x_0, y_0)\in D_f$ und $\varepsilon>0$. Die Zahl δ sei so gewählt, daß aus $|x-x_0|<\delta$ die Ungleichung $|g(x)-g(x_0)|<\varepsilon$ folgt, was möglich ist, da g stetig ist $(x\in[a, b])$. Ist $P=(x, y)\in D_f$ mit $|P-P_0|=\sqrt{(x-x_0)^2+(y-y_0)^2}<\delta$, so folgt

$$|x-x_0|=\sqrt{(x-x_0)^2}\leqq\sqrt{(x-x_0)^2+(y-y_0)^2}<\delta$$

und wegen $f(P)=g(x)$ weiter $|f(P)-f(P_0)|=|g(x)-g(x_0)|<\varepsilon$.

Analog kann man auch die Stetigkeit der durch $f(x_1, x_2, \ldots, x_n)=g(x_i)$ definierten Funktion für jedes $i=1, \ldots, n$ beweisen.

Definition 121.1

Für jedes $i=1, 2, \ldots, n$ sei

$$x_1^{(i)}, x_2^{(i)}, \ldots, x_k^{(i)}, \ldots$$

eine Zahlenfolge und $P_k=(x_k^{(1)}, x_k^{(2)}, \ldots, x_k^{(n)})$. Dann heißt $\langle P_k\rangle=P_1, P_2, \ldots$ eine **Punktfolge** in $\mathbb{R}^n$. Wenn für alle $i=1, 2, \ldots, n$ gilt $\lim\limits_{k\to\infty} x_k^{(i)}=a_i$, so heißt die Punktfolge **konvergent** gegen den Punkt $(a_1, a_2, \ldots, a_n)=P$.

Schreibweise: $\lim\limits_{k\to\infty} P_k=P$.

Beispiel 121.2

Die durch $P_k=\left(\left(1+\frac{1}{k}\right)^k, \left(\frac{2}{3}\right)^k-\sqrt[k]{k}, \frac{2}{k}\right)$ in $\mathbb{R}^3$ definierte Punktfolge ist konvergent, es gilt $\lim\limits_{k\to\infty} P_k=(\mathrm{e}, -1, 0)$.

Der folgende Satz entspricht dem Übertragungsprinzip, Band 1, Satz 278.1 in Verbindung mit der Definition 297.1 aus Band 1.

Satz 121.1

Die auf D_f definierte Funktion f ist im Punkt $P\in D_f$ genau dann stetig, wenn für jede gegen P konvergente Punktfolge $\langle P_k\rangle$ aus D_f gilt $\lim\limits_{k\to\infty} f(P_k)=f(P)$.

Bemerkung:

Ist die Funktion f im Punkte P ihres Definitionsbereiches nicht stetig, so läßt sich dieses oft bequem mit diesem Satz nachweisen, indem man eine Punktfolge $\langle P_k \rangle$ angibt, die gegen P konvergiert, aber für die die Folge $\langle f(P_k) \rangle$ entweder divergiert oder gegen eine von $f(P)$ verschiedene Zahl konvergiert.

Beispiel 122.1

Die durch

$$f(x, y) = \begin{cases} \dfrac{x \cdot y}{x^2 + y^2}, & \text{wenn } x^2 + y^2 \neq 0 \\ 0, & \text{wenn } x = y = 0 \end{cases}$$

definierte Funktion f ist im Punkte $(0, 0)$ nicht stetig (man vergleiche Beispiel 117.1). Zum Beweis wählen wir die Punktfolge mit $P_k = \left(\frac{1}{k}, \frac{1}{k}\right)$, die offensichtlich gegen $(0, 0)$ konvergiert. Es ist für alle k dann $f(P_k) = \frac{1}{2}$, also auch $\lim\limits_{k \to \infty} f(P_k) = \frac{1}{2}$. Dieser Grenzwert ist vom Funktionswert $f(0, 0) = 0$ verschieden. Da übrigens für die ebenfalls gegen $(0, 0)$ konvergente Folge mit $P_k = \left(0, \frac{1}{k}\right)$ gilt $\lim\limits_{k \to \infty} f(P_k) = 0$, läßt sich f auch nicht durch Abändern nur des Wertes in $(0, 0)$ zu einer im Nullpunkt stetigen Funktion machen.

Satz 122.1

> Sind f und g in $P \in \mathbb{R}^n$ stetige Funktionen und ist $c \in \mathbb{R}$, so sind auch $f + g$, $f \cdot g$ und $c \cdot f$ in P stetig. Ist darüber hinaus $g(P) \neq 0$, so ist auch $\frac{f}{g}$ in P stetig.

Satz 122.2

> Ist die Funktion F in $J \subset \mathbb{R}$ stetig, die Funktion f in $D \subset \mathbb{R}^n$ stetig und gilt $f(P) \in J$ für alle $P \in D$, so ist auch $F \circ f$ auf D stetig.

Beispiel 122.2

Die durch $f(x, y) = e^{x + y^2}$ auf $\mathbb{R}^2$ definierte Funktion f ist in $\mathbb{R}^2$ stetig, denn nach Beispiel 121.1 sind g mit $g(x, y) = x$ und h mit $h(x, y) = y$ stetig in $\mathbb{R}^2$, nach Satz 122.1 dann auch $h \cdot h$: $(x, y) \mapsto y^2$ und daher auch die Summe $g + h \cdot h$: $(x, y) \mapsto x + y^2$. Die Funktion F: $u \mapsto e^u$ ist auf $\mathbb{R}$ stetig und also auch die zusammengesetzte Funktion $f = F \circ (g + h \cdot h)$ nach Satz 122.2.

Beispiel 122.3

Die Funktion aus Beispiel 122.1 ist für alle $(x, y) \neq (0, 0)$ stetig, denn der Zähler $x \cdot y$ definiert als Produkt stetiger Funktionen eine stetige Funktion, der Nenner $x^2 + y^2$ als Produkt und Summe stetiger Funktionen desgleichen. Daher ist deren Quotient f stetig für alle (x, y) mit $(x, y) \neq (0, 0)$.

Folgende drei Sätze beschreiben wichtige Eigenschaften stetiger Funktionen mehrerer Variablen. Der erste Satz ist eine Verallgemeinerung von Satz 310.1 aus Band 1.

Satz 123.1

Die Funktion f sei in $P_0 \in D_f$ stetig. Wenn $f(P_0) > 0$ ist, so gibt es eine Umgebung U von P_0, so daß für alle $P \in U \cap D_f$ gilt $f(P) > 0$.

Bemerkung:

Ersetzt man alle $>$-Zeichen durch $<$-Zeichen, so bleibt der Satz richtig.

Beweis:

Es sei $\varepsilon = \frac{1}{2} f(P_0)$. Wegen der Stetigkeit von f in P_0 gibt es eine Zahl $\delta > 0$, so daß aus $P \in U_\delta(P_0) \cap D_f$ folgt $|f(P) - f(P_0)| < \varepsilon$. Diese Ungleichung lautet ausgeschrieben $f(P_0) - \varepsilon < f(P) < f(P_0) + \varepsilon$, woraus wegen $f(P_0) - \varepsilon = \frac{1}{2} f(P_0) > 0$ die Behauptung folgt. ●

Den folgenden Satz zitieren wir ohne Beweis.

Satz 123.2 (Satz vom Maximum und Minimum)

A sei eine abgeschlossene und beschränkte Menge in $\mathbb{R}^n$ und f eine auf A stetige Funktion. Dann gibt es Punkte P_1 und P_2 in A, so daß für alle $P \in A$ gilt $f(P_1) \leqq f(P) \leqq f(P_2)$.

Bemerkungen:

1. Dieser Satz läßt sich kurz so formulieren: Der Wertevorrat einer auf einer abgeschlossenen beschränkten Menge stetigen Funktion ist beschränkt; die Funktion nimmt auf der Menge sowohl ihr Maximum als auch ihr Minimum an.
2. f nimmt in P_1 das absolute Minimum, in P_2 das absolute Maximum an, jedoch kann es auch noch weitere Punkte mit dieser Eigenschaft geben.
3. Ist A nicht abgeschlossen oder nicht beschränkt, so ist die Aussage i. allg. nicht richtig, wie folgendes Beispiel zeigt.

Beispiel 123.1

Die Funktion f mit $f(x, y) = \dfrac{1}{x}$ ist auf der beschränkten Menge $D = \{(x, y) \mid 0 < x \leqq 2 \text{ und } 0 \leqq y \leqq 1\}$ stetig aber nicht beschränkt; D ist nicht abgeschlossen.

Beispiel 123.2

Wir betrachten die auf $\mathbb{R}^2$ stetige Funktion f mit $f(x, y) = x \cdot (y - x) \cdot (2 - x - 2y)$. Es ist $f(x, y) = 0$ genau dann wenn einer der drei Faktoren verschwindet, wenn also einer der folgenden drei Fälle eintritt: $x = 0$ oder $y - x = 0$ oder $2 - x - 2y = 0$.

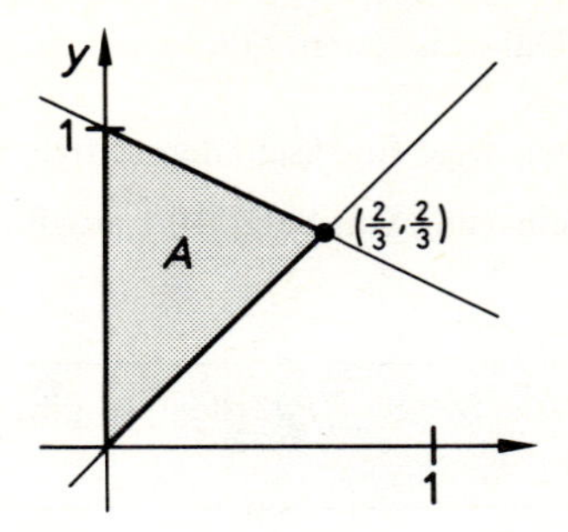

124.1 Zu Beispiel 123.2

In Bild 124.1 sind diese drei Geraden, die Höhenlinie zur Höhe 0, eingezeichnet. Wir betrachten die entstehende Dreiecksfläche mit den drei Eckpunkten (0, 0), (0, 1) und $(\frac{2}{3}, \frac{2}{3})$, in denen sich je zwei der drei Geraden schneiden. Dieses Dreieck A, einschließlich seiner drei begrenzenden Strecken, ist eine abgeschlossene beschränkte Menge in $\mathbb{R}^2$. Daher hat f in A sowohl ein Maximum als auch ein Minimum. Da z.B. $P=(\frac{1}{4}, \frac{3}{4})$ innerer Punkt von A ist und $f(P)=0{,}03125>0$ ist, hat f ein Maximum sogar in einem inneren Punkt von A. Da übrigens für alle inneren Punkte $P\in A$ jeder der drei Faktoren in $f(x, y)$ positiv ist, liegt das Minimum von f auf dem Rand von A (und hat den Wert 0).

Satz 124.1

Sei f eine auf $D=\{(x, y)|a<x<b \text{ und } c<y<d\}$ stetige Funktion, $(x_0, y_0)\in D$. Dann sind die Funktionen g: $x\mapsto f(x, y_0)$ bzw. h: $y\mapsto f(x_0, y)$ auf (a, b) bzw. (c, d) stetig.

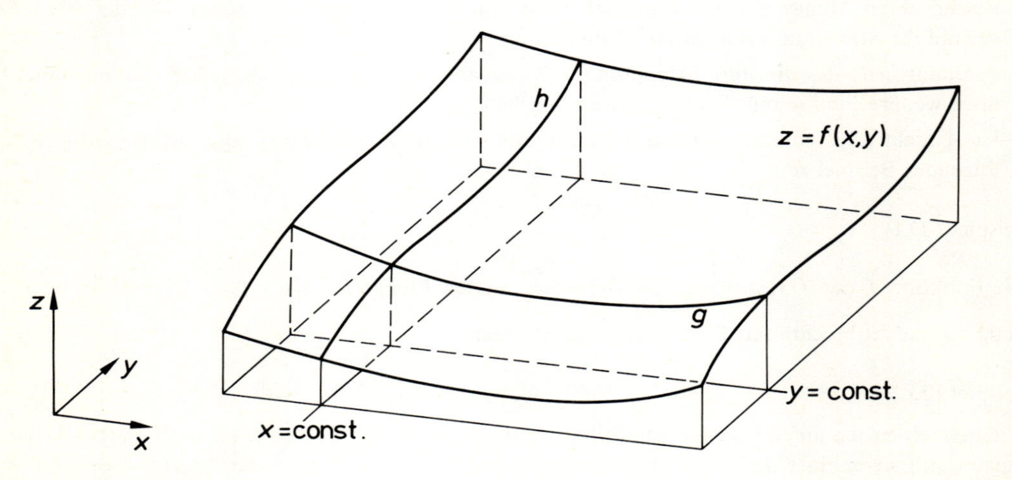

124.2 Zu Satz 124.1

Bemerkungen:

1. Der Satz besagt, daß (achsenparallele) senkrechte Schnitte durch die Fläche mit der Gleichung $z=f(x, y)$ bei stetiger Funktion f auch stetige Kurven sind. (Vgl. Bild 124.2.) Für nicht-achsenparallele Schnitte gilt das ebenfalls.
2. Der Satz gilt auch für stetige Funktionen mehrerer Variablen: gibt man einigen der Variablen feste Werte, so ist die entstehende Funktion eine stetige Funktion der verbleibenden Variablen.
3. Die naheliegende Umkehrung des Satzes ist falsch. Selbst wenn g und h stetig sind für alle y_0 bzw. x_0, ist f nicht notwendig in D stetig, s. Beispiel 125.2.
4. Der Satz läßt sich so anwenden: Ist eine der Funktionen g oder h nicht stetig, so ist auch f nicht stetig (s. Beispiel 125.2).

Der Beweis des Satzes soll hier unterbleiben.

Beispiel 125.1

Die auf $\mathbb{R}^2$ durch

$$f(x, y)=\begin{cases} y^2 \sin\dfrac{1}{x}, & \text{wenn } x \neq 0 \\ 0, & \text{wenn } x=0 \end{cases}$$

definierte Funktion f ist in keinem Punkt $(0, y)$, für den $y \neq 0$ ist, stetig. Ist nämlich $y_0 \neq 0$, so ist die Funktion g einer Veränderlichen mit

$$g(x)=\begin{cases} y_0^2 \cdot \sin\dfrac{1}{x}, & \text{wenn } x \neq 0 \\ 0, & \text{wenn } x=0 \end{cases}$$

an der Stelle $x=0$ unstetig (der Grenzwert für $x \to 0$ existiert nicht, s. Band 1, Beispiel 305.2).

Beispiel 125.2

Wir betrachten die in den Beispielen 117.1 und 122.1 behandelte Funktion f:

$$f(x, y)=\begin{cases} \dfrac{x \cdot y}{x^2+y^2}, & \text{wenn } (x, y) \neq 0 \\ 0, & \text{wenn } (x, y)=(0, 0). \end{cases}$$

Mit den Bezeichnungen aus Satz 124.1 gilt für alle $x \in \mathbb{R}$

a) $g(x)=0$, wenn $y_0=0$ und

b) $g(x)=\dfrac{x \cdot y_0}{x^2+y_0^2}$, wenn $y_0 \neq 0$.

Daher ist g für jedes $y_0 \in \mathbb{R}$ eine stetige Funktion in $\mathbb{R}$. Ebenso erweist sich h als eine in $\mathbb{R}$ stetige Funktion. Die Funktion f aber ist in $(0, 0)$ nicht stetig, siehe Beispiel 122.1. Man kann also nicht von der Stetigkeit der Funktionen g und h auf die von f schließen.

Aufgaben

1. Skizzieren Sie folgende Mengen D und stellen Sie fest, ob D beschränkt ist und ob D offen, abgeschlossen oder keines von beiden ist.
   a) $D=\{(x,y)|(x-2)^2+(y+1)^2\leqq 9\}$;
   b) $D=\{(x,y)|1<(x-2)^2+(y+1)^2\leqq 9\}$;
   c) $D=\{(x,y)|1<(x-2)^2+(y+1)^2\leqq 9 \text{ und } x\geqq 0\}$;
   d) $D=\{(x,y)|(x-2)^2+(y+1)^2>4 \text{ und } x\geqq 0\}$;
   e) $D=\{(x,y)|0\leqq x<1 \text{ und } -x<y<2x\}$;
   f) $D=\{(x,y)|\ln x<y<e^{\frac{1}{2}x} \text{ und } 0<x<2\}$;
   g) $D=\{(x,y)|y>0 \text{ und } |x|\leqq y\}$;
   h) $D=\{(x,y)|0\leqq x\leqq 1 \text{ und } x^2<y<\sqrt{x}\}$;
   i) $D=\{(x,y)|0\leqq y\leqq 1 \text{ und } y^2<x<\sqrt{y}\}$.

2. Man skizziere folgende Mengen D in einem kartesischen Koordinatensystem. D sei in Polarkoordinaten durch folgende Ungleichungen beschrieben:
   a) $0\leqq\varphi<2\pi$ und $0\leqq r\leqq\varphi$; b) $2<r<4$ und $\frac{1}{4}\pi<\varphi<\frac{3}{4}\pi$; c) $0\leqq\varphi<2\pi$ und $0\leqq r\leqq|\cos\varphi|$;
   d) $0\leqq\varphi<2\pi$ und $0\leqq r\leqq|\sin 2\varphi|$; e) $0\leqq r<2\pi$ und $\frac{r}{2}<\varphi<r$.

3. Welche Menge $D\subset\mathbb{R}^3$ wird durch folgende Ungleichungen beschrieben? Ist D beschränkt, offen, abgeschlossen oder weder offen noch abgeschlossen?
   a) $3\leqq x\leqq 4$ und $1\leqq y\leqq 2$ und $0\leqq z\leqq x$;
   b) $0\leqq x\leqq 2$ und $0\leqq y\leqq x$ und $0\leqq z\leqq x+y+1$;
   c) $2\leqq r\leqq 3$ und $0\leqq\varphi<2\pi$ und $0\leqq\vartheta\leqq\frac{\pi}{2}$ (Kugelkoordinaten);
   d) $0\leqq r\leqq R$ und $0\leqq\varphi<2\pi$ und $0\leqq z\leqq r^2$ (Zylinderkoordinaten).

4. Skizzieren Sie Höhenlinien, ggf. andere Schnitte und versuchen Sie, ein perspektivisches Bild der Fläche, die durch $z=f(x,y)$ definiert ist, zu entwerfen. Untersuchen Sie ferner, an welchen Stellen ihres Definitionsbereiches D die Funktion f stetig ist.
   a) $f(x,y)=x^2+4y^2$; b) $f(x,y)=3x+4y-7$;
   c) $f(x,y)=\dfrac{x}{\sqrt{x^2+y^2}}$ (Hinweis: Polarkoordinaten verwenden);
   d) Wie c), jedoch mit der Festsetzung $f(0,0)=0$; e) $f(x,y)=a\cdot\sqrt{x^2+y^2}$ $(a\in\mathbb{R})$.

5. Folgende Funktionen sind auf Stetigkeit zu untersuchen.
   a) $f(x,y)=\sin(x\cdot y+\sqrt{x})$; b) $f(x,y)=\ln(x^2+\sqrt{xy})$;
   c) $f(x,y)=\begin{cases} x\cdot\cos(x^2+y), & \text{wenn } x>0;\\ x^2, & \text{wenn } x\leqq 0\end{cases}$ d) $f(x,y)=\begin{cases}\dfrac{e^y-1}{x^2+y^2}, & \text{wenn } (x,y)\neq(0,0)\\ 0, & \text{wenn } x=y=0.\end{cases}$

6. Wie lautet die Gleichung der Fläche, die entsteht, wenn die Kurve mit der Gleichung $z=\ln x$ für $x>0$ um die z-Achse rotiert?

7. Es sei g eine auf dem Intervall $[a,b]\subset\mathbb{R}^+$ definierte stetige Funktion. Die durch die Gleichung $z=g(x)$ in der x,z-Ebene beschriebene Kurve rotiere um die z-Achse. Beweisen Sie, daß die entstehende Fläche das Schaubild einer stetigen Funktion f ist.

2.2 Differentialrechnung der Funktionen mehrerer Variablen

2.2.1 Partielle Ableitungen

Zur Erläuterung der folgenden Begriffe beginnen wir mit

Beispiel 127.1

Wir betrachten die Funktion f mit $f(x, y)=(x-2)^2+2y$ (s. auch Beispiel 111.1). Wir wollen Steigungen der durch $z=f(x, y)$ definierten Fläche F etwa im Flächenpunkt $(1, 2, f(1, 2))=(1, 2, 5)$ bestimmen, d.h. das Steigungsverhalten der durch die Funktion f definierten Fläche über $P_0=(1, 2)$ untersuchen. Die Frage: »Welche Steigung hat die Fläche F an der Stelle $(1,2,5)$?« ist sinnlos, denn offensichtlich hängt die Steigung von der Richtung ab, in der man sich von $(1, 2, 5)$ aus bewegt, s. Bild 127.1. Zwei dieser Richtungen aber spielen eine besondere Rolle: Die der x- und y-Achse. Sinnvoll ist demnach die Frage »Welche Steigung hat die Fläche im Punkt $(1, 2, 5)$ in Richtung der x-Achse und welche in Richtung der y-Achse?«. Eine weitere wichtige Fragestellung ist diese: »In welcher Richtung ist der Anstieg der Fläche im Punkt $(1, 2, 5)$ am größten, in welcher am kleinsten?«. Diese letzte Frage beantwortet Satz 159.1, die erste soll nun behandelt werden.

Wir schneiden die Fläche F mit der durch $y=2$ definierten Ebene, die parallel zur x, z-Ebene ist. Die Schnittkurve dieser Ebene mit der Fläche F hat in jedem ihrer Punkte dieselbe Steigung wie die Fläche in x-Richtung für $y=2$. Die Gleichung dieser Schnittkurve ist
$z=f(x, 2)=g(x)=(x-2)^2+4$, an der Stelle $x=1$ hat diese die Steigung -2, wie sich aus der Ableitung $g'(x)=2\cdot(x-2)$ bei $x=1$ ergibt. Die Fläche hat daher an der Stelle $(1, 2, 5)$ in x-Richtung

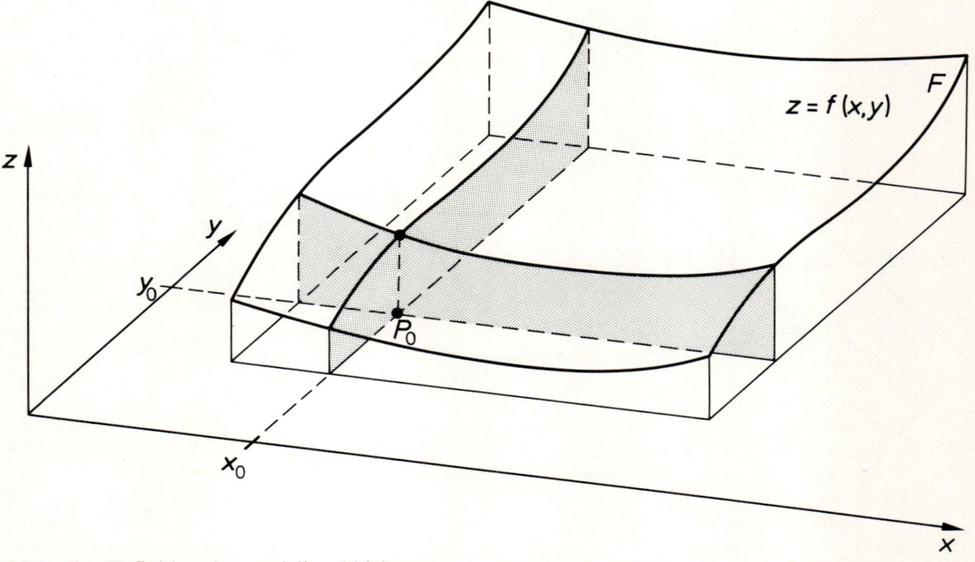

127.1 Zur Definition der partiellen Ableitungen

die Steigung -2, d.h. f hat im Punkt $P_0=(1,2)$ die Steigung -2 in x-Richtung. Man sagt, -2 sei die partielle Ableitung von f nach x im Punkt $P_0=(1,2)$ und schreibt dafür $f_x(1,2)=-2$.

Die Steigung der Fläche in y-Richtung an der Stelle (1, 2, 5) erhält man durch Schnitt mit der durch $x=1$ bestimmten Ebene, also aus der Ableitung der durch $f(1,y)=h(y)=(1-2)^2+2y$ definierten Funktion. Diese Ableitung hat für $y=2$ den Wert 2, so daß die gesuchte Steigung den Wert 2 hat; die partielle Ableitung von f nach y im Punkt $P_0=(1,2)$ ist 2. Als Schreibweise ist $f_y(1,2)=2$ üblich.

Definition 128.1

Es sei f eine auf der offenen Menge $D\subset\mathbb{R}^2$ definierte Funktion und $P_0=(x_0, y_0)\in D$. f heißt im Punkte P_0 nach der ersten Variablen x **partiell differenzierbar,** wenn die Funktion $x\mapsto f(x, y_0)$ im Punkte x_0 differenzierbar ist. Deren Ableitung heißt dann die **partielle Ableitung** von f nach x im Punkte P_0.

Schreibweisen: $f_x(P_0)=\dfrac{\partial f}{\partial x}(P_0)$.

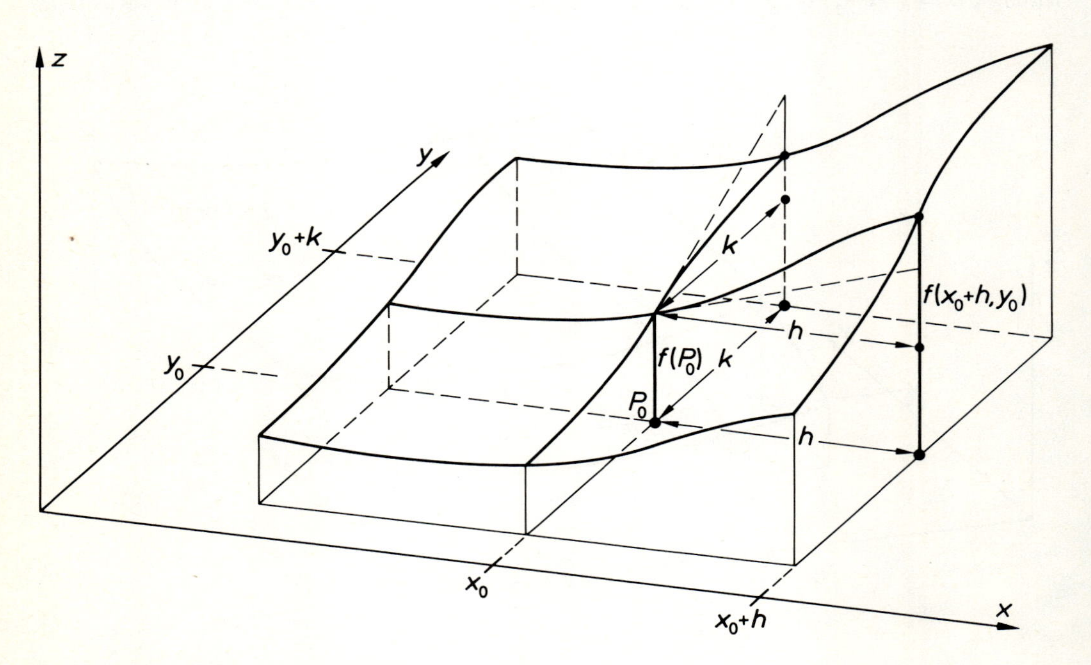

128.1 Zu den partiellen Ableitungen von f in P_0

Bemerkungen:

1. f_x liest man auch kurz »f partiell nach x« oder, wenn keine Mißverständnisse zu befürchten sind, »f nach x«.
2. Die Zahl $f_x(P_0)$ gibt die Änderung des Funktionswertes an der Stelle P_0 bei Änderung der Variablen x an, wobei die andere Variable die durch P_0 festgelegten Werte beibehält.
3. Man berechnet eine partielle Ableitung, indem man alle Variablen bis auf die, nach der differenziert werden soll, als Konstante betrachtet und dann nach dieser einen Veränderlichen im gewöhnlichen Sinne differenziert. Es ist also (s. auch Bild 128.1)

$$f_x(x_0, y_0) = \lim_{h \to 0} \frac{f(x_0 + h, y_0) - f(x_0, y_0)}{h}. \qquad (129.1)$$

4. Die partielle Ableitung von f nach y ist analog definiert. Hier gilt dann (s. auch Bild 128.1)

$$f_y(x_0, y_0) = \lim_{k \to 0} \frac{f(x_0, y_0 + k) - f(x_0, y_0)}{k}. \qquad (129.2)$$

Die folgende Definition verallgemeinert diesen Begriff auf Funktionen von n Variablen:

Definition 129.1

Es sei f eine auf der offenen Menge $D \subset \mathbb{R}^n$ definierte Funktion, $P_0 = (u_1, u_2, \ldots, u_n) \in D$. f heißt im Punkte P_0 nach x_i $(1 \leqq i \leqq n)$ **partiell differenzierbar,** wenn die Funktion

$$x \mapsto f(u_1, u_2, \ldots, u_{i-1}, x, u_{i+1}, \ldots, u_n)$$

an der Stelle u_i differenzierbar ist. Ihre Ableitung an der Stelle u_i heißt dann die **partielle Ableitung** von f nach x_i im Punkte P_0.

Schreibweisen: $f_{x_i}(P_0) = \frac{\partial f}{\partial x_i}(P_0)$.

Beispiel 129.1

Man berechne die drei partiellen Ableitungen von f mit $f(x, y, z) = \sin^2 x + z \cdot e^y \cdot \sqrt{x} + 23$ an der Stelle $P_0 = (1, 1, 5)$ und an der Stelle $P = (x, y, z)$.

Um $f_x(P)$ zu berechnen, hat man y und z als Konstante zu betrachten und in gewöhnlichem Sinne nach x zu differenzieren:

$$f_x(P) = 2 \cdot \sin x \cdot \cos x + z \cdot e^y \cdot \frac{1}{2\sqrt{x}}.$$

Entsprechend erhält man die beiden partiellen Ableitungen:

$$f_y(P) = z \cdot e^y \cdot \sqrt{x} \quad \text{und} \quad f_z(P) = e^y \cdot \sqrt{x}.$$

An der Stelle (1, 1, 5) bekommt man hierfür:

$$f_x(1,1,5)=2\cdot\sin 1\cdot\cos 1+5\cdot e\tfrac{1}{2}=7{,}705\ldots$$
$$f_y(1,1,5)=5e=13{,}591\ldots$$
$$f_z(1,1,5)=e=2{,}718\ldots$$

Ändert man genau eine der drei Veränderlichen x, y oder z ausgehend von der Stelle (1, 1, 5), so erfährt der Funktionswert die größte Änderung, wenn y geändert wird, denn $f_y(P_0)$ ist die größte der drei Zahlen $f_x(P_0)$, $f_y(P_0)$ und $f_z(P_0)$. Die kleinste Änderung erfährt der Funktionswert bei Änderung von z, der kleinsten unter jenen drei partiellen Ableitungen in P_0. Im Punkte (1, 1, 5) hat die Variable y den größten, die Variable z den kleinsten Einfluß auf den Funktionswert.

Beispiel 130.1

Es sei

$$f(x,y)=\begin{cases}\dfrac{xy}{x^2+y^2}, & \text{wenn } (x,y)\neq(0,0)\\ 0, & \text{wenn } (x,y)=(0,0).\end{cases}$$

Diese Funktion f ist im Punkte $(0,0)$ nicht stetig (vgl. Beispiel 122.1), ihre beiden partiellen Ableitungen existieren trotzdem in $\mathbb{R}^2$, also auch in $(0,0)$:

Wenn $(x,y)\neq(0,0)$, erhält man durch Ableiten $f_x(x,y)=\dfrac{y\cdot(y^2-x^2)}{(x^2+y^2)^2}$.

Da für alle $x\in\mathbb{R}$ gilt $f(x,0)=0$, erhält man $f_x(0,0)=0$. Die partielle Ableitung nach x lautet daher

$$f_x(x,y)=\begin{cases}\dfrac{y\cdot(y^2-x^2)}{(x^2+y^2)^2}, & \text{wenn } (x,y)\neq(0,0)\\ 0, & \text{wenn } (x,y)=(0,0),\end{cases}$$

sie existiert also in jedem Punkt $P\in\mathbb{R}^2$.

Entsprechend bekommt man

$$f_y(x,y)=\begin{cases}\dfrac{x\cdot(x^2-y^2)}{(x^2+y^2)^2}, & \text{wenn } (x,y)\neq(0,0)\\ 0, & \text{wenn } (x,y)=(0,0),\end{cases}$$

auch $f_y(x,y)$ existiert für alle Punkte $(x,y)\in\mathbb{R}^2$.

Definition 130.1

Wenn die Funktion f auf der offenen Menge $D\subset\mathbb{R}^n$ definiert ist und die partielle Ableitung nach x_i in jedem Punkt $P\in D$ existiert, so nennt man die Funktion $f_{x_i}\colon P\mapsto f_{x_i}(P)$, die auf D erklärt ist, die **partielle Ableitung von f nach x_i**.

Definition 131.1

f sei eine auf der offenen Menge $D \subset \mathbb{R}^n$ definierte Funktion und dort nach x_i partiell differenzierbar. Wenn f_{x_i} in $P \in D$ nach x_j partiell differenzierbar ist, so heißt diese Ableitung die **zweite partielle Ableitung** von f nach x_i, x_j im Punkte P.

Schreibweisen: $f_{x_i x_j}(P) = \dfrac{\partial^2 f}{\partial x_j \partial x_i}(P)$.

Bemerkungen:

1. Man beachte in den Bezeichnungen $f_{x_i x_j}$ und $\dfrac{\partial^2 f}{\partial x_j \partial x_i}$ die Reihenfolge von x_i und x_j: Zuerst wird nach x_i, dann nach x_j abgeleitet. Die Zahlen $f_{x_i x_j}(P)$ und $f_{x_j x_i}(P)$ sind im allgemeinen nicht gleich. Der Satz von Schwarz, Satz 132.1 allerdings zeigt, daß unter recht schwachen Voraussetzungen beide einander gleich sind.
2. Eine Funktion f zweier Variablen besitzt also (wenn sie existieren) vier partielle Ableitungen zweiter Ordnung: f_{xx}, f_{xy}, f_{yx}, f_{yy}.
3. Die partielle Ableitung der Funktion $f_{x_i x_j}$ nach x_k ist eine partielle Ableitung dritter Ordnung, die (wenn sie existiert) entsprechend bezeichnet wird:

$$f_{x_i x_j x_k} = \frac{\partial^3 f}{\partial x_k \partial x_j \partial x_i}.$$

Beispielsweise besitzt eine Funktion f zweier Variablen die acht möglichen partiellen Ableitungen 3. Ordnung:

$$f_{xxx},\ f_{xxy},\ f_{xyx},\ f_{yxx},\ f_{xyy},\ f_{yxy},\ f_{yyx},\ f_{yyy}.$$

Beispiel 131.1

Es sei $f(x, y, z) = x^2 y + z \cdot \sin(x + y^2)$. Die drei partiellen Ableitungen erster Ordnung sind

$$f_x(x, y, z) = 2xy + z \cdot \cos(x + y^2), \qquad f_y(x, y, z) = x^2 + 2yz \cdot \cos(x + y^2)$$

und

$$f_z(x, y, z) = \sin(x + y^2).$$

Partielle Ableitungen zweiter Ordnung sind z. B.

$$f_{xx}(x, y, z) = 2y - z \cdot \sin(x + y^2),$$
$$f_{xy}(x, y, z) = 2x - 2yz \cdot \sin(x + y^2),$$
$$f_{yx}(x, y, z) = 2x - 2yz \cdot \sin(x + y^2) \quad \text{und} \quad f_{zz}(x, y, z) = 0.$$

Die weiteren partiellen Ableitungen zweiter Ordnung möge der Leser berechnen. Man stellt übrigens fest, daß $f_{xy} = f_{yx}$, $f_{xz} = f_{zx}$ und $f_{yz} = f_{zy}$ gilt, es kommt also auf die Reihenfolge der Differentiation hierbei nicht an. Partielle Ableitungen dritter Ordnung sind z. B.

$$f_{xyx}(x, y, z) = 2 - 2yz \cdot \cos(x + y^2),$$
$$f_{xxy}(x, y, z) = 2 - 2zy \cdot \cos(x + y^2).$$

Weitere Ableitungen möge der Leser berechnen und feststellen, daß

$$f_{xxy}=f_{xyx}=f_{yxx} \quad \text{und} \quad f_{xyy}=f_{yxy}=f_{yyx} \quad \text{und}$$
$$f_{xyz}=f_{xzy}=f_{yxz}=f_{yzx}=f_{zxy}=f_{zyx}$$

usw. gilt. Diese Ableitungen sind also unabhängig von der Reihenfolge der Differentiation. Der folgende Satz nennt den Grund dafür.

Satz 132.1 (Satz von Schwarz über die Differentiationsreihenfolge)

Die Funktion f sei auf der offenen Menge $D\subset\mathbb{R}^n$ definiert und dort mögen sämtliche partiellen Ableitungen bis zur Ordnung k existieren und stetig sein. Dann hängen die partiellen Ableitungen der Ordnung $m\leqq k$ nicht von der Reihenfolge der Differentiation ab.

Das folgende Beispiel zeigt, daß f_{yx} und f_{xy} verschieden sein können, wenn diese Ableitungen nicht stetig sind.

Beispiel 132.1

Die Funktion f mit

$$f(x,y)=\begin{cases} xy\cdot\dfrac{x^2-y^2}{x^2+y^2}, & \text{wenn } (x,y)\neq(0,0)\\ 0, & \text{wenn } x=y=0\end{cases}$$

hat die partiellen Ableitungen (vgl. (129.1) und (129.2))

$$f_x(0,y)=\lim_{h\to 0}\frac{f(h,y)-f(0,y)}{h}=\lim_{h\to 0} y\cdot\frac{h^2-y^2}{h^2+y^2}=-y,$$
$$f_y(x,0)=\lim_{k\to 0}\frac{f(x,k)-f(x,0)}{k}=\lim_{k\to 0} x\cdot\frac{x^2-k^2}{x^2+k^2}=x.$$

Diese Gleichungen gelten für alle x und y. Hieraus folgt

$$f_{xy}(0,0)=-1\neq f_{yx}(0,0)=1.$$

In Polarkoordinaten ist $f(x,y)=\frac{1}{4}r^2\cdot\sin 4\varphi$.

2.2.2 Differenzierbarkeit, totales Differential

Die Funktion f sei auf der offenen Menge $D\subset\mathbb{R}^2$ definiert und $P_0=(x_0,y_0)\in D$, $f(P_0)=z_0$. Wir wollen die Gleichung der Tangentialebene an die durch $z=f(x,y)$ definierte Fläche F im Flächenpunkt (x_0,y_0,z_0) bestimmen unter der Voraussetzung, daß eine solche existiert.

Wir gehen dabei von der anschaulichen Vorstellung aus: Die Tangentialebene E ist eine Ebene, die die Fläche F berührt, d.h. jede zur x,y-Ebene senkrechte Ebene S durch den Punkt (x_0,y_0,z_0) schneidet die Tangentialebene E in einer Geraden, die Tangente an die Schnittkurve von S mit der Fläche F in (x_0,y_0,z_0) ist. Jede Ebene durch (x_0,y_0,z_0) hat die Gleichung $z=l(x,y)$, wobei $l(x,y)=z_0+d_1\cdot(x-x_0)+d_2\cdot(y-y_0)$ ist. Die Zahlen d_1 und d_2 sind nun so zu bestimmen, daß das oben Gesagte gilt. Insbesondere muß das für solche Schnittebenen S gelten, die zur x- bzw. y-Achse parallel sind. Die Steigung von f in x- bzw. y-Richtung in P_0 ist $f_x(P_0)$ bzw. $f_y(P_0)$, die von der

Funktion l entsprechend $l_x(P_0)=d_1$ bzw. $l_y(P_0)=d_2$. Aus der Gleichheit dieser Werte für die Tangentialebene folgt $d_1=f_x(P_0)$ und $d_2=f_y(P_0)$, so daß die Gleichung der Tangentialebene – falls letztere existiert – lautet

$$z=f(P_0)+f_x(P_0)\cdot(x-x_0)+f_y(P_0)\cdot(y-y_0). \tag{133.1}$$

Diese Gleichung legt die Vermutung nahe, daß aus der Existenz dieser beiden partiellen Ableitungen im Punkte P_0 auch die der Tangentialebene folgt. Daß dies aber keineswegs der Fall ist, zeigt die Funktion f aus Beispiel 130.1 für $P_0=(0,0)$: Wenn die Tangentialebene existiert, so lautet deren Gleichung wegen $f(P_0)=f_x(P_0)=f_y(P_0)=0$ nach (133.1): $z=0$ (das ist die (x,y)-Ebene). Bild 118.2 zeigt, daß diese Ebene wohl nicht als Tangentialebene bezeichnet werden sollte (f ist in P_0 nicht stetig und immt in jeder Umgebung von P_0 jeden Wert zwischen $-0{,}5$ und $0{,}5$ an).

Wir halten fest: Falls die Tangentialebene existiert, so ist sie durch die zwei partiellen Ableitungen bestimmt, aber aus der Existenz dieser zwei Ableitungen folgt nicht die der Tangentialebene. Wir überlegen, unter welchen Voraussetzungen über f die Existenz dieser Ebene gesichert ist. Unsere Überlegungen werden uns auf den wichtigen Begriff der Differenzierbarkeit von Funktionen mehrerer Variablen führen.

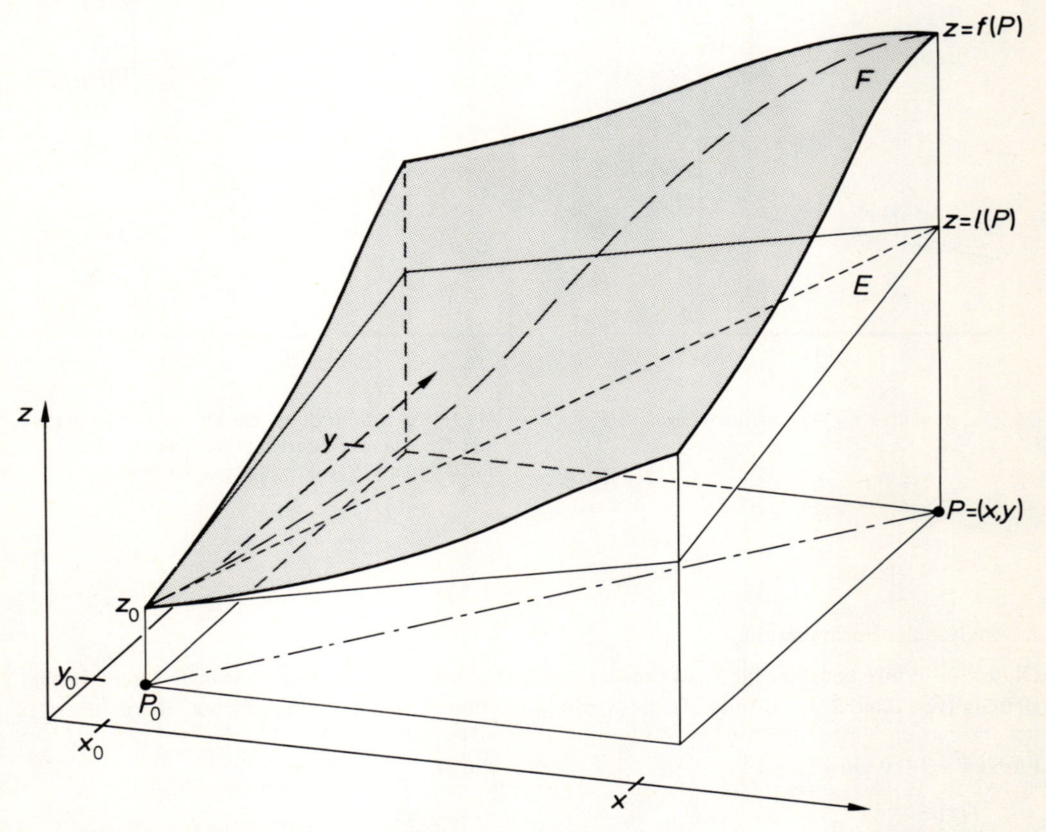

133.1 Die Fläche F und ihre Tangentialebene

Eine Bemerkung vorweg: Wir notieren im folgenden in der linken Spalte geeignete Formulierungen für Funktionen einer Variablen (Tangente), in der rechten deren Übertragung auf Funktionen zweier Variablen (Tangentialebene); eine Verallgemeinerung auf Funktionen mehrerer Variablen schließt sich am Ende an.

1. Geometrisch-anschauliche Formulierung

Die Tangente an die Kurve mit der Gleichung $y=f(x)$ im Kurvenpunkt $(x_0, f(x_0))$ ist eine Gerade, die durch diesen Punkt geht und die Kurve »berührt«. Sie hat die Gleichung $y=l(x)$ mit $l(x)=f(x_0)+d\cdot(x-x_0)$ (vgl. Bild 134.1).

Die Tangentialebene an die Fläche mit der Gleichung $z=f(x,y)$ im Flächenpunkt $(x_0, y_0, f(x_0, y_0))$ ist eine Ebene, die durch diesen Punkt geht und die Fläche »berührt«. Sie hat die Gleichung $z=l(x,y)$ mit $l(x,y)=f(x_0,y_0)+d_1\cdot(x-x_0)+d_2\cdot(y-y_0)$ (vgl. Bild 134.2).

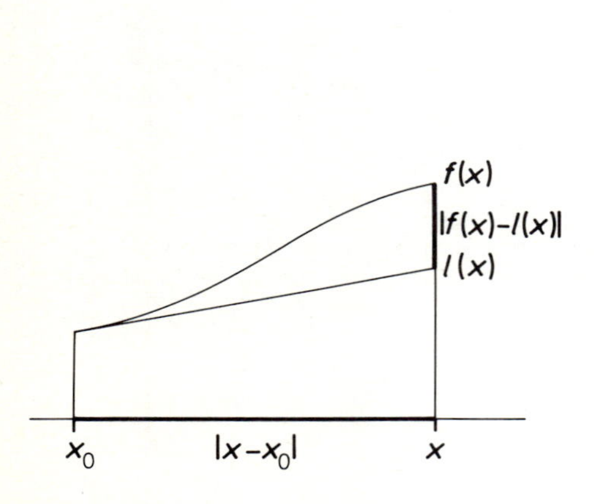

134.1 Eine Kurve $y=f(x)$ und deren Tangente $y=l(x)$

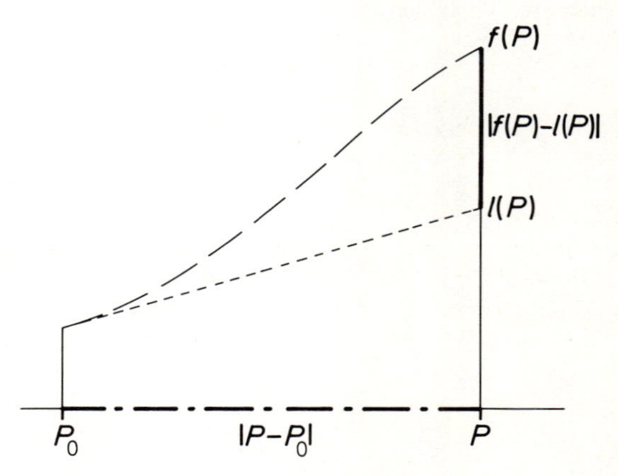

134.2 Ein Schnitt durch die Fläche $z=f(x,y)$ aus Bild 133.1 längs der strich-punktierten Geraden durch P_0 und P_1 senkrecht zur x, y-Ebene

2. Analytische Formulierung

Diese Forderung bedeutet für Funktionen einer Variablen die Gültigkeit folgender Grenzwertbeziehung (vgl. Band 2, 1.1.4, Seite 27), die wir für Funktionen zweier Veränderlichen übernehmen:

Für $|x-x_0|\to 0$ gilt

$$\frac{|f(x)-l(x)|}{|x-x_0|}\to 0.$$

Für $|P-P_0|\to 0$ gilt

$$\frac{|f(P)-l(P)|}{|P-P_0|}\to 0.$$

Nun zum Begriff der Differenzierbarkeit, dem wir zunächst eine geometrische Formulierung geben:

Die auf $(a, b) \subset \mathbb{R}$ definierte Funktion f ist in $x_0 \in (a, b)$ differenzierbar, wenn die durch $y = g(x)$ definierte Kurve in $(x_0, f(x_0))$ eine Tangente mit der Gleichung

$$y = l(x) = f(x_0) + d \cdot (x - x_0)$$

besitzt.

Die auf der offenen Menge $D \subset \mathbb{R}^2$ definierte Funktion f ist in $P_0 = (x_0, y_0) \in D$ differenzierbar, wenn die durch $z = f(x, y)$ definierte Fläche in $(x_0, y_0, f(x_0, y_0))$ eine Tangentialebene mit der Gleichung

$$z = l(x, y) = f(P_0) + d_1 \cdot (x - x_0) + d_2 \cdot (y - y_0)$$

besitzt.

Faßt man obige Definition der Tangente bzw. Tangentialebene mit der soeben gegebenen Formulierung zusammen, so erhält man im ε-δ-Formalismus folgende Definition der Differenzierbarkeit für Funktionen einer Variablen:

f heißt im Punkt $x_0 \in (a, b) \subset \mathbb{R}$ differenzierbar, wenn es eine Zahl d gibt, so daß für alle $\varepsilon > 0$ eine Zahl $\delta > 0$ existiert, so daß für alle $x \in (a, b)$ mit $|x - x_0| < \delta$ gilt

$$\frac{|f(x) - f(x_0) - d \cdot (x - x_0)|}{|x - x_0|} < \varepsilon.$$

Für Funktionen von zwei Veränderlichen übernehmen wir:

Definition 135.1

Es sei $D \subset \mathbb{R}^2$ offen, $P_0 = (x_0, y_0) \in D$ und f eine auf D definierte Funktion. f heißt im Punkte P_0 **differenzierbar,** wenn es Zahlen d_1 und d_2 gibt, so daß für alle $\varepsilon > 0$ eine Zahl $\delta > 0$ existiert, so daß für alle $P \in D$ mit $|P - P_0| < \delta$ gilt

$$\frac{|f(P) - f(P_0) - d_1 \cdot (x - x_0) - d_2 \cdot (y - y_0)|}{|P - P_0|} < \varepsilon. \qquad (135.1)$$

Wir fügen sogleich die Verallgemeinerung auf Funktionen von n Veränderlichen hinzu:

Definition 135.2

Die auf der offenen Menge $D \subset \mathbb{R}^n$ definierte Funktion f heißt im Punkte $P_0 = (a_1, a_2, \ldots, a_n) \in D$ **differenzierbar,** wenn es Zahlen $d_1, d_2, \ldots, d_n$ gibt derart, daß zu jedem $\varepsilon > 0$ eine Zahl $\delta > 0$ existiert, so daß aus $P = (x_1, x_2, \ldots, x_n) \in U_\delta(P_0) \cap D$ folgt

$$\frac{\left| f(P) - f(P_0) - \sum_{i=1}^{n} d_i \cdot (x_i - a_i) \right|}{|P - P_0|} < \varepsilon. \qquad (135.2)$$

Beispiel 135.1

Es sei $f(x, y) = 2x^2 + y^2$. Wir wollen f in $\mathbb{R}^2$ auf Differenzierbarkeit untersuchen. Dazu sei $(x_0, y_0) \in \mathbb{R}^2$. Der Quotient in (135.1) lautet hier

$$\frac{|(2x^2+y^2)-(2x_0^2+y_0^2)-d_1\cdot(x-x_0)-d_2\cdot(y-y_0)|}{\sqrt{(x-x_0)^2+(y-y_0)^2}}. \tag{136.1}$$

Da wir untersuchen müssen, ob der Quotient (136.1) beliebig klein wird für alle $P=(x, y)$, die hinreichend nahe bei $P_0=(x_0, y_0)$ liegen, ist es vorteilhaft, den Zähler als eine Funktion von $(x-x_0)$ und $(y-y_0)$ umzuformen. Unter Verwendung geeigneter quadratischer Ergänzungen bekommt man dann für den Zähler, wie man leicht nachrechnen kann,

$$2\cdot\left(x-\frac{d_1}{4}\right)^2+\left(y-\frac{d_2}{2}\right)^2-2\cdot\left(x_0-\frac{d_1}{4}\right)^2-\left(y_0-\frac{d_2}{2}\right)^2.$$

Wenn wir nun $d_1=4x_0$ und $d_2=2y_0$ wählen, lautet der Zähler

$$2\cdot(x-x_0)^2+(y-y_0)^2$$

und hat also die gewünschte Form. Der Quotient (136.1) lautet für diese Wahl von d_1 und d_2

$$\frac{2\cdot(x-x_0)^2+(y-y_0)^2}{\sqrt{(x-x_0)^2+(y-y_0)^2}}.$$

Sei nun $\varepsilon>0$. Wir wählen $\delta=\frac{\varepsilon}{2}$ und erhalten dann für alle $(x, y)\in U_\delta(P_0)$, d.h. für alle (x, y) mit $\sqrt{(x-x_0)^2+(y-y_0)^2}<\delta$, die Ungleichung

$$\frac{2\cdot(x-x_0)^2+(y-y_0)^2}{\sqrt{(x-x_0)^2+(y-y_0)^2}}\leqq\frac{2[(x-x_0)^2+(y-y_0)^2]}{\sqrt{(x-x_0)^2+(y-y_0)^2}}=2\sqrt{(x-x_0)^2+(y-y_0)^2}<2\delta=\varepsilon.$$

Diese Ungleichung beweist die Differenzierbarkeit von f an der Stelle (x_0, y_0). Ferner sahen wir, daß $d_1=4x_0$ und $d_2=2y_0$ zwei Zahlen sind, die die in Definition 135.2 genannte Eigenschaft besitzen. Es fällt auf, daß $d_1=f_x(x_0, y_0)$ und $d_2=f_y(x_0, y_0)$ ist. Diese Tatsache legt die Frage nahe, ob das allgemein gilt und ob ferner d_1, d_2 durch die Definition 135.2 eindeutig bestimmt sind. Der folgende Satz gibt eine positive Antwort auf diese Fragen:

Satz 136.1

Die auf der offenen Menge $D\subset\mathbb{R}^n$ definierte Funktion sei im Punkte $P_0\in D$ differenzierbar. Dann existieren die partiellen Ableitungen (erster Ordnung) von f in P_0, und die Zahlen $d_1, d_2, \ldots, d_n$ aus Definition 130.1 sind eindeutig bestimmt; es gilt $d_i=f_{x_i}(P_0)$ für $i=1, \ldots, n$.

Bemerkung:

Dieser Satz besagt unter anderem, daß aus der Differenzierbarkeit die partielle Differenzierbarkeit nach jeder der n Variablen folgt. Die Umkehrung dieses Sachverhaltes gilt nicht, wie die zu Beginn dieses Abschnittes untersuchte Funktion aus Beispiel 130.1 zeigt; diese ist in (0, 0) nicht einmal stetig.

Beweis:

Wenn in (135.2) $P=(a_1+h, a_2, \ldots, a_n)$ gesetzt wird $(h\neq 0)$, so erhält man

$$f(P)-f(P_0)-\sum_{i=1}^{n} d_i\cdot(x_i-a_i)=f(P)-f(P_0)-d_1\cdot h$$

und daher für den Quotienten aus (135.2) wegen $|P-P_0|=|h|$:

$$\frac{|f(a_1+h, a_2, \ldots, a_n)-f(a_1, a_2, \ldots, a_n)-d_1\cdot h|}{|h|}.$$

Aus der Differenzierbarkeit folgt, daß dieser Quotient für $h\to 0$ seinerseits gegen 0 konvergiert, d.h. es ist

$$\lim_{h\to 0}\frac{f(a_1+h, a_2, \ldots, a_n)-f(a_1, a_2, \ldots, a_n)}{h}=d_1.$$

Der Grenzwert links ist nach der Definition der partiellen Ableitung gleich $f_{x_1}(a_1, a_2, \ldots, a_n)$. Analog beweist man die Behauptung für $i=2, \ldots, n$. ●

Der folgende Satz ist das Analogon zu Satz 25.1 aus Band 2.

Satz 137.1

Ist die auf der offenen Menge $D\subset\mathbb{R}^n$ definierte Funktion f in P_0 differenzierbar, so ist f in P_0 stetig.

Beweis:

Sei $\varepsilon>0$. Da f in $P_0=(a_1, a_2, \ldots, a_n)$ differenzierbar ist, gibt es Zahlen $d_1, d_2, \ldots, d_n$ und eine Zahl $\delta>0$, so daß aus $P=(x_1, \ldots, x_n)\in U_\delta(P_0)\cap D$ die Ungleichung (135.2) folgt. Aus dieser folgt

$$\sum_{i=1}^{n} d_i\cdot(x_i-a_i)-\varepsilon\cdot|P-P_0|<f(P)-f(P_0)<\sum_{i=1}^{n} d_i\cdot(x_i-a_i)+\varepsilon\cdot|P-P_0|.$$

Da die Funktion l mit $l(x_1, x_2, \ldots, x_n)=\sum_{i=1}^{n} d_i\cdot(x_i-a_i)$ in P_0 stetig ist, konvergieren für $P\to P_0$ in dieser Ungleichung die rechte und die linke Seite gegen Null. Also gilt $\lim_{P\to P_0} f(P)=f(P_0)$. ●

Definition 137.1

Die auf der offenen Menge D definierte Funktion f heißt **auf D differenzierbar,** wenn f in jedem Punkt von D differenzierbar ist.

Hinreichende Bedingungen für Differenzierbarkeit haben wir bisher noch nicht kennengelernt. Als notwendig für die Differenzierbarkeit von f erweisen sich die Stetigkeit von f und die Existenz aller partiellen Ableitungen erster Ordnung, doch beide Bedingungen sind nicht hinreichend, wie Beispiel 130.1 zeigt, vgl. auch die Untersuchungen zu Beginn dieses Abschnittes. Kommt aber die Stetigkeit dieser partiellen Ableitungen hinzu, so folgt die Differenzierbarkeit:

Satz 138.1

Die Funktion f sei auf der offenen Menge $D \subset \mathbb{R}^n$ definiert und alle partiellen Ableitungen erster Ordnung von f seien dort stetig. Dann ist f auf D differenzierbar.

Wir wollen auf den Beweis verzichten.

Hieraus folgt, daß wenigstens eine der beiden partiellen Ableitungen f_x und f_y aus Beispiel 130.1 in $(0, 0)$ nicht stetig ist (tatsächlich sind sogar beide nicht stetig!).

Aufgrund der Überlegungen, mit denen wir diesen Abschnitt begannen, werden wir die Tangentialebene wie folgt definieren:

Definition 138.1

$D \subset \mathbb{R}^2$ sei eine offene Menge, $P_0 = (x_0, y_0) \in D$ und f eine auf D definierte und in P_0 differenzierbare Funktion. Die Ebene mit der Gleichung

$$z = f(P_0) + f_x(P_0) \cdot (x - x_0) + f_y(P_0) \cdot (y - y_0) \tag{138.1}$$

heißt die **Tangentialebene** an die durch $z = f(x, y)$ definierte Fläche im Flächenpunkt $(x_0, y_0, f(P_0))$.

Bemerkungen:

1. Man beachte, daß von »Tangentialebene« nur gesprochen wird, wenn die Funktion f bei P_0 differenzierbar ist und nicht schon, wenn nur $f_x(P_0)$ und $f_y(P_0)$ definiert sind, also (138.1) sinnvoll ist.
2. Eine (138.1) entsprechende Gleichung läßt sich auch für Funktionen von n Veränderlichen aufstellen:

$$z = f(P_0) + \sum_{i=1}^{n} f_{x_i}(P_0) \cdot (x_i - a_i),$$

worin $P_0 = (a_1, a_2, \ldots, a_n)$ ist. Die hierdurch definierte Menge in $\mathbb{R}^n$ hat keine direkt geometrisch-anschauliche Bedeutung.

Beispiel 138.1

Die Gleichung der Tangentialebene an die durch $z = f(x, y) = 2x^2 + xy^2$ definierte Fläche im Flächenpunkt $(3, -1, f(3, -1)) = (3, -1, 21)$ ist zu berechnen.

Da $f_x(x, y) = 4x + y^2$ und $f_y(x, y) = 2xy$ in $\mathbb{R}^2$ stetige Funktionen sind, ist f nach Satz 138.1 überall differenzierbar. Die Tangentialebene hat wegen $f_x(3, -1) = 13$ und $f_y(3, -1) = -6$ die Gleichung

$$z = 21 + 13 \cdot (x - 3) - 6 \cdot (y + 1) = 13x - 6y - 24.$$

Es sei f eine auf der offenen Menge $D \subset \mathbb{R}^2$ definierte Funktion, die im Punkte $P_0 \in D$ differenzierbar sei,

$$z = l(x, y) = f(P_0) + f_x(P_0) \cdot (x - x_0) + f_y(P_0) \cdot (y - y_0)$$

die Gleichung ihrer Tangentialebene und $P=(x,y)=(x_0+h, y_0+k)\in D$. Es seien $\Delta f(P_0)=f(P)-f(P_0)$ bzw. $\mathrm{d}f(P_0)=l(P)-l(P_0)$ Funktionswert-Differenz bzw. die Differenz der entsprechenden Werte auf der Tangentialebene, vgl. Bild 140.1. Da $l(P_0)=f(P_0)$, $x-x_0=h$ und $y-y_0=k$ ist, folgt aus (138.1)

$$\mathrm{d}f(P_0)=f_x(P_0)\cdot h+f_y(P_0)\cdot k. \tag{139.1}$$

Da f in P_0 differenzierbar ist, gilt nach Definition 135.1: Für alle $\varepsilon>0$ gibt es eine Zahl $\delta>0$, so daß aus $P\in U_\delta(P_0)\cap D$ folgt

$$\frac{|\Delta f(P_0)-\mathrm{d}f(P_0)|}{|P-P_0|}<\varepsilon. \tag{139.2}$$

Das heißt, daß die Zahl $\mathrm{d}f(P_0)$ eine Näherung für die Funktionswert-Differenz $\Delta f(P_0)$ ist; über die Güte dieser Näherung kann man also feststellen, daß mit $P\to P_0$ nicht nur $\Delta f(P_0)-\mathrm{d}f(P_0)$ gegen 0 konvergiert, sondern sogar der Quotient aus (139.2). Man sagt kurz, daß $\Delta f(P_0)-\mathrm{d}f(P_0)$ »von höherer Ordnung« als $|P-P_0|$ gegen 0 konvergiere, wenn $|P-P_0|\to 0$.

Definition 139.1

Es sei $P_0\in D\subset\mathbb{R}^n$, D offen und f eine auf D definierte und in P_0 differenzierbare Funktion. Die auf $\mathbb{R}^n$ definierte Funktion

$$\mathrm{d}f(P_0{:}\ (h_1,h_2,\ldots,h_n)\mapsto\sum_{i=1}^{n} f_{x_i}(P_0)\cdot h_i \tag{139.3}$$

heißt **totales Differential** von f im Punkte P_0.

Bemerkungen:

1. Wesentliche Voraussetzung für diesen Begriff ist die Differenzierbarkeit, die Existenz der partiellen Ableitungen genügt nicht.
2. Meist schreibt man (in Abweichung von der Funktionsschreibweise) $\mathrm{d}f(P_0)=\sum_{i=1}^{n} f_{x_i}(P_0)\cdot h_i$ oder – noch kürzer – $\mathrm{d}f$ statt $\mathrm{d}f(P_0)$.
3. Eine andere sehr gebräuchliche Schreibweise bekommt man, wenn man $\mathrm{d}x_i=h_i$ setzt (h_i ist ja die Differenz in der i-ten Komponente zwischen P und P_0): $\mathrm{d}f=\sum_{i=1}^{n} f_{x_i}(P_0)\cdot \mathrm{d}x_i$. Für $n=2$

$$\mathrm{d}f=f_x(x_0,y_0)\cdot\mathrm{d}x+f_y(x_0,y_0)\cdot\mathrm{d}y. \tag{139.4}$$

4. Aufgrund obiger Ausführungen gilt

$$\mathrm{d}f(P_0)\approx\Delta f(P_0)=f(P)-f(P_0)=f(x_1+\mathrm{d}x_1,\ldots,x_n+\mathrm{d}x_n)-f(x_1,\ldots,x_n),$$

wobei der Fehler von höherer Ordnung als $|P-P_0|$ mit $P\to P_0$ gegen 0 konvergiert. Bei Funktionen zweier Variablen ist $\mathrm{d}f(P_0)$ der Zuwachs auf der Tangentialebene, $\Delta f(P_0)$ der auf der Fläche $z=f(x,y)$ beim Übergang von P_0 nach P (vgl. Bild 140.1).

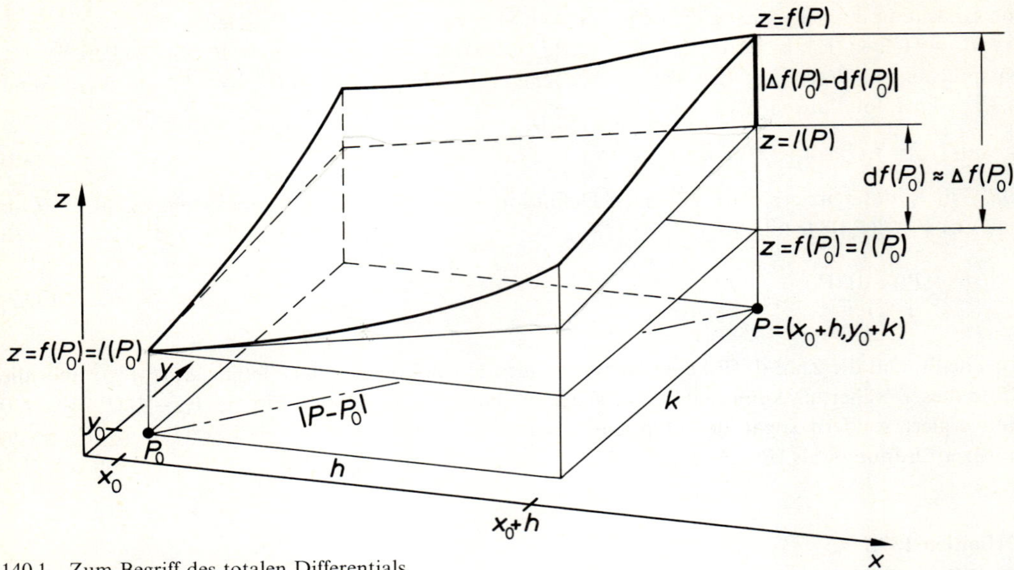

140.1 Zum Begriff des totalen Differentials

Beispiel 140.1

Das totale Differential der Funktion f mit $f(x, y)=2x^2+xy^2$ im Punkte $P_0=(3, -1)$ lautet nach Beispiel 138.1 $\mathrm{d}f(P_0)=13\,\mathrm{d}x-6\,\mathrm{d}y$, denn $f_x(P_0)=13$ und $f_y(P_0)=-6$.

Die Form des totalen Differentials einer Funktion f zweier Variablen

$$f_x(x, y)\,\mathrm{d}x+f_y(x, y)\,\mathrm{d}y$$

legt es nahe, den folgenden Ausdruck zu bilden:

$$P(x, y)\,\mathrm{d}x+Q(x, y)\,\mathrm{d}y, \tag{140.1}$$

in dem P und Q auf derselben offenen Menge $D\subset\mathbb{R}^2$ definierte stetige Funktionen seien. Wenn es eine auf D definierte differenzierbare Funktion f gibt, so daß $f_x=P$ und $f_y=Q$ gilt, ist (140.1) das totale Differential von f. Daß das nicht immer der Fall ist, zeigt

Beispiel 140.2

Der Ausdruck (140.1) mit $P(x, y)=0$ und $Q(x, y)=x$ ist nicht totales Differential einer Funktion f zweier Variablen. Andernfalls wäre nämlich $f_x(x, y)=0$, f also nicht von x abhängig, andererseits aber $f_y(x, y)=x$. Da f nicht von x abhängt, kann auch f_y nicht von x abhängen, also nicht gleich x sein.

Definition 140.1

Es seien P und Q auf der offenen Menge $D\subset\mathbb{R}^2$ definierte stetige Funktionen. Dann heißt der Ausdruck (140.1) eine **Differentialform.**

Eine wichtige Frage ist: Unter welchen Voraussetzungen über P und Q ist die Differentialform (140.1) totales Differential einer Funktion f? In der Wärmelehre steht dahinter die Frage, welche Größen Zustandsgrößen sind, nur vom Zustand etwa des Gases abhängen, nicht aber von der Art und Weise, wie dieser Zustand erreicht wurde.

Satz 141.1

Wenn die auf der offenen Menge $D \subset \mathbb{R}^2$ definierten stetigen Funktionen P und Q stetige partielle Ableitungen zweiter Ordnung besitzen, so ist (140.1) genau dann totales Differential einer auf D definierten Funktion, wenn $P_y = Q_x$ auf D gilt.

Auf den Beweis wollen wir verzichten.

Bemerkung:

Die Gleichung $P_y = Q_x$ heißt die **Integrabilitätsbedingung.**

Beispiel 141.1

Die Differentialform

$$(y+\cos x)\,dx+(x+2y)\,dy$$

ist totales Differential einer auf $\mathbb{R}^2$ definierten Funktion f, da $P_y(x, y)=1=Q_x(x, y)$ ist. Wir wollen f bestimmen. Es gilt also

$$f_x(x, y) = y + \cos x$$
$$f_y(x, y) = x + 2y.$$

Aus der ersten Gleichung folgt durch Integration nach x die Gleichung $f(x, y) = xy + \sin x + g(y)$ mit einer geeigneten Funktion g, die nicht von x, also nur von y abhängt. Aus dieser Gleichung folgt $f_y(x, y) = x + g'(y)$. Da aber auch $f_y(x, y) = x + 2y$ ist (die zweite Gleichung oben), ist $g'(y) = 2y$, also $g(y) = y^2 + c$, $c \in \mathbb{R}$. Dann ist $f(x, y) = xy + \sin x + y^2 + c$. In der Tat ist das totale Differential von f dann $df = (y + \cos x)\,dx + (x + 2y)\,dy$.

Beispiel 141.2

Die Differentialform $2xy\,dx + y\,dy$ ist nicht totales Differential einer Funktion f auf $\mathbb{R}^2$, da (in den Bezeichnungen der Definition 140.1) $P_y(x, y) = 2x$, aber $Q_x = 0$ ist. Die Integrabilitätsbedingung ist nicht erfüllt. Würde man übrigens versuchen, trotzdem eine Funktion f nach dem Vorgehen des vorigen Beispiels zu bestimmen, so erhielte man $f_x(x, y) = 2xy$, daher $f(x, y) = x^2 y + g(y)$. Daraus dann $f_y(x, y) = x^2 + g'(y)$, da aber auch $f_y(x, y) = y$, folgt $g'(y) = y - x^2$, ein Widerspruch, da g' nicht von x abhängen darf.

2.2.3 Extrema der Funktionen mehrerer Variablen

Der Begriff des Extremums von Funktionen mehrerer Veränderlichen entspricht dem bei Funktionen einer Variablen:

Definition 142.1

Die Funktion f sei auf der Menge $D \subset \mathbb{R}^n$ definiert und $P_0 \in D$. Wenn $f(P_0) \geqq f(P)$ bzw. $f(P_0) \leqq f(P)$

a) für alle $P \in D$ gilt, so sagt man, f habe in P_0 ein **absolutes Maximum** bzw. **Minimum,**

b) für alle $P \in U \cap D$ gilt, wobei U eine geeignete Umgebung von P_0 ist, so sagt man, f habe in P_0 ein **relatives Maximum** bzw. **Minimum.**

Die Zahl $f(P_0)$ ist dann jeweils (absolutes oder relatives) Maximum bzw. Minimum der Funktion f.

Bemerkung:

Wenn in obiger Ungleichung $f(P_0) = f(P)$ nur für $P = P_0$ in D oder $U \cap D$ gilt, so spricht man von einem **eigentlichen Extremum.** Das Wort Extremum steht für Maximum oder Minimum.

Beispiel 142.1

Es sei $f(x, y, z) = (x-3)^2 + (y+5)^4 + 3^{|z-2|} - 23$. Ist $x \neq 3$, $y \neq -5$ und $z \neq 2$, so gilt $(x-3)^2 > 0$, $(y+5)^4 > 0$ und $3^{|z-2|} > 1$. Daraus folgt, daß die Funktion f im Punkte $(3, -5, 2)$ ein absolutes Minimum hat, sogar ein »eigentliches«, mit dem Wert $f(3, -5, 2) = -22$.

Satz 142.1

Die Funktion f sei auf der offenen Menge $D \subset \mathbb{R}^n$ definiert und besitze in $P \in D$ ein relatives Extremum. Wenn die partielle Ableitung von f nach x_i in P existiert, so ist sie Null.

Beweis:

Wenn f in $P = (a_1, \ldots, a_n)$ ein relatives Extremum hat, hat auch die Funktion $g\colon x \mapsto f(a_1, \ldots, a_{i-1}, x, a_{i+1}, \ldots, a_n)$ (einer Variablen) an der Stelle a_i ein relatives Extremum. Die Ableitung von g existiert in a_i, da sie die partielle Ableitung von f nach x_i in P ist. Nach dem Satz von Fermat (Band 2, Satz 70.1) ist daher $g'(a_i) = 0$, daher $f_{x_i}(P) = 0$.

Bemerkungen:

1. Der Satz verallgemeinert den Satz von Fermat (Band 2, Satz 70.1) auf Funktionen mehrerer Variablen. Auch hier ist die Bedingung keinesfalls hinreichend: Selbst wenn alle partiellen Ableitungen erster Ordnung von f in P verschwinden, braucht f in P kein relatives Extremum zu besitzen.

2. Der Satz wird folgendermaßen angewandt, um die Stellen der offenen Menge D zu bestimmen, an denen die auf D definierte Funktion f relative Extrema besitzen kann:

   a) Man bestimmt alle diejenigen Punkte in D, in denen sämtliche partiellen Ableitungen erster Ordnung verschwinden.

   b) Man bestimmt ferner diejenigen Punkte von D, in denen nicht alle partiellen Ableitungen erster Ordnung existieren.

   Nur in den unter a) und b) genannten Punkten kann f relative Extrema besitzen.

Beispiel 143.1

Die Funktion f mit $f(x, y)=2x^3-3x^2+y^2$ ist in $\mathbb{R}^2$ auf relative Extrema zu untersuchen.

Wir bilden beide partiellen Ableitungen und setzen sie Null, das liefert das Gleichungssystem $f_x(x, y)=6x^2-6x=0$ und $f_y(x, y)=2y=0$ mit den zwei Lösungen $x=0$, $y=0$ und $x=1$, $y=0$. Da f_x und f_y in ganz $\mathbb{R}^2$ existieren, sind die einzigen Punkte, in denen f relative Extrema haben kann, die Punkte $P_1=(0, 0)$ und $P_2=(1, 0)$.

Beginnen wir mit der Untersuchung des Punktes P_1: Längs der x-Achse, also für $y=0$, lauten die Funktionswerte $f(x, 0)=2x^3-3x^2$. Eine Untersuchung dieser Funktion einer Variablen x zeigt, daß für alle $\varepsilon\in(0, 1)$ und für alle $x\neq 0$ mit $-\varepsilon<x<\varepsilon$ gilt $f(x, 0)<0=f(P_1)$. Hingegen gilt für die Punkte der y-Achse $f(0, y)=y^2>0=f(P_1)$, wenn $y\neq 0$. Das bedeutet, daß f in jeder ε-Umgebung $U_\varepsilon(P_1)$ Werte annimmt, die größer $f(P_1)$ sind und solche, die kleiner $f(P_1)$ sind: f hat im Punkte P_1 kein relatives Extremum.

Zur Untersuchung von P_2 kann man versuchen, die Funktionswerte längs der zwei Geraden $x=1$ bzw. $y=0$ zu untersuchen. Man findet dann, daß beide dann entstehenden Funktionen im betreffenden Punkt ein relatives Minimum haben. Hieraus folgt noch nicht, daß die Funktionswerte in einer vollen (Kreis-)Umgebung von P_2 nicht größer als in P_2 sind. Wir sind also gezwungen, f in einer solchen Umgebung $U_\varepsilon(P_2)=\{(x, y)\mid(x-1)^2+y^2<\varepsilon^2\}$ zu untersuchen. Führt man Polarkoordinaten mit dem Zentrum P_2 ein, also $x-1=r\cdot\cos\varphi$ und $y=r\cdot\sin\varphi$, so wird diese ε-Umgebung durch die eine Ungleichung $0\leqq r<\varepsilon$ beschrieben. Man erhält dann nach leichter Rechnung

$$\begin{aligned} f(x, y)&=2\cdot(1+r\cdot\cos\varphi)^3-3\cdot(1+r\cdot\cos\varphi)^2+r^2\cdot\sin^2\varphi \\ &=-1+r^2\cdot[1+2\cdot\cos^2\varphi\cdot(1+r\cdot\cos\varphi)]. \end{aligned}$$

Wenn nun $0<r<\frac{1}{2}$, so gilt $1+r\cdot\cos\varphi>0$ und daher $[2\cdot\cos^2\varphi\cdot(1+r\cdot\cos\varphi)]\geqq 0$. Hieraus folgt, daß für diese r gilt $r^2\cdot[1+2\cdot\cos^2\varphi(1+r\cdot\cos\varphi)]\geqq r^2>0$. Damit ist gezeigt: Wenn $P\in U_{\frac{1}{2}}(P_2)$ mit $P\neq P_2$, so gilt $f(P)>-1=f(P_2)$. Im Punkt P_2 besitzt f daher ein eigentliches relatives Minimum.

Einfache hinreichende Bedingungen für relative Extrema, die den Satz 105.1 aus Band 2 verallgemeinern, also etwa partielle Ableitungen zweiter Ordnung verwenden, sind für Funktionen mehrerer Variablen nicht so einfach aufzustellen. Für Funktionen zweier Variablen zitieren wir folgenden Satz ohne Beweis:

Satz 143.1

Die Funktion f sei auf der offenen Menge $D\subset\mathbb{R}^2$ definiert, im Punkt $P\in D$ seien alle partiellen Ableitungen bis zur Ordnung 2 stetig, ferner sei $f_x(P)=f_y(P)=0$ und

$$\Delta=f_{xx}(P)\cdot f_{yy}(P)-[f_{xy}(P)]^2. \tag{143.1}$$

Dann gilt:

a) Ist $\Delta>0$, so besitzt f in P ein relatives Extremum, und zwar ein relatives Maximum, wenn $f_{xx}(P)<0$ (bzw. $f_{yy}(P)<0$) ist, ein relatives Minimum, wenn $f_{xx}(P)>0$ (bzw. $f_{yy}(P)>0$) ist.

b) Ist $\Delta<0$, so hat f in P kein relatives Extremum.

Bemerkungen:

1. Im Fall $\Delta=0$ liefert dieser Satz keine Entscheidung. In der Tat kann dann ein Extremum vorliegen oder nicht.
2. Dieser Satz wird folgendermaßen angewendet:
   a) Man ermittelt alle Punkte von D, in denen f_x und f_y verschwinden, um dann
   b) für jeden dieser Punkte das Vorzeichen von Δ zu bestimmen.

Beispiel 144.1

$f(x, y)=x^2y-6xy+x^2-6x+8y^2$ soll in $\mathbb{R}^2$ auf relative Extrema untersucht werden. Aus den zwei Gleichungen

$$f_x(x, y)=2xy-6y+2x-6=2(x-3)\cdot(y+1)=0$$
$$f_y(x, y)=x^2-6x+16y=0$$

gewinnt man die folgenden Punkte: $P_1=(3, \frac{9}{16})$, $P_2=(8, -1)$ und $P_3=(-2, -1)$. Nur in diesen drei Punkten kann f relative Extrema besitzen. Aus $f_{xx}(x, y)=2y+2$, $f_{yy}(x, y)=16$ und $f_{xy}(x, y)=2x-6$ erhält man im Punkte (x, y): $\Delta=(2y+2)\cdot 16-(2x-6)^2$. Im Punkte P_1 ist $\Delta=50>0$. In P_1 liegt daher ein relatives Extremum, da $f_{yy}(P_1)=16>0$ ist, handelt es sich dabei um ein Minimum.

Im Punkte P_2 ist $\Delta<0$, hier liegt also kein Extremum. Das gleiche gilt auch für P_3. Als Ergebnis halten wir fest: Der einzige Punkt, in dem f ein relatives Extremum hat, ist $(3, \frac{9}{16})$. Hier liegt ein relatives Minimum, dessen Wert ist $f(3, \frac{9}{16})=-\frac{369}{32}$.

Ein Problem der Ausgleichsrechnung

Gegeben seien n-Punkte $(n>1)$ $P_i=(x_i, y_i)$ $(i=1, \dots, n)$ in der Ebene, die x_i seien nicht alle einander gleich. Es soll eine Gerade durch diesen »Punkthaufen« so gelegt werden, daß sie »möglichst gut« hindurchgeht (Bild 144.1). Was dabei unter »möglichst gut« verstanden werden soll, wird nun erläutert: Wenn eine Gerade g die Gleichung $y=ax+b$ besitzt, so hat der Punkt P_i von ihr in y-Richtung den Abstand $d_i=|ax_i+b-y_i|$. Wir wollen »möglichst gut« so verstehen, daß die Summe der »Abweichungsquadrate«

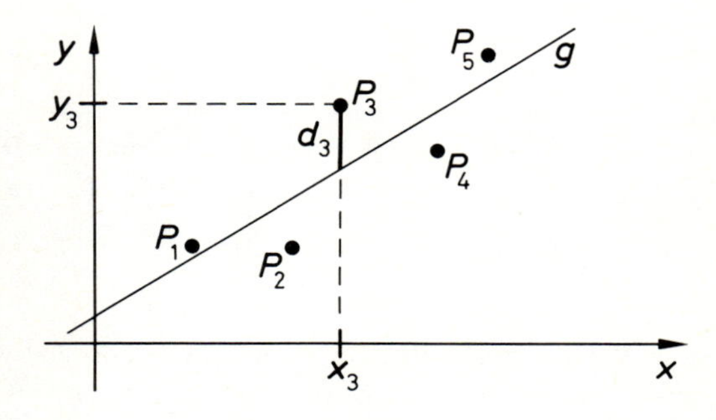

144.1 Zum Problem der Ausgleichsrechnung

$$\sum_{i=1}^{n} d_i^2 = \sum_{i=1}^{n} |ax_i + b - y_i|^2$$

ihr absolutes Minimum annimmt, d.h. a und b sollen so bestimmt werden, daß

$$f(a, b) = \sum_{i=1}^{n} (ax_i + b - y_i)^2$$

das absolute Minimum annimmt. Wie wir sehen werden, sind a und b durch diese Forderung eindeutig bestimmt.

Die dieser Forderung genügende Gerade nennt man die nach der »Methode der kleinsten Fehlerquadratsumme bestimmte **Ausgleichsgerade**« (in anderem Zusammenhang auch **Regressions-** oder **Trendgerade**).

Da die Funktion f überall partielle Ableitungen hat, ist die notwendige Bedingung $f_a(a, b) = f_b(a, b) = 0$ an der Minimumstelle (wenn eine solche existiert). Wir erhalten

$$f_a(a, b) = 2 \cdot \sum_{i=1}^{n} x_i \cdot (ax_i + b - y_i) = 2 \cdot \left[a \cdot \sum_{i=1}^{n} x_i^2 + b \cdot \sum_{i=1}^{n} x_i - \sum_{i=1}^{n} x_i y_i \right]$$

$$f_b(a, b) = 2 \cdot \sum_{i=1}^{n} (ax_i + b - y_i) = 2 \cdot \left[a \cdot \sum_{i=1}^{n} x_i + b \cdot n - \sum_{i=1}^{n} y_i \right].$$

Man beachte, daß $\sum_{i=1}^{n} b = n \cdot b$ ist. Die Forderung $f_a(a, b) = f_b(a, b) = 0$ ergibt ein lineares Gleichungssystem für a, b mit der Lösung

$$a = \frac{n \cdot \sum_{i=1}^{n} x_i y_i - \left(\sum_{i=1}^{n} x_i \right) \cdot \left(\sum_{i=1}^{n} y_i \right)}{n \sum_{i=1}^{n} x_i^2 - \left(\sum_{i=1}^{n} x_i \right)^2}, \tag{145.1}$$

$$b = \frac{\sum_{i=1}^{n} y_i - a \cdot \sum_{i=1}^{n} x_i}{n}. \tag{145.2}$$

Wir werden sehen, daß der Nenner von a genau dann Null ist, wenn alle x_i einander gleich sind; diesen Fall haben wir allerdings ausdrücklich ausgeschlossen. Die Zahlen a und b sind also durch die Minimum-Forderung eindeutig bestimmt. Obige a und b liefern in der Tat das Minimum, wie mit Satz 143.1 leicht gezeigt werden kann.

Eine typische Anwendung ist der Ausgleich von Meßwerten: Wenn zwischen der unabhängigen Variablen x und der abhängigen y die lineare Beziehung $y = ax + b$ besteht, so sollen a und b durch ein Experiment bestimmt werden. Dabei erhält man zu den Werten $x_1, \ldots, x_n$ die Meßwerte $y_1, \ldots, y_n$. Man wird feststellen, daß die Punkte (x_i, y_i) gewöhnlich nicht auf einer Geraden liegen (Meßungenauigkeiten, Ablesefehler, Rundungen). Welche Werte a und b soll man als Resultat der Messung angeben? In vielen Fällen wird man die Ausgleichsgerade nach oben beschriebener

Methode der kleinsten Quadrate wählen, d.h. a und b aus den Formeln (145.1) und (145.2) berechnen.

Bei dieser Gelegenheit wollen wir die Formeln anders schreiben und dabei die vier folgenden Größen benutzen, die bei solchen Problemen eine große Rolle spielen:

Die Zahlen $\bar{x}=\frac{1}{n}\cdot\sum_{i=1}^{n} x_i$ bzw. $\bar{y}=\frac{1}{n}\cdot\sum_{i=1}^{n} y_i$ sind **Mittelwerte** der x_i bzw. y_i, die Zahl $s_x \geqq 0$ mit $s_x^2=\frac{1}{n-1}\cdot\sum_{i=1}^{n}(x_i-\bar{x})^2$ wird **Standardabweichung** der x_i genannt, die Zahl $s_{xy}=\frac{1}{n-1}\cdot\sum_{i=1}^{n}(x_i-\bar{x})\cdot(y_i-\bar{y})$ die **Kovarianz** der Meßpunkte. Wir wollen die Zahlen a und b durch diese wichtigen Größen ausdrücken. Da $\sum_{i=1}^{n} x_i=n\bar{x}$ ist, findet man

$$s_x^2=\frac{1}{n-1}\cdot\sum_{i=1}^{n}(x_i^2-2x_i\bar{x}+\bar{x}^2)=\frac{1}{n-1}\cdot\left[\sum_{i=1}^{n} x_i^2-2n\bar{x}^2+n\bar{x}^2\right]$$

$$=\frac{1}{n-1}\cdot\left[\sum_{i=1}^{n} x_i^2-n\bar{x}^2\right]=\frac{1}{n-1}\cdot\left[\sum_{i=1}^{n} x_i^2-\frac{1}{n}\left(\sum_{i=1}^{n} x_i\right)^2\right].$$

Analog berechnet man durch Ausmultiplizieren

$$s_{xy}=\frac{1}{n-1}\cdot\left[\sum_{i=1}^{n} x_i y_i-n\bar{x}\bar{y}\right]=\frac{1}{n-1}\cdot\left[\sum_{i=1}^{n} x_i y_i-\frac{1}{n}\left(\sum_{i=1}^{n} x_i\right)\left(\sum_{i=1}^{n} y_i\right)\right].$$

Setzt man diese Zahlen in a bzw. b aus (145.1) und (145.2) ein, so erhält man

$$a=\frac{s_{xy}}{s_x^2},\qquad b=\bar{y}-a\bar{x}.$$

Damit vereinfacht sich die Gleichung $y=ax+b$ der Ausgleichsgeraden zu

$$\text{Ausgleichsgerade:}\quad y-\bar{y}=a\cdot(x-\bar{x}),\qquad a=\frac{s_{xy}}{s_x^2}. \tag{146.1}$$

Wir erkennen, daß diese Gerade durch den Punkt $(\bar{x}, \bar{y})$ geht. Ferner ist der Nenner in (146.1) in der Tat ungleich Null, denn $s_x=0$ gilt aufgrund der Definitionsgleichung der Zahl s_x genau dann, wenn alle x_i einander gleich sind.

Beispiel 146.1

An eine Feder hängt man ein Gewicht, sie wird gedehnt. Die Länge y der Feder in Abhängigkeit vom Gewicht x wird gemessen. Zwischen x und y besteht bekanntlich die Gleichung $y=ax+b$ (Hookesches Gesetz).

Die Tabelle auf S. 147 enthält die Meßwerte in den Spalten 1 und 2, die weiteren Spalten dienen der Berechnung der Zahlen a und b.

	x_i	y_i	x_i^2	$x_i \cdot y_i$
	5	34	25	170
	10	52	100	520
	15	66	225	990
	20	79	400	1580
	25	97	625	2425
	30	110	900	3300
$\sum$	105	438	2275	8985

Man entnimmt den Spaltensummen (da $n=6$):

$$\bar{x}=\tfrac{105}{6}=17{,}5 \quad \text{und} \quad \bar{y}=\tfrac{438}{6}=73.$$

Ferner erhält man aufgrund obiger Gleichungen für s_x bzw. s_{xy}:

$$s_x^2 =\tfrac{1}{5}(2275-6\cdot 17{,}5^2)=87{,}5$$

$$s_{xy}=\tfrac{1}{5}(8985-6\cdot 17{,}5\cdot 73)=264.$$

Hieraus folgt $a=\dfrac{s_{xy}}{s_x^2}=3{,}017\ldots$ und die Gleichung der Ausgleichsgeraden lautet (mit geeigneten Rundungen)

$$y-73=3\cdot(x-17{,}5) \quad \text{oder} \quad y=3\cdot x+20{,}5.$$

Wir weisen darauf hin, daß viele elektronische Taschenrechner feste Programme besitzen, die aus den Zahlen $x_1, \ldots, x_n$ automatisch $\bar{x}$ und s_x berechnen, aus dem Paaren $(x_1, y_1), \ldots, (x_n, y_n)$ automatisch die Zahlen a und b.

Extrema mit Nebenbedingungen

Das folgende Beispiel wird auf einen bisher nicht behandelten Typ von Extremwertaufgaben führen, der für Funktionen einer Variablen kein Analogon besitzt.

Beispiel 147.1

Ein Punkt bewege sich auf der Ebene mit der Gleichung $x+y+z=0$, sein Abstand vom Nullpunkt betrage 1. Welches ist sein kleinst- welches sein größtmöglicher Abstand von der z-Achse?

Man kann dieses Problem auch wie folgt geometrisch formulieren: Welche Punkte jener Ebene E, die auf der Kugelfläche vom Radius 1 mit dem Mittelpunkt $(0,0,0)$ liegen, haben den kleinsten bzw. größten Abstand von der z-Achse und wie groß sind diese Abstände? Bild 148.1 veranschaulicht dieses Problem.

Der Punkt $P=(x,y,z)$ liegt auf der Kugel K genau dann, wenn $x^2+y^2+z^2=1$, auf der Ebene E genau dann, wenn $x+y+z=0$ ist. Er liegt daher auf beiden Flächen dann und nur dann, wenn für seine Koordinaten beide Gleichungen gelten. Sein Abstand von der z-Achse beträgt $\sqrt{x^2+y^2}$. Daher lautet die analytische Beschreibung des Problems: Man bestimme Minimum und Maximum der Funktion f mit $f(x, y, z)=\sqrt{x^2+y^2}$ unter den zwei »Nebenbedingungen« $x^2+y^2+z^2=1$ und $x+y+z=0$.

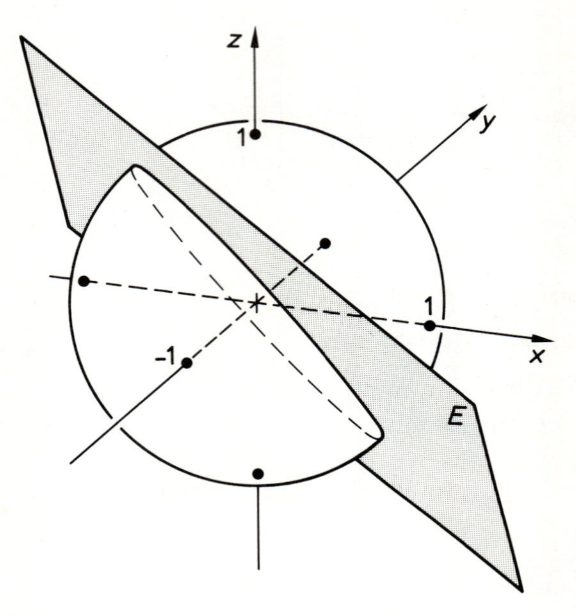

148.1 Zum Beispiel 147.1

Die Lösung eines solchen Problems, die Extrema von $f(P)$ unter den k Nebenbedingungen $g_j(P)=0$ $(j=1, \ldots, k)$ zu bestimmen, geschieht mit der folgenden

Multiplikatorenregel von Lagrange

$D \subset \mathbb{R}^n$ sei offen und $f, g_1, g_2, \ldots, g_k$ seien auf D definierte Funktionen mit stetigen partiellen Ableitungen erster Ordnung. Ferner sei

$$A=\{P \mid P \in D \text{ und für } j=1, \ldots, k \text{ gilt } g_j(P)=0\}.$$

Um Extremstellen $P_0 \in A$ von f zu bestimmen, berechnet man P_0 aus folgenden Gleichungen:

$$\frac{\partial f}{\partial x_i}(P_0)+\sum_{j=1}^{k} \lambda_j \frac{\partial g_j}{\partial x_i}(P_0)=0, \quad i=1, \ldots, n \tag{148.1}$$

$$g_j(P_0)=0, \quad j=1, \ldots, k \tag{148.2}$$

wobei $\lambda_1, \ldots, \lambda_k$ reelle Zahlen sind.

Bemerkungen:

1. Wenn für alle $P \in A$ gilt $f(P) \geqq f(P_0)$, so sagt man, f besitze in P_0 ein **Minimum unter den Nebenbedingungen** $g_j(P)=0$ für $j=1, \ldots, k$.

2. Setzt man $F(x_1, \ldots, x_n, \lambda_1, \ldots, \lambda_k)=f(x_1, \ldots, x_n)+\sum_{j=1}^{k} \lambda_j \cdot g_j(x_1, \ldots, x_n)$, so kann man die Gleichungen (148.1) auch so schreiben:

$$\frac{\partial F}{\partial x_i}(P_0)=0 \qquad \text{für } i=1, \ldots, n \tag{149.1}$$

und die Gleichungen (148.2)

$$\frac{\partial F}{\partial \lambda_j}(P_0)=0 \qquad \text{für } j=1, \ldots, k. \tag{149.2}$$

Mit den Bezeichnungen dieser Bemerkung kann man kurz formulieren: Extremstellen von $f(P)$ unter den Nebenbedingungen $g_j(P)=0$ $(j=1, \ldots, k)$ bestimmt man aus den notwendigen Bedingungen für Extrema von

$$F\colon (x_1, \ldots, x_n, \lambda_1, \ldots, \lambda_k) \mapsto f(x_1, \ldots, x_n)+\sum_{j=1}^{k} \lambda_j \cdot g_j(x_1, \ldots, x_n).$$

3. Die Zahlen λ_j heißen **Lagrangesche Multiplikatoren.** Ihre Werte, die sich gewöhnlich bei der Lösung der Gleichungen (148.1) und (148.2) mit ergeben werden, sind für das Problem i. allg. nicht interessant, man wird sie auch nicht unnötig berechnen.

4. In vielen Fällen wird man aufgrund des Problems entscheiden können, ob an den gefundenen Stellen tatsächlich Extrema liegen – die Bedingungen sind nämlich keineswegs hinreichend.

Beispiel 149.1

Wir führen das Beispiel 147.1 fort. Es ist

$$f(x, y, z)=\sqrt{x^2+y^2}$$
$$g_1(x, y, z)=x^2+y^2+z^2-1, \qquad g_2(x, y, z)=x+y+z.$$

Setzt man $F=f+\lambda_1 g_1+\lambda_2 g_2$, so erhält man als Gleichungssystem (149.1) und (149.2), wenn abkürzend $\sqrt{x^2+y^2}=r$ gesetzt wird:

a) F_x: $\quad \frac{x}{r}+2x\lambda_1+\lambda_2=0$

b) F_y: $\quad \frac{y}{r}+2y\lambda_1+\lambda_2=0$

c) F_z: $\quad 2z\lambda_1+\lambda_2=0$

d) F_{λ_1}: $\quad x^2+y^2+z^2-1=0$

e) F_{λ_2}: $\quad x+y+z=0.$

Wir lösen dieses nicht-lineare Gleichungssystem:

Aus a) und b) folgt, wenn a) mit y und b) mit x multipliziert wird und dann diese Gleichungen voneinander subtrahiert werden,

$$(y-x)\lambda_2=0.$$

Wir unterscheiden daher zwei Fälle: $\lambda_2=0$ und $y-x=0$.

1) $\lambda_2=0$. Aus c) folgt dann $z\lambda_1=0$. Daher unterscheiden wir weiter:

   α) $z=0$. Aus e) erhält man dann $x=-y$, aus d) dann $x=\pm\frac{1}{2}\sqrt{2}$. Damit haben wir die Punkte $P_1=(\frac{1}{2}\sqrt{2}, -\frac{1}{2}\sqrt{2}, 0)$ und $P_2=(-\frac{1}{2}\sqrt{2}, \frac{1}{2}\sqrt{2}, 0)$. Man stellt noch fest, daß dann auch a) und b) gelten mit $\lambda_1=-\frac{1}{2}$.

   β) $\lambda_1=0$. Aus a) und b) folgt dann $x=y=0$, aus e) weiter $z=0$. Dann ist aber d) nicht erfüllt, dieser Fall tritt also nicht ein.

2) $x=y$. Aus e) und d) bekommt man dann $x=y=\pm\frac{1}{6}\sqrt{6}$ und $z=\mp\frac{1}{3}\sqrt{6}$. Man stellt dann fest, daß λ_1 und λ_2 aus a) und b) eindeutig bestimmt werden können, was aber nicht nötig ist. Wir haben also die zwei Punkte $P_3=(\frac{1}{6}\sqrt{6}, \frac{1}{6}\sqrt{6}, -\frac{1}{3}\sqrt{6})$ und $P_4=(-\frac{1}{6}\sqrt{6}, -\frac{1}{6}\sqrt{6}, \frac{1}{3}\sqrt{6})$.

Nun erhält man in diesen vier genannten Punkten $f(P_1)=f(P_2)=1$ und $f(P_3)=f(P_4)=\frac{1}{3}\sqrt{3}$. Die Menge A ist hier eine Kreislinie (Schnittlinie zwischen der Kugel K und der Ebene E). Aus geometrischen Gründen ist klar, daß es auf diesem Kreis (mindestens) je einen Punkt gibt, der der z-Achse am nächsten liegt bzw. von ihr den größten Abstand hat. Die zwei Punkte P_3 und P_4 liegen der z-Achse am nächsten, ihr Abstand ist $\frac{1}{3}\sqrt{3}$, die Punkte P_1 und P_2 haben auf A von der z-Achse den größten Abstand, dieser beträgt 1.

Beispiel 150.1

Es sind die Extrema von $f(x, y)=x^2+y^2$ unter der Nebenbedingung $(x-1)^2+y^2=1$ zu bestimmen.

Geometrisch bedeutet diese Aufgabe, das Quadrat des kleinsten und größten Abstandes aller derjenigen Punkte auf der Fläche mit der Gleichung $z=f(x, y)$ von der x, y-Ebene zu finden, die über der Kreislinie mit der Gleichung $(x-1)^2+y^2=1$ liegen (Bild 151.1).

Es ist $F(x, y, \lambda)=x^2+y^2+\lambda((x-1)^2+y^2-1)$. Die Lösung der Aufgabe ist aus dem System:

$$F_x(x, y, \lambda)=2x+2\lambda(x-1)=0$$
$$F_y(x, y, \lambda)=2y+2\lambda y=0$$
$$F_\lambda(x, y, \lambda)=(x-1)^2+y^2-1=0$$

zu bestimmen.

Die sämtlichen Lösungen dieses Gleichungssystems sind

1) $x=y=\lambda=0$ und 2) $x=2, \quad y=0, \quad \lambda=-2$.

Daher sind die einzigen Punkte, die diesen Gleichungen genügen, $P_1=(0, 0)$ und $P_2=(2, 0)$. Offensichtlich liegt im Punkt P_1 ein (das) Minimum, in P_2 das Maximum von f unter der genannten Nebenbedingung, die Extremwerte sind $f(0, 0)=0$, $f(2, 0)=4$.

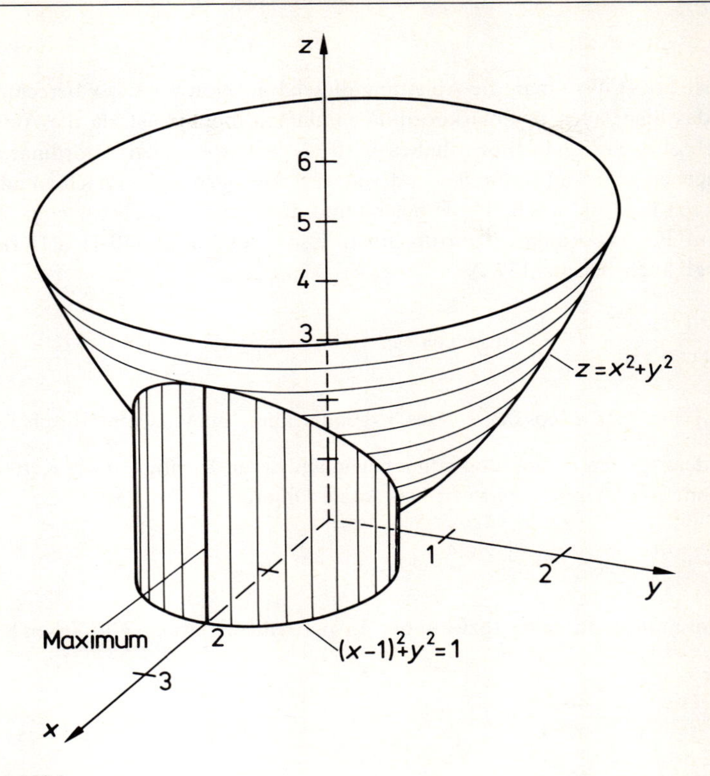

151.1 Zu Beispiel 150.1

2.2.4 Kettenregel

Folgendes Problem tritt in den Naturwissenschaften häufig auf: Eine Funktion zweier Variablen ist in Polarkoordinaten r, φ gegeben oder nimmt in ihnen eine besonders einfache Form an. Wie lauten dann ihre partiellen Ableitungen nach den kartesischen Veränderlichen x, y? Folgendes Beispiel soll das zeigen.

Beispiel 151.1

Die Funktion f mit

$$f(x, y)=\frac{xy}{x^2+y^2}, \qquad (x^2+y^2 \neq 0) \tag{151.1}$$

lautet in Polarkoordinaten

$$f(x, y)=\tfrac{1}{2}\cdot\sin 2\varphi=u(r, \varphi), \qquad (r \neq 0), \tag{151.2}$$

wobei

$$x = r \cdot \cos\varphi, \qquad y = r \cdot \sin\varphi \tag{152.1}$$

gilt (vgl. Beispiel 117.1). Will man die Ableitung dieser Funktion f nach x berechnen, so stellt sich die Frage, ob das nicht auch in Polarkoordinaten einfach möglich ist, da die Ableitung in diesen vermutlich auch eine einfachere Form haben wird als in kartesischen Koordinaten. Man könnte, wenn $u(r, \varphi)$ gegeben ist, r und φ durch x und y ausdrücken, also (152.1) nach r und φ auflösen, das in $u(r, \varphi)$ einsetzen (was natürlich (151.1) liefert) und dann nach x differenzieren. Anschließend ist dann wieder auf Polarkoordinaten umzurechnen, also x und y gemäß (152.1) zu ersetzen. Man bekommt so (vgl. auch Beispiel 130.1)

$$f_x(x, y) = \frac{y \cdot (y^2 - x^2)}{(x^2 + y^2)^2} = -\frac{1}{r} \cdot \sin\varphi \cdot \cos 2\varphi. \tag{152.2}$$

Also ist $u_x(r, \varphi) = -\frac{1}{r} \sin\varphi \cdot \cos 2\varphi$. Dieses Ergebnis kann man leichter durch folgende formale Rechnung mit dem totalen Differential von u gewinnen, deren Richtigkeit die Kettenregel zeigt (wir lassen im folgenden die Argumente fort): Das totale Differential von u ist

$$\mathrm{d}u = \frac{\partial u}{\partial r}\,\mathrm{d}r + \frac{\partial u}{\partial \varphi}\,\mathrm{d}\varphi. \tag{152.3}$$

»Dividiert« man nun $\mathrm{d}u$ durch $\mathrm{d}x$ (bzw. in der für partielle Ableitungen üblichen Schreibweise ∂x), so ergibt sich

$$\frac{\partial u}{\partial x} = \frac{\partial u}{\partial r} \cdot \frac{\partial r}{\partial x} + \frac{\partial u}{\partial \varphi} \cdot \frac{\partial \varphi}{\partial x}. \tag{152.4}$$

Wegen $r = \sqrt{x^2 + y^2}$ gilt $\frac{\partial r}{\partial x} = \frac{x}{\sqrt{x^2 + y^2}} = \cos\varphi$ und aus $y = r \cdot \sin\varphi$ folgt durch Ableiten nach x $\left(\text{da } \frac{\partial y}{\partial x} = 0\right)$ die Gleichung $0 = \frac{\partial r}{\partial x} \cdot \sin\varphi + r \cdot \cos\varphi \cdot \frac{\partial \varphi}{\partial x}$, aus der dann wegen $\frac{\partial r}{\partial x} = \cos\varphi$ folgt $\frac{\partial \varphi}{\partial x} = -\frac{1}{r} \cdot \sin\varphi$. Wir haben also zusammenfassend

$$\frac{\partial r}{\partial x} = \cos\varphi, \qquad \frac{\partial \varphi}{\partial x} = -\frac{1}{r} \cdot \sin\varphi. \tag{152.5}$$

Diese Ableitungen hängen, das ist wichtig zu bemerken, nicht von der Funktion f bzw. u ab, sondern nur von den Transformationsformeln (152.1). Setzen wir diese beiden Gleichungen in (152.4) ein, so erhalten wir

$$\frac{\partial u}{\partial x} = \frac{\partial u}{\partial r} \cdot \cos\varphi + \frac{\partial u}{\partial \varphi} \cdot \left(-\frac{1}{r} \sin\varphi\right). \tag{152.6}$$

Da nach (151.2) $\frac{\partial u}{\partial r} = 0$ und $\frac{\partial u}{\partial \varphi} = \cos 2\varphi$ ist, erhält man

$$\frac{\partial u}{\partial x} = -\frac{1}{r} \cdot \cos 2\varphi \cdot \sin\varphi,$$

das nach (152.2) richtige Ergebnis. Analog erhält man übrigens aus (152.3) nach »Division« durch $\mathrm{d}y$ (bzw. ∂y) über die (152.5) entsprechenden Gleichungen

$$\frac{\partial r}{\partial y}=\sin\varphi, \qquad \frac{\partial \varphi}{\partial y}=\frac{1}{r}\cdot\cos\varphi \tag{153.1}$$

die Ableitung $\frac{\partial u}{\partial y}=\frac{1}{r}\cdot\cos 2\varphi\cdot\cos\varphi$. Ein Vergleich mit Beispiel 130.1 zeigt, daß auch dieses Ergebnis richtig ist.

Um die Bedeutung der Kettenregel zu illustrieren, wollen wir ein weiteres Beispiel behandeln:

Beispiel 153.1

Die in Polarkoordinaten durch

$$u(r,\varphi)=r^2+\sin\varphi\cdot\ln r$$

definierte Funktion u ist nach x bzw. y zu differenzieren. Man beachte: u_r bzw. u_φ sind geometrisch die Steigungen der entsprechenden Fläche in r- bzw. φ-Richtung, nicht in x- bzw. y-Richtung. Wir erhalten – ohne u in kartesische Koordinaten umzuschreiben! – aus dem totalen Differential

$$\mathrm{d}u=\frac{\partial u}{\partial r}\cdot\mathrm{d}r+\frac{\partial u}{\partial\varphi}\cdot\mathrm{d}\varphi=\left(2r+\frac{1}{r}\cdot\sin\varphi\right)\cdot\mathrm{d}r+(\cos\varphi\cdot\ln r)\cdot\mathrm{d}\varphi$$

durch Division durch ∂x bzw. ∂y unter Verwendung der Formeln (152.5) und (153.1)

$$\frac{\partial u}{\partial x}=\left(2r+\frac{1}{r}\cdot\sin\varphi\right)\cdot\cos\varphi-(\cos\varphi\cdot\ln r)\cdot\frac{1}{r}\cdot\sin\varphi$$

$$\frac{\partial u}{\partial y}=\left(2r+\frac{1}{r}\cdot\sin\varphi\right)\cdot\sin\varphi+(\cos\varphi\cdot\ln r)\cdot\frac{1}{r}\cdot\cos\varphi.$$

Wir wollen die Fragestellung, die beiden Beispielen zugrunde liegt, verallgemeinern: Gegeben sei eine Funktion (in den Beispielen u) von n Veränderlichen $x_1,\dots,x_n$ (in den Beispielen r,φ). Diese Variablen werden ihrerseits durch Funktionen einer Variablen t oder mehrerer Variablen $t_1,\dots,t_k$ ersetzt (im Beispiel jeweils r,φ durch x,y vermöge (152.1) bzw. deren Umkehrformeln). Also ist

$$x_1=v_1(t),\dots,x_n=v_n(t) \quad \text{bzw.} \quad x_1=v_1(t_1,\dots,t_k),\dots,x_n=v_n(t_1,\dots,t_k).$$

Wir fragen nach den Ableitungen der Funktion nach t bzw. nach den t_i. Ein entsprechender Sachverhalt ist uns von Funktionen einer Variablen her bekannt: Ist $y=f(x)$ und $x=x(t)$, so ist nach der Kettenregel (vgl. Band 2, Satz 39.1) $\frac{\mathrm{d}f}{\mathrm{d}t}=\frac{\mathrm{d}f}{\mathrm{d}x}\cdot\frac{\mathrm{d}x}{\mathrm{d}t}$ (in laxer aber prägnanter Schreibweise).

Auch hier entsteht übrigens $\frac{\mathrm{d}f}{\mathrm{d}t}$ durch »Division« des Differentials $\mathrm{d}f=\frac{\mathrm{d}f}{\mathrm{d}x}\cdot\mathrm{d}x$ durch $\mathrm{d}t$. In unserem Falle gilt folgender

Satz 154.1 (Kettenregel)

f sei eine auf der offenen Menge $D \subset \mathbb{R}^n$ definierte und differenzierbare Funktion der Variablen $x_1, \ldots, x_n$.

a) $v_1, \ldots, v_n$ seien auf dem Intervall $(a, b) \subset \mathbb{R}$ definierte und differenzierbare Funktionen und für alle $t \in (a, b)$ sei $(v_1(t), \ldots, v_n(t)) \in D$. Dann ist die Funktion

$$g\colon t \mapsto f(v_1(t), \ldots, v_n(t))$$

auf (a, b) differenzierbar mit

$$g'(t) = \sum_{i=1}^{n} f_{x_i}(v_1(t), \ldots, v_n(t)) \cdot v_i'(t) \tag{154.1}$$

für alle $t \in (a, b)$.

b) $v_1, \ldots, v_n$ seien auf der offenen Menge $M \subset \mathbb{R}^k$ definierte und differenzierbare Funktionen und für alle $(t_1, \ldots, t_k) = P \in M$ sei $(v_1(P), \ldots, v_n(P)) \in D$. Dann ist die Funktion

$$h\colon P \mapsto f(v_1(P), \ldots, v_n(P))$$

der k Variablen $t_1, \ldots, t_k$ auf M differenzierbar und es gilt für $j = 1, \ldots, k$

$$\frac{\partial h}{\partial t_j}(P) = \sum_{i=1}^{n} f_{x_i}(v_1(P), \ldots, v_n(P)) \cdot \frac{\partial v_i}{\partial t_j}(P) \tag{154.2}$$

für alle $P \in M$.

Auf den Beweis des Satzes wollen wir verzichten.

Bemerkungen:

1. Setzt man in $f(x_1, x_2, \ldots, x_n)$ kurz $x_i = v_i(t)$ bzw. $x_i = v_i(t_1, t_2, \ldots, t_k)$ und läßt die Argumente fort, so erhält man für diese beiden Kettenregeln die ungenauen aber prägnanten Schreibweisen

$$\frac{\mathrm{d}f}{\mathrm{d}t} = \sum_{i=1}^{n} \frac{\partial f}{\partial x_i} \cdot \frac{\mathrm{d}x_i}{\mathrm{d}t} \tag{154.3}$$

$$\frac{\partial f}{\partial t_j} = \sum_{i=1}^{n} \frac{\partial f}{\partial x_i} \frac{\partial x_i}{\partial t_j}, \qquad j = 1, 2, \ldots, k. \tag{154.4}$$

2. Formal entsteht z.B. $\frac{\mathrm{d}f}{\mathrm{d}t}$ durch »Division« des totalen Differentials $\mathrm{d}f$ durch $\mathrm{d}t$; das zeigt die Zweckmäßigkeit der Schreibweise $\mathrm{d}f$ für das totale Differential.

Beispiel 154.1

Es sei u eine auf der offenen Menge $D \subset \mathbb{R}^2$ definierte Funktion mit stetigen partiellen Ableitungen zweiter Ordnung. Die Summe

$$u_{xx} + u_{yy} \tag{154.5}$$

spielt in vielen Problemen der Physik eine große Rolle. Oft ist dabei die Funktion u in Polarkoordinaten gegeben bzw. hat in diesem Koordinatensystem eine besonders einfache Form: $z=u(x,y)=f(r,\varphi)$, wobei $x=r\cdot\cos\varphi$ und $y=r\cdot\sin\varphi$ ist. Für diesen Fall wollen wir die (154.5) entsprechende Formel für Polarkoordinaten herleiten. Es ist nach (152.5) und (153.1)

$$\frac{\partial r}{\partial x}=\cos\varphi,\qquad \frac{\partial r}{\partial y}=\sin\varphi,\qquad \frac{\partial\varphi}{\partial x}=-\frac{1}{r}\cdot\sin\varphi,\qquad \frac{\partial\varphi}{\partial y}=\frac{1}{r}\cdot\cos\varphi. \tag{155.1}$$

Damit erhalten wir nach der Kettenregel (154.2) bzw. (154.4)

$$\frac{\partial u}{\partial x}=\frac{\partial f}{\partial r}\cdot\frac{\partial r}{\partial x}+\frac{\partial f}{\partial\varphi}\cdot\frac{\partial\varphi}{\partial x}=\frac{\partial f}{\partial r}\cdot\cos\varphi-\frac{\partial f}{\partial\varphi}\cdot\frac{1}{r}\cdot\sin\varphi \tag{155.2}$$

$$\frac{\partial u}{\partial y}=\frac{\partial f}{\partial r}\cdot\frac{\partial r}{\partial y}+\frac{\partial f}{\partial\varphi}\cdot\frac{\partial\varphi}{\partial y}=\frac{\partial f}{\partial r}\cdot\sin\varphi+\frac{\partial f}{\partial\varphi}\cdot\frac{1}{r}\cdot\cos\varphi. \tag{155.3}$$

Erneute Differentiation ergibt mit (155.1) nach der Kettenregel und der Produktregel

$$\begin{aligned}\frac{\partial^2 u}{\partial x^2}&=\frac{\partial}{\partial r}\left(\frac{\partial u}{\partial x}\right)\cdot\frac{\partial r}{\partial x}+\frac{\partial}{\partial\varphi}\left(\frac{\partial u}{\partial x}\right)\cdot\frac{\partial\varphi}{\partial x}\\&=\left(\frac{\partial^2 f}{\partial r^2}\cdot\cos\varphi-\frac{\partial^2 f}{\partial r\,\partial\varphi}\cdot\frac{1}{r}\cdot\sin\varphi+\frac{\partial f}{\partial\varphi}\cdot\frac{1}{r^2}\cdot\sin\varphi\right)\cdot\cos\varphi\\&\quad+\left(\frac{\partial^2 f}{\partial\varphi\,\partial r}\cdot\cos\varphi-\frac{\partial f}{\partial r}\cdot\sin\varphi-\frac{\partial^2 f}{\partial\varphi^2}\cdot\frac{1}{r}\cdot\sin\varphi-\frac{\partial f}{\partial\varphi}\cdot\frac{1}{r}\cdot\cos\varphi\right)\cdot\left(-\frac{1}{r}\cdot\sin\varphi\right)\\\frac{\partial^2 u}{\partial y^2}&=\frac{\partial}{\partial r}\left(\frac{\partial u}{\partial y}\right)\cdot\frac{\partial r}{\partial y}+\frac{\partial}{\partial\varphi}\left(\frac{\partial u}{\partial y}\right)\cdot\frac{\partial\varphi}{\partial y}\\&=\left(\frac{\partial^2 f}{\partial r^2}\cdot\sin\varphi+\frac{\partial^2 f}{\partial r\,\partial\varphi}\cdot\frac{1}{r}\cdot\cos\varphi-\frac{\partial f}{\partial\varphi}\cdot\frac{1}{r^2}\cdot\cos\varphi\right)\cdot\sin\varphi\\&\quad+\left(\frac{\partial^2 f}{\partial\varphi\,\partial r}\cdot\sin\varphi+\frac{\partial f}{\partial r}\cdot\cos\varphi+\frac{\partial^2 f}{\partial\varphi^2}\cdot\frac{1}{r}\cdot\cos\varphi-\frac{\partial f}{\partial\varphi}\cdot\frac{1}{r}\cdot\sin\varphi\right)\cdot\frac{1}{r}\cdot\cos\varphi.\end{aligned}$$

Daraus ergibt sich, wie man leicht nachrechnet

$$u_{xx}+u_{yy}=f_{rr}+\frac{1}{r}\cdot f_r+\frac{1}{r^2}\cdot f_{\varphi\varphi}. \tag{155.4}$$

2.2.5 Richtungsableitung und Gradient

Zu Beginn dieses Abschnittes wurde folgende Frage aufgeworfen: In welcher Richtung ist die Steigung der durch $z=f(x,y)$ definierten Fläche in einem gegebenen Flächenpunkt am größten? Wir werden dieses Problem allgemeiner untersuchen, nämlich: Welche Steigung hat diese Fläche in einer beliebig vorgegebenen Richtung? Bevor wir an die Beantwortung dieser Frage gehen, stellen wir zwei aus Band 1, Abschnitt 4 bekannte Tatsachen der Vektorrechnung zusammen:

I. Jeder Vektor $\vec{a}$ in $\mathbb{R}^3$ ist durch seine drei Koordinaten a_1, a_2, a_3 gekennzeichnet, $|\vec{a}|=\sqrt{a_1^2+a_2^2+a_3^2}$ ist seine Länge. Wenn $|\vec{a}|\neq 0$, so kennzeichnet der Pfeil von $(0,0,0)$ nach (a_1, a_2, a_3) eine Richtung. Für das Skalarprodukt zweier Vektoren $\vec{a}=(a_1, a_2, a_3)$ und $\vec{b}=(b_1, b_2, b_3)$ gilt $\vec{a}\cdot\vec{b}=a_1 b_1+a_2 b_2+a_3 b_3$ und die Schwarzsche Ungleichung

$$|\vec{a}\cdot\vec{b}|\leqq|\vec{a}|\cdot|\vec{b}| \tag{156.1}$$

mit Gleichheit genau dann, wenn $\vec{a}$ und $\vec{b}$ kollinear sind (vgl. Band 1, Seite 169).

II. Die durch die zwei verschiedenen Punkte (a_1, a_2, a_3) und (b_1, b_2, b_3) gehende Gerade hat eine Parameterdarstellung

$$(x, y, z)=(a_1, a_2, a_3)+(b_1-a_1, b_2-a_2, b_3-a_3)\cdot t \quad \text{mit} \quad -\infty<t<\infty. \tag{156.2}$$

Für $t=0$ erhält man den ersten, für $t=1$ den zweiten der Punkte, für $0\leqq t\leqq 1$ die Punkte der Verbindungsstrecke dieser zwei Punkte.

Um einige der folgenden Begriffe bequemer formulieren zu können, schließen wir an:

Definition 156.1

Die Funktion f sei auf der offenen Menge $D\subset\mathbb{R}^2$ definiert und im Punkte $P\in D$ differenzierbar. Der Vektor $(f_x(P), f_y(P))$ heißt der **Gradient von f im Punkte P.**

Schreibweise: grad $f(P)$.

Bemerkung:

Man beachte, daß von Gradient nur dann gesprochen wird, wenn die Funktion f an der entsprechenden Stelle differenzierbar ist und nicht schon, wenn lediglich die beiden partiellen Ableitungen dort existieren.

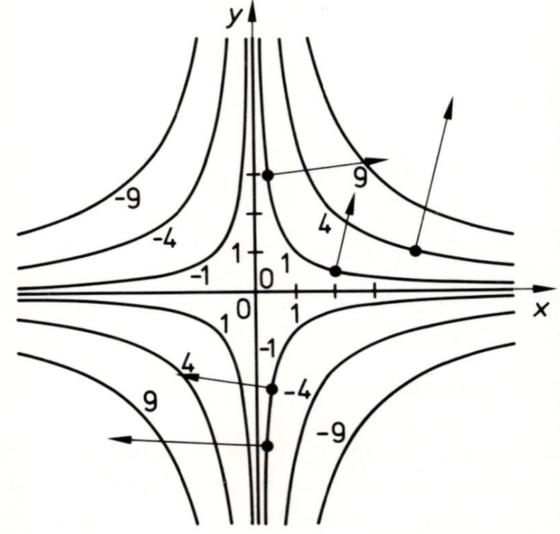

156.1 In ein Höhenlinienbild von $f(x, y)=x\cdot y$ sind in fünf Punkten der Gradient grad $f(x, y)=(y, x)$ eingezeichnet

Beispiel 157.1

Die Funktion f mit $f(x, y)=x^2y+x\cdot e^{2y}$ ist nach Satz 138.1 überall differenzierbar. Es ist

$$\operatorname{grad} f(x, y)=(2xy+e^{2y},\ x^2+2xe^{2y}).$$

Wir wenden uns nun der zu Beginn des Abschnittes 2.2.1 aufgeworfenen Frage nach der »Steigung in einer bestimmten Richtung« zu. Es wird durch den Vektor $\vec{a}=(a_1, a_2)\neq(0,0)$ eine Richtung in der Ebene festgelegt. Ferner sei $P_0=(x_0, y_0)$ ein Punkt, in dem die Funktion f der Variablen x und y differenzierbar ist.

Da die Gerade durch P_0 mit der Richtung $\vec{a}$ durch den Punkt (x_0+a_1, y_0+a_2) geht (vgl. Bild 157.1), hat diese Gerade nach (156.2) als Parameterdarstellung: $x=x_0+a_1t$, $y=y_0+a_2t$. Wenn man nun die Fläche mit der Gleichung $z=f(x, y)$ mit einer senkrecht auf der x, y-Ebene stehenden Ebene, die diese Gerade enthält, schneidet (Bild 157.1), entsteht als Schnitt eine Kurve mit der Gleichung $z=f\bigl(x(t), y(t)\bigr)=f(x_0+a_1t, y_0+a_2t)=g(t)$ (Bild 158.1). Sie Steigung der Tangente an diese Kurve an der Stelle $t=0$ ist die gesuchte Steigung (denn $t=0$ entspricht der Punkt (x_0, y_0) der Geraden). Da Steigungen immer auf die Länge 1 bezogen werden, ist die Steigung dieser Tangente $\frac{g'(0)}{d}$, wobei d der Abstand der Punkte P_0 und (x_0+a_1, y_0+a_2) voneinander ist, also $d=\sqrt{a_1^2+a_2^2}$. Nach der Kettenregel (154.1) gilt

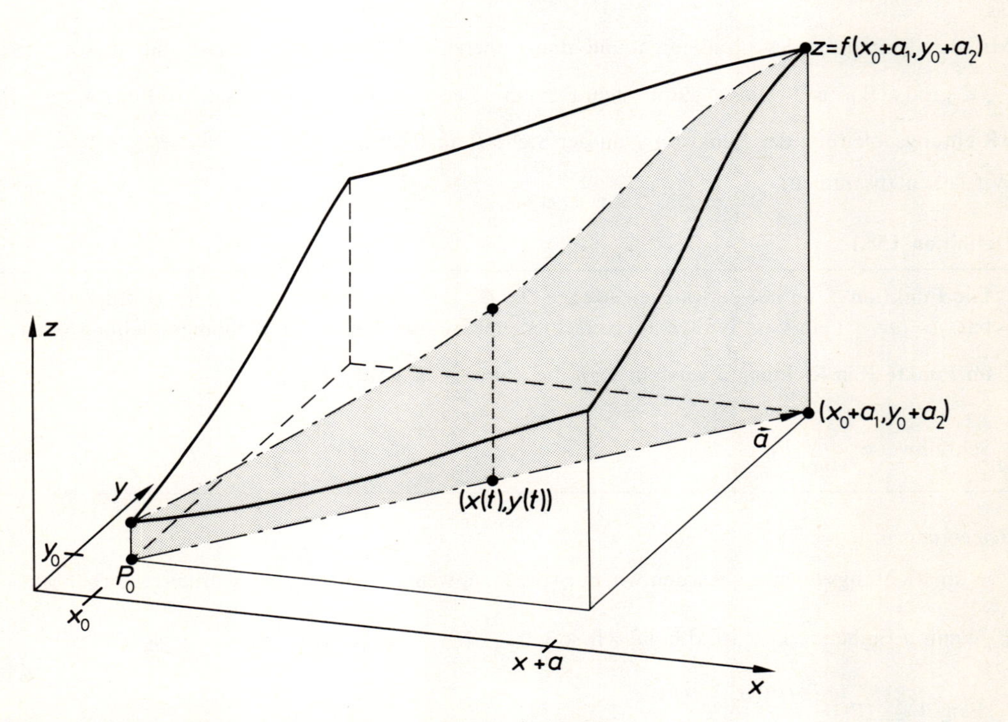

157.1 Zur Richtungsableitung von f in P_0 in Richtung $\vec{a}=(a_1, a_2)$

$$g'(t) = f_x(x(t), y(t)) \cdot x'(t) + f_y(x(t), y(t)) \cdot y'(t)$$

und wegen $x(0) = x_0$, $y(0) = y_0$ und $x'(0) = a_1$, $y'(0) = a_2$ folgt weiter für die gesuchte Steigung

$$\frac{g'(0)}{d} = \frac{1}{\sqrt{a_1^2 + a_2^2}} [f_x(P_0) \cdot a_1 + f_y(P_0) \cdot a_2].$$

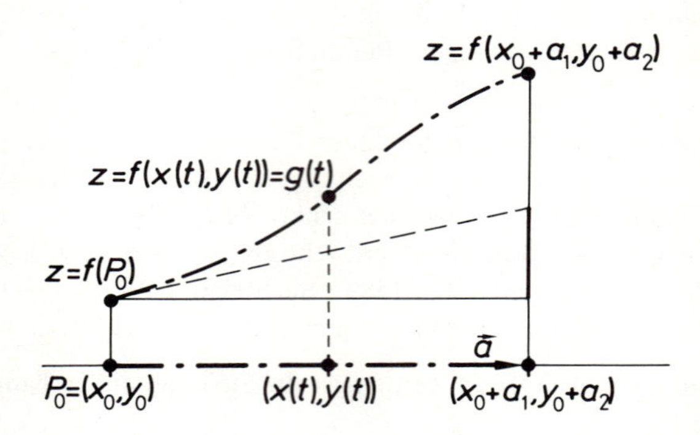

158.1 Senkrechter Schnitt durch die Fläche aus Bild 157.1 längs der strich-punktierten Geraden

Mit der Definition des Gradienten und dem inneren Produkt erkennt man, daß dieses gleich $\frac{1}{|\vec{a}|} \vec{a} \cdot \operatorname{grad} f(P_0)$ ist. Diese Zahl nennt man wegen ihrer geometrischen Bedeutung die »Richtungsableitung der Funktion f an der Stelle P_0 in Richtung des Vektors $\vec{a} = (a_1, a_2)$«.

Wir fassen zusammen:

Definition 158.1

Die Funktion f sei auf der offenen Menge $D \subset \mathbb{R}^2$ definiert und im Punkte $P \in D$ differenzierbar, $\vec{a} = (a_1, a_2)$ ein vom Nullvektor verschiedener Vektor. Unter der **Richtungsableitung von f im Punkte P in Richtung $\vec{a}$** versteht man die Zahl $\frac{1}{|\vec{a}|} \cdot \vec{a} \cdot \operatorname{grad} f(P)$.

Schreibweise: $\frac{\partial f}{\partial \vec{a}}(P)$.

Bemerkungen:

1. Von Richtungsableitung werden wir nur sprechen, wenn f an jener Stelle differenzierbar ist.
2. Wenn $\vec{a}$ Einheitsvektor ist, d.h. $|\vec{a}| = 1$, so gilt $\frac{\partial f}{\partial \vec{a}}(P) = \vec{a} \cdot \operatorname{grad} f(P)$.
3. Es gilt $\frac{\partial f}{\partial \vec{a}}(P) = \frac{f_x(P) \cdot a_1 + f_y(P) \cdot a_2}{\sqrt{a_1^2 + a_2^2}}$.

4. Nach Band 1, S. 169 ist das skalare Produkt des Einheitsvektors $\frac{\vec{a}}{|\vec{a}|}$ mit einem Vektor $\vec{b}$ dessen Projektion auf die Richtung von $\vec{a}$. Daher kann man auch so definieren: Die Richtungsableitung der Funktion f im Punkte P in Richtung $\vec{a}$ ist die Projektion des Gradienten von f im Punkte P auf die Richtung von $\vec{a}$.

5. Für den Einheitsvektor $\vec{a}=(1,0)$ erhält man $\frac{\partial f}{\partial \vec{a}}(P)=\frac{\partial f}{\partial x}(P)$: Die Richtungsableitung in Richtung der (positiven) x-Achse ist die partielle Ableitung nach x – in Übereinstimmung mit dem Begriff der partiellen Ableitung (entsprechendes gilt natürlich für die partielle Ableitung $\frac{\partial f}{\partial y}(P)$).

Aus dem Gradienten der Funktion f lassen sich die Ableitungen von f in allen Richtungen berechnen. Welche geometrischen Eigenschaften hat der Gradient selber? Der folgende Satz gibt eine Antwort:

Satz 159.1

Die Funktion f sei auf der offenen Menge $D \subset \mathbb{R}^2$ definiert und im Punkt $P \in D$ differenzierbar, $|\operatorname{grad} f(P)| \neq 0$. Dann gilt:

a) Der Vektor $\operatorname{grad} f(P)$ zeigt in die Richtung des stärksten Anstiegs von f im Punkt P.

b) $|\operatorname{grad} f(P)|$ ist der größte Anstieg von f in P.

Beweis:

Da $\frac{\partial f}{\partial \vec{a}}(P)=\frac{\vec{a}}{|\vec{a}|}\cdot \operatorname{grad} f(P)$ ist, folgt aus der Schwarzschen Ungleichung (156.1)

$$\left|\frac{\partial f}{\partial \vec{a}}(P)\right| \leqq \left|\frac{\vec{a}}{|\vec{a}|}\right| \cdot |\operatorname{grad} f(P)| = |\operatorname{grad} f(P)|.$$

In dieser Ungleichung gilt Gleichheit genau dann, wenn $\vec{a}$ und $\operatorname{grad} f(P)$ kollinear sind, wenn also $\vec{a}=\lambda \operatorname{grad} f(P)$ für eine Zahl λ gilt. Dann folgt

$$\frac{\partial f}{\partial \vec{a}}(P)=\frac{\lambda \cdot \operatorname{grad} f(P)}{|\lambda| \cdot |\operatorname{grad} f(P)|} \cdot \operatorname{grad} f(P)=\frac{\lambda}{|\lambda|} \cdot |\operatorname{grad} f(P)|.$$

Dieser Ausdruck ist am größten, wenn $\lambda > 0$, also wenn $\vec{a}$ in Richtung von $\operatorname{grad} f(P)$ zeigt. Dann ist $\frac{\lambda}{|\lambda|}=1$ und $\left|\frac{\partial f}{\partial \vec{a}}(P)\right| = |\operatorname{grad} f(P)|$. ●

Bemerkungen:

1. Bild 160.1 zeigt verschiedene Steigungen von f im Punkte P, d.h. Steigungen der Fläche mit der Gleichung $z=f(x, y)$, in verschiedenen Richtungen; die strichpunktierten Geraden haben die Steigung $\frac{\partial f}{\partial \vec{a}}(P)$ für den darunter liegenden Pfeil (Vektor) $\vec{a}$. Die größtmögliche dieser Steigungen ist die in Richtung von $\operatorname{grad} f(P)$.

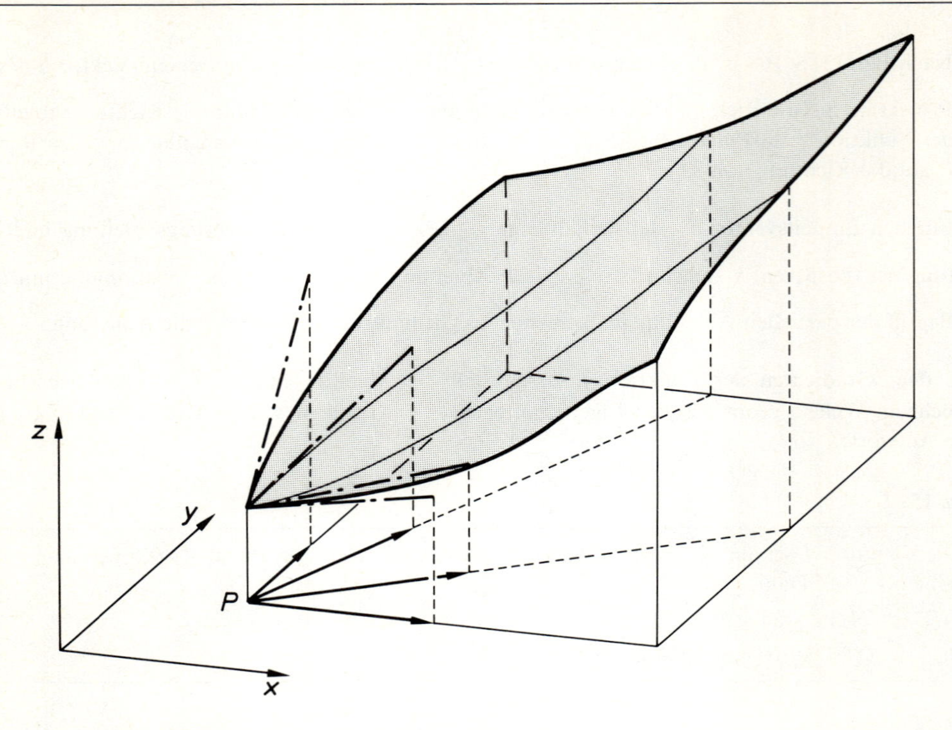

160.1 Zur geometrischen Bedeutung der Richtungsableitung

2. Der Vektor $-\operatorname{grad} f(P)$ zeigt in Richtung größten Gefälles.

Beispiel 160.1

Sei $f(x, y) = xy + x^2$. Dann ist $f_x(x, y) = y + 2x$ und $f_y(x, y) = x$. Im Punkte $P = (1, 2)$ erhalten wir $\operatorname{grad} f(P) = (4, 1)$ und daher als Richtungsableitungen an dieser Stelle in Richtung

$$\vec{a}_1 = (1, 1): \quad \frac{\partial f}{\partial \vec{a}_1}(P) = \tfrac{1}{2}\sqrt{2} \cdot [1 \cdot 4 + 1 \cdot 1] = 3{,}5355\ldots$$

$$\vec{a}_2 = (2, 1): \quad \frac{\partial f}{\partial \vec{a}_2}(P) = \tfrac{1}{5}\sqrt{5} \cdot [2 \cdot 4 + 1 \cdot 1] = 4{,}0249\ldots$$

$$\vec{a}_3 = (3, 1): \quad \frac{\partial f}{\partial \vec{a}_3}(P) = \tfrac{1}{10}\sqrt{10} \cdot [3 \cdot 4 + 1 \cdot 1] = 4{,}1109\ldots$$

$$\vec{a}_4 = (4, 1): \quad \frac{\partial f}{\partial \vec{a}_4}(P) = \tfrac{1}{17}\sqrt{17} \cdot [4 \cdot 4 + 1 \cdot 1] = 4{,}1231\ldots$$

$$\vec{a}_5 = (5, 1): \quad \frac{\partial f}{\partial \vec{a}_5}(P) = \tfrac{1}{26}\sqrt{26} \cdot [5 \cdot 4 + 1 \cdot 1] = 4{,}1184\ldots$$

Die Richtungsableitung ist am größten in Richtung des Gradienten von f im Punkte P, also in

Richtung $\vec{a}_4=(4, 1)$, was die berechneten Werte auch andeuten, die Ableitung in dieser Richtung ist 4,1231 .... Der Vektor $-\vec{a}_4=-\operatorname{grad} f(P)$ zeigt dann offenbar in die Richtung des stärksten Gefälles.

Für Vektoren $\vec{a}$, die zu $\operatorname{grad} f(P)$ senkrecht stehen, gilt $\frac{\partial f}{\partial \vec{a}}(P)=0$; z.B. für $\vec{a}=\vec{a}_6=(1, -4)$. Solche Vektoren zeigen nämlich in Richtung der Tangente an die Höhenlinie durch den Punkt P, eine Richtung, in der sich f an der Stelle P nicht ändert. Man kann allgemein beweisen, daß der Vektor $\operatorname{grad} f(P)$ auf der durch P gehenden Höhenlinie senkrecht steht (vgl. Bild 161.1).

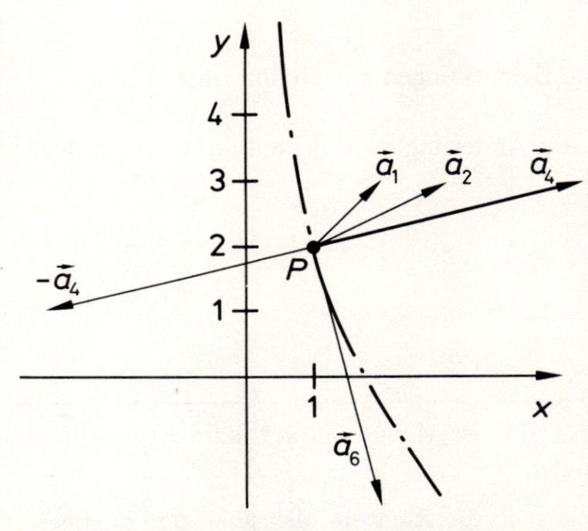

161.1 Höhenlinie –·–·–·– durch P und verschiedene Richtungen in P für die Funktion f aus Beispiel 160.1

Wir wollen nun diese Begriffe und Resultate auf Funktionen von drei Variablen (x, y, z) übertragen.

Definition 161.1

Die Funktion f sei auf der offenen Menge $D \subset \mathbb{R}^3$ definiert und im Punkte $P \in D$ differenzierbar. Der Vektor $(f_x(P), f_y(P), f_z(P))$ heißt der **Gradient von f im Punkte P.**

Schreibweise: $\operatorname{grad} f(P)$.

Bemerkung:

Wichtige Voraussetzung ist auch hier die Differenzierbarkeit von f im Punkte P.

Beispiel 161.1

Ist $f(x, y, z)=\sqrt{x^2+y^2+z^2}$, so ist $\operatorname{grad} f(x, y, z)=\frac{1}{\sqrt{x^2+y^2+z^2}} \cdot (x, y, z)$, mit $\vec{r}=(x, y, z)$ also $\operatorname{grad} f(P)=\frac{\vec{r}}{|\vec{r}|}$.

Überlegungen, die denen entsprechen, die zur Definition 158.1 führten, ergeben

Definition 162.1

Die Funktion f sei auf der offenen Menge $D \subset \mathbb{R}^3$ definiert und im Punkte $P \in D$ differenzierbar, $\vec{a} = (a_1, a_2, a_3)$ ein vom Nullvektor verschiedener Vektor. Unter der **Richtungsableitung von f im Punkte P in Richtung $\vec{a}$** versteht man die Zahl $\frac{1}{|\vec{a}|} \cdot \vec{a} \cdot \operatorname{grad} f(P)$.

Schreibweise: $\frac{\partial f}{\partial \vec{a}}(P)$.

Bemerkung:

Es gelten hier sinngemäß die Bemerkungen zur Definition 158.1.

Die Zahl $\frac{\partial f}{\partial \vec{a}}(P)$ gibt also die Änderung von f im Punkte P an, wenn man in Richtung von $\vec{a}$ fortschreitet.

Satz 159.1 entspricht

Satz 162.1

Die Funktion f sei auf der offenen Menge $D \subset \mathbb{R}^3$ definiert und im Punkte $P \in D$ differenzierbar, $|\operatorname{grad} f(P)| \neq 0$. Dann gilt:

a) Der Vektor $\operatorname{grad} f(P)$ zeigt in die Richtung des stärksten Anstiegs von f im Punkte P.

b) $|\operatorname{grad} f(P)|$ ist der größte Anstieg von f im Punkte P.

Der Beweis entspricht wörtlich dem von Satz

Beispiel 162.1

In jedem Körper, in dem kein Temperaturgleichgewicht herrscht, treten »Wärmeströmungen« auf. Der »Wärmefluß« im Punkte P des Körpers wird durch einen Vektor $\vec{q}(P)$ beschrieben, dessen Richtung die der Wärmeströmung und dessen Länge deren Stärke oder Intensität angibt.

Es sei $T(P)$ die Temperatur des Körpers im Punkte P. Es zeigt sich, daß für feste Körper folgendes gilt:

a) Der Wärmefluß in P hat die Richtung des stärksten Gefälles der Temperatur in P (vom Wärmeren zum Kälteren) und

b) die Stärke des Wärmeflusses ist proportional zum Temperaturgefälle in der unter a) genannten Richtung.

Der Vektor $-\operatorname{grad} T(P)$ hat diese zwei Eigenschaften (wir unterstellen, daß T eine differenzierbare Funktion ist). Daher gilt in jedem Punkt P des Körpers das »Grundgesetz der Wärmeleitung« $\vec{q}(P) = -\lambda(P) \cdot \operatorname{grad} T(P)$, wobei die Zahl $\lambda(P) > 0$ vom Zustand des Körpers in P abhängt und (innere) Wärmeleitfähigkeit genannt wird. Der Vektor $\operatorname{grad} T$ wird **Temperaturgradient** genannt, der Vektor $-\operatorname{grad} T$ **Temperaturgefälle.**

2.2.6 Implizite Funktionen

Wir wollen untersuchen, unter welchen Voraussetzungen die Gleichung $x^2+e^x y e^y=0$ für jede Zahl x eindeutig nach y auflösbar ist. Wenn das der Fall ist, ist y eine Funktion von x. Eine Verallgemeinerung dieser Fragestellung führt auf folgendes Problem: Wenn g eine in der offenen Menge $U \in \mathbb{R}^2$ definierte Funktion ist, so fragen wir:

a) Unter welchen Voraussetzungen ist die Gleichung $g(x,y)=0$ für jedes x eines geeigneten Intervalles $(a,b) \subset \mathbb{R}$ eindeutig nach y auflösbar?

b) Wenn das der Fall ist, was kann man dann über die so entstehende Funktion f mit $y=f(x)$ sagen? Unter welchen Voraussetzungen ist f stetig, unter welchen differenzierbar und wie lautet dann ihre Ableitung?

Eine Antwort auf diese Fragen gibt der

Satz 163.1

Die Funktion g sei in einer Umgebung $U \subset \mathbb{R}^2$ des Punktes (x_0, y_0) stetig und $g(x_0, y_0)=0$. Ferner existiere die partielle Ableitung g_y in U und für alle $(x,y) \in U$ gelte $g_y(x,y) \neq 0$. Dann existiert ein x_0 enthaltendes Intervall $(a,b) \subset \mathbb{R}$ so, daß für alle $x \in (a,b)$ die Gleichung $g(x,y)=0$ genau eine Lösung $y=f(x)$ hat. Die Funktion f ist in (a,b) stetig. Existiert darüberhinaus g_x in U und sind in U g_x und g_y stetig, so ist f in (a,b) differenzierbar und für alle $x \in (a,b)$ gilt

$$g_x(x,f(x))+g_y(x,f(x)) \cdot f'(x)=0. \qquad (163.1)$$

Bemerkungen:

1. Um Mißverständnissen vorzubeugen, sei betont, daß $g_x(x,f(x))$ entsteht, indem man g partiell nach der ersten Variablen x differenziert und erst danach für die zweite Variable y den Ausdruck $f(x)$ einsetzt – und nicht umgekehrt!
2. Man sagt, daß durch die Gleichung $g(x,y)=0$ die Funktion f implizit definiert sei; für alle $x \in (a,b)$ gilt $g(x,f(x))=0$.
3. Die Aussage des Satzes läßt sich auch so formulieren: Unter den gemachten Voraussetzungen über g existiert genau eine auf (a,b) definierte Funktion f, so daß für alle $x \in (a,b)$ gilt $g(x,f(x))=0$.
4. Die Gleichung (163.1) dient zur Berechnung von $f'(x)$.
5. Die Tatsache, daß die Gleichung $g(x,y)=0$ genau eine Lösung y hat, also nach y »auflösbar« ist, heißt nicht, daß man die entstehende Funktion f explizit »hinschreiben« kann in dem Sinne, daß f sich aus den bekannten elementaren Funktionen aufbaut. Die Situation ist vergleichbar der von den Stammfunktionen einer Funktion her bekannten: Die Funktion f mit $f(x)=\frac{\sin x}{x}$ besitzt als stetige Funktion in $(0,\infty)$ eine Stammfunktion, doch läßt sich keine dieser Stammfunktionen durch elementare Funktionen einfach aufbauen.

Beweis von Satz 163.1:

Es sei $\varepsilon>0$ so gewählt, daß für alle y mit $|y-y_0| \leqq \varepsilon$ gilt $(x_0, y) \in U$; das ist möglich, da U eine

Umgebung von (x_0, y_0) ist. Da $g_y(x, y) \neq 0$ für alle $(x, y) \in U$, ist die Funktion g für jedes x, für das $(x, y) \in U$, eine streng monotone Funktion der Variablen y (vgl. Band 2, Satz 95.2). Da $g(x_0, y_0) = 0$ ist, hat $g(x_0, y)$ in den Punkten $y = y_0 - \varepsilon$ und $y = y_0 + \varepsilon$ verschiedenes Vorzeichen; sei ohne Beschränkung der Allgemeinheit $g(x_0, y_0 - \varepsilon) < 0$ und $g(x_0, y_0 + \varepsilon) > 0$. Wir wählen nun $\delta > 0$ so, daß für alle $(x, y) \in \mathbb{R}^2$, für die $|x - x_0| < \delta$ und $|y - y_0| < \varepsilon$ gilt, a) $(x, y) \in U$ ist (was möglich ist, da U eine Umgebung von (x_0, y_0) ist) und b) $g(x, y_0 - \varepsilon) < 0$ und $g(x, y_0 + \varepsilon) > 0$ gilt (was möglich ist, da g in U stetig ist). Es sei nun $J = (a, b) = (x_0 - \delta, x_0 + \delta)$ und $x \in J$. Da g auch stetige Funktion ihrer zweiten Variablen y ist (vgl. Satz 124.1), hat die Funktion $y \mapsto g(x, y)$ wegen der verschiedenen Vorzeichen in $y_0 - \varepsilon$ und $y_0 + \varepsilon$ und der strengen Monotonie genau eine Nullstelle y in $(y_0 - \varepsilon, y_0 + \varepsilon)$, das heißt, daß die Gleichung $g(x, y) = 0$ für jedes $x \in J$ genau eine Lösung $y = f(x)$ hat. Damit ist die Existenz bewiesen.

Es ist dann für alle x mit $|x - x_0| < \delta$ und $\varepsilon > 0$ (wobei ε obiger Bedingung genüge, insbesondere beliebig klein gewählt werden kann): $|f(x) - y_0| < \varepsilon$, d.h., daß f in x_0 stetig ist, da nach Konstruktion $f(x_0) = y_0$ ist.

Auf den Beweis der Differenzierbarkeit wollen wir verzichten. Wenn aber f differenzierbar ist, so folgt (163.1) aus der Kettenregel (154.2): Da für alle $x \in J$ gilt $g(x, f(x)) = 0$, folgt durch Differenzieren $g_x(x, f(x)) + g_y(x, f(x)) \cdot f'(x) = 0$ für alle $x \in J$. ●

Beispiel 164.1

Wir setzen unser einführendes Beispiel fort: $g(x, y) = x^2 + e^x y e^y$. Es ist $g(0, 0) = 0$ und für alle $(x, y) \in \mathbb{R}^2$ mit $y \neq -1$ ist $g_y(x, y) \neq 0$. Daher besitzt die Gleichung $g(x, y) = 0$ in einer geeigneten Umgebung des Punktes $(0, 0)$ genau eine Lösung $y = f(x)$. Diese Funktion f läßt sich – wir betonen das erneut – nicht »elementar hinschreiben«, dennoch existiert sie; sie ist eben durch die Gleichung $g(x, y) = 0$ »implizit definiert«, wie man sagt. Da g_x und g_y stetig sind, ist f differenzierbar und es gilt nach (163.1) für die Ableitung $f'(x)$:

$$2x + e^x \cdot f(x) \cdot e^{f(x)} + e^x \cdot e^{f(x)} \cdot (1 + f(x)) \cdot f'(x) = 0. \tag{164.1}$$

Da $g(0, f(0)) = f(0) \cdot e^{f(0)} = 0$ ist, folgt $f(0) = 0$. Setzt man das in (164.1) ein, so folgt $f'(0) = 0$.

Beispiel 164.2

Es sei

$$g(x, y) = x^3 + y^3 - \tfrac{9}{2} x \cdot y. \tag{164.2}$$

Bild 165.1 veranschaulicht die durch

$$g(x, y) = 0 \tag{164.3}$$

definierte Punktmenge in $\mathbb{R}^2$; diese Kurve heißt **Kartesisches Blatt.** Wir wollen sie näher untersuchen.

a) Zunächst soll ermittelt werden, zu welchen Kurvenpunkten (x_0, y_0) eine Umgebung $(a, b) \subset \mathbb{R}$ von x_0 existiert, so daß (164.3) in (a, b) eindeutig nach y aufgelöst werden kann: $y = f(x)$ mit $g(x_0, y_0) = 0$ und $g(x, f(x)) = 0$ für alle $x \in (a, b)$. Da g und g_y in $\mathbb{R}^2$ stetige Funktionen sind, ist das der Fall, wenn $g_y(x_0, y_0) \neq 0$ (nach Satz 123.1 ist g_y dann auch in einer Umgebung U von (x_0, y_0) ungleich Null). Wir bestimmen die »Ausnahmepunkte«, d.h. diejenigen Kurvenpunkte, für die

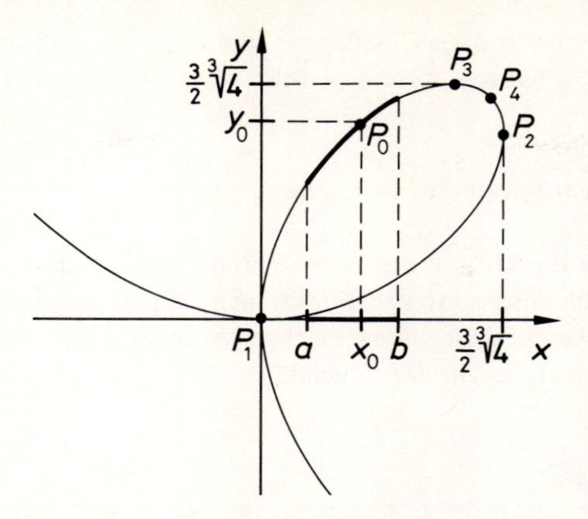

165.1 Das kartesische Blatt aus Beispiel 164.2

g_y verschwindet, die Punkte also, für die

$$g(x, y) = x^3 + y^3 - \tfrac{9}{2} x y = 0 \tag{165.1}$$

und

$$g_y(x, y) = 3 y^2 - \tfrac{9}{2} x = 0 \tag{165.2}$$

ist. Löst man (165.2) nach x auf und setzt das in (165.1) ein, so bekommt man die Punkte $P_1 = (0, 0)$ und $P_2 = (\frac{3}{2} \cdot \sqrt[3]{4},\ \frac{3}{2} \cdot \sqrt[3]{2})$. In diesen zwei Kurvenpunkten läßt sich die Existenz der Funktion f aus dem Satz nicht folgern. Bild 165.1 zeigt, daß die Kurve sich in P_1 selbst schneidet, eine eindeutige Auflösbarkeit von $g(x, y) = 0$ also in keinem $x_1 = 0$ enthaltenden Intervall (a, b) möglich ist. In P_2 hat die Kurve eine senkrechte Tangente, um $x_2 = \frac{3}{2}\sqrt[3]{4}$ existiert ebenfalls kein Intervall, in dem die Gleichung $g(x, y) = 0$ eindeutig nach y auflösbar ist. Zu jedem von P_1 und P_2 verschiedenen Kurvenpunkt $P_0 = (x_0, y_0)$ existiert ein solches x_0 enthaltendes Intervall (a, b), in dem $g(x, y) = 0$ eindeutig nach y auflösbar ist. In Bild 165.1 ist zu P_0 ein solches x_0 enthaltendes offenes Intervall (a, b) dick nebst dem Kurvenstück eingezeichnet: dieses Kurvenstück hat die Gleichung $y = f(x)$. Man beachte aber den »lokalen« Charakter des Satzes: In einer Umgebung von x_0 kann nach y aufgelöst werden, das gesamte Kartesische Blatt läßt sich offensichtlich nicht durch eine Funktion $y = f(x)$ beschreiben, die Gleichung $g(x, y) = 0$ sich demnach nicht in ganz $\mathbb{R}$ eindeutig nach y auflösen.

b) Wir wollen noch einige besondere Punkte des Kartesischen Blattes bestimmen. Nach (163.1) gilt, wenn $g(x, y) = 0$ nach y aufgelöst werden kann, mit $y = f(x)$:

$$f'(x) = -\frac{g_x(x, y)}{g_y(x, y)} = -\frac{2x^2 - 3y}{2y^2 - 3x}. \tag{165.3}$$

Der Zähler ist 0, wenn $2x^2 - 3y = 0$. Setzt man das in (165.1) ein, so erhält man nach kurzer Rechnung die Punkte $P_1 = (0, 0)$ und $P_3 = (\frac{3}{2} \cdot \sqrt[3]{2},\ \frac{3}{2} \cdot \sqrt[3]{4})$. P_1 wurde oben schon erwähnt, in P_3 ist der Nenner aus (165.3) von Null verschieden, so daß in P_3 gilt $f'(x)=0$: Das Kartesische Blatt hat dort eine waagerechte Tangente. In P_4 (s. Bild 165.1) ist $f'(x)=-1$.

2.2.7 Integrale, die von einem Parameter abhängen

Wir betrachten eine stetige Funktion g der zwei Veränderlichen x und t. Dann läßt sich g nach t integrieren. Sind obere und untere Grenze Funktionen von x, so ergibt sich die Frage, ob die entstehende Funktion von x stetig ist, unter welchen Voraussetzungen sie differenzierbar ist, und wie dann ihre Ableitung lautet. Es gilt der folgende

Satz 166.1 (Leibnizsche Regel)

Sei $D=\{(x,t)\in\mathbb{R}^2 \mid a\leqq x\leqq b \text{ und } \alpha\leqq t\leqq\beta\}$ und g eine auf D definierte stetige Funktion, g_x auf D stetig. Ferner seien u und v auf $[a,b]$ stetig differenzierbare Funktionen und für alle $x\in[a,b]$ sei $\alpha\leqq u(x)\leqq\beta$ und $\alpha\leqq v(x)\leqq\beta$. Dann wird durch

$$f(x)=\int_{u(x)}^{v(x)} g(x,t)\,\mathrm{d}t \tag{166.1}$$

eine auf $[a,b]$ differenzierbare Funktion f definiert. Es gilt darüberhinaus für alle $x\in[a,b]$

$$f'(x)=\int_{u(x)}^{v(x)} g_x(x,t)\,\mathrm{d}t+g(x,v(x))\cdot v'(x)-g(x,u(x))\cdot u'(x). \tag{166.2}$$

Bemerkungen:

1. Da in (166.1) die Integrationsvariable t ist, nennt man x auch einen Parameter, man sagt, das Integral hänge von einem Parameter – nämlich x – ab. Man spricht dann von der Differentiation nach einem Parameter oder Differentiation unter dem Integralzeichen. (166.2) heißt die Leibnizsche Regel.

2. Zwei wichtige Sonderfälle ergeben sich, wenn u oder v oder beide konstant sind. Insbesondere erhält man für $c, d\in\mathbb{R}$ dann

$$\frac{\mathrm{d}}{\mathrm{d}x}\int_c^d g(x,t)\,\mathrm{d}t=\int_c^d g_x(x,t)\,\mathrm{d}t, \tag{166.3}$$

$$\frac{\mathrm{d}}{\mathrm{d}x}\int_c^x g(x,t)\,\mathrm{d}t=\int_c^x g_x(x,t)\,\mathrm{d}t+g(x,x). \tag{166.4}$$

Die Ausdrucksweise »Differentiation unter dem Integral« rührt von (166.3) her.

Beweis:

Es sei $x\in[a,b]$, $x+h\in[a,b]$. Dann gilt

$$f(x+h)-f(x)=\int_{u(x+h)}^{v(x+h)} g(x+h,t)\,\mathrm{d}t-\int_{u(x)}^{v(x)} g(x,t)\,\mathrm{d}t$$

$$= \int_{u(x+h)}^{u(x)} g(x+h,t)\,dt + \int_{u(x)}^{v(x)} g(x+h,t)\,dt + \int_{v(x)}^{v(x+h)} g(x+h,t)\,dt - \int_{u(x)}^{v(x)} g(x,t)\,dt$$

$$= \int_{u(x)}^{v(x)} [g(x+h,t)-g(x,t)]\,dt + \int_{v(x)}^{v(x+h)} g(x+h,t)\,dt - \int_{u(x)}^{u(x+h)} g(x+h,t)\,dt.$$

Nach dem Mittelwertsatz der Integralrechnung (s. Band 2, Satz 133.1) gibt es Zahlen τ_1 bzw. τ_2 zwischen $v(x)$ und $v(x+h)$ bzw. $u(x)$ und $u(x+h)$, so daß folgende Gleichungen gelten:

$$\int_{v(x)}^{v(x+h)} g(x+h,t)\,dt = g(x+h,\tau_1)\cdot[v(x+h)-v(x)] \tag{167.1}$$

$$\int_{u(x)}^{u(x+h)} g(x+h,t)\,dt = g(x+h,\tau_2)\cdot[u(x+h)-u(x)]. \tag{167.2}$$

Nach dem Mittelwertsatz der Differentialrechnung (s. Band 2, Satz 72.1) gibt es, da g nach x differenzierbar ist, eine Zahl ξ zwischen x und $x+h$, so daß gilt:

$$g(x+h,t)-g(x,t)=g_x(\xi,t)\cdot h.$$

Hieraus folgt

$$\int_{u(x)}^{v(x)} [g(x+h,t)-g(x,t)]\,dt = h\cdot\int_{u(x)}^{v(x)} g_x(\xi,t)\,dt. \tag{167.3}$$

Setzt man (167.1), (167.2) und (167.3) in obige Gleichung für die Differenz $f(x+h)-f(x)$ ein, so erhält man

$$\frac{f(x+h)-f(x)}{h} = \int_{u(x)}^{v(x)} g_x(\xi,t)\,dt + g(x+h,\tau_1)\cdot\frac{v(x+h)-v(x)}{h} - g(x+h),\tau_2)\cdot\frac{u(x+h)-u(x)}{h}.$$

Wenn nun $h\to 0$ konvergiert, so folgt:

1. $\tau_1\to v(x)$ und $\tau_2\to u(x)$, da u und v stetig sind.
2. $g(x+h,\tau_1)\to g(x,v(x))$ und $g(x+h,\tau_2)\to g(x,u(x))$, da g auf D stetig ist.
3. $g_x(\xi,t)\to g_x(x,t)$, da $\xi\to x$ und g_x stetig ist in D.
4. $\dfrac{v(x+h)-v(x)}{h}\to v'(x)$ und $\dfrac{u(x+h)-u(x)}{h}\to u'(x)$, da u und v in $[a,b]$ differenzierbar sind.

Daher konvergiert der obige Differenzenquotient mit $h\to 0$ gegen die rechte Seite in (166.2). Also ist f differenzierbar und (166.2) bewiesen. ●

Beispiel 167.1

Die Funktion

$$t\mapsto e^{(x-t)^2}=g(x,t) \tag{167.4}$$

ist für alle $x\in\mathbb{R}$ eine auf $\mathbb{R}$ stetige Funktion. Daher ist sie für jedes $x\in\mathbb{R}$ (nach t) integrierbar über jedes abgeschlossene Intervall (Band 2, Satz 124.1). Da g_x auf $\mathbb{R}^2$ stetig ist und $u(x)=x$ und $v(x)=x^2$

auf $\mathbb{R}$ stetig differenzierbare Funktionen sind, wird durch

$$f(x)=\int_{u(x)}^{v(x)} g(x,t)\,dt=\int_{x}^{x^2} e^{(x-t)^2}\,dt \tag{168.1}$$

eine auf $\mathbb{R}$ stetige Funktion f definiert. Obwohl g nicht elementar integrierbar ist, f sich also in gewissem Sinne nicht »integralfrei« schreiben läßt, kann man f' berechnen: Nach (166.2) ist

$$\begin{aligned} f'(x)&=\int_{x}^{x^2} 2\cdot(x-t)\cdot e^{(x-t)^2}\,dt+e^{(x-x^2)^2}2x-1\\ &=-e^{(x-t)^2}\Big|_{t=x}^{t=x^2}+2x\cdot e^{(x-x^2)^2}-1\\ &=(2x-1)\,e^{(x-x^2)^2}. \end{aligned}$$

Beispiel 168.1

g und h seien auf $\mathbb{R}$ stetige Funktionen, a und b reelle Zahlen. Ferner sei f eine zweimal stetig differenzierbare Funktion, für die für alle $t\in\mathbb{R}$ gilt $t\cdot f''(t)+f'(t)-f(t)=0$. Dann gilt für die Funktion w mit

$$w(x,y)=\int_{a}^{x} f(u)\cdot g(t)\,dt+\int_{b}^{y} f(v)\cdot h(t)\,dt, \tag{168.2}$$

wobei $u=(y-b)\cdot(x-t)$ und $v=(x-a)\cdot(y-t)$ sind, die Gleichung $w_{xy}-w=0$. Diese Gleichung heißt **Telegraphengleichung.**

Beweis:

Um w nach x zu differenzieren, müssen wir nach der Leibnizschen Regel (Satz 166.1) zuerst unter beiden Integralen differenzieren (Kettenregel) und dann die entsprechenden Produkte aus (166.2) addieren. Die Ableitung des ersten Integranden nach x lautet $f'(u)\cdot(y-b)\cdot g(t)$, die des zweiten $f'(v)\cdot(y-t)\cdot h(t)$. Der erste Integrand an der oberen Grenze ist $f(0)\cdot g(x)$ – man beachte, daß für $t=x$ sich $u=0$ ergibt – dieser wird mit der Ableitung der oberen Grenze nach x multipliziert, also mit 1; die Ableitung der oberen Grenze des zweiten Integrals nach x ist 0. Also erhält man

$$w_x(x,y)=\int_{a}^{x} f'(u)\cdot(y-b)\cdot g(t)\,dt+f(0)\cdot g(x)+\int_{b}^{y} f'(v)\cdot(y-t)\cdot h(t)\,dt.$$

Differenziert man diesen Ausdruck nach y, bekommt man

$$w_{xy}(x,y)=\int_{a}^{x}[f''(u)\cdot(y-b)\cdot(x-t)+f'(u)]\cdot g(t)\,dt+\int_{b}^{y}[f''(v)\cdot(y-t)\cdot(x-a)+f'(v)]\cdot h(t)\,dt;$$

man beachte dabei, daß nach der Produktregel unter den Integralen zu differenzieren ist. Bildet man nun $w_{xy}-w$ und faßt entsprechende Integrale zusammen, bekommt man

$$\begin{aligned} w_{xy}(x,y)-w(x,y)=&\int_{a}^{x}[f''(u)\cdot(y-b)\cdot(x-t)+f'(u)-f(u)]\cdot g(t)\,dt\\ &+\int_{b}^{y}[f''(v)\cdot(y-t)\cdot(x-a)+f'(v)-f(v)]\cdot h(t)\,dt. \end{aligned}$$

Da die Integranden verschwinden, weil die in den eckigen Klammern stehenden Ausdrücke nach Voraussetzung Null sind, ist $w_{xy}-w=0$. ●

Aufgaben

1. Es sei $f(x, y)=\frac{x^2}{2}+xy$ und $P_0=(1,2)$, $P=(1,1;1,9)$.
   a) Berechnen Sie alle partiellen Ableitungen von f bis zur Ordnung 3.
   b) In welchen Punkten ist f differenzierbar?
   c) Berechnen Sie in P_0 das totale Differential von f.
   d) Berechnen Sie $f(P_0)$ und $f(P)$ sowie deren Differenz $f(P)-f(P_0)$.
   e) Berechnen Sie den Wert a des totalen Differentials aus c) für die Zuwächse $dx=0{,}1$ und $dy=-0{,}1$.
   f) Vergleichen Sie die Zahl aus e) mit der Differenz aus d).
   g) Vergleichen Sie $f(P)$ mit $f(P_0)+a$; was gilt für deren Werte?
   h) Wie lautet die Gleichung $z=l(x, y)$ der Tangentialebene an die Fläche mit der Gleichung $z=f(x, y)$ im Flächenpunkt $(1; 2; 2{,}5)$?
   i) Berechnen Sie $l(P)$ und vergleichen Sie diese Zahl mit denen aus d) bis f).
   j) Wie lautet $\operatorname{grad} f$ im Punkte (x, y)?
   k) Berechnen Sie die Richtungsableitung von f im Punkte P_0 in den Richtungen $(2,3)$, $(-1,-3)$, $(3,2)$, $(3,1)$, $(-2,-3)$, $(-3,-1)$ und $(-1,3)$.
   l) Welchen Wert hat die größtmögliche aller Richtungsableitungen von f im Punkte P_0 und in welcher Richtung wird sie angenommen?
   m) Skizzieren Sie Höhenlinien von f, insbesondere die durch P_0 gehende Höhenlinie, und in P_0 die Vektoren aus k).

2. Die Funktion f mit $f(x, y)=x^3\cdot y^2\cdot(1-x-y)$ ist in $\mathbb{R}^2$ auf relative Extrema zu untersuchen.

3. Die absoluten Extrema von $f(x, y)=x^2+xy+y^2-2x-\frac{5}{2}y$ sind in den Dreiecken
   a) $C=\{(x, y)\in\mathbb{R}^2 \mid -1\leqq x\leqq 1 \text{ und } 0\leqq y\leqq x+1\}$;
   b) $D=\{(x, y)\in\mathbb{R}^2 \mid -1<x<1 \text{ und } 0<y<x+1\}$.
   zu bestimmen.

4. f mit $f(x, y)=[(x-3)^2+(y+1)^2-4]\cdot\sqrt{(x-3)^2+(y+1)^2}$ ist auf relative und absolute Extrema zu untersuchen.

5. Für welche Punkte (x, y, z), die auf der Kugel vom Radius 1 um den Ursprung $(0,0,0)$ und auf der Zylinderfläche vom Radius $\sqrt{\frac{1}{2}}$ mit der z-Achse als Mittellinie liegen, ist die Summe ihrer Koordinaten am größten?

6. Welche Abmessungen muß ein quaderförmiger Behälter von $32\,\text{m}^3$ Rauminhalt haben, der an einer Seite offen ist, damit seine Oberfläche möglichst klein ist?

*7. Ein Viereck (eben) ist so zu konstruieren, daß sein Inhalt bei gegebenen Seitenlängen möglichst groß ist.

8. Man bestimme den höchsten und tiefsten Punkt auf der Ellipse mit der Gleichung $2x^2+6xy+3y^2+6=0$.

9. Es soll der Ohmsche Widerstand R eines Stromkreises ermittelt werden. Dazu mißt man zu verschiedenen Spannungen U den Strom I und erhält folgende Tabelle:

U [V]	10	12	14	16	18	20
I [mA]	2,0	2,3	2,9	3,2	3,5	4,1

Mit der Methode der kleinsten Quadrate bestimme man hieraus R.

10. Es sei $f(x, y, z) = 2xy^3 - yz^2$ und $P = (2, 1, -1)$.
    a) Bestimmen Sie die Richtungsableitung von f in P in Richtung $\vec{a} = (3, 0, 1)$.
    b) Desgleichen mit $\vec{b} = -\vec{a}$.
    c) In welcher Richtung $\vec{c}$ ist die Richtungsableitung von f in P am größten, in welcher am kleinsten? Wie groß ist in jedem dieser Fälle diese Ableitung?
11. Beweisen Sie die Gültigkeit folgender Produktregel für Gradienten: $\operatorname{grad}(fg) = f \cdot \operatorname{grad} g + g \cdot \operatorname{grad} f$, wobei f und g auf derselben offenen Menge $D \subset \mathbb{R}^3$ definierte Funktionen seien.

12. Die Funktion f habe in Polarkoordinaten die Gleichung $z = u(r, \varphi) = r^2 - 8 \cdot \cos 2\varphi$ (Lemniskate). Wie lauten ihre partiellen Ableitungen nach den kartesischen Koordinaten x und y?

13. Die Funktionen f und g seien auf $\mathbb{R}$ zweimal stetig differenzierbar und $c \in \mathbb{R}$. Zeigen Sie, daß für die Funktion u mit $u(x, t) = f(x + ct) + g(x - ct)$ die sogenannte **Wellengleichung** $u_{tt} = c^2 \cdot u_{xx}$ gilt.

14. Untersuchen Sie die durch $g(x, y) = 0$ definierte Kurve, wenn $g(x, y) = (x^2 + y^2)^2 - 8 \cdot (x^2 - y^2)$ ist (Lemniskate).

15. Es sei f eine auf $\mathbb{R}$ zweimal stetig differenzierbare Funktion, g und h seien auf $\mathbb{R}$ stetige Funktionen. Ferner sei

$$w(x, y) = \int_a^x f((x-u) \cdot (y-u)) \cdot g(u) \, du + \int_b^y f((x-u) \cdot (y-u)) \cdot h(u) \, du.$$

Zeigen Sie, daß für die Funktion w die sogenannte **Telegraphengleichung** $w_{xy} = w$ gilt, wenn für alle $t \in \mathbb{R}$ gilt $tf''(t) + f'(t) - f(t) = 0$.

16. Untersuchen Sie, welche der folgenden Differentialformen $P(x, y)\,dx + Q(x, y)\,dy$ totale Differentiale sind und berechnen Sie ggf. das zugehörige Potential.
    a) $x^2 y \, dx + x^2 y \, dy$; b) $(ye^x + 2xy)\,dx + (e^x + x^2 + y^4)\,dy$.

17. Für die einem Gase vom Volumen V und der Temperatur T zugeführte Wärmemenge δQ gilt unter gewissen Voraussetzungen

$$\delta Q = \frac{\mathrm{R}T}{V} \, dV + c(T) \, dT,$$

wobei R die allgemeine Gaskonstante und $c(T)$ eine spezifische Wärme ist.
    a) Untersuchen Sie, ob δQ totales Differential einer Funktion der zwei Variablen (V, T) ist.
    b) Bestimmen Sie eine nur von T abhängende Funktion f so, daß die Differentialform $f(T) \cdot \delta Q$ totales Differential einer Funktion S von (V, T) ist.
    c) Wie lautet dann $S(V, T)$, wenn $c(T) = c_V = \text{const.}$ ist (ideales Gas)? S ist die **Entropie** des Gases.

2.3 Mehrfache Integrale (Bereichsintegrale)

In diesem Abschnitt wird der Begriff des bestimmten Integrals auf Funktionen mehrerer Variablen übertragen.

2.3.1 Doppelintegrale

Es sei $G \subset \mathbb{R}^2$ eine beschränkte abgeschlossene (nichtleere) Menge und f eine auf G definierte beschränkte Funktion. Wir gehen von folgendem Problem aus, das dem Flächeninhaltsproblem aus dem Abschnitt Integralrechnung (Band 2, Abschnitt 2.1.1) entspricht: Es sei $f(P) \geqq 0$ für alle $P \in G$. Wir wollen das Volumen V desjenigen Körpers bestimmen, der durch die Menge

$$\{(x, y, z) \in \mathbb{R}^3 | (x, y) \in G \text{ und } 0 \leqq z \leqq f(x, y)\}$$

beschrieben ist (Bild 171.1). Es handelt sich dabei um einen »Zylinder«, der senkrecht auf der x, y-

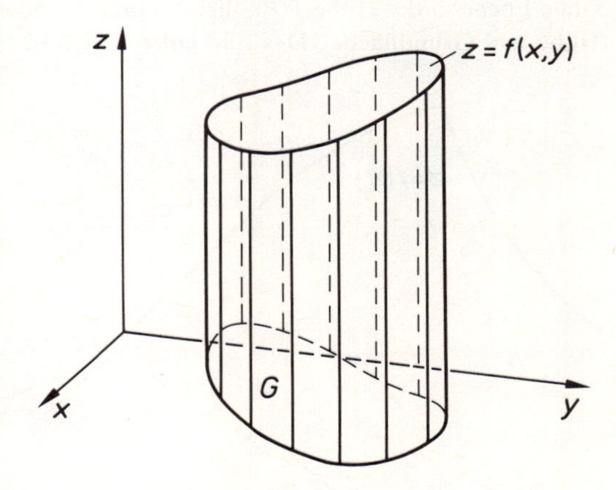

171.1 Der Körper, dessen Volumen bestimmt werden soll

Ebene steht und nach oben durch die Fläche mit der Gleichung $z = f(x, y)$ und nach unten durch die x, y-Ebene begrenzt ist und dessen horizontaler »Querschnitt« G ist. Um das genannte Volumen-Problem zu lösen, werden wir analog zur Flächenberechnung (Band 2, Abschnitt 2.1.2) vorgehen. Dabei ist, wie auch dort, unwesentlich, ob $f(P) \geqq 0$ in G, doch nur in diesem Fall lösen wir dieses Volumenproblem (s. Band 2, Definition 118.1, Bemerkung 3).

Wir »zerlegen« G in Teilbereiche $g_1, g_2, \ldots, g_n$ und berechnen als Näherung für das gesuchte Volumen die Summe der Volumina der »Säulen« aus Bild 172.1, die nach oben waagerecht begrenzt sind. Genauer:

1. Z sei eine Zerlegung von G in n nichtleere Teilmengen $g_1, \ldots, g_n$, für die folgendes gilt:
   a) Jede Teilmenge g_i hat einen Flächeninhalt, den wir mit Δg_i bezeichnen.
   b) Die Vereinigung aller g_i ist G.

c) Die g_i sind paarweise disjunkt, d.h. aus $i \neq j$ folgt $g_i \cap g_j = \emptyset$.

d) Sei $\delta_i = \sup\{|P-Q| \mid P \in g_i \text{ und } Q \in g_i\}$; dann heiße $d = d(Z) = \max\{\delta_i | i = 1, 2, \ldots, n\}$ das **Feinheitsmaß** der Zerlegung Z.

2. a) In jeder Menge g_i wird ein »Zwischenpunkt« $P_i \in g_i$ gewählt und das Produkt $f(P_i) \cdot \Delta g_i$ gebildet.

b) Es wird die zur gewählten Zerlegung Z und zu den gewählten Zwischenpunkten gehörige »Riemannsche Zwischensumme«

$$S = S(Z) = \sum_{i=1}^{n} f(P_i) \cdot \Delta g_i \tag{172.1}$$

gebildet (sie ist eine Näherung für das gesuchte Volumen).

Bild 172.1 zeigt die Menge G in der x, y-Ebene (hier der Einfachheit wegen ein Rechteck) und eine Menge g_i der Zerlegung Z (ebenfalls als Rechteck gezeichnet). In g_i liegt der Punkt P_i. Über g_i sind zwei Säulen eingezeichnet: Eine wird durch die Fläche mit der Gleichung $z = f(x, y)$ begrenzt, die andere durch eine horizontale Ebene in der Höhe $f(P_i)$. Ihre Volumina sind etwa gleich, letztere hat das Volumen $f(P_i) \cdot \Delta g_i$ (Höhe mal Grundfläche). Das Bild entspricht Bild 117.1 aus Band 2.

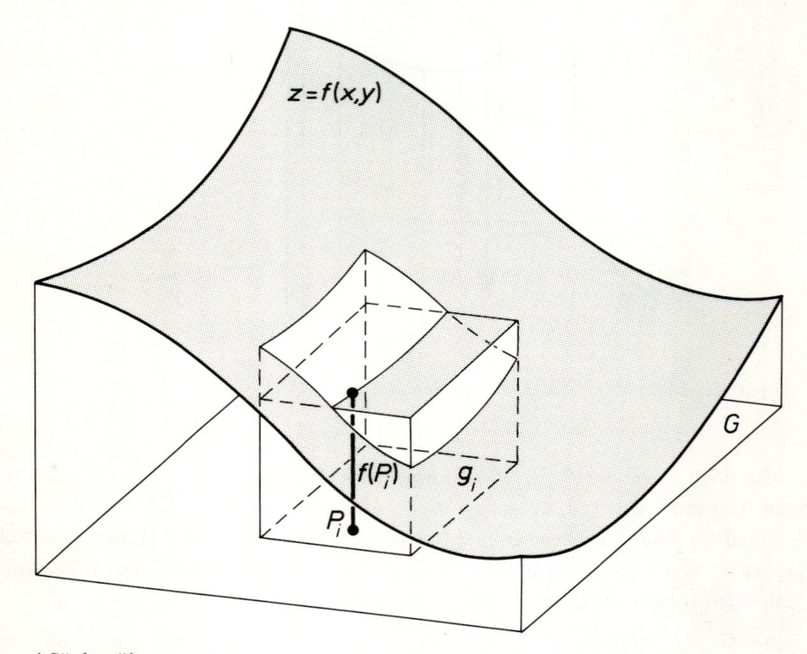

172.1 Die zwei Säulen über g_i

Nach diesen Vorbereitungen schließen wir die Definition des Integrals einer Funktion zweier Variablen an, die eine Verallgemeinerung der Definition des bestimmten Integrals von Funktionen einer Veränderlichen ist (Band 2, Definition 118.1):

Definition 173.1

Die Funktion f sei auf der abgeschlossenen beschränkten Menge $G \subset \mathbb{R}^2$ definiert und beschränkt. Dann heißt f über G **integrierbar,** wenn es eine Zahl I gibt, so daß zu jedem $\varepsilon > 0$ ein $\delta > 0$ existiert, so daß für jede Zerlegung Z, deren Feinheitsmaß $d(Z) < \delta$ ist und für jede Wahl der Zwischenpunkte P_i gilt $|S(Z) - I| < \varepsilon$.

Die Zahl I nennt man das **Integral** von f über G.

Schreibweise: $I = {}^G\!\int f \, \mathrm{d}g$.

Bemerkungen:

1. ${}^G\!\int f \, \mathrm{d}g$ wird auch **Doppelintegral** oder **zweifaches Integral** genannt. Der Grund hierfür ist in Formel (175.1) zu sehen.
2. Weitere Namen sind **Bereichsintegral, Gebietsintegral.** Die Menge G heißt der **Integrationsbereich.** Es sind folgende weitere Schreibweisen verbreitet:

$${}^G\!\int f \, \mathrm{d}g = \int_G f \, \mathrm{d}g = {}^G\!\iint f(P) \, \mathrm{d}g = {}^G\!\iint f(x, y) \, \mathrm{d}x \, \mathrm{d}y.$$

3. Ist $f(P) = 1$ für alle $P \in G$, so ist ${}^G\!\int f \, \mathrm{d}g = {}^G\!\int \mathrm{d}g$ gleich dem Flächeninhalt von G.

Um Formeln zur Berechnung des Integrals einer über G integrierbaren Funktion f zu erhalten, werden wir uns auf gewisse einfache Integrationsbereiche beschränken müssen. Bei Funktionen einer Variablen beschränkt man sich bekanntlich von vornherein auf Intervalle $[a, b] \subset \mathbb{R}$.

Definition 173.2

g und h seien auf $[a, b] \subset \mathbb{R}$ definierte stetige Funktionen, für die $g(t) \leqq h(t)$ für alle $t \in [a, b]$ gilt. Dann heißt jede der Mengen

$$G_1 = \{(x, y) \in \mathbb{R}^2 | a \leqq x \leqq b \text{ und } g(x) \leqq y \leqq h(x)\}$$
$$G_2 = \{(x, y) \in \mathbb{R}^2 | a \leqq y \leqq b \text{ und } g(y) \leqq x \leqq h(y)\}$$

ein **Normalbereich** in der Ebene $\mathbb{R}^2$.

Bemerkungen:

1. Die Normalbereiche G_1 und G_2 haben denselben Flächeninhalt, nämlich $\int_a^b [h(t) - g(t)] \, \mathrm{d}t$.
2. Die Normalbereiche G_1 und G_2 gehen durch Spiegelung an der Winkelhalbierenden $y = x$ auseinander hervor (vgl. Bilder 174.1 und 174.2 miteinander).

Beispiel 173.1

Sei $h(t) = \dfrac{t^2}{4}$ und $g(t) = -\sin t$ und $[a, b] = [0, 2]$. Dann sind

$$G_1 = \left\{(x, y) \in \mathbb{R}^2 \,\middle|\, 0 \leqq x \leqq 2 \text{ und } -\sin x \leqq y \leqq \frac{x^2}{4}\right\}$$

und

$$G_2 = \left\{ (x, y) \in \mathbb{R}^2 \,\middle|\, 0 \leqq y \leqq 2 \text{ und } -\sin y \leqq x \leqq \frac{y^2}{4} \right\}.$$

die in Bild 174.1 und 174.2 skizzierten Normalbereiche.

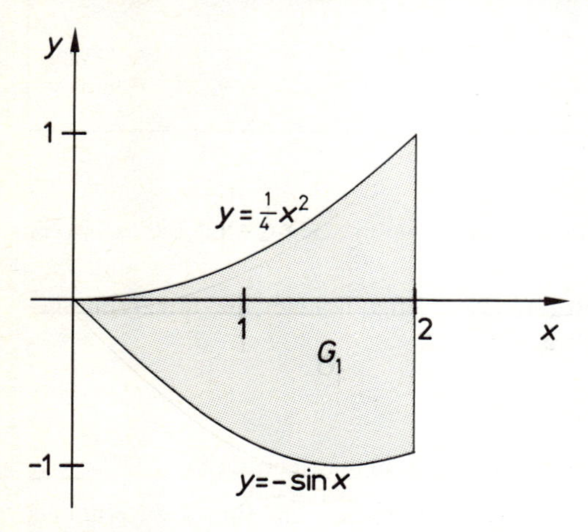

174.1 Zu Beispiel 173.1

174.2 Zu Beispiel 173.1

Beispiel 174.1

Der Kreis aus Bild 174.3 ist ein Normalbereich, da er sich wie folgt beschreiben läßt:

$$\{(x, y) \in \mathbb{R}^2 \mid -2 \leqq x \leqq 2 \text{ und } -\sqrt{4-x^2} \leqq y \leqq \sqrt{4-x^2}\}.$$

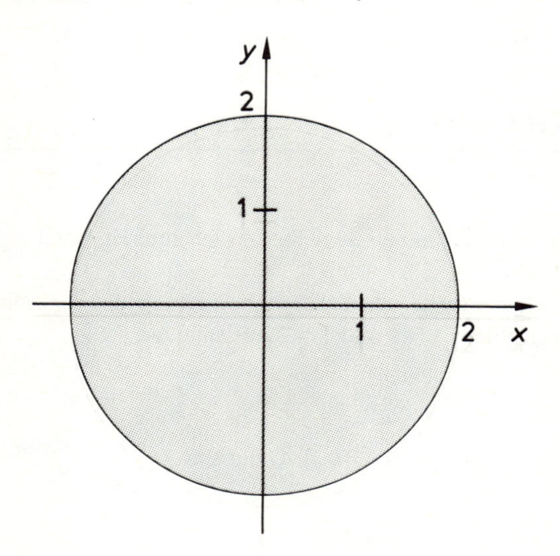

174.3 Zu Beispiel 174.1

Weitere Beispiele findet man in Abschnitt 1.1.

Der folgende Satz enthält eine Existenzaussage und eine Berechnungsformel für Gebietsintegrale:

Satz 175.1

$G \subset \mathbb{R}^2$ sei ein Normalbereich und f eine auf G stetige Funktion. Dann ist f über G integrierbar. Ist mit den Bezeichnungen aus Definition 173.2 $G=G_1$ bzw. $G=G_2$, so gilt

$$^{G_1}\int f\,\mathrm{d}g = \int_a^b \left[\int_{g(x)}^{h(x)} f(x,y)\,\mathrm{d}y\right]\mathrm{d}x, \tag{175.1}$$

$$^{G_2}\int f\,\mathrm{d}g = \int_a^b \left[\int_{g(y)}^{h(y)} f(x,y)\,\mathrm{d}x\right]\mathrm{d}y. \tag{175.2}$$

Auf den Beweis des Satzes müssen wir verzichten.

Bemerkungen:

1. Die Klammern um das innere Integral pflegt man fortzulassen.
2. Die Berechnung nach (175.1) erfolgt folgendermaßen:
   a) Man integriert $f(x, y)$ »nach y«, d.h. man betrachtet x bez. dieser Integration als Konstante, setzt dann für y die obere Grenze $h(x)$ bzw. untere Grenze $g(x)$ ein und bildet die entsprechende Differenz wie beim bestimmten Integral.
   b) Das dann entstandene Integral ist ein gewöhnliches Integral für eine Funktion einer Variablen x, erstreckt über $[a, b]$.
3. Wenn f in G nicht-negativ ist, so ist $^G\int f\,\mathrm{d}g$ das Volumen des oben beschriebenen Körpers; wenn $f(P)=1$ für alle $P \in G$ gilt, so ist $^G\int f\,\mathrm{d}g = {}^G\int \mathrm{d}g = \int_a^b [h(x)-g(x)]\,\mathrm{d}x$ der Flächeninhalt von G.

Beispiel 175.1

Es sei $G=\{(x, y) | 1 \leqq x \leqq 3 \text{ und } 1 \leqq y \leqq x^2\}$ (vgl. Bild 176.1) und $f(x, y)=x^2+xy$. Dann erhält man

$$^G\int f\,\mathrm{d}g = \int_1^3 \int_1^{x^2} (x^2+xy)\,\mathrm{d}y\,\mathrm{d}x = \int_1^3 [x^2 y + \tfrac{1}{2}xy^2]_{y=1}^{y=x^2}\,\mathrm{d}x = \int_1^3 (x^4+\tfrac{1}{2}x^5-x^2-\tfrac{1}{2}x)\,\mathrm{d}x = 98{,}4.$$

Da $f(x, y) \geqq 0$ für alle $(x, y) \in G$, ist 98,4 das Volumen des Körpers, der in der x, y-Ebene durch G nach unten begrenzt ist und nach oben durch die Fläche mit der Gleichung $z=x^2+xy$.

Beispiel 175.2

Es sei G der in Bild (176.2) skizzierte Bereich und $f(x, y)=x$. Man berechne $^G\int f\,\mathrm{d}g$.

Es ist

$$G=\{(x, y) | 0 \leqq x \leqq 1 \text{ und } -x \leqq y \leqq x^2\}.$$

Daher erhält man

$$^G\int f\,\mathrm{d}g=\int_0^1\int_{-x}^{x^2} x\,\mathrm{d}y\,\mathrm{d}x=\int_0^1(x^2+x)\cdot x\,\mathrm{d}x=\tfrac{1}{4}+\tfrac{1}{3}=\tfrac{7}{12}.$$

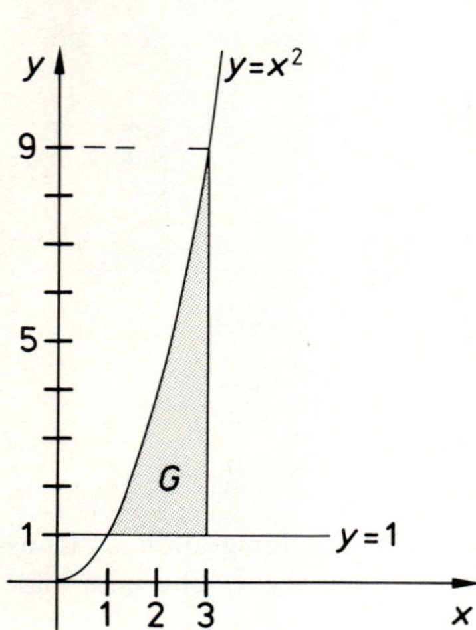

176.1 Zu Beispiel 175.1

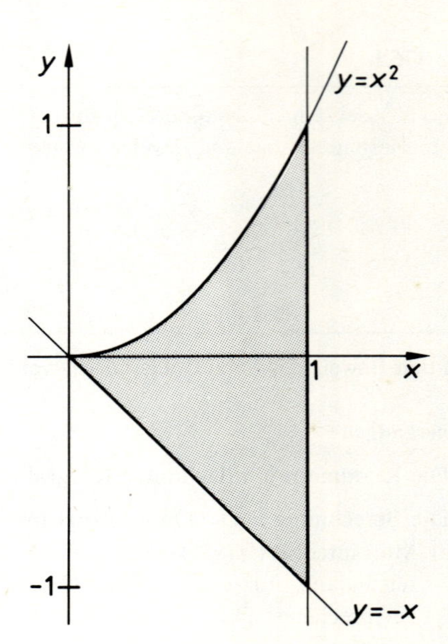

176.2 Zu Beispiel 175.2

Ist der Integrationsbereich G ein Rechteck, also alle vier Integrationsgrenzen konstant, so kommt es auf die Reihenfolge der Integrationen in (175.1) nicht an. Es kann aber sein, daß man zuerst nach x integriert und dann nach y, während es umgekehrt nicht möglich ist. So ist z.B. $\int_0^{2\pi}\int_0^1 \mathrm{e}^{x^2}\cdot\sin y\,\mathrm{d}x\,\mathrm{d}y$ in dieser Integrationsreihenfolge nicht zu bestimmen (da e^{x^2} nicht elementar zu integrieren ist), aber dieses Integral ist gleich

$$\int_0^1\int_0^{2\pi}\mathrm{e}^{x^2}\cdot\sin y\,\mathrm{d}y\,\mathrm{d}x=-\int_0^1\mathrm{e}^{x^2}\cdot(\cos 2\pi-\cos 0)\,\mathrm{d}x=0.$$

Zur Integration von Funktionen f einer Variablen erweist sich die Substitutionsregel in vielen Fällen als zweckmäßig (Band 2, Satz 159.1). Die Substitutionsregel lautet $\int_a^b f(x)\,\mathrm{d}x=\int_\alpha^\beta f\big(g(t)\big)\cdot g'(t)\,\mathrm{d}t$ (wenn f über $[a,b]$ integrierbar ist, g auf $[\alpha,\beta]$ stetig differenzierbar und umkehrbar und $g(\alpha)=a$ und $g(\beta)=b$ gilt). Für Funktionen zweier Variablen x, y werden Substitutionen durch ein Paar von Gleichungen beschrieben: $x=x(u,v)$, $y=y(u,v)$ [Polarkoordinaten z.B. $x=x(r,\varphi)=r\cdot\cos\varphi$, $y=y(r,\varphi)=r\cdot\sin\varphi$]. Ziel ist dabei, a) den Integranden zu vereinfachen oder b) die den Integrationsbereich beschreibenden Ungleichungen zu vereinfachen. Dieser zweite Gesichtspunkt – fast der wichtigere – fehlt bei Funktionen einer Variablen völlig: sowohl $[a,b]$ als auch $[\alpha,\beta]$ sind

Intervalle. Es erhebt sich die Frage: Durch welchen Ausdruck ist dann dg zu ersetzen? (Bei einer Variablen ist dx durch $g'(t)\,dt$ zu ersetzen). Wir beschränken uns hier auf den praktisch wichtigsten Fall der Polarkoordinaten, durch die Kreise, Ringe u.ä. einfach zu beschreiben sind. Der folgende Satz entspricht Satz 175.1 und wird hier ebenfalls ohne Beweis angegeben:

Satz 177.1

Die Funktion f sei auf der abgeschlossenen Menge $G \subset \mathbb{R}^2$ definiert und stetig. g und h seien auf $[a, b]$ definierte stetige Funktionen, für alle $t \in [a, b]$ sei $g(t) \leqq h(t)$. Ferner sei $x = r \cdot \cos\varphi$, $y = r \cdot \sin\varphi$.

a) Wenn G beschrieben wird durch die Ungleichungen $a \leqq r \leqq b$ und $g(r) \leqq \varphi \leqq h(r)$ (wobei $a \geqq 0$ und $0 \leqq g(r) \leqq 2\pi$ und $0 \leqq h(r) \leqq 2\pi$ für alle $r \in [a, b]$ vorausgesetzt werden), so ist f über G integrierbar und es gilt

$$^G\!\!\int f\,dg = \int_a^b \int_{g(r)}^{h(r)} f(r \cdot \cos\varphi, r \cdot \sin\varphi) \cdot r\,d\varphi\,dr. \qquad (177.1)$$

b) Wenn G durch die Ungleichungen $a \leqq \varphi \leqq b$ und $g(\varphi) \leqq r \leqq h(\varphi)$ (wobei $0 \leqq a \leqq b \leqq 2\pi$ und $0 \leqq g(\varphi)$ für alle $\varphi \in [a, b]$ vorausgesetzt werde), so ist f über G integrierbar und es gilt

$$^G\!\!\int f\,dg = \int_a^b \int_{g(\varphi)}^{h(\varphi)} f(r \cdot \cos\varphi, r \cdot \sin\varphi) \cdot r\,dr\,d\varphi. \qquad (177.2)$$

Bemerkung:

Der Ausdruck $r\,dr\,d\varphi$ ist hier für dg einzusetzen, die Grenzen sind die von G in Polarkoordinaten. Man nennt $dg = r\,dr\,d\varphi$ das »Flächenelement« in Polarkoordinaten.

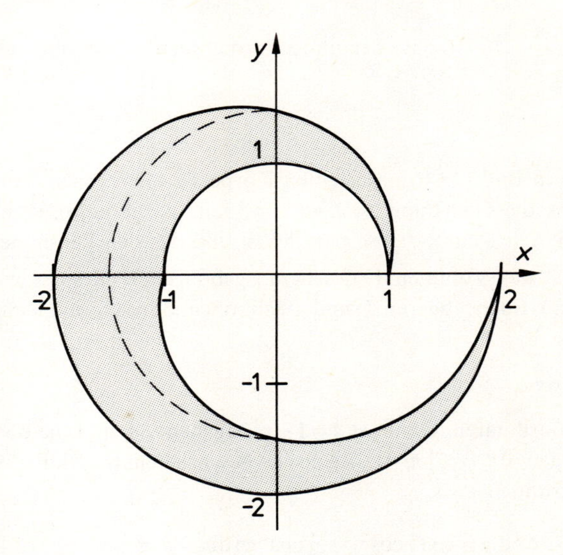

177.1 Zu Beispiel 178.1

Beispiel 178.1

Der in Polarkoordinaten durch die Ungleichungen $1 \leqq r \leqq 2$ und $(r-1)\pi \leqq \varphi \leqq r\pi$ beschriebene Bereich G der (x, y)-Ebene ist in Bild 177.1 skizziert. Wir wollen den Inhalt von G berechnen.
Zur Skizze: Wenn $r=1$ (untere Grenze), das sind Punkte eines Kreisbogens vom Radius 1 um $(0, 0)$, so »läuft« φ von $(r-1)\pi=0$ bis $r\pi=\pi$ ($0°$ bis $180°$). Wenn $r=\frac{3}{2}$, das sind Punkte des gestrichelt gezeichneten Kreises, so läuft φ von $(r-1)\pi=\frac{1}{2}\pi$ bis $r\pi=\frac{3}{2}\pi$. Wenn $r=2$ (obere Grenze), so läuft φ entsprechend von π bis 2π. Für andere Werte von r, die zwischen 1 und 2 liegen, ergeben sich entsprechende Laufbereiche für den Winkel φ.

Der Inhalt von G ist nach Bemerkung 3 zu Definition 175.1 gleich ${}^G\!\int \mathrm{d}g$. In Polarkoordinaten ist $\mathrm{d}g=r\,\mathrm{d}r\,\mathrm{d}\varphi$ und daher aufgrund der Grenzen:

$$ {}^G\!\int \mathrm{d}g=\int_1^2 \int_{(r-1)\pi}^{r\pi} r\,\mathrm{d}\varphi\,\mathrm{d}r=\pi\int_1^2 r\,\mathrm{d}r=\tfrac{3}{2}\pi. $$

Beispiel 178.2

Es soll das Volumen V des Kegels aus Beispiel 104.3 berechnet werden. Der Bereich G in der x, y-Ebene wird in Polarkoordinaten durch die Ungleichungen $0 \leqq r \leqq R$ und $0 \leqq \varphi \leqq 2\pi$ beschrieben. Vom Volumen des Zylinders der Höhe h, das $R^2 h\pi$ beträgt, subtrahieren wir das Volumen V^* des Körpers, der nach unten durch den Bereich G und nach oben durch die Fläche, deren Gleichung in Polarkoordinaten $z=\dfrac{h}{R}r$ lautet, begrenzt wird (s. Beispiel 164.3). Es ist $V^*={}^G\!\int \dfrac{h}{R} r\,\mathrm{d}g$ mit $\mathrm{d}g=r\,\mathrm{d}r\,\mathrm{d}\varphi$, also

$$ V^*=\int_0^R \int_0^{2\pi} \frac{h}{R} r^2\,\mathrm{d}\varphi\,\mathrm{d}r=\int_0^R \frac{h}{R} r^2 \cdot 2\pi\,\mathrm{d}r=\tfrac{2}{3}\pi R^2 h, $$

so daß $V=R^2 h\pi - V^*=\dfrac{\pi}{3}R^2 h$ ist, eine bekannte Formel für das Volumen eines geraden Kreiskegels.

Beispiel 178.3

Es ist das Volumen des in Bild 179.1 dargestellten Körpers zu berechnen: Aus dem Körper, dessen obere Begrenzungsfläche die Gleichung $z=1-x^2-y^2$ hat (Paraboloid), ist ein zylindrisches Loch gebohrt worden, dessen Achse zur z-Achse parallel ist und das den Durchmesser 1 hat.
Wir berechnen zunächst das Volumen V des herausgebohrten Teiles. Es wird nach unten durch den Kreis G in der x, y-Ebene begrenzt und nach oben durch die Fläche mit der Gleichung $z=1-x^2-y^2$. Daher ist

$$ V={}^G\!\int (1-x^2-y^2)\,\mathrm{d}g. \tag{178.1} $$

Wir verwenden Polarkoordinaten. Dann ist $z=1-r^2$, $\mathrm{d}g=r\,\mathrm{d}r\,\mathrm{d}\varphi$ und die obere Hälfte von G wird durch die Ungleichungen $0 \leqq \varphi \leqq \frac{1}{2}\pi$, $0 \leqq r \leqq \cos\varphi$ beschrieben (s. Bild 179.2). Daher folgt mit (178.1) aus Symmetriegründen

$$ V=2\cdot\int_0^{\frac{1}{2}\pi} \int_0^{\cos\varphi} (1-r^2)\cdot r\,\mathrm{d}r\,\mathrm{d}\varphi=2\int_0^{\frac{1}{2}\pi} (\tfrac{1}{2}\cos^2\varphi-\tfrac{1}{4}\cos^4\varphi)\,\mathrm{d}\varphi=\tfrac{5}{32}\pi. $$

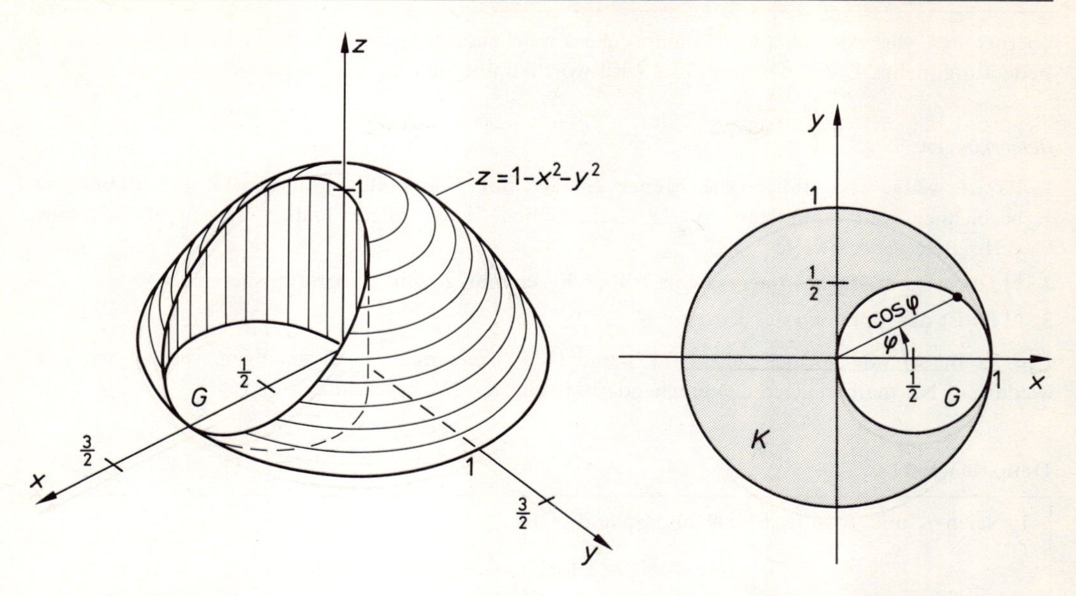

179.1 Zu Beispiel 178.3

179.2 Zu Beispiel 178.3: Draufsicht

Das Volumen des Paraboloids ohne die Bohrung ist ${}^{K}\!\int(1-x^2-y^2)\,\mathrm{d}g$, worin K der Einheitskreis ist, in Polarkoordinaten: $0 \leqq \varphi \leqq 2\pi$, $0 \leqq r \leqq 1$. Daher ist dessen Volumen gleich

$$\int_0^{2\pi}\int_0^1 (1-r^2)\,r\,\mathrm{d}r\,\mathrm{d}\varphi = \tfrac{1}{2}\pi.$$

Das Volumen des genannten Restkörpers ist die Differenz $\frac{1}{2}\pi - \frac{5}{32}\pi = \frac{11}{32}\pi$.

2.3.2 Dreifache Integrale

Bei der Einführung von Doppelintegralen im vorigen Abschnitt ließen wir uns vom geometrisch-anschaulichen Begriff »Volumen« leiten. Um zu dreifachen Integralen – die für Anwendungen wichtiger sind – zu gelangen, können wir uns von geometrischen Problemen nicht mehr leiten lassen. Die Anwendungsbeispiele im folgenden Abschnitt illustrieren jedoch, daß der nun einzuschlagende Weg zu wichtigen und sinnvollen Begriffen führt. Wir werden nämlich die Definition 173.1 wörtlich übernehmen.

Vorbemerkung:

$G \subset \mathbb{R}^3$ sei eine nichtleere beschränkte abgeschlossene Menge und f eine auf G definierte beschränkte Funktion. Wir zerlegen G in Teilmengen $g_1, \ldots, g_n$, die dieselben Eigenschaften wie die unter 1) zu Beginn des vorigen Abschnittes genannten haben mögen (dabei ist natürlich jeweils »Flächeninhalt« durch »Rauminhalt« zu ersetzen). Die Punkte 2) und 3) aus jenem Abschnitt übernehmen wir wörtlich (die Riemannsche Zwischensumme hat allerdings keine geometrische Bedeutung mehr). Die Definition 173.1 wird wörtlich übernommen, man ersetze nur $\mathbb{R}^2$ durch $\mathbb{R}^3$.

Bemerkungen:

1. Es ist weitgehend üblich, die Menge $G \subset \mathbb{R}^3$ mit V (»Volumen«) oder K (»Körper«) zu bezeichnen und dann statt ${}^G\!\int f\,\mathrm{d}g$ zu schreiben ${}^V\!\int f\,\mathrm{d}v$ oder ${}^K\!\int f\,\mathrm{d}k$, auch ${}^K\!\int f\,\mathrm{d}V$ ist eine verbreitete Schreibweise.
2. ${}^K\!\int f\,\mathrm{d}k$ wird **dreifaches Integral** von f über K genannt, K sein Integrationsbereich.
3. ${}^K\!\int \mathrm{d}k$ ist das Volumen des Körpers K.

Um zu Berechnungsformeln, die (175.1) und (175.2) entsprechen, zu gelangen, werden wir uns wieder auf Normalbereichen entsprechende Bereiche $K \subset \mathbb{R}^3$ beschränken.

Definition 180.1

Es seien f_1 und f_2 in $[a, b] \subset \mathbb{R}$ und g_1 und g_2 in

$$G = \{(x, y) \in \mathbb{R}^2 | x \in [a, b] \text{ und } f_1(x) \leqq y \leqq f_2(x)\}$$

stetige Funktionen. Dann heißt die Menge

$$K = \{(x, y, z) \in \mathbb{R}^3 | a \leqq x \leqq b \text{ und } f_1(x) \leqq y \leqq f_2(x) \text{ und } g_1(x, y) \leqq z \leqq g_2(x, y)\}$$

ein **Normalbereich** in $\mathbb{R}^3$ (vgl. Bild 181.1).

Bemerkung:

Vertauscht man in den definierenden Ungleichungen x, y und z untereinander, so entstehen weitere Mengen, die man auch Normalbereiche nennt, der Leser möge sich alle 6 möglichen Fälle veranschaulichen!

Durch den folgenden Satz werden Integrale über Normalbereiche auf drei »verschachtelte« Integrale zurückgeführt:

Satz 180.1

Die Funktion f sei auf dem Normalbereich K aus Definition 180.1 stetig. Dann ist f über K integrierbar, und es gilt

$${}^K\!\int f\,\mathrm{d}k = \int_a^b \int_{f_1(x)}^{f_2(x)} \int_{g_1(x,y)}^{g_2(x,y)} f(x, y, z)\,\mathrm{d}z\,\mathrm{d}y\,\mathrm{d}x. \tag{180.1}$$

Bemerkungen:

1. Die Berechnung dieses Integrals erfolgt durch Integration »von innen heraus«, völlig analog zum Vorgehen bei doppelten Integralen, man hat lediglich eine Integration mehr auszuführen.

2. Bei den anderen fünf möglichen Normalbereichen sind die Integrationen nach z, y und x entsprechend zu vertauschen.
3. Wenn $f(P)=1$ für alle $P \in K$, so erhält man mit

$$^{K}\!\!\int f\,\mathrm{d}k = \int_a^b \int_{f_1(x)}^{f_2(x)} [g_2(x, y) - g_1(x, y)]\,\mathrm{d}y\,\mathrm{d}x,$$

wie oben schon bemerkt, das Volumen von K.

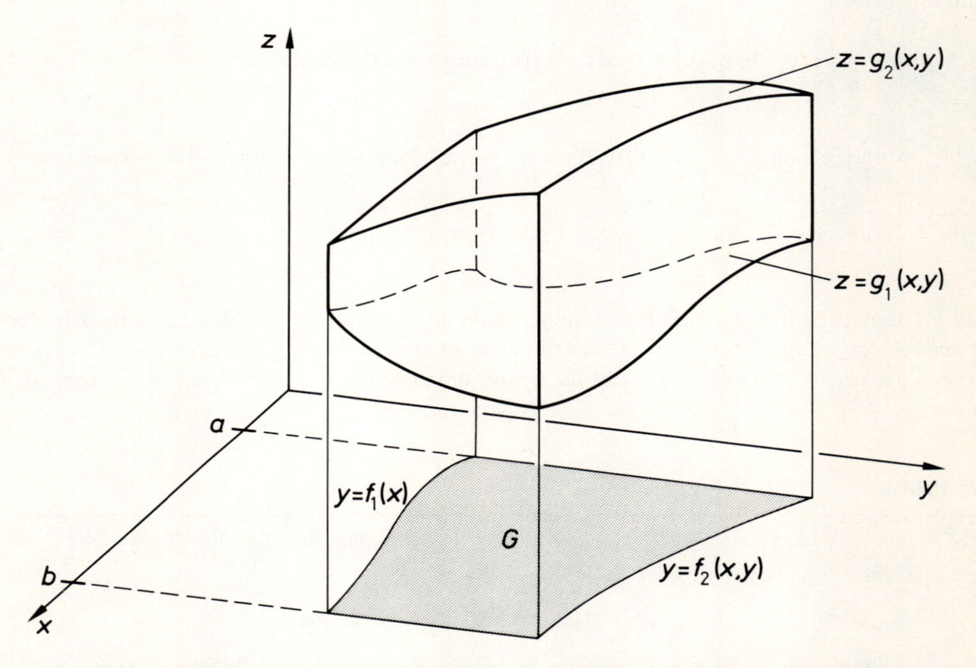

181.1 Der Normalbereich $K=\{(x, y, z) | a \leqq x \leqq b$ und $f_1(x) \leqq y \leqq f_2(x)$ und $g_1(x, y) \leqq z \leqq g_2(x, y)\}$

Beispiel 181.1

Es sei

$$K=\{(x, y, z) \in \mathbb{R}^3 | 0 \leqq x \leqq 2 \text{ und } 0 \leqq y \leqq x \text{ und } 0 \leqq z \leqq x+y+1\}$$

und $f(x, y, z) = 2xz + y^2$. Dann ist

$$^{K}\!\!\int f\,\mathrm{d}k = \int_0^2 \int_0^x \int_0^{x+y+1} (2xz+y^2)\,\mathrm{d}z\,\mathrm{d}y\,\mathrm{d}x = \int_0^2 \int_0^x \left[2x \cdot \frac{z^2}{2} + y^2 z\right]_{z=0}^{z=x+y+1} \mathrm{d}y\,\mathrm{d}x$$

$$= \int_0^2 \int_0^x [x \cdot (x+y+1)^2 + y^2 \cdot (x+y+1)]\,\mathrm{d}y\,\mathrm{d}x$$

$$=\int_0^2 \left[x^4+\frac{x^4}{3}+x^2+x^4+2x^3+x^3+\frac{x^4}{3}+\frac{x^4}{4}+\frac{x^3}{3}\right]dx=\tfrac{104}{3}.$$

Beispiel 182.1

Es sei $K=\left\{(x,y,z)\,\middle|\,0\leqq x\leqq\frac{\pi}{2}\text{ und } x\leqq y\leqq 2 \text{ und } 0\leqq z\leqq y\right\}$ und $f(x,y,z)=e^z\cdot\sin x-y$.

Dann erhält man

$$^K\!\!\int f\,dk=\int_0^{\frac{1}{2}\cdot\pi}\int_x^2\int_0^y[e^z\cdot\sin x-y]\,dz\,dy\,dx=\int_0^{\frac{\pi}{2}}\int_x^2[e^z\cdot\sin x-y\cdot z]_{z=0}^{z=y}\,dy\,dx$$

$$=\int_0^{\frac{\pi}{2}}\int_x^2[e^y\cdot\sin x-y^2-\sin x]\,dy\,dx=\int_0^{\frac{\pi}{2}}[e^2\sin x-\tfrac{8}{3}-2\cdot\sin x-e^x\sin x+\tfrac{1}{3}x^3+x\cdot\sin x]\,dx$$

$$=e^2-\tfrac{4}{3}\pi-2-\tfrac{1}{2}e^{\frac{\pi}{2}}-\tfrac{1}{2}+\tfrac{\pi^4}{12\cdot 16}+1=-0{,}1976\ldots$$

Wird im dreifachen Integral $^K\!\!\int f\,dk$ eine Substitution der Variablen x, y, z durchgeführt, z.B. durch Verwendung von Zylinder- oder Kugelkoordinaten, so ergeben sich die Grenzen als entsprechende Grenzen der neuen Variablen. Es bleibt die Frage, durch welchen Ausdruck dk zu ersetzen ist. Es gilt der

Satz 182.1

Es seien g_1 und g_2 auf $[a,b]\subset[0,\infty)$ stetige Funktionen, für die für alle $u\in[a,b]$ gilt $0\leqq g_1(u)\leqq g_2(u)\leqq 2\pi$. Ferner seien h_1 und h_2 auf

$$G=\{(u,v)\,|\,a\leqq u\leqq b \text{ und } g_1(u)\leqq v\leqq g_2(u)\}$$

stetige Funktionen. Es sei $K\subset\mathbb{R}^3$ in Zylinderkoordinaten durch die Ungleichungen

$$a\leqq r\leqq b,\quad g_1(r)\leqq\varphi\leqq g_2(r),\quad h_1(r,\varphi)\leqq z\leqq h_2(r,\varphi)$$

beschrieben und f eine auf K stetige Funktion. Dann gilt

$$^K\!\!\int f\,dk=\int_a^b\int_{g_1(r)}^{g_2(r)}\int_{h_1(r,\varphi)}^{h_2(r,\varphi)} f(x,y,z)\cdot r\,dz\,d\varphi\,dr,$$

wobei $x=r\cdot\cos\varphi$ und $y=r\cdot\sin\varphi$ zu setzen ist.

Bemerkung:

Das Wesentliche ist, daß in Zylinderkoordinaten

$$dk=r\,dr\,d\varphi\,dz \qquad (182.1)$$

ist. Das gilt auch, wenn K durch ein System von drei Ungleichungen in anderer Reihenfolge beschrieben ist. $r\,\mathrm{d}r\,\mathrm{d}\varphi\,\mathrm{d}z$ heißt auch Volumenelement in Zylinderkoordinaten, s. Bild 183.1.

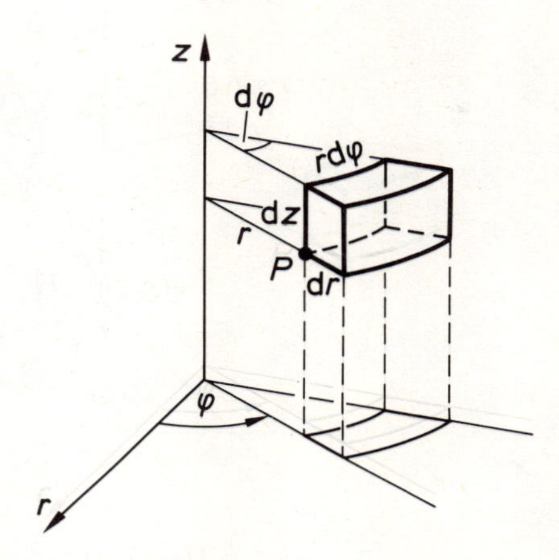

183.1 Volumenelement in Zylinderkoordinaten

Beispiel 183.1

Das in Bild 184.1 schraffierte Flächenstück rotiere um die z-Achse, der entstehende Körper sei K.

Man berechne ${}^K\!\int f\,\mathrm{d}k$ für $f(x, y, z) = x^2 + y^2$.

Lösung: In Zylinderkoordinaten wird der Körper K durch die Ungleichungen $0 \leqq r \leqq 1$, $0 \leqq \varphi \leqq 2\pi$, $\sqrt{r} \leqq z \leqq 1$ beschrieben, ferner ist dann $f(x, y, z) = r^2$. Daher bekommt man

$${}^K\!\int f\,\mathrm{d}k = \int_0^1 \int_0^{2\pi} \int_{\sqrt{r}}^1 r^2 \cdot r\,\mathrm{d}z\,\mathrm{d}\varphi\,\mathrm{d}r = \int_0^1 \int_0^{2\pi} r^3(1 - \sqrt{r})\,\mathrm{d}\varphi\,\mathrm{d}r = \tfrac{1}{18}\pi.$$

Zu demselben Ergebnis kommt man, wenn man ein anderes System von Ungleichungen zur Beschreibung heranzieht: $0 \leqq \varphi \leqq 2\pi$, $0 \leqq z \leqq 1$, $0 \leqq r \leqq z^2$. Man erhält dann nämlich

$${}^K\!\int f\,\mathrm{d}k = \int_0^{2\pi} \int_0^1 \int_0^{z^2} r^2 \cdot r\,\mathrm{d}r\,\mathrm{d}z\,\mathrm{d}\varphi = \int_0^{2\pi} \int_0^1 \tfrac{1}{4} z^8\,\mathrm{d}z\,\mathrm{d}\varphi = \tfrac{1}{18}\pi.$$

Verwendet man Kugelkoordinaten: $x = r \cdot \cos\varphi \sin\vartheta$, $y = r \cdot \sin\varphi \cdot \sin\vartheta$, $z = r \cdot \cos\vartheta$, so gilt

$$\mathrm{d}k = r^2 \cdot \sin\vartheta\,\mathrm{d}\varphi\,\mathrm{d}\vartheta\,\mathrm{d}r, \qquad (183.1)$$

dieses ist das Volumenelement in Kugelkoordinaten, s. Bild 184.2.

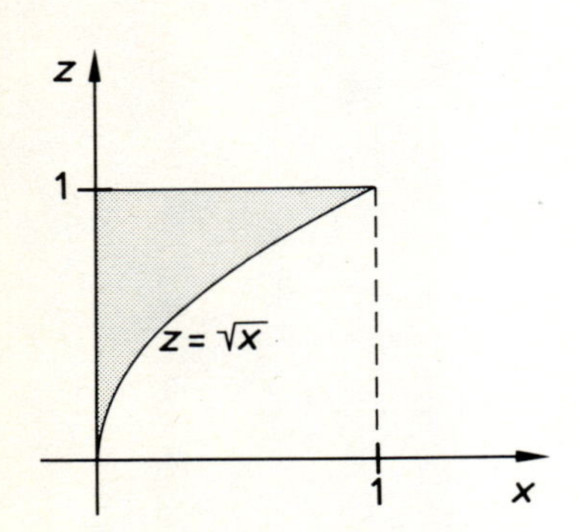

184.1 Zu Beispiel 183.1

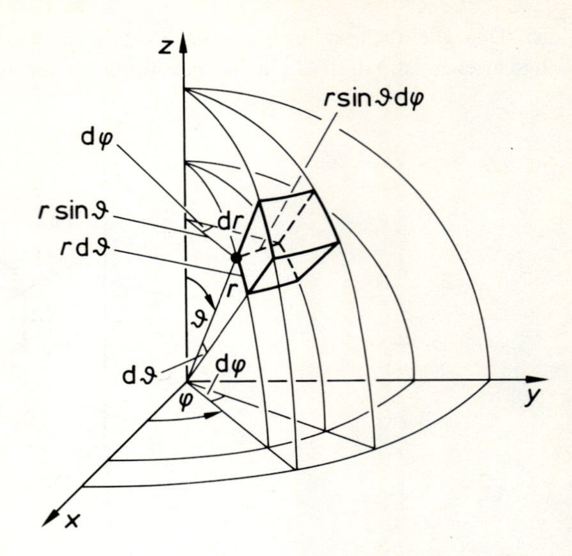

184.2 Das Volumenelement in Kugelkoordinaten

Beispiel 184.1

Es sei K die obere Hälfte der Kugel vom Radius R mit dem Mittelpunkt $(0,0,0)$ und $f(x,y,z)=x^2+y^2-xz$. Man berechne das Integral von f über K.

Wir verwenden Kugelkoordinaten. Dann ist

$$f(x,y,z)=r^2\cdot\sin^2\vartheta-r^2\cdot\cos\varphi\cdot\sin\vartheta\cdot\cos\vartheta,$$

$$\mathrm{d}k=r^2\cdot\sin\vartheta\,\mathrm{d}\varphi\,\mathrm{d}\vartheta\,\mathrm{d}r$$

$$K\colon\; 0\leqq r\leqq R,\quad 0\leqq\varphi\leqq 2\pi,\quad 0\leqq\vartheta\leqq\tfrac{1}{2}\pi.$$

Daher ergibt sich

$$\int_K f\,\mathrm{d}k=\int_0^R\int_0^{2\pi}\int_0^{\frac{1}{2}\pi}(r^2\cdot\sin^2\vartheta-r^2\cdot\cos\varphi\cdot\sin\vartheta\cdot\cos\vartheta)\cdot r^2\cdot\sin\vartheta\,\mathrm{d}\vartheta\,\mathrm{d}\varphi\,\mathrm{d}r$$

$$=\tfrac{1}{5}R^5\int_0^{\frac{1}{2}\pi}\int_0^{2\pi}(\sin^3\vartheta-\cos\varphi\cdot\sin^2\vartheta\cdot\cos\vartheta)\,\mathrm{d}\varphi\,\mathrm{d}\vartheta$$

$$=\tfrac{1}{5}R^5\cdot 2\pi\cdot\int_0^{\frac{1}{2}\pi}\sin^3\vartheta\,\mathrm{d}\vartheta=\tfrac{4}{15}\pi R^5.$$

2.3.3 Anwendungen dreifacher Integrale: Masse, Schwerpunkt und Trägheitsmoment eines Körpers

Gegenstand dieses Abschnittes sind wichtige Anwendungsbeispiele mehrfacher Integrale. Im folgenden sei $K \subset \mathbb{R}^3$ ein Körper, der durch ein System von Ungleichungen beschrieben ist, wie dies im vorigen Abschnitt der Fall war. Der Körper sei inhomogen, im Punkt $P \in K$ betrage die Massendichte $\rho(P)$ (dabei setzen wir ρ als stetig in K voraus). ρ ist konstant, wenn es sich um einen homogenen Körper handelt. Im Rahmen der Statik und Dynamik solcher Körper sind insbesondere folgende Größen von Interesse: das Volumen des Körpers K, seine Gesamtmasse, sein Schwerpunkt und sein Trägheitsmoment in Bezug auf eine gegebene Drehachse. Es ergeben sich hierfür folgende Zahlen (wenn die Maßsysteme aufeinander abgestimmt sind):

Setzt man $\mathrm{d}m = \rho\,\mathrm{d}k$, so hat der Körper K mit der Massendichte ρ das Volumen

$$V = {}^K\!\!\int \mathrm{d}k, \tag{185.1}$$

die Masse

$$M = {}^K\!\!\int \mathrm{d}m, \tag{185.2}$$

den Schwerpunkt[1] (x_s, y_s, z_s) mit den Koordinaten

$$x_s = \frac{1}{M} \cdot {}^K\!\!\int x\,\mathrm{d}m, \qquad y_s = \frac{1}{M} \cdot {}^K\!\!\int y\,\mathrm{d}m, \qquad z_s = \frac{1}{M} \cdot {}^K\!\!\int z\,\mathrm{d}m, \tag{185.3}$$

das Trägheitsmoment bez. der z-Achse als Drehachse[2])

$$\theta = {}^K\!\!\int (x^2 + y^2)\,\mathrm{d}m. \tag{185.4}$$

Wir wollen diese Formeln herleiten und empfehlen dem Leser dringend, den Gedankengang nachzuvollziehen, um zu einem Verständnis dreifacher Integrale zu gelangen, das nützlich ist bei deren Anwendung auf naturwissenschaftlich-technische Problemstellungen. Da wir den Gedankengang nicht durch Beispiele unterbrechen wollen, folgen sie am Schluß dieses Abschnittes.

Bevor wir mit der Herleitung der Formeln beginnen, wiederholen wir folgende

Bemerkung:

Ist f über $K \subset \mathbb{R}^3$ integrierbar und $\varepsilon > 0$, so gibt es eine Zerlegung Z von K in die Teilmengen $k_i \subset K$ $(i = 1, \ldots, n)$, so daß für jede Wahl von Zwischenpunkten $P_i = (x_i, y_i, z_i) \in k_i$ gilt

$$|S - {}^K\!\!\int f\,\mathrm{d}k| < \varepsilon, \tag{185.5}$$

wobei S die zugehörige Riemannsche Zwischensumme ist. Δk_i bezeichne im folgenden wieder das Volumen von k_i. Mit diesen Bezeichnungen leiten wir obige Formeln her.

---

[1]) Ist $\rho = 1$, so heißt dieser Punkt auch **geometrischer Schwerpunkt** oder Mittelpunkt.

[2]) Vergleiche auch (187.4) bei beliebiger Drehachse.

Formel (185.1) ist bereits aus einer Bemerkung zu Beginn dieses Abschnittes bekannt.

Herleitung von (185.2)

1) Physikalischer Teil

Wir denken uns K zerlegt durch die k_i. Die Masse M ist dann die Summe der Massen Δm_i der Teile k_i. Wir tun so, als wäre die Massendichte in jedem k_i konstant und zwar so groß, wie im Punkte $P_i \in k_i$, also gleich $\rho(P_i)$. Wir ersetzen demzufolge Δm_i durch die Näherung $\rho(P_i)\,\Delta k_i$. Dann ist

$$S = \sum_{i=1}^{n} \rho(P_i)\,\Delta k_i \tag{186.1}$$

eine Näherung für M. Es gibt daher zu vorgegebenem $\varepsilon > 0$ eine Zerlegung Z von K, so daß $|S - M| < \varepsilon$ ist.

2) Mathematischer Teil

Da die Funktion ρ auf K als stetig vorausgesetzt wurde, ist ρ über K integrierbar. Nach obiger Bemerkung existiert also eine Zerlegung Z, so daß auch

$$|S - {}^{K}\!\!\int \rho\,\mathrm{d}k| < \varepsilon \tag{186.2}$$

ist. Wählen wir die unter 1) genannte Zerlegung so, daß auch die Ungleichung (186.2) gilt, so folgt aus der Dreiecksungleichung

$$|M - {}^{K}\!\!\int \rho\,\mathrm{d}k| \leqq |M - S| + |S - {}^{K}\!\!\int \rho\,\mathrm{d}k| < 2\varepsilon,$$

woraus die Behauptung folgt.

Herleitung von (185.3)

1) Physikalischer Teil

Der Schwerpunkt eines Körpers ist als derjenige Punkt definiert, in dem der Körper zu unterstützen ist, damit er unter dem Einfluß der Schwerkraft im Gleichgewicht ist. Der Teil k_i bewirkt ein Moment M_i in bezug auf die zur y, z-Ebene parallele Ebene E mit der Gleichung $x = c$, daß das Produkt aus der Masse Δm_i von k_i und seinem Abstand von E ist, der positiv zu rechnen ist, wenn $x_i < c$ und negativ, wenn $x_i > c$ ist. Die Masse Δm_i von k_i ersetzen wir wieder durch $\rho(P_i) \cdot \Delta k_i$ und erhalten für M_i die Näherung $(c - x_i) \cdot \rho(P_i) \cdot \Delta k_i$, für das Gesamtmoment M_c mithin die Näherung

$$S = \sum_{i=1}^{n} (c - x_i) \cdot \rho(P_i) \cdot \Delta k_i. \tag{186.3}$$

Auch hier gilt für hinreichend feine Zerlegungen von K die Ungleichung $|M_c - S| < \varepsilon$.

2) Mathematischer Teil

In S erkennt man eine Riemannsche Zwischensumme (zur genannten Zerlegung) für die stetige Funktion f mit $f(x, y, z) = (c - x) \cdot \rho(x, y, z)$. Nach demselben Schluß, wie er bei der Herleitung von (185.2) gemacht wurde, erhält man

$$|M_c - {}^{K}\!\!\int f\,\mathrm{d}k| < 2\varepsilon \tag{186.4}$$

und daher, da $\varepsilon>0$ beliebig ist, daß die linke Seite in (186.4) verschwindet, also

$$M_c = {}^K\!\!\int (c-x)\rho\,\mathrm{d}k \tag{187.1}$$

gilt. Dieses Moment ist nach Definition genau dann Null, wenn $c=x_s$ ist, wenn also

$${}^K\!\!\int x_s\cdot\rho\,\mathrm{d}k = {}^K\!\!\int x\cdot\rho\,\mathrm{d}k \tag{187.2}$$

ist. Zieht man die Zahl x_s vor das links stehende Integral, so folgt durch Auflösung nach x_s wegen (185.2) und $\rho\,\mathrm{d}k=\mathrm{d}m$ die Behauptung. Analog beweist man die Formeln für y_s und z_s. Es sei noch bemerkt, daß (187.1) die Formel für das oben näher bezeichnete Gesamtmoment M_c von K bez. E ist.

Herleitung von (185.4)

1) Physikalischer Teil

Das Trägheitsmoment eines Massenpunktes mit der Masse m im Abstand a von der Drehachse ist nach Definition die Zahl $a^2 m$. Das Trägheitsmoment des Teiles k_i wird wie folgt angenähert: a) Die Masse Δm_i von k_i wird wieder durch $\rho(P_i)\cdot\Delta k_i$ ersetzt und b) der Abstand durch den Abstand des Punktes P_i von der Drehachse, da diese die z-Achse ist, also durch $\sqrt{x_i^2+y_i^2}$. Daher ist

$$(x_i^2+y_i^2)\cdot\rho(P_i)\cdot\Delta k_i$$

eine Näherung für jenes Trägheitsmoment des Teiles k_i und mithin ist die Zahl

$$S=\sum_{i=1}^{n}(x_i^2+y_i^2)\cdot\rho(P_i)\cdot\Delta k_i \tag{187.3}$$

eine Näherung für θ. Bei hinreichend feiner Zerlegung kann man daher erreichen, daß $|S-\theta|<\varepsilon$ ist.

2) Mathematischer Teil

Man erkennt, daß S Riemannsche Zwischensumme (zur gewählten Zerlegung) der Funktion f mit $f(x,y,z)=(x^2+y^2)\cdot\rho(x,y,z)$ ist und nach dem schon mehrfach gemachten Schluß hat man

$$|\theta - {}^K\!\!\int f\,\mathrm{d}k| < 2\varepsilon,$$

woraus die Behauptung folgt.

Diese Herleitung liefert noch folgende Formel: Dreht sich ein Körper K um eine Achse, so ist sein Trägheitsmoment bez. dieser Achse

$$\theta = {}^K\!\!\int a^2\,\mathrm{d}m, \tag{187.4}$$

wobei a der Abstand von $\mathrm{d}m$ von der Drehachse ist.

Beispiel 187.1

Aus einer Kugel vom Radius R wird ein Zylinder vom Radius a herausgebohrt ($0\leqq a\leqq R$), dessen Achse durch den Kugelmittelpunkt geht (s. Bild 188.1). Wir wollen das Volumen des verbleibenden

Teiles berechnen. Hierzu legen wir die Kugel mit ihrem Mittelpunkt nach (0, 0, 0), dann wird sie in Zylinderkoordinaten durch

$$0 \leqq r \leqq R, \quad 0 \leqq \varphi \leqq 2\pi, \quad -\sqrt{R^2-r^2} \leqq z \leqq \sqrt{R^2-r^2}$$

beschrieben. Der herausgebohrte Zylinder habe die z-Achse als Symmetrieachse, er wird in Zylinderkoordinaten durch die Ungleichungen

$$0 \leqq r \leqq a, \quad 0 \leqq \varphi \leqq 2\pi, \quad -\sqrt{R^2-r^2} \leqq z \leqq \sqrt{R^2-r^2}$$

beschrieben. Der von der Kugel übrig bleibende Teil K ist daher durch

$$a \leqq r \leqq R, \quad 0 \leqq \varphi \leqq 2\pi, \quad -\sqrt{R^2-r^2} \leqq z \leqq \sqrt{R^2-r^2}$$

beschrieben. Sein Volumen ist wegen $\mathrm{d}k = r \cdot \mathrm{d}r\,\mathrm{d}\varphi\,\mathrm{d}z$ in Zylinderkoordinaten:

$$V = {}^{K}\!\!\int \mathrm{d}k = \int_a^R \int_0^{2\pi} \int_{-\sqrt{R^2-r^2}}^{\sqrt{R^2-r^2}} r\,\mathrm{d}z\,\mathrm{d}\varphi\,\mathrm{d}r = \int_0^{2\pi} \int_a^R 2r \cdot \sqrt{R^2-r^2}\,\mathrm{d}r\,\mathrm{d}\varphi$$

$$= \int_0^{2\pi} \left[-\tfrac{2}{3}\left(\sqrt{R^2-r^2}\right)^3\right]_{r=a}^{r=R} \mathrm{d}\varphi = \tfrac{4}{3}\pi\left(\sqrt{R^2-a^2}\right)^3.$$

Wenn $a=0$ ist, d.h. nichts herausgebohrt wird, bekommt man das Volumen der Kugel: $\frac{4}{3}\pi R^3$.

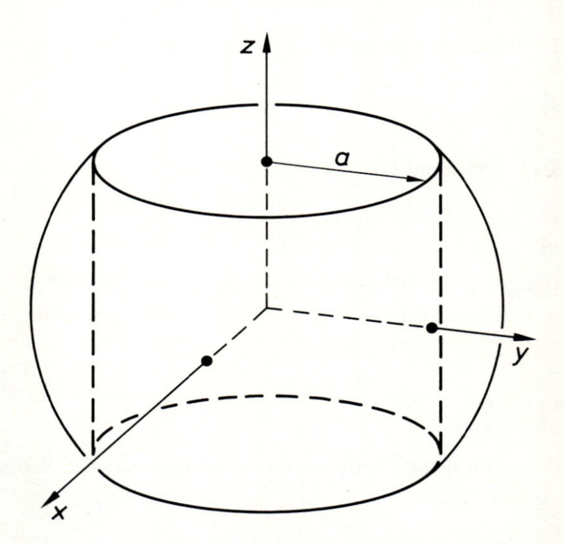

188.1 Zu Beispiel 187.1

Beispiel 188.1

In einem zylindrischen Gefäß (innerer Radius R, innere Höhe H) befindet sich ein Pulver. Die Dichte des Pulvers ist am Grund des Gefäßes wegen der darüber liegenden Masse am größten, nämlich ρ_1 und nimmt linear bis zur Höhe H auf den Wert ρ_2 ab. Welches ist die Gesamtmasse des Pulvers im Gefäß?

Wenn die Grundfläche in der x, y-Ebene liegt, ist die Dichte

$$\rho = (\rho_2 - \rho_1) \cdot \frac{z}{H} + \rho_1.$$

Der vom Pulver erfüllte Teil K ist dann, wenn die z-Achse die Symmetrieachse des Zylinders ist, in Zylinderkoordinaten durch die Ungleichungen $0 \leqq r \leqq R$, $0 \leqq \varphi \leqq 2\pi$, $0 \leqq z \leqq H$ beschrieben. Daher hat das Pulver nach (185.2) die Masse

$$M = {}^K\!\!\int \rho \, dk = \int_0^H \int_0^R \int_0^{2\pi} \left[(\rho_2 - \rho_1) \cdot \frac{z}{H} + \rho_1 \right] \cdot r \, d\varphi \, dr \, dz,$$

man beachte $dk = r \, dr \, d\varphi \, dz$ in Zylinderkoordinaten. Integration liefert

$$M = 2\pi \cdot \int_0^R \left[(\rho_2 - \rho_1) \cdot \frac{H}{2} + \rho_1 \cdot H \right] \cdot r \, dr = \tfrac{1}{2} R^2 H \pi \cdot (\rho_1 + \rho_2).$$

Da $V = R^2 \cdot H\pi$ das Volumen des Pulvers ist, erhält man

$$M = \tfrac{1}{2} (\rho_1 + \rho_2) \cdot V,$$

ein Ergebnis, das wegen der Linearität von ρ als Funktion von z naheliegend ist.

Beispiel 189.1

Es ist der Schwerpunkt des in Bild 189.1 dargestellten Kreiskegels K zu berechnen (seine Dichte sei konstant 1). Wir legen seine Spitze in den Nullpunkt des Koordinatensystems und wählen die z-Achse als Symmetrieachse.

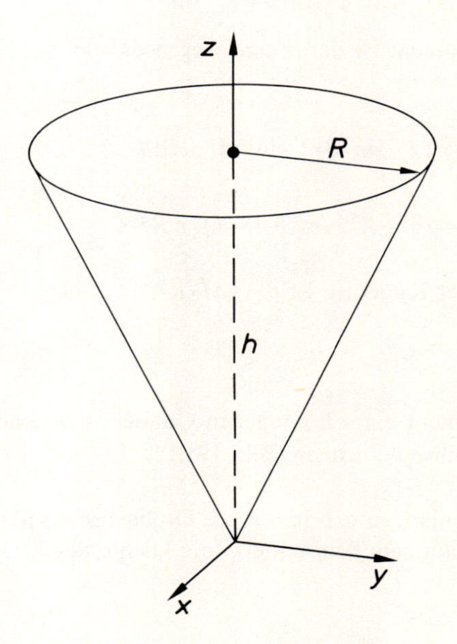

189.1 Zu Beispiel 189.1

Verwendet man Zylinderkoordinaten, so wird K nach Beispiel 104.3 durch die Ungleichungen

$$0 \leqq r \leqq R, \quad 0 \leqq \varphi \leqq 2\pi, \quad \frac{h}{R} \cdot r \leqq z \leqq h$$

beschrieben. Für die z-Komponente z_s des Schwerpunktes gilt nach (185.3)

$$z_s = \frac{1}{M} \cdot {}^K\!\!\int z \, \mathrm{d}k = \frac{1}{M} \cdot \int_0^{2\pi} \int_0^R \int_{\frac{h}{R} r}^{h} z \cdot r \, \mathrm{d}z \, \mathrm{d}r \, \mathrm{d}\varphi = \frac{\pi}{M} \cdot \int_0^R \left(h^2 - \frac{h^2}{R^2} \cdot r^2 \right) \cdot r \, \mathrm{d}r = \frac{\pi}{4} h^2 R^2 \cdot \frac{1}{M},$$

wobei $M = \frac{\pi}{3} R^2 \cdot h$ wegen $\rho = 1$ die Masse (Volumen) des Kegels ist. Daher folgt $z_s = \frac{3}{4} h$. Der Abstand des Schwerpunktes eines Kegels von der Kegelspitze beträgt $\frac{3}{4} h$, der von seiner Grundfläche demnach $\frac{1}{4} h$ (Dichte $\rho = 1$, also geometrischer Schwerpunkt). Aus Symmetriegründen liegt der Schwerpunkt auf der Kegelachse, d.h. $x_s = y_s = 0$.

Beispiel 190.1

Es soll das Trägheitsmoment einer Vollkugel (Dichte ρ) vom Radius R bez. einer durch den Kugelmittelpunkt gehenden Achse bestimmt werden. Nach Beispiel 107.2 wird die Kugel (Mittelpunkt im Koordinatenursprung) durch die Ungleichungen

$$0 \leqq r \leqq R, \quad 0 \leqq \varphi \leqq 2\pi, \quad 0 \leqq \vartheta \leqq \pi \tag{190.1}$$

beschrieben, wenn Kugelkoordinaten verwendet werden. Ist die z-Achse die Drehachse, so lautet der Integrand in (185.4)

$$x^2 + y^2 = r^2 \cdot \cos^2 \varphi \cdot \sin^2 \vartheta + r^2 \cdot \sin^2 \varphi \cdot \sin^2 \vartheta = r^2 \cdot \sin^2 \vartheta$$

(vgl. (106.1)). Das Trägheitsmoment ist daher und wegen $\mathrm{d}k = r^2 \cdot \sin \vartheta \, \mathrm{d}r \, \mathrm{d}\varphi \, \mathrm{d}\vartheta$ in Kugelkoordinaten (nach (185.4)):

$$\begin{aligned} \theta &= \rho \cdot {}^K\!\!\int (x^2 + y^2) \, \mathrm{d}k = \rho \int_0^{\pi} \int_0^{2\pi} \int_0^R r^2 \cdot \sin^2 \vartheta \, r^2 \cdot \sin \vartheta \, \mathrm{d}r \, \mathrm{d}\varphi \, \mathrm{d}\vartheta \\ &= \rho \frac{R^5}{5} \int_0^{\pi} \int_0^{2\pi} \sin^3 \vartheta \, \mathrm{d}\varphi \, \mathrm{d}\vartheta = \rho \tfrac{2}{5} \pi \cdot R^5 \int_0^{\pi} \sin^3 \vartheta \, \mathrm{d}\vartheta = \tfrac{8}{15} \pi R^5 \rho. \end{aligned}$$

Da $M = \frac{4}{3} \pi \cdot R^3 \rho$ die Masse der Kugel ist, ist $\theta = \frac{2}{5} M \cdot R^2$.

Beispiel 190.2

Wir wollen das Trägheitsmoment eines homogenen Quaders bez. einer durch seinen Mittelpunkt gehenden kantenparallelen Achse berechnen (Bild 191.1).

Der Quader besitze die Kantenlängen a, b und c, die Drehachse sei parallel zur Kante der Länge c und falle mit der z-Achse zusammen. Bezeichnet ρ die Dichte des Körpers, so ist nach (185.4)

$$\theta_c = {}^K\!\!\int (x^2 + y^2) \, \mathrm{d}m \tag{190.2}$$

das gesuchte Trägheitsmoment. Der Quader K wird beschrieben durch die Ungleichungen

$$-\frac{a}{2} \leqq x \leqq \frac{a}{2}, \quad -\frac{b}{2} \leqq y \leqq \frac{b}{2}, \quad -\frac{c}{2} \leqq z \leqq \frac{c}{2}. \tag{191.1}$$

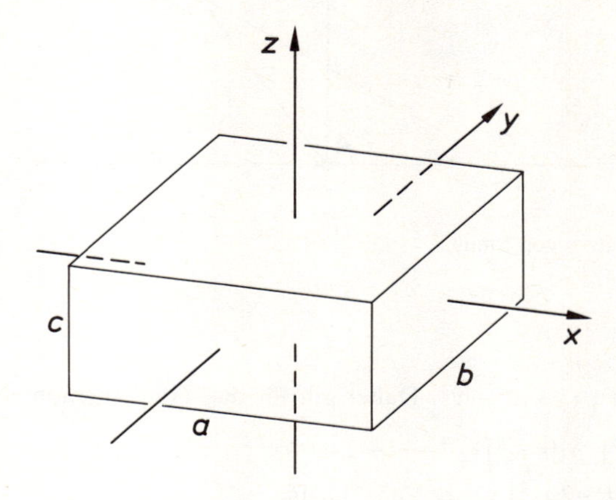

191.1 Zu Beispiel 190.2

Mit (191.1) folgt aus (190.2)

$$\theta_c = \int_{-\frac{1}{2}a}^{\frac{1}{2}a} \int_{-\frac{1}{2}b}^{\frac{1}{2}b} \int_{-\frac{1}{2}c}^{\frac{1}{2}c} (x^2+y^2) \cdot \rho \, \mathrm{d}z \, \mathrm{d}y \, \mathrm{d}x.$$

Integration liefert, da ρ konstant ist,

$$\theta_c = \tfrac{1}{12} \cdot abc \cdot (a^2+b^2) \cdot \rho, \tag{191.2}$$

und da $M = abc \cdot \rho$ die Masse des Quaders ist:

$$\theta_c = \tfrac{1}{12} M \cdot (a^2+b^2). \tag{191.3}$$

Zwischen dem Trägheitsmoment eines Körpers bez. einer durch den Schwerpunkt gehenden Achse und einer dazu parallelen Achse besteht ein einfacher Zusammenhang:

Satz 191.1 (Satz von Steiner)

A sei eine durch den Schwerpunkt des Körpers *K* gehende Achse, θ_s sein Trägheitsmoment bez. *A*. *B* sei eine zu *A* parallele Achse im Abstand *a* von *A*. Dann ist

$$\theta_s + a^2 M \tag{191.4}$$

das Trägheitsmoment von *K* bez. *B*, wobei *M* die Masse des Körpers ist.

Beweis:

Wir legen das Koordinatensystem so, daß die z-Achse mit *A* zusammenfällt und die neue Drehachse *B* durch $(-a, 0, 0)$ geht (Bild 192.1). Der Abstand des Punktes (x, y, z) von *A* ist dann

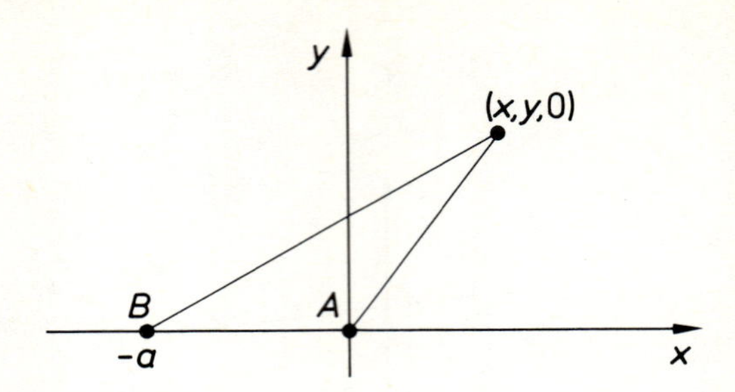

192.1 Zum Beweis des Satzes von Steiner

$\sqrt{x^2+y^2}$, der von B ist $\sqrt{(x+a)^2+y^2}$. Daher gilt für das Trägheitsmoment θ bez. B:

$$\begin{aligned}\theta &= {}^K\!\!\int[(x+a)^2+y^2]\cdot\rho\,\mathrm{d}k = {}^K\!\!\int[x^2+y^2+2ax+a^2]\cdot\rho\,\mathrm{d}k \\ &= {}^K\!\!\int(x^2+y^2)\cdot\rho\,\mathrm{d}k + 2a\cdot{}^K\!\!\int x\,\rho\,\mathrm{d}k + a^2\cdot{}^K\!\!\int\rho\,\mathrm{d}k.\end{aligned}$$

Das erste Integral dieser letzten Summe ist θ_s. Da nach Voraussetzung die Achse A durch den Schwerpunkt des Körpers geht, ist die erste Komponente des Schwerpunktes 0, da er auf der z-Achse liegt, also nach (185.3) $x_s = \frac{1}{M}\cdot{}^K\!\!\int x\,\rho\,\mathrm{d}k = 0$, so daß der zweite Summand verschwindet. Das dritte Integral ist nach (185.2) gleich M, womit die Behauptung bewiesen ist. ●

Beispiel 192.1

Die homogene Kugel vom Radius R hat bez. einer durch ihren Mittelpunkt gehenden Achse das Trägheitsmoment $\theta_s = \frac{2}{5}M\cdot R^2$ (s. Beispiel 190.1). Der Schwerpunkt der Kugel liegt offensichtlich in ihrem Mittelpunkt. Daher ist das Trägheitsmoment bez. einer die Kugel tangential berührenden Achse gleich $\frac{2}{5}M\cdot R^2 + R^2 M = \frac{7}{5}M\cdot R^2$.

Beispiel 192.2

Der Quader aus Bild 193.1 rotiere um die zur Seite mit der Länge c parallele Achse A, also um eine kantenparallele Achse. Diese Achse habe den Abstand r von der Symmetrieachse. Nach Beispiel 190.2 beträgt das Trägheitsmoment bez. der Symmetrieachse $\frac{M}{12}\cdot(a^2+b^2)$ und nach dem Satz von Steiner ist das gesuchte Trägheitsmoment

$$\theta = \frac{M}{12}\cdot(a^2+b^2) + r^2 M. \qquad (192.1)$$

Ist die Kante der Länge c selbst die Drehachse A, so ist $r = \frac{1}{2}\cdot\sqrt{a^2+b^2}$ und das Trägheitsmoment nach (192.1)

$$\theta = \tfrac{1}{3}M\cdot(a^2+b^2). \qquad (192.2)$$

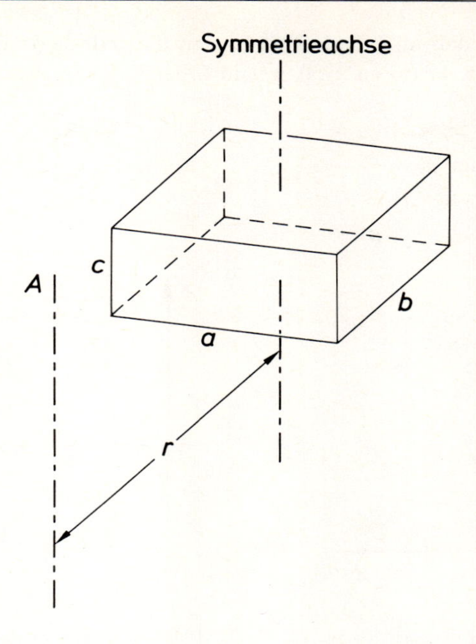

193.1 Zu Beispiel 192.2

Satz 193.1 (Erste Guldinsche Regel)

Das in der x, z-Ebene gelegene Flächenstück G mit dem Flächeninhalt A rotiere um die z-Achse (für alle $(x, z) \in G$ sei $x \geqq 0$). Wenn x_s die x-Komponente des Schwerpunktes von G ist, so gilt für das Volumen des entstehenden Rotationskörpers

$$V = 2\pi \cdot A \cdot x_s. \tag{193.1}$$

Beweis:

Der Rotationskörper K läßt sich in Zylinderkoordinaten folgendermaßen beschreiben (Bild 194.1):

$$0 \leqq \varphi \leqq 2\pi \quad \text{und} \quad (r, z) \in G, \tag{193.2}$$

wobei G nicht von φ abhängt (denn jeder die z-Achse enthaltende ebene Schnitt zeigt dasselbe Bild des Rotationskörpers K).

Daher gilt

$$V = {}^K\!\!\int \mathrm{d}k = {}^G\!\!\iint \left(\int_0^{2\pi} r \, \mathrm{d}\varphi \right) \mathrm{d}r \, \mathrm{d}z = 2\pi \, {}^G\!\!\iint r \, \mathrm{d}r \, \mathrm{d}z, \tag{193.3}$$

wobei wir benutzt haben, daß in Zylinderkoordinaten $\mathrm{d}k = r\,\mathrm{d}r\,\mathrm{d}\varphi\,\mathrm{d}z$ gilt (s. (182.1)). In der x, z-Ebene (in der G liegt), gilt $x = r$ (wenn $x \geqq 0$, was in G der Fall ist), also

$$^G\!\iint r\,\mathrm{d}r\,\mathrm{d}z = {}^G\!\iint x\,\mathrm{d}x\,\mathrm{d}z = A \cdot x_s,$$

woraus die Behauptung folgt. ●

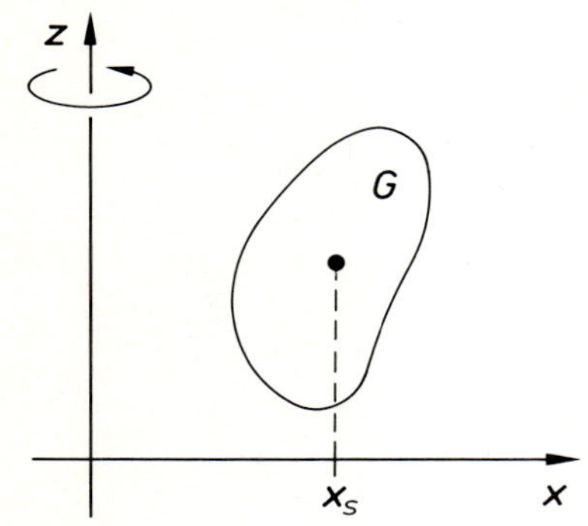

194.1 Zur ersten Guldinschen Regel

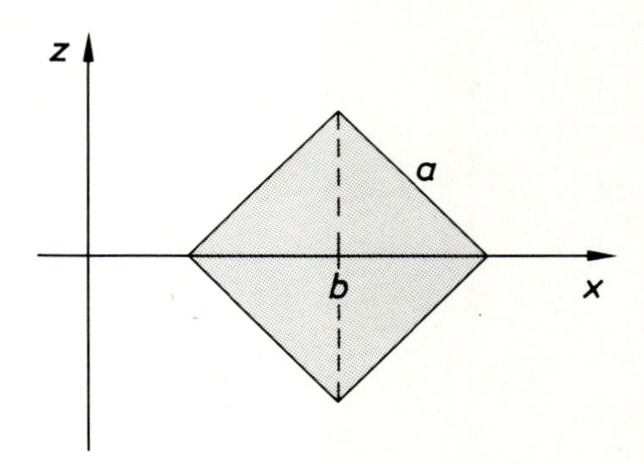

194.2 Zu Beispiel 194.1

Bemerkungen:

1. Etwas lässig läßt sich (193.1) so formulieren: Das Volumen des Rotationskörpers ist gleich dem Inhalt A der Fläche, multipliziert mit dem Umfang des Kreises, den der Flächenschwerpunkt bei der Rotation beschreibt.
2. Der Satz ist insbesondere dann vorteilhaft anwendbar, wenn der Flächenschwerpunkt leicht zu bestimmen ist, was oft aus Symmetriegründen der Fall ist.

Beispiel 194.1

Das in Bild 194.2 abgebildete Quadrat rotiere um die z-Achse. Der dabei entstehende Körper hat das Volumen $2\pi \cdot ba^2$, denn der Schwerpunkt des Quadrates ist offensichtlich $(b, 0)$, seine x-Koordinate also b. Der Inhalt des Quadrates ist a^2.

Aufgaben

1. Es sei $G = \{(x, y) \in \mathbb{R}^2 | 2 \leqq x \leqq 5$ und $0 \leqq y \leqq \sqrt{x}\}$, $f(x, y) = x + 2xy$. Berechnen Sie $^G\!\int f\,\mathrm{d}g$.
2. Es sei $G = \{(x, y) \in \mathbb{R}^2 | x^2 + y^2 \leqq 1$ und $y \geqq 0\}$, $f(x, y) = x + y$. Unter Verwendung von Polarkoordinaten berechne man $^G\!\int f\,\mathrm{d}g$.

3. Es sei G der in Bild 195.1 dargestellte Kreis und $f(x, y) = x^2 + y^2$. Unter Verwendung von Polarkoordinaten berechne man ${}^G\!\int f \, \mathrm{d}g$.

4. Es sei G der in Bild 195.2 schraffierte Bereich in der x, y-Ebene, $f(x, y) = x^2 + y^2$.
   a) Beschreiben Sie G in Polarkoordinaten.
   b) Berechnen Sie ${}^G\!\int f \, \mathrm{d}g$.
   c) Wo liegt der Schwerpunkt von G?
   d) Wenn G um die y-Achse rotiert, entsteht ein Rotationskörper, dessen Volumen gesucht ist.

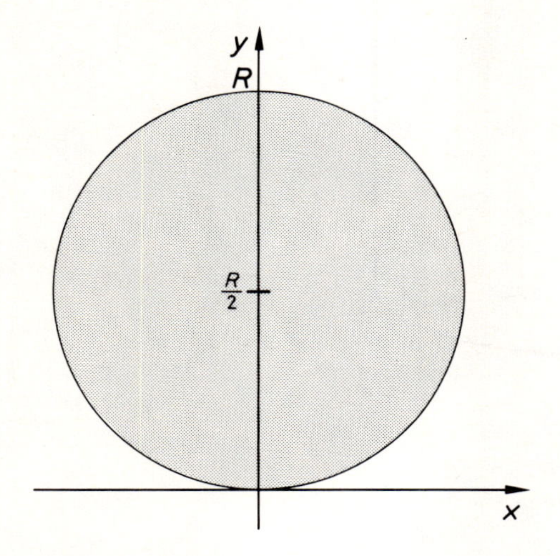

195.1 Zu Aufgabe 3

195.2 Zu Aufgabe 4

5. Es sei K ein achsenparalleler Würfel der Kantenlänge a mit dem Mittelpunkt $(0, 0, 0)$ und $f(x, y, z) = x^3 + x e^z$. Berechnen Sie ${}^K\!\int f \, \mathrm{d}k$.

6. Es sei K der von den Koordinatenebenen und der Ebene mit der Gleichung $x + y + z = 1$ begrenzte Körper, $f(x, y, z) = 2x + y + z$. Berechnen Sie ${}^K\!\int f \, \mathrm{d}k$.

7. Es sei K der in Bild 196.1 dargestellte Kreiszylinder und $f(x, y, z) = x^2 + y^2 + z^2$. Berechnen Sie unter Verwendung von Zylinderkoordinaten ${}^K\!\int f \, \mathrm{d}k$.

8. Es sei K eine Kugel vom Radius R mit dem Mittelpunkt $(0, 0, 0)$ und $f(x, y, z) = x^2 + y^2$. Berechnen Sie ${}^K\!\int f \, \mathrm{d}k$.

9. Aus einem Kreiskegel (Höhe h, Radius der Grundfläche R) wird ein Zylinder vom Radius $\frac{R}{2}$ herausgebohrt, dessen Achse zur Kegelachse parallel ist und von ihr den Abstand $\frac{R}{2}$ hat (Bild 197.1). Berechnen Sie das Volumen des Restkörpers.

10. Das Trägheitsmoment eines Kreiskegels bez. seiner Achse ist zu berechnen (Dichte $\rho = \text{const.}$).

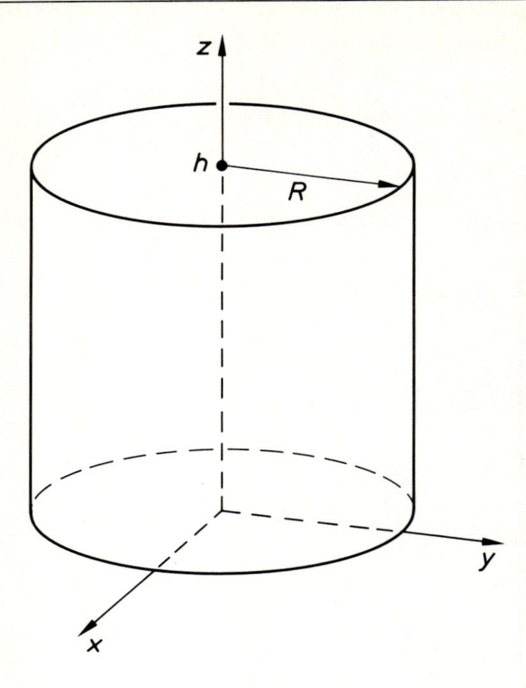

196.1 Zu Aufgabe 7

11. Das Trägheitsmoment eines Kreiskegels bez. einer die Grundfläche berührenden, zur Achse parallelen Drehachse ist zu bestimmen (Dichte $\rho = \text{const.}$).

*12. Ein Kreiskegel rotiere um eine Achse, die auf seiner Mantelfläche liegt. Welches ist das Trägheitsmoment (Dichte $\rho = \text{const.}$)?

13. Man berechne das Trägheitsmoment der in Beispiel 187.1 beschriebenen durchbohrten Kugel bez. der Zylinderachse, d.i. die Bohrachse (Dichte $\rho = \text{const.}$).

14. Berechnen Sie das Volumen eines Torus.

15. Bestimmen Sie das Trägheitsmoment eines homogenen Torus (Dichte ρ) bez. seiner Symmetrieachse.

*16. Ein geschlossener Zylinder mit kreisförmigem Querschnitt ist mit einem Pulver gefüllt. Das Gefäß rotiert um seine Achse. Dabei verdichtet sich das Pulver an der Mantelfläche, und zwar sei die Dichte im Abstand r von der Achse $c \cdot (r^2 + r_0^2)$. Welches Trägheitsmoment hat das Pulver? (c und r_0 seien positive Zahlen).

17. Berechnen Sie den Schwerpunkt einer homogenen Halbkugel.

18. Berechnen Sie das Trägheitsmoment eines Kreiszylinders der konstanten Massendichte ρ bez. seiner Achse.

19. Berechnen Sie das Trägheitsmoment eines Kreiszylinders konstanter Massendichte ρ bez. einer auf seiner Mantelfläche liegenden Drehachse.

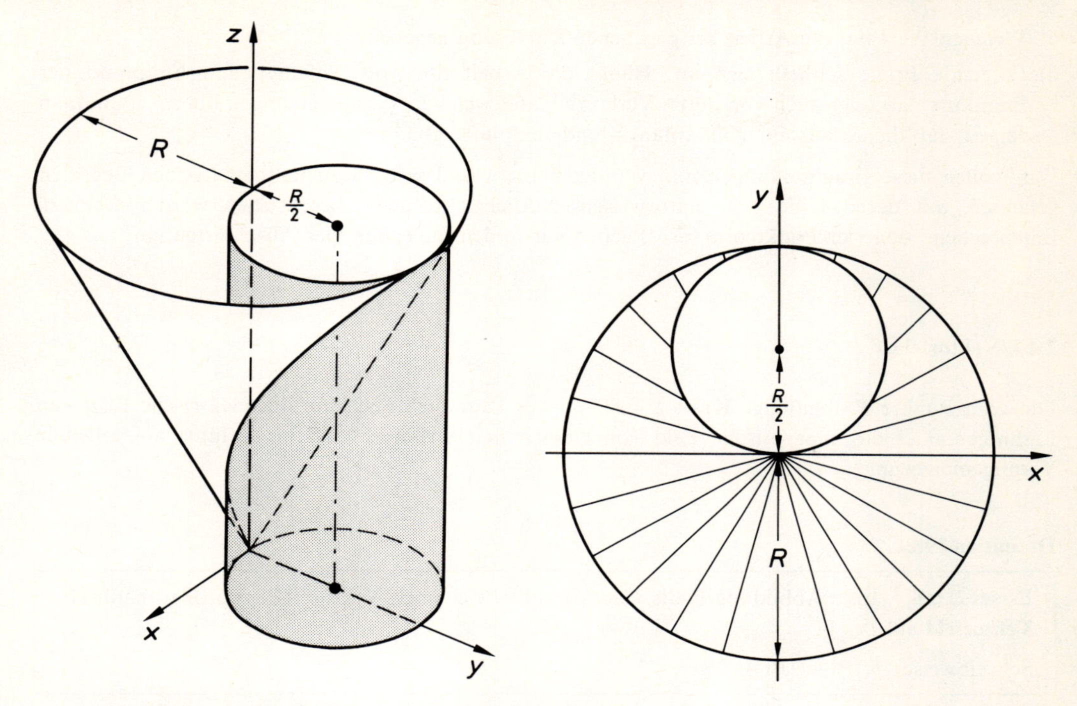

197.1 Durchbohrter Kegel perspektivisch, Draufsicht

2.4 Linienintegrale und ihre Anwendungen

Wir wollen von folgender Fragestellung ausgehen:

In jedem Punkt des Raumes herrscht durch die Gravitation eine Kraft. Wir bewegen eine Masse längs einer gegebenen Bahnkurve durch den Raum von einem Anfangs- zu einem Endpunkt und fragen nach der dazu erforderlichen Arbeit. Wir wollen dieses Problem genauer betrachten:

a) Die Kraft im Punkte P ist festgelegt durch ihren Betrag und ihre Richtung, sie ist also durch einen Vektor $\vec{F}(P)$ zu beschreiben, der von P abhängt. Wenn beispielsweise $\vec{F}(P)$ durch eine einzige punktförmige Masse erzeugt wird, so zeigt $\vec{F}(P)$ zu dieser hin und ihr Betrag ist umgekehrt proportional zu r^2, wenn r der Abstand des Punktes P von der Masse ist, es gilt nämlich das Gravitationsgesetz. Jedem Punkt P wird also ein Vektor $\vec{F}(P)$ zugeordnet.

b) Eine Bahnkurve kann in Parameterdarstellung beschrieben werden (vgl. Band 2, Definition 180.1).

c) Welchen Wert hat die Arbeit bei gegebener Kurve und gegebenem $\vec{F}$?

d) Folgende Frage schließt sich an: Hängt die Arbeit nur von Anfangs- und Endpunkt der Bahnkurve ab oder auch von deren Verlauf? Unter welchen Voraussetzungen über $\vec{F}$ kann man zeigen, daß die Arbeit nur von Anfangs- und Endpunkt abhängt?

Wir wollen diese Fragestellungen nun verallgemeinern und werden zu mathematischen Begriffen gelangen, mit deren Hilfe viele naturwissenschaftliche Probleme beschrieben werden können. Entsprechend den vier Punkten a) bis d) gehen wir in den folgenden vier Abschnitten vor.

2.4.1 Vektorfelder

Die vom Punkte P abhängige Kraft $\vec{F}=\vec{F}(P)$ – es kann sich auch um das elektrische Feld von Ladungen oder das magnetische Feld von elektrischen Strömen handeln – führt auf folgende Verallgemeinerung.

Definition 198.1

Es sei $D \subset \mathbb{R}^3$. Eine Abbildung $\vec{v}$, die jedem Punkt $P \in D$ einen Vektor $\vec{v}(P)$ zuordnet, heißt ein **Vektorfeld** auf D.

Schreibweise: $\vec{v}\colon P \mapsto \vec{v}(P)$ [1]).

Bemerkungen:

1. Da der Vektor $\vec{v}(P)$ bez. eines gegebenen kartesischen Koordinatensystems durch seine drei Vektorkoordinaten v_1, v_2, v_3 beschrieben wird, ist jede dieser drei Koordinaten eine Funktion von $P \in D$. Ist $P=(x, y, z)$, so ist

$$\vec{v}(P)=\vec{v}(x, y, z)=\big(v_1(x, y, z), v_2(x, y, z), v_3(x, y, z)\big).$$

Wir verwenden hier für die erste, die x-Koordinate von $\vec{v}$, die Schreibweise v_1 statt v_x, wie dies in der Vektorrechnung gemacht wurde, um Verwechslungen mit partiellen Ableitungen zu vermeiden; entsprechend v_2 statt v_y und v_3 statt v_z.

2. Die Veranschaulichung in Bild 199.1 ist folgendermaßen zu verstehen: Man skizziert den Pfeil des Vektors $\vec{v}(P)$ so, daß sein Anfangspunkt in P liegt – ausgehend von der Vorstellung der in P herrschenden Kraft. Die Tatsache, daß sich zwei Pfeile schneiden können, liegt an dieser Art der Veranschaulichung und ist bedeutungslos. Natürlich gehören diese Pfeile dann zu verschiedenen Punkten, denn jedem Punkt ist genau ein Pfeil zugeordnet, da $\vec{v}$ eine Funktion ist.

3. Im Rahmen dieser Theorie ist es weitgehend üblich, reellwertige Funktionen als **Skalarfelder** zu bezeichnen. Also: Bei einem Skalarfeld werden den Punkten reelle Zahlen zugeordnet, bei Vektorfeldern werden den Punkten Vektoren zugeordnet.

---

[1]) Wir werden gelegentlich, um die Sprechweise zu vereinfachen, auch vom Vektorfeld $\vec{v}(P)$ sprechen.

4. Ist $D \subset \mathbb{R}^2$ und sind die Vektoren $\vec{v}(P)$ für alle $P \in D$ zweidimensional: $\vec{v}(x, y) = (v_1(x, y), v_2(x, y))$, so spricht man auch von einem **ebenen** Vektorfeld, in unserem Falle dann von einem **räumlichen** Vektorfeld.

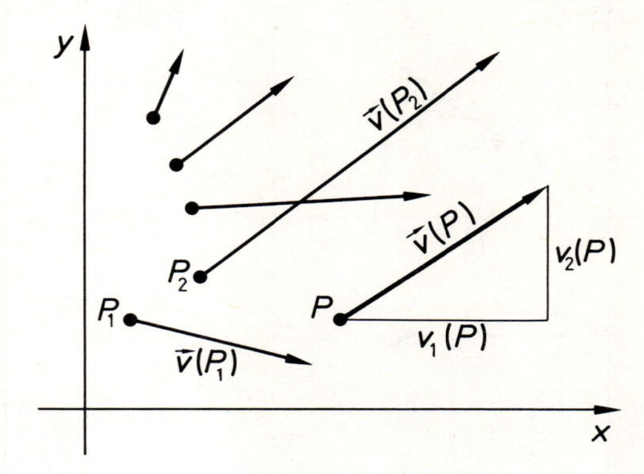

199.1 Zum Begriff des Vektorfeldes

Beispiel 199.1

Das durch

$$\vec{v}(x, y) = \left(\frac{x}{(\sqrt{x^2 + y^2})^3}, \frac{y}{(\sqrt{x^2 + y^2})^3} \right) \tag{199.1}$$

definierte ebene Vektorfeld soll skizziert werden. Da $r = \sqrt{x^2 + y^2}$ der Abstand des Punktes $P = (x, y)$ von $(0, 0)$ ist, gilt

$$\vec{v}(x, y) = r^{-3} \cdot (x, y). \tag{199.2}$$

Der im Punkte (x, y) zu skizzierende Vektor $\vec{v}(x, y)$ hat daher dieselbe Richtung wie der Ortsvektor des Punktes (x, y).

Die Länge dieses Pfeiles ist $|\vec{v}(x, y)| = r^{-3} \cdot \sqrt{x^2 + y^2} = r^{-2}$, d.h. $|\vec{v}(P)|$ ist umgekehrt proportional zum Quadrat des Abstandes des Punktes P vom Ursprung. In Bild 200.1 haben daher die Pfeile in P_1 und P_2 gleiche Länge, die in P_1 und P_3 gleiche Richtung. Alle Pfeile zeigen vom Nullpunkt fort. Der Definitionsbereich von $\vec{v}$ ist $D = \mathbb{R}^2 \setminus \{(0, 0)\}$.

Beispiel 199.2

Das ebene Vektorfeld

$$\vec{v}(x, y) = -\left(\frac{x}{(\sqrt{x^2 + y^2})^3}, \frac{y}{(\sqrt{x^2 + y^2})^3} \right)$$

entsteht aus dem Vektorfeld aus Beispiel 199.1 dadurch, daß alle Vektoren entgegengesetztes Vorzeichen bekommen. Das entsprechende Bild entsteht aus Bild 200.1, indem alle Pfeile entgegengesetzte Richtung bekommen, sie zeigen daher alle zum Ursprung hin (Bild 200.2).

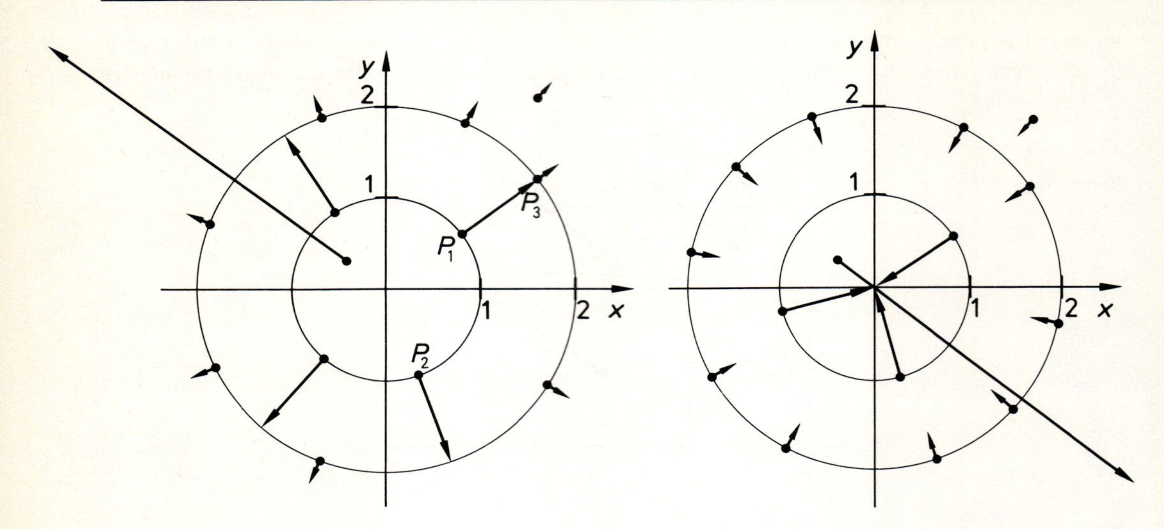

200.1 Das Vektorfeld aus Beispiel 199.1

200.2 Das Vektorfeld aus Beispiel 199.2

Beispiel 200.1

Für das räumliche Vektorfeld

$$\vec{v}(x, y, z) = -\left(\frac{x}{(\sqrt{x^2+y^2+z^2})^3}, \frac{y}{(\sqrt{x^2+y^2+z^2})^3}, \frac{z}{(\sqrt{x^2+y^2+z^2})^3}\right) \tag{200.1}$$

gilt entsprechendes wie für das ebene Feld des vorigen Beispiels: Jeder Vektor $\vec{v}(x, y, z)$ zeigt zum Nullpunkt hin, der Betrag von $\vec{v}(x, y, z)$ ist umgekehrt proportional zum Quadrat des Abstandes des Punktes $P=(x, y, z)$ von $(0, 0, 0)$. Wenn wir den Ortsvektor von P mit $\vec{r}$ bezeichnen, also $\vec{r}=(x, y, z)$ setzen, so erhalten wir mit $r=|P|=|\vec{r}|$ die weit verbreitete Schreibweise

$$\vec{v} = -\frac{\vec{r}}{r^3}. \tag{200.2}$$

Der Definitionsbereich von $\vec{v}$ ist $\mathbb{R}^3 \setminus \{(0, 0, 0)\}$.

Das Schwerefeld einer in $(0, 0, 0)$ liegenden punktförmigen Masse hat nach dem Gravitationsgesetz diese Eigenschaften: Die Schwerkraft ist auf die Masse gerichtet, ihr Betrag ist umgekehrt proportional zum Quadrat des Abstandes, der Proportionalitätsfaktor enthält die Gravitationskonstante γ und die Masse m. Auch das elektrische Feld einer im Nullpunkt liegenden elektrischen Ladung hat diese Form aufgrund des Coulombschen Gesetzes, der Proportionalitätsfaktor enthält die Ladung q und eine allgemeine Konstante, die vom Maßsystem abhängt. Ein solches Vektorfeld heißt auch ein **Coulombfeld.**

Beispiel 201.1

Wir nehmen an, ein Gas oder eine Flüssigkeit durchströme einen Behälter, ein Rohr oder etwas ähnliches (die Strömung sei stationär, d.h. zeitunabhängig). Dann wird jedem Punkt P derjenige Vektor $\vec{v}(P)$ zugeordnet, der die Geschwindigkeit des bei P befindlichen Teilchens angibt, $\vec{v}$ ist das **Strömungsfeld.** Es sei z.B. für alle

$$P=(x, y)\in D=\{(x, y)\in\mathbb{R}^2 \mid -1\leqq x\leqq 1\}$$

das ebene Feld durch $\vec{v}(x, y)=(0, -x^2+1)$ definiert. Alle Vektoren $\vec{v}(P)$ sind wegen $v_1=0$ zur y-Achse parallel. Ferner hängt $\vec{v}$ nicht von y ab, daher sind die zu Punkten mit gleichem x-Wert gehörenden Vektoren gleich. Bild 201.1 zeigt Vektoren $\vec{v}(P)$ für Punkte P auf der x-Achse $(-1\leqq x\leqq 1)$ und für Punkte P auf der Geraden $y=2$. Wenn $\vec{v}$ ein Strömungsfeld ist, so zeigt das Bild das sogenannte **Strömungsprofil** der Strömung, es kann von einer ein Rohr durchströmenden Flüssigkeit herrühren. Wegen der Reibung ist die Geschwindigkeit an der Wandung Null und nimmt zur Mitte hin zu, wo sie am größten ist. Da alle Vektoren parallel sind, spricht man auch von einer laminaren oder schlichten Strömung.

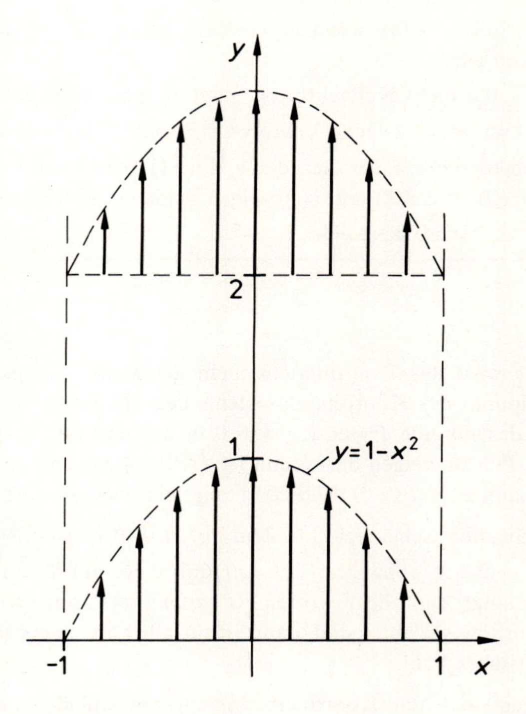

201.1 Das Strömungsfeld aus Beispiel 201.1

Definition 202.1

Das auf der offenen Menge $D \subset \mathbb{R}^3$ definierte Vektorfeld $\vec{v}=(v_1, v_2, v_3)$ heißt in D **stetig,** wenn die Funktionen v_1, v_2 und v_3 in D stetig sind. Das Feld heißt **differenzierbar,** wenn v_1, v_2 und v_3 es sind. Das Feld heißt nach x (bzw. y bzw. z) **partiell differenzierbar,** wenn v_1, v_2 und v_3 partiell nach x (bzw. y bzw. z) differenzierbar sind.

Alle in den Beispielen dieses Abschnittes genannten Felder sind in ihren Definitionsbereichen stetig, differenzierbar (und daher nach allen Variablen auch partiell differenzierbar).

Definition 202.2

Ein Vektorfeld $\vec{v}$ heißt ein

a) **Zentralfeld,** wenn es einen Punkt P_0 gibt, so daß $\vec{v}(P)$ für alle $P \neq P_0$ definiert ist und jeder Vektor $\vec{v}(P)$, der nicht Nullvektor ist, zu P_0 hin oder von P_0 fort gerichtet ist. P_0 heißt der **Pol** des Feldes.

b) **sphärisches Feld,** wenn es ein Zentralfeld ist und zum Pol P_0 punktsymmetrisch ist, d.h. für Punkte P und Q mit gleichem Abstand von P_0 gilt $|\vec{v}(P)|=|\vec{v}(Q)|$ und die Vektoren $\vec{v}(P)$ und $\vec{v}(Q)$ sind beide entweder zu P_0 hin oder beide von P_0 fort gerichtet.

c) **Zylinderfeld** (zylindrisches Feld), wenn es eine Gerade g gibt, so daß $\vec{v}(P)$ für alle $P \notin g$ definiert ist und wenn gilt:

1. jeder Vektor $\vec{v}(P)$, der nicht Nullvektor ist, zeigt zu g hin oder von g fort,
2. alle vom Nullvektor verschiedenen Vektoren $\vec{v}(P)$ bilden mit g einen rechten Winkel,
3. das Feld ist symmetrisch bez. der Geraden g, d.h.: Haben P und Q gleichen Abstand von g, so ist $|\vec{v}(P)|=|\vec{v}(Q)|$ und $\vec{v}(P)$ und $\vec{v}(Q)$ zeigen beide entweder zu g hin oder von g fort.

Die Gerade g heißt die **Achse des Feldes $\vec{v}$.**

Bemerkungen:

1. In den Anwendungen wird das Koordinatensystem gewöhnlich so gelegt, daß der Pol eines Zentralfeldes im Nullpunkt des Koordinatensystems liegt. Dann gilt $\vec{v}(P)=f(P)\cdot(x, y, z)$, wobei f ein Skalarfeld ist, das für alle $P=(x, y, z) \neq (0, 0, 0)$ definiert ist. Man beachte, daß $\vec{v}(P)$ für einige Punkte P zum Pol hin zeigen darf (dann ist $f(P)<0$), für andere Punkte P vom Pol weg gerichtet sein kann (dann ist $f(P)>0$). Bild 203.1 zeigt ein ebenes Zentralfeld.

2. Ist das Zentralfeld $\vec{v}$ ein sphärisches Feld mit dem Pol $(0, 0, 0)$, so ist $\vec{v}(P)=f(P)\cdot(x, y, z)$, wobei f nur von $|P|=r=\sqrt{x^2+y^2+z^2}$ abhängt: $f(P)=g(r)$ mit einer auf $(0, \infty)$ definierten Funktion g. Häufig wird sogar verlangt, daß alle Vektoren $\vec{v}(P)$ zum Pol P_0 hin gerichtet sind oder daß alle Vektoren $\vec{v}(P)$ von ihm weg gerichtet sind, dann ist für alle $r>0$: $g(r)<0$ oder $g(r)>0$. Bild 203.2 zeigt ein ebenes sphärisches Feld.

3. Bei Zylinderfeldern legt man das Koordinatensystem gewöhnlich so, daß dessen z-Achse zur Achse des Feldes wird. In diesem Falle ist $\vec{v}(P)=f(P)\cdot(x, y, 0)$, wobei das Skalarfeld f für alle

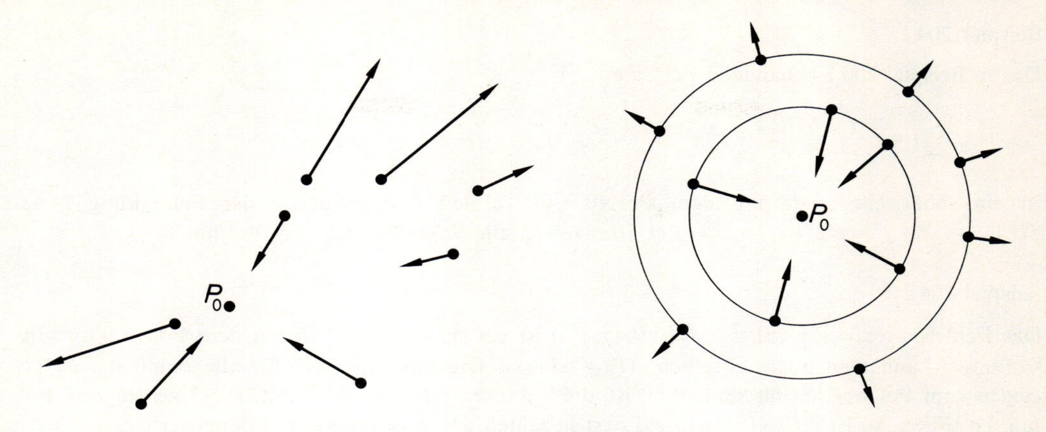

203.1 Ebenes Zentralfeld mit dem Pol P_0

203.2 Ebenes sphärisches Feld mit dem Pol P_0

$(x, y, z) = P$, für die $a = \sqrt{x^2 + y^2} \neq 0$ ist, definiert ist und nur von a, dem Abstand des Punktes P von der z-Achse, abhängt. Die dritte Komponente v_3 ist für alle P Null, da $\vec{v}(P)$ zur z-Achse zeigt und mit ihr einen rechten Winkel bildet, $\vec{v}(P)$ ist daher zur x, y-Ebene parallel. Bild 203.3 zeigt ein zylindrisches Feld.

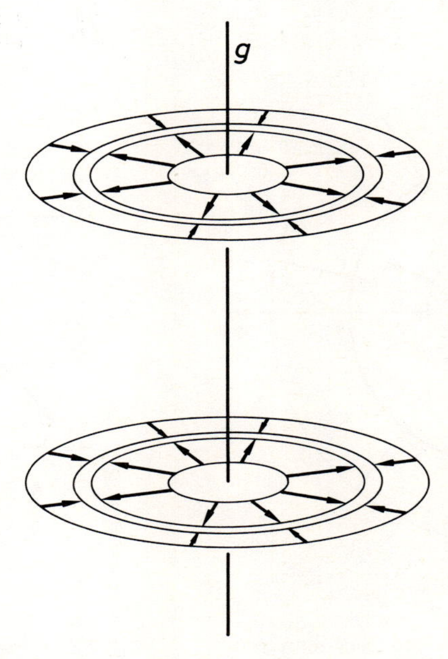

203.3 Ein zylindrisches Feld mit der Achse g

Beispiel 204.1

Das in Beispiel 200.1 behandelte Feld $\vec{v}$ mit

$$\vec{v}(x, y, z) = -\frac{\vec{r}}{r^3} = -(x^2+y^2+z^2)^{-\frac{3}{2}} \cdot (x, y, z)$$

ist ein sphärisches Feld mit dem Pol $(0,0,0)$. In den Bezeichnungen der Bemerkung 2 ist $f(P) = -(x^2+y^2+z^2)^{-\frac{3}{2}} = -r^{-3} = g(r)$. Hier zeigen alle Vektoren $\vec{v}(P)$ zum Pol hin.

Beispiel 204.2

Das Feld $\vec{v}(x, y, z) = -\frac{1}{2} \cdot \ln(x^2+y^2+z^2) \cdot (x, y, z)$ ist ein sphärisches Feld mit dem Pol $(0,0,0)$. Mit $\vec{r} = (x, y, z)$ kann man auch schreiben $\vec{v}(P) = -\ln r \cdot \vec{r}$. Die Vektoren $\vec{v}(P)$ für alle P mit $0 < |P| < 1$ zeigen vom Pol weg, da für sie $\ln r < 0$ ist, die Vektoren $\vec{v}(P)$ für alle P mit $|P| > 1$ zeigen zum Pol hin. Ist $|P| = 1$, so ist $\vec{v}(P) = \vec{0}$. Das Feld $\vec{v}$ ist in seinem Definitionsbereich differenzierbar.

Beispiel 204.3

Das Vektorfeld $\vec{v}(x, y, z) = -\frac{1}{2} \cdot \ln(x^2+y^2) \cdot (x, y, 0)$ ist ein stetiges Zylinderfeld mit der z-Achse als Achse. Der Vektor $\vec{v}(P)$ zeigt zur Achse hin, wenn der Punkt $P = (x, y, z)$ einen Abstand $a = \sqrt{x^2+y^2} > 1$ von der Achse hat, ist $0 < a < 1$, so zeigt $\vec{v}(P)$ von der Achse weg (Bild 204.1).

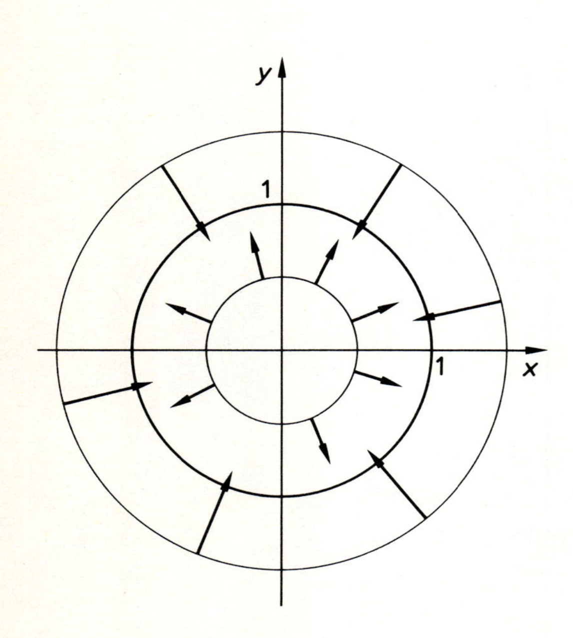

204.1 Das Feld aus Beispiel 204.3. In jeder zur x, y-Ebene parallelen Ebene erhält man dasselbe Bild

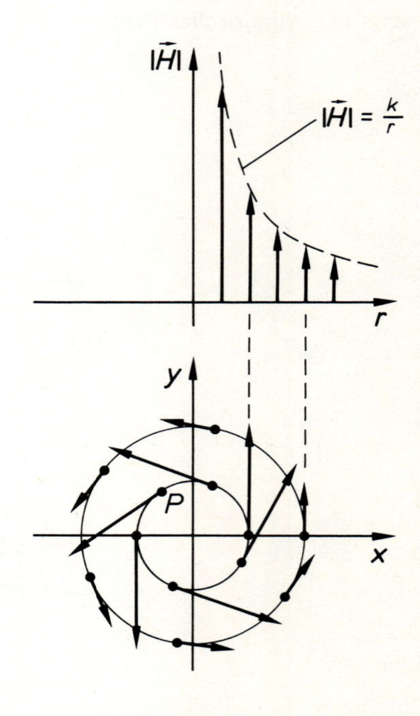

204.2 Zum magnetischen Feld des stromdurchflossenen Leiters in der x, y-Ebene

Beispiel 205.1

Wir wollen das **magnetische Feld** $\vec{H}$ eines geraden, unendlich langen, von einem Gleichstrom durchflossenen Leiters bestimmen. Wir legen das Koordinatensystem so, daß die z-Achse mit dem Leiter zusammenfällt und ihre Richtung gleich der Stromrichtung ist. In Bild 204.2 tritt der Strom aus der Zeichenebene heraus. Es gelten dann folgende Gesetze:

a) Der Vektor $\vec{H}(P)$ ist Tangentialvektor an den Kreis durch P mit dem Mittelpunkt auf der z-Achse, der in einer zur x, y-Ebene parallelen Ebene liegt; es gilt für die Richtung von $\vec{H}(P)$ die »Rechte-Hand-Regel«.

b) Die Länge von $\vec{H}(P)$, die Stärke des magnetischen Feldes, nimmt proportional zum Abstand vom Leiter ab, d.h. ist umgekehrt proportional zum Abstand des Punktes P vom Leiter. Der Proportionalitätsfaktor hängt von den gewählten Einheiten ab, von magnetischen Konstanten und vom Strom I, zu dem die Feldstärke $|\vec{H}(P)|$ proportional ist.

In $P=(x, y, z)$ gilt nach a) also: $\vec{H}(P)=(H_1, H_2, 0)$. Da $\vec{H}(P)$ auf dem Ortsvektor $(x, y, 0)$ von P senkrecht steht, gilt für das skalare Produkt $\vec{H}(P)\cdot(x, y, 0)=0$. Nach b) ist

$$|\vec{H}(P)|=\sqrt{H_1^2(P)+H_2^2(P)}=k\cdot(x^2+y^2)^{-\frac{1}{2}}.$$

Aus beiden Gleichungen folgt

$$H_1(P)=\frac{-k\cdot y}{x^2+y^2}, \quad H_2(P)=\frac{k\cdot x}{x^2+y^2}$$

oder

$$H_1(P)=\frac{k\cdot y}{x^2+y^2}, \quad H_2(P)=\frac{-k\cdot x}{x^2+y^2}.$$

Ist $x>0$ und $y>0$, so ist nach der »Rechte-Hand-Regel« $H_1(x, y, z)<0$, woraus die erste Lösung folgt, wenn der Proportionalitätsfaktor k positiv ist:

$$\vec{H}(x, y, z)=\frac{k}{x^2+y^2}(-y, x, 0). \tag{205.1}$$

Man beachte übrigens, daß $\vec{H}$ kein Zylinderfeld ist; die Vektoren $\vec{H}(P)$ zeigen nicht zur z-Achse.

2.4.2 Kurven im Raum

Eine ebene Kurve läßt sich in Parameterform nach Band 2. Definition 180.1 so schreiben: $(x, y)=(x(t), y(t))$, wobei der Parameter t ein Intervall $J\subset\mathbb{R}$ »durchläuft«. Bezeichnet man den Ortsvektor des Punktes $P=(x, y)$ mit $\vec{r}$, so bekommt man die Parameterdarstellung in der Form $\vec{r}=\vec{r}(t)$, $t\in J\subset\mathbb{R}$. Ist andererseits $\vec{r}$ der Ortsvektor des Punktes $(x, y, z)\in\mathbb{R}^3$, so beschreibt die Gleichung $\vec{r}=\vec{r}(t)$, $t\in J\subset\mathbb{R}$ eine Raumkurve. Um schwerfällige Sprechweisen zu vermeiden, werden wir, wenn kein Mißverständnis zu befürchten ist, mit $\vec{r}=\vec{r}(t)$ sowohl Kurvenpunkte als auch die Parameterdarstellung bezeichnen. Wenn die drei auf J definierten Funktionen x, y und z auf J stetig sind, so heißt die Kurve stetig, sind sie differenzierbar, so sei $\dot{\vec{r}}(t)=(\dot{x}(t), \dot{y}(t), \dot{z}(t))$.

Beispiel 206.1

Ist $R>0$ und $h>0$, so wird durch die Parameterdarstellung

$$\vec{r}=(R\cdot\cos t,\ R\cdot\sin t,\ h\cdot t),\qquad t\in\mathbb{R} \tag{206.1}$$

die in Bild 206.1 skizzierte **Schraubenlinie** beschrieben.

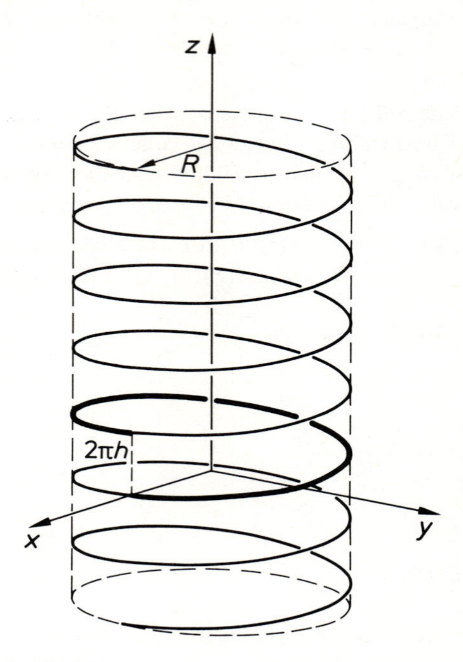

206.1 Die Schraubenlinie aus Beispiel 206.1

Der Kurvenpunkt $\vec{r}(t)$ hat von der z-Achse den Abstand $\sqrt{x^2+y^2}=\sqrt{R^2\cdot\cos^2 t+R^2\cdot\sin^2 t}=R$. Da dieser Abstand von t unabhängig ist, haben alle Punkte denselben Abstand R von der z-Achse, die Kurve liegt also auf der Zylinderfläche mit der z-Achse als Achse und dem Radius R, der der Radius der Schraubenlinie genannt wird. Die Kurvenpunkte

$$\vec{r}(t)=(R\cdot\cos t,\ R\cdot\sin t,\ ht)\quad\text{und}\quad\vec{r}(t+2\pi)=(R\cdot\cos t,\ R\cdot\sin t,\ ht+2\pi h)$$

haben gleiche x- und y-Koordinaten, liegen daher im Abstand $2\pi h$ übereinander, dieses ist die **Ganghöhe** der Schraubenlinie. Wenn $0\leqq t\leqq 2\pi$, wird der in Bild 206.1 dick gezeichnete Teil durchlaufen, ist $-\infty<t<\infty$, so ist die Kurve nicht beschränkt.

Beispiel 206.2

Die Parameterdarstellung

$$\vec{r}=(t\cdot\cos t,\ t\cdot\sin t,\ h\cdot t),\qquad 0\leqq t \tag{206.2}$$

beschreibt die in Bild 207.1 skizzierte Kurve, die auf einem Kegelmantel liegt, dessen Achse die z-Achse ist mit der Spitze in $(0, 0, 0)$ und für dessen Öffnungswinkel α gilt $\tan\frac{\alpha}{2}=h$.

Man könnte die Kurve eine Schraubenlinie der Ganghöhe $2\pi h$ nennen, die auf dem genannten Kegelmantel liegt und in $(0, 0, 0)$ beginnt, s. Bild 207.1.

Beispiel 207.1

Sind $\vec{a}$ und $\vec{b}\neq\vec{0}$ Vektoren in $\mathbb{R}^3$, so ist

$$\vec{r}=\vec{a}+t\cdot\vec{b}, \qquad t\in\mathbb{R} \tag{207.1}$$

nach Band 1 (191.1) Parameterdarstellung einer Geraden durch den Punkt mit dem Ortsvektor $\vec{a}$ und der Richtung von $\vec{b}$.

Es gilt, wie in Band 2, S. 193 für ebene Kurven gezeigt, der

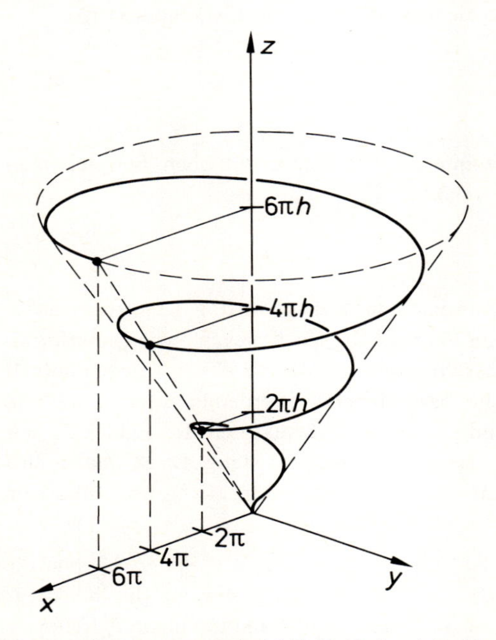

207.1 Die Kurve aus Beispiel 206.2. Es handelt sich um eine Art Schraubenlinie auf einem Kegelmantel

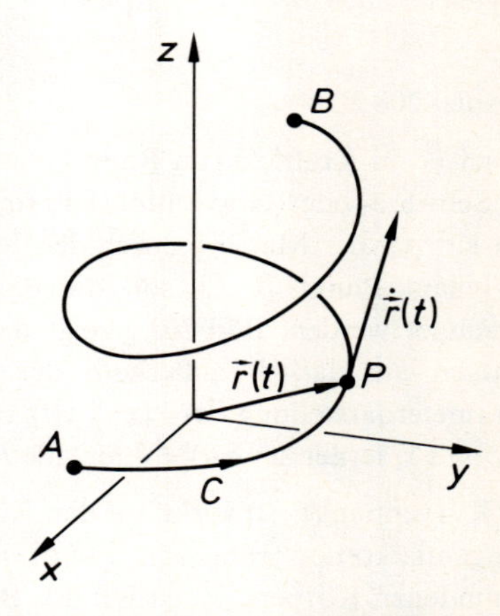

207.2 Die Kurve C mit ihrer Durchlaufungsrichtung und einem Tangentialvektor $\dot{\vec{r}}(t)$ in $\vec{r}(t)$

Satz 207.1

Es sei $J=[a,b]\subset\mathbb{R}$ und x, y, z auf J stetig differenzierbare Funktionen. Ist $\dot{\vec{r}}(t)=(\dot{x}(t), \dot{y}(t), \dot{z}(t))\neq(0,0,0)$, so ist $\dot{\vec{r}}(t)$ Tangentialvektor an die durch $\vec{r}=(x(t), y(t), z(t))$, $t\in J$ definierte Kurve im Kurvenpunkt $\vec{r}(t)$.

Bemerkungen:

1. Der Vektor $\dot{\vec{r}}(t)$ zeigt in die Richtung, die dem durch $a \leqq t \leqq b$ gegebenen Durchlaufungssinn der Kurve entspricht, s. Bild 207.2.
2. Der Vektor $\frac{\dot{\vec{r}}(t)}{|\dot{\vec{r}}(t)|}$ ist Tangenteneinheitsvektor an die Kurve im Kurvenpunkt $\vec{r}(t)$.
3. Die Gerade mit der Parameterdarstellung

$$\vec{r}(t) = \vec{r}(t_0) + t \cdot \dot{\vec{r}}(t_0), \qquad t \in \mathbb{R} \tag{208.1}$$

ist die Tangente an die Kurve im Kurvenpunkt $\vec{r}(t_0)$.

Beispiel 208.1

Für die Schraubenlinie (206.1) gilt $\dot{\vec{r}}(t) = (-R \cdot \sin t, R \cdot \cos t, h)$, daher ist $\dot{\vec{r}}(0) = (0, R, h)$ Tangentialvektor an diese Kurve im Kurvenpunkt $\vec{r}(0) = (R, 0, 0)$. Die Gerade mit der Parameterdarstellung $\vec{r} = \vec{r}(0) + t \cdot \dot{\vec{r}}(0) = (R, 0, 0) + t \cdot (0, R, h)$ ist Tangente an die Schraubenlinie im Kurvenpunkt $\vec{r}(0)$.

2.4.3 Das Linien- oder Kurvenintegral

Wir beginnen zur Erläuterung des Begriffes Linienintegral mit einem typischen Beispiel (man vergleiche auch Band 2, Beispiel 119.2 und Abschnitt 3.2.3).

Beispiel 208.2

Es sei $\vec{F}$ ein Kraftfeld (im Raum), das von einem Massensystem erzeugt wird, $\vec{F}$ nennt man daher ein Schwere- oder Gravitationsfeld (mathematisch ein Vektorfeld). Wir bewegen einen punktförmigen Körper der Masse 1 durch den Raum längs einer vorgegebenen Kurve C von einem Punkt A zu einem Punkt B. Es soll die dazu erforderliche bzw. dabei freiwerdende Energie (Arbeit) berechnet werden. Bild 209.1 zeigt die Kurve C und einige der Feldvektoren des Feldes $\vec{F}$. Wir nehmen an, daß $\vec{F}$ außerhalb der Massen, die das Feld erzeugen, stetig ist. C habe eine Parameterdarstellung $\vec{r}(t) = (x(t), y(t), z(t))$, $a \leqq t \leqq b$ mit auf $[a, b]$ stetig differenzierbaren Funktionen x, y und z, ferner sei $|\dot{\vec{r}}(t)| \neq 0$ für alle $t \in [a, b]$ und $A = \vec{r}(a)$, $B = \vec{r}(b)$.

Im Kurvenpunkt $\vec{r}(t)$ wirkt auf den Körper die Kraft $\vec{F}(\vec{r}(t)) = \vec{F}(x(t), y(t), z(t))$, s. Bild 209.2. Nur die Tangentialkomponente von $\vec{F}(\vec{r}(t))$ liefert einen Beitrag zur Bewegung des an die Kurve C gebundenen Körpers. Nach Band 1, Beispiel 169.2 gilt für diese Tangentialkomponente $\vec{F}_{tg}(\vec{r}(t))$

$$\vec{F}_{tg}(\vec{r}(t)) = \frac{\vec{F}(\vec{r}(t)) \cdot \dot{\vec{r}}(t)}{|\dot{\vec{r}}(t)|} \cdot \frac{\dot{\vec{r}}(t)}{|\dot{\vec{r}}(t)|}, \tag{208.2}$$

denn $\dot{\vec{r}}(t)$ ist Tangentialvektor an die Kurve C im Kurvenpunkt $\vec{r}(t)$. Daher ist

$$F_{tg}(\vec{r}(t)) = \frac{\vec{F}(\vec{r}(t)) \cdot \dot{\vec{r}}(t)}{|\dot{\vec{r}}(t)|} \tag{208.3}$$

der Anteil der Kraft in Tangentialrichtung. Die Zahl $F_{tg}(\vec{r}(t))$ ist positiv bzw. negativ, wenn $\vec{F}(\vec{r}(t))$ mit $\dot{\vec{r}}(t)$ einen Winkel zwischen 0° und 90° bzw. zwischen 90° und 180° bildet, er ist 0, wenn der

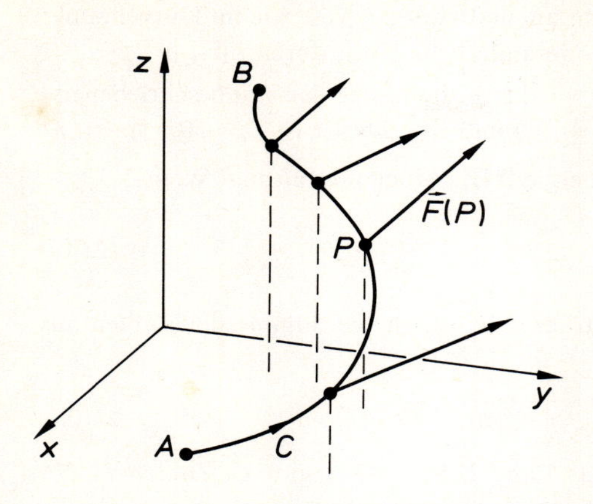

209.1 Eine Kurve C und einige Feldvektoren $\vec{F}(P)$

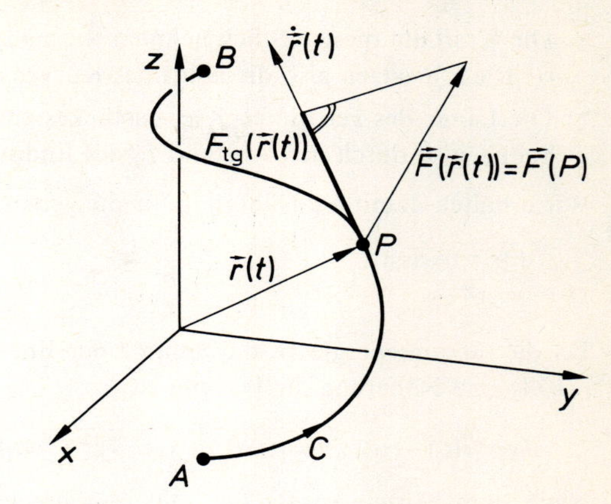

209.2 Zur Herleitung von (208.3)

Kraftvektor im Punkt $\vec{r}(t)$ auf der Kurve senkrecht steht. Daher wird in Punkten $\vec{r}(t)$, in denen $F_{tg}(\vec{r}(t))>0$ ist, Energie frei, in den Punkten, für die $F_{tg}(\vec{r}(t))<0$ gilt, Arbeit verbraucht.

Wir zerlegen nun die Kurve C. Eine Zerlegung Z des Intervalles

$$[a, b]: a=t_0<t_1<t_2<\cdots<t_n=b$$

erzeugt eine Zerlegung der Kurve durch die Kurvenpunkte $\vec{r}(t_0)=A$, $\vec{r}(t_1)$, $\vec{r}(t_2), \ldots, \vec{r}(t_n)=B$, s. Bild 209.3. Es werden weitere Zwischenpunkte $\tau_1, \tau_2, \ldots, \tau_n$ mit $t_{i-1} \leqq \tau_i \leqq t_i$ $(i=1, \ldots, n)$ gewählt.

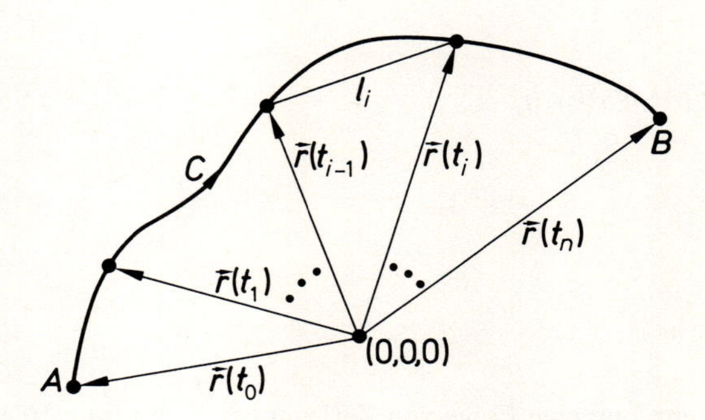

209.3 Zerlegung der Kurve C

Eine Näherung für die Energie ΔW_i, die frei wird, wenn der Körper vom Kurvenpunkt $\vec{r}(t_{i-1})$ zum Kurvenpunkt $\vec{r}(t_i)$ längs der Kurve C bewegt wird, erhalten wir, wenn wir folgende Ersetzungen vornehmen:

a) Die Kraft auf diesem Stück nehmen wir als konstant an, und zwar so groß, wie im Kurvenpunkt $\vec{r}(\tau_i)$; wir ersetzen also die längs des Kurvenstückes veränderliche Kraft durch $\vec{F}(\vec{r}(\tau_i))$.

b) Die Länge des genannten Kurvenstückes ersetzen wir durch die Länge der »einbeschriebenen« Sehne, also durch den Abstand L_i der Endpunkte $\vec{r}(t_{i-1})$ und $\vec{r}(t_i)$. Dieser ist $L_i = |\vec{r}(t_{i-1}) - \vec{r}(t_i)|$.

Wir erhalten damit als Näherung für die genannte Energie ΔW_i (Arbeit = Kraft mal Weg)

$$\frac{\vec{F}(\vec{r}(\tau_i)) \cdot \dot{\vec{r}}(\tau_i)}{|\dot{\vec{r}}(\tau_i)|} \cdot L_i, \qquad i = 1, \ldots, n. \tag{210.1}$$

Da die Gesamtenergie W die Summe der Energiebeträge ΔW_i ist, ist die Summe der Zahlen aus (210.1) eine Näherung für W. Nun ist

$$L_i = |\vec{r}(t_i) - \vec{r}(t_{i-1})| = \sqrt{|x(t_i) - x(t_{i-1})|^2 + |y(t_i) - y(t_{i-1})|^2 + |z(t_i) - z(t_{i-1})|^2}. \tag{210.2}$$

Nach dem Mittelwertsatz der Differentialrechnung (s. Band 2, Satz 72.1) gibt es Zahlen t_i^*, t_i^{**} und t_i^{***}, so daß

$$\begin{aligned} x(t_i) - x(t_{i-1}) &= \dot{x}(t_i^*) \cdot (t_i - t_{i-1}), \\ y(t_i) - y(t_{i-1}) &= \dot{y}(t_i^{**}) \cdot (t_i - t_{i-1}), \\ z(t_i) - z(t_{i-1}) &= \dot{z}(t_i^{***}) \cdot (t_i - t_{i-1}). \end{aligned}$$

Aufgrund der vorausgesetzten Stetigkeit der drei Funktionen x, y und z läßt sich zeigen, daß der Fehler, den man begeht, wenn man die drei Zahlen t_i^*, t_i^{**} und t_i^{***}, die i. allg. verschieden sind, alle durch τ_i ersetzt, beliebig klein wird, wenn $|t_i - t_{i-1}|$ hinreichend klein ist, die Zerlegung Z also hinreichend fein ist. Setzt man die so erhaltenen Werte in (210.2) ein, so bekommt man

$$L_i^* = \sqrt{|\dot{x}(\tau_i)|^2 + |\dot{y}(\tau_i)|^2 + |\dot{z}(\tau_i)|^2} \cdot (t_i - t_{i-1})$$

als Näherung für L_i. Da die Wurzel gleich $|\dot{\vec{r}}(\tau_i)|$ ist, erhält man so als Näherung für (210.1), und damit auch für ΔW_i

$$\frac{\vec{F}(\vec{r}(\tau_i)) \cdot \dot{\vec{r}}(\tau_i)}{|\dot{\vec{r}}(\tau_i)|} \cdot L_i^* = \vec{F}(\vec{r}(\tau_i)) \cdot \dot{\vec{r}}(\tau_i) \cdot (t_i - t_{i-1}). \tag{210.3}$$

Daher ist die Zahl

$$\sum_{i=1}^{n} \vec{F}(\vec{r}(\tau_i)) \cdot \dot{\vec{r}}(\tau_i) \cdot (t_i - t_{i-1}) \tag{210.4}$$

eine Näherung für W. Wenn nun eine Folge von Zerlegungen Z des Intervalles $[a, b]$ gewählt wird, so daß die zugehörige Folge der Feinheitsmaße (s. Band 2, Abschnitt 2.1.2) gegen Null konvergiert, so konvergiert die entstehende Folge der Zahlen aus (210.4) gegen W. Andererseits erkennt man in der Summe (210.4) eine Zwischensumme $S(Z)$ zur Zerlegung Z (s. Band 2, (117.2)) der stetigen Funktion f mit $f(t) = \vec{F}(\vec{r}(t)) \cdot \dot{\vec{r}}(t)$ (stetig, da $\vec{F}$, $\vec{r}$ und $\dot{\vec{r}}$ als stetig vorausgesetzt wurden). Da f als stetige Funktion über $[a, b]$ integrierbar ist (s. Band 2, Satz 124.1), konvergiert die Folge der Summen aus (210.4) gegen $\int_a^b f(t)\,\mathrm{d}t$, daher erhält man endlich

$$W = \int_a^b \vec{F}(\vec{r}(t)) \cdot \dot{\vec{r}}(t)\,\mathrm{d}t. \tag{211.1}$$

Ein solches Integral wird allgemein Linienintegral genannt, in diesem Zusammenhang auch als Arbeitsintegral bezeichnet.

Definition 211.1

Es sei $D \subset \mathbb{R}^3$ offen, $\vec{v}$ ein auf D definiertes stetiges Vektorfeld und $C: \vec{r} = \vec{r}(t)$, $a \leqq t \leqq b$ eine Kurve, für die für alle $t \in [a, b]$ gilt: $\vec{r}(t) \in D$, $\dot{\vec{r}}$ ist in $[a, b]$ stetig und $|\dot{\vec{r}}(t)| \neq 0$. Dann heißt

$$\int_a^b \vec{v}(\vec{r}(t)) \cdot \dot{\vec{r}}(t)\,\mathrm{d}t \tag{211.2}$$

das **Linienintegral** oder **Kurvenintegral** des Vektorfeldes $\vec{v}$ längs der Kurve C.

Schreibweisen: ${}^C\!\int \vec{v}\,\mathrm{d}\vec{r} = {}^C\!\int v_{\mathrm{tg}}\,\mathrm{d}t = {}^C\!\int \vec{v}\,\mathrm{d}\vec{s}$.

Bemerkungen:

1. Es genügt die Forderung, daß $\dot{\vec{r}}$ stückweise stetig ist, auch darf $|\dot{\vec{r}}(t)|$ an endlich vielen Stellen in $[a, b]$ verschwinden.
2. Gelegentlich spricht man auch vom **Wegintegral** und bezeichnet C als **Integrationsweg.**
3. Man sagt auch, das Feld $\vec{v}$ werde längs C integriert.
4. Ist C eine geschlossene Kurve, also $\vec{r}(a) = \vec{r}(b)$, so deutet man dies gerne durch einen kleinen Kreis im Integralzeichen an: ${}^C\!\oint \vec{v}\,\mathrm{d}\vec{r}$. Man spricht dann auch von einem Umlaufintegral.
5. Die zweite und dritte Schreibweise sind in der Tatsache begründet, daß man die Tangentialanteile von $\vec{v}$ integriert (das soll v_{tg} andeuten) bzw. daß man Längen mit s zu bezeichnen pflegt; die letzte Schreibweise ist in den Naturwissenschaften weit verbreitet.
6. Besteht die Kurve C aus zwei Teilkurven C_1 und C_2, wobei C_1 von A nach Q und C_2 von Q nach B verlaufen, so schreibt man $C = C_1 + C_2$. Es gilt dann offensichtlich

   $${}^C\!\int \vec{v}\,\mathrm{d}\vec{r} = {}^{C_1}\!\int \vec{v}\,\mathrm{d}\vec{r} + {}^{C_2}\!\int \vec{v}\,\mathrm{d}\vec{r}.$$

7. Ist C^* die in umgekehrter Richtung durchlaufene Kurve C (C^* verläuft dann von B nach A, wenn C von A nach B verläuft) so schreibt man auch $C^* = -C$. Es gilt dann offenbar

   $${}^{C^*}\!\int \vec{v}\,\mathrm{d}\vec{r} = -{}^C\!\int \vec{v}\,\mathrm{d}\vec{r}.$$

8. Sind $\vec{v}$ und $\vec{w}$ auf D stetige Vektorfelder, sind ferner p und q reelle Zahlen, so gilt

   $${}^C\!\int (p\vec{v} + q\vec{w})\,\mathrm{d}\vec{r} = p \cdot {}^C\!\int \vec{v}\,\mathrm{d}\vec{r} + q \cdot {}^C\!\int \vec{w}\,\mathrm{d}\vec{r}. \tag{211.3}$$

9. Es ist, namentlich in der Physik, weit verbreitet, den »Vektor« $(\mathrm{d}x, \mathrm{d}y, \mathrm{d}z)$ mit $\mathrm{d}\vec{r}$ (oder $\mathrm{d}\vec{s}$) zu bezeichnen, also

   $$\mathrm{d}\vec{r} = (\mathrm{d}x, \mathrm{d}y, \mathrm{d}z) \tag{211.4}$$

   zu setzen. Dann ist das innere Produkt

$$\vec{v}\cdot \mathrm{d}\vec{r}=v_1\,\mathrm{d}x+v_2\,\mathrm{d}y+v_3\,\mathrm{d}z \qquad (212.1)$$

und es ergibt sich die Schreibweise

$$^{C}\!\int \vec{v}\,\mathrm{d}\vec{r}={}^{C}\!\int v_1\,\mathrm{d}x+v_2\,\mathrm{d}y+v_3\,\mathrm{d}z, \qquad (212.2)$$

in der man nicht einmal Klammern um die Summe zu setzen pflegt.

Beispiel 212.1

Es sei $\vec{v}(x,y,z)=(xy,x^2+yz,xz)$ und

$$C:\ \vec{r}(t)=(t,1-t,t^2),\qquad 1\leqq t\leqq 2.$$

Dann ist $\vec{v}(\vec{r}(t))=\big(t(1-t),t^2+(1-t)t^2,t^3\big)$ – man hat in $\vec{v}(x,y,z)$ für x die erste Koordinate von $\vec{r}(t)$, also t einzusetzen, für y überall die zweite, also $(1-t)$ und für z die dritte t^2. Ferner ist $\dot{\vec{r}}(t)=(1,-1,2t)$. Der Integrand in (211.2) des Linienintegrals $^{C}\!\int \vec{v}\,\mathrm{d}\vec{r}$ lautet daher

$$\vec{v}(\vec{r}(t))\cdot\dot{\vec{r}}(t)=\big(t\cdot(1-t),\ t^2+(1-t)\cdot t^2,\ t^3\big)\cdot(1,\ -1,\ 2t)=t-3t^2+t^3+2t^4.$$

Daher ist

$$^{C}\!\int \vec{v}\,\mathrm{d}\vec{r}=\int_1^2 (t-3t^2+t^3+2t^4)\,\mathrm{d}t=10{,}65.$$

Die Kurve C verläuft übrigens von $\vec{r}(1)=(1,0,1)$ nach $\vec{r}(2)=(2,-1,4)$. Wir wollen $\vec{v}$ auch noch längs der diese zwei Punkte verbindenden Geraden integrieren. Eine Parameterdarstellung dieser Geraden ist nach (207.1) durch

$$C^*:\ \vec{r}(t)=(1,0,1)+t\cdot[(2,\ -1,4)-(1,0,1)]=(1+t,\ -t,1+3t)$$

gegeben. Wenn $0\leqq t\leqq 1$, bekommen wir den Teil der Geraden zwischen $(1,0,1)$ und $(2,-1,4)$, mit wachsendem Parameter in dieser Richtung durchlaufen. Es ist nun
$\vec{v}(\vec{r}(t))=(-t-t^2,1+t-2t^2,1+4t+3t^2)$ und $\dot{\vec{r}}(t)=(1,-1,3)$. Daher erhält man

$$^{C}\!\int \vec{v}\,\mathrm{d}\vec{r}=\int_0^1(-t-t^2,1+t-2t^2,1+4t+3t^2)\cdot(1,-1,3)\,\mathrm{d}t=\int_0^1(2+10t+10t^2)\,\mathrm{d}t=\tfrac{31}{3}.$$

Dieses Beispiel zeigt, daß der Wert eines Linienintegrals außer vom Anfangs- und Endpunkt der Kurve auch von deren Verlauf abhängt, man sagt, das Linienintegral $^{C}\!\int \vec{v}\,\mathrm{d}\vec{r}$ sei wegabhängig.

Es gibt aber auch Vektorfelder, für die das Linienintegral in diesem Sinne wegunabhängig ist, d.h. nur vom Anfangs- und Endpunkt des Integrationsweges abhängt. Felder mit dieser Eigenschaft sind von großer Bedeutung in den Naturwissenschaften.

Definition 212.1

Es sei $\vec{v}$ ein auf der offenen Menge $D\subset\mathbb{R}^3$ definiertes stetiges Vektorfeld und C eine in D verlaufende Kurve. Dann heißt das Linienintegral $^{C}\!\int \vec{v}\,\mathrm{d}\vec{r}$ **wegunabhängig,** wenn für jede Kurve C^* mit demselben Anfangs- und Endpunkt wie C, die in D verläuft, gilt $^{C^*}\!\int \vec{v}\,\mathrm{d}\vec{r}={}^{C}\!\int \vec{v}\,\mathrm{d}\vec{r}$. Das Feld $\vec{v}$ heißt **konservativ,** wenn das Linienintegral längs jeder in D verlaufenden Kurve wegunabhängig ist.

Bemerkung:

Im Falle eines konservativen Feldes $\vec{v}$ hängt also der Wert eines jeden Linienintegrals nur vom Anfangs- und Endpunkt der Kurve ab und nicht von ihrem Verlauf.

Folgerung:

Das Feld $\vec{v}$ ist konservativ, jedes Linienintegral also wegunabhängig genau dann, wenn für jede geschlossene Kurve C gilt ${}^{C}\oint \vec{v}\,d\vec{r} = 0$, Integrale über geschlossene Kurven also verschwinden.

Der Beweis soll nur angedeutet werden: Sind C_1 und C_2 Kurven von A nach B, so ist $C = C_1 - C_2$ eine geschlossene Kurve. Auf diese wende man die Bemerkungen 6 und 7 nach Definition 211.1 an (s. Bild 213.1).

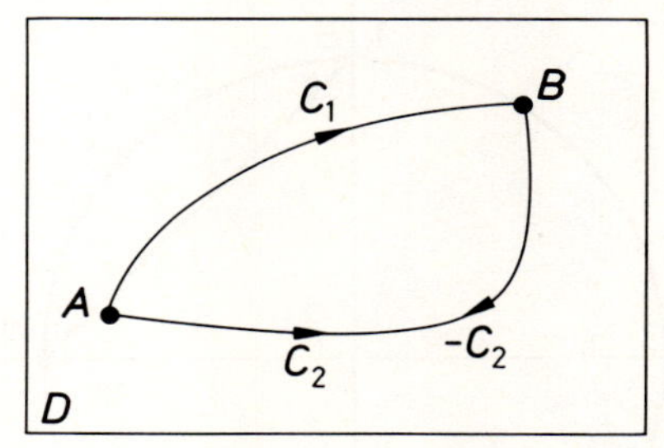

213.1 Zwei Kurven C_1 und C_2 von A nach B und die geschlossene Kurve $C_1 - C_2$

Beispiel 213.1

Es sei das Vektorfeld $\vec{v}$ aus Beispiel 205.1 gegeben:

$$\vec{v}(x, y, z) = \frac{1}{x^2 + y^2}(-y, x, 0).$$

a) C sei der Viertelkreis mit der Parameterdarstellung $\vec{r}(t) = (\cos t, \sin t, 0)$, $0 \leqq t \leqq \frac{1}{2}\pi$. Dann ist wegen $\vec{v}(\vec{r}(t)) = (-\sin t, \cos t, 0)$ und $\dot{\vec{r}}(t) = (-\sin t, \cos t, 0)$

$${}^{C}\int \vec{v}\,d\vec{r} = \int_0^{\frac{1}{2}\pi} (-\sin t, \cos t, 0) \cdot (-\sin t, \cos t, 0)\,dt = \tfrac{1}{2}\pi.$$

b) Wir wollen $\vec{v}$ längs der Geraden g vom Anfangspunkt $A = \vec{r}(0) = (1, 0, 0)$ zum Endpunkt $B = \vec{r}(\frac{1}{2}\pi) = (0, 1, 0)$ von C integrieren. Da $\vec{r}(t) = (1 - t, t, 0)$, $0 \leqq t \leqq 1$ Parameterdarstellung dieser Geraden ist, erhält man wegen $\vec{v}(\vec{r}(t)) = \frac{1}{(1-t)^2 + t^2} \cdot (-t, 1 - t, 0)$ und $\dot{\vec{r}}(t) = (-1, 1, 0)$

$${}^{g}\int \vec{v}\,d\vec{r} = \int_0^1 \frac{1}{(1-t)^2 + t^2}(-t, 1-t, 0) \cdot (-1, 1, 0)\,dt = \arctan(2t - 1)\Big|_0^1 = \tfrac{1}{2}\pi.$$

Es ist also ${}^{C}\int \vec{v}\,d\vec{r} = {}^{g}\int \vec{v}\,d\vec{r}$. Trotzdem darf man daraus nicht schließen, daß für jede Kurve von A nach B (die die z-Achse nicht schneidet) als Linienintegral $\frac{1}{2}\pi$ herauskommt. Wählen wir z.B.

c) C^*: $\vec{r}(t) = (\cos t, -\sin t, 0)$, $0 \leqq t \leqq \frac{3}{2}\pi$, so verläuft auch diese Kurve von A nach B (s. Bild 214.1).

Es ergibt sich aber

$$^{C^*}\int \vec{v}\,d\vec{r} = \int_0^{\frac{3}{2}\pi} (\sin t, \cos t, 0)\cdot(-\sin t, -\cos t, 0)\,dt = -\tfrac{3}{2}\pi,$$

also ein anderer Wert. Daher ist $^{C}\int \vec{v}\,d\vec{r}$ nicht wegunabhängig, $\vec{v}$ also erst recht nicht konservativ im Definitionsbereich.

d) Es gilt übrigens für den durch $\vec{r}(t) = (R\cdot\cos t, R\cdot\sin t, 0)$, $0 \leqq t \leqq 2\pi$ beschriebenen geschlossenen Kreis K

$$^{K}\int \vec{v}\,d\vec{r} = 2\pi.$$

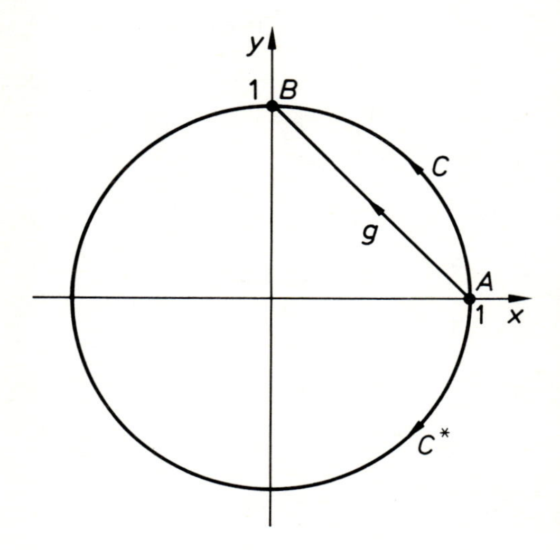

214.1 Die drei Kurven von A nach B aus Beispiel 213.1

2.4.4 Wegunabhängigkeit und Potentialfelder

Wir wollen in diesem Abschnitt eine wichtige Klasse von Vektorfeldern untersuchen und die Frage beantworten, wie man auf einfache Weise feststellen kann, ob ein Feld konservativ ist.

Definition 214.1

Es sei $D \subset \mathbb{R}^3$ offen und $\vec{v}$ ein auf D definiertes stetiges Vektorfeld. $\vec{v}$ heißt ein **Potentialfeld,** wenn es eine Funktion (Skalarfeld) U gibt, so daß auf D gilt $\vec{v} = \operatorname{grad} U$. Das Skalarfeld heißt dann ein **Potential** des Vektorfeldes $\vec{v}$.

Bemerkungen:

1. Ist $\vec{v}=(v_1, v_2, v_3)$, so lautet die Gleichung $\vec{v}=\operatorname{grad} U$ ausgeschrieben

$$v_1 = U_x, \quad v_2 = U_y, \quad v_3 = U_z. \tag{215.1}$$

2. Ist $\vec{v}$ ein Potentialfeld, U Potential von $\vec{v}$ und $d\vec{r}=(dx, dy, dz)$ (s. auch Bemerkung 9 zu Definition 211.1 und (211.4)), so gilt wegen $\vec{v}=\operatorname{grad} U$:

$$v_1\,dx + v_2\,dy + v_3\,dz = U_x\,dx + U_y\,dy + U_z\,dz, \tag{215.2}$$

d.h. $\vec{v}\,d\vec{r}$, die in (212.1) genannte Differentialform, ist totales Differential dU der Funktion U.

3. Statt $\vec{v}=\operatorname{grad} U$ wird, namentlich in der Physik, oft $\vec{v}=-\operatorname{grad} U$ gefordert. Wegen $\operatorname{grad}(-U)=-\operatorname{grad} U$ ist $\vec{v}$ in beiden Fällen ein Potentialfeld, lediglich die Potentiale unterscheiden sich im Vorzeichen.

4. Ein Potentialfeld ist ein Vektorfeld, sein Potential dagegen ein Skalarfeld.

5. Ist $\vec{v}$ ein ebenes Vektorfeld, so entfallen die dritten Koordinaten: $v_1(x, y)=U_x(x, y)$ und $v_2(x, y)=U_y(x, y)$.

Beispiel 215.1

Es sei $\vec{v}$ das sphärische Vektorfeld

$$\vec{v}(x, y, z) = -\frac{\vec{r}}{r^3} = \frac{-1}{(\sqrt{x^2+y^2+z^2})^3}\cdot(x, y, z) \tag{215.3}$$

(s. auch Beispiele 200.1 und 204.1), $D=\mathbb{R}^3\setminus\{(0, 0, 0)\}$. Wenn $\vec{v}$ ein Potentialfeld ist, so gibt es eine Funktion U, so daß die drei Gleichungen (215.1) gelten, denn $\vec{v}$ ist in der offenen Menge D stetig. Die erste dieser Gleichungen lautet in unserem Falle

$$U_x(x, y, z) = \frac{-x}{(\sqrt{x^2+y^2+z^2})^3}. \tag{215.4}$$

Durch gewöhnliche Integration nach x – dabei werden y und z als konstant betrachtet – bekommt man daraus

$$U(x, y, z) = \frac{1}{\sqrt{x^2+y^2+z^2}} + f(y, z) \tag{215.5}$$

mit einer zu bestimmenden Funktion f, die nur von y und z, nicht aber von x abhängt, und deren partielle Ableitungen beide stetig sind. Da deren Ableitung nach x verschwindet, bekommt man dann (215.4). Aus der zweiten Gleichung in (215.1) erhält man in Verbindung mit (215.5)

$$\frac{-y}{(\sqrt{x^2+y^2+z^2})^3} = v_2(x, y, z) = U_y(x, y, z) = \frac{-y}{(\sqrt{x^2+y^2+z^2})^3} + f_y(y, z).$$

Aus dieser letzten Gleichung bekommt man durch Integration nach y (x und z werden als konstant betrachtet) wegen $f_y(y, z)=0$

$$f(y, z) = g(z), \tag{216.1}$$

wobei die stetig differenzierbare Funktion g nur von z abhängt. Daher ist wegen (215.5)

$$U(x, y, z) = \frac{1}{\sqrt{x^2 + y^2 + z^2}} + g(z). \tag{216.2}$$

Aus dieser Gleichung und der dritten aus (215.1) erhält man

$$\frac{-z}{(\sqrt{x^2 + y^2 + z^2})^3} = v_3(x, y, z) = U_z(x, y, z) = \frac{-z}{(\sqrt{x^2 + y^2 + z^2})^3} + g'(z).$$

Integration nach z ergibt wegen $g'(z) = 0$

$$g(z) = c \tag{216.3}$$

mit einer Konstanten c. Setzt man in (216.2) ein, so bekommt man

$$U(x, y, z) = \frac{1}{\sqrt{x^2 + y^2 + z^2}} + c. \tag{216.4}$$

Man stellt fest, daß dann für beliebiges $c \in \mathbb{R}$ die Gleichungen (215.1) gelten, also in der Tat $\operatorname{grad} U = \vec{v}$ ist. Daher ist U aus (216.4) für jede Wahl von $c \in \mathbb{R}$ ein Potential von $\vec{v}$.

Beispiel 216.1

Das Vektorfeld

$$\vec{v}(x, y, z) = (xy, x^2 + yz, xz)$$

ist kein Potentialfeld (vgl. Beispiel 212.1). Wenn nämlich ein Potential U existierte, so müßte die Gleichung

$$U_x(x, y, z) = v_1(x, y, z) = xy$$

gelten, aus der dann durch Integration nach x folgt

$$U(x, y, z) = \tfrac{1}{2} x^2 y + f(y, z),$$

wobei f nicht von x abhängt. Aus dieser Gleichung folgt

$$x^2 + yz = v_2(x, y, z) = U_y(x, y, z) = \tfrac{1}{2} x^2 + f_y(y, z)$$

und hieraus

$$f_y(y, z) = \tfrac{1}{2} x^2 + yz.$$

Die rechte Seite dieser Gleichung ist von x abhängig, die linke jedoch nicht. Dieser Widerspruch beweist, daß $\vec{v}$ kein Potential besitzt, $\vec{v}$ ist daher kein Potentialfeld.

Satz 216.1

> Das Potential eines Potentialfeldes ist bis auf eine additive Konstante eindeutig bestimmt.

Auf den Beweis wollen wir verzichten.

Bemerkungen:

1. Dieser Satz entspricht dem Satz über Stammfunktionen einer Funktion einer Variablen, die ja auch nur bis auf additive Konstanten eindeutig bestimmt sind. Es werden sich im übrigen noch weitere Analogien zeigen, die belegen, daß die Rolle einer Stammfunktion bei Potentialfeldern weitgehend vom Potential übernommen wird.
2. In den Anwendungen wählt man die Konstante meist so, daß das Potential in einem bestimmten Punkt, dem »Aufpunkt«, einen vorgeschriebenen Wert hat, meist Null, oder daß das Potential für $r \to \infty$ gegen 0 konvergiert, in Beispiel 215.1 also $c=0$.

Beispiel 217.1

Das Vektorfeld aus Beispiel 205.1 und Beispiel 213.1

$$\vec{v}(x, y, z) = \frac{1}{x^2+y^2}(-y, x, 0) \tag{217.1}$$

besitzt für alle $(x, y, z) \in D = \{(x, y, z) \mid x^2+y^2 \neq 0 \text{ und } x \neq 0\}$ das Potential U mit

$$U(x, y, z) = \arctan\frac{y}{x} + c, \qquad c \in \mathbb{R}, \tag{217.2}$$

wie man leicht bestätigt.

Um den Zusammenhang zwischen Wegunabhängigkeit des Linienintegrals und der Existenz des Potentials näher zu untersuchen, müssen wir uns auf Mengen $D \subset \mathbb{R}^3$ beschränken, die eine bestimmte Form besitzen. Diese Mengen werden nun beschrieben:

Definition 217.1

Die Menge D heißt ein **Halbraum,** wenn D durch eine Ebene begrenzt wird, wenn es also Zahlen a, b, c und d gibt mit $(a, b, c) \neq (0, 0, 0)$, so daß

$$D = \{(x, y, z) \in \mathbb{R}^3 \mid ax+by+cz > d\}$$

oder

$$D = \{(x, y, z) \in \mathbb{R}^3 \mid ax+by+cz \geqq d\}$$

ist.

Definition 217.2

Die Menge $D \subset \mathbb{R}^3$ heißt ein **zulässiger Bereich.** wenn D offen ist und wenn gilt:

a) $D = \mathbb{R}^3$ oder
b) D ist eine Kugel oder
c) D ist Durchschnitt endlich vieler Halbräume oder
d) $D = K_1 \setminus K_2$, wobei K_1 und K_2 Kugeln, Halbräume oder gleich $\mathbb{R}^3$ sind.

Bemerkungen:

1. K_1 und K_2 dürfen offen oder abgeschlossen sein, lediglich D muß eine offene Menge sein.
2. K_2 darf auch aus nur einem Punkt bestehen (Radius 0).

Beispiel 218.1

Die Menge

$$D=\{(x, y, z)\in\mathbb{R}^3 \mid 0{,}5<x^2+y^2+z^2\}$$

ist ein zulässiger Bereich: Ist K_2 die Kugel

$$K_2=\{(x, y, z)\in\mathbb{R}^3 \mid x^2+y^2+z^2\leqq 0{,}5\},$$

so ist $D=\mathbb{R}^3\setminus K_2$, und D eine offene Menge.

Beispiel 218.2

Die Menge

$$D=\{(x, y, z)\in\mathbb{R}^3 \mid 0{,}5<x^2+y^2+z^2<4\}$$

ist ein zulässiger Bereich, denn D ist offene Menge und Differenz der Kugeln

$$K_1=\{(x, y, z)\in\mathbb{R}^3 \mid x^2+y^2+z^2<4\}$$

$$K_2=\{(x, y, z)\in\mathbb{R}^3 \mid x^2+y^2+z^2\leqq 0{,}5\}.$$

Beispiel 218.3

Die Menge $D=\{x, y, z)\in\mathbb{R}^3 \mid z>0\}$ wird durch die x, y-Ebene begrenzt und ist offen, also ein zulässiger Bereich.

Beispiel 218.4

Die Menge $D=\mathbb{R}^3\setminus\{(0, 0, 0)\}$ ist ein zulässiger Bereich, da D eine offene Menge ist und $\{(0, 0, 0)\}$ eine Kugel vom Radius 0 ist.

Beispiel 218.5

Die Menge

$$D=\{(x, y, z)\in\mathbb{R}^3 \mid x^2+y^2\neq 0\}$$

ist kein zulässiger Bereich, denn die (offene) Menge D besteht aus allen Punkten des Raumes, die nicht auf der z-Achse liegen, da nur für diese $x^2+y^2=0$ ist. Diese Menge D läßt sich offensichtlich nicht als Differenz zweier Kugeln oder Halbräume darstellen. Der Definitionsbereich des Vektorfeldes (205.1) ist daher kein zulässiger Bereich, eine Tatsache, die weitreichende Konsequenzen hat.

Satz 219.1

Es sei $D \subset \mathbb{R}^3$ ein zulässiger Bereich, C eine in D verlaufende Kurve, die den Voraussetzungen aus Definition 211.1 genügt und $\vec{v}$ ein auf D definiertes differenzierbares Vektorfeld. Dann ist das Linienintegral

$$^C\!\int \vec{v}\,\mathrm{d}\vec{r}$$

wegunabhängig dann und nur dann, wenn $\vec{v}$ ein Potentialfeld ist. Sind A bzw. B Anfangs- bzw. Endpunkt von C, ist ferner U ein Potential von $\vec{v}$, so gilt

$$^C\!\int \vec{v}\,\mathrm{d}\vec{r} = U(B) - U(A). \tag{219.1}$$

Bemerkungen:

1. Die Gleichung (219.1) entspricht der für bestimmte Integrale, wobei U die Rolle einer Stammfunktion spielt.

2. Man beachte die Voraussetzungen über D. Der Definitionsbereich D des Vektorfeldes $\vec{v}$ aus (205.1) ist kein zulässiger Bereich (Beispiel 218.5). Obwohl $\vec{v}$ Potentialfeld ist (Beispiel 217.1), ist das Linienintegral nicht für alle Kurven wegunabhängig (Beispiel 213.1).

3. Ist $\vec{v} = \operatorname{grad} U$, $\mathrm{d}\vec{r} = (\mathrm{d}x, \mathrm{d}y, \mathrm{d}z)$ (s. auch (211.4)), so ist nach (212.1) und (139.3) der Integrand

   $$\vec{v}\,\mathrm{d}\vec{r} = U_x\,\mathrm{d}x + U_y\,\mathrm{d}y + U_z\,\mathrm{d}z = \mathrm{d}U$$

   totales Differential von U. Dann gilt für den Integranden in (211.2) nach der Kettenregel (154.1)

   $$\vec{v}(\vec{r}(t)) \cdot \dot{\vec{r}}(t) = \frac{\mathrm{d}U}{\mathrm{d}t}. \tag{219.2}$$

   In diesem Falle erhält man die Gleichung

   $$^C\!\int \vec{v}\,\mathrm{d}\vec{r} = {}^C\!\int \operatorname{grad} U\,\mathrm{d}\vec{r} = \int_A^B \frac{\mathrm{d}U}{\mathrm{d}t}\,\mathrm{d}t = U(B) - U(A). \tag{219.3}$$

   Diese Gleichung zeigt eine formal weitgehende Übereinstimmung mit dem bestimmten Integral einer Funktion einer Variablen (s. Band 2, Satz 143.1).

4. Mit den Bezeichnungen aus Bemerkung 3 kann man den Satz 219.1 unter den dort gemachten Voraussetzungen auch so formulieren: $^C\!\int \vec{v}\,\mathrm{d}\vec{r}$ ist wegunabhängig genau dann, wenn der Integrand $\vec{v}\,\mathrm{d}\vec{r} = v_1\,\mathrm{d}x + v_2\,\mathrm{d}y + v_3\,\mathrm{d}z$ totales Differential einer Funktion U ist.

Wir wollen auf den Beweis des Satzes verzichten, die Formel (219.1) aber herleiten: Ist $\vec{v}$ ein Potentialfeld, so ist nach Definition $\vec{v} = \operatorname{grad} U$, wobei U Potential von $\vec{v}$ ist. Daraus folgt

$$^C\!\int \vec{v}\,\mathrm{d}\vec{r} = \int_a^b \vec{v}(\vec{r}(t)) \cdot \dot{\vec{r}}(t)\,\mathrm{d}t = \int_a^b [U_x(\vec{r}(t)) \cdot \dot{x}(t) + U_y(\vec{r}(t)) \cdot \dot{y}(t) + U_z(\vec{r}(t)) \cdot \dot{z}(t)]\,\mathrm{d}t.$$

Nach der Kettenregel (154.1) ist der Integrand die Ableitung von

$$F(t) = U(x(t), y(t), z(t)), \tag{219.4}$$

daher bekommt man weiter

$$^{C}\int \vec{v}\,d\vec{r} = \int_a^b \frac{dF(t)}{dt}\,dt = F(t)\Big|_a^b = F(b) - F(a),$$

was nach (219.4) gleich $U(B) - U(A)$ ist.

Um zu prüfen, ob ein Linienintegral wegunabhängig ist, kann man nach Satz 219.1 prüfen, ob das Feld ein Potentialfeld ist. Um das wiederum festzustellen, hat man gemäß Definition 214.1 zu prüfen, ob ein Potential existiert. Das führt gewöhnlich auf die Lösung der Gleichungen (215.1), also auf Integrationen, wie in den Beispielen gezeigt wurde. Daher wird man nach hinreichenden Bedingungen dafür suchen, daß ein Feld $\vec{v}$ Potentialfeld ist, ohne das Potential zu bestimmen. (Um zu prüfen, ob eine Funktion f einer Variablen über $[a, b]$ integrierbar ist, wird man sie zunächst auf Stetigkeit in $[a, b]$ untersuchen, da diese für Integrierbarkeit hinreichend ist, man wird also nicht versuchen, eine Stammfunktion zu berechnen!) Es sei $\vec{v}$ ein Potentialfeld und U Potential: $\vec{v} = \operatorname{grad} U$, also gilt

$$v_1 = U_x, \quad v_2 = U_y, \quad v_3 = U_z. \tag{220.1}$$

Wenn nun $\vec{v}$ partiell differenzierbar ist, so erhält man aus der ersten Gleichung von (220.1) $U_{xy} = \frac{\partial v_1}{\partial y}$ und aus der zweiten Gleichung $U_{yx} = \frac{\partial v_2}{\partial x}$. Wenn diese Ableitungen stetig sind, so folgt aus dem Satz von Schwarz (s. Satz 132.1) die Gleichheit von U_{xy} und U_{yx}, daher ist dann

$$\frac{\partial v_1}{\partial y} = \frac{\partial v_2}{\partial x}. \tag{220.2}$$

Analog erhält man die Gleichungen

$$\frac{\partial v_1}{\partial z} = \frac{\partial v_3}{\partial x}, \quad \frac{\partial v_2}{\partial z} = \frac{\partial v_3}{\partial y}. \tag{220.3}$$

Es zeigt sich nun, daß diese drei Gleichungen (220.2) und (220.3) notwendig und hinreichend für die Existenz des Potentials sind, es gilt

Satz 220.1

Es sei $\vec{v} = (v_1, v_2, v_3)$ ein auf dem zulässigen Bereich $D \subset \mathbb{R}^3$ definiertes Vektorfeld, die partiellen Ableitungen von v_1, v_2 und v_3 mögen in D existieren und stetig sein. Dann ist $\vec{v}$ ein Potentialfeld (in D) genau dann, wenn in D

$$\frac{\partial v_1}{\partial y} = \frac{\partial v_2}{\partial x}, \quad \frac{\partial v_1}{\partial z} = \frac{\partial v_3}{\partial x}, \quad \frac{\partial v_2}{\partial z} = \frac{\partial v_3}{\partial y}. \tag{220.4}$$

Bemerkungen:

1. Die Notwendigkeit von (220.4) ist oben gezeigt worden. Auf den Beweis dafür, daß diese Gleichungen auch hinreichend sind, wollen wir verzichten.
2. Die Gleichungen (220.4) heißen wegen der aus ihnen folgenden Formel (219.1) auch die **Integrabilitätsbedingungen.** Die Integrabilitätsbedingungen sind also notwendig und hinreichend für die Existenz eines Potentials unter den genannten Differenzierbarkeitsvoraussetzungen.

Beispiel 221.1

Für das in Beispiel 216.1 behandelte Vektorfeld

$$\vec{v}(x, y, z) = (xy, x^2 + yz, xz)$$

mit dem Definitionsbereich $D = \mathbb{R}^3$ gilt $\frac{\partial v_2}{\partial z} = y$ und $\frac{\partial v_3}{\partial y} = 0$, so daß für keine offene Menge in $\mathbb{R}^3$ die Integrabilitätsbedingungen erfüllt sind. Es gibt daher keine offene Menge, in der $\vec{v}$ ein Potential besitzt.

Beispiel 221.2

Wir untersuchen erneut das wichtige Beispiel des magnetischen Feldes eines stromdurchflossenen Leiters, s. auch Beispiel 205.1, Beispiel 213.1 und Beispiel 217.1. Es sei also

$$\vec{v}(x, y, z) = \frac{1}{x^2 + y^2}(-y, x, 0).$$

Es gelten in $D_{\vec{v}} = \{(x, y, z) \in \mathbb{R}^3 \mid x^2 + y^2 \neq 0\}$ die Integrabilitätsbedingungen, wie man leicht nachrechnet. Die Menge $D_{\vec{v}}$ ist aber nach Beispiel 218.5 kein zulässiger Bereich.

a) Die Menge $D_1 = \{(x, y, z) \in \mathbb{R}^3 \mid x > 0\}$ ist als Halbraum ein in $D_{\vec{v}}$ liegender zulässiger Bereich. $\vec{v}$ hat daher in D_1 ein Potential. Man rechnet leicht nach, daß die Funktion U mit

   $U(x, y, z) = \arctan \frac{y}{x}$ Potential von $\vec{v}$ auf D_1 ist; man beachte, daß U auf D_1 definiert ist.

b) Die Menge $D_2 = \{(x, y, z) \in \mathbb{R}^3 \mid y > 0\}$ ist als Halbraum ebenfalls ein in $D_{\vec{v}}$ liegender zulässiger Bereich. Die Funktion U mit $U(x, y, z) = \operatorname{arccot} \frac{x}{y}$ ist, wie man leicht bestätigt, auf D_2 Potential von $\vec{v}$.

c) Die Menge $D_3 = \{(x, y, z) \in \mathbb{R}^3 \mid x + y > 0\}$ ist als Halbraum auch ein in $D_{\vec{v}}$ liegender zulässiger Bereich. Diese Menge aber enthält Punkte (x, y, z) mit $x = 0$ als auch solche mit $y = 0$; in ersteren ist die Funktion U aus a), in letzteren die Funktion U aus b) nicht definiert. Die Funktion U mit

$$U(x, y, z) = \begin{cases} \arctan \frac{y}{x}, & \text{wenn } x \neq 0 \\ \operatorname{arccot} \frac{x}{y}, & \text{wenn } y \neq 0 \end{cases}$$

   ist Potential auf D_3, denn für alle $(x, y, z) \in D$ mit $x \neq 0$ und $y \neq 0$ (für die sich die zwei Definitionen überschneiden) gilt nach Band 1, Tabelle S. 107: $\arctan \frac{y}{x} = \operatorname{arccot} \frac{x}{y}$.

Wir wollen die für zulässige Bereiche gefundenen Ergebnisse abschließend in einem Hauptsatz zusammenfassen.

Satz 222.1

Es sei $D \subset \mathbb{R}^3$ ein zulässiger Bereich und $\vec{v}$ ein auf D definiertes Vektorfeld mit stetigen partiellen Ableitungen 2. Ordnung, C eine in D liegende Kurve, die den Voraussetzungen aus Definition 211.1 genügt.

Dann sind folgende Aussagen gleichwertig:

a) ${}^C\int \vec{v}\,d\vec{r}$ ist wegunabhängig für jede solche Kurve C.

b) ${}^C\oint \vec{v}\,d\vec{r} = 0$, wenn C geschlossene Kurve ist.

c) $\vec{v}$ ist Potentialfeld.

d) Es gelten die Integrabilitätsbedingungen (220.4).

Wir wollen abschließemd noch die drei wichtigen Fälle des Schwere- oder Gravitationsfeldes einer Masse, des elektrischen Feldes einer Ladung sowie des magnetischen Feldes eines geraden stromdurchflossenen Leiters untersuchen.

Beispiel 222.1

Das Vektorfeld

$$\vec{v}(x, y, z) = \frac{-1}{(\sqrt{x^2 + y^2 + z^2})^3} \cdot (x, y, z) \tag{222.1}$$

ist nach Beispiel 215.1 ein Potentialfeld. Für jedes $c \in \mathbb{R}$ ist die Funktion U mit

$$U(x, y, z) = \frac{1}{\sqrt{x^2 + y^2 + z^2}} + c \tag{222.2}$$

nach (216.4) Potential von $\vec{v}$. Da $\vec{v}$ in dem nach Beispiel 218.4 zulässigen Bereich $D = \{(x, y, z) \in \mathbb{R}^3 \mid x^2 + y^2 + z^2 \neq 0\}$ definiert ist und dort stetige partielle Ableitungen 2. Ordnung hat, ist jedes Linienintegral ${}^C\int \vec{v}\,d\vec{r}$ wegunabhängig und für jede geschlossene Kurve C gilt ${}^C\oint \vec{v}\,d\vec{r} = 0$ (C muß natürlich in D liegen, darf also nicht durch den Ursprung $(0, 0, 0)$ gehen). Das Schwerefeld einer in $(0, 0, 0)$ liegenden Masse m hat das Kraftfeld (Schwerefeld) $\vec{F} = k \cdot \vec{v}$ mit einer Konstanten $k > 0$ (s. Beispiel 200.1). Auch das elektrische Feld einer in $(0, 0, 0)$ liegenden elektrischen Ladung q hat diese Form: $\vec{E} = k\vec{v}$, wie in demselben Beispiel gezeigt wurde. Die Arbeit W, die erforderlich ist, um eine Einheitsmasse (Einheitsladung) längs einer Kurve C von einem Punkt P_0 zum Punkt P zu bewegen, ist daher

$$W = {}^C\int \vec{F}\,d\vec{r} \quad \text{im Falle des Schwerefeldes } \vec{F} \tag{222.3}$$

und

$$W = {}^C\int \vec{E}\,d\vec{r} \quad \text{im Falle des elektrischen Feldes } \vec{E}. \tag{222.4}$$

Da das Integral ${}^C\int \vec{v}\,d\vec{r}$ wegunabhängig ist, sind es auch die Integrale aus (222.3) und (222.4), $U^* = k \cdot U$ ist Potential von $\vec{F}$ bzw. $\vec{E}$. Nach Satz 219.1 ist daher in beiden Fällen

$$W = U^*(P) - U^*(P_0). \tag{222.5}$$

Diese Formel ist Ausdruck der Tatsache, daß die Arbeit im Schwerefeld und im Coulombschen Feld einer Ladung nur von Anfangs- und Endpunkt der Kurve abhängt. Legt man einen dieser Punkte fest, etwa den Anfangspunkt P_0, so ist die Arbeit eine Funktion von P allein, eine »reine Ortsfunktion«, wie man betonend formuliert. Meist wählt man die Konstante c in (222.2) zu Null, dann gilt $U \to 0$ für $r \to \infty$, man sagt in diesem Falle, »das Potential U verschwindet im Unendlichen«.

$W(P)-W(Q)$ ist die Arbeit, die erforderlich ist, wenn im Falle des Schwerefeldes die Probemasse von Q nach P gebracht wird. Diese Differenz ist wegen $k>0$ negativ, wenn Q näher als P an der das Feld erzeugenden Masse m liegt, wenn also $|Q|<|P|$. Man bewegt in diesem Falle die Masse von m fort. Will man die verbrauchte Arbeit als positiv normieren, so hat man U durch $-U$ zu ersetzen, für das Potential also $\vec{v}=-\operatorname{grad} U$ zu fordern (vgl. Bemerkung 3 zu Definition 214.1). Das geschieht in der Physik häufig. $W(P)-W(Q)$ ist im Falle des Schwerefeldes $\vec{F}$ also die Differenz der potentiellen Energie (diese Tatsache gab dem Potential seinen Namen) und im elektrischen Feld $\vec{E}$ die elektrische Spannung zwischen Q und P (häufig ändert man auch hier das Vorzeichen).

Beispiel 223.1

Es sei $\vec{H}(x, y, z)=\frac{1}{x^2+y^2}\cdot(-y, x, 0)$ das zuletzt in Beispiel 221.2 behandelte Feld. $\vec{H}$ ist bis auf eine positive Konstante das magnetische Feld eines stromdurchflossenen Leiters, der längs der z-Achse verläuft (s. Beispiel 205.1). Nach Beispiel 213.1 ist dann ${}^{C}\oint \vec{H}\,d\vec{r}=2\pi$, wenn C der dort genannte den Leiter umschließende Kreis ist, einmal durchlaufen. Für jeden Kreis C, der den Leiter, also die z-Achse, nicht umschließt, gilt nach Beispiel 221.2 ${}^{C}\oint \vec{H}\,d\vec{r}=0$. In der Physik ist ${}^{C}\int \vec{H}\,d\vec{r}$ die magnetische Spannung, ist C eine geschlossene Kurve, so spricht man von »**Ringspannung**«.

Wir wollen unsere Hauptergebnisse abschließend noch mit dem Begriff »totales Differential« statt »Potentialfeld« formulieren, da hiervon namentlich in der Wärmelehre Gebrauch gemacht wird. Es sei im folgenden $D \subset \mathbb{R}^3$ ein zulässiger Bereich, P, Q und R auf D definierte stetige Funktionen.

1. Der Ausdruck

$$P\,dx+Q\,dy+R\,dz \tag{223.1}$$

heißt eine **Differentialform.**

2. Die Differentialform (223.1) ist totales Differential einer auf D differenzierbaren Funktion U genau dann, wenn $(P, Q, R)=\operatorname{grad} U$, also $P=U_x$, $Q=U_y$ und $R=U_z$ gilt. (P, Q, R) ist dann ein Potentialfeld, U Potential des Feldes.
3. Wenn P, Q und R auf D stetig partielle Ableitungen erster Ordnung haben, so ist (223.1) totales Differential genau dann, wenn $P_y=Q_x$, $P_z=R_x$ und $Q_z=R_y$ ist (s. Satz 220.1).
4. Ist $\vec{v}=P, Q, R)$, so ist das Linienintegral

$${}^{C}\int \vec{v}\,d\vec{r}={}^{C}\int P\,dx+Q\,dy+R\,dz \tag{223.2}$$

genau dann wegunabhängig, wenn (223.1) ein totales Differential ist.

2.4.5 Divergenz und Rotor eines Vektorfeldes

Abschließend sollen noch die beiden in der Überschrift genannten Begriffe der »Vektoranalysis« behandelt werden. Es ist hier nicht der Raum, auf sie im einzelnen einzugehen, dennoch werden wir ihre anschauliche Bedeutung an einem Beispiel zu verdeutlichen versuchen. Beide Begriffe spielen in der Strömungslehre und der Elektrizitätslehre eine große Rolle.

Definition 224.1

Es sei $\vec{v}=(v_1, v_2, v_3)$ ein auf der offenen Menge $D \subset \mathbb{R}^3$ definiertes und dort differenzierbares Vektorfeld. Dann heißt das Skalarfeld

$$\operatorname{div} \vec{v} = \frac{\partial v_1}{\partial x} + \frac{\partial v_2}{\partial y} + \frac{\partial v_2}{\partial z} \tag{224.1}$$

die **Divergenz** oder **Quelldichte** von $\vec{v}$. Das Vektorfeld

$$\operatorname{rot} \vec{v} = \left(\frac{\partial v_3}{\partial y} - \frac{\partial v_2}{\partial z}, \frac{\partial v_1}{\partial z} - \frac{\partial v_3}{\partial x}, \frac{\partial v_2}{\partial x} - \frac{\partial v_1}{\partial y} \right) \tag{224.2}$$

heißt die **Rotation** oder der **Rotor** von $\vec{v}$.

Bemerkungen:

1. Die Divergenz wird bisweilen auch **Ergiebigkeit** genannt.
2. Es sei betont, daß die Divergenz eines Vektorfeldes ein Skalarfeld ist, d.h. eine reellwertige Funktion dreier Variablen, die Rotation eines Vektorfeldes aber wieder ein Vektorfeld ist.
3. Man nennt diejenigen Punkte $P \in D$, für die $\operatorname{div} \vec{v}(P) > 0$ bzw. $\operatorname{div} \vec{v}(P) < 0$ gilt, die **Quellen** bzw. **Senken** des Feldes $\vec{v}$. Ist $\operatorname{div} \vec{v} = 0$ in D, so heißt $\vec{v}$ ein **quellfreies Vektorfeld.**
4. Gilt $\operatorname{rot} \vec{v} = (0, 0, 0)$ in D, so heißt $\vec{v}$ **wirbelfreies Vektorfeld.**

Beispiel 224.1

Für das Vektorfeld $\vec{v}$ mit $\vec{v}(x, y, z) = (x^2 + xyz, y^2 - x^2, x + y \cdot \sin z)$ gilt

$$\operatorname{div} \vec{v} = 2x + yz + 2y + y \cdot \cos z \quad \text{und} \quad \operatorname{rot} \vec{v} = (\sin z, xy - 1, -2x - xz).$$

$\vec{v}$ ist daher weder quellfrei noch wirbelfrei.

Folgerung

Das Vektorfeld $\vec{v}$ ist auf der offenen Menge D genau dann wirbelfrei, wenn es den Integrabilitätsbedingungen (220.4) genügt.

Beweis:

Die erste Gleichung in (220.4) gilt genau dann, wenn die dritte Koordinate von $\operatorname{rot} \vec{v}$ verschwindet. Entsprechendes gilt für die zweite Gleichung und zweite Koordinate und die dritte Gleichung und erste Koordinate. ●

Beispiel 225.1

Das Vektorfeld aus Beispiel 221.2 ist wirbelfrei, weil es die Integrabilitätsbedingungen erfüllt. Man kann ebenso leicht nachrechnen, daß $\operatorname{rot}\vec{v}=(0,0,0)$. Dieses Vektorfeld ist übrigens auch quellfrei, wie leicht zu bestätigen ist.

Beispiel 225.2

Man rechnet leicht nach, daß auch das Coulombfeld (200.2) quell- und wirbelfrei ist.

Das folgende Beispiel soll anhand eines Strömungsfeldes zeigen, welche Tatsache zu den der Strömungslehre entnommenen Begriffen »Quelldichte« und »Rotation« führten.

Beispiel 225.3

Es sei durch

$$\vec{v}(x, y, z)=(0, 0, z\cdot(1-x^2-y^2))$$

ein Vektorfeld $\vec{v}$ auf dem (unendlich langen) Zylinder $D=\{(x, y, z)\,|\,x^2+y^2\leqq 1\}$ definiert. Zum besseren Verständnis der folgenden Ausführungen sei dem Leser empfohlen, sich dieses Feld möglichst genau vorzustellen: Das Feld ist zur z-Achse symmetrisch, alle Vektoren sind zu ihr parallel. Schneidet man mit einer zur z-Achse senkrechten Ebene, so bilden die auf ihr stehenden Vektoren eine Art »Strömungsprofil«. Die Vektoren auf der Ebene $z=2$ sind doppelt so lang wie die entsprechenden auf der darunterliegenden Ebene $z=1$ (s. Bild 225.1, das einen die x,z-Ebene enthaltenden Schnitt durch das Feld zeigt).

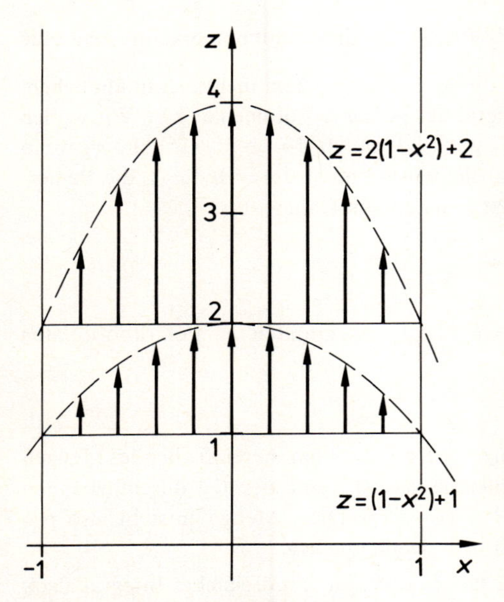

225.1 Das Strömungsprofil aus Beispiel 225.3

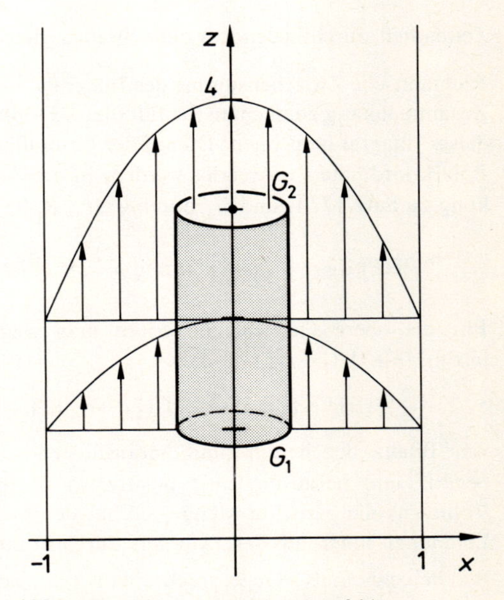

225.2 Zur Divergenz eines Vektorfeldes

Wir stellen uns vor, daß der Vektor $\vec{v}$ die Geschwindigkeit einer das Rohr (das ist der Zylindermantel) durchströmenden Flüssigkeit ist, $\vec{v}(P)$ also die Geschwindigkeit des sich im Punkte P befindenden Teilchens ist (etwa in cm/s).

a) Zur Divergenz des Vektorfeldes

Wir denken uns einen Zylinder in die Strömung gelegt und fragen nach der ihn pro Zeiteinheit durchströmenden Flüssigkeitsmenge, genauer: Wir wollen wissen, wieviel Flüssigkeit in ihn herein und wieviel aus ihm herausfließt. Fließt mehr heraus als herein, so muß in dem Zylinder Flüssigkeit entstehen, sich also Quellen in ihm befinden (ein Fall, der in Wirklichkeit nicht auftreten kann, hier hinkt also unser Modell!). Wir betonen: Der Zylinder sei entweder vollkommen durchlässig oder nur gedacht, jedenfalls beeinflusse er die Strömung nicht. In Bild 225.2 ist dieser Zylinder eingezeichnet, er hat die Höhe h, den Radius R, die z-Achse als Achse, seine Grundfläche liegt in der Höhe $z=1$. Nun zur Beantwortung unserer Frage nach der Bilanz der ihn durchfließenden Flüssigkeitsmenge. Der Zylindermantel ist zur Strömungsrichtung parallel, durch ihn fließt also nichts. Welches Volumen fließt also pro Sekunde durch die obere Deckelfläche G_2, welches durch die untere G_1? Da beide Flächen gleich groß sind und die Strömung durch G_1 schneller als die durch G_2 ist, fließt pro Zeiteinheit sicher oben mehr aus dem Zylinder heraus als unten herein, in ihm sind Quellen, wie man sagt. Wieviel fließt nun durch G_1 pro Zeiteinheit? Wir denken uns dazu diese Fläche zerlegt in Teile g_i $(i=1, \ldots, n)$ mit den Flächeninhalten $\mathrm{d}g_i$ (so, wie dies bei der Einführung des Doppelintegrals geschah). Ist $P_i \in g_i$, so ist die Geschwindigkeit aller g_i durchfließenden Teilchen (da $\vec{v}$ stetig ist) etwa so groß, wie die Geschwindigkeit des Teilchens in P_i.

Da die Strömung die Fläche G_1 senkrecht durchfließt, ist $|\vec{v}(P_i)| \cdot \mathrm{d}g_i$ eine Näherung für das g_i pro Zeiteinheit durchfließende Volumen (wäre $\vec{v}$ nicht senkrecht zur Fläche, so hätte man die zur Fläche senkrechte Komponente von $\vec{v}(P_i)$ zu nehmen). Daher ist das die Grundfläche G_1 pro Zeiteinheit durchfließende Volumen etwa gleich $\sum_{i=1}^{n} |\vec{v}(P_i)| \cdot \mathrm{d}g_i$. In dieser Summe erkennt man eine Riemannsche Zwischensumme des Integrals ${}^{G_1}\!\int |\vec{v}(P)| \,\mathrm{d}g$, so daß nach einem mehrfach in ähnlichem Zusammenhang gemachten Schluß dieses Doppelintegral das gesuchte Volumen angibt. Wir wollen dieses Integral berechnen: Da auf der Grundfläche G_1 gilt $z=1$, ist $|\vec{v}(P)| = 1-x^2-y^2 = 1-r^2$, wenn Polarkoordinaten verwendet werden. In diesem Koordinatensystem ist $\mathrm{d}g = r\,\mathrm{d}r\,\mathrm{d}\varphi$ (s. die Bemerkung zu Satz 177.1) und G_1 durch $0 \leqq r \leqq R$, $0 \leqq \varphi \leqq 2\pi$ beschrieben. Daher ist

$$ {}^{G_1}\!\int |\vec{v}(P)| \,\mathrm{d}g = \int_0^{2\pi} \int_0^{R} (1-r^2)\, r \,\mathrm{d}r\,\mathrm{d}\varphi = 2\pi \cdot \left(\tfrac{1}{2}R^2 - \tfrac{1}{4}R^4\right). $$

Für die obere Deckelfläche erhält man wegen $z=h+1$ als Integranden in Polarkoordinaten $|\vec{v}(P)| = (h+1)\cdot(1-r^2)$ und daher

$$ {}^{G_2}\!\int |\vec{v}(P)| \,\mathrm{d}g = 2\pi(h+1) \cdot \left(\tfrac{1}{2}R^2 - \tfrac{1}{4}R^4\right). $$

Zur Bilanz der herein- und herausfließenden Mengen: Rechnet man hereinfließende Mengen negativ und herausfließende positiv, so ist die Differenz des G_2 und des G_1 durchfließenden Volumens die gesuchte Menge, sie hat den Wert $\pi R^2 h \cdot (1-\frac{1}{2}R^2)$. Diese Menge entsteht also pro Zeiteinheit innerhalb des Zylinders durch in ihm sich befindende Quellen.

Wir berechnen als »Gegenstück« ${}^{K}\!\int \operatorname{div} \vec{v} \,\mathrm{d}k$, wobei K der Zylinder ist (ein dreifaches Integral also). Es ist $\operatorname{div} \vec{v} = 1-x^2-y^2$. Wir verwenden Zylinderkoordinaten: Dann beschreiben die drei Ungleichungen $0 \leqq r \leqq R$, $0 \leqq \varphi \leqq 2\pi$, $1 \leqq z \leqq h+1$ den Zylinder K, ferner ist $\mathrm{d}k = r\,\mathrm{d}r\,\mathrm{d}\varphi\,\mathrm{d}z$ (s. (182.1)) und $\operatorname{div} \vec{v} = 1 - r^2$. Man erhält dann ${}^{K}\!\int \operatorname{div} \vec{v}\,\mathrm{d}k = \pi R^2 h \cdot (1 - \frac{1}{2} R^2)$. Es ist also die die geschlossene Fläche durchströmende Menge, genauer der »Fluß von $\vec{v}$ durch den Zylinder« wie man sagt, gleich dem über den Zylinder erstreckten dreifachen Integral der Divergenz von $\vec{v}$. Diese Tatsache rechtfertigt den Namen »Quelldichte«. Wir wollen noch betonen, daß durch jede geschlossene Fläche, wenn sie oberhalb der x, y-Ebene liegt, mehr heraus als hineinfließt, da oben die Strömungsgeschwindigkeit größer als unten ist, auch wenn diese geschlossene Fläche noch so klein ist: Das Feld hat in allen Punkten Quellen (nur in der x, y-Ebene liegen keine).

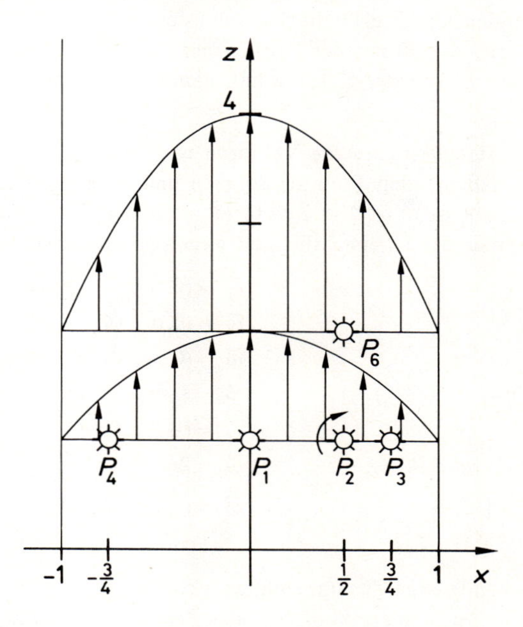

227.1 Zur Rotation eines Vektorfeldes

b) Zur Rotation des Vektorfeldes

Wir denken uns im Punkte P eine kleine mit Schaufeln versehene Kugel in die Strömung gelegt, so daß sie sich frei in der Strömung drehen kann (sie möge die Strömung nicht beeinflussen, in P festgehalten werden aber frei drehbar sein). Unsere Frage ist: Wie und wie schnell dreht sich die Kugel in der Strömung? – Dazu vorweg eine Vereinbarung: Dreht sich ein Körper um eine Achse, so beschreibt man diese Drehung durch einen Vektor $\vec{\omega}$, dessen Richtung die der Achse ist und dessen Richtungssinn sich aus der Rotation durch die Korkenzieherregel ergibt, dessen Betrag gleich dem Betrag der Winkelgeschwindigkeit ist. – In Bild 227.1 sind in mehreren Punkten solche Kugeln eingezeichnet. Die in $P_1 = (0, 0, 1)$ liegende Kugel wird sich nicht drehen, für den entsprechenden Vektor gilt $\vec{\omega}_1 = (0, 0, 0)$. Die in $P_2 = (\frac{1}{2}, 0. 1)$ liegende Kugel wird sich offensichtlich wie im Bild angedeutet drehen, und zwar um eine zur y-Achse parallele Achse; es ist daher $\vec{\omega}_2 = (0, \omega_2, 0)$ mit $\omega_2 > 0$ (im Bild zeigt die y-Achse in die Zeichenebene, $\vec{\omega}_2$ auch – Korkenzieherregel!). Die

Kugel in $P_3=(\frac{3}{4},0,1)$ wird sich im selben Sinne wie die in P_2 drehen, aber schneller, da der Geschwindigkeitsunterschied der Strömung, der die Drehung ja hervorruft, größer als in P_2 ist, es ergibt sich also $\vec{\omega}_3=(0,\omega_3,0)$ mit $\omega_3>\omega_2$. Die in $P_4=(-\frac{3}{4},0,1)$ liegende Kugel dreht sich entgegengesetzt, wie die in P_3, also $\vec{\omega}_4=-\vec{\omega}_3$. Eine Kugel in $P_5=(0,\frac{1}{2},1)$ wird sich mit derselben Geschwindigkeit wie die in P_2 drehen, allerdings um eine zur x-Achse parallele Achse, es gilt daher nach der Korkenzieherregel $\vec{\omega}_5=(-\omega_2,0,0)$. Die in $P_6=(\frac{1}{2},0,2)$ liegende Kugel dreht sich wie die in P_2, nur wegen der dort doppelt so großen Strömungsgeschwindigkeit auch doppelt so schnell, daher ist $\vec{\omega}_6=(0,2\omega_2,0)=2\vec{\omega}_2$. Zuletzt wollen wir noch eine Kugel in $P_7=(\frac{1}{8}\sqrt{8},\frac{1}{8}\sqrt{8},1)$ betrachten. Aus Symmetriegründen hat ihre Drehachse offensichtlich die Richtung der Winkelhalbierenden $y=-x$ der x,y-Ebene, so daß mit der Korkenzieherregel $\vec{\omega}_7=(-\omega_7,\omega_7,0)$ ist mit $\omega_7>0$. Da P_7 denselben Abstand wie P_2 von der z-Achse hat, nämlich $\frac{1}{2}$, gilt für die Drehvektoren in beiden Punkten $|\vec{\omega}_7|=|\vec{\omega}_2|$.

Wir berechnen nun als »Gegenstück« die Vektoren $\operatorname{rot}\vec{v}$ in den genannten Punkten. Der Leser möge sich überzeugen, daß in allen Punkten $\operatorname{rot}\vec{v}(P_i)$ und $\vec{\omega}_i$ bis auf einen konstanten positiven Faktor gleich sind. Aus $\operatorname{rot}\vec{v}(P)=(-2yz,2xz,0)$ erhalten wir die Vektoren $\operatorname{rot}\vec{v}(P_i)$, die wir den entsprechenden Vektoren $\vec{\omega}_i$ der Übersichtlichkeit wegen gegenüberstellen:

$$\begin{array}{ll}
\operatorname{rot}\vec{v}(P_1)=(0,0,0) & \vec{\omega}_1=(0,0,0)\\
\operatorname{rot}\vec{v}(P_2)=(0,1,0) & \vec{\omega}_2=(0,\omega_2,0)\\
\operatorname{rot}\vec{v}(P_3)=(0,\frac{3}{2},0) & \vec{\omega}_3=(0,\omega_3,0)\\
\operatorname{rot}\vec{v}(P_4)=(0,-\frac{3}{2},0)=-\operatorname{rot}\vec{v}(P_3) & \vec{\omega}_4=-\vec{\omega}_3\\
\operatorname{rot}\vec{v}(P_5)=(-1,0,0) & \vec{\omega}_5=(-\omega_2,0,0)\\
\operatorname{rot}\vec{v}(P_6)=(0,2,0)=2\cdot\operatorname{rot}\vec{v}(P_2) & \vec{\omega}_6=2\vec{\omega}_2\\
\operatorname{rot}\vec{v}(P_7)=(-\frac{1}{2}\sqrt{2},\frac{1}{2}\sqrt{2},0) & \vec{\omega}_7=(-\omega_7,\omega_7,0)\\
|\operatorname{rot}\vec{v}(P_7)|=1=|\operatorname{rot}\vec{v}(P_2)| & |\vec{\omega}_7|=|\vec{\omega}_2|.
\end{array}$$

Der sich hierin ausdrückende enge Zusammenhang zwischen dem Drehvektor $\vec{\omega}$ und der Rotation des Feldes rechtfertigt dessen Namen. Man sagt, das Feld (die Strömung) besitze Wirbel.

Aufgaben

1. Skizzieren Sie einige Vektoren des ebenen Vektorfeldes $\vec{v}(x,y)=(x+y,\frac{1}{4}x^2)$.

2. Skizzieren Sie das ebene Vektorfeld $\vec{v}(x,y)=(1,\sin x)$.

3. Veranschaulichen Sie das Vektorfeld

   a) $\vec{v}(x,y,z)=(0,0,\sqrt{1-x^2-y^2})$; b) $\vec{v}(x,y,z)=(0,0,1-x^2-y^2)$.

4. Skizzieren Sie die Kurve mit der Parameterdarstellung

   $$\vec{r}(t)=(R\cos t,R\sin t,\sqrt{t}),\qquad t\geqq 0$$

   und berechnen Sie einen Tangentialvektor in den Kurvenpunkten $\vec{r}(2\pi)$ und $\vec{r}(4\pi)$ und $\vec{r}(t)$.

5. Veranschaulichen Sie sich die Kurve mit der Parameterdarstellung $\vec{r}(t)=(t^2 \cdot \cos t,\, t^2 \cdot \sin t,\, 0)$,
   a) für $t \geqq 0$ und b) für $t \in \mathbb{R}$.

6. Veranschaulichen Sie sich die Kurve mit der Parameterdarstellung
   $\vec{r}(t)=(t^2 \cos t,\, t^2 \cdot \sin t,\, t), \quad t \geqq 0.$
   Hinweis: Vergleichen Sie die Kurve mit der aus Aufgabe 5a).

7. Diese Aufgabe dient dazu, die Herleitung des Begriffes Linienintegral zu Beginn des Abschnittes 2.4.3 an einem Beispiel verständlich zu machen. Gegeben sei das Kraftfeld
   $$\vec{F}(x, y, z)=\left(\frac{-y}{x^2+y^2}, \frac{x}{x^2+y^2}, 0\right), \quad (x, y) \neq (0, 0)$$
   und die Kurve C mit der Parameterdarstellung
   $\vec{r}(t)=(t \cdot \cos t,\, t \cdot \sin t,\, 0), \quad t \in \mathbb{R}.$
   Es sei $t_0=\frac{\pi}{2}$.
   a) Skizzieren Sie Kurve und Kraftfeld in der x, y-Ebene und markieren Sie den Kurvenpunkt $\vec{r}(t_0)$.
   b) Welche Kraft wirkt im Kurvenpunkt $\vec{r}(t_0)$?
   c) Welche Richtung hat die Tangente an die Kurve im Kurvenpunkt $\vec{r}(t_0)$?
   d) Welches ist die Tangentialkomponente der Kraft in $\vec{r}(t_0)$?
   e) Welche Arbeit ist etwa erforderlich, um ein »Einheitsteilchen« auf der Kurve C von $\vec{r}(t_0)$ nach $\vec{r}(t_0+0{,}01)$ bzw. nach $\vec{r}(t_0+\Delta t)$ zu bewegen (Δt klein)?
   f) Welche Arbeit ist erforderlich, das Teilchen längs C von $\vec{r}(0)$ nach $\vec{r}(2\pi)$ zu bewegen?

8. Es sei $\vec{E}=\frac{1}{|\vec{x}|^3} \cdot \vec{x}$ mit $\vec{x}=(x, y, z)$ und C die Kurve mit der Parameterdarstellung $\vec{r}(t)=(t^3, t, t-3)$, $2 \leqq t \leqq 3$.
   Berechnen Sie ${}^C\!\int \vec{E}\, d\vec{s}$.

9. Es sei $\vec{v}=(2y+3,\, xz,\, yz-x)$. Man berechne ${}^C\!\int \vec{v}\, d\vec{r}$ für
   a) C: $\vec{r}(t)=(2t^2, t, t^3)$, $0 \leqq t \leqq 1$.
   b) C: die Strecke mit demselben Anfangs- und Endpunkt wie die Kurve aus a).

10. Berechnen Sie das über das Feld $\vec{v}=(x^2+y^2)^{-1} \cdot (-y, x, 0)$ längs C: $\vec{r}(t)=(\cos t, \sin t, 1)$, $0 \leqq t \leqq 4\pi$ erstreckte Linienintegral.

11. Berechnen Sie ${}^C\!\int \vec{v}\, d\vec{r}$ für $\vec{v}=(2x-y,\, -y^2 z^2,\, xyz)$ und C: $\vec{r}(t)=(\cos t, \sin t, 0)$, $0 \leqq t \leqq 2\pi$. Was für eine Kurve ist C? Ist $\vec{v}$ konservativ?

12. Untersuchen Sie, ob das Vektorfeld
    $\vec{v}=(2xy+2z \cdot \sin x \cdot \cos x,\, x^2+z,\, y+\sin^2 x)$
    ein Potentialfeld ist und bestimmen Sie ggf. sein Potential.

13. Untersuchen Sie, ob die Differentialform
    $(2xy+2z \cdot \sin x \cdot \cos x)\, dx+(x^2+z)\, dy+(y+\sin^2 x)\, dz$
    totales Differential einer Funktion f dreier Variablen ist und berechnen Sie ggf. f. Vergleichen Sie auch mit Aufgabe 12.

14. Es sei C: $\vec{r}(t)=(\cos 2\pi t,\, \cos^2 \pi t,\, \ln t)$, $1 \leqq t \leqq 2$ und $\vec{v}$ das Vektorfeld aus Aufgabe 12. Berechnen Sie ${}^C\!\int \vec{v}\, d\vec{r}$.

15. Es sei C eine a) einmal, b) n-mal durchlaufene Kreislinie im Raum, die die z-Achse nicht schneidet und $\vec{v}(x, y, z)=\frac{1}{x^2+y^2}\cdot(-y, x, 0)$. Welchen Wert hat ${}^{C}\oint \vec{v}\,d\vec{r}$?

16. Untersuchen Sie, ob das Vektorfeld $\vec{v}=(y, x, 0)$ ein Potentialfeld ist und bestimmen Sie ggf. das Potential. Ist $y\,dx+x\,dy$ totales Differential einer Funktion f dreier Veränderlichen (x, y, z)? Wie lautet f gegebenenfalls?

17. Es sei $f(x, y, z)=e^x+x\cdot\ln(x^2+y^2+1)$ und C: $\vec{r}(t)=(t^2, t\cdot\ln t, 2^t)$, $1\leqq t\leqq 4$. Berechnen Sie ${}^{C}\int \operatorname{grad} f\,d\vec{r}$.

18. Es sei $\vec{v}=\left(e^y, xe^y, \frac{1}{z}\right)$ und C: $\vec{r}(t)=(\cos t, \sin t, 5+\cos 3t)$, $0\leqq t\leqq 2\pi$. Berechnen Sie ${}^{C}\int \vec{v}\,d\vec{r}$.

19. Es sei $\vec{v}=\operatorname{grad}\ln(x^2+y^2)$, C ein Kreis in der x, y-Ebene, der die z-Achse nicht schneidet. Berechnen Sie ${}^{C}\int \vec{v}\,d\vec{r}$.

20. Es sei $\vec{v}=\operatorname{grad}\ln(x^2+y^2)$, C eine von A nach B verlaufende Gerade, die die z-Achse nicht schneidet. Berechnen Sie ${}^{C}\oint \vec{v}\,d\vec{r}$.

21. Beweisen Sie: Sind $\vec{v}$ und $\vec{w}$ Potentialfelder im Gebiet $G\subset\mathbb{R}^3$ mit den Potentialen V bzw. W, sind ferner c und d reelle Zahlen, so ist $c\vec{v}+d\vec{w}$ ein Potentialfeld in G und $cV+dW$ Potential.

22. Beweisen Sie: Ist $\vec{v}$ ein stetiges Zentralfeld mit dem Pol P_0 und C ein Kreis mit dem Mittelpunkt P_0, einmal durchlaufen, so ist ${}^{C}\int \vec{v}\,d\vec{r}=0$. Was gilt, wenn C nur ein Teilbogen eines solchen Kreises ist.

23. Es sei $\vec{r}=(x, y, z)$. Ist das Vektorfeld $\vec{v}=|\vec{r}|^2\vec{r}$ konservativ? Wie lautet ggf. das Potential von $\vec{v}$?

24. Es sei $\vec{v}(x, y, z)=(yz, xz, xy)$. Berechnen Sie $\operatorname{div}\vec{v}$ und $\operatorname{rot}\vec{v}$.

25. Es sei $\vec{v}$ das Vektorfeld aus Aufgabe 3a bzw. 3b. Berechnen Sie $\operatorname{div}\vec{v}$ und $\operatorname{rot}\vec{v}$ und erklären Sie anschaulich, warum diese beiden Felder quellfrei sind. Führen Sie eine ähnliche Diskussion durch, wie dies in Beispiel 225.3 gemacht wurde.

26. Das Vektorfeld $\vec{v}$ und das Skalarfeld f seien auf der offenen Menge $D\subset\mathbb{R}^3$ definiert und haben dort stetige partielle Ableitungen zweiter Ordnung. Beweisen Sie folgende Rechenregeln:
    a) $\operatorname{div}\operatorname{rot}\vec{v}=0$
    b) $\operatorname{rot}\operatorname{grad} f=\vec{0}$
    c) $\operatorname{div}(f\cdot\vec{v})=f\cdot\operatorname{div}\vec{v}+\vec{v}\cdot\operatorname{grad} f$
    d) $\operatorname{rot}(f\cdot\vec{v})=f\cdot\operatorname{rot}\vec{v}+(\operatorname{grad} f)\times\vec{v}$.

27. Beweisen Sie: Sind $\vec{v}$ und $\vec{w}$ auf derselben offenen Menge $D\subset\mathbb{R}^3$ definierte und differenzierbare Vektorfelder, so gilt

$$\operatorname{div}(\vec{v}\times\vec{w})=\vec{w}\cdot\operatorname{rot}\vec{v}-\vec{v}\cdot\operatorname{rot}\vec{w}.$$

3 Komplexwertige Funktionen

Dieser Abschnitt hat vor allem Anwendungen in der Wechselstromlehre zum Inhalt. Durch Einführung einer komplexen Schreibweise der Wechselstromgrößen gelingt es zum Beispiel, die Gesetze in Wechselstromkreisen analog zu denen in Gleichstromkreisen zu formulieren.

Sind die Funktionswerte einer Funktion f komplexe Zahlen und die Argumente reell, so sagt man, f sei eine komplexwertige Funktion einer reellen Variablen. Sind sowohl die Funktionswerte als auch die Argumente aus $\mathbb{C}$, so spricht man von einer komplexwertigen Funktion einer komplexen Variablen oder kurz von einer komplexen Funktion. In diesem Abschnitt werden zunächst komplexe Funktionen und dann solche mit reellen Argumenten behandelt.

3.1 Komplexe Funktionen

Zur Veranschaulichung von komplexen Funktionen können zwei Gaußsche Zahlenebenen dienen. In der einen werden Elemente z_i des Definitionsbereiches gekennzeichnet, in der anderen die zugehörigen Funktionswerte $w_i = f(z_i)$.

Beispiel 231.1

Durch $w = f(z) = z^2$ mit $z \in \mathbb{C}$ wird eine Funktion f definiert, die jeder Zahl $z = r \cdot e^{j\varphi} \in \mathbb{C}$ die Zahl $w = r^2 e^{j2\varphi}$ zuordnet (vgl. Band 1, S. 232). Hat ein Punkt in der z-Ebene das Argument φ, so hat der zugehörige Funktionswert das Argument 2φ. Alle Punkte einer in der z-Ebene durch den Nullpunkt gehenden Geraden werden so auf Punkte in der w-Ebene abgebildet, die wiederum auf einer Geraden durch den Nullpunkt liegen. Alle Punkte, die in der z-Ebene auf einem Kreis vom

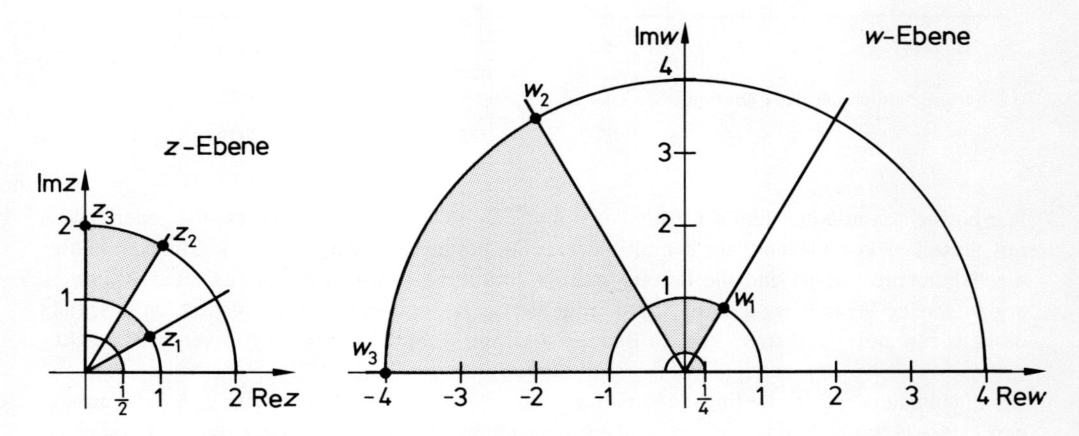

231.1 Veranschaulichung der Funktion $u = f(z) = z^2$

Radius R um den Nullpunkt liegen, haben Funktionswerte, die in der w-Ebene auf einem Kreis vom Radius R^2 um $w=0$ liegen. Bild 231.1 veranschaulicht dies.

3.1.1 Lineare komplexe Funktionen

Entsprechend der Definition bei reellen Funktionen verstehen wir unter einer linearen Funktion eine Funktion f mit

$$w=f(z)=a\cdot z+b \qquad (a,b\in\mathbb{C},\ a\neq 0).$$

Der Fall $a=0$ wird ausgenommen, da $w=f(z)=b$ eine konstante Funktion ist.

1. Wir betrachten zunächst den Fall $a=1$:

   $$w=z+b.$$

   Nach dieser Zuordnungsvorschrift wird zu jedem z die Konstante $b=b_1+\mathrm{j}b_2$ mit $b_1, b_2\in\mathbb{R}$ addiert. Das bedeutet eine Parallelverschiebung. Bild 232.1 veranschaulicht dies für $b=1+\mathrm{j}2$.

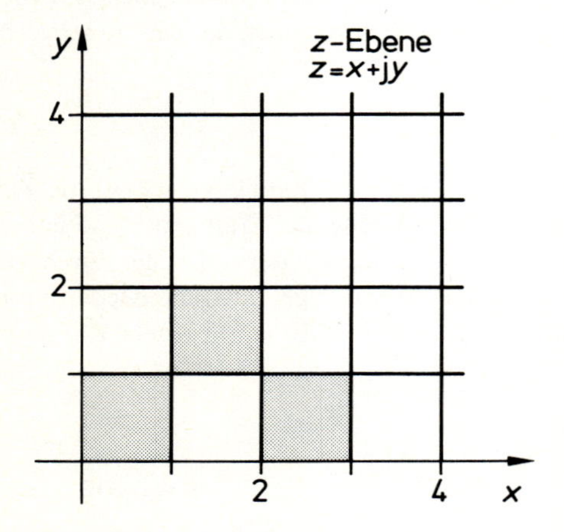

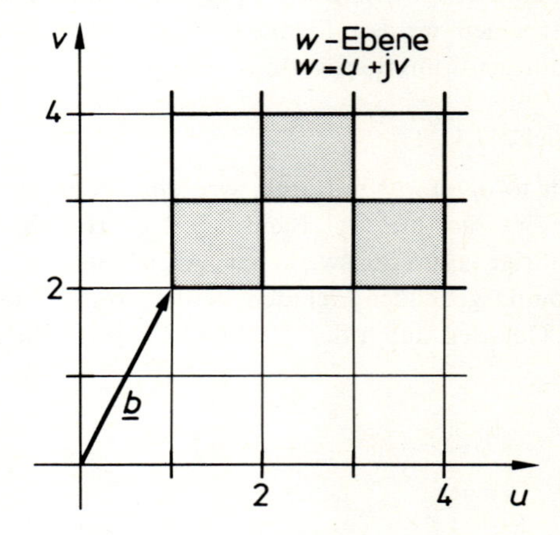

232.1 Veranschaulichung der Funktion $w=z+1+\mathrm{j}2$

2. Wir betrachten nun den Fall $a\neq 0$, $a\neq 1$ und $b=0$. Es ist dann $w=a\cdot z$, und es wird jeder z-Wert mit derselben komplexen Zahl a multipliziert. Da bei einer Multiplikation komplexer Zahlen die Argumente addiert und die Beträge multipliziert werden, wird für alle $z\in\mathbb{C}$ zum Argument $\arg z$ derselbe Winkel $\arg a$ addiert und jeder Betrag $|z|$ wird mit $|a|$ multipliziert. Man spricht deshalb von einer Drehstreckung. In Bild 233.1 ist die Abbildung $w=(1+\mathrm{j})\cdot z$ veranschaulicht.

3. Im allgemeinen Fall ist die lineare Funktion $w=f(z)=a\cdot z+b$ als Verkettung $g\circ h$ der Funktionen h mit $h(z)=a\cdot z$ und g mit $g(\zeta)=\zeta+b$ eine Drehstreckung mit nachfolgender Parallelverschiebung.

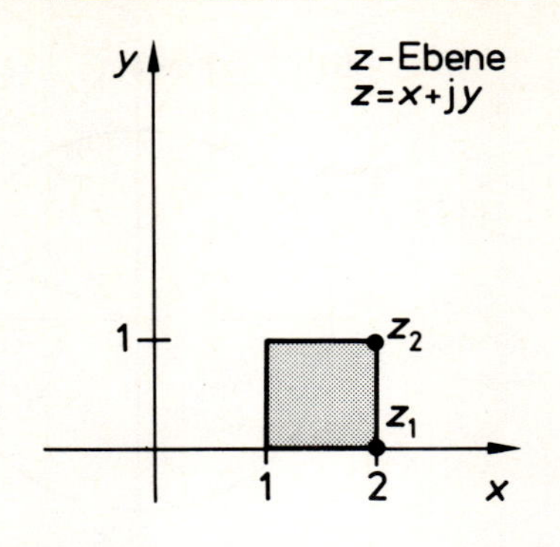

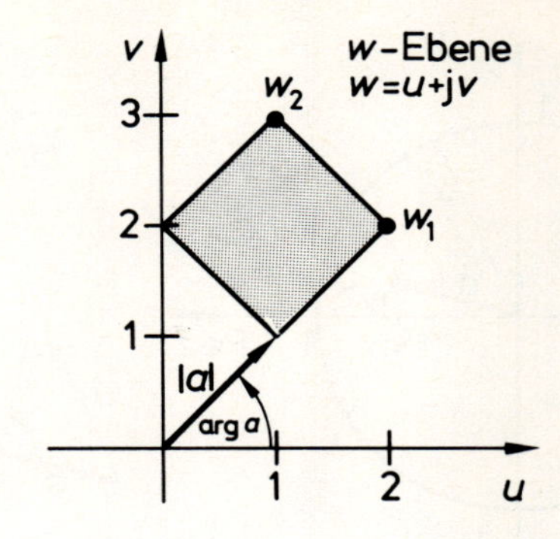

233.1 Veranschaulichung der Funktion $w=(1+\mathrm{j})\cdot z$

3.1.2 Die Funktion f mit $f(z)=\frac{1}{z}$

Die auf $\mathbb{C}\setminus\{0\}$ definierte Funktion f mit $w=f(z)=\frac{1}{z}$ ordnet jeder von Null verschiedenen komplexen Zahl $z=r\cdot \mathrm{e}^{\mathrm{j}\varphi}$ die Zahl

$$w=\frac{1}{z}=\frac{1}{r\cdot \mathrm{e}^{\mathrm{j}\varphi}}=\frac{1}{r}\cdot \mathrm{e}^{\mathrm{j}(-\varphi)}$$

zu. Die Argumente von z und w unterscheiden sich also nur im Vorzeichen, und der Betrag von w ist der Kehrwert von $|z|$.

Wie man den Funktionswert w zu gegebenem z konstruieren kann zeigt Bild 234.1. Dazu denkt man sich die w-Ebene auf die z-Ebene gelegt. Aus der Ähnlichkeit der beiden hervorgehobenen Dreiecke folgt $\frac{1}{r}=\frac{a}{1}$. Folglich ist $a=\frac{1}{r}=|w|$, und wir erhalten auf diese Weise die zu w konjugiert komplexe Zahl $w^*=\frac{1}{r}\mathrm{e}^{\mathrm{j}\varphi}$. Durch Spiegelung an der reellen Achse erhält man aus w^* den Funktionswert w. Die Ermittlung eines Funktionswertes zu einem Punkt außerhalb des Einheitskreises erfolgt demnach zweckmäßig in zwei Schritten:

1. Man zeichnet die Tangente von z an den Einheitskreis und das Lot vom Berührpunkt der Tangente aus auf den Pfeil $\underline{z}$. Wo das Lot $\underline{z}$ schneidet liegt w^*. Man nennt w^* den am Einheitskreis gespiegelten Punkt z oder den bez. dem Einheitskreis inversen Punkt zu z (Spiegelung oder Inversion am Einheitskreis)[1]).

---

[1]) Würde man an einem Kreis vom Radius R mit der gleichen Konstruktion spiegeln, so wäre $\frac{R}{r}=\frac{a}{R}$, also $a=\frac{1}{r}R^2$.

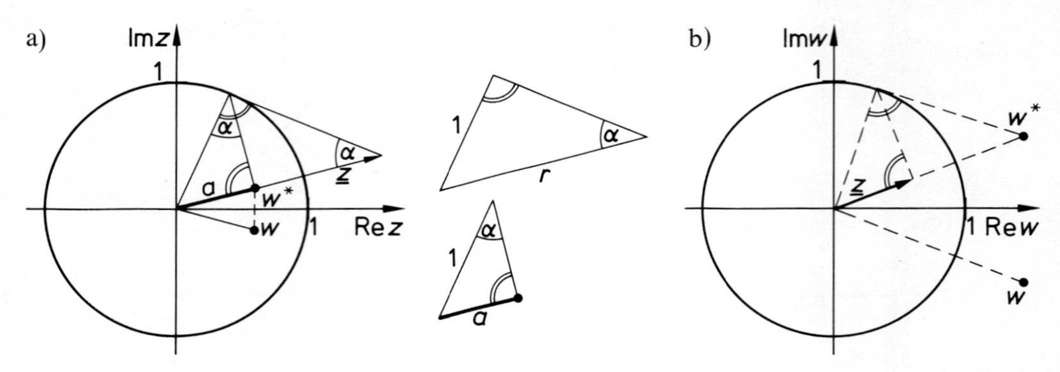

234.1 Konstruktion von $w=\frac{1}{z}$ zu gegebenem z

2. Man spiegelt w^* an der reellen Achse und erhält w als die komplexe Zahl, deren Betrag $\frac{1}{r}$ und deren Argument $-\varphi$ ist.

Durch die Funktion f mit $f(z)=\frac{1}{z}$ wird so jedem Punkt außerhalb des Einheitskreises ein Punkt innerhalb des Einheitskreises zugeordnet. Umgekehrt kann durch entsprechendes Vorgehen zu jedem Punkt z innerhalb des Einheitskreises ein Funktionswert außerhalb gefunden werden, wie Bild 234.1 b) zeigt. Für Punkte auf dem Einheitskreis ist der Funktionswert die konjugiert komplexe Zahl der unabhängigen Variablen: $w=z^*$, denn für diese Punkte gilt: $z\cdot z^*=x^2+y^2=1$, also $z^*=\frac{1}{z}$.

Die Punkte z, die außerhalb eines Kreises vom Radius R liegen, werden durch f mit $f(z)=\frac{1}{z}$ auf Funktionswerte w abgebildet, die innerhalb eines Kreises vom Radius $\frac{1}{R}$ liegen. Je weiter z vom Nullpunkt entfernt liegt, um so näher liegt $w=f(z)$ an $w=0$. Ergänzt man die Menge der komplexen Zahlen durch eine »uneigentliche« Zahl[1]) $z=\infty$, so ist es sinnvoll, dieser Zahl den Funktionswert $w=0$ zuzuordnen. Schreibweise: $f(\infty)=0$.

Da umgekehrt die innerhalb eines Kreises vom Radius ε liegenden Argumente z auf das Äußere eines Kreises vom Radius $\frac{1}{\varepsilon}$ in der w-Ebene abgebildet werden, kann man die Zuordnung zusätzlich so erweitern, daß der Zahl $z=0$ als Funktionswert die uneigentliche Zahl $w=\infty$ zugeordnet wird. Schreibweise: $f(0)=\infty$.

In den Anwendungen ist es von besonderem Interesse, in welche Kurven Geraden und Kreise der z-Ebene übergehen, wenn man ihre Punkte mittels $w=\frac{1}{z}$ auf die w-Ebene abbildet.

---

[1]) Es wird darauf hingewiesen, daß mit dieser uneigentlichen Zahl $z=\infty$ keine Rechenoperationen wie $+$, $-$, $\cdot$ und : definiert sind.

Kreisverwandtschaft von $w=f(z)=\frac{1}{z}$:

Jeder Kreis der x, y-Ebene kann durch

$$\alpha(x^2+y^2)+\beta x+\gamma y+\delta=0 \tag{235.1}$$

mit $\alpha, \beta, \gamma, \delta \in \mathbb{R}$ und $\alpha \neq 0$ beschrieben werden. Für einen Kreis durch den Nullpunkt gilt $\delta=0$. Im Falle $\alpha=0$ beschreibt (235.1) auch alle Geraden der x, y-Ebene.

Für Real- und Imaginärteil der Funktionswerte von f gilt:

$$w=u+\mathrm{j}v=\frac{1}{x+\mathrm{j}y}=\frac{x}{x^2+y^2}+\mathrm{j}\cdot\frac{-y}{x^2+y^2},$$

woraus für Real- und Imaginärteil der Umkehrfunktion $f^{-1}(w)=\frac{1}{w}$ folgt:

$$x=\frac{u}{u^2+v^2} \quad \text{und} \quad y=\frac{-v}{u^2+v^2}.$$

Für das Bild des Kreises (235.1) in der w-Ebene (bzw. der Geraden im Falle $\alpha=0$) gilt deshalb:

$$\frac{\alpha(u^2+v^2)}{(u^2+v^2)^2}+\frac{\beta u}{u^2+v^2}-\frac{\gamma v}{u^2+v^2}+\delta=0 \quad \text{bzw.} \quad \delta(u^2+v^2)+\beta u-\gamma v+\alpha=0.$$

Dies ist für $\delta \neq 0$ die Gleichung eines Kreises in der w-Ebene und für $\delta=0$ die Gleichung einer Geraden. Wir fassen das Ergebnis für die folgenden Fälle

a) $\alpha \neq 0, \quad \delta \neq 0$ b) $\alpha \neq 0, \quad \delta=0$ c) $\alpha=0, \quad \delta \neq 0$ d) $\alpha=0, \quad \delta=0$

als Satz:

Satz 235.1

a) Ein beliebiger nicht durch den Nullpunkt gehender Kreis der z-Ebene geht bei der Abbildung mittels der Funktion $w=f(z)=\frac{1}{z}$ in einen nicht durch den Nullpunkt gehenden Kreis der w-Ebene über.

b) Ein durch den Nullpunkt gehender Kreis der z-Ebene geht bei der Abbildung mittels $w=\frac{1}{z}$ in eine Gerade über, die nicht durch den Nullpunkt geht.

c) Eine nicht durch den Nullpunkt gehende Gerade der z-Ebene geht bei der Abbildung mittels $w=\frac{1}{z}$ in einen durch den Nullpunkt gehenden Kreis über.

d) Eine durch den Nullpunkt gehende Gerade der z-Ebene geht bei Abbildung mittels $w=\frac{1}{z}$ in eine Gerade durch $w=0$ über.

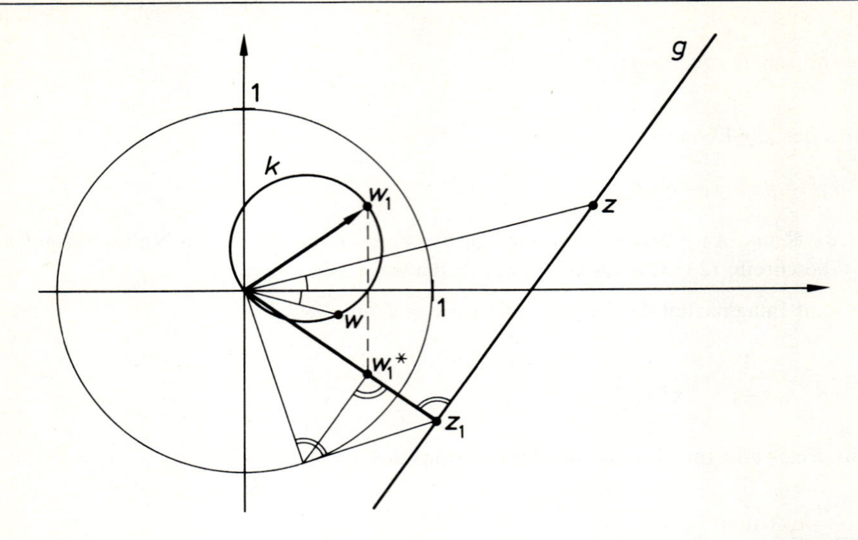

236.1 Abbildung einer Geraden g mittels $w=\frac{1}{z}$

Beispiel 236.1

Bild einer nicht durch den Nullpunkt gehenden Geraden.

Wie man zu einer Geraden der z-Ebene den zugehörigen Kreis in der w-Ebene konstruieren kann, zeigt Bild 236.1. Dabei wurde verwendet, daß der Punkt z_1 der Geraden, der dem Nullpunkt am nächsten liegt auf den Punkt w_1 abgebildet wird, der am weitesten von $w=0$ entfernt ist. In der w-Ebene ist dann die Länge des Zeigers $\underline{w}_1$ ein Durchmesser des Kreises. Um einen beliebigen Punkt z der Geraden g abzubilden braucht dann nur der Punkt w auf dem Kreis k gesucht werden, für den $\arg w = -\arg z$ gilt.

Beispiel 236.2

Bild eines nicht durch den Nullpunkt gehenden Kreises k.

Der am weitesten vom Nullpunkt entfernte Punkt P_1 des Kreises k geht bei der Abbildung mittels $w=\frac{1}{z}$ in den Punkt $\bar{P}_1$ über, der dem Nullpunkt am nächsten liegt und umgekehrt geht der am nächsten an $z=0$ liegende Punkt in den am weitesten von $w=0$ entfernten Punkt über. Man kann dies – wie Bild 237.1 zeigt – bei der Konstruktion eines Durchmessers des Kreises $\bar{k}$ verwenden. Für die Schnittpunkte des Kreises k mit dem Einheitskreis gilt $|z|=1$, also $w=z^*$, was ebenfalls bei der Konstruktion (oder als Kontrolle) ausgenutzt werden kann.

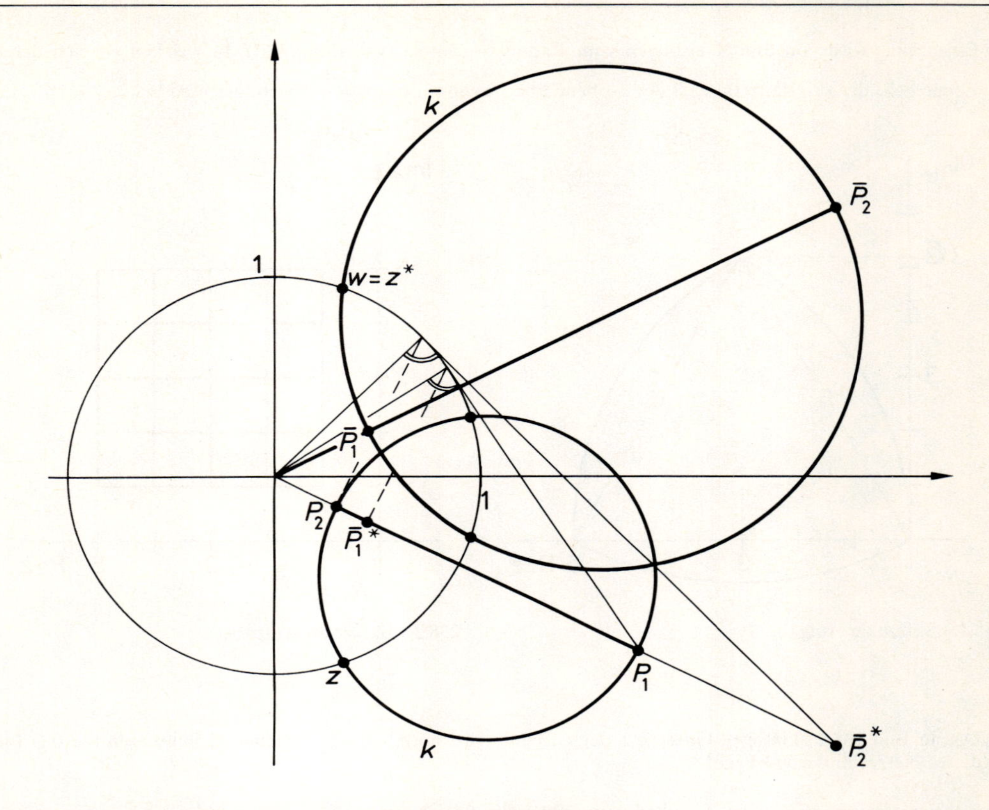

237.1 Abbildung eines nicht durch den Nullpunkt gehenden Kreises K

Aufgaben

1. In welche Kurve der w-Ebene geht die folgende Gerade g der z-Ebene über, wenn mittels $w=\frac{1}{z}$ abgebildet wird? Man skizziere jeweils die Gerade und die zugeordnete Kurve.
   a) g: $z=(1+\mathrm{j})\,t$, $t\in\mathbb{R}$
   b) g: $z=2+\mathrm{j}t$, $t\in\mathbb{R}$
   c) g: $z=t+\mathrm{j}$, $t\in\mathbb{R}$
   d) g: $z=\mathrm{j}-t(1+\mathrm{j})$, $t\in\mathbb{R}$

2. In welche Kurve der w-Ebene geht der folgende Kreis k der z-Ebene bei der Abbildung mittels $w=\frac{1}{z}$ über?
   a) k: Kreis vom Radius 4 um den Nullpunkt
   b) k: Kreis vom Radius 2 um den Punkt $z=2$
   c) k: Kreis vom Radius 3 um den Punkt $z=3\mathrm{j}$
   d) k: Kreis vom Radius $\sqrt{2}$ um den Punkt $z=1+\mathrm{j}$
   e) k: Kreis vom Radius 2 um den Punkt $z=1$

3. Eine Figur wird von drei Kreisbögen vom Radius 6 gebildet (vgl. Bild 238.1). In welchen Bereich der w-Ebene geht der skizzierte Bereich der z-Ebene über, wenn mittels $w=\frac{1}{z}$ abgebildet wird?

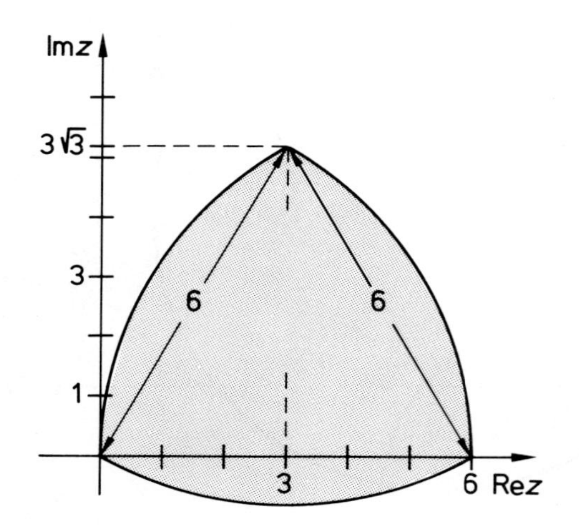

238.1 Skizze zu Aufgabe 3

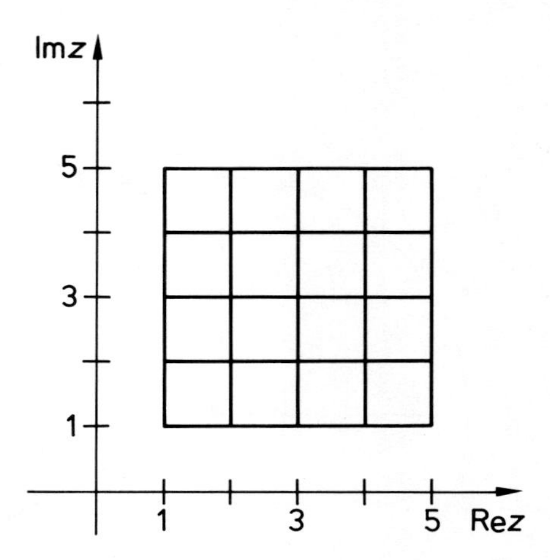

238.2 Skizze zu Aufgabe 4

4. Das in Bild 238.2 skizzierte Gitternetz der z-Ebene wird mittels $w=\frac{1}{z}$ abgebildet. Skizzieren Sie das Bild dieses Netzes in der w-Ebene!

5. Gegeben sei eine Funktion f. Gilt für ein $z \in D_f$ die Gleichung $z=f(z)$, so wird ein solches Argument z Fixpunkt von f genannt.
   a) Welche Fixpunkte besitzt die Funktion $w=f(z)=a \cdot z+b$?
   b) Welche Fixpunkte besitzt die Funktion $w=f(z)=\frac{1}{z}$?
   c) Welche lineare Funktion $w=a \cdot z+b$ besitzt den Fixpunkt $z=1$ und bildet $z=1+\mathrm{j}$ auf $w=-2$ ab?

3.2 Komplexwertige Funktionen einer reellen Variablen

Die komplexwertige Funktion $w=f(t)$ mit $t \in \mathbb{R}$ kann dadurch veranschaulicht werden, daß man die Funktionswerte in einer Gaußschen Zahlenebene zeichnet und die Argumente als Graduierung dazu. Bild 239.1 veranschaulicht dies für die Funktionen f mit

a) $w=f(t)=2+\mathrm{j}\frac{t}{2}$, b) $w=f(t)=3t+2+\mathrm{j}(t-2)$, c) $w=f(t)=-5\sin t+\mathrm{j}6\cos t$.

Sind Real- und Imaginärteil von $w=f(t)$ stetige Funktionen, so ist das Schaubild in der w-Ebene eine stetige Kurve.

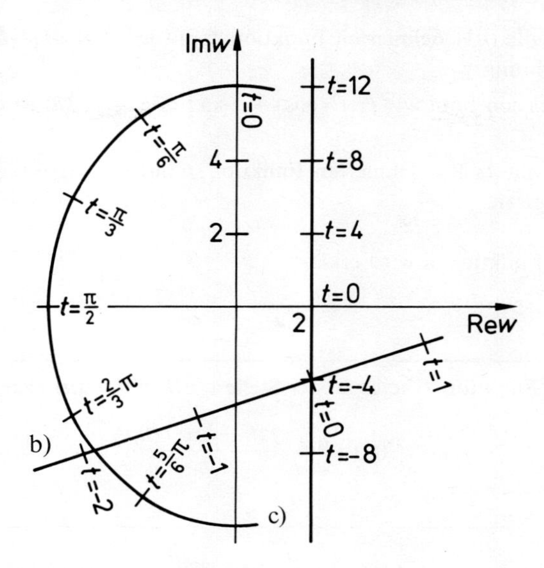

239.1 Veranschaulichung von komplexwertigen Funktionen

Beispiel 239.1 (vgl. Bild 239.2)

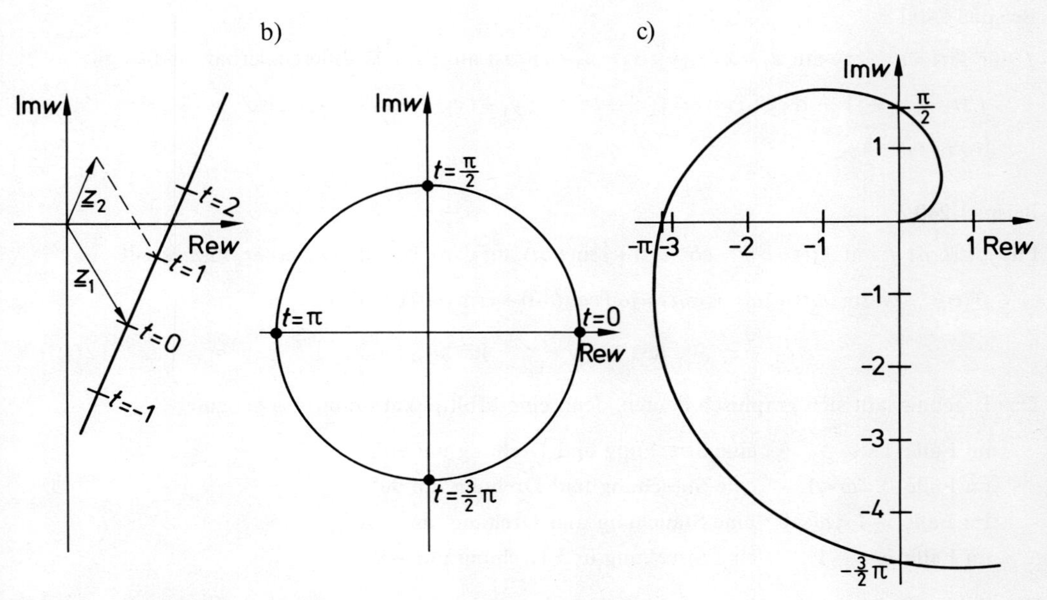

239.2 Graphen zu Beispiel 239.1

a) Der Graph der für alle $t \in \mathbb{R}$ definierten Funktion f mit $w = f(t) = z_1 + tz_2$ mit $z_1, z_2 \in \mathbb{C}$ ist eine Gerade mit der Richtung $\underline{z}_2$.
b) Der Graph der Funktion f mit $w = f(t) = \cos t + \mathrm{j} \cdot \sin t$ mit $t \in [0, 2\pi)$ ist der einmal durchlaufene Einheitskreis.
c) Der Graph der für alle $t \in \mathbb{R}_0^+$ definierten Funktion f mit $w = f(t) = t \cdot \mathrm{e}^{\mathrm{j}t}$ ist in der Gaußschen Zahlenebene eine Spirale.

Genau wie bei reellen Funktionen wird erklärt:

Definition 240.1

Die komplexwertige Funktion f heißt an der Stelle $t_0 \in D_f$ **differenzierbar,** wenn der Grenzwert

$$f'(t_0) = \lim_{h \to 0} \frac{f(t_0 + h) - f(t_0)}{h}$$

existiert.

Bezeichnen $u(t)$ bzw. $v(t)$ den Real- bzw. den Imaginärteil des Funktionswertes $f(t)$, so gilt für den Grenzwert (falls er existiert) wegen $\frac{f(t_0+h) - f(t_0)}{h} = \frac{u(t_0+h) - u(t_0)}{h} + \mathrm{j}\, \frac{v(t_0+h) - v(t_0)}{h}$:

$$f'(t_0) = u'(t_0) + \mathrm{j}v'(t_0).$$

Beispiel 240.1

f mit $f(t) = z_1 + tz_2$ mit $z_1 = x_1 + \mathrm{j}y_1$, $z_2 = x_2 + \mathrm{j}y_2$ ist auf ganz $\mathbb{R}$ differenzierbar, und es gilt

$f'(t) = [x_1 + \mathrm{j}y_1 + t(x_2 + \mathrm{j}y_2)]' = [(x_1 + tx_2) + \mathrm{j}(y_1 + ty_2)]' = x_2 + \mathrm{j}y_2$, also

$(z_1 + tz_2)' = z_2$.

Beispiel 240.2

Für $\omega \in \mathbb{R}$ ist f mit $f(t) = \mathrm{e}^{\mathrm{j}\omega t} = \cos(\omega t) + \mathrm{j}\sin(\omega t)$ auf ganz $\mathbb{R}$ differenzierbar, und es gilt

$f'(t) = -\omega \cdot \sin(\omega t) + \mathrm{j}\omega\cos(\omega t) = \mathrm{j}\omega[\cos(\omega t) + \mathrm{j}\sin(\omega t)]$, also

$$(\mathrm{e}^{\mathrm{j}\omega t})' = \mathrm{j}\omega \mathrm{e}^{\mathrm{j}\omega t} \quad \text{für alle } \omega \in \mathbb{R}. \tag{240.1}$$

Das Ergebnis läßt sich graphisch deuten, denn eine Multiplikation mit $\mathrm{j}\omega$ bedeutet

im Falle $1 < \omega$ eine Streckung und Drehung um 90°,
im Falle $0 < \omega < 1$ eine Stauchung und Drehung um 90°,
Im Falle $-1 < \omega < 0$ eine Stauchung und Drehung um −90°,
im Falle $\omega < -1$ eine Streckung und Drehung um −90°.

Der Zeiger $\underline{f'(t)}$ liegt also für $\omega \neq 0$ gegenüber dem Zeiger $\underline{f(t)}$ um 90° gedreht.

Beispiel 241.1

Es sei $z=x+\mathrm{j}y$ ($x, y\in\mathbb{R}$). Dann ist $f(t)=\mathrm{e}^{\mathrm{j}zt}$ auf ganz $\mathbb{R}$ differenzierbar, und es gilt

$$f'(t)=(\mathrm{e}^{\mathrm{j}(x+\mathrm{j}y)t})'=(\mathrm{e}^{-yt}\cdot\mathrm{e}^{\mathrm{j}xt})'=\{\mathrm{e}^{-yt}[\cos(xt)+\mathrm{j}\cdot\sin(xt)]\}'$$

$$f'(t)=\mathrm{e}^{-yt}\{-y\cdot\cos(xt)-x\cdot\sin(xt)+\mathrm{j}[-y\cdot\sin(xt)+x\cdot\cos(xt)]\}$$

$$f'(t)=\mathrm{e}^{-yt}\{-y[\cos(xt)+\mathrm{j}\sin(xt)]+\mathrm{j}x[\cos(xt)+\mathrm{j}\sin(xt)]\}=\mathrm{e}^{-yt}(-y+\mathrm{j}x)\mathrm{e}^{\mathrm{j}xt},\text{ d.h.}$$

$$(\mathrm{e}^{\mathrm{j}zt})'=\mathrm{j}z\cdot\mathrm{e}^{\mathrm{j}zt}\quad\text{für alle } z\in\mathbb{C}. \tag{241.1}$$

Der Formalismus beim Differenzieren von $\mathrm{e}^{\mathrm{j}zt}$ nach t ist also dergleiche wie bei reellen Argumenten.

Aufgaben

1. Man skizziere in der Gaußschen Zahlenebene die Graphen der folgenden Funktionen f: $\mathbb{R}\to\mathbb{C}$
   a) $f(t)=(1+\mathrm{j})t^2+2\mathrm{j}t-1$
   b) $f(t)=\dfrac{1}{1+\mathrm{j}+t}$.

2. Man differenziere die in Aufgabe 1 genannten Funktionen f. Welchen Wert haben die Ableitungen an der Stelle 1?

3.3 Anwendungen bei der Berechnung von Wechselstromkreisen

3.3.1 Komplexe Schreibweisen in der Wechselstromtechnik

Wird ein Wechselstrom i beschrieben durch $i(t)=i_\mathrm{m}\cos(\omega t+\varphi_\mathrm{i})$, so kann er nach der Eulerschen Formel (70.3) als Realteil von

$$\underline{i}=i_\mathrm{m}\mathrm{e}^{\mathrm{j}(\omega t+\varphi_\mathrm{i})}=i_\mathrm{m}\cdot\mathrm{e}^{\mathrm{j}\cdot\varphi_\mathrm{i}}\cdot\mathrm{e}^{\mathrm{j}\omega t}=\underline{I}\,\mathrm{e}^{\mathrm{j}\omega t}\quad\text{mit}\quad\underline{I}=i_\mathrm{m}\cdot\mathrm{e}^{\mathrm{j}\varphi_\mathrm{i}}$$

angesehen werden. Entsprechend ist eine durch $u(t)=u_\mathrm{m}\cdot\cos(\omega t+\varphi_\mathrm{u})$ gegebene Wechselspannung u derselben Frequenz ω der Realteil von

$$\underline{u}=u_\mathrm{m}\cdot\mathrm{e}^{\mathrm{j}(\omega t+\varphi_\mathrm{u})}=u_\mathrm{m}\cdot\mathrm{e}^{\mathrm{j}\cdot\varphi_\mathrm{u}}\cdot\mathrm{e}^{\mathrm{j}\omega t}=\underline{U}\,\mathrm{e}^{\mathrm{j}\omega t}\quad\text{mit}\quad\underline{U}=u_\mathrm{m}\cdot\mathrm{e}^{\mathrm{j}\varphi_\mathrm{u}}.$$

Die Funktionswerte der beiden komplexwertigen Funktionen $\underline{i}$ und $\underline{u}$ lassen sich in der Gaußschen Zahlenebene als Zeiger darstellen. Wegen $|\mathrm{e}^{\mathrm{j}\alpha}|=1$ für $\alpha\in\mathbb{R}$ hat der Zeiger $\underline{i}$ für alle t dieselbe Länge $|\underline{i}|=|\underline{I}|=i_\mathrm{m}$. Auch der Zeiger $\underline{u}$ hat konstante Länge $|\underline{u}|=|\underline{U}|=u_\mathrm{m}$. Beide Zeiger rotieren mit der gleichen Winkelgeschwindigkeit ω, so daß die Phasendifferenz $\Delta\varphi=\varphi_\mathrm{u}-\varphi_\mathrm{i}$ konstant ist (vgl. Bild 242.1).

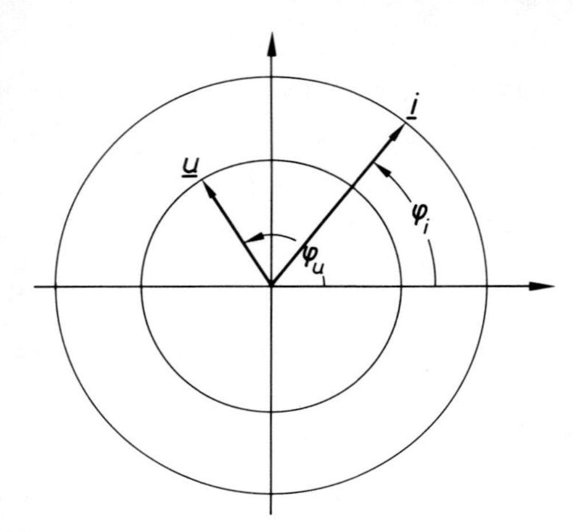

242.1 Konstante Phasendifferenz

Es soll nun der Zusammenhang zwischen Strom und Spannung bei einigen Bauelementen untersucht und in die komplexe Schreibweise übertragen werden.

Bauelemente:

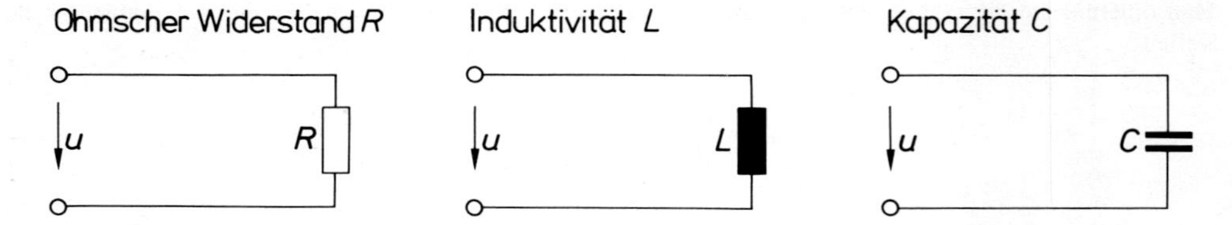

242.2 Bauelemente in Wechselstromkreisen

Es gelten für ideale Bauelemente folgende Gesetze:

$$u = R \cdot i \qquad u = L \cdot \frac{\mathrm{d}i}{\mathrm{d}t} \qquad i = C \cdot \frac{\mathrm{d}u}{\mathrm{d}t}$$

(Ohmsches Gesetz) (Induktionsgesetz)

In der komplexen Schreibweise heißt das:

$$\underline{u} = R \cdot \underline{i} \qquad \underline{u} = L \cdot \frac{\mathrm{d}\underline{i}}{\mathrm{d}t} \qquad \underline{i} = C \cdot \frac{\mathrm{d}\underline{u}}{\mathrm{d}t}$$

und entsprechend (240.1):

$$\underline{U} \cdot \mathrm{e}^{\mathrm{j}\omega t} = R \cdot \underline{I} \cdot \mathrm{e}^{\mathrm{j}\omega t} \qquad \underline{U} \cdot \mathrm{e}^{\mathrm{j}\omega t} = \mathrm{j}\omega L \cdot \underline{I} \cdot \mathrm{e}^{\mathrm{j}\omega t} \qquad \underline{I} \cdot \mathrm{e}^{\mathrm{j}\omega t} = C \cdot \mathrm{j}\omega \cdot \underline{U} \cdot \mathrm{e}^{\mathrm{j}\omega t}$$

$$\underline{U} = R \cdot \underline{I} \qquad \underline{U} = \mathrm{j}\omega L \cdot \underline{I} \qquad \underline{U} = \frac{1}{\mathrm{j}\omega C} \cdot \underline{I}. \tag{242.1}$$

Führen wir einen **komplexen Widerstand (Scheinwiderstand)** $\underline{Z}$ ein, so gilt für alle drei Bauelemente das folgende Ohmsche Gesetz für Wechselstrom in komplexer Schreibweise:

$$\underline{U} = \underline{Z} \cdot \underline{I} = (R + \mathrm{j}X) \cdot \underline{I}.$$

Man nennt $R = \operatorname{Re} \underline{Z}$ den **Wirkwiderstand** und $X = \operatorname{Im} \underline{Z}$ den **Blindwiderstand.**

Bei einem Ohmschen Widerstand unterscheiden sich $\underline{U}$ und $\underline{I}$ nach (242.1) um den reellen Faktor R, weshalb die Phasendifferenz Null ist. Bei einer Induktivität L als Bauelement unterscheiden sich $\underline{U}$ und $\underline{I}$ um den rein imaginären Faktor $+\mathrm{j}\omega L$, weshalb die Phasendifferenz $+\frac{\pi}{2}$ ist. Bei einer Kapazität C heißt der Faktor $-\frac{\mathrm{j}}{\omega C}$, dort ist die Phasendifferenz $-\frac{\pi}{2}$.

Auch die Kirchhoffschen Gesetze (Summe aller Ströme in einem Knoten gleich Null: $\sum_k i_k = 0$ und Summe aller Spannungen in einer »Masche« gleich Null: $\sum_k u_k = 0$) lassen sich komplex schreiben, z. B.

$$\sum_k \underline{i}_k = 0 \Rightarrow \sum_k \underline{I}_k \cdot \mathrm{e}^{\mathrm{j}\omega t} = 0 \Rightarrow \mathrm{e}^{\mathrm{j}\omega t} \cdot \sum_k \underline{I}_k = 0 \Rightarrow \sum_k \underline{I}_k = 0$$

$$\sum_k \underline{u}_k = 0 \Rightarrow \sum_k \underline{U}_k \cdot \mathrm{e}^{\mathrm{j}\omega t} = 0 \Rightarrow \mathrm{e}^{\mathrm{j}\omega t} \cdot \sum_k \underline{U}_k = 0 \Rightarrow \sum_k \underline{U}_k = 0.$$

Bemerkenswert ist auch hier, daß die Gesetze schließlich nicht mehr für die zeitabhängigen Größen $\underline{i}_k$ und $\underline{u}_k$ formuliert sind, sondern für die zeitunabhängigen Größen $\underline{I}_k$ und $\underline{U}_k$. Der große Vorteil der komplexen Schreibweise besteht also darin, daß Wechselstromkreise nach den gleichen Gesetzen berechnet werden können, wie solche für Gleichstrom.

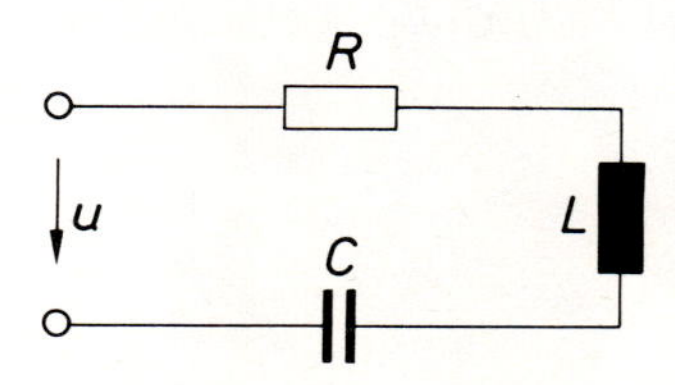

243.1 Zu Beispiel 243.1

Beispiel 243.1 (vgl. Bild 243.1)

Werden ein Ohmscher Widerstand, eine Induktivität und eine Kapazität in Serie geschaltet, so addieren sich die Einzel-Widerstände:

$$\underline{Z} = R + \mathrm{j}\omega L + \frac{1}{\mathrm{j}\omega C} = R + \mathrm{j}\left(\omega L - \frac{1}{\omega C}\right). \tag{243.1}$$

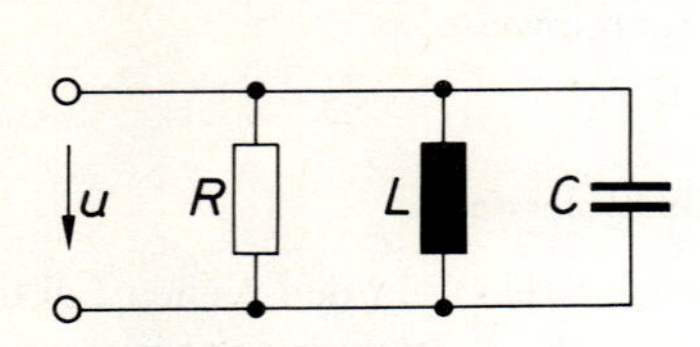

244.1 Zu Beispiel 244.1

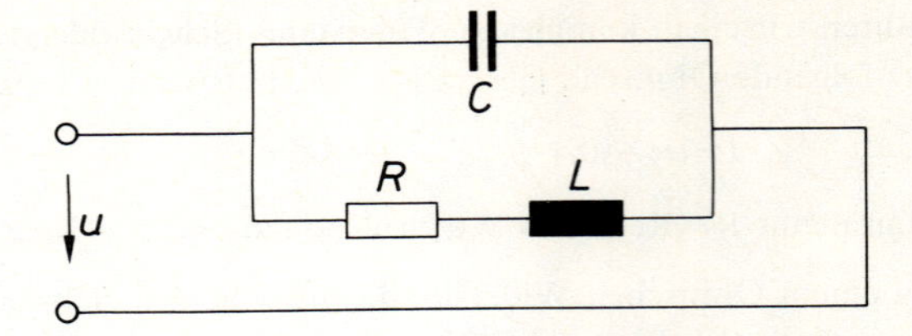

244.2 Zu Beispiel 244.2

Beispiel 244.1 (vgl. Bild 244.1)

Werden ein Ohmscher Widerstand, eine Induktivität und eine Kapazität parallel geschaltet, so ist der komplexe Scheinleitwert $\underline{Y}=\frac{1}{\underline{Z}}$ die Summe der einzelnen Leitwerte:

$$\underline{Y}=\frac{1}{R}+\frac{1}{\mathrm{j}\omega L}+\mathrm{j}\omega C=\frac{1}{R}+\mathrm{j}\left(\omega C-\frac{1}{\omega L}\right). \tag{244.1}$$

Beispiel 244.2

Für die in Bild 244.2 gezeigte Schaltung gilt:

$$\underline{Y}=\mathrm{j}\omega C+\frac{1}{R+\mathrm{j}\omega L}=\frac{R}{R^2+(\omega L)^2}+\mathrm{j}\left[\omega C-\frac{\omega L}{R^2+(\omega L)^2}\right]$$

$$\underline{Z}=\frac{1}{\underline{Y}}=\frac{1}{\mathrm{j}\omega C+\frac{1}{R+\mathrm{j}\omega L}}=\frac{R+\mathrm{j}\omega L}{(1-\omega^2 LC)+\mathrm{j}\omega RC}=\frac{R+\mathrm{j}\omega[L-\omega^2 L^2 C-R^2 C]}{(1-\omega^2 LC)^2+(\omega RC)^2}.$$

3.3.2 Ortskurven von Netzwerkfunktionen

Oft besteht der Wunsch, Netzwerkfunktionen (wie z.B. den komplexen Widerstand, den komplexen Leitwert, die komplexe Spannung usw.) in Abhängigkeit von einem Parameter (z.B. von der Frequenz, der Kapazität usw.) zu veranschaulichen. Der Parameter durchläuft dabei einen interessierenden Bereich. Für jeden Parameterwert aus diesem Bereich gibt der zugeordnete Zeiger den Wert der Netzwerkfunktion an. In der Gaußschen Zahlenebene beschreiben die Pfeilspitzen eine Kurve, die **Ortskurve.** Sie gibt einen guten Überblick über das Netzwerkverhalten für den gesamten interessierenden Parameterbereich.

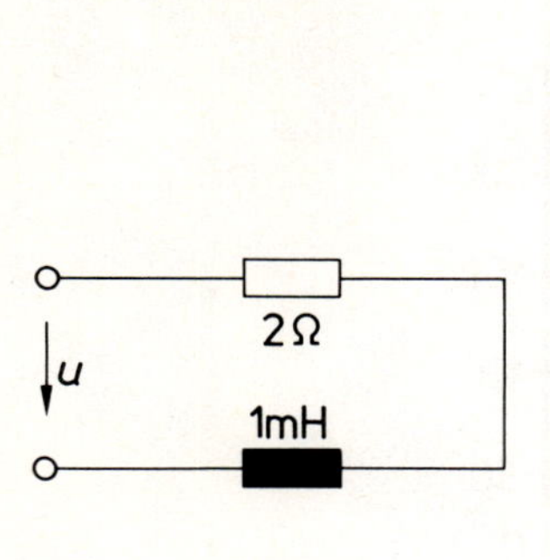

245.1 Zu Beispiel 245.1

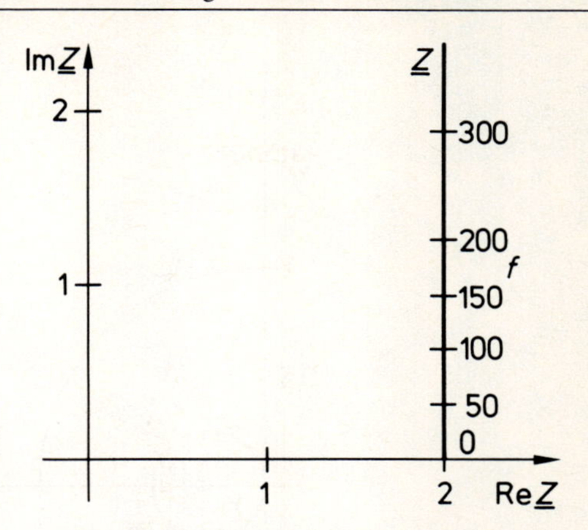

245.2 Beispiel einer Ortskurve (Beispiel 245.1)

Beispiel 245.1 (vgl. Bild 245.1)

Wir wollen untersuchen, wie in der skizzierten Schaltung der komplexe Widerstand von der Frequenz $f=\dfrac{\omega}{2\pi}$ abhängt.

Offenbar gilt $\underline{Z}=R+\mathrm{j}\omega L=2+\mathrm{j}\cdot 2\pi\cdot 0{,}001 f$. Es ist $\operatorname{Re}\underline{Z}=2$ konstant und $\operatorname{Im}\underline{Z}=0{,}002\,\pi f$. Die Ortskurve des komplexen Widerstandes ist eine Parallele zur imaginären Achse (s. Bild 245.2). Zum Zeichnen der Graduierung auf der Ortskurve dient folgende Tabelle:

f	0	50	100	150	200	300
$\operatorname{Im}\underline{Z}$	0	0,314	0,628	0,942	1,257	1,885

Beispiel 245.2

Für den komplexen Leitwert der in Bild 245.1 skizzierten Schaltung erhalten wir:

$$\underline{Y}=\frac{1}{\underline{Z}}=\frac{1}{R+\mathrm{j}\omega L}.$$

Die Ortskurve ergibt sich entsprechend dem Vorgehen in Abschnitt 3.1.2 aus der von $\underline{Z}$. Sie ist nach Satz 235.1 ein Kreis durch den Nullpunkt. Der dem Ursprung am nächsten liegende Punkt der Geraden geht in den Punkt über, der am weitesten vom Nullpunkt entfernt ist. Folglich ist die Ortskurve für $\underline{Y}$ ein Kreis vom Durchmesser $\frac{1}{2}$ mit dem Mittelpunkt $(\frac{1}{4}, 0)$ (vgl. Bild 246.1).

Die Graduierung erhält man aus derjenigen der Ortskurve für $\underline{Z}$ durch Inversion am Einheitskreis und anschließende Spiegelung an der reellen Achse. Für eine Frequenz von 150 Hz ergibt sich z. B. etwa $\underline{Y}=0{,}4-\mathrm{j}\,0{,}2$.

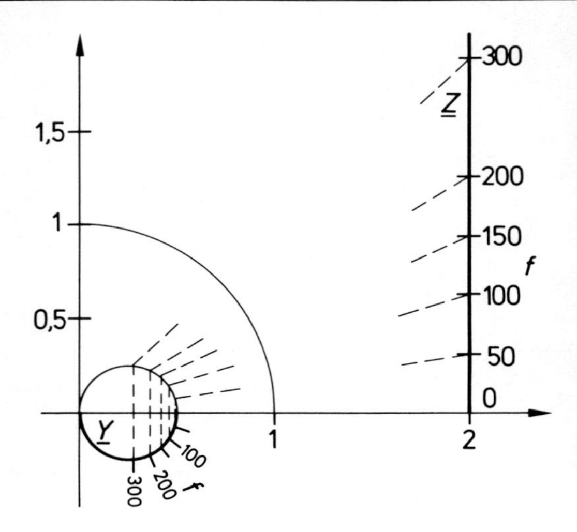

246.1 Konstruktion der Ortskurve zu $\underline{Y}$ aus der für $\underline{Z}$

Bemerkung:

Um die abschließende Spiegelung an der reellen Achse zu vermeiden, wird häufig die Ortskurve für $\underline{Y}^*$ gezeichnet.

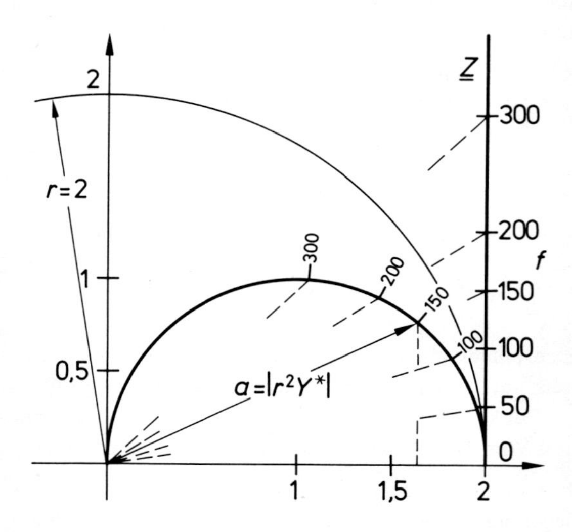

246.2 Inversion am Kreis vom Radius $r \neq 1$

Eine mittels Spiegelung konstruierte Ortskurve für $\underline{Y}$ oder $\underline{Z}$ ist – wie in Bild 246.1 – oft sehr klein, weshalb die Wahl von unterschiedlichen Maßstäben für $\underline{Z}$ und $\underline{Y}$ sinnvoll ist. Dies erreicht man durch Spiegelung der Ortskurve an einem Kreis um den Nullpunkt, der einen zweckmäßig gewählten Radius r besitzt. Wir veranschaulichen eine solche Spiegelung, indem wir die Ortskurve von $\underline{Z}$ aus Bild 245.2 nun am Kreis mit $r=2$ um $z=0$ spiegeln. Es gilt nach der Fußnote auf Seite 233 (vgl. Bild 234.1):

$$a=\left|\frac{r^2}{\underline{Z}}\right|=|r^2\cdot\underline{Y}|=4\,|\underline{Y}|.$$

In Bild 246.2 gilt z.B. für eine Frequenz von 150 Hz angenähert

$$|\underline{Y}^*|=\frac{1}{r^2}\,a=\tfrac{1}{4}\,|1{,}65+\mathrm{j}\,0{,}77|=|0{,}41+\mathrm{j}\,0{,}19|.$$

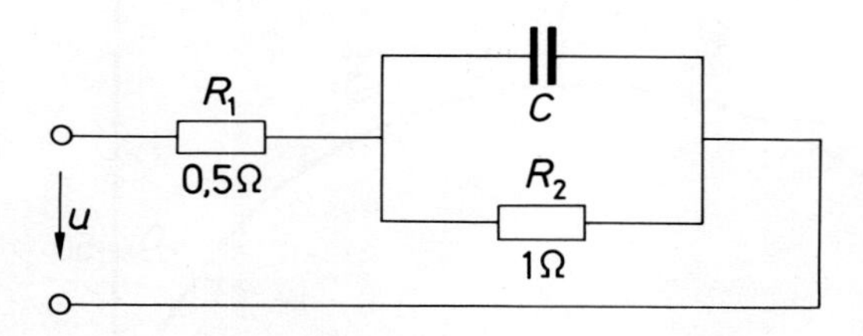

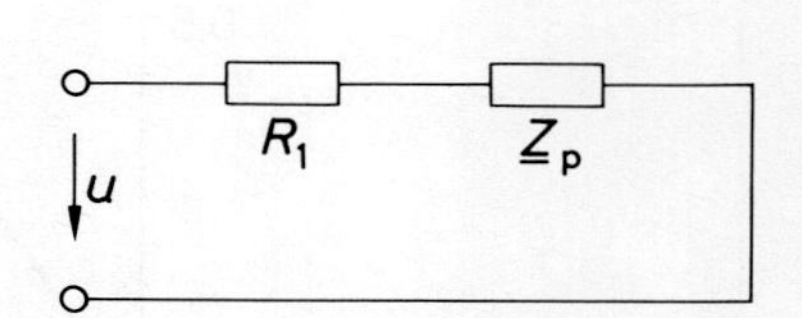

247.1 Zu Beispiel 247.1

Beispiel 247.1

Für die in Bild 247.1 skizzierte Schaltung ist $\underline{Z}$ in Abhängigkeit von der Frequenz $f=\dfrac{\omega}{2\pi}$ gesucht. Es gilt

$$\underline{Z}=R_1+\underline{Z}_\mathrm{p} \quad \text{mit} \quad \underline{Z}_\mathrm{p}=\frac{1}{\underline{Y}_\mathrm{p}} \quad \text{und} \quad \underline{Y}_\mathrm{p}=\mathrm{j}\omega C+\frac{1}{R_2}.$$

Man konstruiert zweckmäßig zunächst die Ortskurve von $\underline{Y}_\mathrm{p}$ und erhält durch Inversion am Einheitskreis die für $\underline{Z}_\mathrm{p}^*$. Die Addition von R_1 entspricht einer Parallelverschiebung des Koordinatensystems. Das Vorgehen ist in Bild 248.1 für Widerstände von 0,5 Ω und 1 Ω und einer Kapazität von 1 μ F demonstriert.

Zum Zeichen der Ortskurve für $\underline{Y}_\mathrm{p}$ wurde die folgende Tabelle verwendet:

f[kHz]	0	50	100	150	200
Re $\underline{Y}_\mathrm{p}$	1	1	1	1	1
Im $\underline{Y}_\mathrm{p}$	0	0,314	0,628	0,942	1,257

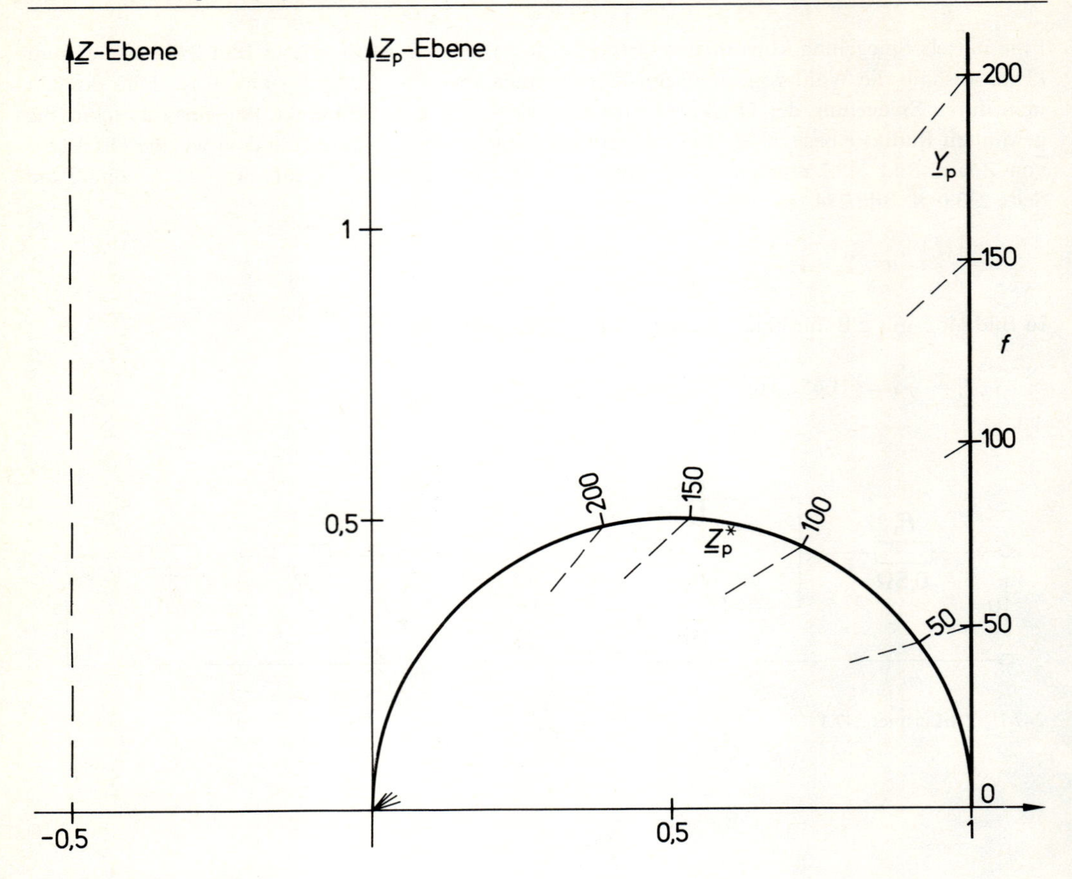

248.1 Zu Beispiel 247.1

Weil die Ortskurve für $\underline{Y}_p$ eine Parallele zur imaginären Achse im Abstand $\frac{1}{R_2}=1$ ist, ergibt die Inversion am Einheitskreis für $\underline{Z}_p^*$ als Ortskurve einen Kreis vom Durchmesser 1 um $z=\frac{1}{2}$. Für 200 kHz erhält man angenähert $\underline{Z}^*=0{,}9+\mathrm{j}\,0{,}5$. Der größte Blindanteil tritt zwischen den Frequenzen 150 kHz und 200 kHz auf.

Im vorausgehenden Beispiel wurde zum Abschluß eine Konstante addiert, was einer Parallelverschiebung des Koordinatensystems entsprach. Mitunter muß aber zum Abschluß eine von der Frequenz abhängige Größe addiert werden, wie das folgende Beispiel zeigt.

Beispiel 248.1

Für die in Bild 249.1 skizzierte Schaltung ist der komplexe Widerstand in Abhängigkeit von der Frequenz anzugeben.

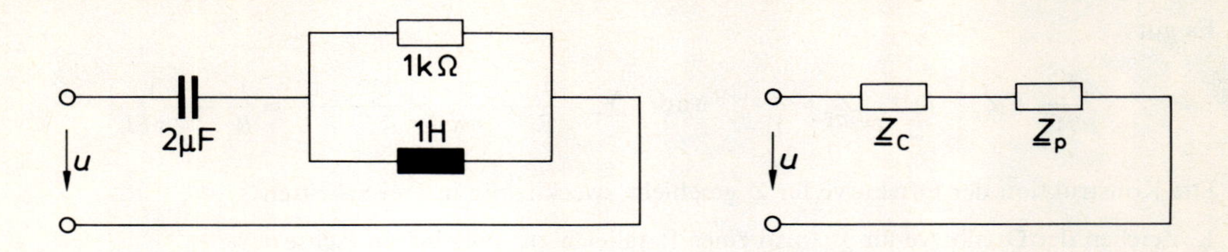

249.1 Zu Beispiel 248.1

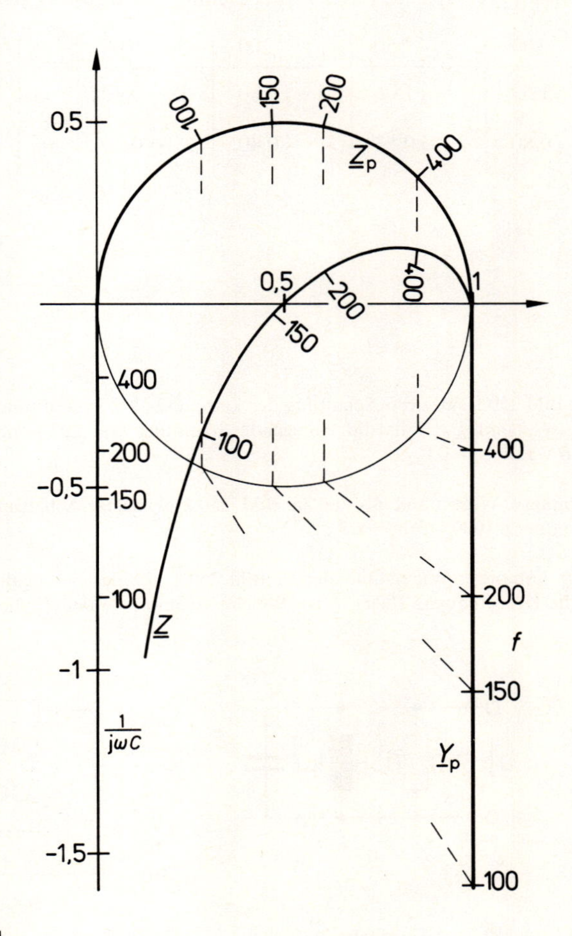

249.2 Zu Beispiel 248.1

Es gilt

$$\underline{Z}=\frac{1}{\mathrm{j}\omega C}+\underline{Z}_{\mathrm{p}} \quad \text{mit} \quad \underline{Z}_{\mathrm{p}}=\frac{1}{\underline{Y}_{\mathrm{p}}} \quad \text{und} \quad \underline{Y}_{\mathrm{p}}=\frac{1}{R}+\frac{1}{\mathrm{j}\omega L}=\frac{1}{R}-\frac{\mathrm{j}}{\omega L}=\frac{1}{R}-\frac{\mathrm{j}}{2\pi f L}.$$

Die Konstruktion der Ortskurve für $\underline{Z}$ geschieht zweckmäßig in drei Schritten:

1. Zeichen der Ortskurve für $\underline{Y}_{\mathrm{p}}$, also einer Parallelen zur imaginären Achse,
2. Inversion und Spiegelung am Kreis vom Radius $r=1$ um den Nullpunkt,
3. Addition der von der Frequenz abhängigen Werte $\frac{1}{\mathrm{j}\omega C}$, die in Bild 249.2 auf der imaginären Achse gekennzeichnet sind.

Das Bild zeigt, daß für eine Frequenz von etwa 160 Hz der Widerstand rein reell ist, also ein ohmscher ist (die Einheit für $\underline{Z}$ entspricht 1 kΩ). Zum Zeichnen wurde die folgende Tabelle verwendet:

f	100	150	200	400	∞
$1000\,\underline{Y}_{\mathrm{p}}$	$1-\mathrm{j}\,1{,}59$	$1-\mathrm{j}\,1{,}06$	$1-\mathrm{j}\,0{,}80$	$1-\mathrm{j}\,0{,}40$	1
$\frac{0{,}001}{\mathrm{j}\omega C}$	$-\mathrm{j}\,0{,}80$	$-\mathrm{j}\,0{,}53$	$-\mathrm{j}\,0{,}40$	$-\mathrm{j}\,0{,}20$	0

Aufgaben

1. Wie groß ist für die in Bild 250.1 skizzierte Schaltung der komplexe Widerstand und welche Werte haben die Einzelspannungen $\underline{U}_{\mathrm{R}}$, $\underline{U}_{\mathrm{L}}$ und $\underline{U}_{\mathrm{C}}$, falls die anliegende Spannung von 10 V mit der Kreisfrequenz von $1000\,\mathrm{s}^{-1}$ rotiert? (Man wähle $\varphi_{\mathrm{u}}=0$.)

2. Wie groß ist der komplexe Widerstand für die in Bild 250.2 skizzierte Schaltung, wenn die anliegende Spannung eine Kreisfrequenz $1000\,\mathrm{s}^{-1}$ besitzt?

3. Welchen Wert hat der komplexe Widerstand der in Bild 250.3 skizzierten Schaltung, wenn die Gesamtspannung 220 V und die Kreisfrequenz $1000\,\mathrm{s}^{-1}$ ist. Welche Ströme $\underline{I}$, $\underline{I}_1$ und $\underline{I}_2$ fließen?

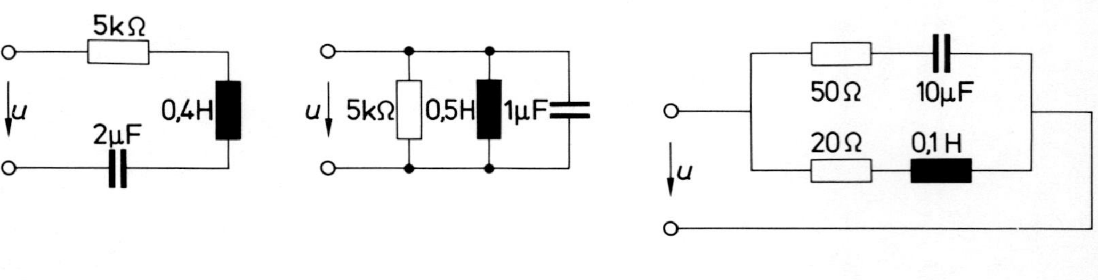

250.1 Zu Aufgabe 1 250.2 Zu Aufgabe 2 250.3 Zu Aufgabe 3

4. Skizzieren Sie die folgenden geradlinigen Ortskurven!
   a) Die Ortskurve für $\underline{U}$ in Abhängigkeit von ω für die in Bild 251.1 skizzierte Schaltung.
   b) Die Ortskurve für $\underline{Z}$ in Abhängigkeit von R für die in Bild 251.2 skizzierte Schaltung.
   c) Die Ortskurve für $\underline{U}$ in Abhängigkeit von C für die in Bild 251.3 skizzierte Schaltung.
   d) Die Ortskurve für $\underline{Z}$ in Abhängigkeit von ω für die in Bild 251.4 skizzierte Schaltung.

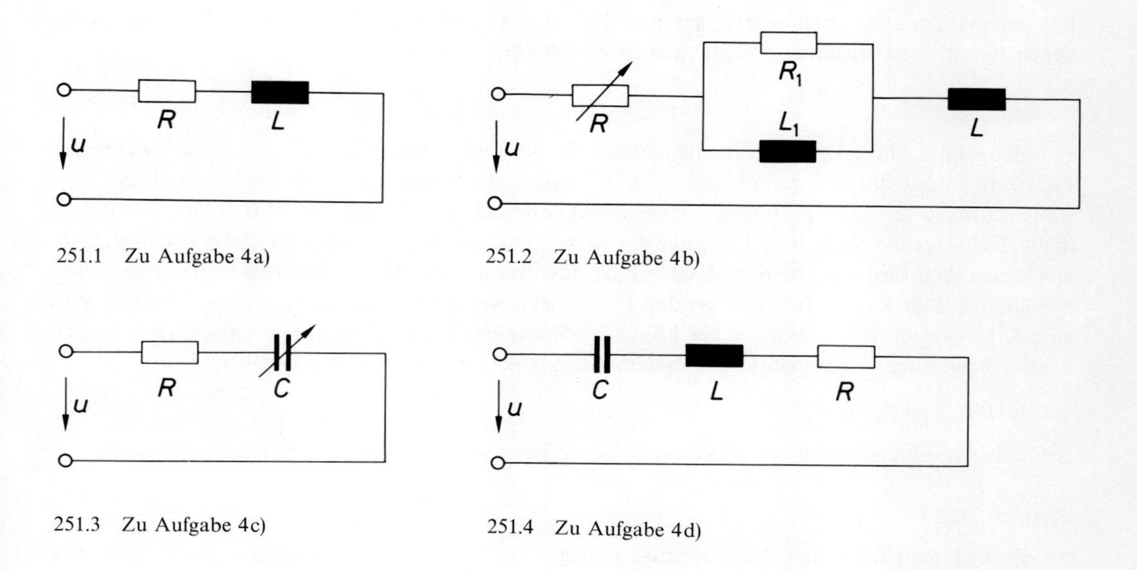

251.1 Zu Aufgabe 4a)

251.2 Zu Aufgabe 4b)

251.3 Zu Aufgabe 4c)

251.4 Zu Aufgabe 4d)

5. Für die in Bild 251.5 skizzierte Schaltung sind für 50 Hz die Ortskurven von $\underline{Z}$ und von $\underline{Y}$ in Abhängigkeit von R zu zeichnen.

6. Für die in Bild 251.6 dargestellte Schaltung sind für eine Kreisfrequenz von $1500\,\mathrm{s}^{-1}$ die Ortskurven für $\underline{Z}$ und $\underline{Y}$ in Abhängigkeit von L zu zeichnen.

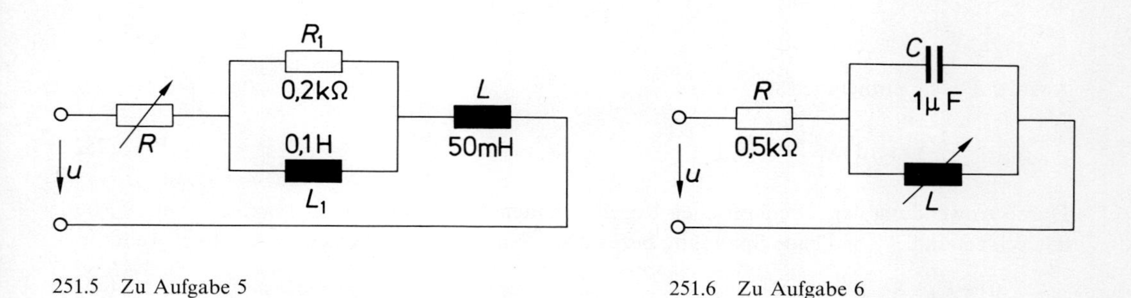

251.5 Zu Aufgabe 5

251.6 Zu Aufgabe 6

4 Gewöhnliche Differentialgleichungen

4.1 Grundlegende Begriffe

Bei der mathematischen Beschreibung physikalischer Probleme ergeben sich oft Gleichungen, in denen Funktionen mit ihren Ableitungen verknüpft sind. Wir betrachten

Beispiel 252.1

Eine Kugel der Masse m hänge an einer Feder mit der Federkonstanten k. Zur Zeit $t=0$ werde die Feder um x_0 gedehnt und dann losgelassen. Wir wollen die Bewegung der Kugel beschreiben. Dazu wählen wir die vertikale, nach unten zeigende Richtung als positiv und den Mittelpunkt der Kugel in der Ruhelage als Nullpunkt. Die Lage des Mittelpunktes der Kugel zur Zeit t bezeichnen wir mit $x(t)$. Nach dem Grundgesetz der Mechanik ist das Produkt aus Masse und Beschleunigung gleich der Summe aller Kräfte. Im vorliegenden Falle wirkt, wenn wir die Reibung vernachlässigen, nur eine Kraft auf die Kugel ein: die der Längenänderung der Feder proportionale Federkraft $k \cdot x(t)$, die der Bewegung entgegenwirkt. Nach dem Grundgesetz der Mechanik folgt also

$$m \cdot \ddot{x}(t) = -k \cdot x(t). \tag{252.1}$$

In dieser Gleichung sind die Funktion x und ihre zweite Ableitung $\ddot{x}$ miteinander verknüpft.

Beispiel 252.2

An einem Kondensator mit der Kapazität C liege zur Zeit $t=0$ die Spannung $u_c(0)=0$. Er werde für $t>0$ über dem Ohmschen Widerstand R mit der Gleichspannung U_0 aufgeladen (vgl. Bild 252.1). Wir bestimmen den zeitlichen Verlauf der am Kondensator anliegenden Spannung $u_c(t)$ und des in den Kondensator fließenden Stromes $i_c(t)$.

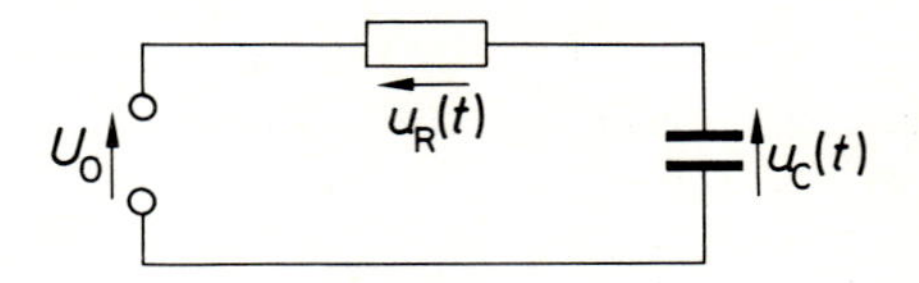

252.1 Aufladung eines Kondensators

Aus der Physik entnehmen wir

$$u_c(t) = \frac{1}{C} \int_0^t i_c(\tau)\, d\tau. \tag{252.2}$$

Durch Anwendung der Kirchhoffschen Regeln erhalten wir $U_0 = u_R(t) + u_c(t)$, wenn wir mit $u_R(t)$ die am Widerstand R abfallende Spannung bezeichnen. Nach dem Ohmschen Gesetz folgt weiter

$$u_c(t) = U_0 - R \cdot i_c(t). \tag{252.3}$$

Durch Einsetzen in Gleichung (252.2) ergibt sich

$$U_0 - R\,i_c(t) = \frac{1}{C}\int_0^t i_c(\tau)\,d\tau$$

und durch Differentiation nach t (vgl. Band 2 (141.1)):

$$-R\,\frac{di_c(t)}{dt} = \frac{1}{C}\,i_c(t). \tag{253.1}$$

In dieser Gleichung sind der Strom $i_c(t)$ und seine Ableitung miteinander verknüpft.

Eine Gleichung zur Bestimmung einer Funktion heißt **Differentialgleichung,** wenn sie mindestens eine Ableitung der gesuchten Funktion enthält.

Die Ordnung der in der Differentialgleichung vorkommenden höchsten Ableitung der gesuchten Funktion heißt **Ordnung der Differentialgleichung.**

Hängt die in der Differentialgleichung gesuchte Funktion nur von einer Veränderlichen ab, so nennt man die Differentialgleichung **gewöhnlich.** Enthält die Differentialgleichung partielle Ableitungen, so heißt sie **partiell.**

Beispiel 253.1

a) Gleichung (252.1) ist eine gewöhnliche Differentialgleichung der Ordnung 2 für die Funktion x.

b) Gleichung (253.1) ist eine gewöhnliche Differentialgleichung der Ordnung 1 für die Funktion i_c.

c) $y'''(x) + 2y'(x) + 3y(x) = \sin x$ ist eine gewöhnliche Differentialgleichung der Ordnung 3 für die Funktion y.

d) $\frac{\partial u(x, y)}{\partial x} = \frac{\partial u(x, y)}{\partial y}$ ist eine partielle Differentialgleichung der Ordnung 1 für die Funktion u.

Wir wollen in diesem Abschnitt nur gewöhnliche Differentialgleichungen behandeln. Aus den obigen Erklärungen ergibt sich:

Eine gewöhnliche Differentialgleichung der Ordnung n hat die **implizite Form**

$$F(x, y, y', \dots, y^{(n)}) = 0 \tag{253.2}$$

oder, falls die Auflösung nach der höchsten Ableitung möglich ist, die **explizite Form**

$$y^{(n)} = f(x, y, y', \dots, y^{(n-1)}). \tag{253.3}$$

Wir haben hier mit x die unabhängige Variable bezeichnet, mit y die gesuchte Funktion[1]), mit y', y'', ..., $y^{(n)}$ die zugehörigen Ableitungen.

---

[1]) Die Bezeichnungsweise einer Funktion unterscheidet sich in diesem Abschnitt von der in diesem Buche üblichen. Wir sprechen hier von der Funktion $y = f(x)$ oder $y(x)$ als Abkürzung für $f\colon x \mapsto f(x)$ oder $y\colon x \mapsto y(x)$. Diese etwas kürzere Sprechweise ist bei Differentialgleichungen üblich. Wir wollen ferner die Sprechweise »der zu f gehörige Graph« in einigen Fällen ersetzen durch »die Kurve $y = f(x)$«.

Definition 254.1

Eine Funktion $y=\varphi(x)$ heißt **Lösung** oder **Integral der Differentialgleichung**

$$F(x, y, y', \ldots, y^{(n)})=0 \quad \text{bzw.} \quad y^{(n)}=f(x, y, y', \ldots, y^{(n-1)})$$

auf dem Intervall I, wenn

a) φ auf dem Intervall I n-mal differenzierbar ist und

b) $F(x, \varphi(x), \varphi'(x), \ldots, \varphi^{(n)}(x))=0$ bzw. $\varphi^{(n)}(x)=f(x, \varphi(x), \varphi'(x), \ldots, \varphi^{(n-1)}(x))$ für alle $x \in I$ gilt.

Bemerkung:

Man sagt in diesem Falle, daß die Differentialgleichung von $y=\varphi(x)$ gelöst wird.

Beispiel 254.1

Die Differentialgleichung $y''+y=0$ hat auf $\mathbb{R}$ als Lösung $y=\sin x$. Die Sinusfunktion ist zweimal stetig differenzierbar. Es ist $y'=\cos x$, $y''=-\sin x$, also $y''+y=0$. Weitere Integrale der Differentialgleichung sind etwa $y=\cos x$ oder $y=2\cdot\sin x-3\cdot\cos x$.

Beispiel 254.2

Die für den Strom $i_c(t)$ geltende Differentialgleichung (253.1) wird auf $\mathbb{R}_0^+$ durch

$$i_c(t)=k\cdot e^{-\frac{1}{R\cdot C}t} \quad \text{für jedes } k\in\mathbb{R} \tag{254.1}$$

gelöst. Die Herleitung dieser Lösung erfolgt später. Es gibt also, bedingt durch die beliebige Konstante k unendlich viele Lösungen der Differentialgleichung (253.1). Man kann zeigen (vgl. Beispiel 257.2), daß man durch (254.1) sogar alle Lösungen der Differentialgleichung (253.1) erhält. Da das physikalische Problem genau eine Lösung hat, muß es möglich sein, k zu bestimmen.

Zur Zeit $t=0$ gilt nach (252.3) wegen $u_c(0)=0$

$$i_c(0)=\frac{U_0}{R}. \tag{254.2}$$

Wir erhalten durch Einsetzen von $t=0$ in (254.1) in Verbindung mit (254.2)

$$i_c(0)=k=\frac{U_0}{R}. \tag{254.3}$$

Als Lösung von (253.1) mit (254.3) ergibt sich

$$i_c(t)=\frac{U_0}{R}\,e^{-\frac{1}{R\cdot C}t} \quad \text{für } t\in\mathbb{R}_0^+.$$

Für die am Kondensator anliegende Spannung folgt dann aus

$$u_c(t)=U_0-R\,\frac{U_0}{R}\,e^{-\frac{1}{R\cdot C}t}=U_0\left(1-e^{-\frac{1}{R\cdot C}t}\right) \quad \text{für } t\in\mathbb{R}_0^+.$$

Wie wir an den Beispielen 254.1 und 254.2 gesehen haben, kann eine Differentialgleichung mehr als eine Lösung haben.

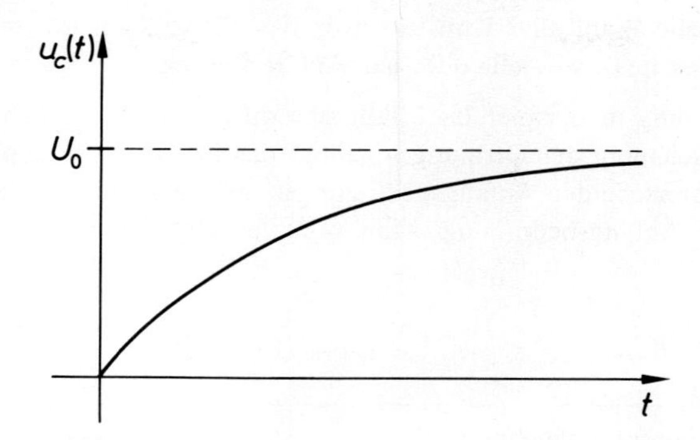

255.1 Spannungsverlauf beim Aufladen eines Kondensators

Wir vereinbaren

Die Menge aller Lösungen einer Differentialgleichung heißt deren **allgemeine Lösung** oder **allgemeines Integral.**

Beispiel 255.1

a) Die allgemeine Lösung von (253.1) ist

$$I_c = \{i_c | i_c(t) = k \cdot e^{-\frac{1}{R \cdot C} t} \text{ mit } k \in \mathbb{R}\}.$$

Der Beweis folgt später.

b) Gegeben sei die Differentialgleichung $y'' + y = 0$. Man kann zeigen, daß

$$Y = \{y | y(x) = c_1 \cos x + c_2 \sin x \text{ mit } c_1, c_2 \in \mathbb{R}\}$$

die allgemeine Lösung ist. Der Beweis folgt später. Es ist üblich, auch

$$y = c_1 \cos x + c_2 \sin x \quad \text{mit } c_1, c_2 \in \mathbb{R} \tag{255.1}$$

als allgemeine Lösung zu bezeichnen. Das hat den Vorteil, daß Formulierungen wie: »man differenziert die allgemeine Lösung« oder »man setzt die allgemeine Lösung in die Differentialgleichung ein« sinnvoll sind, weshalb wir im folgenden die allgemeine Lösung einer Differentialgleichung meist in der Form (255.1) angeben werden.

Beispiel 255.2

Die Differentialgleichung $y''' - y'' - y' + y = 0$ wird von $y = a \cdot e^x + b \cdot e^{-x} + c \cdot \sinh x$ mit $a, b, c \in \mathbb{R}$ gelöst. Das ist aber nicht die allgemeine Lösung, da die Differentialgleichung auch noch von $y = x \cdot e^x$ gelöst wird und man dieses Integral durch keine Wahl der Konstanten a, b, c aus der ersten Lösung gewinnen kann.

Die allgemeine Lösung einer Differentialgleichung enthält Konstanten, die wir als **Integrationskonstanten** bezeichnen.

Jedes durch eine spezielle Wahl aller Konstanten in der allgemeinen Lösung entstehende Integral der Differentialgleichung heißt **spezielle** oder **partikuläre Lösung.**

Die Konstante der Lösung in Beispiel 254.2 läßt sich durch eine zusätzliche Bedingung festlegen. Bei einer Differentialgleichung der Ordnung n gelingt das in einigen Fällen durch Vorgabe von n Bedingungen. Man unterscheidet Anfangsbedingungen und Randbedingungen. In Beispiel 254.2 ist (254.2) eine solche Anfangsbedingung. Man sagt deshalb auch, man habe ein Anfangswertproblem gelöst.

Allgemein vereinbart man

Gegeben sei die Differentialgleichung $y^{(n)}=f(x, y, y', \ldots, y^{(n-1)})$ sowie $x_0, y_0, y_1, \ldots, y_{n-1} \in \mathbb{R}$. Dann bezeichnet man als **Anfangswertproblem** die Aufgabe, eine Funktion zu finden, die

a) der Differentialgleichung auf dem Intervall I mit $x_0 \in I$ genügt und

b) die Bedingungen

$$y(x_0)=y_0,\ y'(x_0)=y_1,\ y''(x_0)=y_2, \ldots, y^{(n-1)}(x_0)=y_{n-1} \tag{256.1}$$

erfüllt.

Die Werte $y_0, y_1, \ldots, y_{n-1} \in \mathbb{R}$ heißen **Anfangswerte,** die Bedingungen (256.1) **Anfangsbedingungen,** x_0 heißt **Anfangspunkt.**

Unter gewissen Bedingungen hat das Anfangswertproblem genau eine Lösung. Es gilt

Satz 256.1 (Existenz- und Eindeutigkeitssatz)

Die Funktion $f(x, u, u_1, \ldots, u_{n-1})$ sei in einer Umgebung der Stelle $(x_0, y_0, y_1, \ldots, y_{n-1}) \in \mathbb{R}^{n+1}$ stetig und besitze dort stetige partielle Ableitungen nach $u, u_1, \ldots, u_{n-1}$. Dann existiert in einer geeigneten Umgebung des Anfangspunktes x_0 genau eine Lösung des Anfangswertproblems

$$y^{(n)}=f(x, y, y', \ldots, y^{(n-1)}) \quad \text{mit} \tag{256.2}$$

$$y(x_0)=y_0, y'(x_0)=y_1, \ldots, y^{(n-1)}(x_0)=y_{n-1}. \tag{256.3}$$

Auf den Beweis soll verzichtet werden.

Bemerkung:

Man kann diesen Satz verwenden, um nachzuprüfen, ob eine Menge M von Lösungen der Differentialgleichung (256.2) die allgemeine Lösung dieser Differentialgleichung ist: Die Funktion f erfülle auf ganz $\mathbb{R}^{n+1}$ die Voraussetzungen des Existenz- und Eindeutigkeitssatzes. Dann ist die Menge der Lösungen aller Anfangswertprobleme gleich der allgemeinen Lösung der Differentialgleichung (256.2). Um in diesem Falle zu beweisen, daß eine Menge M von Lösungen dieser Differentialgleichung die allgemeine Lösung ist, genügt es, zu zeigen, daß die Lösung jedes Anfangswertproblems (256.2) und (256.3) Element von M ist.

Beispiel 257.1

Die Funktion f mit $f(x,u,u_1) = -u$ erfüllt auf ganz $\mathbb{R}^3$ die Voraussetzungen des Existenz- und Eindeutigkeitssatzes. Es sind nämlich f, $\frac{\partial f}{\partial u}$, $\frac{\partial f}{\partial u_1}$ wegen $\frac{\partial f(x,u,u_1)}{\partial u} = -1$, $\frac{\partial f(x,u,u_1)}{\partial u_1} = 0$ auf $\mathbb{R}^3$ stetig.

Daher hat das Anfangswertproblem $y'' = f(x,y,y') = -y$ mit beliebigen Anfangsbedingungen $y(x_0) = y_0$, $y'(x_0) = y_1$ genau eine Lösung. Sind k_1, k_2 reelle Zahlen, so ist

$$y = k_1 \sin x + k_2 \cos x \tag{257.1}$$

Lösung obiger Differentialgleichung. Es ist sogar jede Lösung in dieser Form darstellbar. Setzt man nämlich die Anfangswerte ein, so folgt

$$k_1 \sin x_0 + k_2 \cos x_0 = y_0$$
$$k_1 \cos x_0 - k_2 \sin x_0 = y_1.$$

Wegen

$$D = \begin{vmatrix} \sin x_0 & \cos x_0 \\ \cos x_0 & -\sin x_0 \end{vmatrix} = -(\sin^2 x_0 + \cos^2 x_0) = -1 \neq 0$$

hat dieses Gleichungssystem für k_1, k_2 die eindeutige Lösung (vgl. Band 1, Satz 150.2)

$$k_1 = y_0 \sin x_0 + y_1 \cos x_0$$
$$k_2 = -y_1 \sin x_0 + y_0 \cos x_0.$$

Die Lösung des Anfangswertproblems ist also

$$y = (y_0 \sin x_0 + y_1 \cos x_0) \sin x + (y_0 \cos x_0 - y_1 \sin x_0) \cos x.$$

Da die Lösung eindeutig bestimmt ist, ist jedes Integral dieser Differentialgleichung in der Form (257.1) darstellbar.

Beispiel 257.2

Die Differentialgleichung (253.1) erfüllt ebenfalls die Voraussetzungen des Existenz- und Eindeutigkeitssatzes (Satz 256.1). Es ist nämlich

$$\frac{\mathrm{d}i_c}{\mathrm{d}t} = -\frac{1}{R \cdot C} i_c = f(t, i_c).$$

f und die partielle Ableitung $\frac{\partial f}{\partial i_c}$ sind stetig auf $\mathbb{R}_0^+$. Die Lösung (254.1) ist die allgemeine Lösung, da man wegen $e^{-\frac{1}{R \cdot C} t_0} \neq 0$ für alle t_0, i_0 jede Anfangsbedingung erfüllen kann.

Beispiel 258.1

Die Differentialgleichung $y'=f(x, y)=-\frac{x}{2}+\sqrt{\frac{x^2}{4}+y}$ mit der Anfangsbedingung $y(2)=-1$ erfüllt die Voraussetzungen des Existenz- und Eindeutigkeitssatzes (Satz 256.1) nicht. An der Stelle $x_0=2$, $y_0=-1$ existiert die partielle Ableitung von f nach y nicht. Es ist $f_y(x, y)=\frac{1}{2\sqrt{\frac{1}{4}x^2+y}}$ für $y \neq -\frac{1}{4}x^2$. Das obige Anfangswertproblem hat für $x \geqq 2$ die beiden Lösungen $y=-\frac{1}{4}x^2$ und $y=-x+1$, wie man durch Einsetzen bestätigt. In Bild 258.1 sind die beiden Lösungen skizziert.

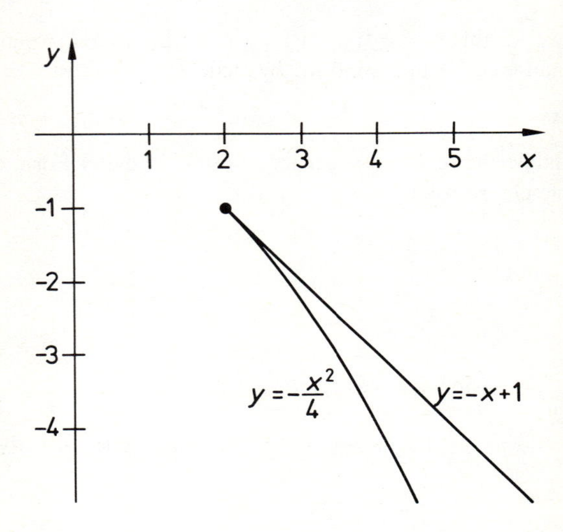

258.1 Zu Beispiel 258.1

Beispiel 258.2

Die Funktion g sei auf dem Intervall (a, b) stetig. Ist y Lösung der Differentialgleichung $y'+g(x)\,y=0$ und $\xi \in (a, b)$ Nullstelle von y, so ist y die Nullfunktion auf (a, b).

Dazu betrachten wir das Anfangswertproblem

$$y'+g(x)\,y=0 \quad \text{mit} \quad y(\xi)=0.$$

Es hat nach dem Existenz- und Eindeutigkeitssatz (256.1) in (a, b) genau eine Lösung. $y=0$ ist Lösung des Problems und damit auch einzige Lösung.

Wir betrachten Randwertprobleme. Hierbei werden Funktionswerte an verschiedenen Stellen vorgeschrieben. Wir wollen Randwertprobleme nur an Beispielen behandeln. Eine allgemeine Aussage übersteigt den Rahmen dieses Buches.

Beispiel 259.1

Gesucht sind Lösungen der Differentialgleichung $y''+y=0$ mit den folgenden Randbedingungen:

a) $y(0)=1,\ y(\frac{1}{2}\pi)=0.$

Nach Beispiel 257.1 ist die allgemeine Lösung dieser Differentialgleichung $y=k_1 \sin x+k_2 \cos x$. Die Randwerte fordern $y(0)=k_2=1,\ y(\frac{1}{2}\pi)=k_1=0$. Wir erhalten als Lösung $y=\cos x$.

b) $y(0)=1,\ y(\pi)=0.$

Es folgt $y(0)=k_2=1,\ y(\pi)=-k_2=0$. Diese beiden Gleichungen enthalten einen Widerspruch. Es existiert keine Lösung des Randwertproblems.

c) $y(0)=1,\ y(\pi)=-1.$

Wegen $y(0)=k_2=1,\ y(\pi)=-k_2=-1$ ist $k_2=1$ eindeutig bestimmt, k_1 ist beliebig. Es gibt unendlich viele Lösungen, nämlich $y=k_1 \sin x+\cos x$ mit $k_1 \in \mathbb{R}$.

Aufgaben

1. Man zeige, daß $y=c\mathrm{e}^{-4x}$ die allgemeine Lösung der Differentialgleichung $y'+4y=0$ ist.

2. Hat das Anfangswertproblem $y'=-\frac{x}{2}-\sqrt{y+\frac{x^2}{4}}$ mit $y(0)=1$ genau eine Lösung?

3. Man zeige, daß das allgemeine Integral der Differentialgleichung $y''-y=0$ in der Form
   a) $y=a\cdot \mathrm{e}^x+b\cdot \mathrm{e}^{-x}$; b) $y=a\cdot \mathrm{e}^x+b\cdot \sinh x$; c) $y=a\cdot \sinh x+b\cdot \cosh x$
   darstellbar ist.

4. Man löse unter Zuhilfenahme von Aufgabe 3 das Anfangswertproblem $y''-y=0$ mit $y(0)=0,\ y'(0)=1$.

5. Man löse unter Zuhilfenahme von Aufgabe 3 das Randwertproblem $y''-y=0$ mit $y(0)=0,\ y(1)=1$.

6. Man zeige, daß $y=a\cdot \mathrm{e}^x+b\cdot \mathrm{e}^{-x}+c\cdot \sinh x+d\cdot \cosh x$ Lösung, aber nicht allgemeine Lösung von $y^{(4)}-y=0$ ist.

7. Welche der folgenden Funktionen sind Lösung bzw. allgemeine Lösung der Differentialgleichung $y''+2y'+y=0$? Welche Funktion erfüllt zusätzlich die Anfangsbedingungen $y(0)=0,\ y'(0)=1$?
   a) $y=a\cdot \mathrm{e}^x+b\cdot \mathrm{e}^{-2x}$; b) $y=a\cdot \mathrm{e}^{-x}+b\cdot x\cdot \mathrm{e}^{-x}$;
   c) $y=a\cdot (\sinh x-\cosh x)+b\cdot \mathrm{e}^{-x}$; d) $y=x\cdot \mathrm{e}^{-x}$?

8. Für die Geschwindigkeit eines Teilchens in einer Flüssigkeit gelte die Differentialgleichung $v'(t)+\frac{1}{2}v(t)-g=0$ mit $v(0)=0$. Man zeige, daß $v(t)=2\,g\,(1-\mathrm{e}^{-0,5t})$ Lösung dieses Anfangswertproblems ist. Man bestimme $v(1)$ und $\lim\limits_{t\to\infty} v(t)$.

4.2 Differentialgleichungen erster Ordnung

Wir betrachten die Differentialgleichung

$$y' = f(x, y).$$

Es sei vorausgesetzt, daß die Funktion f in dem Rechteck $G \subset \mathbb{R}^2$ stetig ist.

4.2.1 Geometrische Deutung

Wir setzen voraus, daß das zu $y(x_0) = y_0$ gehörige Anfangswertproblem eine eindeutige Lösung besitzt.

In jedem Punkte $P = (x_0, y_0) \in G$ ist ein Funktionswert $f(x_0, y_0)$ gegeben. Dieser Funktionswert ist wegen $y' = f(x_0, y_0)$ gleich dem Anstieg der durch (x_0, y_0) gehenden Lösungskurve an dieser Stelle. In P können wir also die Tangente konstruieren. Der zu der Lösung gehörende Graph läßt sich in der Umgebung von P durch ein kleines Tangentenstück, das wir **Richtungselement** nennen, annähern. Wir wollen uns mit Hilfe der Richtungselemente einen Überblick über die durch den vorgegebenen Punkt $P = (x_0, y_0)$ gehende Lösungskurve verschaffen. Dabei beschränken wir uns auf den Bereich $x > x_0$ und wählen eine Länge des Richtungselementes mit dem Mittelpunkt (x_0, y_0). Dadurch können wir die Koordinaten der beiden Endpunkte bestimmen. Sind etwa x_1, y_1 die Koordinaten des rechten Endpunktes, so ist y_1 eine Näherung für die gesuchte Lösung an der Stelle x_1. Wir setzen x_1 und y_1 in $f(x, y)$ ein und erhalten dadurch einen Näherungswert für den Anstieg der gesuchten Kurve an der Stelle x_1 (vgl. Bild 260.1). Mit diesem Näherungswert konstruieren wir ein weiteres Richtungselement. In gleicher Weise verfahren wir mit dem rechten Endpunkt dieses zweiten Richtungselementes. Die Methode läßt sich im allgemeinen fortsetzen. In analoger Weise können wir uns einen Überblick über den Bereich $x < x_0$ verschaffen, wenn wir vom linken Endpunkt des ersten Richtungselementes ausgehen und das Verfahren nach links fortsetzen.

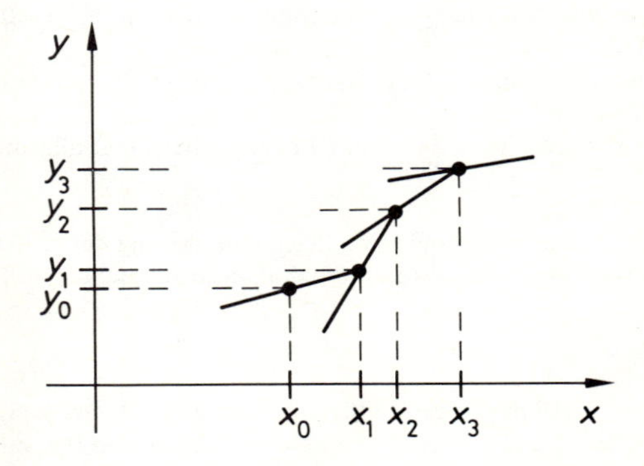

260.1. Geometrische Deutung des Näherungsverfahrens für die Differentialgleichung $y' = f(x, y)$

Beispiel 261.1

Wir betrachten das Anfangswertproblem $y'=f(x,y)=x+y$ mit $y(0)=0$. Durch Einsetzen erkennt man, daß $y=c\cdot e^x-x-1$ Lösung der Differentialgleichung ist, nach dem Existenz- und Eindeutigkeitssatz (Satz 256.1) ist diese Funktionenschar sogar allgemeine Lösung, da jede Anfangsbedingung mit dieser Lösung erfüllbar ist. Die gegebene Anfangsbedingung $y(0)=0$ fordert $c=1$, so daß $y=g(x)=e^x-x-1$ Lösung des gegebenen Anfangswertproblems ist. Wir wollen jetzt das oben beschriebene Verfahren anwenden, um Näherungen für die Lösung zu berechnen. Da die exakte Lösung bekannt ist, ist auch ein Vergleich möglich. Wegen $x_0=y_0=0$ ist $f(x_0,y_0)=0$. Das erste Richtungselement hat den Anstieg 0. Wir wählen $x_1=\frac{1}{3}$ für den rechten Endpunkt. Dann ist $y_1=0$. Wegen $f(\frac{1}{3},0)=\frac{1}{3}$ hat das zweite Richtungselement den Anstieg $\frac{1}{3}$ und, da der Mittelpunkt $(\frac{1}{3},0)$ ist, liegt es auf der Geraden $y=\frac{1}{3}x-\frac{1}{9}$. Wir wählen $x_2=\frac{2}{3}$. Dann ist $y_2=\frac{1}{9}$ und $f(x_2,y_2)=\frac{7}{9}$. Das dritte Richtungselement liegt auf der Geraden $y=\frac{7}{9}x-\frac{11}{27}$. Wir setzen das Verfahren fort und fassen die Ergebnisse in Form einer Tabelle zusammen.

i	x_i	Näherung y_i	$f(x_i, y_i)$	Gerade, auf der das Richtungselement liegt	Exakter Wert $g(x_i)$
0	0	0	0	$y=0$	0
1	$\frac{1}{3}$	0	$\frac{1}{3}$	$y=\frac{1}{3}x-\frac{1}{9}$	0,06 ...
2	$\frac{2}{3}$	$\frac{1}{9}\approx 0{,}11$	$\frac{7}{9}$	$y=\frac{7}{9}x-\frac{11}{27}$	0,28 ...
3	1	$\frac{10}{27}\approx 0{,}37$	$\frac{37}{27}$	$y=\frac{37}{27}x-1$	0,718 ...
4	$\frac{4}{3}$	$\frac{67}{81}\approx 0{,}83$	$\frac{175}{81}$	$y=\frac{175}{81}x-\frac{499}{243}$	1,46 ...

Man erkennt an Hand der Tabelle und am Bild 261.1, daß das Verfahren ungenau ist. Eine Verkleinerung der Schrittweite könnte unter Umständen eine Verbesserung bringen.

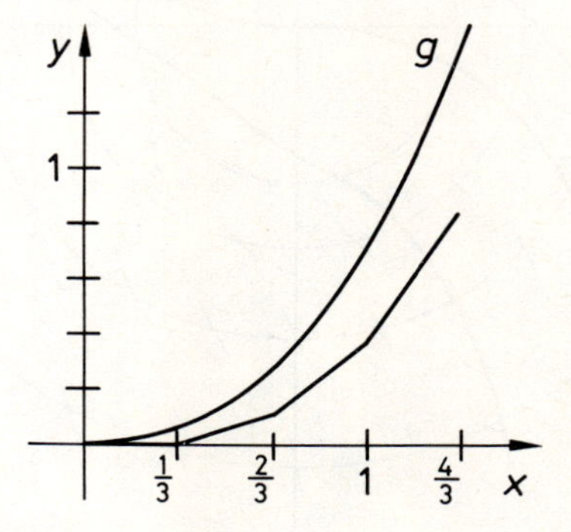

261.1 Näherung und exakte Lösung von $y'=x+y$ mit $y(0)=0$

Mit dem oben beschriebenen Verfahren konnten wir eine Näherung für eine Lösung gewinnen. Ist ein Überblick über alle Lösungskurven gewünscht, wenden wir das **Isoklinenverfahren** an.

Definition 262.1

Gegeben sei die Differentialgleichung $y' = f(x, y)$. Jede durch die Gleichung $f(x, y) = c$ bestimmte Kurve heißt **Isokline** der Differentialgleichung zum Wert c.

Mit Hilfe der Isoklinen wollen wir Näherungslösungen der Differentialgleichung skizzieren. Wir zeichnen dazu die Isoklinen der Differentialgleichung und tragen auf ihnen die Richtungselemente ein. Dazu brauchen wir auf jeder Isoklinen nur ein Richtungselement zu konstruieren, die anderen erhalten wir durch Parallelverschiebung. Die Näherungen für die Lösungskurven sind dann so zu zeichnen, daß sie in den Schnittpunkten mit den Isoklinen parallel zu den zugehörigen Richtungselementen verlaufen.

Beispiel 262.1

Wir wenden das Isoklinenverfahren auf die Differentialgleichung $y' = x^2 + y^2$ an. Die Isoklinen (vgl. Bild 262.1) sind konzentrische Kreise um den Nullpunkt mit dem Radius $r = \sqrt{c}$ $(c > 0)$. Für $c < 0$ gibt es keine Isoklinen.

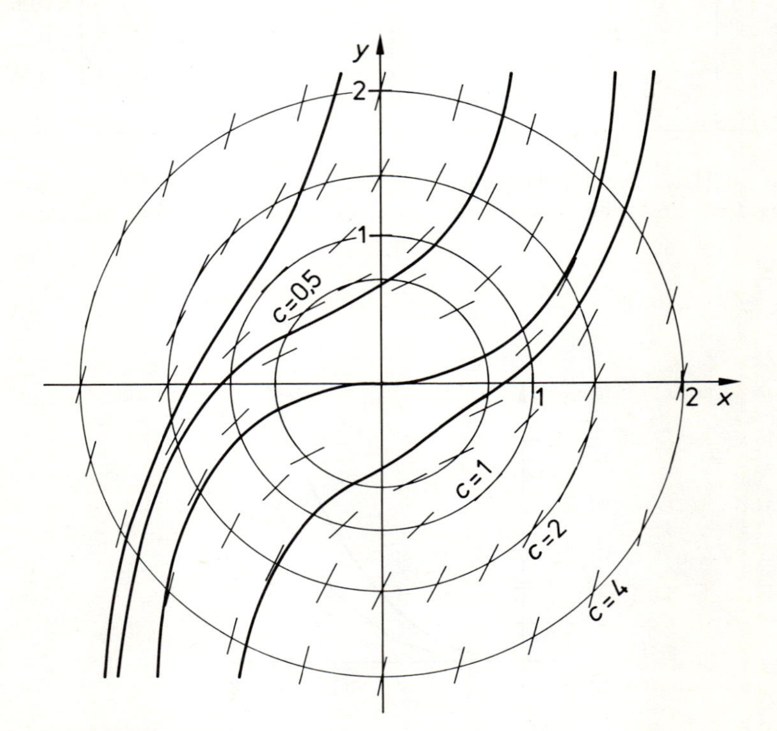

262.1 Isoklinen der Differentialgleichung $y' = x^2 + y^2$

Beispiel 263.1

Wir betrachten $y' = y$. Die Isoklinen $y = c$ sind die Parallelen zur x-Achse (vgl. Bild 263.1).

Beispiel 263.2

Wir betrachten die Differentialgleichung $y' = \frac{y}{x}$ $(x \neq 0)$. Die Isoklinen sind $\frac{y}{x} = c$ für $x \neq 0$, d.h. $y = c \cdot x$ für $x \neq 0$. Die Richtungselemente sind parallel zu den Isoklinen. Die Isoklinen sind in diesem Falle gleichzeitig die Lösungskurven (vgl. Bild 263.2).

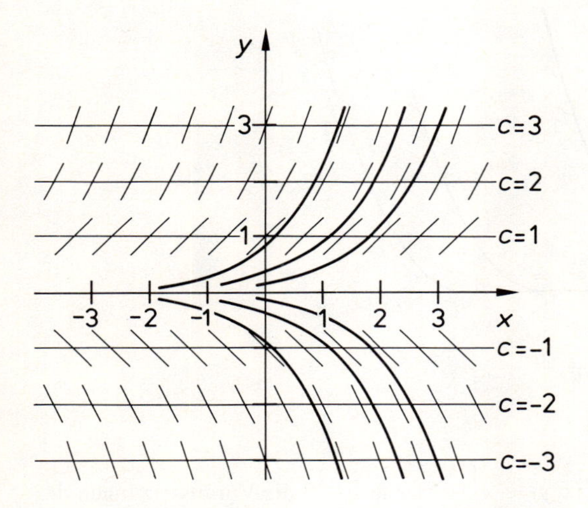

263.1 Isoklinenverfahren für die Differentialgleichung $y' = y$

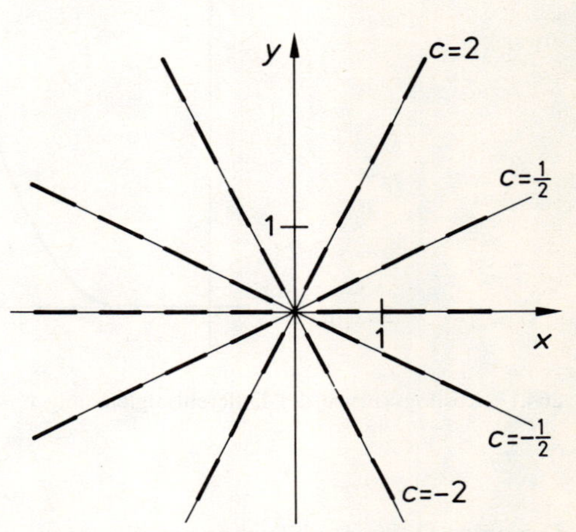

263.2. Isoklinenverfahren für die Differentialgleichung $y' = \frac{y}{x}$, $x \neq 0$

4.2.2 Spezielle Lösungsmethoden

In diesem Abschnitt betrachten wir einige Typen von Differentialgleichungen erster Ordnung, die man mit Hilfe von speziellen Methoden lösen kann. Nicht jede dieser Differentialgleichungen erfüllt die Voraussetzungen des Existenz- und Eindeutigkeitssatzes (Satz 256.1), so daß durch einen Punkt auch mehrere Lösungskurven gehen können. Das Anfangswertproblem braucht nicht genau eine Lösung zu haben. Wir erläutern den Sachverhalt an den folgenden Beispielen.

Beispiel 263.3

Die Differentialgleichung $y' = \sqrt{y} = f(x, y)$ wird durch $y = f_1(x) = 0$ und durch $y = f_2(x) = \frac{1}{4}(x+c)^2$ für

$x \geqq -c$ gelöst. Der Zusatz $x \geqq -c$ ist notwendig, da $y' = \frac{1}{2}(x+c) = \sqrt{y} > 0$ ist. Aus f_1 und f_2 lassen sich durch Zusammensetzung unendlich viele neue Lösungen aufbauen:

$$y = f_3(x) = \begin{cases} 0 & \text{für } x < -c \\ \frac{1}{4}(x+c)^2 & \text{für } x \geqq -c. \end{cases}$$

Diese neuen Lösungen konnten gebildet werden, da der zu f_1 gehörende Graph bei $x_1 = -c$ die zu f_2 gehörende Kurve schneidet. Die beiden Steigungen stimmen dort überein, da die Differentialgleichung die Steigung in jedem Punkte eindeutig festlegt (vgl. Bild 264.1).

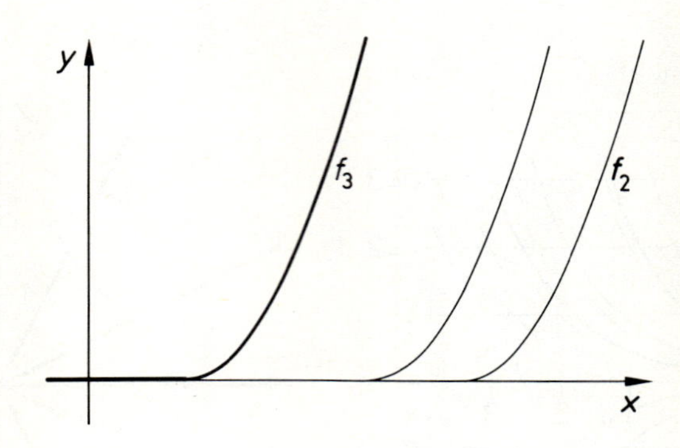

264.1 Lösungskurven der Differentialgleichung $y' = \sqrt{y}$

Die obige Differentialgleichung erfüllt wegen $f_y(x, y) = \dfrac{1}{2 \cdot \sqrt{y}}$ nur für $y > 0$ die Voraussetzungen des Existenz- und Eindeutigkeitssatzes (Satz 256.1). Das Anfangswertproblem $y' = \sqrt{y}$ mit $y(x_0) = y_0 > 0$ hat also in einer Umgebung der Stelle x_0 eine eindeutige Lösung. Diese wird durch f_2 geliefert: $y = \frac{1}{4}(x - x_0 + 2 \cdot \sqrt{y_0})^2$ für $x \geqq x_0 - 2\sqrt{y_0}$. Die Lösung läßt sich auf ganz $\mathbb{R}$ fortsetzen:

Das Anfangswertproblem wird auch durch

$$y = \begin{cases} 0 & \text{für } x < x_0 - 2\sqrt{y_0} \\ \frac{1}{4}(x - x_0 + 2\sqrt{y_0})^2 & \text{für } x \geqq x_0 - 2\sqrt{y_0} \end{cases}$$

gelöst. Es existiert für alle x genau eine Lösung, obwohl die Differentialgleichung die Voraussetzungen des Existenz- und Eindeutigkeitssatzes (Satz 256.1) nicht für alle x erfüllt.

Unendlich viele Lösungen hat das Anfangswertproblem $y' = \sqrt{y}$ mit $y(x_0) = y_0 = 0$. Lösung ist $y = f_3(x)$ für jedes $c \in \mathbb{R}$ mit $c \geqq x_0$.

Beispiel 264.1

Die Differentialgleichung $y' = \sqrt{|y|}$ hat die Lösungen $y = f_1(x) = 0$, $y = f_2(x) = \frac{1}{4}(x + c_1)^2$ für $x \geqq -c_1$ und $y = f_3(x) = -\frac{1}{4}(x + c_2)^2$ für $x \leqq -c_2$. Die Bedingungen $x \geqq -c_1$ bzw. $x \leqq -c_2$ sind notwendig, da wegen der Differentialgleichung die erste Ableitung y' keine negativen Werte annehmen kann. Die zugehörigen Lösungskurven haben Schnittpunkte und es lassen sich durch Übergang von einer Lösungskurve auf eine andere neue Lösungskurven gewinnen: Für $-c_2 < -c_1$ ist

$$y = f_4(x) = \begin{cases} f_3(x) = -\frac{1}{4}(x+c_2)^2 & \text{für } x \leqq -c_2 \\ f_1(x) = 0 & \text{für } -c_2 < x < -c_1 \\ f_2(x) = \frac{1}{4}(x+c_1)^2 & \text{für } x \geqq -c_1 \end{cases}$$

ebenfalls Lösung des Anfangswertproblems. Hinsichtlich der Eindeutigkeit gelten hier ähnliche Überlegungen wie im Beispiel 263.1. Die Voraussetzungen des Existenz- und Eindeutigkeitssatzes (Satz 256.1) sind nur für $y \neq 0$ erfüllt. Das Anfangswertproblem $y' = \sqrt{|y|}$ mit $y(x_0) = y_0 \neq 0$ hat nur in einer gewissen Umgebung der Stelle x_0 eine eindeutig bestimmte Lösung. Die Eindeutigkeit gilt in jedem Intervall, in dem $y \neq 0$ ist. Ist etwa $y_0 > 0$, so ist $y = \frac{1}{4}(x - x_0 + 2\sqrt{y_0})^2$ für $x \geqq x_0 - 2\sqrt{y_0}$ Lösung des Anfangswertproblems. Die Lösung ist aber nur in dem angegebenen Bereich eindeutig bestimmt, auf ganz $\mathbb{R}$ gibt es unendlich viele Lösungen, für alle $c_2 > 2\sqrt{y_0} - x_0$ sind nämlich

$$y = \begin{cases} -\frac{1}{4}(x+c_2)^2 & \text{für } x \leqq -c_2 \in \mathbb{R} \\ 0 & \text{für } -c_2 < x < x_0 - 2\sqrt{y_0} \\ \frac{1}{4}(x - x_0 + 2\sqrt{y_0})^2 & \text{für } x \geqq x_0 - 2\sqrt{y_0} \end{cases}$$

Lösungen des Anfangswertproblems (vgl. Bild 265.1).

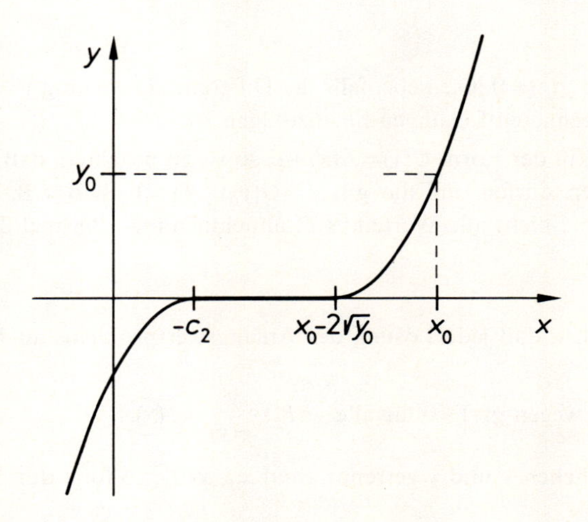

265.1 Lösungen des Anfangswertproblems $y = \sqrt{|y|}$ mit $y(x_0) = y_0 > 0$

Das Anfangswertproblem $y' = \sqrt{|y|}$ mit $y(x_0) = y_0 = 0$ hat unendlich viele Lösungen: $y = f_4(x)$ mit beliebigen c_1, c_2 und $c_2 > c_1$.

Bei den folgenden Betrachtungen können ähnliche Fälle auftreten, wenn die Voraussetzungen des Existenz- und Eindeutigkeitssatzes nicht erfüllt sind. Wir werden im einzelnen nicht mehr darauf eingehen.

Trennung der Veränderlichen

Die Funktionen f bzw. g seien auf den Intervallen I_1 bzw. I_2 definiert. Dann heißt $y' = f(x) \cdot g(y)$ eine **separable Differentialgleichung.**

Lösungen einer separablen Differentialgleichung lassen sich gegebenenfalls mit Hilfe des folgenden Satzes ermitteln.

Satz 266.1

Die Funktion f sei auf dem Intervall I_1 stetig und besitze dort nur endlich viele Nullstellen. Die Funktion g habe auf dem Intervall I_2 keine Nullstellen und sei dort stetig. F sei eine Stammfunktion von f auf I_1, G eine Stammfunktion von $\frac{1}{g}$ auf I_2. Ist $x_0 \in I_1$ und $y_0 \in I_2$, so ist jede Funktion $y = y(x)$, die die Gleichung

$$F(x) - F(x_0) = G(y) - G(x_0) \tag{266.1}$$

erfüllt, auch eine Lösung des Anfangswertproblems $y' = f(x) \cdot g(y)$ mit $y(x_0) = y_0$ und umgekehrt.

Bemerkungen:

1. Alle Lösungen y von $g(y) = 0$ lösen ebenfalls die Differentialgleichung $y' = f(x) \cdot g(y)$. Sie sind den nach Satz 266.1 berechneten Lösungen hinzuzufügen.
2. Schreibt man (266.1) in der Form $G(y) = F(x) + c$, so ist zu beachten, daß nur solche Konstanten $c \in \mathbb{R}$ gewählt werden dürfen, für die gilt $c = G(y_0) - F(x_0)$. Sind z.B. F und G beschränkte Funktionen, so kann c nicht alle Werte aus $\mathbb{R}$ annehmen (vgl. Beispiel 270.2).

Beweis:

a) Wir beweisen zunächst, daß jede Lösung des Anfangswertproblems auch die Gleichung (266.1) erfüllt.

Aus $y' = f(x) \cdot g(y)$ folgt wegen $g(y) \neq 0$ für alle $y \in I_2$: $\frac{y'}{g(y)} = f(x)$.

Hier sind die Veränderlichen x und y getrennt. Sind x_0, $x \in I_1$, so folgt durch Integration bez. x

$$\int_{x_0}^{x} \frac{y'(t)}{g(y(t))} \,\mathrm{d}t = \int_{x_0}^{x} f(t) \,\mathrm{d}t.$$

Für $y'(t) \neq 0$ erhalten wir mit der Substitution $y = y(t)$ das Differential $y'(t)\,\mathrm{d}t = \mathrm{d}y$. Es ergibt sich mit $y(x_0) = y_0$, $y(x) = y$

$$\int_{y_0}^{y} \frac{1}{g(y)} \,\mathrm{d}y = \int_{x_0}^{x} f(t) \,\mathrm{d}t.$$

Wegen $G' = \frac{1}{g}$ und $F' = f$ folgt weiter

$$G(y) = F(x) + G(y_0) - F(x_0). \tag{267.1}$$

b) Wir beweisen, daß jede Lösung $y = y(x)$ der Gleichung (266.1) auch Lösung des Anfangswertproblems ist.

Wir differenzieren Gleichung (266.1) und erhalten die Differentialgleichung. Man erkennt durch Einsetzen, daß Gleichung (266.1) für $x = x_0$, $y = y_0$ erfüllt ist.

Ist $y'(x_1) = 0$ für $x_1 \in I_1$, so ist I_1 so aufzuteilen, daß $y(x)$ in den Teilintervallen monoton ist. Das ist möglich, da f in I_1 nur endlich viele Nullstellen besitzt. ●

Beispiel 267.1

Man löse die Differentialgleichung $y' = x^2\,(y^2 - 1)$.

Die Differentialgleichung hat die gewünschte Form mit $f(x) = x^2$, $g(y) = y^2 - 1$. f ist für alle $x \in \mathbb{R}$ stetig, g für alle $y \in \mathbb{R}$ und es ist $g(y) \neq 0$ für $y \neq \pm 1$. Wir betrachten daher die Intervalle $y < -1$, $-1 < y < 1$, $y > 1$. Für diese Intervalle gilt $\frac{y'}{y^2 - 1} = x^2$, also $\int \frac{\mathrm{d}y}{y^2 - 1} = \int x^2\,\mathrm{d}x + c$ mit $c \in \mathbb{R}$.

Wir erhalten

$$G(y) = \begin{cases} -\operatorname{artanh} y & \text{für } |y| < 1 \\ -\operatorname{arcoth} y & \text{für } |y| > 1 \end{cases} \quad \text{und} \quad F(x) = \tfrac{1}{3}x^3.$$

Daraus folgt mit $c \in \mathbb{R}$

$$y = \begin{cases} -\tanh(\frac{1}{3}x^3 + c) & \text{für } |y(x_0)| = |y_0| < 1 \\ -\coth(\frac{1}{3}x^3 + c) & \text{für } |y(x_0)| = |y_0| > 1. \end{cases} \tag{267.2}$$

Die Auswahl der Lösung in (267.2) hängt von einer vorgeschriebenen Anfangsbedingung $y(x_0) = y_0$ ab. Die Konstante c kann hier alle Werte aus $\mathbb{R}$ annehmen.

$y = 1$ bzw. $y = -1$ sind auch Lösungen der Differentialgleichung. Sie sind zu nehmen, wenn $y_0 = 1$ bzw. $y_0 = -1$ ist.

Beispiel 267.2

Man löse die Differentialgleichung $y' = x^2\,(y^2 + 1)$.

Die Differentialgleichung hat die gewünschte Form mit $f(x) = x^2$ und $g(y) = y^2 + 1$. Dividieren wir durch $y^2 + 1$, so ergibt sich aus $\frac{y'}{y^2 + 1} = x^2$ durch Integration $\int \frac{\mathrm{d}y}{y^2 + 1} = \frac{1}{3}x^3 + c$ mit $c \in \mathbb{R}$ und damit $\arctan y = \frac{1}{3}x^3 + c$.

Folglich erhält man als Lösung

$$y = \tan(\tfrac{1}{3}x^3 + c) \quad \text{mit } c \in \mathbb{R}.$$

Beispiel 268.1

Man bestimme alle Lösungen von $y' = y \cos x$.

Wir beschränken uns auf ein endliches Intervall. In diesem Intervall hat die Kosinusfunktion nur endlich viele Nullstellen.

Wir erhalten für $y \neq 0$:

$$\frac{y'}{y} = \cos x, \quad \text{also} \quad \int \frac{dy}{y} = \sin x + c \quad \text{mit } c \in \mathbb{R}, \quad \text{d.h.} \quad \ln|y| = \sin x + c$$

und weiter

$$|y| = e^{\sin x + c} = e^{\sin x} \cdot e^c = k_1 \cdot e^{\sin x} \quad \text{mit} \quad k_1 = e^c > 0.$$

Da die Lösung einer Differentialgleichung stetig ist und $e^{\sin x} \neq 0$ ist für alle x, gilt entweder $y = k_1 e^{\sin x}$ für alle x oder $y = -k_1 e^{\sin x}$ für alle x, d.h. $y = k_2 e^{\sin x}$ mit $k_2 \neq 0$.

Wir hatten bisher $y = 0$ ausgeschlossen. Die Nullfunktion ist jedoch, wie man durch Einsetzen in die Differentialgleichung erkennt, ebenfalls Lösung der Differentialgleichung. Wir lassen deshalb $k_2 = 0$ zu und erhalten

$$y = k e^{\sin x} \quad \text{mit } k \in \mathbb{R}.$$

Da die Bedingungen des Existenz- und Eindeutigkeitssatzes (Satz 256.1) erfüllt sind, ist dies die allgemeine Lösung.

Beispiel 268.2

Man löse die Differentialgleichung $y' = \frac{y^2}{x^2}$ für $x \neq 0$.

Für $y \neq 0$ ist $\frac{y'}{y^2} = \frac{1}{x^2}$ und nach Integration $-\frac{1}{y} = -\frac{1}{x} + c$ mit $c \in \mathbb{R}$ oder $y = \frac{x}{1 - c \cdot x}$ mit $c \in \mathbb{R}$. Da $y = 0$ ebenfalls Lösung ist, erhalten wir

$$y = \frac{x}{1 - c \cdot x} \quad \text{und} \quad y = 0 \quad \text{für } x \neq 0.$$

Einige dieser Lösungen sind in Bild 269.1 dargestellt.

Wir betrachten das Anfangswertproblem $y' = \frac{y^2}{x^2}$ mit $x \neq 0$ und $y(x_0) = y_0$.

Die Bedingungen des Existenz- und Eindeutigkeitssatzes (Satz 256.1) sind für alle $x \neq 0$ und alle y erfüllt. Trotzdem kann es vorkommen, daß die Lösung des Anfangswertproblems nicht für alle $x > 0$ oder alle $x < 0$ definiert ist, wie wir an den folgenden Beispielen zeigen:

1. Ist $y_0 = 0$, so ist
   a) $y = 0$ für $x > 0$ Lösung, falls $x_0 > 0$ ist,
   b) $y = 0$ für $x < 0$ Lösung, falls $x_0 < 0$ ist.

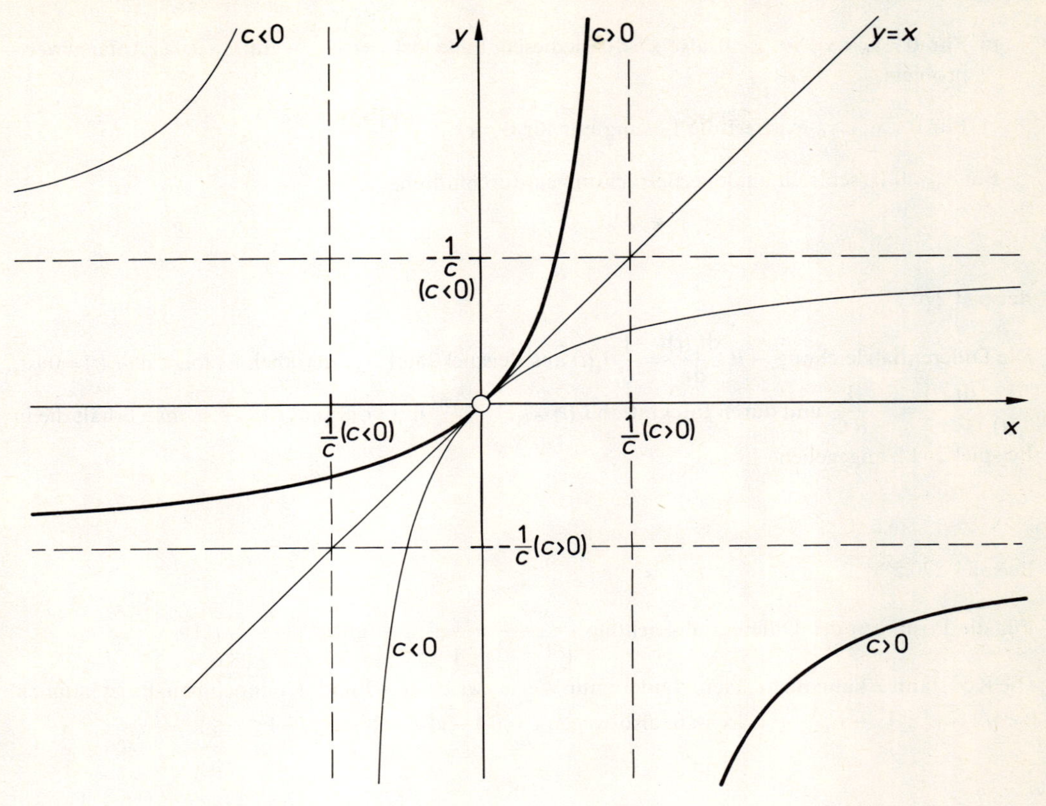

269.1 Lösungen der Differentialgleichung $y'=\frac{y^2}{x^2}$

2. Ist $y_0=x_0 \neq 0$, so ist
   a) $y=x$ für $x>0$ Lösung, falls $x_0>0$ ist,
   b) $y=x$ für $x<0$ Lösung, falls $x_0<0$ ist.
3. Ist $y_0 \neq x_0$ und $y_0 \neq 0$, so ist

$$y=\frac{x}{1-cx} \quad \text{für } x \neq 0 \quad \text{mit} \quad c=\frac{y_0-x_0}{x_0 y_0} \neq 0 \quad \text{Lösung.}$$

   y hat bei $x_1=\frac{1}{c}=\frac{x_0 y_0}{y_0-x_0}$ eine Polstelle.

   a) Für $y_0<0<x_0$ ist $c>0$, also $x_1>0$.

   $y=\frac{x}{1-cx}$ ist nur für $x>\frac{1}{c}$ Lösung des Anfangswertproblems, da die Lösung differenzierbar sein muß. Obwohl die Bedingungen des Existenz- und Eindeutigkeitssatzes (Satz 256.1) für alle $x>0$ erfüllt sind, existiert die Lösung nur in einem Teilbereich von $\mathbb{R}^+$.

b) Für $0<y_0<x_0$ ist $c<0$, also $x_1<0$. In diesem Falle löst $y=\frac{x}{1-cx}$ für $x>0$ das Anfangswertproblem.

c) Für $0<x_0<y_0$ existiert die Lösung nur für $0<x<\frac{x_0 y_0}{y_0-x_0}=x_1$.

Für $x_0<0$ lassen sich analoge Betrachtungen durchführen.

Beispiel 270.1

Die Differentialgleichung $-R\frac{\mathrm{d}i_c(t)}{\mathrm{d}t}=\frac{1}{C}i_c(t)$ aus Beispiel 253.1 ist separabel. Es folgt, da $i_c(t)\neq 0$ ist, $\frac{1}{i_c(t)}\frac{\mathrm{d}i_c(t)}{\mathrm{d}t}=-\frac{1}{RC}$ und durch Integration $i_c(t)=k\mathrm{e}^{-\frac{1}{R\cdot C}t}$ mit $k\in\mathbb{R}$ und $t\geqq 0$, d.h. man erhält die in Beispiel 254.2 angegebene Lösung.

Beispiel 270.2

Für die Lösungen der Differentialgleichung $\frac{yy'}{\sqrt{1-y^2}}=\frac{x}{\sqrt{1-x^2}}$ gilt $\sqrt{1-y^2}=\sqrt{1-x^2}+c$.

Die Konstante c kann nicht jeden, sondern nur Werte zwischen -1 und $+1$ annehmen. Es ist nämlich $0<\sqrt{1-y^2}\leqq 1$, $-1\leqq -\sqrt{1-x^2}<0$, also wegen $c=\sqrt{1-y^2}-\sqrt{1-x^2}$: $-1\leqq c\leqq 1$.

Substitution eines linearen Terms

Die Differentialgleichung $y'=f(ax+by+c)$ mit $a, b, c\in\mathbb{R}$ kann durch die Substitution $z=ax+by+c$ in eine separable Differentialgleichung überführt werden. Wir differenzieren nach x und beachten, daß y und z Funktionen von x sind. Es ergibt sich $z'=a+by'=a+bf(z)$. Die Differentialgleichung $z'=a+bf(z)$ ist separabel.

Beispiel 270.3

Man löse die Differentialgleichung $y'=(x+y)^2$.

Wir setzen $z=x+y$. Dann ist $z'=1+y'=1+z^2$. Die Trennung der Veränderlichen liefert $\frac{z'}{1+z^2}=1$.
Durch Integration folgt

$$\arctan z=x+c \quad \text{mit} \quad -\tfrac{1}{2}\pi<x+c<\tfrac{1}{2}\pi, \quad \text{also} \quad z=\tan(x+c).$$

Machen wir die Substitution rückgängig, so haben wir

$$x+y=\tan(x+c), \quad \text{d.h.} \quad y=-x+\tan(x+c) \quad \text{für } x\in(-\tfrac{1}{2}\pi-c,\ \tfrac{1}{2}\pi-c).$$

Gleichgradige Differentialgleichung

Die Funktion f sei auf dem Intervall I stetig. Die Differentialgleichung $y'=f\left(\frac{y}{x}\right)$ heißt **gleichgradige Differentialgleichung** oder **Ähnlichkeitsdifferentialgleichung.**

Wir substituieren $z=\frac{y}{x}$ und erhalten für $x \neq 0$:

$$y=xz, \quad \text{also} \quad y'=xz'+z \quad \text{und} \quad f(z)=xz'+z, \quad \text{d.h.} \quad xz'=f(z)-z.$$

Es folgt

$$z'=\frac{1}{x}\left(f(z)-z\right).$$

Diese Differentialgleichung für die Funktion z ist separabel.

Beispiel 271.1
Man löse die Differentialgleichung $(x^2+y^2)\cdot y'=x\cdot y$.

Es ist $y'=\frac{xy}{x^2+y^2}$, wobei $x=y=0$ auszuschließen ist. Für $x \neq 0$ folgt weiter $y'=\frac{\frac{y}{x}}{1+\left(\frac{y}{x}\right)^2}$ und mit $z=\frac{y}{x}$, d.h. $y'=xz'+z$, ergibt sich

$$xz'+z=\frac{z}{1+z^2}, \quad \text{also} \quad xz'=\frac{z}{1+z^2}-z=\frac{-z^3}{1+z^2}.$$

Für $z \neq 0$, d.h. $y \neq 0$ gilt $\frac{1+z^2}{z^3}z'=-\frac{1}{x}$. Daraus folgt durch Integration

$$\int\left(\frac{1}{z^3}+\frac{1}{z}\right)\mathrm{d}z=-\ln|x|+c \;\text{ mit }\; c\in\mathbb{R} \quad \text{und} \quad -\frac{1}{2z^2}+\ln|z|=-\ln|x|+c.$$

Setzt man wieder $z=\frac{y}{x}$, so folgt

$$-\frac{x^2}{2y^2}+\ln\left|\frac{y}{x}\right|=-\ln|x|+c, \quad \text{d.h.} \quad -\frac{x^2}{2y^2}+\ln|y|=c \quad \text{und} \quad x^2=2y^2(\ln|y|-c) \quad \text{mit } c\in\mathbb{R}.$$

Die Lösung erscheint in impliziter Form. Bisher wurde $y=0$ ausgeschlossen. Die Nullfunktion ist aber Lösung. Sie wird noch hinzugenommen.

Lineare Differentialgleichung erster Ordnung

Die Funktionen f und g seien auf demselben Intervall I stetig. Die Differentialgleichung

$$y' + f(x)\,y = g(x) \tag{272.1}$$

heißt **lineare Differentialgleichung erster Ordnung.** Man nennt sie **homogen,** wenn g die Nullfunktion auf I ist, sonst **inhomogen.** g heißt **Störglied.**

Jedes zu (272.1) gehörige Anfangswertproblem mit $x_0 \in I$ hat aufgrund des Existenz- und Eindeutigkeitssatzes (Satz 256.1) genau eine Lösung. Es seien y_1 und y_2 beliebige Integrale von Gleichung (272.1). Dann ist

$$y_1' + f(x)\,y_1 = g(x)$$
$$y_2' + f(x)\,y_2 = g(x).$$

Durch Subtraktion dieser Gleichungen erhalten wir

$$(y_2 - y_1)' + f(x)(y_2 - y_1) = 0.$$

Die Differenzfunktion $y_2 - y_1$ löst also die (zugehörige) homogene Differentialgleichung $y' + f(x)\,y = 0$. Wir wählen für y_1 eine beliebige Lösung und lassen y_2 alle Integrale der inhomogenen Differentialgleichung durchlaufen. Dann ist die Differenzfunktion $y_2 - y_1 = y_H$ immer Lösung der homogenen Differentialgleichung. Bei diesem Prozess durchläuft y_H sogar alle Lösungen der homogenen Gleichung. Wäre nämlich y_{H1} eine Lösung der homogenen Differentialgleichung, die auf diese Weise nicht erhalten wird, so hätten wir in $y_{H1} + y_1$ eine zusätzliche Lösung von Gleichung (272.1) im Widerspruch dazu, daß y_2 alle Lösungen der inhomogenen Differentialgleichung durchlaufen sollte. Es folgt also

Satz 272.1

Die Funktionen f und g seien auf dem Intervall I stetig. Es sei Y_H die Menge aller Lösungen der homogenen Differentialgleichung

$$y' + f(x)\,y = 0$$

und y_p eine spezielle Lösung der inhomogenen Differentialgleichung

$$y' + f(x)\,y = g(x).$$

Dann ist $Y = \{y \mid y = y_H + y_p \text{ mit } y_H \in Y_H\}$ die allgemeine Lösung der inhomogenen Differentialgleichung.

Wir wollen zunächst die homogene Differentialgleichung lösen. Dazu setzen wir zunächst voraus, daß f nur endlich viele Nullstellen besitzt. Aus $y' + f(x)\,y = 0$ folgt $y' = -f(x)\,y$. Die Nullfunktion löst diese Gleichung. Nach Beispiel 258.2 haben alle anderen Lösungen keine Nullstellen. Schließen wir also die Nullfunktion auf I aus, so folgt $\frac{y'}{y} = -f(x)$ und durch Integration $\ln|y| = -\int f(x)\,dx + c$ mit $c \in \mathbb{R}$. Wir erhalten weiter

$$|y| = e^{-\int f(x)\,dx + c} = e^c e^{-\int f(x)\,dx} = k_1 e^{-\int f(x)\,dx}$$

mit $k_1 = e^c > 0$. Da $e^{-\int f(x)\,dx} \neq 0$ ist und die Lösung einer Differentialgleichung stetig ist, erhalten wir

$$y = k_1 e^{-\int f(x)\,dx} \quad \text{oder} \quad y = -k_1 e^{-\int f(x)\,dx} \quad \text{für alle } x, \quad \text{d.h.}$$

$$y = k e^{-\int f(x)\,dx} \quad \text{mit } k \in \mathbb{R} \setminus \{0\}.$$

Dies ist auch dann Lösung, wenn f unendlich viele Nullstellen hat. Die bisher ausgeschlossene Nullfunktion auf I löst ebenfalls die Differentialgleichung. Sie muß noch hinzugenommen werden. Das kann geschehen, indem wir auch $k = 0$ zulassen. Es ergibt sich

$$y_H = k e^{-\int f(x)\,dx} \quad \text{mit } k \in \mathbb{R}. \tag{273.1}$$

Als nächstes bestimmen wir eine spezielle Lösung der inhomogenen Differentialgleichung. Dies geschieht mit Hilfe der **Variation der Konstanten:** Wir ersetzen in der allgemeinen Lösung (273.1) der zugehörigen homogenen Differentialgleichung die Konstante k durch $k(x)$, also

$$y_p = k(x)\, e^{-\int f(x)\,dx}.$$

Dann folgt

$$y_p' = k'(x)\, e^{-\int f(x)\,dx} - k(x)\, e^{-\int f(x)\,dx} f(x).$$

Durch Einsetzen in Gleichung (272.1) erhalten wir

$$k'(x)\, e^{-\int f(x)\,dx} - k(x)\, e^{-\int f(x)\,dx} f(x) + f(x)\, k(x)\, e^{-\int f(x)\,dx} = g(x).$$

Daraus folgt

$$k'(x) = g(x)\, e^{\int f(x)\,dx}, \quad \text{also} \quad k(x) = \int g(x)\, e^{\int f(x)\,dx}\,dx.$$

Für $k(x)$ wählen wir nur eine Stammfunktion, da nur eine einzige Lösung der inhomogenen Differentialgleichung gesucht ist. Für y_p ergibt sich daraus

$$y_p = \int g(x)\, e^{\int f(x)\,dx}\,dx\; e^{-\int f(x)\,dx}.$$

Durch Einsetzen erkennt man, daß y_p Lösung ist. Zusammenfassend erhalten wir

Satz 273.1

Die Funktionen f und g seien auf demselben Intervall I stetig. Dann ist

$$y = e^{-\int f(x)\,dx}\left(k + \int g(x)\, e^{\int f(x)\,dx}\,dx\right) \quad \text{mit } k \in \mathbb{R} \tag{273.2}$$

die allgemeine Lösung der Differentialgleichung $y' + f(x) \cdot y = g(x)$.

Beispiel 273.1

Man löse die Differentialgleichung $y' - 2y = \sin x$.

Die homogene Differentialgleichung $y' - 2y = 0$ liefert für $y \neq 0$

$$\frac{y'}{y} = 2, \quad \text{d.h.} \quad \ln|y| = 2x + c \quad \text{mit } c \in \mathbb{R}, \quad \text{also ist} \quad y = k \cdot e^{2x} \quad \text{mit } k \neq 0.$$

Unter Hinzunahme der Nullfunktion, die auch Lösung ist, folgt

$$y_H = k\,e^{2x} \quad \text{mit } k \in \mathbb{R}.$$

Für y_p machen wir den Ansatz

$$y_p = k(x) \cdot e^{2x}. \tag{274.1}$$

Dann ist $y_p' = k'(x) \cdot e^{2x} + 2k(x) \cdot e^{2x}$. Setzen wir dies in die gegebene Differentialgleichung ein, so folgt

$$k'(x)\,e^{2x} + 2k(x)\,e^{2x} - 2k(x)\,e^{2x} = \sin x \quad \text{und daraus}$$

$k'(x) = \sin x\, e^{-2x}$. Wir erhalten $k(x) = e^{-2x}\,(-\frac{2}{5}\sin x - \frac{1}{5}\cos x)$. Eine partikuläre Lösung ist also nach (274.1) $y_p = -\frac{2}{5}\sin x - \frac{1}{5}\cos x$. Als allgemeines Integral ergibt sich

$$y = k\,e^{2x} - \tfrac{2}{5}\sin x - \tfrac{1}{5}\cos x \quad \text{mit } k \in \mathbb{R}.$$

Beispiel 274.1

Man löse die Differentialgleichung $y' + y\tan x = \dfrac{1}{\cos x}$ für $x \in (-\frac{1}{2}\pi, \frac{1}{2}\pi)$.

Es handelt sich um eine lineare Differentialgleichung erster Ordnung. Die homogene Gleichung $y' + y\tan x = 0$ liefert für $y \neq 0$ (vgl. Band 2, Seite 164, Formel 31)

$$\frac{y'}{y} = -\tan x = \frac{-\sin x}{\cos x} \quad \text{und} \quad \ln|y| = \ln|\cos x| + c \quad \text{mit } c \in \mathbb{R}.$$

Wir erhalten $y = k\cos x$ mit $k \neq 0$ und unter Hinzunahme der zunächst ausgeschlossenen Lösung $y = 0$:

$$y_H = k\cos x \quad \text{mit } k \in \mathbb{R}.$$

Eine spezielle Lösung der inhomogenen Differentialgleichung bestimmen wir mit Hilfe des Ansatzes $y_p = k(x)\cos x$. Dann ist $y_p' = k'(x)\cos x - k(x)\sin x$. Setzen wir dies in die inhomogene Differentialgleichung ein, so folgt

$$k'(x)\cos x - k(x)\sin x + k(x)\cos x\tan x = \frac{1}{\cos x} \quad \text{und} \quad k'(x) = \frac{1}{\cos^2 x}.$$

Mit $k(x) = \tan x$ ist $y_p = k(x) \cdot \cos x = \sin x$.
Wir erhalten als allgemeine Lösung für alle $x \in (-\frac{1}{2}\pi, \frac{1}{2}\pi)$

$$y = y_H + y_p = k \cdot \cos x + \sin x \quad \text{mit } k \in \mathbb{R}.$$

Beispiel 274.2

Man bestimme die allgemeine Lösung der Differentialgleichung $y' + 2xy = x$.
Die Anwendung der Formel (273.2) liefert mit $f(x) = 2x$, $g(x) = x$:

$$y = e^{-\int 2x\,dx}(k + \int x\,e^{\int 2x\,dx}\,dx) = e^{-x^2}(k + \int x\,e^{x^2}\,dx) \quad \text{mit } k \in \mathbb{R}.$$

Nach Band 2, Beispiel 160.3 ist $\int x\,e^{x^2}\,dx = \frac{1}{2}e^{x^2} + c$ und wir erhalten

$$y = k\,e^{-x^2} + \tfrac{1}{2}.$$

4.2.3 Geometrische Anwendungen

Differentialgleichung einer Kurvenschar

Wir haben bisher Lösungen einer Differentialgleichung bestimmt. Wir wollen jetzt Funktionen vorgeben und eine Differentialgleichung suchen, in deren Lösungsschar die gegebenen Funktionen enthalten sind.

> Es sei $A \subset \mathbb{R}$. Für jedes $c \in A$ sei durch $y = f(x, c)$ eine Kurve gegeben. Die Gesamtheit der Kurven heißt eine **Kurvenschar,** die Zahl c der **Scharparameter.**

Bemerkung:

Es handelt sich um eine **einparametrige** Kurvenschar, da die definierende Gleichung nur den einen Parameter c enthält. Eine **zweiparametrige** Kurvenschar ist in Beispiel 275.3 gegeben.

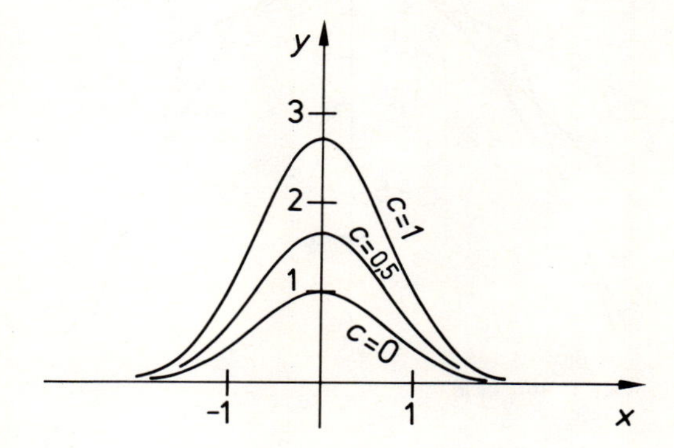

275.1 Die Kurvenschar $y = e^{c - x^2}$ mit $c \in \mathbb{R}$

Beispiel 275.1

Durch $y = f(x, c) = e^{c - x^2}$ mit $c \in \mathbb{R}$ ist die in Bild 275.1 dargestellte Kurvenschar gegeben.

Beispiel 275.2

Durch $y = cx + c^2$ mit $c \in \mathbb{R}$ ist eine Geradenschar gegeben. Einige dieser Kurven sind in Bild 276.1 dargestellt.

Beispiel 275.3

In Bild 277.1 sind einige Kurven der zweiparametrige Kurvenschar $\frac{x^2}{a} + \frac{y^2}{b} = 1$ dargestellt. Für $a, b > 0$ ergeben sich Ellipsen, für $a = b > 0$ Kreise, für $a \cdot b < 0$ Hyperbeln.

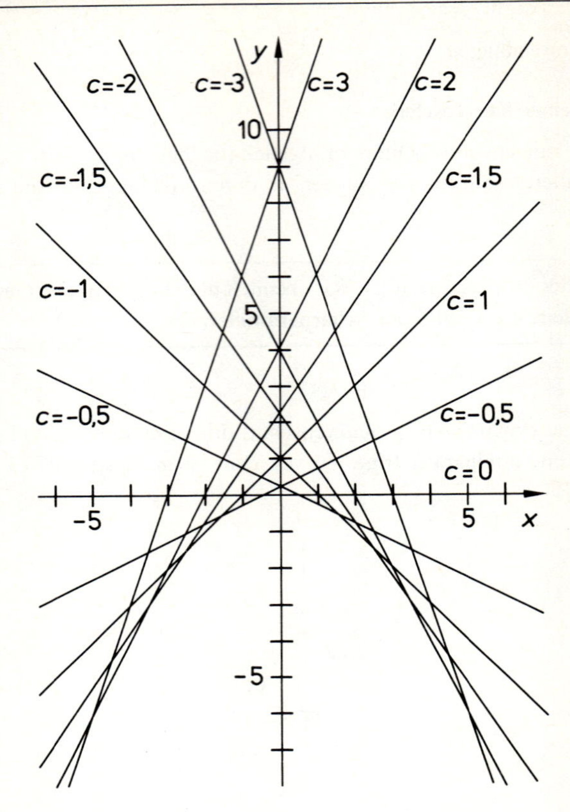

276.1 Die Geradenschar $y = cx + c^2$ mit $c \in \mathbb{R}$

Wir beschränken uns im folgenden auf einparametrige Kurvenscharen und suchen eine Differentialgleichung, in deren allgemeiner Lösung die gegebene Kurvenschar enthalten ist. Diese Differentialgleichung kann durchaus noch andere Lösungen haben als die gegebene Kurvenschar.

Wir nehmen an, f sei partiell nach x differenzierbar. Dann erhalten wir die Differentialgleichung dieser Kurvenschar, indem wir versuchen, aus der Gleichung der Kurvenschar $y = f(x, c)$ und der Ableitung dieser Gleichung nach x, also aus $y' = \frac{\partial f(x, c)}{\partial x}$, den Scharparameter c zu eliminieren.

Beispiel 276.1

Für die Kurvenschar $y = e^{c - x^2}$ mit $c \in \mathbb{R}$ (vgl. Beispiel 275.1) ist $y' = -2x\,e^{c - x^2}$. Folglich lautet die Differentialgleichung der Kurvenschar $y' = -2xy$. Die allgemeine Lösung dieser Differentialgleichung ist $y = k e^{-x^2}$ mit $k \in \mathbb{R}$, während für die Kurvenschar nur

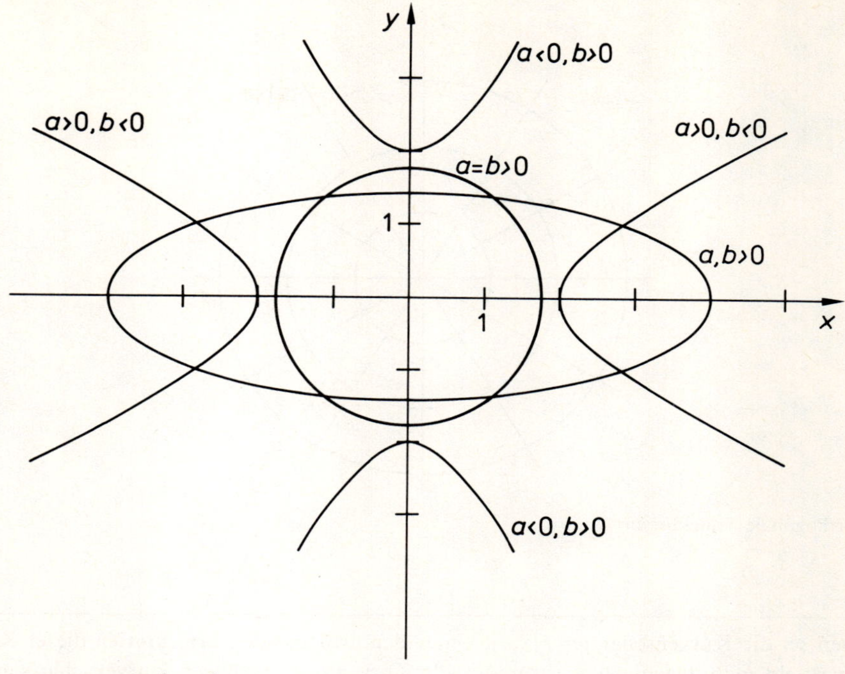

277.1 Die Kurvenschar $\frac{x^2}{a}+\frac{y^2}{b}=1$

$y=e^{c-x^2}=e^c e^{-x^2}=k_1 e^{-x^2}$ mit $k_1>0$

gilt. Die Differentialgleichung hat also zusätzlich die Lösungen $y=k_2 e^{-x^2}$ mit $k_2 \leqq 0$.

Beispiel 277.1

Für die Geradenschar $y=cx+c^2$ mit $c\in\mathbb{R}$ (vgl. Beispiel 275.2) gilt $y'=c$, also $y=xy'+(y')^2$. Wie man durch Einsetzen bestätigt, wird diese Differentialgleichung auch durch $y=-\frac{x^2}{4}$ gelöst.

Beispiel 277.2

Für die Kurvenschar $y=c\cdot e^{-2x}$ mit $c\in\mathbb{R}$ gilt $y'=-2ce^{-2x}=-2y$. Die allgemeine Lösung dieser Differentialgleichung stimmt mit der gegebenen Kurvenschar überein. Hier treten keine zusätzlichen Lösungen auf.

Orthogonale Trajektorien

Jede Gerade, die durch den Mittelpunkt einer Schar konzentrischer Kreise verläuft, schneidet jeden dieser Kreise rechtwinklig (orthogonal) (vgl. Bild 278.1). Man nennt diese Geraden orthogonale Trajektorien der Kreise. Allgemein vereinbart man:

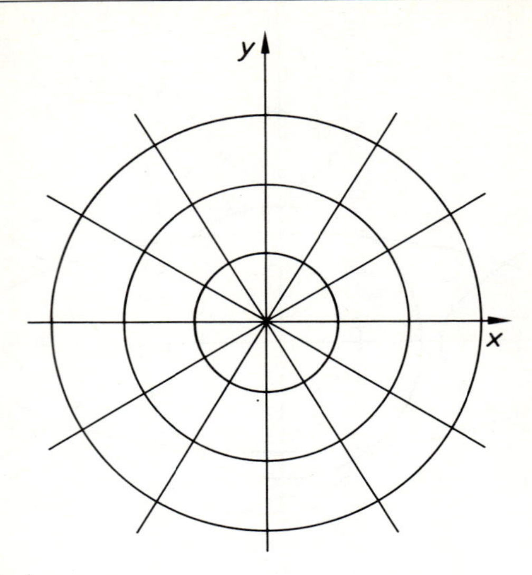

278.1 Orthogonale Trajektorien

Gegeben sei die Kurvenschar $y=f(x,c)$. Unter den **orthogonalen Trajektorien** dieser Kurvenschar versteht man diejenigen Kurven, die alle Kurven der gegebenen Kurvenschar senkrecht schneiden.

Wir setzen voraus, daß die orthogonalen Trajektorien existieren, und daß f nach x differenzierbar sei. Wir bestimmen die Differentialgleichung der gegebenen Kurvenschar. Diese sei $F(x, y, y')=0$. Ersetzen wir in dieser Differentialgleichung y' durch $-\frac{1}{y'}$, so erhalten wir (siehe Orthogonalitätsbedingung: Band 2, Seite 29) die Differentialgleichung der orthogonalen Trajektorien. Diese Differentialgleichung ist zu lösen.

Beispiel 278.1

Gesucht sind die orthogonalen Trajektorien der Kurvenschar $y=cx$ mit $c\in\mathbb{R}$. Wir finden $y'=c$ und $y=y'x$, die Differentialgleichung der Kurvenschar.

Für die orthogonalen Trajektorien gilt also $y=-\frac{1}{y'}x$, d.h. $yy'=-x$. Durch Integration dieser separablen Differentialgleichung folgt $\frac{1}{2}y^2=-\frac{1}{2}x^2+c_1$, also $x^2+y^2=k$. Das sind für $k>0$ konzentrische Kreise um den Nullpunkt (vgl. Bild 278.1).

Beispiel 278.2

Durch die Gleichung $\frac{x^2}{c}+\frac{y^2}{c-1}=1$ mit $c>0$ und $c\neq 1$ sind für $0<c<1$ konfokale Hyperbeln (alle

Hyperbeln haben die gleichen Brennpunkte), für $c>1$ konfokale Ellipsen mit den gleichen Brennpunkten $F_1=(1,0)$ und $F_2=(-1,0)$ gegeben. Um die Differentialgleichung dieser Kurvenschar zu erhalten, differenzieren wir nach x:

$\frac{2x}{c}+\frac{2yy'}{c-1}=0$ und erhalten durch Auflösung nach c: $c=\frac{x}{x+yy'}$. Setzen wir diesen Wert in die Gleichung der Kurvenschar ein, so folgt $\left(x-\frac{y}{y'}\right)(x+yy')=1$, die Differentialgleichung der gegebenen Kurvenschar. Ersetzen wir in dieser Differentialgleichung y' durch $-\frac{1}{y'}$, so ändert sich die Differentialgleichung nicht. Die orthogonalen Trajektorien sind in dieser Kurvenschar enthalten. Die orthogonalen Trajektorien von konfokalen Ellipsen und Hyperbeln sind wieder konfokale Ellipsen und Hyperbeln mit denselben Brennpunkten (vgl. Bild 279.1).

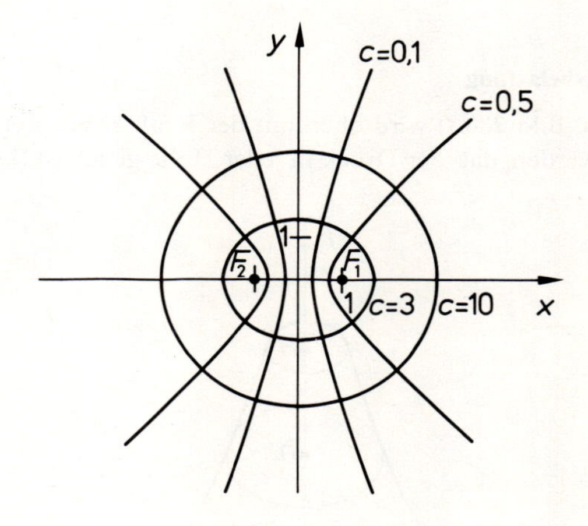

279.1 Konfokale Ellipsen und Hyperbeln

Beispiel 279.1

Wir betrachten die Fläche $z=f(x,y)$. Ihre Höhenlinien sind gegeben durch $f(x,y)=c$. Differenzieren wir nach x, so folgt $f_x(x,y)+f_y(x,y)\,y'=0$. Die Höhenlinien erfüllen die Differentialgleichungen $y'=-\frac{f_x(x,y)}{f_y(x,y)}$, falls $f_y(x,y)\neq 0$ ist. Ersetzen wir y' durch $-\frac{1}{y'}$, so erhalten wir $y'=\frac{f_y(x,y)}{f_x(x,y)}$, falls $f_x(x,y)\neq 0$ ist. Dies ist die Differentialgleichung der zugehörigen orthogonalen Trajektorien, d.h. der Fallinien. Sie verlaufen in Richtung des stärksten Anstiegs (s. Satz 159.1).

Beispiel 279.2

Bei einem ebenen elektrischen Feld bilden die Feldlinien und die Äquipotentiallinien orthogonale Trajektorien. Bei einer Punktladung im Punkte P sind dies alle Geraden durch P und die konzentrischen Kreise um P.

4.2.4 Physikalische Anwendungen

Radioaktiver Zerfall

Beim radioaktiven Zerfall ist die Geschwindigkeit des Zerfalls proportional zu der vorhandenen Menge des radioaktiven Stoffes. Bezeichnen wir die Menge mit $n(t)$, so ist $n'(t) = -\lambda n(t)$ mit $\lambda > 0$. Das negative Vorzeichen ist zu nehmen, da die Menge des radioaktiven Stoffes ständig abnimmt, $n'(t)$ ist also negativ.

Diese Differentialgleichung wird gelöst durch $n(t) = k\,\mathrm{e}^{-\lambda t}$ mit $k \in \mathbb{R}$. Man erhält für $t=0$: $n(0)=k$. Daraus folgt $n(t) = n(0)\,\mathrm{e}^{-\lambda t}$. Unter der Halbwertzeit T versteht man die Zeit, in der sich die Hälfte der Menge des zur Zeit $t=0$ vorhandenen radioaktiven Stoffes umgewandelt hat.

Aus $n(T) = \frac{1}{2} n(0)$ erhält man: $\mathrm{e}^{-\lambda T} = \frac{1}{2}$, d.h. $T = -\dfrac{1}{\lambda} \ln \frac{1}{2} = \dfrac{\ln 2}{\lambda}$.

Säule gleicher Querschnittsbelastung

Eine Säule der Höhe H (s. Bild 280.1) wird oben mit der Kraft F belastet. Der Querschnitt soll in jeder Höhe h so gewählt werden, daß der Druck in jeder Höhe gleich ist (konstante Querschnittsbe-

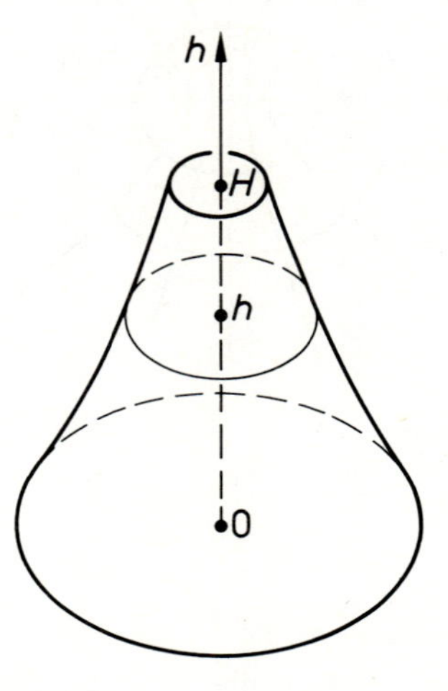

280.1 Säule gleicher Querschnittsbelastung

lastung). Die Säule bestehe aus Material der Dichte ρ. In der Höhe h wirken auf den Querschnitt $q(h)$ die Kräfte F und das Gewicht des darüberliegenden Teiles der Säule. Für das Volumen dieses Teiles gilt $V = \int_V \mathrm{d}V = \int_h^H q(t)\,\mathrm{d}t$, also ist das Gewicht $\mathrm{g} \cdot \rho \cdot \int_h^H q(t)\,\mathrm{d}t$ für $0 \leqq h < H$. Der Druck in der vom Boden aus gemessenen Höhe h ist also $\dfrac{F + \mathrm{g} \cdot \rho \cdot \int_h^H q(t)\,\mathrm{d}t}{q(h)}$. Wenn an jeder Stelle h der Druck gleich sein soll, muß gelten

$$\frac{F}{q(H)} = \frac{F + g \cdot \rho \cdot \int_h^H q(t)\,dt}{q(h)}. \tag{281.1}$$

Nach Band 2, Beispiel 143.2 folgt aus (281.1), wobei wir voraussetzen, daß $q(h)$ differenzierbar ist, durch Differentiation nach h

$$F\frac{q'(h)}{q(H)} = -g\,\rho\,q(h).$$

Diese Differentialgleichung wird gelöst durch $q(h) = k\,e^{-\frac{g \cdot \rho \cdot q(H)}{F}h}$ mit $k \in \mathbb{R}$. Für $h = H$ erhalten wir

$$q(H) = k\,e^{-\frac{g\rho q(H)}{F}H}, \quad \text{also} \quad k = q(H)\,e^{\frac{\rho g q(H)}{F}H}.$$

Setzen wir dieses Ergebnis ein, so folgt

$$q(h) = q(H)\,e^{\frac{g\rho q(H)}{F}(H-h)} \qquad \text{für } 0 \leqq h \leqq H.$$

Wählen wir insbesondere als Säule einen Rotationskörper, so ergibt sich mit $q(H) = \pi R^2$, $q(h) = \pi r^2$

$$r(h) = R\,e^{\frac{g \cdot \rho \cdot \pi R^2}{2F}(H-h)}.$$

Die Abhängigkeit des Radius r von der Höhe h ist in Bild 281.1 dargestellt. Durch Rotation dieser Kurve um die h-Achse entsteht die Säule mit der gewünschten Eigenschaft.

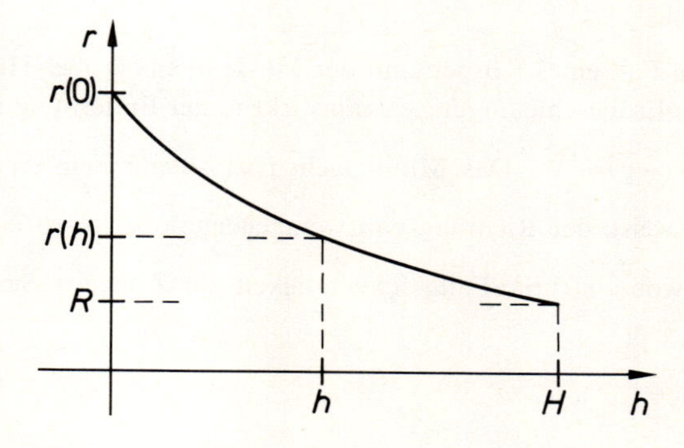

281.1 Abhängigkeit des Radius r von der Höhe h

Newtonsches Abkühlungsgesetz

Die Abkühlung eines Körpers in bewegter Luft ist proportional zu der Temperaturdifferenz zwischen der Temperatur des Körpers und der Temperatur der den Körper umgebenden Luft.

Bezeichnen wir die Temperatur des Körpers zur Zeit t mit $T(t)$, die Temperatur der umgebenden Luft mit T_L, so ist mit $\alpha > 0$

$$\frac{dT(t)}{dt} = -\alpha \cdot (T(t) - T_L).$$

Diese Differentialgleichung ist separabel, sie hat die Lösung $T(t) = T_L + k\,e^{-\alpha t}$ mit $k \in \mathbb{R}$.

Beispiel 282.1

Ein Körper kühle sich in 10 Minuten von 300° C auf 200° C ab, wobei die Temperatur der umgebenden Luft 30° C ist. Wann hat dieser Körper sich auf 100° C abgekühlt?

Ist $T(t)$ die Temperatur nach t Minuten, so erhalten wir mit $T(0) = 300$, $T(10) = 200$ die Gleichung $T(t) = 30 + k\,e^{-\alpha t}$. Wegen $T(0) = 30 + k = 300$ folgt $k = 270$. Aus $T(10) = 30 + 270\,e^{-\alpha \cdot 10} = 200$ ergibt sich $\alpha \approx 0{,}0463$. Wir setzen angenähert

$$T(t) = 30 + 270\,e^{-0{,}0463t}.$$

Mit $T(t) = 100$ folgt $100 = 30 + 270\,e^{-0{,}0463t}$ und $t \approx 29{,}16$. Der Körper hat sich nach 29,16 Minuten von 300° C auf 100° C abgekühlt.

Freier Fall aus großer Höhe

Wir betrachten den freien Fall eines Körpers mit der Masse m aus großer Höhe ohne Reibung. Es sei R der Erdradius, g die Erdbeschleunigung. Dann wirkt in der Entfernung s vom Erdmittelpunkt die Gravitationskraft $F = -g\,m\frac{R^2}{s^2}$. Das Minuszeichen ist zu nehmen, da die Gravitationskraft zum Erdmittelpunkt hin weist, der Richtung von s entgegengesetzt. Nach einem Grundgesetz der Mechanik ist $F = m\frac{dv}{dt}$, wobei $v(t)$ die Fallgeschwindigkeit zur Zeit t ist. Setzen wir ein, so ergibt sich

$$m\frac{dv}{dt} = -g\,m\frac{R^2}{s^2}.$$

Nach der Kettenregel ist $\frac{dv}{dt} = \frac{dv}{ds} \cdot \frac{ds}{dt} = \frac{dv}{ds} \cdot v$ und wir erhalten

$$v \cdot \frac{dv}{ds} = -g \cdot \frac{R^2}{s^2}, \tag{282.1}$$

wobei wir v in Abhängigkeit von s betrachten. Die Differentialgleichung (282.1) ist separabel. Die Integration liefert

$$v^2 = \frac{2g\,R^2}{s} + 2k \quad \text{mit } k \in \mathbb{R}. \tag{282.2}$$

Beispiel 283.1

Ein Körper falle aus einer Höhe von 10 km auf die Erde. Man berechne die Geschwindigkeit, mit der er an der Erdoberfläche ankommt. Die Reibung ist zu vernachlässigen.

Es ist $v_1=0$ für $s=10+6370$. Aus $0=\frac{2\mathrm{g}\,\mathrm{R}^2}{6380}+2k$ folgt $2k=-\frac{2\mathrm{g}\,\mathrm{R}^2}{6380}$. Wir erhalten aus (282.2) für $s=\mathrm{R}=6370$

$$v^2=2\cdot 9{,}81\cdot 6370\cdot\left(1-\frac{6370}{6380}\right)\cdot 10^3.$$

Die numerische Rechnung liefert für die Auftreffgeschwindigkeit $1593\,\frac{\mathrm{km}}{\mathrm{h}}$.

Fordern wir $\lim\limits_{s\to\infty} v=0$, so ist $k=0$ und $v^2=\frac{2\mathrm{g}\,\mathrm{R}^2}{s}$. Es ergibt sich für $s=\mathrm{R}$: $v=\sqrt{2\mathrm{g}\,\mathrm{R}}$. Die numerische Rechnung liefert $11{,}18\,\frac{\mathrm{km}}{\mathrm{s}}$.

Mit dieser Geschwindigkeit würde ein Körper beliebiger Masse aus dem Unendlichen kommend auf der Erdoberfläche auftreffen. Umgekehrt müßte ein Körper beliebiger Masse diese Geschwindigkeit senkrecht zur Erdoberfläche mindestens haben, wenn er ohne zusätzliche äußere Einwirkung den Anziehungsbereich der Erde für immer verlassen soll. Man nennt diese Geschwindigkeit **Fluchtgeschwindigkeit** (vgl. Band 2, Beispiel 167.2).

Bewegung mit Reibung

An einem Massenpunkt der Masse m greife die äußere Kraft F an, der Bewegung wirke die zur Geschwindigkeit proportionale Reibungskraft $F_r=-rv(t)$ mit $r>0$ entgegen (r heißt Reibungskoeffizient), wobei $v(t)$ die Geschwindigkeit des Massenpunktes ist. Nach einem Grundgesetz der Mechanik ist dann

$$m\frac{\mathrm{d}v}{\mathrm{d}t}=F-rv, \quad \text{also} \quad v+\frac{m}{r}\frac{\mathrm{d}v}{\mathrm{d}t}=\frac{F}{r}.$$

Es handelt sich um eine lineare Differentialgleichung erster Ordnung. Die allgemeine Lösung ist $v=k\mathrm{e}^{-\frac{r}{m}t}+\frac{F}{r}$ mit $k\in\mathbb{R}$. Ist $v=0$ zur Zeit $t=0$, so folgt $k=-\frac{F}{r}$ und wir erhalten

$$v=\frac{F}{r}\left(1-\mathrm{e}^{-\frac{r}{m}t}\right). \tag{283.1}$$

Bilden wir in (283.1) den Grenzübergang für $t\to\infty$, so ergibt sich $\lim\limits_{t\to\infty} v=\frac{F}{r}$. Bei Reibung kann die Geschwindigkeit also nicht beliebig groß werden, sie kann den Grenzwert $\frac{F}{r}$ nicht überschreiten. Der Verlauf der Geschwindigkeit ist in Bild 284.1 dargestellt.

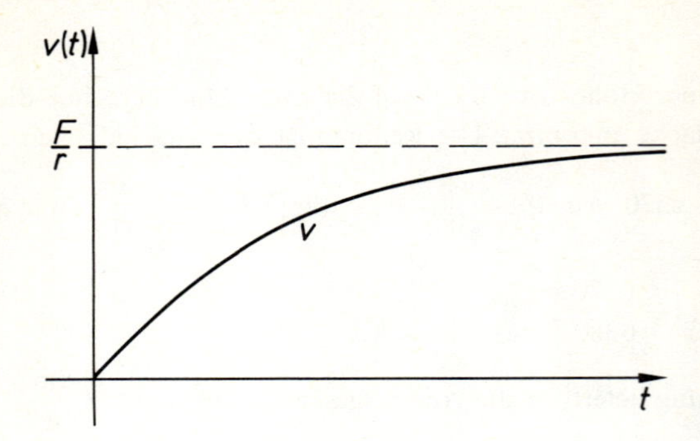

284.1 Geschwindigkeits-Zeitdiagramm beim freien Fall mit Reibung

Spannungsverlauf an einer verlustbehafteten Spule

Nach der untenstehenden Schaltung soll die Ausgangsspannung $u_a(t)$ angegeben werden. Die Größen $u_e(t)$, L, R sind dabei als bekannt vorauszusetzen.

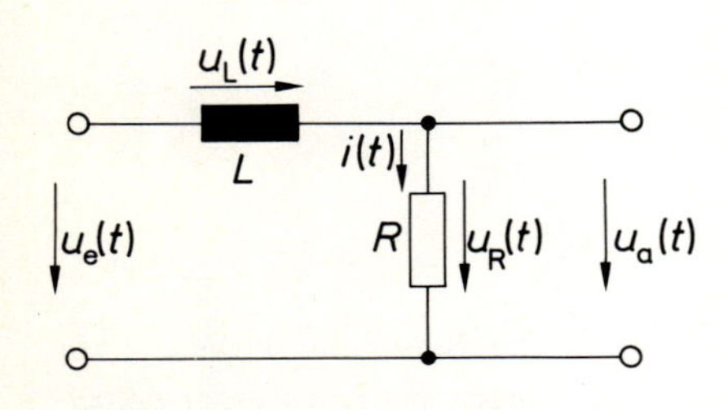

284.2 Serienschaltung einer Spule und eines Ohmschen Widerstandes

284.3 Skizze zu Beispiel 285.1

Mit den in der Schaltung gewählten Richtungspfeilen ist $u_a(t) = u_e(t) - u_L(t)$. Wegen

$$u_L(t) = L \frac{\mathrm{d}i(t)}{\mathrm{d}t} \quad \text{und} \quad i(t) = \frac{u_R(t)}{R} = \frac{u_a(t)}{R}$$

folgt $u_L(t) = \dfrac{L}{R} \dfrac{\mathrm{d}u_a(t)}{\mathrm{d}t}$ und wir erhalten für $u_a(t)$ die Differentialgleichung

$$u_a(t) = u_e(t) - \frac{L}{R} \frac{\mathrm{d}u_a(t)}{\mathrm{d}t}. \qquad (284.1)$$

Es handelt sich um eine lineare Differentialgleichung erster Ordnung. Die allgemeine Lösung ist nach (273.2)

$$u_a(t)=e^{-\frac{R}{L}t}\left(k+\frac{R}{L}\int e^{\frac{R}{L}t}u_e(t)\,dt\right) \quad \text{mit } k\in\mathbb{R}. \tag{285.1}$$

Beispiel 285.1

Ist in (285.1) $u_e(t)=U_0$ eine Gleichspannung, so folgt $u_a(t)=k e^{-\frac{R}{L}t}+U_0$. Fordern wir weiter $u_a(0)=0$, so ist $k=-U_0$ und $u_a(t)=U_0(1-e^{-\frac{R}{L}t})$. Der Spannungsverlauf ist in Bild 284.3 dargestellt.

Beispiel 285.2

Ist in (285.1) $u_e(t)=\sin t$, so erhält man wegen

$$\int e^{\frac{R}{L}t}\sin t\,dt=e^{\frac{R}{L}t}\frac{L^2}{R^2+L^2}\left(-\cos t+\frac{R}{L}\sin t\right)$$

die Ausgangsspannung

$$u_a(t)=k\,e^{-\frac{R}{L}t}+\frac{RL}{R^2+L^2}\left(-\cos t+\frac{R}{L}\sin t\right). \tag{285.2}$$

Wir zerlegen $u_a(t)$ in

$$u_1(t)=k\,e^{-\frac{R}{L}t} \quad \text{und} \quad u_2(t)=\frac{RL}{R^2+L^2}\left(-\cos t+\frac{R}{L}\sin t\right).$$

Es ist $\lim\limits_{t\to\infty}u_1(t)=0$, so daß nach genügend großer Zeit $u_a(t)\approx u_2(t)$ gilt. Man bezeichnet $u_2(t)$ daher als **stationäre Lösung.** $u_1(t)$ ist Lösung der zu (284.1) gehörigen homogenen Differentialgleichung, $u_2(t)$ spezielle Lösung von (284.1). Wir wollen $u_2(t)$ in der Form $A\sin(t+\alpha)$ mit geeigneten $A, \alpha\in\mathbb{R}$ darstellen. Es muß gelten

$$A(\sin t\cos\alpha+\cos t\sin\alpha)=\frac{RL}{R^2+L^2}\left(-\cos t+\frac{R}{L}\sin t\right).$$

Diese Gleichung ist erfüllt, wenn

$$A\cos\alpha=\frac{R^2}{R^2+L^2} \quad \text{und} \quad A\sin\alpha=\frac{-RL}{R^2+L^2}$$

gilt. Daraus folgt $A^2=\frac{R^2(R^2+L^2)}{(R^2+L^2)^2}$. Wir setzen $A=\frac{R}{\sqrt{R^2+L^2}}$. Dann ist $\tan\alpha=-\frac{L}{R}$ und wegen $\sin\alpha<0$, $\cos\alpha>0$ ergibt sich $-\frac{\pi}{2}<\alpha<0$. Wir erhalten

$$u_2(t)=\frac{R}{\sqrt{R^2+L^2}}\sin\left(t-\arctan\frac{L}{R}\right).$$

$u_2(t)$ ist gegenüber $u_e(t)$ phasenverschoben. Diese Phasenverschiebung ist kleiner als $\frac{\pi}{2}$. Die Funktionen $u_e(t)$ und $u_2(t)$ sind in Bild 286.1 dargestellt.

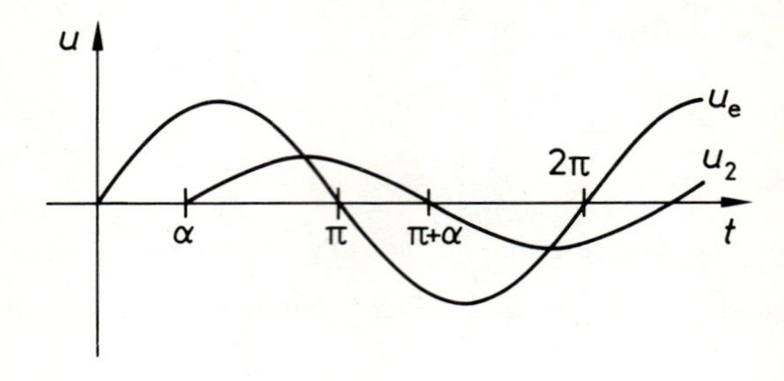

286.1 Skizze zu Beispiel 285.2

Spannungsverlauf an einem RC-Glied

In der unten stehenden Schaltung soll die Spannung $u_R(t)$ berechnet werden, wobei R, C, $u_e(t)$ bekannt sind.

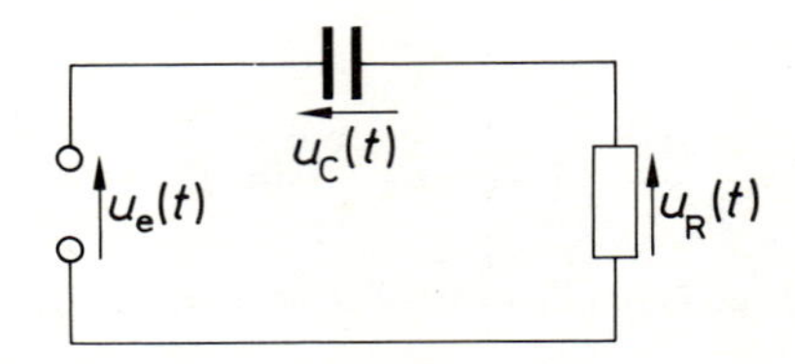

286.2 Serienschaltung eines Kondensators und eines Widerstandes

Mit den gewählten Bezeichnungen und Richtungspfeilen gilt $u_e(t) = u_c(t) + u_R(t)$. Wegen

$$u_c(t) = \frac{1}{C}\int_0^t i_c(\tau)\,d\tau \quad \text{und} \quad u_R(t) = R \cdot i_C(t)$$

folgt

$$u_e(t) = \frac{1}{C}\int_0^t i_c(\tau)\,d\tau + R\,i_C(t).$$

Differenzieren wir diese Gleichung nach t, so ergibt sich weiter

$$\frac{du_e(t)}{dt} = \frac{1}{C}\,i_C(t) + R\,\frac{di_C(t)}{dt}$$

Diese lineare Differentialgleichung erster Ordnung hat die allgemeine Lösung (s. (273.2))

$$i_C(t) = e^{-\frac{1}{RC}t}\left(k + \frac{1}{R}\int \frac{du_e(t)}{dt}\, e^{\frac{1}{RC}\cdot t}\, dt\right),$$

woraus

$$u_R(t) = e^{-\frac{1}{RC}t}\left(k\cdot R + \int \frac{du_e(t)}{dt}\, e^{\frac{1}{R\cdot C}\cdot t}\, dt\right) \tag{287.1}$$

folgt.

Beispiel 287.1

Wir wählen in (287.1) speziell $u_e(t) = \sin t$. Dann ist

$$\begin{aligned} u_R(t) &= e^{-\frac{1}{RC}t}\left(kR + \int \cos t\, e^{\frac{1}{RC}t}\, dt\right) \\ &= e^{-\frac{1}{RC}t}\cdot k\cdot R + \frac{RC}{1+R^2C^2}\cos t + \frac{R^2C^2}{1+R^2C^2}\sin t. \end{aligned}$$

Wir zerlegen wie in Beispiel 285.2 in $u_1(t) = e^{-\frac{1}{RC}}\cdot k\cdot R$ mit $\lim\limits_{t\to\infty} u_1(t) = 0$ und in die stationäre Lösung

$$u_2(t) = \frac{RC}{1+R^2C^2}\cos t + \frac{R^2C^2}{1+R^2C^2}\sin t.$$

Der Ansatz $u_2(t) = A\sin(t+\alpha)$ ist erfüllbar durch $A = \frac{RC}{\sqrt{1+R^2C^2}}$ und $\tan\alpha = \frac{1}{RC}$ mit $0 < \alpha < \frac{\pi}{2}$ wegen $\sin\alpha > 0$ und $\cos\alpha > 0$. Es tritt wie in Beispiel 285.2 eine Phasenverschiebung ein. Hier ist α allerdings positiv, dort war α negativ. Man erhält dadurch in Beispiel 285.2 eine Verschiebung der Eingangsspannung $u_e(t)$ nach links, während hier eine Verschiebung nach rechts stattfindet. Es ist zu vermuten, daß durch eine Hintereinanderschaltung einer geeigneten Spule und eines geeigneten Kondensators diese Phasenverschiebung zu Null gemacht werden kann.

Aufgaben

1. Lösen Sie folgende Differentialgleichungen

a) $xyy' = \frac{1+y^2}{1+x^2}$;
b) $y' = \sin(x-y)$;
c) $x^2y' = x^2 + xy + y^2$;
d) $y' = \frac{x^2+y^2}{xy}$;
e) $y' + 2y = \cos x$;
f) $xy' = x^2 - y$;
g) $y^2 - x^2 + xyy' = 0$;
h) $(x^2 + xy + 2y^2)\,y' = xy + y^2$
i) $(x^2 + xy)\,y' = x^2 + y^2$;
j) $(3x - 2y)\,y' = 6x - 4y + 1$;
k) $y' + y\tan x = \cos x$;
l) $y' + y\tan x = 2\sin x\cos x$.

2. Mit Hilfe der angegebenen Substitution löse man die folgenden Differentialgleichungen

   a) $y' + \frac{y}{x} = y^3$ Substitution: $z = y^{-2}$;

   b) $y' - y = \frac{x}{3y^2}$ Substitution: $z = y^3$.

3. Lösen Sie die folgenden Anfangswertprobleme

   a) $y' + 2y = x$ mit $y(0) = 1$; b) $y' + 2\frac{y}{x} = e^x$ mit $y(1) = e$;

   c) $(x + y + 1)\,y' = x + y - 2$ mit $y(0) = 0$.

4. Bestimmen Sie die Differentialgleichungen folgender Kurvenscharen

   a) $x^2 + y^2 = c^2$; b) $y = c \cdot \cos x$;

   c) $\frac{x^2}{c^2} + y^2 = 1$; d) $y = cx + c^3$;

   e) alle Kreise mit $r = 1$ und dem Mittelpunkt auf der x-Achse;

   f) alle Parabeln 2. Ordnung mit dem Scheitel im Nullpunkt.

5. Berechnen Sie die orthogonalen Trajektorien folgender Kurvenscharen

   a) $x^2 + y^2 = c^2$; b) $y = cx^2$;

   c) $y = c \ln x$; d) $y = c\,\frac{(x-1)^2}{x}$.

6. Gesucht sind alle Kurven, bei denen die Tangentenabschnitte zwischen den Koordinatenachsen durch die Berührungspunkte halbiert werden.

7. Es sollen diejenigen Kurven bestimmt werden, bei denen der Schnittpunkt der Tangente mit der Ordinatenachse vom Ursprung des Koordinatensystems jeweils den gleichen Abstand hat wie der Berührungspunkt der Tangente mit der Kurve.

8. Bestimmen Sie alle Kurven der Ebene, deren Subtangenten (Abstand des Schnittpunktes der Tangente mit der x-Achse von der Projektion des Berührungspunktes auf die x-Achse) ein konstantes Längenmaß besitzen.

9. Man bestimme alle Kurven, deren Subtangenten gleich den zugehörigen Subnormalen (Abstand des Schnittpunktes der Normalen mit der x-Achse von der Projektion des Schnittpunktes der Normalen mit der Kurve auf die x-Achse) sind.

10. Für welche den Ursprung enthaltende Kurve ist der Subnormalenabschnitt überall gleich dem geometrischen Mittel aus den Koordinaten des zugehörigen Punktes?

11. Bei welchen Kurven ist der Flächeninhalt des von den Achsen, der Tangente und der Ordinate begrenzten Trapezes gleich 1?

12. Aus einem Behälter, der bis zur vom Boden aus gemessenen Höhe h mit Flüssigkeit gefüllt ist, ströme diese durch ein Loch im Boden mit der Geschwindigkeit $v = 0{,}6 \cdot \sqrt{2gh}$ (g = Erdbeschleunigung) aus. Wann hat sich eine mit Wasser gefüllte Halbkugel mit dem Radius 1 m durch ein unten angebrachtes Loch mit der Öffnung $5\,\mathrm{cm}^2$ entleert?

13. Ein Spiegel ist so auszubilden, daß parallel einfallende Strahlen so reflektiert werden, daß diese durch einen Punkt gehen.

14. Man berechne $\lim\limits_{t \to \infty} i(t)$ für die Schaltung aus Bild 284.2 für $u_e(t) = U_0 \in \mathbb{R}$ und $i(0) = 0$.

15. Man berechne $\lim\limits_{t \to \infty} i(t)$ für die Schaltung aus Bild 284.2 für $u_e(t) = U_0 \in \mathbb{R}$.

4.3 Lineare Differentialgleichungen zweiter Ordnung mit konstanten Koeffizienten

Die Funktion f sei auf dem Intervall (a, b) stetig und $a_0, a_1 \in \mathbb{R}$. Eine Differentialgleichung der Form

$$y'' + a_1 \cdot y' + a_0 \cdot y = f(x) \tag{289.1}$$

bezeichnet man als **lineare Differentialgleichung zweiter Ordnung mit konstanten Koeffizienten.** Ist f die Nullfunktion, so heißt die Differentialgleichung homogen, sonst **inhomogen.** f heißt **Störfunktion** oder **Störglied.**

Die Lösungen der Differentialgleichung (289.1) lassen sich ähnlich wie die Lösungen der linearen Differentialgleichung erster Ordnung finden. Es gilt ein zu Satz 272.1 analoger

Satz 289.1

Die Funktion f sei auf dem Intervall I stetig und $a_0, a_1 \in \mathbb{R}$. Ist Y_H die allgemeine Lösung der homogenen Differentialgleichung

$$y'' + a_1 \cdot y' + a_0 \cdot y = 0$$

und y_P eine spezielle Lösung der inhomogenen Differentialgleichung

$$y'' + a_1 \cdot y' + a_0 \cdot y = f(x),$$

so ist $Y = \{y \mid y = y_H + y_p \text{ mit } y_H \in Y_H\}$ die allgemeine Lösung der inhomogenen Differentialgleichung.

Der Beweis bleibt dem Leser überlassen.

Um die allgemeine Lösung der Differentialgleichung (289.1) zu erhalten, ist nach Satz 289.1 folgendes Vorgehen zweckmäßig: Man bestimmt

a) alle Lösungen der zugehörigen homogenen Differentialgleichung,

b) eine Lösung der Differentialgleichung (289.1).

4.3.1 Die homogene Differentialgleichung

Die homogene Differentialgleichung erfüllt in ganz $\mathbb{R}^3$ die Voraussetzungen des Existenz- und Eindeutigkeitssatzes (Satz 256.1). Zu beliebigen Anfangsbedingungen $y(x_0)=y_0$, $y'(x_0)=y_1$ mit $x_0, y_0, y_1 \in \mathbb{R}$ gibt es also eine eindeutig bestimmte Lösung. Umgekehrt ist eine Lösungsschar die allgemeine Lösung der homogenen Differentialgleichung, wenn diese Lösungsschar für alle $x_0, y_0, y_1 \in \mathbb{R}$ jeweils eine Funktion enthält, die die Anfangsbedingungen $y(x_0)=y_0$, $y'(x_0)=y_1$ erfüllt.

Beispiel 290.1

Die Differentialgleichung $y''+2y'-3y=0$ wird gelöst durch $y=a\cdot \mathrm{e}^x$ mit $a\in\mathbb{R}$. Diese Lösungsschar enthält aber nicht für alle x_0, y_0, $y_1\in\mathbb{R}$ jeweils eine Funktion, die zusätzlich den Anfangsbedingungen $y(x_0)=y_0$, $y'(x_0)=y_1$ genügt. Fordern wir beispielsweise $y(0)=1$, so folgt $a=1$ und $y=\mathrm{e}^x$. Eine zweite Anfangsbedingung $y'(0)=2$ ist dann nicht mehr mit dieser Lösung erfüllbar. Das gleiche gilt für $y=b\mathrm{e}^{x+c}$ mit $b, c\in\mathbb{R}$ oder $y=d\cdot \mathrm{e}^{-3x}$ mit $d\in\mathbb{R}$. Kombinieren wir jedoch die Lösungen $y=a\cdot\mathrm{e}^x$ und $y=d\cdot\mathrm{e}^{-3x}$ in der Form $y=a\cdot\mathrm{e}^x+d\cdot\mathrm{e}^{-3x}$, so erhalten wir hierdurch die allgemeine Lösung der Differentialgleichung. Durch Einsetzen zeigt man zunächst, daß auch die Summe Lösung ist. Es lassen sich auch beide Anfangsbedingungen mit jeweils einer Funktion dieser Lösungsschar erfüllen. Wir erhalten nämlich

$$y(x_0)=a\cdot\mathrm{e}^{x_0}+d\cdot\mathrm{e}^{-3x_0}=y_0, \qquad y'(x_0)=a\cdot\mathrm{e}^{x_0}-3d\cdot\mathrm{e}^{-3x_0}=y_1.$$

Beide Bedingungen sind für

$$a=\tfrac{1}{4}\mathrm{e}^{-x_0}(3y_0+y_1), \qquad d=\tfrac{1}{4}\mathrm{e}^{3x_0}(y_0-y_1)$$

erfüllt. Es ist zu vermuten, daß die allgemeine Lösung zwei frei wählbare Konstanten enthalten muß, da auch zwei Anfangsbedingungen zu erfüllen sind. Allerdings ist nicht jede Lösungsschar, die zwei frei wählbare Konstanten enthält, allgemeine Lösung, wie $y=b\cdot\mathrm{e}^{x+c}$ zeigt. Die beiden Anfangsbedingungen $y(0)=1$, $y'(0)=2$ führen nämlich wegen $b\mathrm{e}^c=1$ und $b\mathrm{e}^c=2$ auf einen Widerspruch.

Eine Kombination der Lösungen $y=a\cdot\mathrm{e}^x$ und $y=b\cdot\mathrm{e}^{x+c}$ in der Form $y=a\cdot\mathrm{e}^x+b\cdot\mathrm{e}^{x+c}$ liefert auch nicht die allgemeine Lösung, wie man leicht nachweist, obwohl diese Kombination sogar drei frei wählbare Konstanten enthält.

Um die allgemeine Lösung der homogenen Differentialgleichung zu erhalten, werden wir auch komplexwertige Funktionen einer reellen Veränderlichen betrachten.

> Es seien $a_0, a_1\in\mathbb{R}$, u, v seien auf dem Intervall I definierte Funktionen, die Funktionen f, g seien auf I stetig. Dann heißt die komplexwertige Funktion $w=u+\mathrm{j}v$ Lösung der Differentialgleichung $y''+a_1y'+a_0y=f(x)+\mathrm{j}g(x)$, wenn u Lösung der Differentialgleichung $y''+a_1y'+a_0y=f(x)$ und v Lösung der Differentialgleichung $y''+a_1y'+a_0y=g(x)$ ist.

Bemerkung:

Ist g die Nullfunktion, so erhält man die Differentialgleichung (289.1).

Als Verallgemeinerung von Beispiel 290.1 gilt

Satz 291.1

Es seien y_1, y_2 Lösungen von $y'' + a_1 \cdot y' + a_0 \cdot y = 0$. Dann ist auch $c_1 y_1 + c_2 y_2$ mit beliebigen komplexen Zahlen c_1, c_2 Lösung dieser Differentialgleichung.

Der Beweis folgt durch Einsetzen der Linearkombination in die homogene Differentialgleichung.

Wir betrachten zunächst noch einmal die lineare Differentialgleichung erster Ordnung $y' + a \cdot y = 0$ mit $a \in \mathbb{R}$. Diese Differentialgleichung ist separabel, sie hat die allgemeine Lösung $y = k\mathrm{e}^{-ax}$ mit $k \in \mathbb{R}$. Die Lösung können wir auch durch einen speziellen Ansatz bestimmen, wir setzen $y = A \cdot \mathrm{e}^{\lambda x}$ mit $A, \lambda \in \mathbb{R}$. Dann ist $y' = A\lambda\mathrm{e}^{\lambda x}$, und wir erhalten durch Einsetzen $A\mathrm{e}^{\lambda x}(\lambda + a) = 0$. Diese Gleichung ist mit $\lambda = -a$ für alle x erfüllt, und es ergibt sich $y = A\mathrm{e}^{-ax}$. Es muß jetzt noch gezeigt werden, daß dies die allgemeine Lösung ist, d.h. daß mit der Lösung jedes Anfangswertproblem zu lösen ist.

Wir gehen bei der homogenen Differentialgleichung zweiter Ordnung ähnlich vor und machen auch hier den Ansatz

$$y = A\mathrm{e}^{\lambda x} \quad \text{mit } A, \lambda \in \mathbb{C}.$$

Um die allgemeine Lösung zu erhalten, müssen wir komplexe Werte zulassen. λ soll so bestimmt werden, daß $A\mathrm{e}^{\lambda x}$ Lösung der betrachteten Differentialgleichung ist. Aus $y'' + a_1 \cdot y' + a_0 \cdot y = 0$ folgt dann

$$A\mathrm{e}^{\lambda x}(\lambda^2 + a_1 \cdot \lambda + a_0) = 0.$$

Da $A = 0$ nicht die allgemeine Lösung liefert und $\mathrm{e}^{\lambda x}$ nicht verschwindet, muß $\lambda^2 + a_1\lambda + a_0 = 0$ sein.

Definition 291.1

Das Polynom $p(\lambda) = \lambda^2 + a_1 \cdot \lambda + a_0$ heißt **charakteristisches Polynom** der Differentialgleichung $y'' + a_1 y' + a_0 y = 0$, die Gleichung $p(\lambda) = 0$ ihre **charakteristische Gleichung.**

Als quadratische Gleichung hat $p(\lambda) = 0$ zwei Lösungen

$$\lambda_{1/2} = -\frac{a_1}{2} \pm \sqrt{\left(\frac{a_1}{2}\right)^2 - a_0}.$$

Es sind 3 Fälle zu unterscheiden:

1. Das charakteristische Polynom besitzt 2 verschiedene reelle Nullstellen λ_1, λ_2.

   In diesem Falle sind $y_1 = A_1\mathrm{e}^{\lambda_1 x}$, $y_2 = A_2\mathrm{e}^{\lambda_2 x}$ Lösungen der homogenen Differentialgleichung und wir erhalten in

   $$y_{\mathrm{H}} = A_1\mathrm{e}^{\lambda_1 x} + A_2\mathrm{e}^{\lambda_2 x}$$

   die allgemeine Lösung. Betrachten wir nämlich die Anfangsbedingungen $y(x_0) = y_0$, $y'(x_0) = y_1$ mit $x_0, y_0, y_1 \in \mathbb{R}$, so können wir A_1 und A_2 stets so bestimmen, daß diese erfüllt sind. Es muß gelten

   $$y(x_0) = A_1\mathrm{e}^{\lambda_1 x_0} + A_2\mathrm{e}^{\lambda_2 x_0} = y_0$$
   $$y'(x_0) = A_1\lambda_1\mathrm{e}^{\lambda_1 x_0} + A_2\lambda_2\mathrm{e}^{\lambda_2 x_0} = y_1.$$

Dieses Gleichungssystem für die Unbekannten A_1, A_2 hat, da seine Koeffizientendeterminante

$$D=\begin{vmatrix} e^{\lambda_1 x_0} & e^{\lambda_2 x_0} \\ \lambda_1 e^{\lambda_1 x_0} & \lambda_2 e^{\lambda_2 x_0} \end{vmatrix} = (\lambda_2-\lambda_1)\,e^{(\lambda_1+\lambda_2)x_0}$$

wegen $\lambda_1 \neq \lambda_2$ nicht verschwindet, immer genau eine Lösung.

2. Das charakteristische Polynom besitzt zwei konjugiert komplexe Lösungen λ_1, λ_2. Wir machen den Ansatz $y_H = A_1 e^{\lambda_1 x} + A_2 e^{\lambda_2 x}$. Die beiden e-Funktionen sind hier komplexwertig, die Zahlen A_1, A_2 reell.

   Setzen wir $\alpha = \sqrt{\left|\frac{a_1^2}{4} - a_0\right|}$, so ist

$$\lambda_1 = -\frac{a_1}{2} + j\alpha, \qquad \lambda_2 = -\frac{a_1}{2} - j\alpha.$$

   Dann folgt

$$y = A_1 e^{-\frac{1}{2}a_1 x} e^{j\alpha x} + A_2 e^{-\frac{1}{2}a_1 x} e^{-j\alpha x}$$

   und nach der Eulerschen Formel (vgl. (70.2))

$$\begin{aligned} y &= e^{-\frac{1}{2}a_1 x}\big(A_1(\cos\alpha x + j\sin\alpha x) + A_2(\cos\alpha x - j\sin\alpha x)\big) \\ &= e^{-\frac{1}{2}a_1 x}\big((A_1+A_2)\cos\alpha x + (jA_1 - jA_2)\sin\alpha x\big). \end{aligned}$$

   Da der Realteil und der Imaginärteil auch für sich allein die Differentialgleichung lösen, ist auch

$$y = e^{-\frac{1}{2}a_1 x}(B_1\cos\alpha x + B_2 \sin\alpha x)$$

   Lösung der Differentialgleichung. $-\frac{a_1}{2}$ ist hierbei der Realteil und α der Imaginärteil der Lösungen der charakteristischen Gleichung.

   Wie im ersten Falle kann auch hier gezeigt werden, daß y die allgemeine Lösung der Differentialgleichung ist.

3. Das charakteristische Polynom hat zwei gleiche reelle Lösungen. Wie erhalten zunächst nur eine Lösung

$$y_1 = A_1 e^{-\frac{1}{2}a_1 x}$$

   und bestimmen die zweite Lösung durch Variation der Konstanten. Dazu setzen wir

$$y_2 = A(x)\,e^{-\frac{1}{2}a_1 x}.$$

   Durch Differenzieren und Einsetzen ergibt sich

$$y_2'' + a_1 \cdot y_2' + a_0 \cdot y_2 = \big(A''(x) + (a_0 - \tfrac{1}{4}a_1^2)\,A(x)\big)\,e^{-\frac{1}{2}a_1 x}.$$

Da das charakteristische Polynom zwei gleiche Nullstellen hat, ist $a_0 = \frac{1}{4}a_1^2$, und es folgt

$A''(x)=0$, also $A'(x)=A_2$ und $A(x)=A_2 \cdot x+A_3$ mit $A_2, A_3 \in \mathbb{R}$. Wir erhalten in $y_2=(A_2 x+A_3)\mathrm{e}^{-\frac{1}{2}a_1 x}$ eine zweite Lösung der homogenen Differentialgleichung. Wie im ersten Fall, zeigt man auch hier, daß

$$y=y_1+y_2=((A_1+A_3)+A_2 x)\,\mathrm{e}^{-\frac{1}{2}a_1 x}=(B_1+B_2 x)\,\mathrm{e}^{-\frac{1}{2}a_1 x}$$

mit $B_1=A_1+A_3 \in \mathbb{R}$ und $B_2=A_2 \in \mathbb{R}$ die allgemeine Lösung ist.

Zusammenfassend ergibt sich

Satz 293.1

Es seien $a_0, a_1 \in \mathbb{R}$ und λ_1, λ_2 die Lösungen der charakteristischen Gleichung $\lambda^2+a_1 \cdot \lambda+a_0=0$ der Differentialgleichung $y''+a_1 \cdot y'+a_0 \cdot y=0$. Dann ist die allgemeine Lösung dieser Differentialgleichung

a) $Y_{\mathrm{H}}=\{y \mid y=A_1 \mathrm{e}^{\lambda_1 x}+A_2 \mathrm{e}^{\lambda_2 x}$ mit $A_1, A_2 \in \mathbb{R}\}$, falls $\lambda_1, \lambda_2 \in \mathbb{R}$ und $\lambda_1 \neq \lambda_2$ ist,

b) $Y_{\mathrm{H}}=\{y \mid y=\mathrm{e}^{\lambda_1 x}(A_1+A_2 \cdot x)$ mit $A_1, A_2 \in \mathbb{R}\}$, falls $\lambda_1, \lambda_2 \in \mathbb{R}$ und $\lambda_1=\lambda_2$ ist,

c) $Y_{\mathrm{H}}=\{y \mid y=\mathrm{e}^{-\frac{1}{2}a_1 x}(A_1 \cos \alpha x+A_2 \sin \alpha x)$ mit $A_1, A_2 \in \mathbb{R}\}$, falls $\lambda_{1,2}=-\frac{a_1}{2} \pm \mathrm{j}\alpha$ mit $\alpha \neq 0$ ist.

Beispiel 293.1

Man löse die Differentialgleichung $y''+4y'-5y=0$.

Die charakteristische Gleichung ist $\lambda^2+4 \cdot \lambda-5=0$. Die Lösungen sind $\lambda_1=1$, $\lambda_2=-5$. Die allgemeine Lösung der Differentialgleichung lautet $y_{\mathrm{H}}=A_1 \cdot \mathrm{e}^x+A_2 \cdot \mathrm{e}^{-5x}$.

Beispiel 293.2

Man bestimme die allgemeine Lösung von $y''+4y'+4y=0$.

Die charakteristische Gleichung hat die Lösungen $\lambda_1=\lambda_2=-2$. Damit ist $y_{\mathrm{H}}=A_1 \mathrm{e}^{-2x}+A_2 x \mathrm{e}^{-2x}$.

Beispiel 293.3

Man löse die Differentialgleichung $y''+4y'+13y=0$.

Die charakteristische Gleichung lautet $\lambda^2+4 \cdot \lambda+13=0$. Sie hat die Lösungen $\lambda_1=-2+3\mathrm{j}$, $\lambda_2=-2-3\mathrm{j}$. Daher ist die allgemeine Lösung der Differentialgleichung $y_{\mathrm{H}}=\mathrm{e}^{-2x}(A_1 \cos 3x+A_2 \sin 3x)$.

Die inhomogene Differentialgleichung

Wir bestimmen jetzt eine partikuläre Lösung der inhomogenen Differentialgleichung. Es gibt hierzu mehrere Verfahren. Wir stellen drei von ihnen vor.

Das erste, das Grundlösungsverfahren, ist auf sehr viele Typen anwendbar. Es erfordert aber einen höheren Rechenaufwand. Die beiden anderen haben einen kleineren Anwendungsbereich, der Aufwand ist dafür weitaus geringer. Sie umfassen aber fast alle in der Praxis vorkommenden Fälle.

4.3.2 Das Grundlösungsverfahren zur Lösung der inhomogenen Differentialgleichung

Satz 294.1

Die Funktion f sei auf (a, b) stetig und $x_0 \in (a, b)$. g sei diejenige Lösung der homogenen Differentialgleichung $y'' + a_1 \cdot y' + a_0 \cdot y = 0$, für die $g(x_0) = 0$, $g'(x_0) = 1$ gilt. Dann ist

$$y_p(x) = \int_{x_0}^{x} g(x + x_0 - t)\, f(t)\, dt$$

auf (a, b) eine partikuläre Lösung von $y'' + a_1 \cdot y' + a_0 \cdot y = f(x)$.

Beweis:

Nach dem Existenz- und Eindeutigkeitssatz (Satz 256.1) existiert die Funktion g. Wir differenzieren $y_p(x)$ nach x (vgl. Leibnizsche Regel (Satz 166.1)).

$$y_p'(x) = g(x_0)\, f(x) + \int_{x_0}^{x} g'(x + x_0 - t)\, f(t)\, dt$$

und erhalten wegen $g(x_0) = 0$

$$y_p'(x) = \int_{x_0}^{x} g'(x + x_0 - t)\, f(t)\, dt. \tag{294.1}$$

Daraus folgt

$$y_p''(x) = f(x)\, g'(x_0) + \int_{x_0}^{x} g''(x + x_0 - t)\, f(t)\, dt$$

und wegen $g'(x_0) = 1$

$$y_p''(x) = f(x) + \int_{x_0}^{x} g''(x + x_0 - t)\, f(t)\, dt. \tag{294.2}$$

Setzen wir (294.1) und (294.2) in die linke Seite der inhomogenen Differentialgleichung ein, so ergibt sich

$$f(x) + \int_{x_0}^{x} [g''(x + x_0 - t) + a_1 g'(x + x_0 - t) + a_0 g(x + x_0 - t)]\, f(t)\, dt.$$

Der Inhalt der eckigen Klammer verschwindet, da g Lösung der homogenen Differentialgleichung ist, und die obige inhomogene Gleichung ist erfüllt. ●

Beispiel 294.1

Mit Hilfe des Grundlösungsverfahrens löse man $y'' + y = x$.

Es ist $y_H = A \cos x + B \sin x$. Wir wählen $x_0 = 0$ und bestimmen g aus $g(x) = y_H$ mit $g(0) = A = 0$, $g'(0) = B = 1$ zu $g(x) = \sin x$. Daraus folgt

$$y_p(x) = \int_{0}^{x} g(x - t)\, f(t)\, dt = \int_{0}^{x} \sin(x - t)\, t\, dt$$

und durch partielle Integration mit $u=t$, $v'=\sin(x-t)$

$$y_p(x)=t\cos(x-t)\Big|_{t=0}^{t=x}-\int_0^x\cos(x-t)\,dt=x+\sin(x-t)\Big|_{t=0}^{t=x}=x-\sin x.$$

Für die allgemeine Lösung der inhomogenen Differentialgleichung erhalten wir

$$y=y_H+y_P=A\cos x+B\sin x+x-\sin x=A\cos x+(B-1)\sin x+x.$$

Führen wir neue Konstanten $A_1=A$, $B_1=B-1$ ein, so ergibt sich

$$y=A_1\cos x+B_1\sin x+x,$$

so daß auch $y_{P1}=x$ eine spezielle Lösung der inhomogenen Differentialgleichung ist.

Beispiel 295.1

Man bestimme die allgemeine Lösung von $y''+y=\dfrac{1}{\sin x}$.

Wir erhalten $y_H=A\cos x+B\sin x$. Die Wahl $x_0=0$ ist hier nicht möglich, da die Störfunktion an dieser Stelle nicht definiert ist. Wir wählen $x_0=\dfrac{\pi}{2}$. Dann wird $g(x)=-\cos x$, weil $g\left(\dfrac{\pi}{2}\right)=B=0$, $g'\left(\dfrac{\pi}{2}\right)=-A=1$ ist.

Wir erhalten also

$$y_p(x)=\int_{\frac{\pi}{2}}^x g\left(x+\frac{\pi}{2}-t\right)f(t)\,dt=-\int_{\frac{\pi}{2}}^x\cos\left(x+\frac{\pi}{2}-t\right)\frac{1}{\sin t}\,dt.$$

Unter Anwendung des Additionstheorems für $\cos(\alpha+\beta)$ mit $\alpha=x-t$, $\beta=\dfrac{\pi}{2}$ folgt:

$$y_p(x)=\int_{\frac{\pi}{2}}^x\sin(x-t)\frac{1}{\sin t}\,dt=\int_{\frac{\pi}{2}}^x(\sin x\cos t-\cos x\sin t)\frac{1}{\sin t}\,dt=\sin x\int_{\frac{\pi}{2}}^x\frac{\cos t}{\sin t}\,dt-\cos x\int_{\frac{\pi}{2}}^x dt.$$

Das erste Integral hat die Form $\int\dfrac{f'(t)}{f(t)}\,dt$ und es ist

$$y_p(x)=\sin x\cdot\ln|\sin t|\Big|_{t=\frac{1}{2}\pi}^{t=x}-t\cdot\cos x\Big|_{t=\frac{1}{2}\pi}^{t=x}=\sin x\cdot\ln|\sin x|-\left(x-\frac{\pi}{2}\right)\cos x$$

mit $x\in(0,\pi)$. Die allgemeine Lösung der betrachteten Differentialgleichung in $(0,\pi)$ ist also

$$y=A\cos x+B\sin x+(\sin x)\cdot\ln|\sin x|-x\cos x.$$

4.3.3 Der Ansatz in Form des Störgliedes

Mit der hier beschriebenen Methode ist es möglich, eine partikuläre Lösung der inhomogenen Differentialgleichung zu bestimmen, wenn die rechte Seite eine spezielle Form hat.

Satz 296.1

Gegeben sei die Differentialgleichung $y''+a_1y'+a_0y=p_n(x)$, wobei $a_0, a_1 \in \mathbb{R}$ und p_n ein Polynom vom Grade n ist. Dann gibt es ein Polynom q_n gleichen Grades n, so daß

a) für $a_0 \neq 0$ die Funktion $y_p = q_n(x)$

b) für $a_0 = 0$, $a_1 \neq 0$ die Funktion $y_p = x \cdot q_n(x)$

c) für $a_0 = a_1 = 0$ die Funktion $y_p = x^2 \cdot q_n(x)$

eine Lösung der Differentialgleichung ist.

Bemerkung:

Ist die rechte Seite ein Polynom, so gibt es eine Lösung, die wieder ein Polynom ist. Diese spezielle Lösung hat die Form der rechten Seite.

Beweis:

Es sei $p_n(x) = \sum_{k=0}^{n} \alpha_k x^k$. Wir setzen $q_n(x) = \sum_{k=0}^{n} \beta_k x^k$ und versuchen, die β_k so zu bestimmen, daß y_p Lösung der inhomogenen Differentialgleichung ist.

a) Für $a_0 \neq 0$ folgt durch Einsetzen von $y_p = q_n(x)$ in die Differentialgleichung

$$\sum_{k=2}^{n} \beta_k \cdot k \cdot (k-1)\, x^{k-2} + a_1 \cdot \sum_{k=1}^{n} \beta_k \cdot k \cdot x^{k-1} + a_0 \cdot \sum_{k=0}^{n} \beta_k x^k = \sum_{k=0}^{n} \alpha_k x^k$$

und nach Umbenennung der Summationsindizes

$$\sum_{k=0}^{n-2} \beta_{k+2}(k+2)(k+1)\, x^k + a_1 \cdot \sum_{k=0}^{n-1} \beta_{k+1}(k+1)\, x^k + a_0 \cdot \sum_{k=0}^{n} \beta_k x^k = \sum_{k=0}^{n} \alpha_k x^k.$$

Führen wir einen Koeffizientenvergleich durch, so ergibt sich bei den jeweils angegebenen Funktionen

$$x^n: \quad a_0 \cdot \beta_n = \alpha_n, \quad \text{also} \quad \beta_n = \frac{\alpha_n}{a_0}$$

$$x^{n-1}: \quad a_1 \cdot \beta_n \cdot n + a_0 \beta_{n-1} = \alpha_{n-1}, \quad \text{d.h.} \quad \beta_{n-1} = \frac{1}{a_0}(\alpha_{n-1} - a_1 \beta_n \cdot n)$$

$$x^k: \quad \beta_{k+2}(k+2)(k+1) + a_1 \cdot \beta_{k+1} \cdot (k+1) + a_0 \cdot \beta_k = \alpha_k \qquad \text{für } 0 \leqq k \leqq n-2.$$

Diese Gleichung läßt sich immer nach β_k auflösen. Setzt man der Reihe nach $k = n-2$, $n-1, \ldots, 0$, so erhält man nacheinander die Koeffizienten des Polynoms q_n.

Durch Einsetzen bestätigt man, daß das so berechnete Polynom die betrachtete Differentialgleichung löst.

b) Für $a_0=0$, $a_1\neq 0$ verläuft der Beweis analog.

c) Für $a_0=a_1=0$ folgt die Behauptung durch zweifache Integration der Differentialgleichung. ●

Beispiel 297.1

Man bestimme eine partikuläre Lösung der Differentialgleichung $y''+y'-2y=x^2$.
Wegen $a_0=-2\neq 0$ und $p_2(x)=x^2$ setzen wir $y_p=q_2(x)=ax^2+bx+c$ und erhalten wegen $y_p'=2ax+b$, $y_p''=2a$ durch Einsetzen in die Differentialgleichung

$$-2ax^2+(2a-2b)x+(2a+b-2c)=x^2.$$

Der Koeffizientenvergleich ergibt $-2a=1$, $2a-2b=0$, $2a+b-2c=0$.

Daraus folgt $a=-\frac{1}{2}$, $b=-\frac{1}{2}$, $c=-\frac{3}{4}$. Eine partikuläre Lösung lautet also $y_p=-\frac{x^2}{2}-\frac{x}{2}-\frac{3}{4}$.

Beispiel 297.2

Man bestimme eine partikuläre Lösung der Differentialgleichung $y''+y'=x^2$. Wegen $a_0=0$, $a_1=1\neq 0$ setzen wir

$$y_p=x(ax^2+bx+c)=ax^3+bx^2+cx.$$

Durch Einsetzen in die Differentialgleichung ergibt sich

$$(6ax+2b)+(3ax^2+2bx+c)=x^2.$$

Daraus folgt durch Koeffizientenvergleich $3a=1$, $6a+2b=0$, $2b+c=0$. Die Lösung ist $a=\frac{1}{3}$, $b=-1$, $c=2$. Wir erhalten $y_p=\frac{x^3}{3}-x^2+2x$.

Wir wollen den Anwendungsbereich der Methode erweitern.

Satz 297.1

Gegeben sei die Differentialgleichung $y''+a_1y'+a_0y=e^{bx}p_n(x)$, wobei $a_0, a_1, b\in\mathbb{R}$ und p_n ein Polynom vom Grade n ist. Dann gibt es ein Polynom gleichen Grades n, so daß,

a) falls b nicht Nullstelle des charakteristischen Polynoms ist, die Funktion $y_p=e^{bx}q_n(x)$,

b) falls b einfache Nullstelle des charakteristischen Polynoms ist, die Funktion $y_p=e^{bx}xq_n(x)$,

c) falls b zweifache Nullstelle des charakteristischen Polynoms ist, die Funktion $y_p=e^{bx}x^2q_n(x)$ eine Lösung der Differentialgleichung ist.

Bemerkungen:

1. Eine spezielle Lösung hat wie bei Satz 296.1 die Form der rechten Seite.

2. Für $b=0$ folgt Satz 296.1 aus Satz 297.1.
3. Bei den Sätzen 296.1 und 297.1 spricht man im Falle b) von einfacher **Resonanz**, im Falle c) von zweifacher Resonanz. Die physikalische Begründung folgt später.

Beweis:

Wir beweisen exemplarisch nur den Fall b). Da b einfache Nullstelle des charakteristischen Polynoms ist, gilt $b^2+a_1b+a_0=0$ und $2b+a_1\neq 0$, da die Ableitung des charakteristischen Polynoms an der Stelle b nicht verschwindet (vgl. Band 2, Beispiel 48.1).

Es sei $p_n(x)=\sum_{k=0}^{n}\alpha_k x^k$. Wir setzen $q_n(x)=\sum_{k=0}^{n}\beta_k x^k$. Dann ist

$$y_p=e^{bx}\cdot x\cdot\sum_{k=0}^{n}\beta_k x^k=e^{bx}\cdot\sum_{k=0}^{n}\beta_k x^{k+1}$$

$$y_p'=e^{bx}\left(b\sum_{k=0}^{n}\beta_k x^{k+1}+\sum_{k=0}^{n}\beta_k(k+1)x^k\right)$$

$$y_p''=e^{bx}\left(b^2\sum_{k=0}^{n}\beta_k\cdot x^{k+1}+2b\sum_{k=0}^{n}\beta_k\cdot(k+1)\cdot x^k+\sum_{k=1}^{n}\beta_k\cdot(k+1)\cdot k\cdot x^{k-1}\right).$$

Wählt man β_k so, daß die folgenden Gleichungen gelten, so ist die Differentialgleichung erfüllt. Die Koeffizienten der links angegebenen Ausdrücke stimmen dann überein.

$$x^{n+1}e^{bx}:\quad b^2\beta_n+a_1b\beta_n+a_0\beta_n=\beta_n(b^2+a_1b+a_0)=0,$$

da b Lösung der charakteristischen Gleichung ist.

$$x^ne^{bx}:\quad b^2\beta_{n-1}+2b\beta_n(n+1)+a_1\big(b\beta_{n-1}+\beta_n(n+1)\big)+a_0\beta_{n-1}=\alpha_n,\quad \text{also}$$

$$\beta_{n-1}(b^2+a_1b+a_0)+\beta_n(2b+a_1)(n+1)=\alpha_n,\quad \text{d.h. wegen } b^2+a_1b+a_0=0,\ 2b+a_1\neq 0:$$

$$\beta_n=\frac{\alpha_n}{(2b+a_1)(n+1)}. \tag{298.1}$$

$$x^ke^{bk}:\quad b^2\beta_{k-1}+2b\beta_k(k+1)+\beta_{k+1}(k+2)(k+1)+a_1\big(b\beta_{k-1}+\beta_k(k+1)\big)+a_0\beta_{k-1}=\alpha_k$$

für $1\leqq k\leqq n-1$

$$(b^2+a_1b+a_0)\beta_{k-1}+\beta_k(2b+a_1)(k+1)+\beta_{k+1}(k+2)(k+1)=\alpha_k.$$

Diese Gleichung läßt sich wegen $2b+a_1\neq 0$ nach β_k auflösen, und man erhält, da $b^2+a_1b+a_0=0$ ist:

$$\beta_k=\frac{\alpha_k-\beta_{k+1}\cdot(k+2)(k+1)}{(2b+a_1)(k+1)}. \tag{298.2}$$

$$x^0e^{bx}:\quad 2b\beta_0+2\beta_1+a_1\beta_0=\alpha_0 \tag{298.3}$$

Aus (298.1) erhält man β_n. Setzt man in (298.2) der Reihe nach $k=n-1,\ n-2,\ \ldots,\ 1$, so lassen sich alle Koeffizienten von q_n bestimmen. β_0 erhält man aus (298.3). ●

Beispiel 299.1

Man bestimme eine partikuläre Lösung der Differentialgleichung $y''+y'-2y=xe^{3x}$.

Die charakteristische Gleichung $\lambda^2+\lambda-2=0$ hat die Lösungen $\lambda_1=1$, $\lambda_2=-2$. Es liegt also keine Resonanz vor. Nach Satz 297.1 machen wir den Ansatz $y_p=e^{3x}(ax+b)$ und erhalten

$$y_p'=e^{3x}(3ax+3b+a), \qquad y_p''=e^{3x}(9ax+9b+6a).$$

Setzen wir dies in die Differentialgleichung ein, so folgt

$$e^{3x}(9ax+9b+6a+3ax+3b+a-2ax-2b)=xe^{3x}.$$

Setzen wir $10a=1$, $7a+10b=0$, so ist die Differentialgleichung erfüllt. Daraus folgt $a=\frac{1}{10}$, $b=-\frac{7}{100}$. Also ist $y_p=e^{3x}\left(\frac{x}{10}-\frac{7}{100}\right)$.

Beispiel 299.2

Gesucht ist eine spezielle Lösung der Differentialgleichung $y''+y'-2y=xe^x$.

Die charakteristische Gleichung $\lambda^2+\lambda-2=0$ hat die Lösungen $\lambda_1=1$, $\lambda_2=-2$. Da $\lambda_1=1$ einfache Lösung ist, besteht einfache Resonanz. Nach Satz 297.1 lautet der Lösungsansatz $y_p=e^x x(ax+b)=e^x(ax^2+bx)$. Das liefert

$$y_p'=e^x(ax^2+(2a+b)x+b), \qquad y_p''=e^x(ax^2+(4a+b)x+2a+2b).$$

Wir erhalten durch Einsetzen in die Differentialgleichung

$$e^x(ax^2+(4a+b)x+2a+2b+ax^2+(2a+b)x+b-2ax^2-2bx)=xe^x.$$

Setzen wir $6a=1$, $2a+3b=0$, d.h. $a=\frac{1}{6}$, $b=-\frac{1}{9}$, so ist die obige Gleichung erfüllt. Es ist daher

$$y_p=e^x\left(\frac{x^2}{6}-\frac{x}{9}\right).$$

Beispiel 299.3

Gesucht ist eine partikuläre Lösung der Differentialgleichung $y''-2y'+y=x\cdot e^x$.

Die charakteristische Gleichung hat die Lösungen $\lambda_1=\lambda_2=1$. Es besteht zweifache Resonanz. Nach Satz 297.1 lautet der Ansatz

$$y_p=e^x x^2(ax+b)=e^x(ax^3+bx^2).$$

Es ist

$$y_p'=e^x(ax^3+(3a+b)x^2+2bx),$$
$$y_p''=e^x(ax^3+(6a+b)x^2+(6a+4b)x+2b).$$

Die Differentialgleichung ist erfüllt, wenn wir $6a=1$, $2b=0$ setzen. Daraus folgt $a=\frac{1}{6}$, $b=0$ und $y_p=e^x\frac{x^3}{6}$.

Die Methode läßt sich auf noch allgemeinere rechte Seiten anwenden. Es gilt

Satz 300.1

Gegeben sei die Differentialgleichung $y''+a_1y'+a_0y=e^{cx}(p_n(x)\cos bx+q_n(x)\sin bx)$, wobei a_0, a_1, b, $c\in\mathbb{R}$ und p_n, q_n Polynome höchstens n-ten Grades sind. Dann gibt es Polynome r_n, s_n höchstens n-ten Grades, so daß,

a) falls $c+\mathrm{j}b$ nicht Lösung der charakteristischen Gleichung ist, die Funktion

$$y_\mathrm{p}=e^{cx}(r_n(x)\cos bx+s_n(x)\sin bx),$$

b) falls $c+\mathrm{j}b$ Lösung der charakteristischen Gleichung ist, die Funktion

$$y_\mathrm{p}=e^{cx}x(r_n(x)\cos bx+s_n(x)\sin bx)$$

spezielle Lösung der Differentialgleichung ist.

Auf den Beweis wird verzichtet.

Bemerkungen:

1. Für $b=0$ ergibt sich Satz 297.1.
2. Im Falle b) spricht man von einfacher Resonanz, zweifache Resonanz kann hier nicht auftreten.
3. Die Polynome p_n, q_n können auch verschiedene Grade haben. In diesem Falle ist der höhere Grade für n zu nehmen.

Beispiel 300.1

Man bestimme eine spezielle Lösung der Differentialgleichung $y''+y=xe^x\sin x$.

Das charakteristische Polynom $p(\lambda)=\lambda^2+1$ hat nicht die Nullstelle $1+\mathrm{j}$. Es besteht daher keine Resonanz. Mit den Bezeichnungen des Satzes 300.1 hat q_n den Grad 1. Wir wählen daher für r_n und s_n auch Polynome vom Grad 1. Wir setzen

$$y_\mathrm{p}=e^x((ax+b)\cos x+(cx+d)\sin x).$$

Dann ist

$$y_\mathrm{p}'=e^x(((a+c)x+a+b+d)\cos x+((c-a)x+d-b+c)\sin x)$$
$$y_\mathrm{p}''=e^x((2cx+2d+2a+2c)\cos x+(-2ax-2b+2c-2a)\sin x).$$

Durch Einsetzen erkennt man, daß die Differentialgleichung erfüllt ist, wenn wir fordern: $a+2c=0$, $2a+b+2c+2d=0$, $c-2a=1$, $-2a-2b+2c+d=0$. Dieses Gleichungssystem hat die Lösungen $a=-\frac{2}{5}$, $b=\frac{14}{25}$, $c=\frac{1}{5}$, $d=-\frac{2}{25}$. Es ist also

$$y_\mathrm{p}=e^x((-\tfrac{2}{5}x+\tfrac{14}{25})\cos x+(\tfrac{1}{5}x-\tfrac{2}{25})\sin x).$$

Beispiel 300.2

Gesucht ist eine partikuläre Lösung der Differentialgleichung $y''+y=\sin x$.

Die charakteristische Gleichung hat die Lösungen $\lambda_1 = \mathrm{j}$, $\lambda_2 = -\mathrm{j}$. Es liegt einfache Resonanz vor. Der Lösungsansatz lautet $y_p = ax\cos x + bx\sin x$. Dann ist

$$y'_p = (bx+a)\cos x + (b-ax)\sin x, \qquad y''_p = (-ax+2b)\cos x + (-bx-2a)\sin x.$$

Durch Einsetzen in die Differentialgleichung erhalten wir $2b\cos x - 2a\sin x = \sin x$. Diese Gleichung ist für $a = -\frac{1}{2}$, $b = 0$ erfüllt. Daher ist $y_p = -\dfrac{x}{2}\cos x$.

Beispiel 301.1

Gesucht ist eine spezielle Lösung der Differentialgleichung $y'' + y' - y = x\mathrm{e}^{-x}\cos 3x$.

Die charakteristische Gleichung hat die Lösungen $\lambda_1 = -\frac{1}{2} + \frac{1}{2}\sqrt{5}$, $\lambda_2 = -\frac{1}{2} - \frac{1}{2}\sqrt{5}$. Da keine Resonanz vorliegt, machen wir nach Satz 300.1 den Ansatz
$y_p = (ax+b)\mathrm{e}^{-x}\cos 3x + (cx+d)\mathrm{e}^{-x}\sin 3x$. Daraus folgt

$$y'_p = ((3c-a)x + a - b + 3d)\mathrm{e}^{-x}\cos 3x + ((-3a-c)x - 3b + c - d)\mathrm{e}^{-x}\sin 3x$$

und

$$y''_p = ((-8a-6c)x - 2a - 8b + 6c - 6d)\mathrm{e}^{-x}\cos 3x + ((6a-8c)x - 6a + 6b - 2c - 8d)\mathrm{e}^{-x}\sin 3x.$$

Die Differentialgleichung ist erfüllt, wenn wir fordern, daß die Koeffizienten gleicher Funktionen übereinstimmen. Daraus folgt für die jeweils angegebenen Funktionen

$$x\mathrm{e}^{-x}\cos 3x\colon\ -10a - 3c = 1, \qquad x\mathrm{e}^{-x}\sin 3x\colon\ 3a - 10c = 0,$$

$$\mathrm{e}^{-x}\cos 3x\colon\ -a - 10b + 6c - 3d = 0, \qquad \mathrm{e}^{-x}\sin 3x\colon\ -6a + 3b - c - 10d = 0.$$

Aus den beiden ersten Gleichungen folgt $a = -\frac{10}{109}$, $c = -\frac{3}{109}$.

Setzt man diese Werte in die dritte und vierte Gleichung ein, so ergibt sich $b = -\dfrac{269}{109^2}$, $d = \dfrac{606}{109^2}$.

Daher ist

$$y_p = \frac{\mathrm{e}^{-x}}{109}\left(-10x\cos 3x - 3x\sin 3x - \tfrac{269}{109}\cos 3x + \tfrac{606}{109}\sin 3x\right).$$

Man kann diese Lösung auch noch auf eine andere Art bestimmen. Die rechte Seite $f(x) = x\mathrm{e}^{-x}\cos 3x$ der gegebenen Differentialgleichung ist nach der Eulerschen Formel $\mathrm{e}^{\mathrm{j}3x} = \cos 3x + \mathrm{j}\sin 3x$ der Realteil von $x\mathrm{e}^{-x}\mathrm{e}^{\mathrm{j}3x} = x\mathrm{e}^{x(-1+3\mathrm{j})}$. Wir bestimmen zunächst eine spezielle Lösung z_p der Differentialgleichung $z'' + z' - z = x\mathrm{e}^{x(-1+3\mathrm{j})}$. Die Rechnung ist bei dieser Differentialgleichung einfacher als bei der gegebenen. Die Funktion z_p ist komplexwertig. Der Realteil von z_p ist spezielle Lösung der gegebenen Differentialgleichung $y'' + y' - y = x\mathrm{e}^{-x}\cos 3x$, der Imaginärteil löst die Differentialgleichung $y'' + y' - y = x\mathrm{e}^{-x}\sin 3x$.

Es liegt keine Resonanz vor. Wir setzen daher $z_p = (ax+b)\mathrm{e}^{x(-1+3\mathrm{j})}$. In diesem Ansatz sind nur zwei komplexe Unbekannte vorhanden, die erste Rechnung enthielt vier reelle Unbekannte. Wir erhalten

$$z'_p = (a(-1+3\mathrm{j})x + a + b(-1+3\mathrm{j}))\mathrm{e}^{x(-1+3\mathrm{j})},$$

$$z''_p = (a(-8-6\mathrm{j})x + a(-2+6\mathrm{j}) + b(-8-6\mathrm{j}))\mathrm{e}^{x(-1+3\mathrm{j})}.$$

Die Differentialgleichung ist erfüllt, wenn wir fordern, daß die Koeffizienten gleicher Funktionen übereinstimmen. Wir erhalten bei den angegebenen Funktionen:

$$x\mathrm{e}^{x(-1+3\mathrm{j})}\colon\; a=\frac{1}{-10-3\mathrm{j}}=\frac{-10+3\mathrm{j}}{109}$$

$$\mathrm{e}^{x(-1+3\mathrm{j})}\colon\; b=\frac{a(-1+6\mathrm{j})}{10+3\mathrm{j}}=\frac{-269-606\mathrm{j}}{109^2}.$$

Es ergibt sich

$$z_\mathrm{p}=\frac{\mathrm{e}^{-x}}{109}\left(x(-10+3\mathrm{j})(\cos 3x+\mathrm{j}\sin 3x)+\left(-\tfrac{269}{109}-\mathrm{j}\,\tfrac{606}{109}\right)(\cos 3x+\mathrm{j}\sin 3x)\right).$$

Um eine spezielle Lösung der gegebenen Differentialgleichung zu erhalten, müssen wir noch den Realteil der Lösung z_p bestimmen.

Spezielle Lösungen von Differentialgleichungen, deren rechte Seiten aus Linearkombinationen der in den Sätzen 296.1, 297.1 und 300.1 betrachteten Funktionen bestehen, kann man mit Hilfe des Superpositionsprinzips bestimmen.

Satz 302.1 (Superpositionsprinzip)

Es seien $a_0, a_1 \in \mathbb{R}$, die Funktionen f_1, f_2 seien auf dem Intervall I stetig. Ist y_1 eine spezielle Lösung der Differentialgleichung $y''+a_1y'+a_0y=f_1(x)$, y_2 eine spezielle Lösung der Differentialgleichung $y''+a_1y'+a_0y=f_2(x)$ auf I, so ist $y_\mathrm{p}=c_1y_1+c_2y_2$ mit $c_1, c_2 \in \mathbb{R}$ Lösung der Differentialgleichung

$$y''+a_1y'+a_0y=c_1f_1(x)+c_2f_2(x).$$

Beweis:

Da y_1 und y_2 spezielle Lösungen sind, folgt

$$y_1''+a_1y_1'+a_0y_1=f_1(x),$$

$$y_2''+a_1y_2'+a_0y_2=f_2(x).$$

Multiplizieren wir die erste Gleichung mit c_1, die zweite mit c_2 und addieren die multiplizierten Gleichungen, so ergibt sich

$$(c_1y_1+c_2y_2)''+a_1(c_1y_1+c_2y_2)'+a_0(c_1y_1+c_2y_2)=c_1f_1(x)+c_2f_2(x)$$

und mit $y_\mathrm{P}=c_1y_1+c_2y_2$:

$$y_\mathrm{P}''+a_1y_\mathrm{P}'+a_0y_\mathrm{P}=c_1f_1(x)+c_2f_2(x).$$ ●

Wir wenden Satz 302.1 in den folgenden Beispielen an.

Beispiel 303.1

Gesucht ist eine partikuläre Lösung der Differentialgleichung $y''+2y'-3y=e^x+x^2+4x-5$.

a) Wir bestimmen zunächst eine spezielle Lösung von $y''+2y'-3y=e^x$.

Die charakteristische Gleichung hat die Lösungen $\lambda_1=1$, $\lambda_2=-3$. Es liegt einfache Resonanz vor. Daher ist $y_1=axe^x$ und $y_1'=(ax+a)e^x$, $y_1''=(ax+2a)e^x$. Durch Einsetzen in die Differentialgleichung folgt $e^x(ax+2a+2ax+2a-3ax)=e^x$. Diese Gleichung ist für $4a=1$, d.h. $a=\frac{1}{4}$ erfüllt und wir erhalten $y_1=\dfrac{x}{4}e^x$.

b) Wir berechnen als nächstes eine partikuläre Lösung von $y''+2y'-3y=x^2+4x-5$.

Hier liegt keine Resonanz vor, wir setzen $y_2=ax^2+bx+c$. Dann ergibt sich durch Einsetzen in die Differentialgleichung $2a+2(2ax+b)-3(ax^2+bx+c)=x^2+4x-5$. Wir erhalten durch Koeffizientenvergleich $-3a=1$, $4a-3b=4$, $2a+2b-3c=-5$ und daher $a=-\frac{1}{3}$, $b=-\frac{16}{9}$, $c=\frac{7}{27}$. Es folgt

$$y_2=-\frac{x^2}{3}-\frac{16x}{9}+\frac{7}{27}.$$

Eine spezielle Lösung der Differentialgleichung $y''+2y'-3y=e^x+x^2+4x-5$ ist also

$$y_p=y_1+y_2=\frac{x}{4}e^x-\frac{x^2}{3}-\frac{16x}{9}+\frac{7}{27}.$$

Beispiel 303.2

Gesucht ist eine partikuläre Lösung der Differentialgleichung $y''+2y'-y=e^{3x}+\sin 2x$

a) $y''+2y'-y=e^{3x}$.

Die charakteristische Gleichung hat die Lösung $\lambda_1=-1+\sqrt{2}$, $\lambda_2=-1-\sqrt{2}$. Es liegt keine Resonanz vor. Wir setzen $y_1=ae^{3x}$ und erhalten durch Einsetzen in die Differentialgleichung $14ae^{3x}=e^{3x}$. Es ergibt sich $y_1=\frac{1}{14}e^{3x}$.

b) $y''+2y'-y=\sin 2x$.

Es ist $y_2=a\sin 2x+b\cos 2x$. Durch Einsetzen in die Differentialgleichung erhalten wir $(-5a-4b)\sin 2x+(4a-5b)\cos 2x=\sin 2x$. Daraus folgt $a=-\frac{5}{41}$, $b=-\frac{4}{41}$, d.h. $y_2=\frac{1}{41}(-5\sin 2x-4\cos 2x)$.

Eine spezielle Lösung der gegebenen Differentialgleichung ist also

$$y_p=\frac{1}{41}e^{3x}-\frac{1}{41}(5\sin 2x+4\cos 2x).$$

4.3.4 Operatorenmethode

Im folgenden stellen wir eine Methode vor, die auf Heaviside zurückgeht, mit der man für gewisse rechte Seiten von Differentialgleichungen eine partikuläre Lösung sehr einfach bestimmen kann. Wir werden zunächst durch rein formale Rechenoperationen eine Funktion bestimmen. Wir werden dann nachweisen, daß die so berechnete Funktion die Differentialgleichung erfüllt, daß die formale Rechnung also zu einer Lösung der Differentialgleichung führt.

Unter der Voraussetzung, daß die vorkommenden Ausdrücke existieren, schreibt man

$$\frac{\mathrm{d}}{\mathrm{d}x} f(x) = \mathrm{D} f(x)$$

und nennt D **Differentiationsoperator.** Man vereinbart ferner

$$\mathrm{D}^n f(x) = f^{(n)}(x) \quad \text{für } n \in \mathbb{N} \quad \text{und} \quad \mathrm{D}^0 f(x) = f(x)$$

Beispiel 304.1

Mit den oben getroffenen Vereinbarungen ist

a) $\mathrm{D} \sin x = \cos x$; b) $\mathrm{D}^2 \sin x = -\sin x$;

c) $\mathrm{D}^n \mathrm{e}^x = \mathrm{e}^x$ für $n \in \mathbb{N}_0$; d) $\mathrm{D}^n x^n = n!$ für $n \in \mathbb{N}_0$;

e) $\mathrm{D} f(x) = 0$ für f mit $f(x) = c \in \mathbb{R}$ für alle $x \in \mathbb{R}$.

Die Differentiationsregeln lauten unter Verwendung dieser Schreibweise:

1. Es seien f_1 und f_2 n-mal differenzierbar, $c_1, c_2 \in \mathbb{R}$, $n \in \mathbb{N}_0$. Dann ist
$$\mathrm{D}^n(c_1 f_1(x) + c_2 f_2(x)) = c_1 \mathrm{D}^n f_1(x) + c_2 \mathrm{D}^n f_2(x).$$
2. f sei $(n+m)$-mal differenzierbar, $n, m \in \mathbb{N}_0$. Dann ist
$$\mathrm{D}^n(\mathrm{D}^m f(x)) = \mathrm{D}^{n+m} f(x) = \mathrm{D}^m(\mathrm{D}^n f(x)).$$
3. Es seien $a, b \in \mathbb{R}$, $n, m \in \mathbb{N}_0$. Die Funktion f sei n-mal und m-mal differenzierbar. Dann gilt
$$(a\mathrm{D}^n + b\mathrm{D}^m) f(x) = a\mathrm{D}^n f(x) + b\mathrm{D}^m f(x).$$

Beispiel 304.2

a) $\mathrm{D}^3(3\mathrm{e}^x + 2\sin x) = 3\mathrm{D}^3 \mathrm{e}^x + 2\mathrm{D}^3 \sin x = 3\mathrm{e}^x - 2\cos x$;

b) $\mathrm{D}^5(4\cosh x + 5x^3) = 4\mathrm{D}^5 \cosh x + 5\mathrm{D}^5 x^3 = 4\sinh x$;

c) $\mathrm{D}^n(ax^m) = 0$ für alle $a \in \mathbb{R}$ und $n, m \in \mathbb{N}_0$, falls $n > m$ ist.

Beispiel 304.3

Es ist

a) $(2\mathrm{D}^3 - 4\mathrm{D}^2) x^3 = 2\mathrm{D}^3 x^3 - 4\mathrm{D}^2 x^3 = 12 - 24x$;

b) $(3\mathrm{D} + 2\mathrm{D}^4) \cos x = 3\mathrm{D} \cos x + 2\mathrm{D}^4 \cos x = -3\sin x + 2\cos x$;

c) $(a\mathrm{D}^n + b\mathrm{D}^m) x^k = 0$ für $n, m, k \in \mathbb{N}_0$; $n, m > k$ und $a, b \in \mathbb{R}$;

d) $(2\mathrm{D}^2 + 4) x^3 = 2\mathrm{D}^2 x^3 + 4\mathrm{D}^0 x^3 = 12x + 4x^3$.
Der Operator D^0 wird häufig weggelassen.

Es ergeben sich folgende weitere Eigenschaften des Operators D:

Es seien $a, b, c, d \in \mathbb{R}$ und $k, l, m, n \in \mathbb{N}_0$. Die Funktion f sei genügend oft differenzierbar. Dann ist

1. $(a\mathrm{D}^k + b\mathrm{D}^l)\, f(x) = (b\mathrm{D}^l + a\mathrm{D}^k)\, f(x)$;
2. $(a\mathrm{D}^k + b\mathrm{D}^l)(c\mathrm{D}^m + d\mathrm{D}^n)\, f(x) = (ac\mathrm{D}^{k+m} + bc\mathrm{D}^{l+m} + ad\mathrm{D}^{k+n} + bd\mathrm{D}^{l+n})\, f(x)$;
3. $(a\mathrm{D}^k + b\mathrm{D}^l)^n f(x) = \sum_{i=0}^{n} \binom{n}{i} a^i b^{n-i} \mathrm{D}^{k\cdot i + l\cdot(n-i)} f(x) = \sum_{i=0}^{n} \binom{n}{i} a^{n-i} b^i \mathrm{D}^{k\cdot(n-i)+l\cdot i} f(x)$.

Wegen der Analogie zu den Rechenregeln für Polynome sprechen wir auch von Polynomen in D.

Beispiel 305.1

a) $(2+3\mathrm{D})^2 f(x) = (4+12\mathrm{D}+9\mathrm{D}^2)\, f(x) = 4f(x) + 12f'(x) + 9f''(x)$

b) $(1+4\mathrm{D})^3 x^2 = (1+12\mathrm{D}+48\mathrm{D}^2+64\mathrm{D}^3)\, x^2 = x^2 + 24x + 96$

c) $(a\mathrm{D}+b\mathrm{D}^2)^n (cx^k) = 0$ für alle $a, b, c \in \mathbb{R}$ und $n, k \in \mathbb{N}_0$, falls $n > k$.

Wir wollen die obigen Regeln anwenden, um partikuläre Lösungen von Differentialgleichungen zu bestimmen.

Dazu betrachten wir zunächst die lineare Differentialgleichung erster Ordnung $y' + 2y = x^2 + 1$.

Eine spezielle Lösung dieser Differentialgleichung ist $y_p = \frac{x^2}{2} - \frac{x}{2} + \frac{3}{4}$. Wir wollen zeigen, daß wir diese Lösung mit Hilfe der Differentiationsoperatoren durch eine formale Rechnung erhalten können. Dabei treten Ausdrücke auf, die wir noch nicht erklärt haben.

Wir schreiben die Differentialgleichung in der Form $(\mathrm{D}+2)\, y = x^2 + 1$ und lösen formal nach y auf:

$$y = \frac{1}{\mathrm{D}+2}(x^2+1) = \frac{1}{2} \frac{1}{1+\frac{\mathrm{D}}{2}}(x^2+1).$$

Den Ausdruck $\frac{1}{1+\frac{\mathrm{D}}{2}}$ entwickeln wir formal in eine geometrische Reihe:

$$\frac{1}{1+\frac{\mathrm{D}}{2}} = 1 - \frac{\mathrm{D}}{2} + \frac{\mathrm{D}^2}{4} - \frac{\mathrm{D}^3}{8} \pm \ldots.$$

Wir erhalten durch Einsetzen

$$y = \frac{1}{2}\left(1 - \frac{\mathrm{D}}{2} + \frac{\mathrm{D}^2}{4} - \frac{\mathrm{D}^3}{8} \pm \cdots\right)(x^2+1)$$

und wegen $\mathrm{D}^n(x^2+1) = 0$ für $n \geqq 3$

$$y = \frac{1}{2}\left(x^2 + 1 - \frac{\mathrm{D}(x^2+1)}{2} + \frac{\mathrm{D}^2(x^2+1)}{4}\right) = \frac{1}{2}\left(x^2 + 1 - \frac{2x}{2} + \frac{2}{4}\right) = \frac{x^2}{2} - \frac{x}{2} + \frac{3}{4},$$

d.h. die oben angegebene Lösung.

Wir wenden das Verfahren auf die Differentialgleichung

$$y''+a_1 y'+a_0 y=f(x) \tag{306.1}$$

an. Sie läßt sich in die Form

$$(\mathrm{D}^2+a_1\mathrm{D}+a_0)\,y=f(x) \tag{306.2}$$

bringen. Wir werden eine Funktion durch rein formale Rechnung gewinnen und anschließend beweisen, daß diese Funktion eine Lösung von (306.1) ist. Aus (306.2) folgt formal

$$y=\frac{1}{\mathrm{D}^2+a_1\mathrm{D}+a_0}f(x).$$

Setzen wir zunächst $a_0 \neq 0$ voraus, so ist

$$y=\frac{1}{a_0}\,\frac{1}{1+\dfrac{\mathrm{D}^2+a_1\mathrm{D}}{a_0}}f(x),$$

und es ergibt sich durch formale Entwicklung in eine geometrische Reihe

$$\begin{aligned}y&=\frac{1}{a_0}\left(1-\frac{\mathrm{D}^2+a_1\mathrm{D}}{a_0}+\left(\frac{\mathrm{D}^2+a_1\mathrm{D}}{a_0}\right)^2-\left(\frac{\mathrm{D}^2+a_1\mathrm{D}}{a_0}\right)^3\pm\cdots\right)f(x)\\&=\frac{1}{a_0}\left(f(x)-\frac{\mathrm{D}^2+a_1\mathrm{D}}{a_0}f(x)+\left(\frac{\mathrm{D}^2+a_1\mathrm{D}}{a_0}\right)^2f(x)-\left(\frac{\mathrm{D}^2+a_1\mathrm{D}}{a_0}\right)^3f(x)\pm\cdots\right).\end{aligned}$$

Ist f ein Polynom p_n vom Grade n, so bricht diese Reihe ab, da der Summand $\left(\dfrac{\mathrm{D}^2+a_1\mathrm{D}}{a_0}\right)^k f(x)$ nur die k-te bis $(2k)$-te Ableitung von f enthält und $p_n^{(n+1)}(x)=0$ ist. Die Methode ist zunächst auf diesen Fall beschränkt. Wir erhalten

$$\begin{aligned}y_{\mathrm{p}}&=\frac{1}{a_0}\left(p_n(x)-\left(\frac{\mathrm{D}^2+a_1\mathrm{D}}{a_0}\right)p_n(x)\pm\cdots+(-1)^n\left(\frac{\mathrm{D}^2+a_1\mathrm{D}}{a_0}\right)^n p_n(x)\right)\\&=\frac{1}{a_0}\sum_{k=0}^{n}(-1)^k\left(\frac{\mathrm{D}^2+a_1\mathrm{D}}{a_0}\right)^k p_n(x).\end{aligned} \tag{306.3}$$

Wir beenden hier die formale Rechnung und zeigen, daß (306.3) Lösung der Differentialgleichung (306.1) ist.

Satz 306.1

Es sei p_n ein Polynom vom Grade n. Dann ist für $a_0 \neq 0$

$$y_{\mathrm{p}}=\frac{1}{a_0}\sum_{k=0}^{n}(-1)^k\left(\frac{\mathrm{D}^2+a_1\mathrm{D}}{a_0}\right)^k p_n(x)$$

eine partikuläre Lösung der Differentialgleichung $y''+a_1y'+a_0y=p_n(x)$.

Beweis:

Es ist

$$\begin{aligned}
y_p''+a_1y_p'+a_0y_p &= (\mathrm{D}^2+a_1\mathrm{D})\,y_p+a_0y_p\\
&= (\mathrm{D}^2+a_1\mathrm{D})\frac{1}{a_0}\sum_{k=0}^{n}(-1)^k\left(\frac{\mathrm{D}^2+a_1\mathrm{D}}{a_0}\right)^k p_n(x)+\sum_{k=0}^{n}(-1)^k\left(\frac{\mathrm{D}^2+a_1\mathrm{D}}{a_0}\right)^k p_n(x)\\
&= \sum_{k=0}^{n}(-1)^k\left(\frac{\mathrm{D}^2+a_1\mathrm{D}}{a_0}\right)^{k+1} p_n(x)+\sum_{k=0}^{n}(-1)^k\left(\frac{\mathrm{D}^2+a_1\mathrm{D}}{a_0}\right)^k p_n(x).
\end{aligned}$$

Durch Verschiebung des Summationsindex in der ersten Summe ergibt sich

$$-\sum_{k=1}^{n+1}(-1)^k\left(\frac{\mathrm{D}^2+a_1\mathrm{D}}{a_0}\right)^k p_n(x)+\sum_{k=0}^{n}(-1)^k\left(\frac{\mathrm{D}^2+a_1\mathrm{D}}{a_0}\right)^k p_n(x).$$

Hieraus folgt weiter, da sich einige Summanden aufheben

$$y_p''+a_1y_p'+a_0y_p=-(-1)^{n+1}\left(\frac{\mathrm{D}^2+a_1\mathrm{D}}{a_0}\right)^{n+1} p_n(x)+(-1)^0\left(\frac{\mathrm{D}^2+a_1\mathrm{D}}{a_0}\right)^0 p_n(x). \tag{307.1}$$

In (307.1) verschwindet der erste Summand auf der rechten Seite, da die $(n+1)$-te Ableitung eines Polynoms vom Grad n Null ist. Der zweite Summand ergibt $p_n(x)$. ●

Beispiel 307.1

Mit Hilfe der Operatorenmethode bestimme man eine partikuläre Lösung der Differentialgleichung

$$y''+2y'-3y=x^2+3x-4.$$

In Operatorenschreibweise lautet die Differentialgleichung

$$(\mathrm{D}^2+2\mathrm{D}-3)\,y=x^2+3x-4.$$

Dann folgt durch formale Rechnung

$$\begin{aligned}
y_p &= \frac{1}{\mathrm{D}^2+2\mathrm{D}-3}(x^2+3x-4)=-\frac{1}{3}\,\frac{1}{1-\frac{\mathrm{D}^2+2\mathrm{D}}{3}}(x^2+3x-4)\\
&= -\frac{1}{3}\left(1+\frac{\mathrm{D}^2+2\mathrm{D}}{3}+\left(\frac{\mathrm{D}^2+2\mathrm{D}}{3}\right)^2+\cdots\right)(x^2+3x+4)\\
&= -\frac{1}{3}\left(1+\frac{\mathrm{D}^2+2\mathrm{D}}{3}+\frac{\mathrm{D}^4+4\mathrm{D}^3+4\mathrm{D}^2}{9}+\cdots\right)(x^2+3x-4).
\end{aligned}$$

Führen wir die Differentiationen aus und beachten dabei, daß alle Ableitungen von der dritten Ordnung an verschwinden, so erhalten wir

$$y_p=-\frac{1}{3}\left(x^2+3x-4+\frac{2+2(2x+3)}{3}+\frac{0+4\cdot 0+4\cdot 2}{9}+0\right)=-\frac{x^2}{3}-\frac{13}{9}x+\frac{4}{27}.$$

Wir betrachten den bisher ausgeschlossenen Fall $a_0 = 0$. Die Differentialgleichung lautet dann

$$y'' + a_1 y' = f(x), \quad \text{d.h.}$$
$$(\mathrm{D}^2 + a_1 \mathrm{D})\, y = f(x). \tag{308.1}$$

Die formale Auflösung liefert

$$y_\mathrm{p} = \frac{1}{\mathrm{D}^2 + a_1 \mathrm{D}} f(x) = \frac{1}{\mathrm{D}} \frac{1}{\mathrm{D} + a_1} f(x). \tag{308.2}$$

Es ist also noch der Operator $\frac{1}{\mathrm{D}}$ zu definieren.

Es sei u stetig, v differenzierbar. Dann erhalten wir aus $\frac{1}{\mathrm{D}} u(x) = v(x)$ durch formale Auflösung $u(x) = \mathrm{D}\, v(x) = v'(x)$. Daraus folgt $v(x) = \int u(x)\,\mathrm{d}x$, so daß folgende Vereinbarung sinnvoll ist:

Die Funktion u sei stetig. Dann setzen wir

$$\frac{1}{\mathrm{D}} u(x) = \int u(x)\,\mathrm{d}x.$$

Unter dem Operator $\frac{1}{\mathrm{D}^n}$ verstehen wir eine n-fache Integration.

Bemerkung:

Die Reihenfolge der Operatoren D und $\frac{1}{\mathrm{D}}$ ist im allgemeinen nicht vertauschbar, d.h. es ist $\frac{1}{\mathrm{D}} \mathrm{D} f(x) \neq \mathrm{D} \frac{1}{\mathrm{D}} f(x)$. Bei der Berechnung einer partikulären Lösung der Differentialgleichung (308.1) sind diese beiden Operatoren allerdings kommutativ.

Wir erhalten aus (308.2) für $a_1 \neq 0$

$$y_\mathrm{p} = \frac{1}{a_1} \frac{1}{\mathrm{D}} \frac{1}{1 + \frac{\mathrm{D}}{a_1}} p_n(x) = \frac{1}{a_1} \int \sum_{k=0}^{n} (-1)^k \left(\frac{\mathrm{D}}{a_1}\right)^k p_n(x)\,\mathrm{d}x.$$

Da nur eine partikuläre Lösung gesucht ist, ist auch nur eine Stammfunktion zu nehmen, wir setzen also die Integrationskonstante $c = 0$. Wir wollen beweisen, daß das formal berechnete Ergebnis richtig ist.

Satz 308.1

Es sei p_n ein Polynom vom Grade n, $a_1 \in \mathbb{R}$, $a_1 \neq 0$. Dann ist

$$y_\mathrm{p} = \frac{1}{a_1} \int \sum_{k=0}^{n} (-1)^k \left(\frac{\mathrm{D}}{a_1}\right)^k p_n(x)\,\mathrm{d}x$$

eine partikuläre Lösung der Differentialgleichung $y'' + a_1 y' = p_n(x)$.

Bemerkung:

Ist $a_1 = 0$, so erhält man die Lösung der Differentialgleichung durch zweifache Integration.

Beweis:

Wir setzen y_p in die Differentialgleichung ein und erhalten

$$
\begin{aligned}
y_p'' + a_1 y_p' &= (D^2 + a_1 D)\, y_p = (D + a_1)\, D \frac{1}{a_1} \int \sum_{k=0}^{n} (-1)^k \left(\frac{D}{a_1}\right)^k p_n(x)\, dx \\
&= (D + a_1) \left(\frac{1}{a_1} \sum_{k=0}^{n} (-1)^k \left(\frac{D}{a_1}\right)^k p_n(x) \right) \\
&= \sum_{k=0}^{n} (-1)^k \left(\frac{D}{a_1}\right)^{k+1} p_n(x) + \sum_{k=0}^{n} (-1)^k \left(\frac{D}{a_1}\right)^k p_n(x) \\
&= (-1)^n \left(\frac{D}{a_1}\right)^{n+1} p_n(x) + (-1)^0 \left(\frac{D}{a_1}\right)^0 p_n(x).
\end{aligned}
$$

Nach der gleichen Schlußweise wie im Beweis des Satzes 306.1 folgt dann $y_p'' + a_1 y_p' = p_n(x)$. ●

Beispiel 309.1

Mit Hilfe der Operatorenmethode bestimme man eine partikuläre Lösung der Differentialgleichung $y'' + 2y' = x^2$.

Es ist $(D^2 + 2D)\, y = x^2$ und

$$
\begin{aligned}
y_p &= \frac{1}{D^2 + 2D} x^2 = \frac{1}{D} \frac{1}{D+2} x^2 = \frac{1}{2} \frac{1}{D} \frac{1}{1 + \frac{D}{2}} x^2 = \frac{1}{2} \frac{1}{D} \left(1 - \frac{D}{2} + \frac{D^2}{4} - \frac{D^3}{8} \pm \cdots \right) x^2 \\
&= \frac{1}{2} \frac{1}{D} \left(x^2 - x + \frac{1}{2}\right) = \frac{1}{2} \left(\frac{x^3}{3} - \frac{x^2}{2} + \frac{x}{2}\right).
\end{aligned}
$$

Die Integrationskonstante kann 0 gesetzt werden, da nur eine partikuläre Lösung gesucht ist.

Wir wollen den Anwendungsbereich der Operatorenmethode erweitern. Für differenzierbare Funktionen f gilt nach der Produktregel

$$
D(e^{ax} f(x)) = a e^{ax} f(x) + e^{ax} D f(x) = e^{ax} (a + D) f(x). \tag{309.1}
$$

Der Vorteil dieser Formel besteht darin, daß der Operator D auf der rechten Seite nicht mehr auf die e-Funktion angewandt werden muß.

Gleichung (309.1) gilt auch noch in verallgemeinerter Form. Es ist

$$
D^k (e^{ax} f(x)) = e^{ax} (a + D)^k f(x) \quad \text{für alle } k \in \mathbb{N}_0. \tag{309.2}
$$

Diese Formel kann durch vollständige Induktion bewiesen werden. Aus (309.2) folgt

Satz 310.1 (Verschiebungssatz)

Es sei q_k ein Polynom vom Grade k, f auf $\mathbb{R}$ k-mal differenzierbar. Dann ist

$$q_k(\mathrm{D})(\mathrm{e}^{ax} f(x)) = \mathrm{e}^{ax} q_k(a+\mathrm{D}) f(x). \tag{310.1}$$

Es sei $f(x)$ ein Polynom. Dann ist auch $q_k(a+\mathrm{D}) f(x)$ ein Polynom. Wir setzen

$$q_k(a+\mathrm{D}) f(x) = p_n(x) \tag{310.2}$$

und erhalten durch formale Auflösung nach $f(x)$

$$f(x) = \frac{1}{q_k(a+\mathrm{D})} p_n(x). \tag{310.3}$$

Nach dem Verschiebungssatz gilt

$$q_k(\mathrm{D})\,\mathrm{e}^{ax} f(x) = q_k(\mathrm{D})\,\mathrm{e}^{ax} \frac{1}{q_k(a+\mathrm{D})} p_n(x) = \mathrm{e}^{ax} q_k(a+\mathrm{D}) \frac{1}{q_k(a+\mathrm{D})} p_n(x) = \mathrm{e}^{ax} p_n(x).$$

Daraus folgt

$$\frac{1}{q_k(\mathrm{D})} \mathrm{e}^{ax} p_n(x) = \mathrm{e}^{ax} \frac{1}{q_k(a+\mathrm{D})} p_n(x) \tag{310.4}$$

und

$$\frac{1}{q_k(\mathrm{D})} \mathrm{e}^{ax} = \frac{\mathrm{e}^{ax}}{q_k(a)}, \quad \text{falls} \quad q_k(a) \neq 0 \quad \text{ist.} \tag{310.5}$$

Mit Hilfe von (310.4) und (310.5) läßt sich der Anwendungsbereich der Operatorenmethode erweitern.

Es sei p_n ein Polynom vom Grade n. Wir betrachten die Differentialgleichung

$$y'' + a_1 y' + a_0 y = \mathrm{e}^{bx} p_n(x) \quad \text{mit } a_1, a_0, b \in \mathbb{R}.$$

Die formale Rechnung liefert

$$(\mathrm{D}^2 + a_1 \mathrm{D} + a_0)\, y = \mathrm{e}^{bx} p_n(x), \quad \text{d.h.} \quad y_\mathrm{p} = \frac{1}{\mathrm{D}^2 + a_1 \mathrm{D} + a_0} \mathrm{e}^{bx} p_n(x).$$

Wenden wir (310.4) an, so ergibt sich

$$\begin{aligned} y_\mathrm{p} &= \mathrm{e}^{bx} \frac{1}{(\mathrm{D}+b)^2 + a_1(\mathrm{D}+b) + a_0} p_n(x) \\ &= \mathrm{e}^{bx} \frac{1}{\mathrm{D}^2 + (2b+a_1)\mathrm{D} + b^2 + a_1 b + a_0} p_n(x). \end{aligned}$$

Wir setzen voraus, daß $b^2 + a_1 b + a_0 \neq 0$ ist, d.h. daß b nicht Nullstelle des charakteristischen Polynoms ist. Ist diese Voraussetzung nicht erfüllt, so kann wie im Falle $a_0 = 0$ weiter gerechnet werden. Wie erhalten

$$y_p = \frac{e^{bx}}{b^2 + a_1 b + a_0} \frac{1}{1 + \frac{D^2 + (2b + a_1) D}{b^2 + a_1 b + a_0}} p_n(x)$$

$$= \frac{e^{bx}}{b^2 + a_1 b + a_0} \sum_{k=0}^{n} (-1)^k \left(\frac{D^2 + (2b + a_1) D}{b^2 + a_1 b + a_0} \right)^k p_n(x).$$

Die Reihe bricht ab, da p_n nur endlich viele von Null verschiedene Ableitungen besitzt.

Die formale Rechnung ist damit beendet.

Satz 311.1

Es sei p_n ein Polynom vom Grade n. Dann ist

$$y_p = \frac{e^{bx}}{b^2 + a_1 b + a_0} \sum_{k=0}^{n} (-1)^k \left(\frac{D^2 + (2b + a_1) D}{b^2 + a_1 b + a_0} \right)^k p_n(x)$$

für $b^2 + a_1 b + a_0 \neq 0$ eine partikuläre Lösung der Differentialgleichung $y'' + a_1 y' + a_0 y = p_n(x) e^{bx}$.

Der Beweis erfolgt durch Einsetzen in die Differentialgleichung.

Beispiel 311.1

Mit Hilfe der Operatorenmethode bestimme man eine partikuläre Lösung der Differentialgleichung $y'' + 3y' - 4y = e^{2x} x$.

Es ist $(D^2 + 3D - 4) y = e^{2x} \cdot x$, d.h. $y_p = \frac{1}{D^2 + 3D - 4} e^{2x} \cdot x$.

Nach (310.4) gilt weiter

$$y_p = e^{2x} \frac{1}{(D+2)^2 + 3(D+2) - 4} x = e^{2x} \frac{1}{D^2 + 7D + 6} x$$

$$= \frac{e^{2x}}{6} \frac{1}{1 + \frac{D^2 + 7D}{6}} x = \frac{e^{2x}}{6} \left(1 - \frac{D^2 + 7D}{6} + \left(\frac{D^2 + 7D}{6} \right)^2 \mp \cdots \right) x = \frac{e^{2x}}{6} (x - \tfrac{7}{6}).$$

Beispiel 311.2

Man bestimme eine partikuläre Lösung von $y'' + 4y' + 4y = e^{-2x} x^3$.

Wir haben $(D^2 + 4D + 4) y = e^{-2x} x^3$ und $y_p = \frac{1}{D^2 + 4D + 4} e^{-2x} x^3$.

Die Formel (310.4) liefert

$$y_p = e^{-2x} \frac{1}{(D-2)^2 + 4(D-2) + 4} x^3 = e^{-2x} \frac{1}{D^2} x^3 = e^{-2x} \frac{1}{D} \frac{x^4}{4} = e^{-2x} \frac{x^5}{20}.$$

Die Aussage von Satz 311.1 ist auch für komplexes b richtig (ohne Beweis). Dadurch können wir den Anwendungsbereich der Operatorenmethode noch einmal erweitern. Setzen wir $b=\alpha+\mathrm{j}\beta$, so können wir mit Hilfe der Operatorenmethode eine partikuläre Lösung der Differentialgleichung

$$y''+a_1y'+a_0y=\mathrm{e}^{(\alpha+\mathrm{j}\beta)x}p_n(x) \tag{312.1}$$

bestimmen. Diese partikuläre Lösung ist eine komplexwertige Funktion einer reellen Veränderlichen.

Nach der Eulerschen Formel gilt

$$\mathrm{e}^{\mathrm{j}\beta x}=\cos\beta x+\mathrm{j}\sin\beta x. \tag{312.2}$$

Setzen wir (312.2) in die Differentialgleichung ein, so folgt

$$y''+a_1y'+a_0y=\mathrm{e}^{\alpha x}p_n(x)(\cos\beta x+\mathrm{j}\sin\beta x).$$

Der Realteil von y_p ist partikuläre Lösung der Differentialgleichung

$$y''+a_1y'+a_0y=\mathrm{e}^{\alpha x}p_n(x)\cos\beta x,$$

der Imaginärteil von y_p ist partikuläre Lösung der Differentialgleichung

$$y''+a_1y'+a_0y=\mathrm{e}^{\alpha x}p_n(x)\sin\beta x.$$

Man kann also mit Hilfe der Operatorenmethode auch dann eine partikuläre Lösung der betrachteten Differentialgleichung bestimmen, wenn die rechte Seite von der Form $\mathrm{e}^{\alpha x}p_n(x)\cos\beta x$ bzw. $\mathrm{e}^{\alpha x}p_n(x)\sin\beta x$ ist. In diesem Falle sind zunächst $\cos\beta x$ bzw. $\sin\beta x$ durch $\mathrm{e}^{\mathrm{j}\beta x}$ zu ersetzen und dann ist der Realteil bzw. der Imaginärteil der berechneten Lösung zu nehmen. Das folgende Beispiel erläutert das Verfahren.

Beispiel 312.1

Man bestimme eine partikuläre Lösung der Differentialgleichung $y''+y=x\sin x$.

Wir ersetzen $\sin x$ durch $\mathrm{e}^{\mathrm{j}x}$ und lösen zunächst die Differentialgleichung $z''+z=x\mathrm{e}^{\mathrm{j}x}$. Die partikuläre Lösung der gegebenen Differentialgleichung ist dann der Imaginärteil der berechneten Lösung von $(\mathrm{D}^2+1)z=x\mathrm{e}^{\mathrm{j}x}$.

$$\begin{aligned} z_\mathrm{p}&=\frac{1}{\mathrm{D}^2+1}x\mathrm{e}^{\mathrm{j}x}=\mathrm{e}^{\mathrm{j}x}\frac{1}{(\mathrm{D}+\mathrm{j})^2+1}x=\mathrm{e}^{\mathrm{j}x}\frac{1}{\mathrm{D}^2+2\mathrm{j}\mathrm{D}}x\\ &=\mathrm{e}^{\mathrm{j}x}\frac{1}{\mathrm{D}}\frac{1}{\mathrm{D}+2\mathrm{j}}x=\mathrm{e}^{\mathrm{j}x}\frac{1}{2\mathrm{j}}\frac{1}{\mathrm{D}}\left(1-\frac{\mathrm{D}}{2\mathrm{j}}+\frac{\mathrm{D}^2}{4\mathrm{j}^2}\mp\cdots\right)x\\ &=\frac{\mathrm{e}^{\mathrm{j}x}}{2\mathrm{j}}\int\left(x-\frac{1}{2\mathrm{j}}\right)\mathrm{d}x=\frac{\mathrm{e}^{\mathrm{j}x}}{2\mathrm{j}}\left(\frac{x^2}{2}-\frac{x}{2\mathrm{j}}\right). \end{aligned}$$

Diese berechnete Lösung ist in Real- und Imaginärteil zu zerlegen

$$z_\mathrm{p}=\frac{\cos x+\mathrm{j}\sin x}{2\mathrm{j}}\left(\frac{x^2}{2}-\frac{x}{2\mathrm{j}}\right)=\left(\frac{x^2}{4}\sin x+\frac{x}{4}\cos x\right)+\mathrm{j}\left(-\frac{x^2}{4}\cos x+\frac{x}{4}\sin x\right).$$

Eine partikuläre Lösung der gegebenen Differentialgleichung ist also

$$y_p = \operatorname{Im}(z_p) = -\frac{x^2}{4}\cos x + \frac{x}{4}\sin x.$$

Anmerkung:

$y_p = \operatorname{Re}(z_p) = \frac{x^2}{4}\sin x + \frac{x}{4}\cos x$ ist eine spezielle Lösung der Differentialgleichung $y'' + y = x\cos x$.

Beispiel 313.1 (vgl. Beispiel 301.1)

Man bestimme eine Lösung der Differentialgleichung $y'' + y' - y = x\mathrm{e}^{-x}\cos 3x$.

Wir lösen zunächst $z'' + z' - z = x\mathrm{e}^{-x}\mathrm{e}^{\mathrm{j}3x}$ und bestimmen dann den Realteil dieser Lösung, weil $x\cdot\mathrm{e}^{-x}\cdot\cos 3x$ der Realteil von $x\cdot\mathrm{e}^{-x}\cdot\mathrm{e}^{\mathrm{j}3x}$ ist. In Operatorenschreibweise lautet die Differentialgleichung für die Funktion z

$$(\mathrm{D}^2 + \mathrm{D} - 1)z = x\mathrm{e}^{x(-1+3\mathrm{j})}, \quad \text{also} \quad z_p = \frac{1}{\mathrm{D}^2 + \mathrm{D} - 1}x\mathrm{e}^{x(-1+3\mathrm{j})}.$$

Daraus folgt wegen (310.4)

$$\begin{aligned} z_p &= \mathrm{e}^{x(-1+3\mathrm{j})}\frac{1}{(\mathrm{D}-1+3\mathrm{j})^2 + (\mathrm{D}-1+3\mathrm{j}) - 1}x = \mathrm{e}^{x(-1+3\mathrm{j})}\frac{1}{\mathrm{D}^2 + \mathrm{D}(-1+6\mathrm{j}) + (-10-3\mathrm{j})}x \\ &= \frac{\mathrm{e}^{x(-1+3\mathrm{j})}}{-10-3\mathrm{j}}\frac{1}{1 + \frac{\mathrm{D}^2 + \mathrm{D}(-1+6\mathrm{j})}{-10-3\mathrm{j}}}x = \frac{\mathrm{e}^{x(-1+3\mathrm{j})}}{-10-3\mathrm{j}}\left(1 - \frac{\mathrm{D}^2 + \mathrm{D}(-1+6\mathrm{j})}{-10-3\mathrm{j}} \pm \cdots\right)x \\ &= \frac{\mathrm{e}^{x(-1+3\mathrm{j})}}{-10-3\mathrm{j}}\left(x - \frac{-1+6\mathrm{j}}{-10-3\mathrm{j}}\right). \end{aligned}$$

Wir zerlegen in Real- und Imaginärteil:

$$\begin{aligned} z_p &= \frac{\mathrm{e}^{-x}(\cos 3x + \mathrm{j}\sin 3x)(-10+3\mathrm{j})}{(-10-3\mathrm{j})(-10+3\mathrm{j})}\left(x - \frac{(-1+6\mathrm{j})(-10+3\mathrm{j})}{(-10-3\mathrm{j})(-10+3\mathrm{j})}\right) \\ &= \frac{\mathrm{e}^{-x}}{109}(-10\cos 3x - 3\sin 3x + \mathrm{j}(3\cos 3x - 10\sin 3x))(x + \tfrac{8}{109} + \mathrm{j}\,\tfrac{63}{109}) \\ &= \frac{\mathrm{e}^{-x}}{109}((-10x\cos 3x - 3x\sin 3x - \tfrac{269}{109}\cos 3x + \tfrac{606}{109}\sin 3x) \\ &\qquad + \mathrm{j}(3x\cos 3x - 10x\sin 3x - \tfrac{606}{109}\cos 3x - \tfrac{269}{109}\sin 3x)). \end{aligned}$$

Eine partikuläre Lösung der Differentialgleichung $y'' + y' - y = x\mathrm{e}^{-x}\cos 3x$ ist also

$$y_p = \operatorname{Re}(z_p) = \frac{\mathrm{e}^{-x}}{109}(-10x\cdot\cos 3x - 3x\cdot\sin 3x - \tfrac{269}{109}\cos 3x + \tfrac{606}{109}\sin 3x).$$

Die Operatorenmethode läßt sich auch dann anwenden, wenn die rechte Seite der Differentialgleichung $y'' + a_1 y' + a_0 y = f(x)$ eine Linearkombination aus den bisher betrachteten rechten Seiten ist. Wir wenden das Superpositionsprinzip (Satz 302.1) in den beiden folgenden Beispielen an.

Beispiel 314.1 (vgl. Beispiel 303.1)

Man bestimme eine partikuläre Lösung der Differentialgleichung $y''+2y'-3y=e^x+x^2+4x-5$.

a) Wir berechnen zunächst eine partikuläre Lösung der Differentialgleichung $y''+2y'-3y=e^x$.
Wir erhalten aus $(D^2+2D-3)\,y=e^x$

$$y_{p1}=\frac{1}{D^2+2D-3}\,e^x=e^x\frac{1}{(D+1)^2+2(D+1)-3}\,1=e^x\frac{1}{D^2+4D}\,1$$

$$=e^x\frac{1}{D}\,\frac{1}{4}\,\frac{1}{1+\frac{D}{4}}\,1=\frac{e^x}{4}\,\frac{1}{D}\left(1-\frac{D}{4}\pm\cdots\right)1=\frac{xe^x}{4}.$$

Man beachte, daß 1 hier für die Funktion f mit $f(x)=1$ für alle x steht.

b) Wir bestimmen eine Lösung der Differentialgleichung $y''+2y'-3y=x^2+4x-5$.

$$y_{p2}=\frac{1}{D^2+2D-3}(x^2+4x-5)=-\frac{1}{3}\,\frac{1}{1-\frac{D^2+2D}{3}}(x^2+4x-5)$$

$$=-\frac{1}{3}\left(1+\frac{D^2+2D}{3}+\left(\frac{D^2+2D}{3}\right)^2+\cdots\right)(x^2+4x-5)$$

$$=-\frac{1}{3}\left(x^2+4x-5+\frac{2+2(2x+4)}{3}+\frac{4\cdot 2}{9}\right)=-\frac{x^2}{3}-\frac{16x}{9}+\frac{7}{27}.$$

Eine partikuläre Lösung der gegebenen Differentialgleichung ist daher

$$y_p=y_{p1}+y_{p2}=\frac{xe^x}{4}-\frac{x^2}{3}-\frac{16x}{9}+\frac{7}{27}.$$

Beispiel 314.2 (vgl. Beispiel 303.2)

Man bestimme eine Lösung der Differentialgleichung $y''+2y'-y=e^{3x}+\sin 2x$.

Zu lösen sind die Differentialgleichungen $y''+2y'-y=e^{3x}$ und $y''+2y'-y=\sin 2x$.

a) $y''+2y'-y=e^{3x}$.
Wir erhalten

$$y_{p1}=\frac{1}{D^2+2D-1}\,e^{3x}=\tfrac{1}{14}\,e^{3x}\quad\text{nach Formel (310.5).}$$

b) $y''+2y'-y=\sin 2x$.
Wir lösen zunächst $z''+2z'-z=e^{j2x}$ und bestimmen dann den Imaginärteil dieser Lösung. Es ist

$$z_p=\frac{1}{D^2+2D-1}\,e^{j2x}=\frac{1}{4j-5}\,e^{j2x}\quad\text{nach Formel (310.5).}$$

Wir zerlegen diese Lösung in Real- und Imaginärteil:

$$z_p = \frac{(\cos 2x + j \sin 2x)(-4j-5)}{(4j-5)(-4j-5)} = \frac{-5\cos 2x + 4\sin 2x}{41} + j\,\frac{-4\cos 2x - 5\sin 2x}{41}.$$

Der Imaginärteil $\operatorname{Im}(z_p) = -\frac{1}{41}(4\cos 2x + 5\sin 2x)$ ist partikuläre Lösung der Differentialgleichung $y'' + 2y' - y = \sin 2x$.

Eine Lösung der Differentialgleichung $y'' + 2y' - y = e^{3x} + \sin 2x$ ist daher

$$y_p = \frac{e^{3x}}{14} - \frac{1}{41}(4\cos 2x + 5\sin 2x).$$

4.3.5 Lösung mit Hilfe der Laplace-Transformation

Wir stellen in diesem Abschnitt ein Verfahren zur Lösung der Differentialgleichung

$$y'' + a_1 y' + a_0 y = f(x)$$

vor, das die allgemeine Lösung in einer speziellen Form liefert.

Das Verfahren ist in der Elektrotechnik weit verbreitet und wird dort erfolgreich angewandt. Eine mathematische Begründung würde den Rahmen des Buches überschreiten, wir wollen daher das Verfahren nur anwenden und auf strenge Beweise verzichten.

Die allgemeine Lösung, die man mit diesem Verfahren erhält, enthält an Stelle allgemeiner Integrationskonstanten $a, b \in \mathbb{R}$ die Anfangswerte für $x_0 = 0$, so daß man das zugehörige Anfangswertproblem einfach lösen kann. Außerdem kann man die Abhängigkeit der Lösung von diesen Anfangswerten leicht erkennen.

Definition 315.1

Die Funktion f sei auf $[0, \infty)$ stetig und $s, s_0 \in \mathbb{R}$. Wenn das uneigentliche Integral $\int_0^\infty f(x)\,e^{-sx}\,dx$ für jedes $s > s_0$ existiert, so heißt die durch

$$F(s) = \int_0^\infty f(x)\,e^{-sx}\,dx \qquad (315.1)$$

für $s > s_0$ definierte Funktion F die **Laplace-Transformierte** der Funktion f.

Schreibweise: $\mathscr{L}\{f\}$ oder $F(s) = \mathscr{L}\{f(x)\}$.

Bemerkung:

Durch die Laplace-Transformation wird der auf $[0, \infty)$ definierten Funktion f **(Originalfunktion)** eine auf (s_0, ∞) definierte Funktion F **(Bildfunktion)** zugeordnet: $f \mapsto F$.

Beispiel 316.1

Es sei $f(x)=1$ für alle $x\in[0,\infty)$. Dann ist

$$\mathscr{L}\{1\}=\int_0^\infty \mathrm{e}^{-sx}\,\mathrm{d}x=\lim_{A\to\infty}\left.\frac{\mathrm{e}^{-sx}}{-s}\right|_0^A.$$

Das Integral existiert nur für $s>s_0=0$ und es gilt

$$\mathscr{L}\{1\}=\frac{1}{s}\qquad \text{für } s>0,$$

Der Funktion f mit $f(x)=1$ für $x\in[0,\infty)$ wird also die Funktion F mit $F(s)=\frac{1}{s}$ für $s>0$ zugeordnet.

Beispiel 316.2

Wir berechnen die Laplace-Transformierte der Funktion f mit $f(x)=x$ für $x\geqq 0$. Wir erhalten

$$\mathscr{L}\{x\}=\int_0^\infty x\mathrm{e}^{-sx}\,\mathrm{d}x=\lim_{t\to\infty}\left(x\left.\frac{\mathrm{e}^{-sx}}{-s}\right|_0^t+\frac{1}{s}\int_0^t \mathrm{e}^{-sx}\,\mathrm{d}x\right)\qquad \text{für } s\neq 0.$$

Da $\lim\limits_{t\to\infty} t\mathrm{e}^{-st}$ nur für $s>0$ existiert und das uneigentliche Integral für $s=0$ nicht existiert, ist die Laplace-Transformierte der Funktion f nur für $s>s_0=0$ definiert.

Der ausintegrierte Term verschwindet an beiden Grenzen. Das verbleibende Integral ist die Laplace-Transformierte der Funktion f mit $f(x)=1$. Wir erhalten

$$\mathscr{L}\{x\}=\frac{1}{s}\mathscr{L}\{1\}=\frac{1}{s^2}\qquad \text{für } s>0.$$

Beispiel 316.3

Wir berechnen die Laplace-Tranformierte der Funktion f mit $f(x)=x^n$ für $n\in\mathbb{N}_0$. Wir erhalten

$$\mathscr{L}\{x^n\}=\int_0^\infty x^n\mathrm{e}^{-sx}\,\mathrm{d}x=\lim_{t\to\infty}\left(x^n\left.\frac{\mathrm{e}^{-sx}}{-s}\right|_0^t+\frac{n}{s}\int_0^t x^{n-1}\mathrm{e}^{-sx}\,\mathrm{d}x\right)\qquad \text{für } s\neq 0.$$

Das Integral existiert nur für $s>0$. In diesem Falle verschwindet der ausintegrierte Term an beiden Grenzen. Es ergibt sich die Rekursionsformel

$$\mathscr{L}\{x^n\}=\frac{n}{s}\mathscr{L}\{x^{n-1}\}.$$

Durch wiederholte Anwendung der Rekursionsformel folgt

$$\mathscr{L}\{x^n\}=\frac{n}{s}\mathscr{L}\{x^{n-1}\}=\frac{n}{s}\,\frac{n-1}{s}\mathscr{L}\{x^{n-2}\}=\frac{n}{s}\,\frac{n-1}{s}\,\frac{n-2}{s}\mathscr{L}\{x^{n-3}\}=\cdots$$

$$=\frac{n!}{s^n}\mathscr{L}\{1\}.$$

Daraus folgt

$$\mathscr{L}\{x^n\}=\frac{n!}{s^{n+1}} \quad \text{für } s>0.$$

Das Ergebnis kann durch vollständige Induktion bewiesen werden.

Beispiel 317.1

Wir berechnen die Laplace-Transformierte der Funktion f mit $f(x)=\mathrm{e}^{ax}$ mit $a\in\mathbb{R}$ und $x\geqq 0$. Wir erhalten

$$\mathscr{L}\{\mathrm{e}^{ax}\}=\int_0^\infty \mathrm{e}^{ax}\mathrm{e}^{-sx}\,\mathrm{d}x=\int_0^\infty \mathrm{e}^{(a-s)x}\,\mathrm{d}x=\lim_{t\to\infty}\left(\frac{\mathrm{e}^{(a-s)x}}{a-s}\bigg|_0^t\right) \quad \text{für } s\neq a.$$

Das Integral existiert nur für $s>s_0=a$. In diesem Falle ergibt sich

$$\mathscr{L}\{\mathrm{e}^{ax}\}=\frac{1}{s-a} \quad \text{für } s>a.$$

Beispiel 317.2

Gesucht ist die Laplace-Transformierte der Funktion f mit $f(x)=\sin ax$ mit $a\in\mathbb{R}$ und $x\geqq 0$. Es ist

$$\mathscr{L}\{\sin ax\}=\int_0^\infty \mathrm{e}^{-sx}\sin ax\,\mathrm{d}x.$$

Das Integral existiert nur für $s>0$. Für diese s folgt durch partielle Integration

$$\begin{aligned}
\mathscr{L}\{\sin ax\}&=\lim_{t\to\infty}\left(\sin ax\,\frac{\mathrm{e}^{-sx}}{-s}\bigg|_0^t+\frac{a}{s}\int_0^t \mathrm{e}^{-sx}\cos ax\,\mathrm{d}x\right)\\
&=\lim_{t\to\infty}\left(\frac{a}{s}\left(\cos ax\,\frac{\mathrm{e}^{-sx}}{-s}\bigg|_0^t-\frac{a}{s}\int_0^t \mathrm{e}^{-sx}\sin ax\,\mathrm{d}x\right)\right)\\
&=\frac{a}{s}\left(\frac{1}{s}-\frac{a}{s}\mathscr{L}\{\sin ax\}\right)\\
&=\frac{a}{s^2}-\frac{a^2}{s^2}\mathscr{L}\{\sin ax\}.
\end{aligned}$$

Die Auflösung nach $\mathscr{L}\{\sin ax\}$ liefert

$$\mathscr{L}\{\sin ax\}=\frac{\dfrac{a}{s^2}}{1+\dfrac{a^2}{s^2}}=\frac{a}{s^2+a^2} \quad \text{für } s>0. \tag{317.1}$$

Die folgende Tabelle gibt eine Übersicht über einige Originalfunktionen f und ihre Laplace-Transformierten F.

Tabelle der Laplace-Transformierten

Originalfunktion f mit $D_f = \mathbb{R}_0^+$	Bildfunktion F mit $D_F = (s_0, \infty)$
x^n mit $n \in \mathbb{N}_0$	$\frac{n!}{s^{n+1}}$ mit $s_0 = 0$
e^{ax} mit $a \in \mathbb{R}$	$\frac{1}{s-a}$ mit $s_0 = a$
$\sin ax$ mit $a \in \mathbb{R}$	$\frac{a}{s^2+a^2}$ mit $s_0 = 0$
$\cos ax$ mit $a \in \mathbb{R}$	$\frac{s}{s^2+a^2}$ mit $s_0 = 0$
$e^{ax} \sin bx$ mit $a, b \in \mathbb{R}$	$\frac{b}{(s-a)^2+b^2}$ mit $s_0 = a$
$e^{ax} \cos bx$ mit $a, b \in \mathbb{R}$	$\frac{s-a}{(s-a)^2+b^2}$ mit $s_0 = a$
$x \sin ax$ mit $a \in \mathbb{R}$	$\frac{2as}{(s^2+a^2)^2}$ mit $s_0 = 0$
$x \cos ax$ mit $a \in \mathbb{R}$	$\frac{s^2-a^2}{(s^2+a^2)^2}$ mit $s_0 = 0$
$e^{ax} \frac{x^n}{n!}$ mit $a \in \mathbb{R}$, $n \in \mathbb{N}_0$	$\frac{1}{(s-a)^{n+1}}$ mit $s_0 = a$
$x^n \cdot e^{ax} \cdot \cos bx$ mit $n \in \mathbb{N}_0$; $a, b \in \mathbb{R}$	$\frac{n!}{((s-a)^2+b^2)^{n+1}} \sum_{l=0}^{[\frac{n+1}{2}]} \binom{n+1}{2l} (-1)^l b^{2l} (s-a)^{n+1-2l}$ mit $s_0 = a$
$x^n \cdot e^{ax} \cdot \sin bx$ mit $n \in \mathbb{N}_0$; $a, b \in \mathbb{R}$	$\frac{n!}{((s-a)^2+b^2)^{n+1}} \sum_{l=0}^{[\frac{n-1}{2}]} \binom{n+1}{2l+1} (-1)^l b^{2l+1} (s-a)^{n-2l}$ mit $s_0 = a$

Wir stellen im folgenden einige Sätze über die Laplace-Transformation zusammen.

Satz 318.1 (Linearität der Laplace-Transformation)

Es sei $F_1 = \mathscr{L}\{f_1\}$ und $F_2 = \mathscr{L}\{f_2\}$. Dann ist für $c_1, c_2 \in \mathbb{R}$

$$\mathscr{L}\{c_1 f_1 + c_2 f_2\} = c_1 F_1 + c_2 F_2.$$

Der Beweis folgt unmittelbar durch Einsetzen der Linearkombination in die definierende Gleichung.

Satz 319.1

Die Funktionen $f_1\colon \mathbb{R}_0^+ \to \mathbb{R}$ und $f_2\colon \mathbb{R}_0^+ \to \mathbb{R}$ seien stetig, es existiere $\mathscr{L}\{f_1\}$ und $\mathscr{L}\{f_2\}$. Dann sind $\mathscr{L}\{f_1\}$ und $\mathscr{L}\{f_2\}$ genau dann gleich, wenn $f_1 = f_2$ ist.

Auf den Beweis wird verzichtet.

Definition 319.1

Die Funktionen $f_1\colon \mathbb{R}_0^+ \to \mathbb{R}$ und $f_2\colon \mathbb{R}_0^+ \mapsto \mathbb{R}$ seien stetig, $x \in \mathbb{R}_0^+$. Dann heißt die Funktion f mit

$$f(x) = \int_0^x f_1(x-t)\, f_2(t)\, \mathrm{d}t$$

die **Faltung der Funktionen** f_1 und f_2.

Schreibweise: $f = f_1 * f_2$.

Beispiel 319.1

Es soll die Faltung f der Funktionen f_1 mit $f_1(x) = x$ für $x \in [0, \infty)$ und f_2 mit $f_2(x) = \mathrm{e}^{2x}$ für $x \in [0, \infty)$ berechnet werden. Wir erhalten durch partielle Integration

$$f(x) = \int_0^x (x-t)\,\mathrm{e}^{2t}\,\mathrm{d}t = (x-t)\,\frac{\mathrm{e}^{2t}}{2}\bigg|_0^x + \int_0^x \frac{\mathrm{e}^{2t}}{2}\,\mathrm{d}t = -\frac{x}{2} + \frac{\mathrm{e}^{2x}-1}{4}.$$

Bemerkung:

Die Faltung ist kommutativ, d.h. es gilt $f_1 * f_2 = f_2 * f_1$, wie man leicht mit Hilfe der Substitution $z = x - t$ erkennt.

Satz 319.2 (Faltungssatz)

Die Funktionen $f_1\colon \mathbb{R}_0^+ \to \mathbb{R}$ und $f_2\colon \mathbb{R}_0^+ \to \mathbb{R}$ seien stetig. Existieren für $s \geqq s_0$ ihre Laplace-Transformierten und ist mindestens eines dieser beiden Laplace-Integrale absolut konvergent, so existiert für $s \geqq s_0$ auch die Laplace-Transformierte der Faltung $f_1 * f_2$, und es ist

$$\mathscr{L}\{f_1 * f_2\} = \mathscr{L}\{f_1\} \cdot \mathscr{L}\{f_2\}.$$

Auf den Beweis wird verzichtet.

Beispiel 319.2

Es ist $\mathscr{L}\{1\} = \dfrac{1}{s}$, $\mathscr{L}\{\mathrm{e}^x\} = \dfrac{1}{s-1}$ für $s > 1$. Daraus folgt nach dem Faltungssatz (Satz 319.2) für $s \geqq 1 + \varepsilon$ mit $\varepsilon > 0$, da für $s_0 = 1 + \varepsilon$ sogar beide Laplace-Integrale absolut konvergieren:

$$\mathscr{L}\{1\} \cdot \mathscr{L}\{\mathrm{e}^x\} = \frac{1}{s(s-1)} = \mathscr{L}\left\{\int_0^x 1 \cdot \mathrm{e}^t\,\mathrm{d}t\right\} = \mathscr{L}\{\mathrm{e}^x - 1\}.$$

Wir können das Ergebnis in diesem Falle nachprüfen:

$$\mathscr{L}\{e^x-1\}=\mathscr{L}\{e^x\}-\mathscr{L}\{1\}=\frac{1}{s-1}-\frac{1}{s}=\frac{1}{s(s-1)}.$$

Satz 320.1 (Differentiationssatz)

Die Funktion f sei für $x\in[0,\infty)$ stetig differenzierbar. Es existiere für $s>s_0$ die Laplace-Transformierte $\mathscr{L}\{f'\}$.

Dann existiert für $s\geqq s_0$ die Laplace-Transformierte $\mathscr{L}\{f\}$ und es ist

$$\mathscr{L}\{f'\}=-f(0)+s\mathscr{L}\{f\}.$$

Beweis:

Wir beweisen nur die Formel, nicht die Existenz von $\mathscr{L}\{f\}$.

Es ist

$$\int_0^A f'(x)\,e^{-sx}\,dx=f(x)\,e^{-sx}\big|_0^A+s\int_0^A f(x)\,e^{-sx}\,dx$$
$$=f(A)e^{-sA}-f(0)+s\int_0^A f(x)\,e^{-sx}\,dx.$$

Es existieren die Grenzwerte der beiden Integrale für $A\to\infty$ nach Voraussetzung, es muß also auch $\lim\limits_{A\to\infty} f(A)\,e^{-sA}$ existieren. Dieser Grenzwert ist Null nach Band 2, Satz 173.1, da sonst $\mathscr{L}\{f\}$ nicht existiert. Es folgt

$$\int_0^\infty f'(x)\,e^{-sx}\,dx=-f(0)+s\int_0^\infty f(x)\,e^{-sx}\,dx$$
$$\mathscr{L}\{f'\}=-f(0)+s\mathscr{L}\{f\},$$

die Behauptung des Satzes. ●

Beispiel 320.1

Mit Hilfe des Differentiationssatzes bestimmen wir die Laplace-Transformierte der Funktion f mit $f(x)=\cos ax$ für $x\in[0,\infty)$ und $a\in\mathbb{R}$.

Es ist $(\sin ax)'=a\cos ax$ und daher für $s>0$ nach dem Differentiationssatz (Satz 320.1)

$$a\mathscr{L}\{\cos ax\}=\mathscr{L}\{(\sin ax)'\}=-\sin 0+s\mathscr{L}\{\sin ax\}=\frac{as}{s^2+a^2}.$$

Daraus folgt

$$\mathscr{L}\{\cos ax\}=\frac{s}{s^2+a^2}\qquad \text{für } s>0.$$

Satz 321.1

Die Funktion f sei auf $\mathbb{R}_0^+$ n-mal stetig differenzierbar. Es existiere für $s > s_0$ die Laplace-Transformierte $\mathscr{L}\{f^{(n)}\}$.

Dann existieren für $s \geqq s_0$ die Laplace-Transformierten $\mathscr{L}\{f\}$, $\mathscr{L}\{f'\}, \ldots, \mathscr{L}\{f^{(n-1)}\}$ und es ist

$$\mathscr{L}\{f^{(n)}\} = -\left(f^{(n-1)}(0) + s \cdot f^{(n-2)}(0) + \cdots + s^{n-1} \cdot f(0)\right) + s^n \mathscr{L}\{f\}.$$

Beweis:

Wir beschränken uns wie bei Satz 320.1 auf den Nachweis der Formel.

Wir beweisen die Behauptung durch vollständige Induktion.

Nach Satz 320.1 ist die Behauptung für $n = 1$ richtig.

Gilt die Behauptung für $n = k$, ist also

$$\mathscr{L}\{f^{(k)}\} = -\left(f^{(k-1)}(0) + s f^{(k-2)}(0) + \cdots + s^{k-1} f(0)\right) + s^k \mathscr{L}\{f\}, \tag{321.1}$$

so gilt nach Satz 320.1, wobei wir in diesem Satz die Funktion f durch ihre k-te Ableitung ersetzen,

$$\mathscr{L}\{f^{(k+1)}(x)\} = -f^{(k+1)}(0) + s \cdot \mathscr{L}\{f^{(k)}(x)\} \tag{321.2}$$

Setzen wir (321.1) in (321.2) ein, so folgt die Behauptung für $n = k + 1$. ●

Satz 321.2 (Integrationssatz)

Die Funktion f: $\mathbb{R}_0^+ \to \mathbb{R}$ sei stetig. Es sei $g(x) = \int\limits_0^x f(t)\,dt$. Existiert für $s \geqq s_0 > 0$ die Laplace-Transformierte $\mathscr{L}\{f\}$, so existiert für $s \geqq s_0$ auch $\mathscr{L}\{g\}$ und es ist

$$\mathscr{L}\left\{\int\limits_0^x f(t)\,dt\right\} = \frac{1}{s}\mathscr{L}\{f(x)\}.$$

Wir wenden jetzt die Laplace-Transformation auf die Differentialgleichung

$$y'' + a_1 y' + a_0 y = f(x) \tag{321.3}$$

an. Dabei lassen wir für f nur Funktionen zu, die in der Tabelle der Laplace-Transformierten (Seite 318) vorkommen. Löst man die Differentialgleichung mit einem der bisher beschriebenen Verfahren, so erkennt man, daß in diesem Falle die allgemeine Lösung eine Linearkombination aus Funktionen ist, die in der Tabelle enthalten sind. Das Gleiche gilt für die erste und zweite Ableitung der allgemeinen Lösung, so daß die Laplace-Transformierten der allgemeinen Lösung, ihrer ersten und zweiten Ableitung für genügend große s existieren.

Wir setzen $\mathscr{L}\{y\} = Y$. Dann folgt nach Satz

$$\mathscr{L}\{y'\} = -y(0) + sY, \quad \mathscr{L}\{y''\} = -\left(y'(0) + s y(0)\right) + s^2 Y. \tag{321.4}$$

Bilden wir die Laplace-Transformierten beider Seiten der Differentialgleichung, so stimmen diese nach Satz 319.1 überein und wir erhalten mit $F=\mathscr{L}\{f\}$

$$\mathscr{L}\{y''+a_1 y'+a_0 y\}=\mathscr{L}\{f\}.$$

Daraus folgt wegen der Linearität der Laplace-Transformation (Satz 318.1)

$$\mathscr{L}\{y''\}+a_1\mathscr{L}\{y'\}+a_0\mathscr{L}\{y\}=\mathscr{L}\{f\}. \tag{322.1}$$

Setzen wir (321.4) in (322.1) ein, so erhalten wir

$$-\big(y'(0)+s\,y(0)\big)+s^2\,Y(s)+a_1\big(-y(0)+s\,Y(s)\big)+a_0\,Y(s)=F(s)$$

$$(s^2+a_1 s+a_0)\,Y(s)=F(s)+y'(0)+(s+a_1)\,y(0).$$

Setzen wir voraus, daß s so groß ist, daß $s^2+a_1 s+a_0\neq 0$ für alle $s>s_0$ ist, so folgt

$$Y(s)=\frac{F(s)+y'(0)+(s+a_1)\,y(0)}{s^2+a_1 s+a_0}. \tag{322.2}$$

Bemerkung:

Durch die Anwendung der Laplace-Transformation geht die Differentialgleichung für die Originalfunktion y über in eine algebraische Gleichung für die Bildfunktion $\mathscr{L}\{y\}=Y$. Diese algebraische Gleichung läßt sich für genügend große s nach $Y(s)$ auflösen. Wir haben jetzt die Aufgabe, zu dieser Bildfunktion Y die Originalfunktion zu bestimmen. Das geschieht mit Hilfe der Tabelle (Seite 318). Y ist eine gebrochen-rationale Funktion in s. Wir können die Partialbruchzerlegung anwenden. Dadurch erhalten wir nur Bildfunktionen, die in der Tabelle vorkommen. Es ergibt sich folgendes Lösungsschema:

Beispiel 322.1

Mit Hilfe der Laplace-Transformation löse man die Differentialgleichung $y''+3y'-4y=e^{2x}$.

Da auf der rechten Seite der Differentialgleichung nur eine Funktion vorkommt, die in der Tabelle der Laplace-Transformierten (Seite 318) enthalten ist, existieren alle benötigten Laplace-Transformierten. Wir erhalten

$$-y'(0)-s\,y(0)+s^2\,Y(s)+3(-y(0)+s\,Y(s))-4\,Y(s)=\frac{1}{s-2},$$

$$(s^2+3s-4)\,Y(s)=\frac{1}{s-2}+y'(0)+(s+3)\,y(0),$$

$$Y(s)=\frac{1}{(s-2)(s^2+3s-4)}+\frac{y'(0)+(s+3)\,y(0)}{s^2+3s-4}$$

für $(s-2)\cdot(s^2+3s-4)\neq 0$. Wegen $s^2+3s-4=(s-1)(s+4)$ gilt weiter (Partialbruchzerlegung)

$$Y(s)=\frac{1}{(s-2)(s-1)(s+4)}+\frac{y'(0)+(s+3)\,y(0)}{(s-1)(s+4)}$$

$$=\frac{\frac{1}{6}}{s-2}+\frac{-\frac{1}{5}}{s-1}+\frac{\frac{1}{30}}{s+4}+\frac{\frac{y'(0)+4y(0)}{5}}{s-1}+\frac{\frac{y'(0)-y(0)}{-5}}{s+4}.$$

Die Summe existiert für $s>2$. Durch Anwendung der Tabelle auf Seite 318 kann die Rücktransformation erfolgen. Wir erhalten

$$y=\tfrac{1}{6}\,e^{2x}-\tfrac{1}{5}\,e^{x}+\tfrac{1}{30}\,e^{-4x}+\frac{y'(0)+4\,y(0)}{5}\,e^{x}-\frac{y'(0)-y(0)}{5}\,e^{-4x}$$

Sind neben der Differentialgleichung noch Anfangsbedingungen an der Stelle $x_0=0$ vorgeschrieben, so erhält man die Lösung des Anfangswertproblems unmittelbar durch Einsetzen der beiden Anfangswerte $y(0)$ und $y'(0)$.

Beispiel 323.1

Mit Hilfe der Laplace-Transformation löse man das Anfangswertproblem $y''+y=x$ mit $y\left(\frac{\pi}{2}\right)=0$, $y'\left(\frac{\pi}{2}\right)=1$.

Die Laplace-Transformation ist bei dieser Differentialgleichung anwendbar. Wir erhalten

$$(s^2+1)\,Y(s)=y'(0)+s\,y(0)+\frac{1}{s^2},$$

$$Y(s)=y'(0)\,\frac{1}{s^2+1}+y(0)\,\frac{s}{s^2+1}+\frac{1}{s^2(s^2+1)}.$$

Wegen $\frac{1}{s^2(s^2+1)}=\frac{1}{s^2}-\frac{1}{s^2+1}$ erhalten wir durch Rücktransformation mit Hilfe der Tabelle (Seite 318)

$$y=y'(0)\sin x+y(0)\cos x+x-\sin x.$$

Die Anfangsbedingungen fordern

$$0=y'\left(\frac{\pi}{2}\right)=y'(0)+\frac{\pi}{2}-1, \qquad \text{also} \quad y'(0)=1-\frac{\pi}{2}$$

$$1 = y'\left(\frac{\pi}{2}\right) = -y(0) + 1, \qquad \text{also} \quad y(0) = 0.$$

Als Lösung des Anfangswertproblems ergibt sich

$$y = -\frac{\pi}{2}\sin x + x.$$

Beispiel 324.1

Mit Hilfe der Laplace-Transformation löse man das Anfangswertproblem $y'' + 2y' - 3y = e^x$ mit $y(0) = 0$, $y'(0) = 0$.

Die Laplace-Transformation ist auch bei dieser Differentialgleichung anwendbar. Wir erhalten für genügend große s

$$-y'(0) - s\,y(0) + s^2\,Y(s) + 2(-y(0) + s\,Y(s)) - 3\,Y(s) = \frac{1}{s-1}$$

und durch Einsetzen der Anfangswerte

$$(s^2 + 2s - 3)\;Y(s) = \frac{1}{s-1}.$$

Wegen $s^2 + 2s - 3 = (s-1)(s+3)$ folgt für $s > 1$

$$Y(s) = \frac{1}{(s-1)^2(s+3)} = \frac{\frac{1}{4}}{(s-1)^2} + \frac{-\frac{1}{16}}{s-1} + \frac{\frac{1}{16}}{s+3}.$$

Aus der Tabelle entnehmen wir

$$y = \tfrac{1}{4}x\,e^x - \tfrac{1}{16}\,e^x + \tfrac{1}{16}e^{-3x}$$

Beispiel 324.2

Mit Hilfe der Laplace-Transformation löse man die Differentialgleichung $y'' - y = \cos x$. Wir erhalten

$$-y'(0) - s\,y(0) + s^2\,Y(s) - Y(s) = \frac{s}{s^2+1},$$

$$Y(s) = \frac{s}{(s^2+1)(s^2-1)} + \frac{y'(0) + s\,y(0)}{s^2-1}$$

für $s > 1$. Durch Zerlegung in Partialbrüche folgt

$$Y(s) = \frac{\frac{1}{4}}{s-1} + \frac{\frac{1}{4}}{s+1} + \frac{-\frac{1}{2}s}{s^2+1} + \frac{\frac{y'(0)+y(0)}{2}}{s-1} + \frac{\frac{y'(0)-y(0)}{-2}}{s+1}.$$

Durch Anwendung der Tabelle erhalten wir

$$y = \tfrac{1}{4}e^x + \tfrac{1}{4}e^{-x} - \tfrac{1}{2}\cos x + \frac{y'(0)+y(0)}{2}\,e^x - \frac{y'(0)-y(0)}{2}\,e^{-x}.$$

Beispiel 325.1

Mit Hilfe der Laplace-Transformation löse man

$$y''+y'-2y=e^x \sin x.$$

Die Transformation ergibt für genügend große s

$$-y'(0)-s\,y(0)+s^2\,Y(s)-y(0)+s\,Y(s)-2\,Y(s)=\frac{1}{(s-1)^2+1},$$

$$Y(s)(s^2+s-2)=\frac{1}{(s-1)^2+1}+y'(0)+(s+1)\,y(0).$$

Wegen $s^2+s-2=(s-1)(s+2)$ gilt für $s>1$ weiter

$$Y(s)=\frac{1}{\big((s-1)^2+1\big)(s-1)(s+2)}+\frac{y'(0)+(s+1)\,y(0)}{(s-1)(s+2)}.$$

Durch Partialbruchzerlegung ergibt sich

$$Y(s)=\frac{\frac{1}{3}}{s-1}+\frac{-\frac{1}{30}}{s+2}+\frac{-\frac{3}{10}s+\frac{1}{5}}{(s-1)^2+1}+\frac{\frac{y'(0)+2y(0)}{3}}{s-1}+\frac{\frac{y'(0)-y(0)}{-3}}{s+2}.$$

Wegen

$$\frac{-\frac{3}{10}s+\frac{1}{5}}{(s-1)^2+1}=-\frac{1}{10}\,\frac{3s-2}{(s-1)^2+1}=-\frac{1}{10}\,\frac{3(s-1)+1}{(s-1)^2+1}$$

erhalten wir

$$y=\tfrac{1}{3}e^x-\tfrac{1}{30}e^{-2x}-\tfrac{1}{10}(3\,e^x\cos x+e^x\sin x)+\frac{y'(0)+2y(0)}{3}\,e^x-\frac{y'(0)-y(0)}{3}\,e^{-2x}.$$

Die Laplace-Transformation kann auch unter schwächeren Bedingungen an die Funktion f definiert werden.

Die Funktion f sei auf $[0,\infty)$ erklärt, für $(0,\infty)$ stetig und über $[0,a]$ mit $a>0$ uneigentlich absolut integrierbar. Es sei $s, s_0 \in \mathbb{R}$.

Wenn der Grenzwert $\lim\limits_{a\downarrow 0}\int\limits_a^\infty f(x)\,e^{-sx}\,dx$ für jedes $s>s_0$ existiert, so heißt die durch

$$F(s)=\lim_{a\downarrow 0}\int_a^\infty f(x)\,e^{-sx}\,dx$$

für $s>s_0$ definierte Funktion F die Laplace-Transformierte der Funktion f.

Bemerkungen:

1. Ist f auf $[0,\infty)$ stetig, so stimmt diese Definition mit der Definition 315.1 überein.

2. Ist f eine in der Tabelle auf Seite 318 vorkommende Funktion, so kann man also auch Funktionen g mit

$$g(x)=\begin{cases}0 & \text{für } x\leqq 0\\ f(x) & \text{für } x>0\end{cases}$$

transformieren. Ist bei der Berechnung des Integrals der Wert an der Stelle 0 einzusetzen, so ist bei der Funktion g nicht der Funktionswert an der Stelle 0 zu nehmen, sondern der rechtsseitige Grenzwert. Es ist dann $\mathscr{L}\{f\}=\mathscr{L}\{g\}$. Ist $f(0)\neq 0$, so bezeichnet man g als Sprungfunktion. Solche Funktionen beschreiben in der Elektrotechnik Einschaltvorgänge.

Beispiel 326.1

Man löse die Differentialgleichung $y''+y=g(x)$ mit $g(x)=\begin{cases}\cos x & \text{für } x>0\\ 0 & \text{für } x\leqq 0.\end{cases}$

Die Laplace-Transformation liefert für genügend große s

$$-y'(0)-s\,y(0)+s^2\,Y(s)+Y(s)=\frac{s}{s^2+1},$$

$$Y(s)=\frac{s}{(s^2+1)^2}+\frac{y'(0)+s\,y(0)}{s^2+1}.$$

Durch Rücktransformation mit Hilfe der Tabelle erhalten wir die in diesem Falle nur für $x>0$ gültige Lösung

$$y=\tfrac{1}{2}x\sin x+y'(+0)\sin x+y(+0)\cos x \qquad \text{für } x>0$$

mit $y'(+0)=\lim\limits_{x\downarrow 0}y'(x)$ und $y(+0)=\lim\limits_{x\downarrow 0}y(x)$.

Auch wenn f im Innern des Intervalls $[0,\infty)$ Unstetigkeitsstellen hat, kann unter gewissen Bedingungen die Laplace-Transformierte definiert werden.

Die Funktion f sei auf $[0,\infty)$ erklärt, für $x\neq x_0>0$ stetig und über das Intervall $[a,b]$ mit $x_0\in[a,b]$ uneigentlich absolut integrierbar. Existieren die Grenzwerte

$$\lim_{x\uparrow x_0}\int_0^x f(t)\,\mathrm{e}^{-st}\,\mathrm{d}t \quad \text{und} \quad \lim_{x\downarrow x_0}\int_x^\infty f(t)\,\mathrm{e}^{-st}\,\mathrm{d}t \qquad \text{für jedes } s>s_0 \tag{326.1}$$

so heißt die durch

$$F(s)=\lim_{x\uparrow x_0}\int_0^x f(t)\,\mathrm{e}^{-st}\,\mathrm{d}t+\lim_{x\downarrow x_0}\int_x^\infty f(t)\,\mathrm{e}^{-st}\,\mathrm{d}t \qquad \text{für } s>s_0 \tag{326.2}$$

definierte Funktion F die Laplace-Transformierte der Funktion f.

Bemerkungen:

1. Bei der Berechnung der Laplace-Transformierten spielt also der Funktionswert $f(x_0)$ keine Rolle.
2. Die Definition kann auch auf mehrere, endlich viele Unstetigkeitsstellen erweitert werden.

Beispiel 327.1

Es sei f die Impulsfunktion mit $f(x)=\begin{cases} A>0 & \text{für } x_1 \leqq x \leqq x_2 \text{ mit } A, x_1, x_2 \in \mathbb{R} \\ 0 & \text{sonst.} \end{cases}$

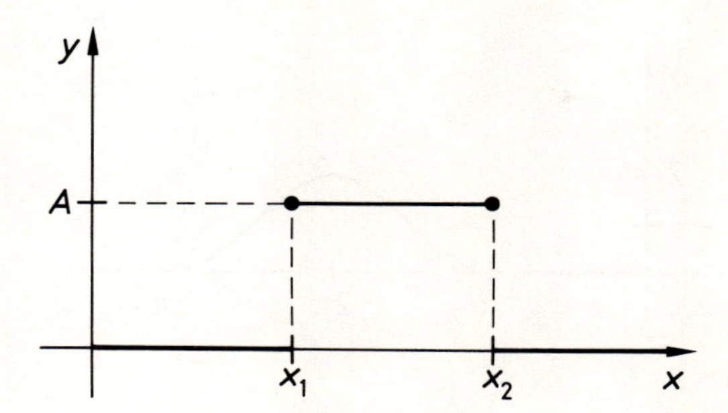

327.1 Die Impulsfunktion aus Beispiel 327.1

Wir berechnen die Laplace-Transformierte F der Impulsfunktion.

Die Grenzwerte (326.1) und (326.2) existieren an den Stellen $x=x_1$ und $x=x_2$ für $s>0$, so daß die Laplace-Transformierte für $s>0$ definiert ist. Da $f(x)$ nur für $x_1 \leqq x \leqq x_2$ ungleich Null ist, erhalten wir

$$F(s)=\int_{x_1}^{x_2} A\,\mathrm{e}^{-sx}\,\mathrm{d}x = A\left.\frac{\mathrm{e}^{-sx}}{-s}\right|_{x_1}^{x_2} = \frac{A}{s}(\mathrm{e}^{-sx_1}-\mathrm{e}^{-sx_2}).$$

Beispiel 327.2

Es sei f die Impulsfunktion mit $A=1$, $x_1=\pi$, $x_2=3\pi$. Wir lösen das Anfangswertproblem $y''+y=f(x)$ mit $y(0)=y'(0)=0$.

Durch Anwendung der Laplace-Transformation erhalten wir für genügend große s

$$s^2\,Y(s)+Y(s)=\frac{1}{s}(\mathrm{e}^{-s\pi}-\mathrm{e}^{-3s\pi})$$

$$Y(s)=\frac{1}{s}(\mathrm{e}^{-s\pi}-\mathrm{e}^{-3s\pi})\frac{1}{s^2+1}.$$

Die Rücktransformation ergibt wegen

$$Y(s)=\mathscr{L}\{f(x)\}\cdot\mathscr{L}\{\sin x\}$$

mit Hilfe des Faltungssatzes (Satz 319.2)

$$y=\int_0^x \sin(x-t)\,f(t)\,\mathrm{d}t=\begin{cases} 0 & \text{für } x<\pi \\ \int_\pi^x \sin(x-t)\,\mathrm{d}t = 1+\cos x & \text{für } \pi \leqq x \leqq 3\pi \\ 0 & \text{für } x>3\pi. \end{cases}$$

Für $x=\pi$ bzw. $x=3\pi$ ist y nicht zweimal differenzierbar, also ist y nur in solchen Intervallen Lösung, die die Punkte $x=\pi$ bzw. $x=3\pi$ nicht enthalten.

Die Lösung ist in Bild 328.1 dargestellt.

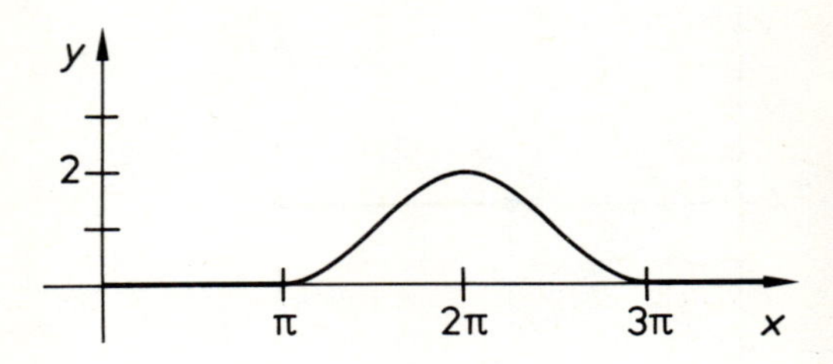

328.1 Skizze zu Beispiel 327.2

Mit Hilfe des folgenden Satzes können wir den Anwendungsbereich der Laplace-Transformation erweitern.

Satz 328.1 (Verschiebungssatz)

Es sei $x_0>0$. Die Laplace-Transformierte F der Funktion f existiere für $s>s_0$. Dann existiert für $s>s_0$ auch die Laplace-Transformierte G der Funktion g mit

$$g(x)=\begin{cases}0 & \text{für } x<x_0\\ f(x-x_0) & \text{für } x\geqq x_0\end{cases}$$

und es ist $G(s)=\mathrm{e}^{-sx_0}F(s)$.

Bemerkung:

Den Graphen der Funktion g erhält man, indem man den Graphen der Funktion f um x_0 nach rechts verschiebt.

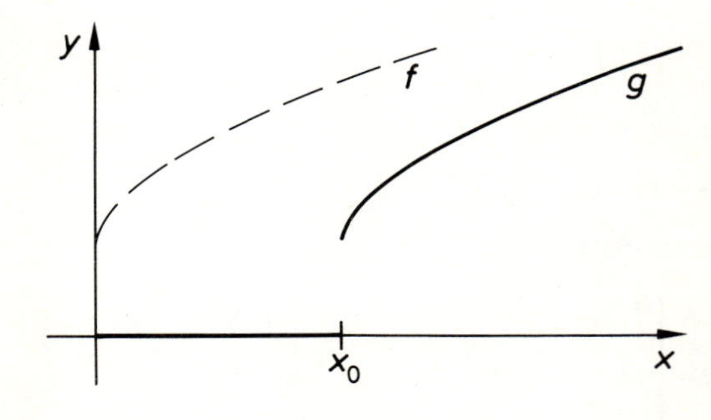

328.1 Die Graphen der Funktionen f und g aus Satz 328.1

Beweis:

Es ist für $A > x_0$: $\int\limits_0^A g(x)\,\mathrm{e}^{-sx}\,\mathrm{d}x = \int\limits_{x_0}^A g(x)\,\mathrm{e}^{-sx}\,\mathrm{d}x$. Wir substituieren $x = t + x_0$, d.h. $\mathrm{d}x = \mathrm{d}t$ und erhalten

$$\int\limits_0^A g(x)\,\mathrm{e}^{-sx}\,\mathrm{d}x = \int\limits_0^{A-x_0} g(t+x_0)\,\mathrm{e}^{-s(t+x_0)}\,\mathrm{d}t = \mathrm{e}^{-sx_0} \int\limits_0^{A-x_0} f(t)\,\mathrm{e}^{-st}\,\mathrm{d}t$$

wegen $g(x) = f(x - x_0)$, also $g(t + x_0) = f(t)$ mit $t = x - x_0$. Bilden wir den Grenzübergang $A \to \infty$, so konvergiert $\int\limits_0^{A-x_0} f(t)\,\mathrm{e}^{-st}\,\mathrm{d}t$ für $s > s_0$, da die Laplace-Transformierte der Funktion f existiert. Dann konvergiert auch $\int\limits_0^A g(x)\,\mathrm{e}^{-sx}\,\mathrm{d}x$ für $s > s_0$, d.h. die Laplace-Transformierte der Funktion g existiert und es folgt mit den Bezeichnungen des Satzes

$$G(s) = \mathrm{e}^{-sx_0} F(s) \quad \text{für } s > s_0.$$ ●

Wir wenden den Verschiebungssatz in den folgenden Beispielen an.

Beispiel 329.1

Wir berechnen die Laplace-Transformierte der Sprungfunktion f mit

$$f(x) = \begin{cases} 0 & \text{für alle } x < x_0 \\ A & \text{für alle } x \geqq x_0 \end{cases} \quad \text{wobei } A, x_0 > 0 \text{ ist.}$$

Aus dem Verschiebungssatz folgt mit $F = \mathscr{L}\{f\}$

$$F(s) = \mathrm{e}^{-sx_0} \mathscr{L}\{A\} = \mathrm{e}^{-sx_0} \cdot A \cdot \mathscr{L}\{1\} = \mathrm{e}^{-sx_0} A \frac{1}{s} \quad \text{für } s > 0.$$

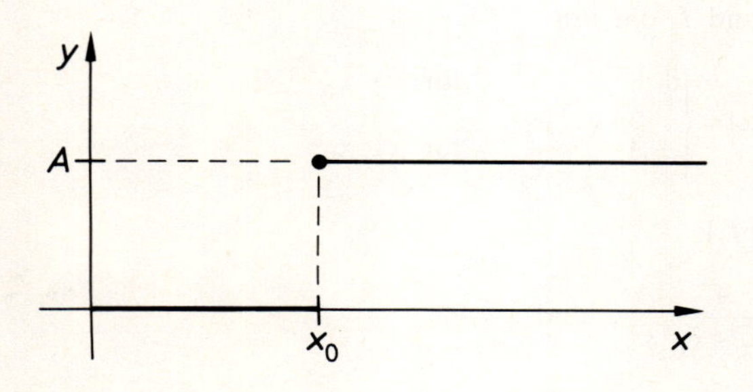

329.1 Die Sprungfunktion aus Beispiel 329.1

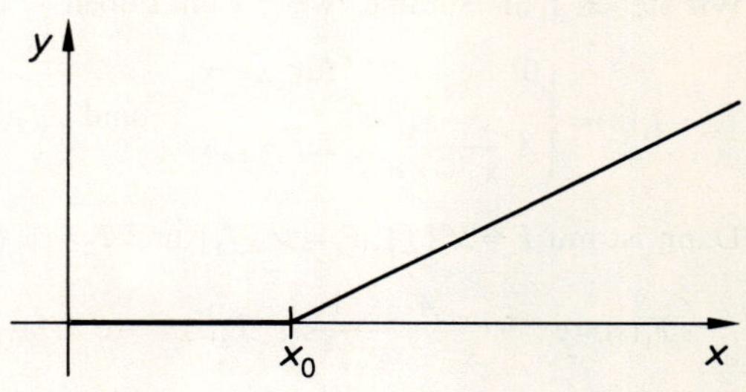

329.2 Die Anstiegsfunktion aus Beispiel 330.1

Beispiel 330.1

Es sei $x_0 > 0$ und $A \in \mathbb{R}$. Wir berechnen die Laplace-Transformierte der Anstiegsfunktion f mit

$$f(x) = \begin{cases} 0 & \text{für } x < x_0 \\ A(x - x_0) & \text{für } x \geqq x_0. \end{cases}$$

Nach Satz 328.1 ergibt sich mit $F = \mathscr{L}\{f\}$

$$F(s) = \mathrm{e}^{-sx_0} \mathscr{L}\{Ax\} = \mathrm{e}^{-sx_0} A \frac{1}{s^2} \quad \text{für } s > 0.$$

Beispiel 330.2

Es sei $A \in \mathbb{R}$ und $x_1 < x_2$. Wir berechnen die Laplace-Transformierte der Rampenfunktion f mit

$$f(x) = \begin{cases} 0 & \text{für } x < x_1 \\ A \dfrac{x - x_1}{x_2 - x_1} & \text{für } x_1 \leqq x \leqq x_2 \\ A & \text{für } x > x_2. \end{cases}$$

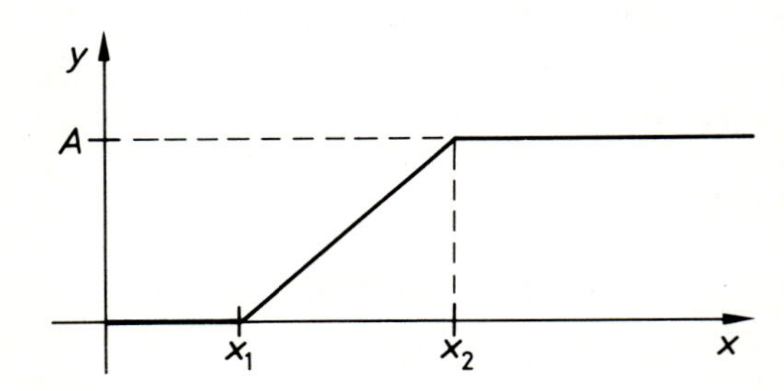

330.1 Die Rampenfunktion aus Beispiel 330.2

Wir stellen f als Summe zweier Funktionen f_1 und f_2 dar mit

$$f_1(x) = \begin{cases} 0 & \text{für } x < x_1 \\ A \dfrac{x - x_1}{x_2 - x_1} & \text{für } x \geqq x_1 \end{cases} \quad \text{und} \quad f_2(x) = \begin{cases} 0 & \text{für } x < x_2 \\ -A \dfrac{x - x_2}{x_2 - x_1} & \text{für } x \geqq x_2. \end{cases}$$

Dann ist mit $F = \mathscr{L}\{f\}$, $F_1 = \mathscr{L}\{f_1\}$ und $F_2 = \mathscr{L}\{f_2\}$

$$F_1(s) = \mathrm{e}^{-sx_1} \frac{A}{x_2 - x_1} \frac{1}{s^2}, \quad F_2(s) = -\mathrm{e}^{-sx_2} \frac{A}{x_2 - x_1} \frac{1}{s^2} \quad \text{und}$$

$$F(s) = F_1(s) + F_2(s) = \frac{A}{x_2 - x_1} \frac{1}{s^2} (\mathrm{e}^{-sx_1} - \mathrm{e}^{-sx_2}) \quad \text{für } s > 0. \tag{330.1}$$

Beispiel 331.1

Wir lösen das Anfangswertproblem $y''+y=f(x)$ mit $y(0)=y'(0)=0$, wo f die Rampenfunktion ist mit $A=\frac{\pi}{2}$, $x_1=\frac{\pi}{2}$, $x_2=\pi$.

Nach Beispiel 330.2 ist die Laplace-Transformierte dieser Rampenfunktion

$$F(s)=\frac{1}{s^2}(e^{-\frac{1}{2}\pi s}-e^{-s\pi}).$$

Durch Anwendung der Laplace-Transformation folgt mit $Y=\mathscr{L}\{y\}$ für genügend große s

$$(s^2+1)\,Y(s)=\frac{1}{s^2}(e^{-\frac{1}{2}\pi s}-e^{-s\pi}),$$

$$Y(s)=\frac{1}{s^2}(e^{-\frac{1}{2}\pi s}-e^{-s\pi})\cdot\frac{1}{s^2+1}.$$

Zur Rücktransformation benutzen wir den Faltungssatz (Satz 319.2). Es folgt

$$y=\int_0^x \sin(x-t)\,f(t)\,dt$$

$$=\begin{cases} 0 & \text{für } x<\frac{\pi}{2} \\ \int_{\frac{\pi}{2}}^{x}\left(t-\frac{\pi}{2}\right)\sin(x-t)\,dt=\cos x+x-\frac{\pi}{2} & \text{für } \frac{\pi}{2}\leqq x\leqq\pi \\ \int_{\frac{\pi}{2}}^{\pi}\left(t-\frac{\pi}{2}\right)\sin(x-t)\,dt+\int_{\pi}^{x}\frac{\pi}{2}\sin(x-t)\,dt=\frac{\pi}{2}+\cos x-\sin x=\frac{\pi}{2}+\sqrt{2}\sin(x+\frac{3}{4}\pi) & \text{für } x>\pi. \end{cases}$$

Die Lösung ist in Bild 331.1 dargestellt.

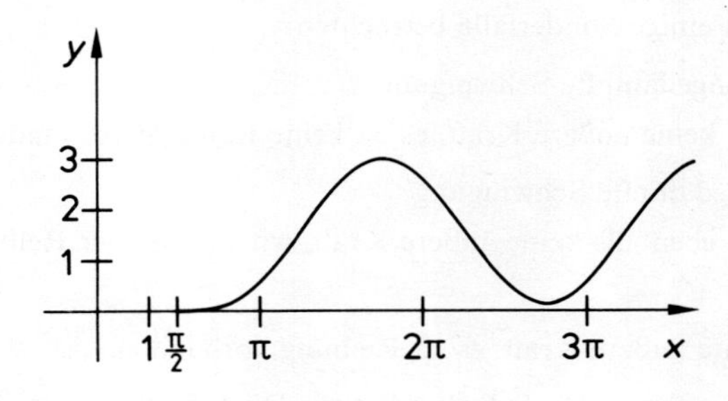

331.1 Die Lösung aus Beispiel 331.1

4.3.6 Anwendungen der linearen Differentialgleichungen zweiter Ordnung mit konstanten Koeffizienten

Die linearen Differentialgleichungen zweiter Ordnung mit konstanten Koeffizienten treten häufig bei Schwingungsproblemen auf.

Mechanische Schwingungen

Wir betrachten einen Körper der Masse m, der an einer Feder mit der Federkonstanten c hängt. Durch die Schwerkraft ist die Feder gedehnt. Wir wählen den Schwerpunkt des Körpers in dieser Ruhelage als Nullpunkt einer vertikalen x-Achse, deren positive Richtung nach unten weist. Wir bezeichnen die Auslenkung des Schwerpunktes zur Zeit t mit $x(t)$.

Zur Zeit $t=0$ befinde sich der Schwerpunkt des Körpers an der Stelle $x(0)$, ihm werde in diesem Zeitpunkt die Anfangsgeschwindigkeit $v_0=\left.\frac{\mathrm{d}x}{\mathrm{d}t}\right|_{t=0}=\dot{x}(0)$ verliehen. Der Bewegung wirke eine der Geschwindigkeit proportionale Reibungskraft entgegen, außerdem greife für $t\geqq 0$ im Schwerpunkt die in Richtung der x-Achse wirkende Kraft $F(t)$ an.
Bezeichnen wir die Ableitung der Funktion x nach der Zeit t durch einen Punkt: $\frac{\mathrm{d}x}{\mathrm{d}t}=\dot{x}$, $\frac{\mathrm{d}^2x}{\mathrm{d}t^2}=\ddot{x}$, so wirken folgende Kräfte auf den Körper

1. die Federkraft $-cx(t)$ mit $c\in\mathbb{R}^+$
2. die Reibungs- oder Dämpfungskraft $-k\dot{x}(t)$ mit $k\in\mathbb{R}_0^+$
3. die äußere Kraft $F(t)$

Die Schwerkraft kann wegen der speziellen Wahl des Nullpunktes unberücksichtigt bleiben.

Nach dem Grundgesetz der Mechanik ist das Produkt aus Masse m und Beschleunigung $\ddot{x}(t)$ gleich der Summe aller Kräfte

$$m\ddot{x}(t)=-k\dot{x}(t)-cx(t)+F(t)$$

$$m\ddot{x}(t)+k\dot{x}(t)+cx(t)=F(t) \tag{332.1}$$

Die Bewegung wird also durch eine lineare Differentialgleichung zweiter Ordnung mit konstanten Koeffizienten beschrieben.
Wir wollen im folgenden einige Sonderfälle betrachten:

1. $F(t)=0,\ k=0$: freie ungedämpfte Schwingung
   In diesem Falle wirkt keine äußere Kraft, es ist keine Reibung vorhanden.
2. $F(t)=0,\ k>0$: freie gedämpfte Schwingung
   In diesem Falle wirkt ebenfalls keine äußere Kraft, wir lassen aber Reibung zu.
3. $F(t)=F_0\in\mathbb{R},\ k>0$:
   Es wirkt eine konstante äußere Kraft, es ist Reibung vorhanden.
4. $F(t)=F_0\sin\omega_E t,\ k>0$: erzwungene Schwingung mit Dämpfung
   Es wirkt eine periodische äußere Kraft, es ist Reibung vorhanden.

1. Freie ungedämpfte Schwingung

Gleichung (332.1) lautet dann

$$m\ddot{x}(t)+c\,x(t)=0. \tag{333.1}$$

Die charakteristische Gleichung $m\lambda^2+c=0$ hat die Lösungen

$$\lambda_1=\mathrm{j}\sqrt{\frac{c}{m}}, \qquad \lambda_2=-\mathrm{j}\sqrt{\frac{c}{m}} \qquad \text{mit } \frac{c}{m}\in\mathbb{R}^+.$$

Wir setzen

$$\omega_0=\sqrt{\frac{c}{m}}. \tag{333.2}$$

ω_0 heißt Eigenkreisfrequenz des Systems. Dann ist

$$\lambda_1=\mathrm{j}\,\omega_0, \qquad \lambda_2=-\mathrm{j}\,\omega_0 \qquad \text{mit } \omega_0\in\mathbb{R}^+.$$

Für die allgemeine Lösung der Differentialgleichung (333.1) ergibt sich dann

$$x(t)=A\cos\omega_0 t+B\sin\omega_0 t \qquad \text{mit } A,B\in\mathbb{R} \tag{333.3}$$

Aus $x(0)=x_0$ folgt $A=x_0$, aus $\dot{x}(0)=v_0$ ergibt sich $B=\frac{1}{\omega_0}v_0$.

Setzen wir diese Werte in (333.3) ein, so erhalten wir

$$x(t)=x_0\cos\omega_0 t+\frac{v_0}{\omega_0}\sin\omega_0 t. \tag{333.4}$$

$x(t)$ ist die Summe einer Sinusfunktion und einer Kosinusfunktion gleicher Frequenz.

Wir wollen zeigen, daß man eine Linearkombination einer Sinusfunktion und einer Kosinusfunktion gleicher Frequenz a in der Form $C\sin(at+b)$ mit geeigneten $C, b\in\mathbb{R}$ darstellen kann:

$$c_1\sin at+c_2\cos at=C\sin(at+b). \tag{333.5}$$

Benutzen wir das Additionstheorem für die Sinusfunktion, so folgt

$$c_1\sin at+c_2\cos at=C(\sin at\cos b+\cos at\sin b).$$

Diese Gleichung ist erfüllt, wenn wir

$$c_1=C\cos b, \qquad c_2=C\sin b \tag{333.6}$$

setzen. Aus diesem Ansatz folgt

$$c_1^2+c_2^2=C^2(\cos^2 b+\sin^2 b)=C^2, \quad \text{also} \quad C=\pm\sqrt{c_1^2+c_2^2}.$$

Wir wählen

$$C=\sqrt{c_1^2+c_2^2}. \tag{333.7}$$

Aus (333.6) ergibt sich für $c_1 \neq 0$ weiter

$$\tan b = \frac{c_2}{c_1}.$$

Daraus folgt in Verbindung mit (333.6)

$$b = \begin{cases} \arctan \dfrac{c_2}{c_1} & \text{für } c_1 > 0 \\ \arctan \dfrac{c_2}{c_1} + \pi & \text{für } c_1 < 0 \\ \dfrac{\pi}{2} & \text{für } c_1 = 0,\ c_2 > 0 \\ \frac{3}{2}\pi & \text{für } c_1 = 0,\ c_2 < 0. \end{cases}$$

Setzen wir (333.4) in der Form $A_1 \cdot \sin(\omega_0 t + \varphi)$ an, so ergibt sich

$$A_1 = \sqrt{x_0^2 + \left(\frac{v_0}{\omega_0}\right)^2}$$

$$\varphi = \begin{cases} \arctan \dfrac{x_0 \omega_0}{v_0} & \text{für } v_0 > 0 \\ \arctan \dfrac{x_0 \omega_0}{v_0} + \pi & \text{für } v_0 < 0 \\ \dfrac{\pi}{2} & \text{für } v_0 = 0 \text{ und } x_0 > 0 \\ \frac{3}{2}\pi & \text{für } v_0 = 0 \text{ und } x_0 < 0. \end{cases}$$

Insgesamt erhalten wir

$$x(t) = \begin{cases} A_1 \sin(\omega_0 t + \varphi) & \text{für } v_0 \neq 0 \\ x_0 \cos \omega_0 t & \text{für } v_0 = 0. \end{cases}$$

$x(t)$ beschreibt eine ungedämpfte Schwingung mit der Amplitude $A_1 = \sqrt{x_0^2 + \left(\frac{v_0}{\omega_0}\right)^2}$ und der Anfangsphase φ. $\frac{\omega_0}{2\pi}$ ist die Frequenz dieser ungedämpften Schwingung, ω_0 ihre Kreisfrequenz. Die Lösung ist in Bild 335.1 dargestellt.

2. Freie, gedämpfte Schwingung

In diesem Falle lautet Gleichung (332.1)

$$m\ddot{x}(t) + k\dot{x}(t) + c\,x(t) = 0. \tag{334.1}$$

Die charakteristische Gleichung $m\lambda^2 + k\lambda + c = 0$ hat die Lösungen

$$\lambda_1 = \frac{-k + \sqrt{k^2 - 4mc}}{2m}, \quad \lambda_2 = \frac{-k - \sqrt{k^2 - 4mc}}{2m}. \tag{334.2}$$

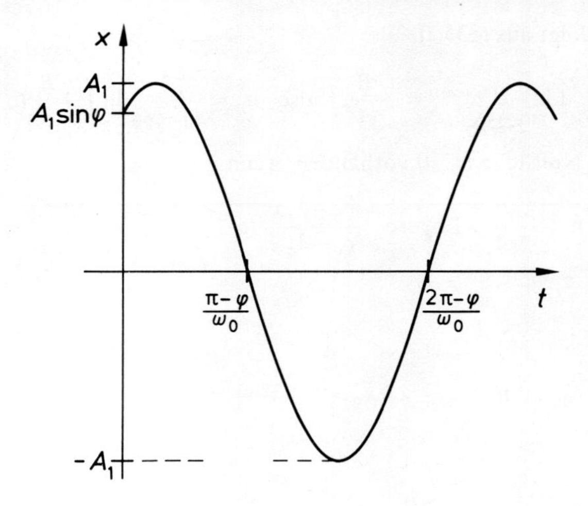

335.1 Ungedämpfte Schwingung mit $v_0 \neq 0$

Wir setzen

$$\frac{k}{2m} = \delta \tag{335.1}$$

und nennen $\delta > 0$ **Dämpfungsfaktor** oder **Abklingkonstante.** Dann ist mit der Eigenkreisfrequenz $\omega_0 = \sqrt{\frac{c}{m}}$ (vgl. (333.2))

$$\lambda_1 = -\delta + \sqrt{\delta^2 - \omega_0^2}, \qquad \lambda_L = -\delta - \sqrt{\delta^2 - \omega_0^2}. \tag{335.2}$$

In Abhängigkeit vom Radikanden in (335.2) sind 3 Fälle zu diskutieren:

a) Es sei $\delta^2 - \omega_0^2 > 0$.

In diesem Falle herrscht eine große Reibung d.h. **starke Dämpfung.** Man spricht vom **Kriechfall.**

Der Radikand in (335.2) ist positiv und wegen $|\delta| > \sqrt{\delta^2 - \omega_0^2}$ ist $0 > \lambda_1 > \lambda_2$. Die allgemeine Lösung der Differentialgleichung lautet

$$x(t) = A\,\mathrm{e}^{\lambda_1 t} + B\,\mathrm{e}^{\lambda_2 t} \quad \text{mit } A, B \in \mathbb{R}. \tag{335.3}$$

Die Anfangsbedingungen $x(0) = x_0$, $\dot{x}(0) = v_0$ liefern

$$A = \frac{x_0 \lambda_2 - v_0}{\lambda_2 - \lambda_1}, \qquad B = \frac{v_0 - \lambda_1 x_0}{\lambda_2 - \lambda_1}.$$

Wir bestimmen Nullstellen und Extremwerte der Lösung.

Setzen wir $x(t)=0$, so folgt aus (335.3)

$$0=A\,e^{\lambda_1 t}+B\,e^{\lambda_2 t}, \quad \text{d.h.} \quad e^{(\lambda_1-\lambda_2)t}=-\frac{B}{A}, \quad \text{also} \quad t_1=\frac{1}{\lambda_1-\lambda_2}\ln\left(-\frac{B}{A}\right).$$

Wegen $\lambda_1>\lambda_2$ ist eine Nullstelle $t_1>0$ vorhanden, wenn

$$\ln\left(-\frac{B}{A}\right)>0, \quad \text{d.h.} \quad -\frac{B}{A}>1 \quad \text{also} \quad \frac{v_0-\lambda_1 x_0}{v_0-\lambda_2 x_0}>1$$

ist. Daraus folgt

α) für $v_0-\lambda_2 x_0>0$:

$$v_0-\lambda_1 x_0>v_0-\lambda_2 x_0, \quad \text{d.h.} \quad (\lambda_2-\lambda_1)x_0>0 \quad \text{also} \quad x_0<0 \quad \text{wegen} \quad \lambda_2-\lambda_1<0,$$

β) für $v_0-\lambda_2 x_0<0$:

$$v_0-\lambda_1 x_0<v_0-\lambda_2 x_0, \quad \text{d.h.} \quad x_0>0.$$

Wegen $\dot{x}(t)=A\lambda_1 e^{\lambda_1 t}+B\lambda_2 e^{\lambda_2 t}$ folgt aus $\dot{x}(t)=0$:

$$A\lambda_1 e^{\lambda_1 t}+B\lambda_2 e^{\lambda_2 t}=0, \quad \text{d.h.} \quad e^{(\lambda_1-\lambda_2)t}=-\frac{B\lambda_2}{A\lambda_1} \quad \text{also}$$

$$t_2=\frac{1}{\lambda_1-\lambda_2}\ln\left(-\frac{B\lambda_2}{A\lambda_1}\right). \tag{336.1}$$

Folglich ist ein Extremwert vorhanden, wenn

$$\ln\left(-\frac{B\lambda_2}{A\lambda_1}\right)>0, \quad \text{d.h.} \quad -\frac{B\lambda_2}{A\lambda_1}>1 \quad \text{also} \quad \frac{\lambda_2(v_0-\lambda_1 x_0)}{\lambda_1(v_0-\lambda_2 x_0)}>1$$

ist. Man erhält einerseits für $x_0>0$: $v_0<\lambda_2 x_0$ oder $v_0>0$, andererseits für $x_0<0$: $v_0>\lambda_2 x_0$ oder $v_0<0$. Aus

$$\ddot{x}(t)=A\lambda_1^2 e^{\lambda_1 t}+B\lambda_2^2 e^{\lambda_2 t}=e^{\lambda_2 t}(A\lambda_1^2 e^{(\lambda_1-\lambda_2)t}+B\lambda_2^2)$$

folgt für $t=t_2$ wegen (336.1):

$$\ddot{x}(t_2)=e^{\lambda_2 t_2}\left(A\lambda_1^2\left(-\frac{B\lambda_2}{A\lambda_1}\right)+B\lambda_2^2\right)=B\lambda_2 e^{\lambda_2 t_2}(-\lambda_1+\lambda_2)\neq 0,$$

so daß bei $t=t_2$ für $t_2>0$ ein Extremum vorhanden ist.

In Bild 337.1 sind einige Funktionen $x(t)$ dargestellt.

b) Es sei $\delta^2-\omega_0^2=0$.

In diesem Falle ist $k^2=4mc$. Man spricht dann vom **aperiodischen Grenzfall.** Da der Radikand in (335.2) verschwindet, ist $\lambda_1=\lambda_2<0$. Die Lösung der Differentialgleichung (333.1) lautet

$$x(t)=e^{\lambda_1 t}(A+Bt).$$

Die Anfangsbedingungen liefern $A=x_0$, $B=v_0-\lambda_1 x_0$.

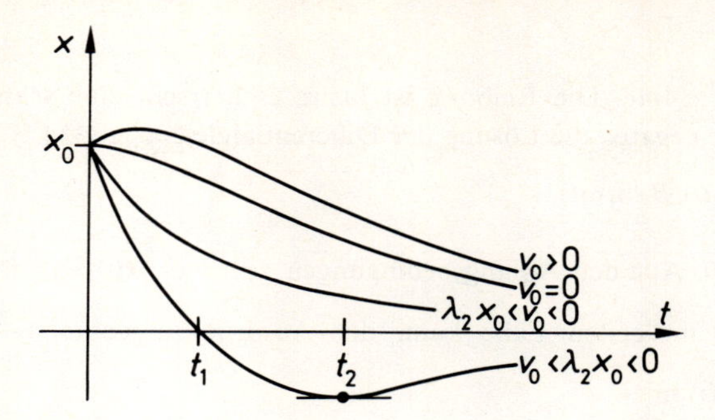

337.1 Zum Fall der starken Dämpfung

Wir diskutieren die Lösung. Dazu bestimmen wir insbesondere die Nullstellen und Extremwerte von $x(t)$.

Setzen wir $x(t)=0$, so folgt $t_1=-\frac{A}{B}$. Eine Nullstelle $t_1>0$ ist daher vorhanden, wenn $x_0>0$ und $v_0<\lambda_1 x_0=\lambda_2 x_0$ oder $x_0<0$ und $v_0>\lambda_1 x_0=\lambda_2 x_0$ ist. Die erste Ableitung $\dot{x}(t)=e^{\lambda_1 t}(B\lambda_1 t+A\lambda_1+B)$ verschwindet für $t_2=-\frac{1}{\lambda_1}-\frac{A}{B}$. Ein Extremum kann nur vorhanden sein, wenn $t_2>0$ ist. Daraus folgt einerseits für $x_0>0$: $v_0<\lambda_1 x_0$ oder $v_0>0$, andererseits für $x_0<0$: $v_0>\lambda_1 x_0$ oder $v_0<0$. Mit Hilfe der zweiten Ableitung zeigt man, daß für $B\neq 0$ auch die hinreichende Bedingung für ein Extremum erfüllt ist.

In Bild 337.2 sind einige Fälle von $x(t)$ dargestellt.

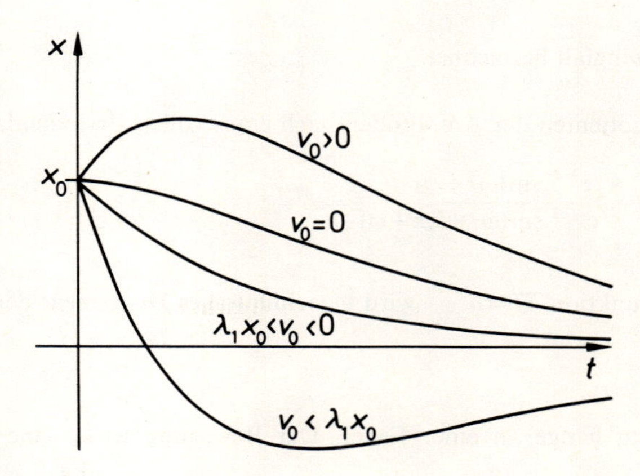

337.2 Schwingung beim aperiodischen Grenzfall

c) Es sei $\delta^2-\omega_0^2<0$.

In diesem Falle ist $k^2<4mc$. Die Reibung ist klein, es herrscht eine **schwache Dämpfung.** Der Radikand in (335.2) ist negativ, die Lösung der Differentialgleichung (334.1) lautet

$$x(t)=\mathrm{e}^{-\delta t}(A\cos\omega t+B\sin\omega t)$$

mit $\omega=\sqrt{\omega_0^2-\delta^2}$, $\delta>0$. Aus den Anfangsbedingungen $x(0)=x_0$, $\dot{x}(0)=v_0$ folgt $A=x_0$, $B=\frac{1}{\omega}(v_0+x_0\delta)$. Wie im ersten Falle kann der Ausdruck $x_0\cos\omega t+\frac{1}{\omega}(v_0+x_0\delta)\sin\omega t$ in der Form $A_1\sin(\omega t+\varphi)$ mit

$A_1\sin(\omega t+\varphi)$ mit

$$A_1=\sqrt{x_0^2+\frac{1}{\omega^2}(v_0+x_0\delta)^2},$$

$$\varphi=\begin{cases}\arctan\dfrac{\omega x_0}{v_0+x_0\delta} & \text{für } v_0+x_0\delta>0\\ \arctan\dfrac{\omega x_0}{v_0+x_0\delta}+\pi & \text{für } v_0+x_0\delta<0\\ \dfrac{\pi}{2} & \text{für } v_0+x_0\delta=0 \text{ und } x_0>0\\ \frac{3}{2}\pi & \text{für } v_0+x_0\delta=0 \text{ und } x_0<0.\end{cases}$$

dargestellt werden. Wir erhalten

$$x(t)=A_1\mathrm{e}^{-\delta t}\sin(\omega t+\varphi). \tag{338.1}$$

Gleichung (338.1) beschreibt eine gedämpfte Schwingung mit der Frequenz $\frac{\omega}{2\pi}$ und der Anfangsphase φ. ω heißt Eigenkreisfrequenz der gedämpften Schwingung. Die Lösung ist in Bild 339.1 skizziert.

Der Fall wird als Schwingfall bezeichnet.

Wir berechnen den Quotienten der Amplituden nach einer vollen Periodendauer $T=\frac{2\pi}{\omega}$:

$$\frac{x(t)}{x\left(t+\dfrac{2\pi}{\omega}\right)}=\frac{A_1\mathrm{e}^{-\delta t}\sin(\omega t+\varphi)}{A_1\mathrm{e}^{-\delta t}\mathrm{e}^{-\delta T}\sin(\omega t+2\pi+\varphi)}=\mathrm{e}^{\delta T}. \tag{338.2}$$

Der Exponent der e-Funktion $\delta T=\delta\frac{2\pi}{\omega}$ wird **logarithmisches Dekrement** der Dämpfung genannt.

Beispiel 338.1

Eine Masse von 100 kg hänge an einer Feder. Der Bewegung wirke eine der Geschwindigkeit proportionale Dämpfungskraft mit der Dämpfungskonstanten $500\,\frac{\text{kg}}{\text{s}}$ entgegen (Stoßdämpfer).

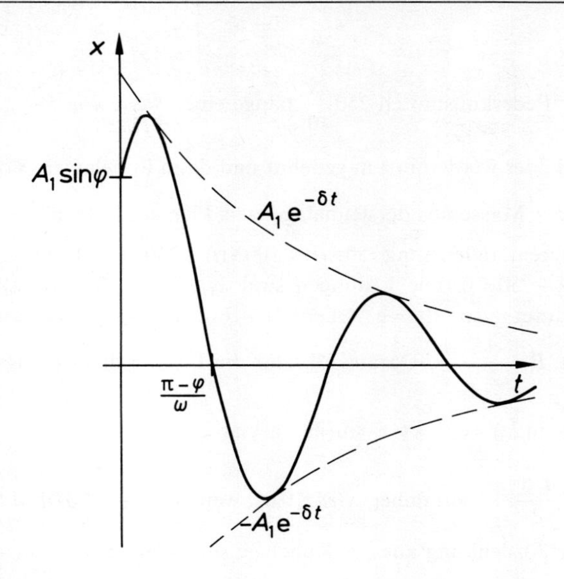

339.1 Gedämpfte Schwingung

Wie groß muß die Federkonstante sein, damit der aperiodische Grenzfall eintritt?

Die Differentialgleichung lautet $100\,\ddot{x}(t)+500\,\dot{x}(t)+c\,x(t)=0$, die charakteristische Gleichung $100\,\lambda^2+500\,\lambda+c=0$. Die Lösungen sind

$$\lambda_{1/2}=-\tfrac{5}{2}\pm\sqrt{\frac{2500-4c}{400}}.$$

Beim aperiodischen Grenzfall muß der Radikand Null sein. Wir erhalten $4c=2500$, also $c=625$. Die Federkonstante muß also $625\,\frac{\mathrm{N}}{\mathrm{m}}$ betragen.

Beispiel 339.1

Ein Federbein habe die Federkonstante $100\,\frac{\mathrm{N}}{\mathrm{m}}$ und die Dämpfungskonstante $1000\,\frac{\mathrm{kg}}{\mathrm{s}}$. Es werde durch eine Masse belastet. Für welche Massen erhält man eine gedämpfte Schwingung?

Die Differentialgleichung lautet $m\ddot{x}(t)+1000\,\dot{x}(t)+100\,x(t)=0$, die charakteristische Gleichung $m\lambda^2+1000\,\lambda+100=0$. Die Lösungen sind

$$\lambda_{1/2}=-\frac{500}{m}\pm\sqrt{\frac{250000-100\,m}{m^2}}.$$

Gedämpfte Schwingungen kommen zustande, wenn der Radikand negativ ist, also für $m>\sqrt{2500}=50$. Ist die belastende Masse also größer als 50 kg, kommt eine gedämpfte Schwingung zustande.

Beispiel 340.1

An einer Feder mit der Federkonstanten $250\,\frac{\mathrm{N}}{\mathrm{m}}$ hänge eine Masse von 50 kg. Die Dämpfungskonstante sei $100\,\frac{\mathrm{kg}}{\mathrm{s}}$. Die Feder werde um 1 m gedehnt und dann losgelassen. Von welchem Zeitpunkt an ist die Auslenkung der Masse aus der Ruhelage stets kleiner als 1 cm?

Wir erhalten die Differentialgleichung $50\,\ddot{x}(t)+100\,\dot{x}(t)+250\,x(t)=0$ und die charakteristische Gleichung $50\,\lambda^2+100\,\lambda+250=0$. Die Lösungen sind $\lambda_{1/2}=-1\pm 2\mathrm{j}$. Die allgemeine Lösung der Differentialgleichung lautet also $x(t)=\mathrm{e}^{-t}(A\cos 2t+B\sin 2t)$. Für $t=0$ ergibt sich $x(0)=A=1$, $\dot{x}(0)=-A+2B=0$, d.h. $B=\frac{A}{2}=\frac{1}{2}$. Daraus folgt für die Lösung des Anfangswertproblems

$$x(t)=\mathrm{e}^{-t}(\cos 2t+\tfrac{1}{2}\sin 2t)=\mathrm{e}^{-t}\cdot\tfrac{1}{2}\sqrt{5}\cdot\sin(2t+\arctan 2).$$

Wir erhalten $|x(t)|\leqq \mathrm{e}^{-t}\frac{\sqrt{5}}{2}$. Es gilt daher $|x(t)|\leqq 0{,}01$, wenn $\mathrm{e}^{-t}\frac{\sqrt{5}}{2}\leqq 0{,}01$, d.h. $t\geqq -\ln\frac{0{,}02}{\sqrt{5}}\approx 4{,}72$.

Nach etwa 4,72 s ist die Auslenkung aus der Ruhelage stets kleiner als 1 cm.

3. Der Fall einer konstanten äußeren Kraft

Die Differentialgleichung $m\ddot{x}(t)+k\dot{x}(t)+cx(t)=F_0$ hat die partikuläre Lösung $x_{\mathrm{p}}(t)=\frac{F_0}{c}$. Für die Lösung der homogenen Differentialgleichung gilt

a) bei starker Dämpfung $x_{\mathrm{H}}(t)=A\,\mathrm{e}^{\lambda_1 t}+B\,\mathrm{e}^{\lambda_2 t}$

b) bei schwacher Dämpfung $x_{\mathrm{H}}(t)=\mathrm{e}^{-\delta t}(A\cos\omega t+B\sin\omega t)$

mit A, $B\in\mathbb{R}$. Mit den Anfangsbedingungen $x(0)=0$, $\dot{x}(0)=0$ ergeben sich die in den Bildern 340.1 und 340.2 skizzierten Kurven für den Bewegungsablauf.

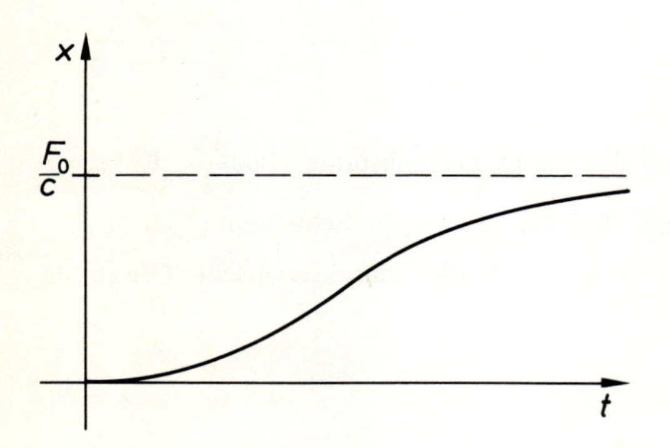

340.1 Lösung bei starker Dämpfung und konstanter äußerer Kraft

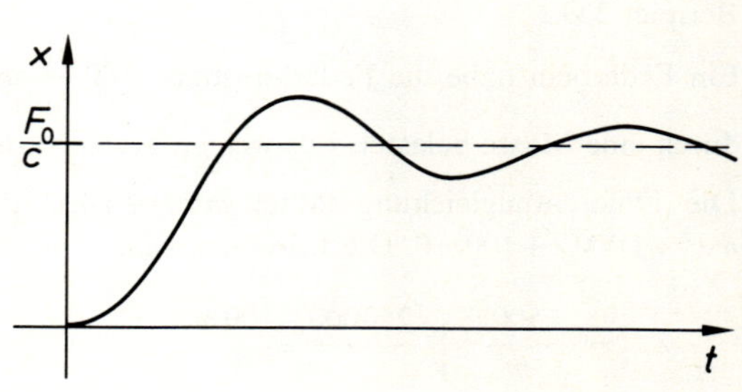

340.2 Lösung bei schwacher Dämpfung und konstanter äußerer Kraft

4. Es wirke eine periodische äußere Kraft $F(t)=F_0 \sin \omega_{\mathrm{E}} t$ für $t \geqq 0$ mit $\omega_{\mathrm{E}}>0$.

Die äußere Kraft sei also eine ungedämpfte Schwingung mit der Amplitude $|F_0|$ und der Frequenz $\frac{\omega_{\mathrm{E}}}{2\pi}$. ω_{E} heißt **Erregerkreisfrequenz.**

a) Wir betrachten zunächst den Fall der starken Dämpfung. Die zu (332.1) gehörige homogene Differentialgleichung hat die allgemeine Lösung

$$x_{\mathrm{H}}(t)=A\,\mathrm{e}^{\lambda_1 t}+B\,\mathrm{e}^{\lambda_2 t} \quad \text{mit } A, B \in \mathbb{R},\ \lambda_2<\lambda_1<0.$$

Um eine partikuläre Lösung zu erhalten, berechnen wir zuerst eine spezielle Lösung der Differentialgleichung

$$m\ddot{z}(t)+k\dot{z}(t)+c\,z(t)=F_0\,\mathrm{e}^{\mathrm{j}\omega_{\mathrm{E}} t}. \tag{341.1}$$

Der Imaginärteil von $z(t)$ löst dann die Differentialgleichung

$$m\ddot{x}(t)+k\dot{x}(t)+c\,x(t)=F_0 \sin \omega_{\mathrm{E}} t, \tag{341.2}$$

da $\sin \omega_{\mathrm{E}} t=\operatorname{Im}(\mathrm{e}^{\mathrm{j}\omega_{\mathrm{E}} t})$ ist.

Wir wenden die Operatorenmethode an. Es ergibt sich

$$z_{\mathrm{p}}(t)=\frac{1}{m\mathrm{D}^2+k\mathrm{D}+c}\,F_0\,\mathrm{e}^{\mathrm{j}\omega_{\mathrm{E}} t}$$

und durch Anwendung der Formel (310.5)

$$z_{\mathrm{p}}(t)=\mathrm{e}^{\mathrm{j}\omega_{\mathrm{E}} t}\,\frac{1}{m(\mathrm{j}\omega_{\mathrm{E}})^2+k\mathrm{j}\omega_{\mathrm{E}}+c}\,F_0=\frac{\mathrm{e}^{\mathrm{j}\omega_{\mathrm{E}} t}}{c-m\omega_{\mathrm{E}}^2+\mathrm{j}k\omega_{\mathrm{E}}}\,F_0.$$

Es ist

$$c-m\omega_{\mathrm{E}}^2+\mathrm{j}k\omega_{\mathrm{E}}=\alpha\,\mathrm{e}^{\mathrm{j}\gamma}$$

mit

$$\alpha=\sqrt{(c-m\omega_{\mathrm{E}}^2)^2+k^2\omega_{\mathrm{E}}^2} \quad \text{und}$$

$$\gamma=\begin{cases} \arctan \dfrac{k\omega_{\mathrm{E}}}{c-m\omega_{\mathrm{E}}^2} & \text{für } c-m\omega_{\mathrm{E}}^2>0 \\[2ex] \dfrac{\pi}{2} & \text{für } c-m\omega_{\mathrm{E}}^2=0 \\[2ex] \arctan \dfrac{k\omega_{\mathrm{E}}}{c-m\omega_{\mathrm{E}}^2}+\pi & \text{für } c-m\omega_{\mathrm{E}}^2<0. \end{cases}$$

Daraus folgt $0 \leqq \gamma \leqq \pi$ wegen $k, \omega_{\mathrm{E}} \in \mathbb{R}_0^+$.

Wegen $\omega_0=\sqrt{\frac{c}{m}}$ (vgl. 333.2) ergibt sich mit

$$\rho=\frac{k}{\sqrt{cm}} \tag{342.1}$$

hieraus weiter

$$\alpha=c\cdot\sqrt{\left(1-\frac{\omega_E^2}{\omega_0^2}\right)^2+\left(\rho\cdot\frac{\omega_E}{\omega_0}\right)^2} \quad \text{und} \tag{342.2}$$

$$\gamma=\begin{cases} -\arctan\dfrac{\rho\dfrac{\omega_E}{\omega_0}}{\left(\dfrac{\omega_E}{\omega_0}\right)^2-1} & \text{für } \omega_E<\omega_0 \\ \dfrac{\pi}{2} & \text{für } \omega_E=\omega_0 \\ -\arctan\dfrac{\rho\dfrac{\omega_E}{\omega_0}}{\left(\dfrac{\omega_E}{\omega_0}\right)^2-1}+\pi & \text{für } \omega_E>\omega_0. \end{cases}$$

Wir erhalten

$$z_p(t)=\frac{F_0}{\alpha}\,e^{j(\omega_E t-\gamma)}.$$

Eine spezielle Lösung der Differentialgleichung (341.2) ist also

$$x_p(t)=\frac{F_0}{\alpha}\sin(\omega_E t-\gamma).$$

Es handelt sich um eine ungedämpfte Schwingung mit der Amplitude $\left|\frac{F_0}{\alpha}\right|$ und der Kreisfrequenz ω_E, γ ist die Phasenverschiebung zwischen der Erregerschwingung und $x_p(t)$.

Für die allgemeine Lösung der Differentialgleichung (341.2) folgt

$$x(t)=x_H(t)+x_p(t)=A\,e^{\lambda_1 t}+B\,e^{\lambda_2 t}+\frac{F_0}{\alpha}\sin(\omega_E t-\gamma).$$

Wegen $\lambda_2<\lambda_1<0$ ist $\lim\limits_{t\to\infty}x_H(t)=0$, so daß $x(t)\approx x_p(t)$ für große t gilt. $x_p(t)$ heißt daher **stationäre Lösung.** Für große t schwingt das System daher mit der Erregerkreisfrequenz. $x_H(t)$ beschreibt die Bewegung für kleine t, den **Einschwingvorgang.**

b) Wir betrachten den Fall der schwachen Dämpfung. Die zu (332.1) gehörige homogene Differentialgleichung hat die allgemeine Lösung

$$x_H(t)=e^{-\delta t}(A\cos\omega t+B\sin\omega t).$$

Wie bei der starken Dämpfung ist $x_p(t)=\frac{F_0}{\alpha}\sin(\omega_E t-\gamma)$, so daß die allgemeine Lösung

$$x(t)=e^{-\delta t}(A\cos\omega t+B\sin\omega t)+\frac{F_0}{\alpha}\sin(\omega_E t-\gamma)$$

ist. Stationäre Lösung ist wieder $x_p(t)=\frac{F_0}{\alpha}\sin(\omega_E t-\gamma)$. Wir wollen die stationäre Lösung diskutieren.

Die Frequenz wird nur von der äußeren Kraft bestimmt, sie ist unabhängig von *m, k, c*. Es handelt sich um eine erzwungene Schwingung. In Bild 343.1 ist die Amplitude, in Bild 343.2 die Phasenverschiebung in Abhängigkeit von $\frac{\omega_E}{\omega_0}$ dargestellt.

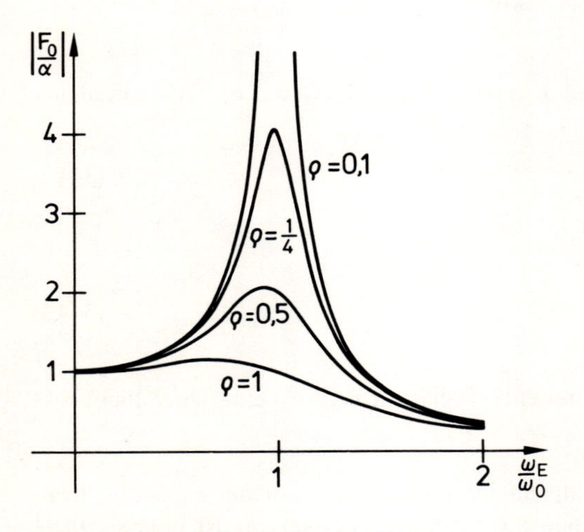

343.1 Amplitude der stationären Lösung

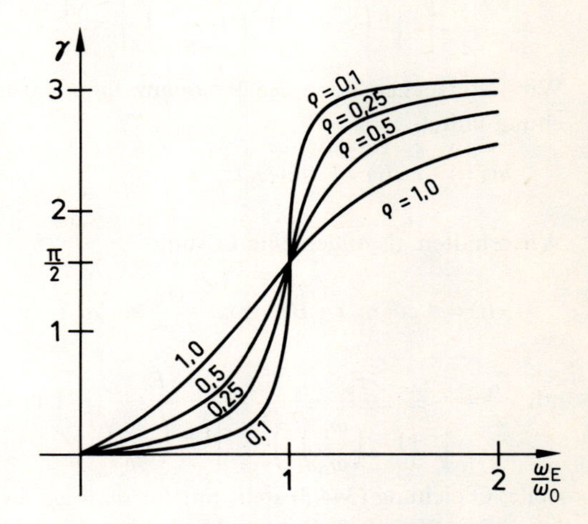

343.2 Phasenverschiebung der stationären Lösung

Die Amplitude $\left|\frac{F_0}{\alpha}\right|$ und die Phasenverschiebung γ der stationären Lösung hängen von der Erregerkreisfrequenz ω_E ab. Wir wollen diejenigen ω_E^* bestimmen, für die die Amplitude maximal wird. Das Maximum wird erreicht, wenn in (342.2) der Radikand am kleinsten ist. Wir setzen die erste Ableitung des Radikanden Null:

$$2\left(1-\frac{\omega_E^{*2}}{\omega_0^2}\right)\left(-2\frac{\omega_E^*}{\omega_0^2}\right)+2\omega_E^*\frac{\rho^2}{\omega_0^2}=0$$

$$2\frac{\omega_E^*}{\omega_0^2}\left(-2+2\frac{\omega_E^{*2}}{\omega_0^2}+\rho^2\right)=0.$$

Da $\omega_E^* \neq 0$ ist, muß der Inhalt der Klammer verschwinden. Daraus folgt wegen (333.2) und (342.1)

$$\omega_E^* = \sqrt{\frac{\omega_0^2}{2}(2-\rho^2)} = \sqrt{\omega_0^2 - 2\delta^2}. \tag{344.1}$$

Man zeigt durch Differenzieren und Einsetzen, daß die zweite Ableitung des Radikanden an dieser Stelle positiv ist.

Ist die Erregerkreisfrequenz so gewählt, daß die Amplitude der erzwungenen Schwingung maximal wird, sagt man, das System sei in Resonanz. $\omega_R = \sqrt{\omega_0^2 - 2\delta^2}$ heißt die **Resonanz-Kreisfrequenz.** Wegen $\omega = \sqrt{\omega_0^2 - \delta^2}$ ist $\omega_R < \omega$, die Resonanz-Kreisfrequenz ist also stets kleiner als die Kreisfrequenz der gedämpften Schwingung. Setzen wir (344.1) in (342.2) ein, so ergibt sich für die Amplitude

$$\left|\frac{F_0}{\alpha}\right| = \left|\frac{F_0}{c\sqrt{\left(1-\frac{\omega_R^2}{\omega_0^2}\right)^2 + \left(\rho\frac{\omega_R}{\omega_0}\right)^2}}\right| = \frac{|F_0|}{k\sqrt{\omega_0^2 - \delta^2}} = \frac{|F_0|}{k\omega}.$$

Wir untersuchen noch die Resonanz für $k=0$ und $F(t) = F_0 \sin \omega_E t$ für $t \geqq 0$. Die Differentialgleichung lautet

$$m\ddot{x}(t) + cx(t) = F_0 \sin \omega_E t. \tag{344.2}$$

Wir erhalten als allgemeine Lösung

$$x(t) = A \cos \omega_0 t + B \sin \omega_0 t + \frac{F_0}{\alpha} \sin(\omega_E t - \gamma) \tag{344.3}$$

mit $\frac{F_0}{\alpha} = \frac{F_0}{\sqrt{\left(1-\left(\frac{\omega_E}{\omega_0}\right)^2\right)^2}} = \frac{F_0}{\left|1-\left(\frac{\omega_E}{\omega_0}\right)^2\right|}$. Der Quotient $\frac{F_0}{\alpha}$ hat für $\omega_0 = \omega_E$ eine Unendlichkeitsstelle, Gleichung (344.3) stellt nur für $\omega_0 \neq \omega_E$ die allgemeine Lösung dar. Je näher ω_E bei ω_0 liegt, um so größer wird die Amplitude der erzwungenen Schwingung. Für $\omega_0 = \omega_E$ ist eine spezielle Lösung der Differentialgleichung (344.2)

$$x_p(t) = -\frac{F_0}{2m\omega_0} t \cos \omega_0 t,$$

wie man durch Einsetzen bestätigt. Es handelt sich um eine Schwingung mit der Kreisfrequenz ω_0.

Beispiel 344.1

Eine Masse von 100 kg hänge an einer Feder mit der Federkonstanten $500\,\frac{\mathrm{N}}{\mathrm{m}}$. Der Bewegung wirke eine geschwindigkeitsproportionale Dämpfungskraft mit der Dämpfungskonstanten $200\,\frac{\mathrm{kg}}{\mathrm{s}}$ entgegen. Außerdem wirke eine äußere Kraft von $(50 \sin 2t)$ N auf die Masse ein. Die Bewegung der Masse ist zu beschreiben.

Wir erhalten die Differentialgleichung

$$100\,\ddot{x}(t) + 200\,\dot{x}(t) + 500\,x(t) = 50 \sin 2t. \tag{345.1}$$

Die charakteristische Gleichung $\lambda^2 + 2\lambda + 5 = 0$ hat die Lösungen $\lambda_{1/2} = -1 \pm 2\mathrm{j}$, so daß die allgemeine Lösung der homogenen Gleichung

$$x_\mathrm{H}(t) = \mathrm{e}^{-t}(A \cos 2t + B \sin 2t)$$

ist. Eine spezielle Lösung der Differentialgleichung (345.1) ist $x_\mathrm{p}(t) = \frac{1}{34}$ $(\sin 2t - 4\cos 2t)$. x_p ist gleichzeitig die stationäre Lösung. Wegen $\sin 2t - 4\cos 2t = \sqrt{17}\,\sin(2t + 4{,}957\ldots)$ ist die allgemeine Lösung der Differentialgleichung

$$x(t) = \mathrm{e}^{-t}(A \cos 2t + B \sin 2t) + \tfrac{1}{34}\sqrt{17}\,\sin(2t + 4{,}957\ldots).$$

Die Resonanz-Kreisfrequenz ist für dieses Beispiel $\omega_\mathrm{R} = \sqrt{3}$. Wäre die äußere Kraft $(50 \sin \sqrt{3}\,t)$ N, so wäre die stationäre Lösung $x_\mathrm{p}(t) = \frac{1}{8}\sin(\sqrt{3}\,t + 5{,}235\ldots)$, bei Resonanz wäre die Amplitude also 0,125; bei der oben angegebenen äußeren Kraft ist sie $\frac{1}{34}\sqrt{17} = 0{,}121\ldots$.

Das mathematische Pendel

An einem masselosen Faden hänge eine Punktmasse der Masse m. Man nennt eine solche Anordnung mathematisches Pendel.

Das Pendel werde ausgelenkt und zur Zeit $t = 0$ losgelassen. Wir wollen die Bewegung des Massenpunktes unter Vernachlässigung der Reibung beschreiben (vgl. Bild 345.1).

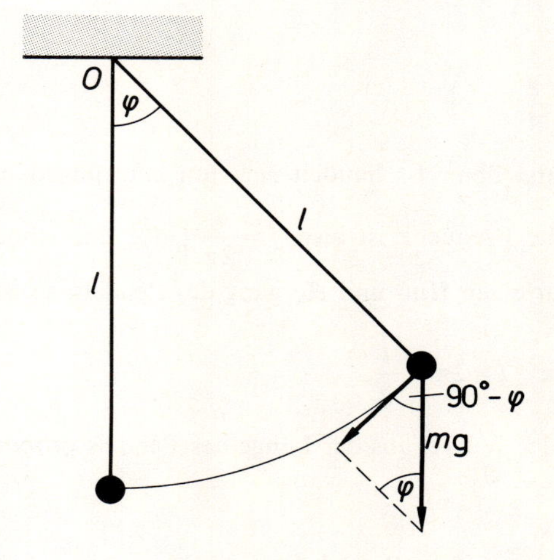

345.1 Mathematisches Pendel

Wir bezeichnen den Abstand der Punktmasse vom Aufhängepunkt mit l, den Winkel, den der Faden zur Zeit t mit der Ruhelage einschließt, mit $\varphi(t)$, wobei φ im Gegenuhrzeigersinn positiv gezählt wird. In Bild 345.1 ist φ also positiv. Den auf dem Kreis um 0 mit dem Radius l zurückgelegten Weg bezeichnen wir mit $s(t)$. $s(0)$ soll dabei der Ruhelage entsprechen, rechts von der Ruhelage sei $s(t)$ positiv, links von der Ruhelage negativ.

Da die Reibung nicht beachtet wird, wirkt nur die Schwerkraft $m\,\mathrm{g}$ auf den Massenpunkt, in Richtung der Bewegung wirkt die Kraft $F(t)=\mathrm{m\,g}\sin\varphi$, wie man Bild 345.1 entnehmen kann. Nach dem Grundgesetz der Mechanik ist daher

$$m\ddot{s}(t)=-m\,\mathrm{g}\sin\varphi. \tag{346.1}$$

Das negative Vorzeichen ist zu nehmen, da in Bild 345.1 $\varphi<0$ ist. Aus $s(t)=l(\varphi(t)-\varphi_0)$ folgt $\ddot{s}(t)=l\ddot{\varphi}(t)$ und wir erhalten aus (346.1)

$$ml\ddot{\varphi}(t)=-m\mathrm{g}\sin\varphi(t), \quad \text{also} \quad l\ddot{\varphi}(t)=-\mathrm{g}\sin\varphi(t)$$

Die letzte Differentialgleichung ist unabhängig von m, so daß die Bewegung des Pendels nicht von der Masse der Kugel abhängt. Diese Differentialgleichung hat außer $\varphi=0$ keine Lösung unter den elementaren Funktionen. Wir wollen daher eine Näherung durchführen. Wir beschränken uns auf kleine Ausschläge $\varphi(t)$. Dann ist $\sin\varphi\approx\varphi$. Diese Annäherung heißt Linearisierung. Wir erhalten

$$l\ddot{\varphi}(t)=-\mathrm{g}\,\varphi(t), \quad \text{also} \quad \ddot{\varphi}(t)+\frac{\mathrm{g}}{l}\varphi(t)=0.$$

Es handelt sich um eine homogene Differentialgleichung zweiter Ordnung mit konstanten Koeffizienten. Die allgemeine Lösung ist

$$\varphi(t)=A\cos\sqrt{\frac{\mathrm{g}}{l}}\,t+B\sin\sqrt{\frac{\mathrm{g}}{l}}\,t.$$

$\varphi(t)$ ist in der Form

$$\varphi(t)=\sqrt{A^2+B^2}\,\sin\left(\sqrt{\frac{\mathrm{g}}{l}}\,t+\alpha\right)$$

mit einem geeigneten α darstellbar. Es handelt sich um eine ungedämpfte Schwingung mit der Kreisfrequenz $\omega_0=\sqrt{\frac{\mathrm{g}}{l}}$, die Frequenz ist also $f=\frac{1}{2\pi}\sqrt{\frac{\mathrm{g}}{l}}$. Bezeichnen wir mit T die Schwingungsdauer, also die Zeit für einen Hin- und Hergang des Pendels, so ist

$$\frac{1}{T}=f=\frac{1}{2\pi}\sqrt{\frac{\mathrm{g}}{l}}, \quad \text{d.h.} \quad T=2\pi\sqrt{\frac{l}{\mathrm{g}}}.$$

Die Schwingungsdauer ist der Wurzel aus der Länge des Pendels proportional.

Beispiel 346.1

Die Fadenlänge eines mathematischen Pendels ist so zu bestimmen, daß die Schwingungsdauer 1 s beträgt.

Aus $T=2\pi\sqrt{\frac{l}{g}}$ folgt $l=\frac{gT^2}{4\pi^2}$. Für eine Schwingungsdauer von 1 s ergibt sich daher eine Länge von etwa 25 cm.

Beispiel 347.1

Man berechne die Schwingungsdauer eines mathematischen Pendels von 1 m Fadenlänge!

Wir erhalten durch Einsetzen etwa 2 s.

Rutschen eines Seils

Ein vollkommen biegsames Seil der Länge l und der Masse m rutsche über eine Tischkante. Wir bezeichnen die Länge des zur Zeit t überhängenden Seiles mit $x(t)$. Es sei $x(0)=l_0$, $\dot{x}(0)=0$ mit $0<l_0<l$ (siehe Bild 347.1).

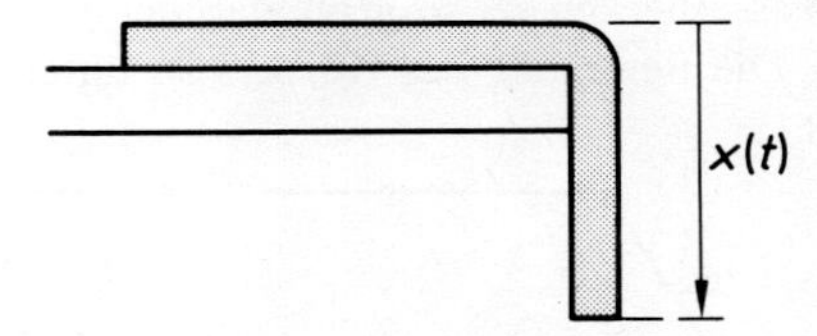

347.1 Rutschendes Seil

Wir bestimmen $x(t)$ unter Vernachlässigung der Reibung. Dazu wenden wir das Grundgesetz der Mechanik an. Die wirksame Kraft ist gleich dem Gewicht des überhängenden Seiles, also näherungsweise $\frac{x(t)}{l}\cdot m\cdot g$, wenn wir mit g die Erdbeschleunigung bezeichnen. Wir erhalten für die Zeit, in der das Seil rutscht,

$$m\ddot{x}(t)=\frac{mg}{l}x(t), \quad \text{also} \quad \ddot{x}(t)-\frac{g}{l}x(t)=0.$$

In der letzten Differentialgleichung kommt die Masse des Seiles nicht mehr vor, so daß das Rutschen von der Masse unabhängig ist. Die charakteristische Gleichung $\lambda^2-\frac{g}{l}=0$ hat die Lösungen $\lambda_{1,2}=\pm\sqrt{\frac{g}{l}}$, so daß die allgemeine Lösung der Differentialgleichung

$$x(t)=A\mathrm{e}^{\sqrt{\frac{g}{l}}\,t}+B\mathrm{e}^{-\sqrt{\frac{g}{l}}\,t}$$

ist. Aus $x(0)=l_0$, $\dot{x}(0)=0$ folgt $A=B=\frac{l_0}{2}$. Wir erhalten daher

$$x(t)=l_0\tfrac{1}{2}\left(\mathrm{e}^{\sqrt{\frac{g}{l}}\,t}+\mathrm{e}^{-\sqrt{\frac{g}{l}}\,t}\right)=l_0\cosh\sqrt{\frac{g}{l}}\,t.$$

Das Rutschen ist beendet für

$$x(t)=l, \quad \text{also} \quad \cosh\sqrt{\frac{g}{l}}\,t=\frac{l}{l_0}, \quad \text{d.h.} \quad t=\sqrt{\frac{l}{g}}\,\operatorname{arcosh}\frac{l}{l_0}.$$

Beispiel

Ein Seil von 1 m Länge hängt zur Hälfte über der Tischkante. Wann ist es ganz abgerutscht?

Aus der allgemeinen Diskussion folgt $t=0{,}42\ldots$. Das Seil ist also nach etwa 0,42 s abgerutscht, wobei allerdings die Reibung vernachlässigt wurde.

Schwingungen in einer Flüssigkeit

Ein homogener, quaderförmiger Körper der Länge a, Breite b und Höhe c tauche im Wasser schwimmend zur Hälfte ein. Zur Zeit $t=0$ werde der Körper um x_0 senkrecht nach unten getaucht und dann losgelassen. Das Wasserbecken sei so groß, daß der Wasserspiegel durch das Untertauchen nur unwesentlich steigt. Die Bewegung des Körpers ist unter Vernachlässigung der Reibung zu bestimmen (siehe Bild 348.1).

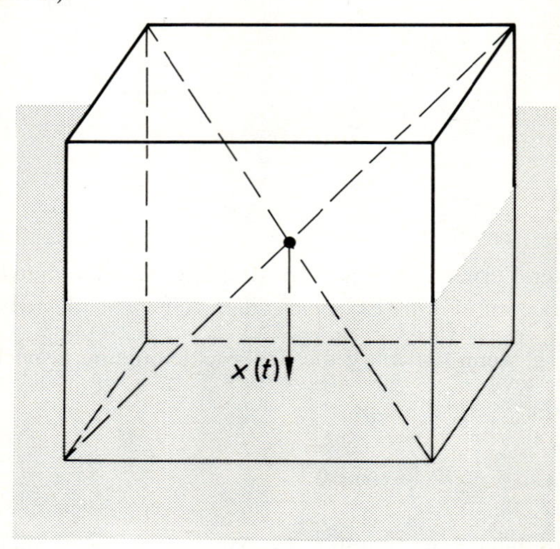

348.1 Schwimmender Körper

Wir wählen den Schwerpunkt des Körpers in der Ruhelage als Nullpunkt einer vertikalen x-Achse, deren positive Richtung nach unten weist. Dann ist der Auftrieb nach dem Archimedischen Prinzip gleich dem Gewicht der verdrängten Wassermenge. Da der Körper in der Ruhelage zur Hälfte eintaucht, ist seine Masse $m=0{,}5\cdot a\cdot b\cdot c\cdot\rho$, wenn wir mit ρ die Dichte des Wassers bezeichnen. Der durch das Untertauchen verursachte Auftrieb ist $F(t)=a\cdot b\cdot x(t)\cdot\rho\cdot g$. Nach dem Grundgesetz der Mechanik gilt daher

$$0{,}5\cdot a\cdot b\cdot c\cdot\rho\cdot\ddot{x}(t)=-a\cdot b\cdot\rho\cdot g\cdot x(t), \quad \text{d.h.} \quad \ddot{x}(t)+2\frac{g}{c}x(t)=0.$$

Diese Differentialgleichung hat die allgemeine Lösung

$$x(t)=A\cos\sqrt{\frac{2g}{c}}\,t+B\sin\sqrt{\frac{2g}{c}}\,t.$$

Aus $x(0)=x_0$ folgt $A=x_0$, wegen $\dot{x}(0)=0$ ist $B=0$. Wir erhalten also

$$x(t)=x_0\cos\sqrt{\frac{2g}{c}}\,t.$$

Elektrischer Reihenschwingkreis

Wir betrachten den in Bild 349.1 dargestellten elektrischen Reihenschwingkreis.

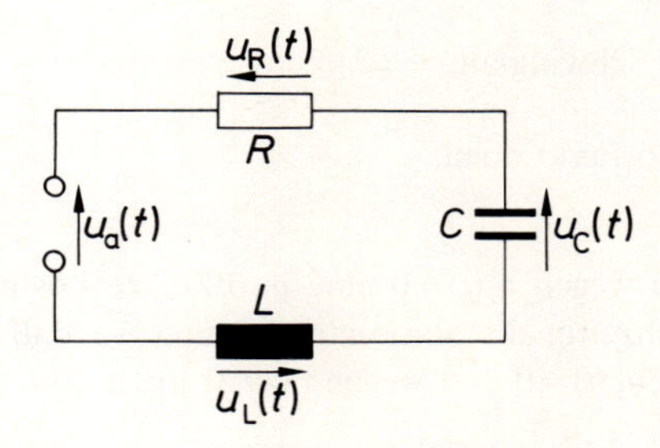

349.1 Elektrischer Reihenschwingkreis

Nach den Kirchhoffschen Regeln gilt mit den in Bild 349.1 gewählten Bezeichnungen

$$u_C(t)+u_L(t)+u_R(t)=u_a(t). \tag{349.1}$$

Durch Differentiation folgt

$$\dot{u}_C(t)+\dot{u}_L(t)+\dot{u}_R(t)=\dot{u}_a(t). \tag{349.2}$$

Bezeichnen wir mit $i(t)$ den im Schwingkreis fließenden Strom, so gilt

$$u_L(t)=L\frac{\mathrm{d}i(t)}{\mathrm{d}t}, \qquad u_R(t)=R\,i(t), \qquad \frac{\mathrm{d}u_C(t)}{\mathrm{d}t}=\frac{1}{C}\,i(t). \tag{349.3}$$

Setzen wir (349.3) in (349.2) ein, so ergibt sich

$$\frac{1}{C}\,i(t)+L\frac{\mathrm{d}^2 i(t)}{\mathrm{d}t^2}+R\frac{\mathrm{d}i(t)}{\mathrm{d}t}=\dot{u}_a(t),$$

$$\ddot{i}(t)+\frac{R}{L}\,\dot{i}(t)+\frac{1}{L\cdot C}\,i(t)=\frac{1}{L}\,\dot{u}_a(t). \tag{349.4}$$

Der Strom $i(t)$ genügt also einer linearen Differentialgleichung zweiter Ordnung mit konstanten Koeffizienten. Die charakteristische Gleichung der zu (349.4) gehörigen homogenen Differentialgleichung lautet

$$\lambda^2+\frac{R}{L}\lambda+\frac{1}{L\cdot C}=0.$$

Sie hat die Lösungen

$$\lambda_{1/2}=-\frac{R}{2L}\pm\sqrt{\frac{R^2}{4L^2}-\frac{1}{L\cdot C}}=\frac{-R\pm\sqrt{R^2-4\frac{L}{C}}}{2L}.$$

Wir erhalten für $R^2-4\frac{L}{C}>0$ den Fall der starken Dämpfung, für $R^2=4\frac{L}{C}$ den aperiodischen Grenzfall, für $R^2-4\frac{L}{C}<0$ den Schwingfall.

Wir betrachten verschiedene Störfunktionen.

Ist $u_a(t)=U_0\in\mathbb{R}$, so ist $i_p(t)=0$ wegen $\dot{u}_a(t)=0$ eine partikuläre Lösung der Differentialgleichung (349.4). Diese Lösung ist gleichzeitig die stationäre Lösung, so daß in diesem Falle $\lim\limits_{t\to\infty} i(t)=0$ ist. Daraus folgt $\lim\limits_{t\to\infty} u_R(t)=\lim\limits_{t\to\infty} u_L(t)=0$ und wegen (349.3) $\lim\limits_{t\to\infty} u_C(t)=U_0$.

Ist $u_a(t)=U_0\sin\omega_E t$ mit $\omega_E>0$, so lautet Gleichung (349.4)

$$\ddot{i}(t)+\frac{R}{C}\dot{i}(t)+\frac{1}{L\cdot C}i(t)=\omega_E\frac{U_0}{L}\cos\omega_E t. \tag{350.1}$$

Eine partikuläre Lösung dieser Differentialgleichung ist

$$i_p(t)=\frac{U_0\omega_E}{L\sqrt{\left(\frac{1}{L\cdot C}-\omega_E^2\right)^2+\frac{R^2}{L^2}\omega_E^2}}\cos(\omega_E t+\beta)\quad\text{mit}$$

$$\beta=\begin{cases}\arctan\dfrac{R\omega_E}{L\left(\omega_E^2-\dfrac{1}{L\cdot C}\right)} & \text{für } \omega_E^2<\dfrac{1}{L\cdot C}\\[2ex] -\dfrac{\pi}{2} & \text{für } \omega_E^2=\dfrac{1}{L\cdot C}\\[2ex] \arctan\dfrac{R\omega_E}{L\left(\omega_E^2-\dfrac{1}{L\cdot C}\right)}-\pi & \text{für } \omega_E^2>\dfrac{1}{L\cdot C}.\end{cases}$$

Diese Lösung ist gleichzeitig stationäre Lösung. Es handelt sich um eine ungedämpfte Schwingung mit der Amplitude

$$\alpha = \left| \frac{U_0 \omega_E}{L \sqrt{\left(\frac{1}{L \cdot C} - \omega_E^2\right)^2 + \frac{R^2}{L^2} \omega_E^2}} \right| \tag{351.1}$$

und der Anfangsphase $\beta + \frac{\pi}{2}$ wegen $\cos(\omega_E t + \beta) = \sin\left(\omega_E t + \beta + \frac{\pi}{2}\right)$.

Wir untersuchen die Resonanz.

Die Amplitude α wird am größten, wenn

$$\frac{U_0^2}{L^2 \alpha^2} = \frac{1}{\omega_E^2} \left(\left(\frac{1}{L \cdot C} - \omega_E^2 \right)^2 + \frac{R^2}{L^2} \omega_E^2 \right)$$

am kleinsten wird. Wir differenzieren den zweiten Ausdruck nach ω_E und setzen diese Ableitung Null. Es ergibt sich

$$\omega_E = \frac{1}{\sqrt{L \cdot C}}.$$

Man kann zeigen, daß für dieses ω_E die zweite Ableitung des obigen Ausdrucks positiv ist.

Für dieses ω_E wird die Amplitude des stationären Stromes am größten. Wegen (349.3) ist für dieses ω_E auch die Spannung $u_R(t)$ am Widerstand maximal. Für die Amplitude der an der Kapazität anliegenden stationären Spannung $u_C(t)$ folgt wegen (351.1)

$$\alpha_C = \frac{U_0}{L \cdot C \sqrt{\left(\frac{1}{L \cdot C} - \omega_E^2\right)^2 + \frac{R^2}{L^2} \omega_E^2}}.$$

Nach den Überlegungen bei den mechanischen Schwingungen wird in diesem Falle für

$$\omega_E = \sqrt{\frac{1}{L \cdot C} - \frac{R^2}{2 \cdot L^2}} \tag{351.2}$$

die Amplitude maximal.

Wir erhalten für die an der Induktivität anliegenden Spannung $u_L(t)$

$$\alpha_L = \left| \frac{U_0 \omega_E^2}{\sqrt{\left(\frac{1}{L \cdot C} - \omega_E^2\right)^2 + \frac{R^2}{L^2} \omega_E^2}} \right|$$

α_L wird am größten, wenn

$$\frac{1}{\omega_E^4} \left(\left(\frac{1}{L \cdot C} - \omega_E^2 \right)^2 + \frac{R^2}{L^2} \omega_E^2 \right) \tag{351.3}$$

am kleinsten wird. Setzen wir die erste Ableitung von (351.3) nach ω_E Null, so folgt

$$\omega_E = \frac{1}{\sqrt{L \cdot C - \frac{R^2 C^2}{2}}}.$$

Für dieses ω_E wird die zweite Ableitung von (351.3) positiv.

Beispiel 352.1

Gegeben sei ein elektrischer Reihenschwingkreis mit dem Widerstand 100 Ω, der Kapazität 10 μF, der Induktivität 50 mH. Wie groß muß die Frequenz der von außen angelegten Spannung sein, damit die Amplitude der stationären Spannung am Kondensator am größten wird?

Es ergibt sich wegen (351.2) $\omega_E = 4{,}2426\ldots \cdot 10^3$. Daraus folgt $f = \frac{1}{2\pi}\omega_E = 0{,}675\ldots \cdot 10^3$. Die Spannung am Kondensator ist also ungefähr dann am größten, wenn die von außen angelegte Spannung die Frequenz 675 Hz hat.

Elektrischer Parallelschwingkreis

Wir betrachten den in Bild 352.1 dargestellten elektrischen Parallelschwingkreis.

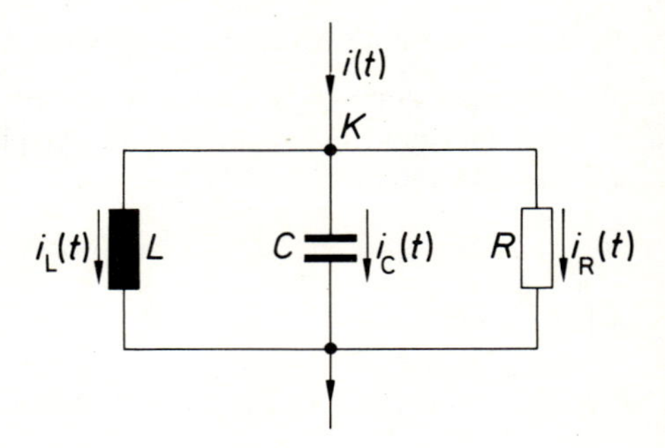

352.1 Elektrischer Parallelschwingkreis

Nach den Kirchhoffschen Regeln gilt für den Knotenpunkt K

$$i_L(t) + i_C(t) + i_R(t) = i(t).$$

Daraus folgt durch Differentiation nach t:

$$\dot{i}_L(t) + \dot{i}_C(t) + \dot{i}_R(t) = \dot{i}(t)$$

und wegen (349.3) und $u_L(t) = u_C(t) = u_R(t)$

$$\frac{1}{L}u_C(t) + C\ddot{u}_C(t) + \frac{1}{R}\dot{u}_C(t) = \dot{i}(t),$$

$$\ddot{u}_C(t) + \frac{1}{R \cdot C}\dot{u}_C(t) + \frac{1}{L \cdot C}u_C(t) = \frac{1}{C}\dot{i}(t).$$

Wir erhalten auch in diesem Falle eine lineare Differentialgleichung zweiter Ordnung mit konstanten Koeffizienten. Die beim elektrischen Reihenschwingkreis durchgeführten Betrachtungen lassen sich auf diesen Fall übertragen.

Aufgaben

1. Man bestimme die allgemeine Lösung folgender Differentialgleichungen

a) $y''+7y'-8y=0$; b) $y''+8y'+16y=0$;

c) $y''+8y'+25y=0$; d) $y''+8y'=0$;

e) $y''+8y=0$; f) $y''-4y'+4y=0$.

2. Mit Hilfe des Grundlösungsverfahrens bestimme man die allgemeine Lösung folgender Differentialgleichungen

a) $y''+y=\tan x$: b) $y''+y=\cot x$;

c) $y''+2y'+y=x\,\mathrm{e}^{-x}$; d) $y''+3y'-4y=\sin x$;

e) $y''+y'=x^2+4$; f) $y''+y=\cos x$.

3. Mit Hilfe des Ansatzes in Form der rechten Seite bestimme man die allgemeine Lösung folgender Differentialgleichungen

a) $y''+2y'+y=x\,\mathrm{e}^{-x}$; b) $y''+3y'-4y=\sin x$;

c) $y''+4y'=x^2+4$; d) $y''+4y'-5y=x^2\mathrm{e}^x+x$;

e) $y''+4y=\sin 2x$; f) $y''+4y'=x^3$;

g) $y''-2y'+5y=\mathrm{e}^x\sin 2x$.

4. Mit Hilfe der Operatorenmethode bestimme man die allgemeine Lösung der Differentialgleichungen aus Aufgabe 3.

5. Man löse die Differentialgleichungen aus Aufgabe 3 mit Hilfe der Laplace-Transformation.

6. Man bestimme die allgemeine Lösung folgender Differentialgleichungen

a) $y''+y=\dfrac{1}{\cos x}$; b) $y''-3y'+2y=x\mathrm{e}^x$;

c) $y''-6y'+9y=x^2+\mathrm{e}^x$; d) $y''+4y'+13y=\mathrm{e}^x\sin x$.

7. Man löse die folgenden Anfangswertprobleme

a) $y''+y=\sin x$ mit $y(0)=0$, $y'(0)=2$;

b) $y''+2y'+y=x+\sin x$ mit $y(0)=1$, $y'(0)=1$;

c) $y''+9y=x^2+\mathrm{e}^{2x}$ mit $y(3)=7$, $y'(3)=6$.

8. Man bestimme die Differentialgleichung folgender Kurvenscharen

a) $y=a\mathrm{e}^x+b\mathrm{e}^{3x}$ mit $a,b\in\mathbb{R}$;

b) $y=a\cosh 3x+b\sinh 3x$ mit $a,b\in\mathbb{R}$;

c) $y=\mathrm{e}^{2x}(a\sin 4x+b\cos 4x)$ mit $a,b\in\mathbb{R}$.

9. Eine Feder wird durch ein Gewicht von 1 N um 5 cm gedehnt. Man hängt eine Masse von 20 kg an die Feder, dehnt die Feder zusätzlich um 5 cm und läßt sie dann los. Man beschreibe die Bewegung unter Vernachlässigung der Reibung.

10. Man beschreibe die Bewegung der Feder aus Aufgabe 9, wenn zusätzlich die Kraft $(3\cdot\sin 4t)$ N auf die Feder einwirkt.

11. Man beschreibe die Bewegung der Feder aus Aufgabe 10, wenn eine der Geschwindigkeit proportionale Reibungskraft mit dem Reibungsfaktor $120\,\dfrac{\mathrm{kg}}{\mathrm{s}}$ der Bewegung entgegenwirkt.

12. Ein elektrischer Schwingkreis besteht aus einer Reihenschaltung einer Induktivität mit $L=50\,\text{mH}$, eines Widerstandes mit $R=500\,\Omega$ und eines Kondensators mit $C=50\,\mu\text{F}$. Man berechne die Spannung $u_C(t)$ am Kondensator, wenn zur Zeit $t=0$ am Kondensator eine Spannung von 10 V liegt und kein Strom fließt.

13. Man zeige, daß die Ladung $q(t)$ des Kondensators im elektrischen Reihenschwingkreis (Bild 349.1) der Differentialgleichung $\ddot{q}(t)+\frac{R}{L}\dot{q}(t)+\frac{1}{L\cdot C}q(t)=\frac{1}{L}u_a(t)$ genügt.

4.4 Lineare Differentialgleichungssysteme erster Ordnung mit konstanten Koeffizienten

4.4.1 Grundlagen

Die Funktionen f, g seien auf dem Intervall I stetig, x und y auf I differenzierbare Funktionen und $a, b, c, d \in \mathbb{R}$. Dann bilden die Differentialgleichungen

$$\begin{aligned} \frac{\mathrm{d}x(t)}{\mathrm{d}t} &= a\,x(t)+b\,y(t)+f(t) \\ \frac{\mathrm{d}y(t)}{\mathrm{d}t} &= c\,x(t)+d\,y(t)+g(t) \end{aligned} \tag{354.1}$$

ein **lineares Differentialgleichungssystem erster Ordnung mit konstanten Koeffizienten.**

Bemerkung:

In diesem Abschnitt bezeichnen wir die unabhängige Veränderliche mit t. x und y sind Funktionen. Wir wollen die Ableitung der Funktionen x, y, f, g nach t mit $\dot{x}$, $\dot{y}$, $\dot{f}$, $\dot{g}$ bezeichnen. Es ist auch hier üblich, bei $x(t)$, $y(t)$, $\dot{x}(t)$, $\dot{y}(t)$ die unabhängige Variable wegzulassen. Das System läßt sich dann kürzer in der Form

$$\begin{aligned} \dot{x} &= a\,x+b\,y+f(t) \\ \dot{y} &= c\,x+d\,y+g(t) \end{aligned}$$

schreiben.

Beispiel 354.1

Wir betrachten das Differentialgleichungssystem

$$\begin{aligned} \dot{x} &= 2x+3y+1 \\ \dot{y} &= 3x+2y+t. \end{aligned}$$

Die erste Gleichung dieses Systems enthält die beiden unbekannten Funktionen x und y, so daß eine Auflösung nach x etwa in Form der Lösung einer Differentialgleichung erster Ordnung nicht möglich ist. Die Funktion y müßte dazu bekannt sein. Analoges gilt für die zweite Gleichung, die auch die beiden unbekannten Funktionen enthält.

Der Begriff Lösung des Systems (354.1) ist analog zu dem Begriff Lösung einer Differentialgleichung definiert.

Die Funktionen f, g seien auf dem Intervall I stetig und $a, b, c, d \in \mathbb{R}$. Zwei Funktionen $x=\varphi(t)$, $y=\psi(t)$ heißen **Lösung des Differentialgleichungssystems**

$$\dot{x}=ax+by+f(t)$$
$$\dot{y}=cx+dy+g(t),$$

auf I, wenn

1. φ, ψ auf I stetig differenzierbar sind,
2. $\dot{\varphi}(t)=a\varphi(t)+b\psi(t)+f(t)$
   $\dot{\psi}(t)=c\varphi(t)+d\psi(t)+g(t)$

auf I gilt.

Auch das Anfangswertproblem ist analog definiert. Wir vereinbaren:

Die Funktionen f, g seien auf dem Intervall I stetig, $t_0 \in I$ und a, b, c, $d \in \mathbb{R}$.

Gegeben sei das Differentialgleichungssystem

$$\dot{x}=ax+by+f(t)$$
$$\dot{y}=cx+dy+g(t),$$

sowie x_0, $y_0 \in \mathbb{R}$.

Dann bezeichnet man als zugehöriges **Anfangswertproblem,** Funktionen φ, ψ zu finden, die

1. Lösung des Systems auf I sind,
2. den Bedingungen $\varphi(t_0)=x_0$, $\psi(t_0)=y_0$ genügen.

Die Werte x_0, y_0 heißen **Anfangswerte,** die Bedingungen **Anfangsbedingungen,** t_0 heißt **Anfangspunkt.**

Für das System (354.1) gibt es ebenfalls einen zu dem Existenz- und Eindeutigkeitssatz für Differentialgleichungen (Satz 256.1) analogen Satz:

Satz 355.1

Die Funktionen f, g seien auf dem Intervall I stetig, $t_0 \in I$ und a, b, c, d, x_0, $y_0 \in \mathbb{R}$. Dann existiert in einer geeigneten Umgebung der Stelle t_0 genau eine Lösung des zugehörigen Anfangswertproblems

$$\dot{x}=ax+by+f(t)$$
$$\dot{y}=cx+dy+g(t)$$

mit $x(t_0)=x_0$, $y(t_0)=y_0$.

Auf den Beweis wird verzichtet.

Wir wollen ein Lösungsverfahren für die betrachteten Differentialgleichungssysteme an dem folgenden Beispiel demonstrieren.

Beispiel 356.1

Man bestimme die allgemeine Lösung des Differentialgleichungssystems

$$\dot{x} = 2x + 3y + e^t$$

$$\dot{y} = 3x + 2y + \sin t.$$

Wir differenzieren die erste Gleichung des Systems nach t:

$$\ddot{x} = 2\dot{x} + 3\dot{y} + e^t.$$

und ersetzen $\dot{y}$ mit Hilfe der zweiten Gleichung

$$\ddot{x} = 2\dot{x} + 3(3x + 2y + \sin t) + e^t = 2\dot{x} + 9x + 6y + 3\sin t + e^t. \tag{356.1}$$

Durch Auflösung der ersten Gleichung des Systems nach y erhalten wir

$$y = \tfrac{1}{3}(\dot{x} - 2x - e^t). \tag{356.2}$$

Ersetzen wir in (356.1) y mit Hilfe von (356.2), so ergibt sich

$$\ddot{x} = 2\dot{x} + 9x + 2\dot{x} - 4x - 2e^t + 3\sin t + e^t,$$

$$\ddot{x} - 4\dot{x} - 5x = 3\sin t - e^t. \tag{356.3}$$

Die allgemeine Lösung der Differentialgleichung (356.3) ist

$$x(t) = Ae^{-t} + Be^{5t} + \tfrac{1}{8}e^t - \tfrac{9}{26}\sin t + \tfrac{3}{13}\cos t.$$

Für $y(t)$ folgt aus (356.2)

$$\begin{aligned} y(t) &= \tfrac{1}{3}(-Ae^{-t} + 5Be^{5t} + \tfrac{1}{8}e^t - \tfrac{9}{26}\cos t - \tfrac{3}{13}\sin t \\ &\quad -2Ae^{-t} - 2Be^{5t} - \tfrac{2}{8}e^t + \tfrac{9}{13}\sin t - \tfrac{6}{13}\cos t - e^t) \\ &= -Ae^{-t} + Be^{5t} - \tfrac{3}{8}e^t + \tfrac{2}{13}\sin t - \tfrac{7}{26}\cos t. \end{aligned}$$

Daß wir mit der in dem obigen Beispiel beschriebenen Methode die allgemeine Lösung des Differentialgleichungssystems erhalten, gewährleistet der Satz 357.1.

Auf den Beweis wird verzichtet.

Bemerkung:

Ist $b = 0$, so zerfällt das System. Die erste Gleichung ist eine Differentialgleichung erster Ordnung für x allein. Sie kann nach 4.2.2 gelöst werden. Setzen wir diese Lösung in die zweite Gleichung des Systems ein, so erhalten wir eine lineare Differentialgleichung erster Ordnung für y allein. Diese kann ebenfalls nach 4.2.2 gelöst werden.

Satz 357.1

Die Funktionen f, g seien auf dem Intervall I stetig, f sei auf I stetig differenzierbar, $a, b, c, d \in \mathbb{R}$, $b \neq 0$.

Dann ergibt sich die allgemeine Lösung des Differentialgleichungssystems

$$\dot{x} = ax + by + f(t)$$
$$\dot{y} = cx + dy + g(t)$$

aus der allgemeinen Lösung der Differentialgleichung

$$\ddot{x} - (a+d)\dot{x} + (ad - bc)x = f'(t) - df(t) + bg(t),$$

sowie

$$y = \frac{1}{b}(\dot{x} - ax - f(t)).$$

Beispiel 357.1

Man bestimme die allgemeine Lösung des Differentialgleichungssystems

$$\dot{x} = 2x - y + \mathrm{e}^t$$
$$\dot{y} = -x + 2y.$$

Durch Differentiation der ersten Gleichung folgt

$$\ddot{x} = 2\dot{x} - \dot{y} + \mathrm{e}^t.$$

Ersetzen wir $\dot{y}$ mit Hilfe der zweiten Gleichung, so ist

$$\ddot{x} = 2\dot{x} + x - 2y + \mathrm{e}^t. \tag{357.1}$$

Aus der ersten Gleichung des Systems folgt

$$y = 2x - \dot{x} + \mathrm{e}^t. \tag{357.2}$$

Eliminieren wir in (357.1) y mit Hilfe von (357.2), so erhalten wir

$$\ddot{x} - 4\dot{x} + 3x = -\mathrm{e}^t. \tag{357.3}$$

Die allgemeine Lösung der Differentialgleichung (357.3) ist

$$x = A\mathrm{e}^t + B\mathrm{e}^{3t} + \tfrac{1}{2}t\mathrm{e}^t \quad \text{mit } A, B \in \mathbb{R}.$$

Aus (357.2) folgt

$$y = A\mathrm{e}^t - B\mathrm{e}^{3t} + \tfrac{1}{2}(t+1)\mathrm{e}^t.$$

Das Differentialgleichungssystem (354.1) läßt sich auch mit Hilfe der Laplace-Transformation lösen. Wir lassen dazu für f und g nur Funktionen aus der Tabelle der Laplace-Transformierten zu.

Dann existieren für genügend große s alle benötigten Laplace-Transformierten. Unter Anwendung der Sätze aus 4.3.5 erhalten wir aus (354.1)

$$-x(0)+s\mathscr{L}\{x\}=a\mathscr{L}\{x\}+b\mathscr{L}\{y\}+\mathscr{L}\{f\}$$
$$-y(0)+s\mathscr{L}\{y\}=c\mathscr{L}\{x\}+d\mathscr{L}\{y\}+\mathscr{L}\{g\}, \quad \text{d.h.}$$

$$\begin{aligned}(s-a)\mathscr{L}\{x\}-\;b\;\mathscr{L}\{y\}&=x(0)+\mathscr{L}\{f\}\\ -c\;\mathscr{L}\{x\}+(s-d)\mathscr{L}\{y\}&=y(0)+\mathscr{L}\{g\}\end{aligned} \tag{358.1}$$

Durch die Laplace-Transformation geht das Differentialgleichungssystem (354.1) also über in ein lineares Gleichungssystem für die Unbekannten $\mathscr{L}\{x\}$ und $\mathscr{L}\{y\}$. Wir lösen (358.1) nach $\mathscr{L}\{x\}$ auf und erhalten

$$((s-a)(s-d)-bc)\mathscr{L}\{x\}=(x(0)+\mathscr{L}\{f\})(s-d)+(y(0)+\mathscr{L}\{g\})b. \tag{358.2}$$

Es gibt eine Stelle s_0, so daß für $s>s_0$ der Ausdruck $(s-a)(s-d)-bc\neq 0$ ist. Die Gleichung (358.2) läßt sich für diese s nach $\mathscr{L}\{x\}$ auflösen. Zerlegen wir in Partialbrüche, so können wir dann mit Hilfe der Tabelle der Laplace-Transformierten x bestimmen. y folgt schließlich durch Auflösung der ersten Gleichung des Systems. Es ergibt sich folgendes Schema

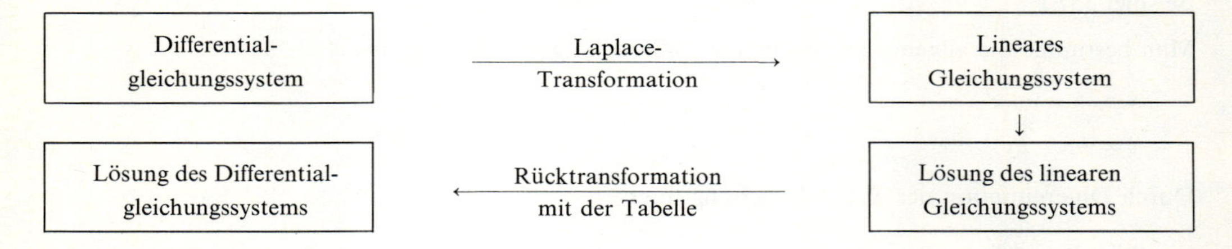

Wir wenden das Verfahren in dem folgenden Beispiel an.

Beispiel 358.1

Mit Hilfe der Laplace-Transformation löse man das Differentialgleichungssystem

$$\dot{x}=2x+\;y+t$$
$$\dot{y}=\;x+2y+1.$$

Durch Anwendung der Laplace-Transformation erhalten wir für genügend große s

$$-x(0)+s\mathscr{L}\{x\}=2\mathscr{L}\{x\}+\;\mathscr{L}\{y\}+\frac{1}{s^2}$$

$$-y(0)+s\mathscr{L}\{y\}=\;\mathscr{L}\{x\}+2\mathscr{L}\{y\}+\frac{1}{s}.$$

Daraus folgt

$$(s-2)\,\mathscr{L}\{x\}-\mathscr{L}\{y\}=x(0)+\frac{1}{s^2}$$

$$-\mathscr{L}\{x\}+(s-2)\,\mathscr{L}\{y\}=y(0)+\frac{1}{s}.$$

Wir multiplizieren die erste Gleichung mit $(s-2)$, addieren beide Gleichungen, lösen nach $\mathscr{L}\{x\}$ auf und erhalten für genügend große s

$$\mathscr{L}\{x\}=\frac{(s^2x(0)+1)(s-2)+s^2y(0)+s}{s^2(s^2-4s+3)}.$$

Zerlegen wir diesen Ausdruck in Partialbrüche, so ergibt sich wegen $s^2-4s+3=(s-1)(s-3)$:

$$\mathscr{L}\{x\}=\frac{-\frac{2}{3}}{s^2}+\frac{-\frac{2}{9}}{s}+\frac{\frac{x(0)-y(0)}{2}}{s-1}+\frac{\frac{x(0)+y(0)}{2}+\frac{2}{9}}{s-3}.$$

Die Rücktransformation ergibt

$$x(t)=-\frac{2}{3}t-\frac{2}{9}+\frac{x(0)-y(0)}{2}\mathrm{e}^t+\left(\frac{x(0)+y(0)}{2}+\frac{2}{9}\right)\mathrm{e}^{3t}.$$

Die Lösung $y(t)$ ergibt sich aus der ersten Gleichung des Systems

$$\begin{aligned}y(t)&=\dot{x}(t)-2x(t)-t\\&=-\frac{2}{3}+\frac{x(0)-y(0)}{2}\mathrm{e}^t+3\left(\frac{x(0)+y(0)}{2}+\frac{2}{9}\right)\mathrm{e}^{3t}\\&\quad+\frac{4}{3}t+\frac{4}{9}-2\,\frac{x(0)-y(0)}{2}\mathrm{e}^t-2\left(\frac{x(0)+y(0)}{2}+\frac{2}{9}\right)\mathrm{e}^{3t}-t\\&=\frac{1}{3}t-\frac{2}{9}+\frac{-x(0)+y(0)}{2}\mathrm{e}^t+\left(\frac{x(0)+y(0)}{2}+\frac{2}{9}\right)\mathrm{e}^{3t}.\end{aligned}$$

4.4.2 Anwendungen

Beispiel 359.1

Wir betrachten die in Bild 359.1 dargestellte Stoßspannungsanlage. Man benutzt diese Schaltung zur Erzeugung kurzer Spannungsstöße bei der Prüfung von elektrischen Isolatoren.

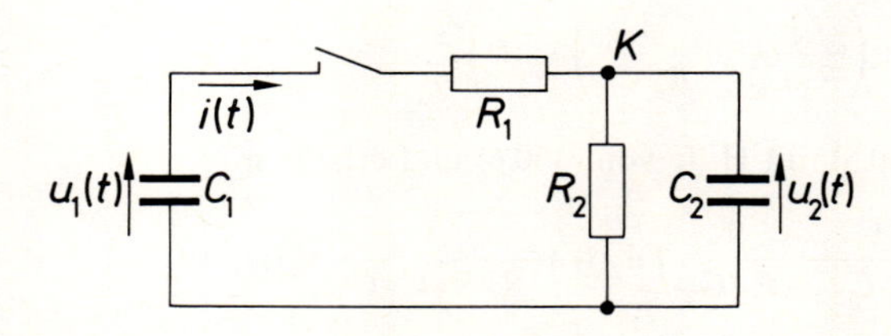

359.1 Stoßspannungsanlage

Zur Zeit $t=0$ sei der Kondensator C_1 aufgeladen, es liege die Spannung $u_1(0)$ an, der Kondensator C_2 sei entladen. Der Schalter werde zur Zeit $t=0$ geschlossen.

Im Knotenpunkt K ist die Summe aller Ströme Null. Der aus dem Kondensator C_1 fließende Strom muß also gleich der Summe der Ströme sein, die durch den Widerstand R_2 und in den Kondensator C_2 fließen. Mit den in Bild 359.1 gewählten Bezeichnungen ist

$$i(t)=-C_1\dot{u}_1(t)=\frac{u_2(t)}{R_2}+C_2\dot{u}_2(t). \tag{360.1}$$

Aus den Kirchhoffschen Regeln folgt

$$u_1(t)=R_1 i(t)+u_2(t). \tag{360.2}$$

Ersetzen wir $i(t)$ mit Hilfe von (360.1), so erhalten wir

$$u_1(t)=R_1\left(\frac{u_2(t)}{R_2}+C_2\dot{u}_2(t)\right)+u_2(t)$$

$$\dot{u}_2(t)=\frac{1}{R_1 C_2}u_1(t)-\left(\frac{1}{R_1 C_2}+\frac{1}{R_2 C_2}\right)u_2(t). \tag{360.3}$$

Aus der Gleichung (360.1) folgt dann mit Hilfe von (360.3)

$$\dot{u}_1(t)=-\frac{1}{R_1 C_1}u_1(t)+\frac{1}{R_1 C_1}u_2(t). \tag{360.4}$$

Die Gleichungen (360.3) und (360.4) bilden ein lineares Differentialgleichungssystem mit konstanten Koeffizienten. Wir wollen $u_2(t)$ berechnen. Dazu leiten wir aus dem System eine Differentialgleichung für $u_2(t)$ allein her. Wir differenzieren (360.3) nach t:

$$\ddot{u}_2(t)=\frac{1}{R_1 C_2}\dot{u}_1(t)-\left(\frac{1}{R_1 C_2}+\frac{1}{R_2 C_2}\right)\dot{u}_2(t).$$

Ersetzen wir $\dot{u}_1(t)$ mit Hilfe von (360.4), so folgt

$$\ddot{u}_2(t)=\frac{1}{R_1 C_2}\left(-\frac{1}{R_1 C_1}u_1(t)+\frac{1}{R_1 C_1}u_2(t)\right)-\left(\frac{1}{R_1 C_2}+\frac{1}{R_2 C_2}\right)\dot{u}_2(t). \tag{360.5}$$

Aus (360.3) ergibt sich durch Auflösung nach $u_1(t)$:

$$u_1(t)=R_1 C_2\left(\dot{u}_2(t)+\left(\frac{1}{R_1 C_2}+\frac{1}{R_2 C_2}\right)u_2(t)\right). \tag{360.6}$$

Wir ersetzen $u_1(t)$ in (360.5) mit Hilfe von (360.6) und erhalten

$$\ddot{u}_2(t)+\left(\frac{1}{R_1 C_1}+\frac{1}{R_1 C_2}+\frac{1}{R_2 C_2}\right)\dot{u}_2(t)+\frac{1}{R_1 R_2 C_1 C_2}u_2(t)=0. \tag{360.7}$$

Gleichung (360.7) ist eine homogene lineare Differentialgleichung zweiter Ordnung mit konstanten Koeffizienten. Die charakteristische Gleichung lautet

$$\lambda^2+\left(\frac{1}{R_1 C_1}+\frac{1}{R_1 C_2}+\frac{1}{R_2 C_2}\right)\lambda+\frac{1}{R_1 R_2 C_1 C_2}=0.$$

Ihre Lösungen sind

$$\lambda_{1,2}=-\frac{1}{2}\left(\frac{1}{R_1 C_1}+\frac{1}{R_1 C_2}+\frac{1}{R_2 C_2}\right)\pm\sqrt{\frac{1}{4}\left(\frac{1}{R_1 C_1}+\frac{1}{R_1 C_2}+\frac{1}{R_2 C_2}\right)^2-\frac{1}{R_1 R_2 C_1 C_2}}.$$

Wir betrachten den Radikanden

$$\frac{1}{4}\left(\frac{1}{R_1 C_1}+\frac{1}{R_1 C_2}+\frac{1}{R_2 C_2}\right)^2-\frac{1}{R_1 R_2 C_1 C_2}$$

$$=\frac{1}{4}\left(\left(\frac{1}{R_1 C_1}\right)^2+\left(\frac{1}{R_1 C_2}\right)^2+\left(\frac{1}{R_2 C_2}\right)^2+2\,\frac{1}{R_1^2 C_1 C_2}+2\,\frac{1}{R_1 R_2 C_2^2}+2\,\frac{1}{R_1 R_2 C_1 C_2}\right.$$
$$\left.-4\,\frac{1}{R_1 R_2 C_1 C_2}\right)$$

$$=\frac{1}{4}\left(\left(\frac{1}{R_1 C_1}-\frac{1}{R_2 C_2}\right)^2+\left(\frac{1}{R_1 C_2}\right)^2+2\frac{1}{R_1^2 C_1 C_2}+2\frac{1}{R_1 R_2 C_2^2}\right)>0.$$

Der Radikand ist also positiv, die Lösungen der charakteristischen Gleichung sind reell. Wegen

$$\sqrt{\frac{1}{4}\left(\frac{1}{R_1 C_1}+\frac{1}{R_1 C_2}+\frac{1}{R_2 C_2}\right)^2-\frac{1}{R_1 R_2 C_1 C_2}}<\frac{1}{2}\left(\frac{1}{R_1 C_1}+\frac{1}{R_1 C_2}+\frac{1}{R_2 C_2}\right)$$

sind beide Lösungen negativ. Für die allgemeine Lösung der Differentialgleichung (360.7) ergibt sich

$$u_2(t)=A\mathrm{e}^{\lambda_1 t}+B\mathrm{e}^{\lambda_2 t} \quad \text{mit } A, B\in\mathbb{R}. \tag{361.1}$$

Zur Zeit $t=0$ ist $u_2(0)=0$. also wegen (360.1) und (360.2)

$$\dot{u}_2(0)=\frac{1}{C_2}\,i(0)=\frac{1}{R_1 C_2}\,u_1(0).$$

Daraus folgt

$$A+B=0; \qquad A\lambda_1+B\lambda_2=\frac{1}{R_1 C_2}\,u_1(0).$$

Die Lösungen dieses Gleichungssystems sind

$$A=\frac{1}{\lambda_1-\lambda_2}\,\frac{1}{R_1 C_2}\,u_1(0); \qquad B=-\frac{1}{\lambda_1-\lambda_2}\,\frac{1}{R_1 C_2}\,u_1(0). \tag{361.2}$$

Durch Einsetzen von (361.2) in (361.1) erhalten wir

$$u_2(t)=\frac{1}{\lambda_1-\lambda_2}\,\frac{1}{R_1 C_2}\,u_1(0)(\mathrm{e}^{\lambda_1 t}-\mathrm{e}^{\lambda_2 t}). \tag{361.3}$$

Zur Diskussion des Spannungsverlaufs betrachten wir

$$\dot{u}_2(t) = \frac{1}{\lambda_1 - \lambda_2} \frac{1}{R_1 C_2} u_1(0)(\lambda_1 e^{\lambda_1 t} - \lambda_2 e^{\lambda_2 t}).$$

Aus $\dot{u}_2(t) = 0$ folgt

$$\lambda_1 e^{\lambda_1 t} - \lambda_2 e^{\lambda_2 t} = 0, \quad \text{d.h.} \quad e^{(\lambda_1 - \lambda_2)t} = \frac{\lambda_2}{\lambda_1}.$$

Wegen $\lambda_1 < 0$, $\lambda_2 < 0$ kann die letzte Gleichung nach t aufgelöst werden. Es ergibt sich

$$t_1 = \frac{1}{\lambda_1 - \lambda_2} \ln \frac{\lambda_2}{\lambda_1} > 0$$

wegen $\lambda_1 > \lambda_2$. An der Stelle t_1 ist nach (360.5) die zweite Ableitung $\frac{d^2 u_2(t)}{dt^2}$ negativ, so daß ein Maximum vorliegt. Für $t \to \infty$ folgt $u_2(t) \to 0$. Der Spannungsstoß am Kondensator C_2 ist in Bild 362.1 dargestellt.

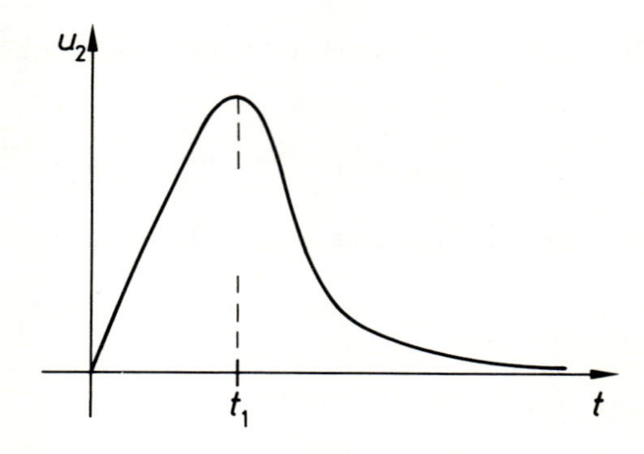

362.1 Spannungsverlauf am Kondensator C_2 aus Bild 359.1

Beispiel 362.1

Wir betrachten zwei mit Salzlösung gefüllte Behälter. Die Salzlösung im ersten Behälter habe das Volumen V_1, die im zweiten das Volumen V_2. Zur Zeit $t = 0$ sei die im ersten Behälter gelöste Salzmenge $s_1(0)$, die im zweiten Behälter $s_2(0)$. Danach ströme mit der Geschwindigkeit v durch ein Rohr mit dem Querschnitt A Lösung aus dem ersten Behälter in den zweiten, durch ein zweites Rohr mit dem gleichen Querschnitt A Lösung mit der Geschwindigkeit v in den ersten Behälter. In beiden Behältern werden die Lösungen ständig gut durchmischt. Wir wollen die Salzmengen $s_1(t)$ und $s_2(t)$ zur Zeit t in den einzelnen Behältern berechnen.

Die Salzmenge, die bis zur Zeit t vom ersten Behälter in den zweiten fließt, ist $\int_0^t v \cdot A \cdot \frac{s_1(\tau)}{V_1} \mathrm{d}\tau$, vom zweiten Behälter in den ersten strömt die Salzmenge $\int_0^t v \cdot A \cdot \frac{s_2(\tau)}{V_2} \mathrm{d}\tau$. Daraus folgt

$$s_1(t) = s_1(0) - \int_0^t v \cdot A \cdot \frac{s_1(\tau)}{V_1} \mathrm{d}\tau + \int_0^t v \cdot A \cdot \frac{s_2(\tau)}{V_2} \mathrm{d}\tau.$$

Durch Differentiation erhalten wir hieraus (vgl. Band 2 (141.1))

$$\dot{s}_1(t) = -\frac{v}{V_1} \cdot A \cdot s_1(t) + \frac{v}{V_2} \cdot A \cdot s_2(t). \tag{363.1}$$

Analog ergibt sich

$$\dot{s}_2(t) = \frac{v}{V_1} \cdot A \cdot s_1(t) - \frac{v}{V_2} \cdot A \cdot s_2(t). \tag{363.2}$$

Die Gleichungen (363.1) und (363.2) bilden ein lineares Differentialgleichungssystem mit konstanten Koeffizienten.

Wir wollen dieses System lösen.

Wir erhalten für $s_1(t)$ die Differentialgleichung

$$\ddot{s}_1(t) + \left(\frac{v}{V_1} + \frac{v}{V_2}\right) \cdot A \cdot \dot{s}_1(t) = 0.$$

Die allgemeine Lösung ist

$$s_1(t) = C_1 + C_2 \cdot \mathrm{e}^{-\left(\frac{v}{V_1} + \frac{v}{V_2}\right) \cdot A \cdot t} \quad \text{mit } C_1, C_2 \in \mathbb{R}. \tag{363.3}$$

Aus Gleichung (363.1) folgt dann

$$s_2(t) = \frac{V_2}{v}\left(\frac{v}{V_1} C_1 - \frac{v}{V_2} C_2 \cdot \mathrm{e}^{-\left(\frac{v}{V_1} + \frac{v}{V_2}\right) A t}\right). \tag{363.4}$$

Zur Zeit $t = 0$ gilt

$$s_1(0) = C_1 + C_2$$

$$s_2(0) = \frac{V_2}{V_1} C_1 - C_2.$$

Daraus folgt

$$C_1 = \frac{V_1}{V_1 + V_2} (s_1(0) + s_2(0))$$

$$C_2 = \frac{1}{V_1 + V_2} (V_2 s_1(0) - V_1 s_2(0)).$$

Setzt man diese Ausdrücke in (363.3) und (363.4) ein, so erhält man für den Grenzübergang $t \to \infty$

$$\lim_{t\to\infty} s_1(t) = \frac{V_1}{V_1+V_2}(s_1(0)+s_2(0))$$

$$\lim_{t\to\infty} s_2(t) = \frac{V_2}{V_1+V_2}(s_1(0)+s_2(0)).$$

Für $V_1 = V_2$ sind beide Grenzwerte gleich. In diesem Falle gleichen sich die Salzmengen aus. Die Konzentrationen der Salzmengen in den einzelnen Behältern $\frac{s_1(t)}{V_1}$ und $\frac{s_2(t)}{V_2}$ gleichen sich immer aus.

Beispiel 364.1

Wir übernehmen die Bezeichnungen des Beispiels 362.1.

Zur Zeit $t=0$ seien im ersten Behälter 10 kg Salz in 100 l Wasser gelöst, im zweiten Behälter mögen sich 900 l reines Wasser befinden. Durch je ein Rohr mit dem Querschnitt $10\,\text{cm}^2$ ströme Flüssigkeit mit der Geschwindigkeit $1\,\frac{\text{m}}{\text{s}}$ von dem ersten Behälter in den zweiten und umgekehrt.

Dann ergibt sich

$$s_1(t) = 1 + 9e^{-\frac{1}{90}t},$$
$$s_2(t) = 9 - 9e^{-\frac{1}{90}t}.$$

Die Salzmengen in beiden Behältern sind gleich, wenn

$$1 + 9e^{-\frac{1}{90}t} = 9 - 9e^{-\frac{1}{90}t}, \quad \text{d.h.} \quad t = -90 \ln \tfrac{4}{9}$$

gilt. Die numerische Rechnung liefert etwa 73 s.

Der zeitliche Verlauf der Salzmengen ist in Bild 364.1 dargestellt.

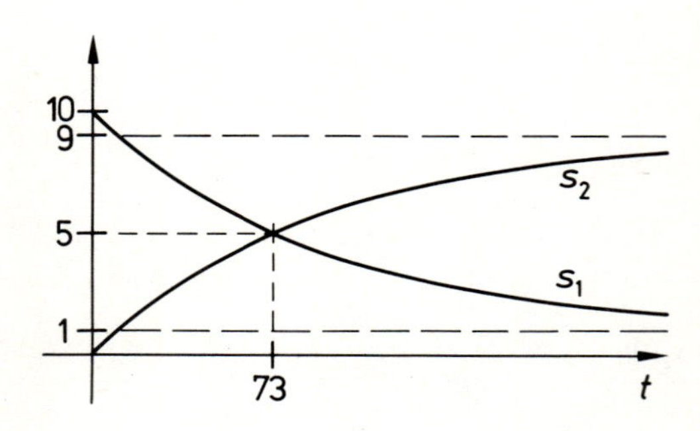

364.1 Skizze zu Beispiel 364.1

Aufgaben

1. Man bestimme die allgemeine Lösung der folgenden Differentialgleichungssysteme

a) $\dot{x} = 2x - 4y + e^t$
$\dot{y} = -4x + 2y + e^{-t}$;

b) $\dot{x} = x - 2y + \sin t$
$\dot{y} = -2x + y + t$;

c) $\dot{x} = 3x + 5y + t^2$
$\dot{y} = 5x + 3y + t + 1$;

d) $\dot{x} = x + 3y + e^t$
$\dot{y} = 3x + y + \cos t$.

2. Man bestimme die allgemeine Lösung der Systeme aus Aufgabe 1 mit Hilfe der Laplace-Transformation.

3. Man löse die Anfangswertprobleme

a) $\dot{x} = 3x + 4y + e^{-t}$
$\dot{y} = 4x + 3y$ mit $x(0) = 0, \quad y(0) = 1$;

b) $\dot{x} = 2x + y$
$\dot{y} = x + 2y$ mit $x(1) = e; \quad y(1) = -e$.

4. Man beschreibe die in Bild 365.1 dargestellte Schaltung durch ein Differentialgleichungssystem für die Spannungen $u_1(t)$ und $u_2(t)$ und löse dieses.

Zur Zeit $t=0$ sei der Kondensator C_1 aufgeladen: $u_1(0) = u_0$, der Kondensator C_2 entladen. Zur Zeit $t=0$ werde der Schalter geschlossen.

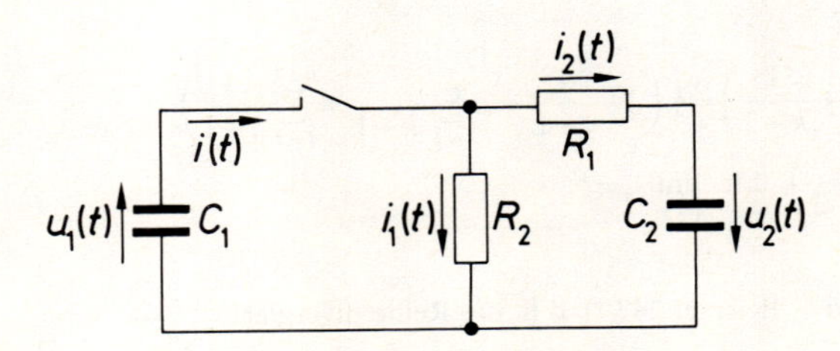

365.1 Stoßspannungsanlage

Anhang: Aufgabenlösungen

1. Reihen

1.1

1. a) $s_n=\frac{1}{3}\sum_{k=1}^{n}\left(\frac{1}{3k-2}-\frac{1}{3k+1}\right)=\frac{1}{3}\left(\sum_{i=0}^{n-1}\frac{1}{3i+1}-\sum_{k=1}^{n}\frac{1}{3k+1}\right)=\frac{1}{3}\left(1-\frac{1}{3n+1}\right)$, d.h. $\lim_{n\to\infty}s_n=\frac{1}{3}$.

   b) $s_n=5\sum_{k=1}^{n}\left(\frac{1}{k+5}-\frac{1}{k+6}\right)=5\left(\sum_{i=0}^{n-1}\frac{1}{i+6}-\sum_{k=1}^{n}\frac{1}{k+6}\right)=5\left(\frac{1}{6}-\frac{1}{n+6}\right)$, d.h. $\lim_{n\to\infty}s_n=\frac{5}{6}$.

   c) $s_n=\frac{1}{2}\sum_{k=1}^{n}\left(\frac{4}{k+2}-\frac{1}{k+1}-\frac{3}{k+3}\right)=\frac{1}{2}\left(\sum_{k=1}^{n}\frac{4}{k+2}-\sum_{i=0}^{n-1}\frac{1}{i+2}-\sum_{i=2}^{n+1}\frac{3}{i+2}\right)$
   $=\frac{1}{2}\left(\frac{1}{2}+\frac{1}{n+2}-\frac{3}{n+3}\right)$, d.h. $\lim_{n\to\infty}s_n=\frac{1}{4}$.

   d) Für $n>m$ gilt: $s_n=\frac{1}{m}\sum_{k=1}^{n}\left(\frac{1}{k}-\frac{1}{k+m}\right)=\frac{1}{m}\left(\sum_{k=1}^{n}\frac{1}{k}-\sum_{i=m+1}^{m+n}\frac{1}{i}\right)=\frac{1}{m}\left(\sum_{k=1}^{m}\frac{1}{k}-\sum_{i=n+1}^{m+n}\frac{1}{i}\right)$,
   d.h. $\lim_{n\to\infty}s_n=\frac{1}{m}\sum_{k=1}^{m}\frac{1}{k}=\frac{m+1}{2}$.

   e) $s_n=\frac{1}{2}\sum_{k=1}^{n}\left(\frac{1}{k}-\frac{2}{k+1}+\frac{1}{k+2}\right)=\frac{1}{2}\left(\sum_{i=0}^{n-1}\frac{1}{i+1}-2\sum_{k=1}^{n}\frac{1}{k+1}+\sum_{i=2}^{n+1}\frac{1}{i+1}\right)$
   $=\frac{1}{2}\left(\frac{1}{2}-\frac{1}{n+1}+\frac{1}{n+2}\right)$, d.h. $\lim_{n\to\infty}s_n=\frac{1}{4}$.

2. a) $\lim_{n\to\infty}\frac{1}{\sqrt[n]{n}}=1$ (s. Band 1, Beispiel 247.1), d.h. die Reihe divergiert.

   b) $\lim_{n\to\infty}\left(\frac{n}{n+1}\right)^{2n}=\lim_{n\to\infty}\left(\frac{1}{\left(1+\frac{1}{n}\right)^n}\right)^2=\frac{1}{e^2}$, d.h. die Reihe divergiert.

   c) Nach Band 1, (51.1) gilt $\frac{n^5}{n!}<\frac{n^5}{2^{n-1}}$ für alle $n\geqq 3$ und wegen (255.1) aus Band 1 folgt dann $\lim_{n\to\infty}\frac{n^5}{n!}=0$, d.h. eine Aussage über das Konvergenzverhalten der Reihe ist aufgrund von Satz 20.1 nicht möglich.

   d) $\left\langle(-1)^n\frac{n-1}{n+1}\right\rangle$ ist unbestimmt divergent, d.h. die Reihe ist divergent.

   e) $\lim_{n\to\infty}\frac{1}{\arctan n}=\frac{2}{\pi}$, d.h. die Reihe ist divergent.

   f) $\lim_{n\to\infty}\frac{1}{n\ln\left(1+\frac{1}{n}\right)}=\lim_{n\to\infty}\frac{1}{\ln\left(1+\frac{1}{n}\right)^n}=\frac{1}{\ln e}=1$, d.h. die Reihe ist divergent.

   g) $\left\langle(-1)^{n+1}\frac{n+1}{3n}\right\rangle$ ist unbestimmt divergent, d.h. die Reihe ist divergent.

h) $\lim\limits_{n\to\infty}\left(\frac{n}{n+1}\right)^n=\lim\limits_{n\to\infty}\frac{1}{\left(1+\frac{1}{n}\right)^n}=\frac{1}{\mathrm{e}}$, d.h. die Reihe ist divergent.

3. a) Die Reihe konvergiert, da wegen $\left|\frac{\sqrt{n-1}}{n^2+1}\right|<\frac{\sqrt{n}}{n^2}=\frac{1}{n^{3/2}}$ für alle $n\in\mathbb{N}$ die Reihe $\sum\limits_{n=1}^{\infty}\frac{1}{n^{3/2}}$ eine konvergente Majorante ist (s. (23.1)).

b) Die Reihe ist konvergent, da wegen $\left|\frac{2^{n-1}}{3^n+1}\right|<\frac{2^{n-1}}{3^n}=\frac{1}{3}(\frac{2}{3})^{n-1}$ für alle $n\in\mathbb{N}$ die Reihe $\frac{1}{3}\sum\limits_{n=1}^{\infty}(\frac{2}{3})^{n-1}$ eine konvergente Majorante (geometrische Reihe mit $q=2/3<1$) ist.

c) Wegen $n>\sqrt{n^2-1}$ ist $\left|\frac{1}{\sqrt{n^2-1}}\right|>\frac{1}{n}$ für alle $n\geqq 2$. Die Reihe ist folglich divergent, da $\sum\limits_{n=2}^{\infty}\frac{1}{n}$ eine divergente Minorante ist (s. Beispiel 16.1).

d) Wegen $\frac{\sqrt[3]{n^2+1}}{n\sqrt[6]{n^5+n-1}}\leqq\frac{\sqrt[3]{2n^2}}{n\sqrt[6]{n^5}}=\frac{\sqrt[3]{2}}{n^{\frac{7}{6}}}$ für alle $n\in\mathbb{N}$ ist $\sum\limits_{n=1}^{\infty}\frac{\sqrt[3]{2}}{n^{\frac{7}{6}}}$ eine konvergente Majorante (vgl. (23.1)), die Reihe ist also konvergent.

e) Wegen $\frac{\sqrt[4]{n+4}}{\sqrt[6]{n^7+3n^2-2}}\geqq\frac{\sqrt[4]{n}}{\sqrt[6]{2n^7}}=\frac{1}{\sqrt[6]{2}\,n^{11/12}}$ für alle $n\in\mathbb{N}$ ist $\frac{1}{\sqrt[6]{2}}\sum\limits_{n=1}^{\infty}\frac{1}{n^{11/12}}$ eine divergente Minorante (vgl. (23.1)). die Reihe ist also divergent.

4. a) $\lim\limits_{n\to\infty}\sqrt[n]{|(\sqrt[n]{a}-1)^n|}=\lim\limits_{n\to\infty}(\sqrt[n]{a}-1)=0$, d.h. die Reihe konvergiert.

b) $\lim\limits_{n\to\infty}\sqrt[n]{|(\sqrt[n]{n}-1)^n|}=\lim\limits_{n\to\infty}(\sqrt[n]{n}-1)=0$, d.h. die Reihe konvergiert.

c) $\lim\limits_{n\to\infty}\left|\frac{(n+1)!\,2\cdot 4\cdot\ldots\cdot 2n}{2\cdot 4\cdot\ldots\cdot 2n\cdot 2(n+1)\cdot n!}\right|=\lim\limits_{n\to\infty}\frac{n+1}{2(n+1)}=\frac{1}{2}$, d.h. die Reihe ist konvergent.

d) $\lim\limits_{n\to\infty}(\frac{5}{6})^{n+1}\frac{(n+1)-2}{(n+1)+2}\cdot(\frac{6}{5})^n\frac{n+2}{n-2}=\frac{5}{6}\lim\limits_{n\to\infty}\frac{n^2+n-2}{n^2+n-6}=\frac{5}{6}$, d.h. die Reihe ist konvergent.

e) $\lim\limits_{n\to\infty}\left|\frac{100^{n+1}\cdot n!}{(n+1)!\cdot 100^n}\right|=\lim\limits_{n\to\infty}\frac{100}{n+1}=0$, d.h. die Reihe ist konvergent.

f) $\lim\limits_{n\to\infty}\left|\frac{(n+1)^5\cdot n!}{(n+1)!\cdot n^5}\right|=\lim\limits_{n\to\infty}\frac{1}{n+1}\left(1+\frac{1}{n}\right)^5=0$, d.h. die Reihe ist konvergent.

g) $\lim\limits_{n\to\infty}\left|\frac{(n+1)!\,n^9}{(n+1)^9\,n!}\right|=\lim\limits_{n\to\infty}(n+1)\left(1-\frac{1}{n+1}\right)^9=\infty$, d.h. die Reihe ist divergent.

h) $\lim\limits_{n\to\infty}\sqrt[n]{|n^4(\frac{9}{10})^n|}=\lim\limits_{n\to\infty}\frac{9}{10}(\sqrt[n]{n})^4=\frac{9}{10}$, d.h. die Reihe ist konvergent.

i) $\lim\limits_{n\to\infty}\sqrt[n]{\left|\left(\frac{1}{\arctan n}\right)^n\right|}=\lim\limits_{n\to\infty}\frac{1}{\arctan n}=\frac{2}{\pi}<1$, d.h. die Reihe ist konvergent.

j) $\lim\limits_{n\to\infty}\sqrt[n]{\left|\frac{3^n}{n^n}\right|}=\lim\limits_{n\to\infty}\frac{3}{n}=0$, d.h. die Reihe ist konvergent.

5. a) $\left\langle\left|\frac{(-1)^{n+1}}{2n+1}\right|\right\rangle$ ist monoton fallend und $\lim\limits_{n\to\infty}\left|\frac{(-1)^{n+1}}{2n+1}\right|=0$, d.h. die Reihe konvergiert.

b) $\left\langle\left|\frac{(-1)^{n+1}n}{n^2+1}\right|\right\rangle$ ist monoton fallend und $\lim\limits_{n\to\infty}\left|\frac{(-1)^{n+1}n}{n^2+1}\right|=0$, d.h. die Reihe konvergiert.

c) $\left\langle\left|\frac{(-1)^n n}{(n-3)^2+1}\right|\right\rangle$ ist für $n \geqq 4$ monoton fallend und $\lim\limits_{n\to\infty}\left|\frac{(-1)^n n}{(n-3)^2+1}\right|=0$, d.h. die Reihe konvergiert.

d) $\langle|(-1)^{n+1}(1-\sqrt[n]{a})|\rangle$ ist für alle $a>0$, $a \neq 1$ streng monoton fallend und $\lim\limits_{n\to\infty}|(-1)^{n+1}(1-\sqrt[n]{a})|=0$, d.h. die Reihe konvergiert für $a>0$, $a\neq 1$. Für $a=1$ ist die Reihe ebenfalls konvergent, für $a=0$ ist sie divergent.

e) Es ist $\frac{1}{2}\ln(\ln 2)-\frac{1}{3}\ln(\ln 3)\pm\cdots=\sum\limits_{n=1}^{\infty}\frac{(-1)^{n+1}}{n+1}\ln(\ln(n+1))$. Da $\left\langle\left|\frac{(-1)^{n+1}}{n+1}\ln(\ln(n+1))\right|\right\rangle$ für $n\geqq 6$ monoton fallend ist (Beweis durch vollständige Induktion) und

$$\lim_{n\to\infty}\left|\frac{(-1)^{n+1}}{n+1}\ln(\ln(n+1))\right|=\lim_{n\to\infty}\frac{\ln(\ln(n+1))}{n+1}=0$$

gilt (Beweis z.B. mit Regel von Bernoulli-de l'Hospital), ist die Reihe konvergent.

6. Vgl. (32.1). Es ist $|s_n-s|\leqq|a_{n+1}|=\frac{1}{2n+1}<0{,}5\cdot 10^{-3}$ für $n>999{,}5$, d.h. man muß mindestens 1000 Glieder addieren.

7. a) $s_4=1-\frac{1}{4}+\frac{1}{9}-\frac{1}{16}=\frac{115}{144}$; $|s-s_4|\leqq|a_5|=0{,}04$,

b) $s_4=-1+\frac{1}{2!}-\frac{1}{3!}+\frac{1}{4!}=-\frac{15}{24}$; $|s-s_4|\leqq|a_5|=\frac{1}{5!}=0{,}08\overline{3}$.

8. a) Da $\sum\limits_{n=1}^{\infty}a_n$ konvergiert, ist nach Satz 20.1 $\lim\limits_{n\to\infty}a_n=0$. Folglich existiert zu einem $\varepsilon>0$ ein $n_0\in\mathbb{N}$ so, daß $|a_n|<\varepsilon$, d.h. wegen $a_n\geqq 0$, auch $a_n^2\leqq\varepsilon\cdot a_n$ ist für alle $n\geqq n_0$. Damit ist $\sum\limits_{n=n_0}^{\infty}\varepsilon a_n$ eine konvergente Majorante der Reihe $\sum\limits_{n=n_0}^{\infty}a_n^2$.

b) Es sei $a_n=\frac{(-1)^n}{\sqrt{n}}$ für $n\in\mathbb{N}$. $\sum\limits_{n=1}^{\infty}\frac{(-1)^n}{\sqrt{n}}$ ist nach dem Leibniz-Kriterium (Satz 31.1) konvergent, die Reihe $\sum\limits_{n=1}^{\infty}a_n^2=\sum\limits_{n=1}^{\infty}\frac{1}{n}$ jedoch nicht (harmonische Reihe).

9. a) Die Reihe konvergiert, da wegen $\frac{\sqrt{(n^2+1)^3}}{\sqrt[4]{(n^4+n^2+1)^5}}<\frac{\sqrt{(2n^2)^3}}{\sqrt[4]{(n^4)^5}}=\frac{2\sqrt{2}n^3}{n^5}=\frac{2\sqrt{2}}{n^2}$ für alle $n\in\mathbb{N}$ die Reihe $\sum\limits_{n=1}^{\infty}\frac{2\sqrt{2}}{n^2}$ eine konvergente Majorante ist.

b) Integralkriterium: Wegen $a_n=\frac{1}{n(\ln n)(\ln\ln n)^p}$ ist $f\colon[3,\infty)\to\mathbb{R}$ mit $f(x)=\frac{1}{x(\ln x)(\ln\ln x)^p}$. f erfüllt für $p>0$ die Voraussetzungen des Integralkriteriums. Für $p\neq 1$ ist

$$\int_3^{\infty}f(x)\,dx=\lim_{R\to\infty}\int_3^R f(x)\,dx=\lim_{R\to\infty}\left[\frac{1}{1-p}\,\frac{1}{(\ln(\ln x))^{p-1}}\right]_3^R.$$

Das uneigentliche Integral $\int\limits_3^{\infty}f(x)\,dx$ konvergiert folglich für $p>1$ und divergiert für $p<1$. Für $p=1$ ist das Integral ebenfalls divergent. Damit konvergiert die Reihe für $p>1$ und divergiert für $p\leqq 1$. Für $p<0$ ist die Reihe wegen Satz 20.1 divergent.

c) Die Reihe konvergiert, da mit dem Quotientenkriterium folgt:

$$\lim_{n\to\infty}\left|\frac{(n+1)!\,n^n}{(n+1)^{n+1}\,n!}\right|=\lim_{n\to\infty}\frac{n^n}{(n+1)^n}=\lim_{n\to\infty}\frac{1}{\left(1+\frac{1}{n}\right)^n}=\frac{1}{e}<1.$$

d) Die Reihe divergiert. Es ist nämlich
$\frac{(n+1)^n}{n^{n+1}} = \left(\frac{n+1}{n}\right)^n \frac{1}{n} > \frac{1}{n}$ für alle $n \in \mathbb{N}$. Damit hat man mit $\sum_{n=1}^{\infty} \frac{1}{n}$ eine divergente Minorante.

e) Die Reihe konvergiert, da $\left\langle \left| \frac{(-1)^n n}{(n+1)(n+2)} \right| \right\rangle$ eine monoton fallende Nullfolge ist (vgl. Leibniz-Kriterium).

f) Die Reihe konvergiert, da mit dem Quotientenkriterium folgt: $\lim_{n\to\infty} \left| \frac{((n+1)!)^2 (2n)!}{(2(n+1))!\,(n!)^2} \right| = \frac{1}{4} < 1.$

g) Die Reihe divergiert, da mit dem Wurzelkriterium folgt:

$$\lim_{n\to\infty} \sqrt[n]{|a_n|} = \lim_{n\to\infty} n \cdot \sin\frac{2}{n} = \lim_{n\to\infty} 2\,\frac{\sin\frac{2}{n}}{\frac{2}{n}} = 2 > 1.$$

h) Die Reihe konvergiert, da mit dem Wurzelkriterium folgt: $\lim_{n\to\infty} \sqrt[n]{|a_n|} = \lim_{n\to\infty} \frac{3}{2 \cdot \arctan n} = \frac{3}{\pi} < 1.$

i) Die Reihe konvergiert, da wegen $\left| \frac{\sin 2^n}{3^n} \right| \leqq \frac{1}{3^n}$ für alle $n \in \mathbb{N}$ die Reihe $\sum_{n=1}^{\infty} (\frac{1}{3})^n$ eine konvergente Majorante (geometrische Reihe mit $q < 1$) ist.

10. a) Wegen $\sum_{n=1}^{\infty} \frac{\alpha^{2n}}{(1+\alpha^2)^{n-1}} = (1+\alpha^2) \sum_{n=1}^{\infty} q^n$ mit $q = \frac{\alpha^2}{1+\alpha^2} < 1$ ist die Reihe für alle $\alpha \in \mathbb{R}$ konvergent (vgl. Beispiel 15.1).

b) Es sei $\alpha \neq 0$. Die Funktion $f\colon [1, \infty) \to \mathbb{R}$ mit $f(x) = \frac{\alpha^{2x}}{1+\alpha^{4x}}$ erfüllt das Integralkriterium, und es ist

$$\int_1^{\infty} \frac{\alpha^{2x}}{1+\alpha^{4x}}\,dx = \frac{1}{\ln \alpha^2} \lim_{R\to\infty} [\arctan \alpha^{2x}]_1^R = \frac{1}{\ln \alpha^2} \lim_{R\to\infty} (\arctan \alpha^{2R} - \arctan \alpha^2).$$

Da das uneigentliche Integral für alle $\alpha \neq 0$ existiert, konvergiert die Reihe für $\alpha \neq 0$. (Für $\alpha = 0$ trivial.)

11. a) $\sum_{n=1}^{\infty} \frac{(-1)^n}{\sqrt{n}}$ ist nach dem Leibniz-Kriterium (Satz 31.1) konvergent, jedoch nicht absolut konvergent, da $\sum_{n=1}^{\infty} \frac{1}{\sqrt{n}}$ nach (23.1) divergiert.

b) Mit $a_n = b_n = \frac{(-1)^n}{\sqrt{n}}$ erhält man $c_n = (-1)^{n+1} \sum_{k=1}^{\infty} \frac{1}{\sqrt{k}\sqrt{n-k+1}}$. Wegen
$\frac{1}{\sqrt{k}\,\sqrt{n-k+1}} \geqq \frac{2}{n+1}$ für alle $k \in \mathbb{N}$, ist $|c_n| \geqq \frac{2n}{n+1}$
und damit $\langle c_n \rangle$ keine Nullfolge. Nach Satz 20.1 divergiert die Reihe.

12. Da $\sum_{n=1}^{\infty} \frac{1}{n^2}$ absolut konvergiert, konvergiert auch ihre Umordnung $\sum_{n=1}^{\infty} \left(\frac{1}{(2n-1)^2} + \frac{1}{(2n)^2} \right)$ und es gilt
$\sum_{n=1}^{\infty} \left(\frac{1}{(2n-1)^2} + \frac{1}{(2n)^2} \right) = \sum_{n=1}^{\infty} \frac{1}{n^2} = a.$ Folglich ist $\sum_{n=1}^{\infty} \frac{1}{(2n-1)^2} = a - \sum_{n=1}^{\infty} \frac{1}{(2n)^2} = a - \frac{1}{4} \sum_{n=1}^{\infty} \frac{1}{n^2} = \frac{3}{4} a.$

13. Für alle $|q|<1$ ist $\sum_{n=1}^{\infty} q^{n-1}$ absolut konvergent und $\sum_{n=1}^{\infty} q^{n-1}=\frac{1}{1-q}$. Damit folgt nach Satz 36.1:

a) $\frac{1}{(1-q)^2}=\left(\sum_{n=1}^{\infty} q^{n-1}\right)^2=\left(\sum_{n=1}^{\infty} q^{n-1}\right)\left(\sum_{n=1}^{\infty} q^{n-1}\right)=\sum_{n=1}^{\infty}\sum_{k=1}^{n} q^{k-1}q^{n-k}=\sum_{n=1}^{\infty}\left(\sum_{k=1}^{n} q^{n-1}\right)=\sum_{n=1}^{\infty} nq^{n-1}$

b) $\frac{1}{(1-q)^3}=\left(\sum_{n=1}^{\infty} q^{n-1}\right)^3=\left(\sum_{n=1}^{\infty} q^{n-1}\right)^2\left(\sum_{n=1}^{\infty} q^{n-1}\right)=\left(\sum_{n=1}^{\infty} nq^{n-1}\right)\left(\sum_{n=1}^{\infty} q^{n-1}\right)=\sum_{n=1}^{\infty}\left(\sum_{k=1}^{n} kq^{k-1}q^{n-k}\right)$

$=\sum_{n=1}^{\infty}\left(\sum_{k=1}^{n} kq^{n-1}\right)=\sum_{n=1}^{\infty}\left(q^{n-1}\sum_{k=1}^{n} k\right)=\sum_{n=1}^{\infty}\frac{n}{2}(n+1)q^{n-1}$, d.h. $\sum_{n=1}^{\infty} n(n+1)q^{n-1}=\frac{2}{(1-q)^3}$.

14. Der Radius des k-ten Halbkreises ist $a(\frac{3}{4})^{k-1}$, $k=1,2,3,\ldots$, seine Länge ist $a\pi(\frac{3}{4})^{k-1}$. Damit besitzt die Spirale die Länge $a\pi\sum_{k=1}^{\infty}(\frac{3}{4})^{k-1}$. Dies ist eine geometrische Reihe mit $q=\frac{3}{4}$. Ihre Summe ist $4\pi a$.

15. Die Ziegelsteine werden von oben nach unten numeriert. legt man $k-1$ Ziegelsteine auf den k-ten Ziegelstein soweit wie möglich nach rechts, so beträgt der Abstand des Schwerpunktes aller k Ziegelsteine vom linken Ende des untersten Ziegelsteins $\frac{\frac{1}{2}l+(k-1)l}{k}=l-\frac{1}{2k}l$. Der Stapel fällt also dann um, wenn der k-te Ziegelstein mehr als $\frac{1}{2k}l$ auf dem darunterliegenden Stein nach rechts verschoben wird. Der Überhang T bei n Steinen kann daher maximal $T=\sum_{k=1}^{n}\frac{l}{2k}=\frac{l}{2}\sum_{k=1}^{n}\frac{1}{k}$ betragen. Das bedeutet, daß man theoretisch, da hier die divergente, harmonische Reihe auftritt, beliebig viele Ziegelsteine stapeln kann, ohne daß der Stapel umfällt.

16. Es sei $A\in\mathbb{R}^+$, $B, C\in\mathbb{R}$ und φ eine auf $\mathbb{R}$ definierte Funktion mit
$\varphi(u)=Au^2+2Bu+C=A\left(\left(u+\frac{B}{A}\right)^2+\frac{C}{A}-\left(\frac{B}{A}\right)^2\right)$. Es ist $\varphi(u)\geqq 0$ für alle $u\in\mathbb{R}$ genau dann, wenn $B^2\leqq AC$ ist. Wir wählen
$\varphi(u)=\sum_{n=1}^{\infty}(ua_n+b_n)^2=u^2\sum_{n=1}^{\infty}a_n^2+2u\sum_{n=1}^{\infty}a_nb_n+\sum_{n=1}^{\infty}b_n^2$,
dann ist $\varphi(u)\geqq 0$ für alle $u\in\mathbb{R}$. Folglich gilt $B^2\leqq AC$, d.h.
$\left(\sum_{n=1}^{\infty}a_nb_n\right)^2\leqq\left(\sum_{n=1}^{\infty}a_n^2\right)\left(\sum_{n=1}^{\infty}b_n^2\right)$.

17. a) $P_1=(1,1)$; $P_2=(\frac{7}{4},\frac{1}{4})$; $P_3=(\frac{37}{16},\frac{13}{16})$; $P_4=(\frac{175}{64},\frac{25}{64})$ (vgl. Bild 370.1).

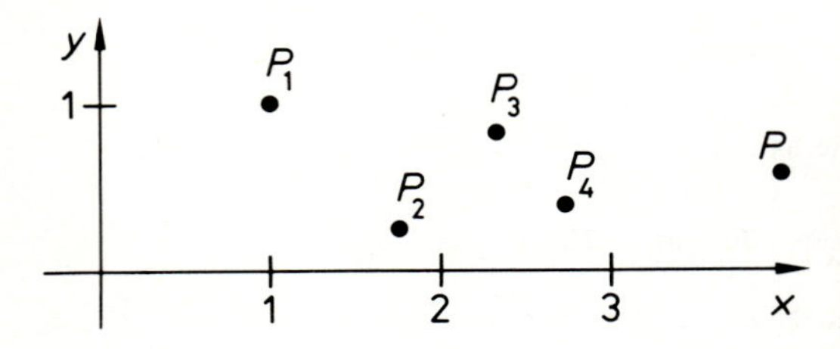

370.1 Zu Aufgabe 17a)

b) $x=\lim_{n\to\infty}x_n=\lim_{n\to\infty}\sum_{k=1}^{n}(\frac{3}{4})^{k-1}=\frac{1}{1-\frac{3}{4}}=4$, $y=\lim_{n\to\infty}y_n=\lim_{n\to\infty}\sum_{k=1}^{n}(-\frac{3}{4})^{k-1}=\frac{1}{1+\frac{3}{4}}=\frac{4}{7}$.

Die Punktfolge besitzt den Grenzpunkt $P=(4,\frac{4}{7})$.

18. Nach Band II, Beispiel 258.1 beträgt die Wurfweite beim k-ten Wurf bzw. Aufspringen $x_k = \frac{\sin 2\alpha}{g}(v_{k-1})^2$, $k = 1, 2, \ldots$. Wegen $v_{k-1} = \frac{v_0}{c^{k-1}}$, $k = 1, 2, \ldots$ erhält man die geometrische Reihe

$$\sum_{k=1}^{\infty} x_k = \sum_{k=1}^{\infty} \frac{\sin 2\alpha}{g} \cdot \frac{v_0^2}{c^{2k-2}} = \frac{(cv_0)^2 \sin 2\alpha}{g} \sum_{k=1}^{\infty} \left(\frac{1}{c^2}\right)^k.$$

Wegen $q = \left(\frac{1}{c}\right)^2 < 1$ beträgt die Sprungweite $\frac{(cv_0)^2 \sin 2\alpha}{g} \cdot \frac{1}{1 - \left(\frac{1}{c}\right)^2} = \frac{v_0^2 c^4 \sin 2\alpha}{g(c^2 - 1)}$.

19. Wir setzen $\frac{b_{k-1}}{b_k} = c > 1$, d.h. $b_k = \frac{b_0}{c^k}$ für $k = 1, 2, 3, \ldots$. Dann beträgt der Flächeninhalt der k-ten Viertelellipse $A_k = \frac{1}{4}\pi a_k b_k = \frac{1}{4}\pi b_{k-1} b_k = \frac{1}{4}\pi c b_k^2 = \frac{\pi b_0^2}{4c(c^2)^{k-1}}$, und der Gesamtflächeninhalt ist $\left(\text{wegen } q = \frac{1}{c^2} < 1\right)$

$$\tfrac{1}{4}\pi a_0 b_0 + \sum_{k=1}^{\infty} \frac{\pi b_0^2}{4c(c^2)^{k-1}} = \tfrac{1}{4}\pi a_0 b_0 + \frac{\pi b_0^2}{4c} \cdot \frac{1}{1 - \frac{1}{c^2}} = \frac{\pi b_0}{4}\left(a_0 + \frac{b_0 c}{c^2 - 1}\right).$$

1.2

1. a) $\rho = \lim\limits_{n\to\infty} \frac{n^2}{(n+1)^2} = 1$; b) $\rho = \lim\limits_{n\to\infty} \frac{(n+1)\cdot 2^{n+1}}{(n+2)\cdot 2^n} = 2$;

c) $\rho = \lim\limits_{n\to\infty} \frac{2^n(n+2)}{2^{n+1}(n+3)} = \frac{1}{2}$; d) $\rho = \lim\limits_{n\to\infty} \frac{(n+1)^2}{n^2} = 1$;

e) $\rho = \lim\limits_{n\to\infty} \frac{n!\,(n+1)^{n+1}}{n^n (n+1)!} = \lim\limits_{n\to\infty} \frac{n+1}{n+1}\left(1 + \frac{1}{n}\right)^n = \mathrm{e}$;

f) $\rho = \lim\limits_{n\to\infty} \frac{\sin\frac{1}{n}}{\sin\frac{1}{n+1}} = \lim\limits_{n\to\infty} \frac{\frac{1}{n^2}\cos\frac{1}{n}}{\frac{1}{(n+1)^2}\cdot\cos\frac{1}{n+1}} = 1$;

g) $\rho = \lim\limits_{n\to\infty} \frac{n!}{(n+1)!} = 0$; h) $\rho = \lim\limits_{n\to\infty} \frac{(n+1)\sqrt{n+2}}{n\sqrt{n+1}} = 1$;

i) $\rho = \lim\limits_{n\to\infty} \frac{n!(2n+2)!}{(2n)!(n+1)!} = \lim\limits_{n\to\infty} \frac{(2n+1)\cdot(2n+2)}{n+1} = \infty$.

2. a) $\mathrm{e}^{2+x} = \mathrm{e}^2 \mathrm{e}^x = \mathrm{e}^2 \sum\limits_{n=0}^{\infty} \frac{x^n}{n!}$ für alle $x \in \mathbb{R}$;

b) $\mathrm{e}^{2x} = \sum\limits_{n=0}^{\infty} \frac{(2x)^n}{n!} = \sum\limits_{n=0}^{\infty} \frac{2^n}{n!} \cdot x^n$ für alle $x \in \mathbb{R}$;

c) $\mathrm{e}^{-2x^2} = \sum\limits_{n=0}^{\infty} \frac{(-2x^2)^n}{n!} = \sum\limits_{n=0}^{\infty} (-1)^n \cdot \frac{2^n}{n!} \cdot x^{2n}$ für alle $x \in \mathbb{R}$.

3. a) Für alle x mit $|x| < 1$ gilt $\frac{\mathrm{d}}{\mathrm{d}x}\left(\frac{1}{1+x}\right) = \frac{\mathrm{d}}{\mathrm{d}x} \sum\limits_{n=0}^{\infty} (-1)^n x^n$ und aufgrund von Satz 48.1 folgt daraus

$-\frac{1}{(1+x)^2} = \sum\limits_{n=1}^{\infty} (-1)^n n x^{n-1}$, d.h. $\frac{1}{(1+x)^2} = \sum\limits_{n=0}^{\infty} (-1)^{n+1}(n+1)x^n$ mit Konvergenzradius 1;

b) Mit Satz 47.1 folgt für alle $x\in(-1,1)$:

$$\frac{\ln(1+x)}{1+x}=\left(x\cdot\sum_{n=0}^{\infty}\frac{(-1)^n}{n+1}\cdot x^n\right)\cdot\left(\sum_{n=0}^{\infty}(-1)^n x^n\right)=x\cdot\sum_{n=0}^{\infty}\left(\sum_{k=0}^{n}(-1)^k\cdot\frac{1}{1+k}\cdot(-1)^{n-k}\right)x^n$$

$$=\sum_{n=0}^{\infty}(-1)^n\left(\sum_{k=0}^{n}\frac{1}{1+k}\right)x^{n+1}=x-\tfrac{3}{2}x^2+\tfrac{11}{6}x^3-\tfrac{25}{12}x^4+-\ldots$$

c) Als Verkettung der e-Funktion und der Sinusfunktion ist die Potenzreihenentwicklung der Funktion f mit $f(x)=e^{\sin x}$ für alle $x\in\mathbb{R}$ konvergent. Wir berechnen die Potenzreihe nur bis zum 5. Glied. Es ist $e^u=1+u+\frac{1}{2}u^2+\frac{1}{6}u^3+\frac{1}{24}u^4+\frac{1}{120}u^5+\ldots$ und $u=\sin x=x-\frac{1}{6}x^3+\frac{1}{120}x^5-+\ldots$, damit ergibt sich $e^{\sin x}=1+x+\frac{1}{2}x^2-\frac{1}{8}x^4-\frac{1}{15}x^5+\ldots$

d) $f(x)=\cos^2 x=(1-\frac{1}{2}x^2+\frac{1}{24}x^4-\frac{1}{720}x^6+-\ldots)^2=1-x^2+\frac{1}{3}x^4-\frac{2}{45}x^6+-\ldots$

e) Für alle $n\in\mathbb{N}_0$ gilt:

$$\begin{aligned}
f^{(4n)}(x)&=(-4)^n e^x\sin x, & f^{(4n)}(0)&=0\\
f^{(4n+1)}(x)&=(-4)^n e^x(\sin x+\cos x), & f^{(4n+1)}(0)&=(-4)^n\\
f^{(4n+2)}(x)&=2(-4)^n e^x\cos x, & f^{(4n+2)}(0)&=2(-4)^n\\
f^{(4n+3)}(x)&=2(-4)^n e^x(\cos x-\sin x), & f^{(4n+3)}(0)&=2(-4)^n.
\end{aligned}$$

Daher ist

$$e^x\sin x=\sum_{n=0}^{\infty}\left(\frac{(-4)^n}{(4n+1)!}x^{4n+1}+\frac{2(-4)^n}{(4n+2)!}x^{4n+2}+\frac{2(-4)^n}{(4n+3)!}x^{4n+3}\right)=x+x^2+\tfrac{1}{3}x^3-\tfrac{1}{30}x^5-\tfrac{1}{90}x^6-\ldots$$

f) $\ln f(x)=\ln\sqrt{\dfrac{1+x}{1-x}}=\frac{1}{2}\cdot\ln\dfrac{1+x}{1-x}=\displaystyle\sum_{n=0}^{\infty}\frac{x^{2n+1}}{2n+1}$.

Wegen $f(x)=e^{\ln\sqrt{\frac{1+x}{1-x}}}$ erhalten wir, wenn wir nur Glieder bis x^5 anschreiben:

$$\sqrt{\frac{1+x}{1-x}}=1+x+\tfrac{1}{2}x^2+\tfrac{1}{2}x^3+\tfrac{3}{8}x^4+\tfrac{3}{8}x^5+\ldots.$$

4. a) $\dfrac{x}{x^2+x-2}=\frac{2}{3}\cdot\dfrac{1}{x+2}+\frac{1}{3}\cdot\dfrac{1}{x-1}=\frac{1}{3}\cdot\displaystyle\sum_{n=0}^{\infty}(-1)^n\left(\frac{x}{2}\right)^n-\frac{1}{3}\cdot\sum_{n=0}^{\infty}x^n=-\frac{1}{3}\cdot\sum_{n=0}^{\infty}\left(\frac{2^n+(-1)^{n-1}}{2^n}\right)x^n$

für alle x mit $|x|<1$ (Entwicklungspunkt 0);

b) $\dfrac{1}{x^2+4x+5}=\dfrac{1}{(x+2)^2+1}=\displaystyle\sum_{n=0}^{\infty}(-1)^n(x+2)^{2n}$ für alle x mit $|x+2|<1$, (Entwicklungspunkt -2);

c) $\dfrac{5-2x}{6-5x+x^2}=\frac{1}{2}\cdot\dfrac{1}{1-\frac{x}{2}}+\frac{1}{3}\cdot\dfrac{1}{1-\frac{x}{3}}=\frac{1}{2}\cdot\displaystyle\sum_{n=0}^{\infty}\left(\frac{x}{2}\right)^n+\frac{1}{3}\cdot\sum_{n=0}^{\infty}\left(\frac{x}{3}\right)^n$

für alle x mit $|x|<2$, (Entwicklungspunkt 0);

d) $\dfrac{11-9x}{6+x-12x^2}=\frac{3}{2}\cdot\dfrac{1}{1+\frac{3}{2}x}+\frac{1}{3}\cdot\dfrac{1}{1-\frac{4}{3}x}=\frac{3}{2}\cdot\displaystyle\sum_{n=0}^{\infty}(-1)^n(\tfrac{3}{2}x)^n+\frac{1}{3}\cdot\sum_{n=0}^{\infty}(\tfrac{4}{3}x)^n$

für alle x mit $|x|<\frac{2}{3}$, (Entwicklungspunkt 0).

5. a) $\displaystyle\sum_{n=1}^{\infty}\frac{x^n}{n(n+2)}=\frac{1}{2}\cdot\sum_{n=1}^{\infty}\frac{x^n}{n}-\frac{1}{2}\cdot\sum_{n=1}^{\infty}\frac{x^n}{n+2}=-\frac{1}{2}\ln(1-x)+\frac{1}{2x^2}\ln(1-x)+\frac{1}{2x}-\frac{1}{4}$

$\displaystyle=\frac{1-x^2}{2x^2}\cdot\ln(1-x)+\frac{1}{2x}-\frac{1}{4}$ für alle x mit $0<|x|<1$.

(Beachte: Durch Integration von $\dfrac{1}{1-x}=\displaystyle\sum_{n=0}^{\infty}x^n$ ergibt sich $-\ln(1-x)=\displaystyle\sum_{n=1}^{\infty}\frac{x^n}{n}$.)

b) $\displaystyle\sum_{n=1}^{\infty}\frac{n}{n+1}x^n=\sum_{n=1}^{\infty}x^n-\sum_{n=1}^{\infty}\frac{x^n}{n+1}=-1+\sum_{n=0}^{\infty}x^n-\frac{1}{x}\cdot\sum_{n=1}^{\infty}\frac{x^{n+1}}{n+1}$

$$=-1+\frac{1}{1-x}-\frac{1}{x}(-x-\ln(1-x))=\frac{x+(1-x)\ln(1-x)}{x(1-x)} \text{ für alle } x \text{ mit } 0<|x|<1;$$

c) $\sum_{n=1}^{\infty}(n+3)x^n=\frac{1}{x^2}\cdot\sum_{n=1}^{\infty}(n+3)x^{n+2}=\frac{1}{x^2}\left(-1-2x-3x^2+\sum_{n=1}^{\infty}nx^{n-1}\right)$

$$=-\frac{1}{x^2}-\frac{2}{x}-3-\frac{1}{x^2(1-x)^2}=-\frac{3x^4-4x^3+2}{x^2(1-x)^2} \text{ für alle } x\in(-1,1);$$

d) $\sum_{n=1}^{\infty}\frac{n-1}{n+1}x^n=\sum_{n=1}^{\infty}x^n-\frac{2}{x}\cdot\sum_{n=1}^{\infty}\frac{x^{n+1}}{n+1}=\frac{1}{1-x}-\frac{2}{x}(-x-\ln(1-x))$

$$=\frac{1}{1-x}+2+\frac{2}{x}\cdot\ln(1-x) \text{ für alle } x \text{ mit } 0<|x|<1;$$

e) Durch dreimalige Integration von $\frac{1}{1-x}=\sum_{n=0}^{\infty}x^n$ ergibt sich für $x\neq 0$:

$$\sum_{n=1}^{\infty}\frac{x^n}{n(n+1)(n+2)}=\frac{1}{x^2}\cdot\sum_{n=1}^{\infty}\frac{x^{n+2}}{n(n+1)(n+2)}=\frac{3}{4}-\frac{1}{2x}-\frac{(1-x)^2}{2x^2}\ln(1-x).$$

6. Mit $x_0=\frac{\pi}{9}$ ergibt sich wegen $n!>2^{n-1}$ für alle $n\in\mathbb{N}\setminus\{1,2\}$ aus (32.1) mit (58.2):

$\left|s_n-\sin\frac{\pi}{9}\right|\leqq\left(\frac{\pi}{9}\right)^{2n+1}\cdot\frac{1}{(2n+1)!}\leqq\left(\frac{\pi}{9}\right)^{2n+1}\cdot\frac{1}{2^{2n}}<\frac{1}{2}\cdot 10^{-7}$, woraus $n>4{,}5$ folgt. Also ist

$\sin 20°\approx s_5=\sum_{n=0}^{4}(-1)^n\cdot\frac{x_0^{2n+1}}{(2n+1)!}=0{,}34202014\ldots$

7. a) $\ln\frac{1+x}{1-x}=\ln(1+x)-\ln(1-x)=\sum_{n=1}^{\infty}\frac{(-1)^{n-1}}{n}\cdot x^n+\sum_{n=1}^{\infty}\frac{x^n}{n}=2\cdot\sum_{n=1}^{\infty}\frac{x^{2n-1}}{2n-1}$ für alle $x\in(-1,1)$;

b) Aus $\frac{1+x}{1-x}=7$ folgt $x=\frac{3}{4}$, daher ist $\ln 7=2\cdot\sum_{n=1}^{\infty}\frac{3^{2n-1}}{4^{2n-1}(2n-1)}$. Es ist z.B. $s_1=1{,}5$; $s_2=1{,}78125$; $s_3=1{,}87617\ldots$; $s_{30}=1{,}94591014\ldots$.

8. a) Aus $\left|s_n-\frac{\pi}{4}\right|\leqq\left|\frac{(-1)^{n+1}}{2n+3}\right|=\frac{1}{2n+3}<10^{-4}$ folgt $n>\frac{1}{2}(10^4-3)$, also $n\geqq 4999$;

b) Mit $2\arctan x=\arctan\frac{2x}{1-x^2}$ für alle x mit $|x|<1$ und $\arctan x-\arctan y=\arctan\frac{x-y}{1+xy}$ für alle x, y mit $xy>-1$ folgt

$4\arctan\frac{1}{5}-\arctan\frac{1}{239}=2\arctan\frac{5}{12}-\arctan\frac{1}{239}=\arctan\frac{120}{119}-\arctan\frac{1}{239}=\arctan 1=\frac{\pi}{4}$.

Es ist $\varepsilon_1\leqq\frac{4}{5^7\cdot 7}$ und $\varepsilon_2\leqq\frac{1}{239^7\cdot 7}$, also der Fehler bei Abbruch nach dem 3. Glied kleiner als $8\cdot 10^{-6}$.

9. $\sqrt{x}=(1+(x-1))^{\frac{1}{2}}=\sum_{n=0}^{\infty}\binom{\frac{1}{2}}{n}(x-1)^n$ für alle x mit $0\leqq x\leqq 2$.

10. a) $\lim_{x\to\infty}x\cdot\ln\frac{x+3}{x-3}=\lim_{u\downarrow 0}\frac{3}{u}\cdot\ln\frac{1+u}{1-u}=\lim_{u\downarrow 0}6\left(1+\frac{u^2}{3}+\cdots\right)=6$;

b) $\lim_{x\to 0}\frac{x-\sin x}{x\cdot\sin x}=\lim_{x\to 0}\frac{\frac{x^3}{3!}-\frac{x^5}{5!}+-\ldots}{x^2-\frac{x^4}{3!}+-\ldots}=0$;

c) $\lim\limits_{x\to 0}\dfrac{e^{x^2-x}+x-1}{1-\sqrt{1-x^2}}=\lim\limits_{x\to 0}\dfrac{x^2+\dfrac{(x^2-x)^2}{2!}+\dots}{\frac{1}{2}x^2+\frac{1}{8}x^4+-\dots}=3;$

d) $\lim\limits_{x\to 0}\dfrac{2\sqrt{1+x^2}-x^2-2}{(e^{x^2}-\cos x)\sin x^2}=\lim\limits_{x\to 0}\dfrac{-\frac{1}{4}+\frac{1}{8}x^2-+\dots}{\frac{3}{2}+\frac{11}{24}x^2+\dots}=-\frac{1}{6}.$

11. a) $\int\limits_0^1\dfrac{e^{x^2}-1}{x^2e^{x^2}}\,dx=\int\limits_0^1\left(\dfrac{1}{x^2}-\dfrac{1}{x^2}e^{-x^2}\right)dx=\int\limits_0^1\sum\limits_{n=1}^{\infty}\dfrac{(-1)^{n+1}x^{2n-2}}{n!}\,dx=\sum\limits_{n=1}^{\infty}\dfrac{(-1)^{n+1}}{(2n-1)n!}=0{,}8615277\dots$

Bemerkung: Wegen $\lim\limits_{x\downarrow 0}\dfrac{e^{x^2}-1}{x^2e^{x^2}}=1$, kann der Integrand an der Stelle Null stetig ergänzt werden.

b) $\int\limits_0^1\dfrac{\sin x}{x}\,dx=\int\limits_0^1\sum\limits_{n=0}^{\infty}\dfrac{(-1)^n x^{2n}}{(2n+1)!}\,dx=\sum\limits_{n=0}^{\infty}\dfrac{(-1)^n}{(2n+1)!(2n+1)}=0{,}946083\dots;$

c) $\int\limits_0^{0,4}\sqrt{1+x^4}\,dx=\int\limits_0^{0,4}\sum\limits_{n=0}^{\infty}\binom{\frac{1}{2}}{n}x^{4n}\,dx=\sum\limits_{n=0}^{\infty}\binom{\frac{1}{2}}{n}\dfrac{0{,}4^{4n+1}}{4n+1}=0{,}40102\dots;$

d) $\int\limits_0^{0,2}\sqrt{1-x^2-x^3}\,dx=\int\limits_0^{0,2}\sum\limits_{n=0}^{\infty}\binom{\frac{1}{2}}{n}(-1)^n x^{2n}(1+x)^n\,dx$

$=\sum\limits_{n=0}^{\infty}\binom{\frac{1}{2}}{n}(-1)^n\int\limits_0^{0,2}x^{2n}\cdot\sum\limits_{k=0}^{n}\binom{n}{k}x^k\,dx$

$=\sum\limits_{n=0}^{\infty}\left(\binom{\frac{1}{2}}{n}(-1)^n\cdot\sum\limits_{k=0}^{n}\binom{n}{k}\dfrac{0{,}2^{2n+k+1}}{2n+k+1}\right)$

$=\frac{1}{5}-\frac{1}{2}\left(\dfrac{1}{5^3\cdot 3}+\dfrac{1}{5^4\cdot 4}\right)-\frac{1}{8}\left(\dfrac{1}{5^5\cdot 5}+\dfrac{2}{5^6\cdot 6}+\dfrac{1}{5^7\cdot 7}\right)-\dots\approx 0{,}1975.$

e) Mit Beispiel 63.1 ergibt sich

$\int\limits_0^{0,5}\dfrac{dx}{\cos x}=\int\limits_0^{0,5}\left(1+\dfrac{1}{2!}x^2+\dfrac{5}{4!}x^4+\dfrac{61}{6!}x^6+\dots\right)dx=\frac{1}{2}+\dfrac{1}{2!2^3\cdot 3}+\dfrac{5}{4!2^5\cdot 5}+\dfrac{61}{6!2^7\cdot 7}+\dots\approx 0{,}5222.$

Exakter Wert: $\int\limits_0^{0,5}\dfrac{dx}{\cos x}=\ln\tan\left(\frac{1}{4}+\dfrac{\pi}{4}\right)=0{,}5222381\dots$

f) Aus $\int\sin^{2n}2\varphi\,d\varphi=\dfrac{\sin^{2n-1}2\varphi\cdot\cos 2\varphi}{4n}+\dfrac{2n-1}{2n}\cdot\int\sin^{2n-2}2\varphi\,d\varphi$ für alle $n\in\mathbb{N}\setminus\{1\}$ folgt

$$\int\limits_0^{\frac{1}{2}\pi}\sin^{2n}2\varphi\,d\varphi=\begin{cases}\prod\limits_{k=1}^{n}\dfrac{2n-2k+1}{2n-2k+2}\cdot\dfrac{\pi}{2} & \text{für alle } n\in\mathbb{N}\\ \dfrac{\pi}{2} & \text{für } n=0\end{cases}.$$

Damit ergibt sich

$\int\limits_0^{\frac{1}{2}\pi}\sqrt{1-\frac{3}{4}\sin^2 2\varphi}\,d\varphi=\int\limits_0^{\frac{1}{2}\pi}\sum\limits_{n=0}^{\infty}\binom{\frac{1}{2}}{n}\cdot(-1)^n\cdot(\frac{3}{4})^n\cdot\sin^{2n}2\varphi\,d\varphi=\sum\limits_{n=0}^{\infty}\binom{\frac{1}{2}}{n}\cdot(-1)^n\cdot(\frac{3}{4})^n\cdot\int\limits_0^{\frac{1}{2}\pi}\sin^{2n}2\varphi\,d\varphi$

$=\dfrac{\pi}{2}\cdot\left(1+\sum\limits_{n=1}^{\infty}\binom{\frac{1}{2}}{n}\cdot(-1)^n\cdot(\frac{3}{4})^n\cdot\prod\limits_{k=1}^{n}\dfrac{2n-2k+1}{2n-2k+2}\right)\approx 1{,}25.$

12. $f(x)=\sum\limits_{n=0}^{\infty}a_nx^n,\ f'(x)=\sum\limits_{n=1}^{\infty}n\cdot a_nx^{n-1},\ f''(x)=\sum\limits_{n=2}^{\infty}n(n-1)a_nx^{n-2}.$

Aus

$f''=-f$ folgt $\sum\limits_{n=0}^{\infty}(n+2)(n+1)a_{n+2}x^n=-\sum\limits_{n=0}^{\infty}a_nx^n,$

also $a_{n+2}=-\frac{a_n}{(n+2)(n+1)}$ für alle $n\in\mathbb{N}_0$. Wegen $f(0)=1$ ist $a_0=1$ und wegen $f'(0)=1$ ist $a_1=1$. Mit Hilfe der vollständigen Induktion folgt daraus

$$a_{2n}=(-1)^n\cdot\frac{1}{(2n)!} \qquad \text{für alle } n\in\mathbb{N}_0$$

und

$$a_{2n-1}=(-1)^{n+1}\cdot\frac{1}{(2n-1)!} \qquad \text{für alle } n\in\mathbb{N},$$

also ist $f(x)=\cos x+\sin x$.

13. Aus $f''+2f'=0$ folgt mit $f(x)=\sum_{n=0}^{\infty} a_n x^n$ die Rekursionsformel $a_{n+1}=-\frac{2a_n}{n+1}$ für alle $n\in\mathbb{N}$. Aus $f(0)=2$ und $f'(0)=1$ ergibt sich $a_0=2$ und $a_1=1$.
Mit Hilfe der vollständigen Induktion zeigt man mit der Rekursionsformel $a_n=-\frac{1}{2}\cdot\frac{(-2)^n}{n!}$ für alle $n\in\mathbb{N}$, also ist $f(x)=\frac{5}{2}-\frac{1}{2}e^{-2x}$.

14. Aus $r=\frac{1}{2h}(a^2+h^2)$ und $\tan\frac{\alpha}{2}=\frac{a}{r-h}$ folgt nach kurzer Rechnung $\alpha=4\arctan\frac{h}{a}$. Wegen $l=r\cdot\alpha$ folgt damit

$$l=2a\cdot\frac{a}{h}\cdot\left(1+\left(\frac{h}{a}\right)^2\right)\cdot\arctan\frac{h}{a}=2a\cdot\left(1+\sum_{n=1}^{\infty}(-1)^n\left(\frac{1}{2n+1}-\frac{1}{2n-1}\right)\left(\frac{h}{a}\right)^{2n}\right)$$
$$=4a\left(\frac{1}{2}+\sum_{n=1}^{\infty}(-1)^{n+1}\cdot\frac{1}{4n^2-1}\cdot\left(\frac{h}{a}\right)^{2n}\right)=4a\left(\frac{1}{2}+\frac{1}{3}\left(\frac{h}{a}\right)^2-\frac{1}{15}\left(\frac{h}{a}\right)^4+\frac{1}{33}\left(\frac{h}{a}\right)^6-+\ldots\right)$$

15. a) Für alle λ mit $|\lambda|<1$ gilt:

$$x=l\left(\lambda\cdot\cos\varphi+\sum_{n=0}^{\infty}(-1)^n\binom{\frac{1}{2}}{n}(\lambda\cdot\sin\varphi)^{2n}\right)=l(1+\lambda\cdot\cos\varphi-\tfrac{1}{2}\lambda^2\cdot\sin^2\varphi-\tfrac{1}{8}\lambda^4\cdot\sin^4\varphi-\ldots);$$

b) $$v=\dot{x}=\omega l\cdot\sin\varphi\cdot\left(-\lambda+2\cos\varphi\sum_{n=1}^{\infty}(-1)^n\binom{\frac{1}{2}}{n}\lambda^{2n}\cdot n\cdot\sin^{2n-2}\varphi\right)$$
$$=-\omega l\cdot\sin\varphi(\lambda+\cos\varphi(\lambda^2+\tfrac{1}{2}\lambda^4\cdot\sin^2\varphi+\tfrac{3}{8}\lambda^6\cdot\sin^4\varphi+\ldots))$$
$$a=\dot{v}=-\omega^2 l(\lambda\cdot\cos\varphi+(2\cos^2\varphi-1)\cdot\lambda^2+\ldots).$$

16. Ersetzt man die Kosinusfunktion durch ihr viertes Taylorpolynom, so erhält man $1-\frac{x^2}{2}+\frac{x^4}{24}=x^2$ mit $x^2\leqq 1$, woraus $x^4-36x^2+24=0$ folgt, also $x^2=18\pm\sqrt{300}$, daher ist $x_{1,2}=\pm 0{,}8243\ldots(x^2=35{,}3205\ldots$ entfällt wegen $x^2\leqq 1$).

17. a) Für alle $x, y\in\mathbb{R}$ folgt mit Hilfe des Binomischen Satzes

$$E(x)\cdot E(y)=\left(\sum_{n=0}^{\infty}\frac{x^n}{n!}\right)\cdot\left(\sum_{n=0}^{\infty}\frac{y^n}{n!}\right)=\sum_{n=0}^{\infty}\left(\sum_{k=0}^{\infty}\frac{x^k}{k!}\cdot\frac{y^{n-k}}{(n-k)!}\right)$$
$$=\sum_{n=0}^{\infty}\frac{1}{n!}\cdot\sum_{k=0}^{\infty}\binom{n}{k}x^n y^{n-k}=\sum_{n=0}^{\infty}\frac{(x+y)^n}{n!}=E(x+y).$$

b) Indirekter Beweis: Es sei $E(x)=0$, dann folgt für alle $y\in\mathbb{R}$: $0\cdot E(y)=E(x+y)$, d.h. E wäre die Nullfunktion im Widerspruch zu $E(1)=\sum_{n=0}^{\infty}\frac{1}{n!}>0$.
Für $x=0$ in $E(x)\cdot E(y)=E(x+y)$ folgt: $E(0)\cdot E(y)=E(y)$, d.h. $(E(0)-1)E(y)=0$. Wegen $E(y)\neq 0$ für alle $y\in\mathbb{R}$ ist $E(0)=1$.

c) Der Konvergenzradius der Funktion E ist ∞, daher darf für alle $x\in\mathbb{R}$ gliedweise differenziert werden. Wir erhalten für alle $x\in\mathbb{R}$:

$$E'(x)=\left(\sum_{n=0}^{\infty}\frac{x^n}{n!}\right)'=\sum_{n=1}^{\infty}\frac{x^{n-1}}{(n-1)!}=\sum_{n=0}^{\infty}\frac{x^n}{n!}=E(x).$$

d) Aus $E(x)=E'(x)$ für alle $x\in\mathbb{R}$ folgt wegen $E(x)\neq 0$: $\frac{E'(x)}{E(x)}=1$. Durch Integration erhält man daraus $\ln E(x)=x+C$ für alle $x\in\mathbb{R}$. Für $x=0$ ergibt sich daraus $\ln 1=C$, d.h. $C=0$, also ist die Verkettung der ln-Funktion mit der Funktion E die Identität und somit die Funktion E die Umkehrfunktion der ln-Funktion.

18. a) Die Krümmung im Scheitelpunkt $S=(0,0)$ ist 2, also ist $\kappa(x)=\frac{1}{2}(1-\sqrt{1-4x^2})$

b) $d(x)=\frac{1}{2}(2x^2-1+\sqrt{1-4x^2})=\frac{1}{2}\left(2x^2-1+\sum_{n=0}^{\infty}\binom{\frac{1}{2}}{n}\cdot(-4)^n x^{2n}\right)=-x^4-2x^6-\ldots.$

Wegen $d(x)=\sum_{n=0}^{\infty}\frac{d^{(n)}(0)}{n!}\cdot x^n$ ist also $d(0)=d'(0)=d''(0)=d'''(0)=0$ und $\frac{d^{(4)}(0)}{24}=-1$, also $d^{(4)}(0)=-24$.

19. a) Anstatt der Graphen von f und φ an der Stelle 1 betrachten wir die Graphen der Funktionen f_1 und φ_1 mit $f_1(x)=\ln(1+x)$ und $\varphi_1(x)=\sqrt{1+x}-\frac{1}{\sqrt{1+x}}$ an der Stelle Null. Es ist

$\ln(1+x)=x-\frac{x^2}{2}+\frac{x^3}{3}-+\ldots$ und

$(1+x)^{\frac{1}{2}}-(1+x)^{-\frac{1}{2}}=(1+\frac{1}{2}x-\frac{1}{8}x^2+\frac{1}{16}x^3-+\ldots)-(1-\frac{1}{2}x+\frac{3}{8}x^2-\frac{5}{16}x^3-\ldots)=x-\frac{1}{2}x^2+\frac{3}{8}x^3-+\ldots$

also berühren sich die Graphen genau von zweiter Ordnung.

b) Es ist $e^{-x^2}=1-x^2+\frac{x^4}{2}-\frac{x^6}{6}+-\ldots$ und $\frac{1}{1+x^2}=\sum_{n=0}^{\infty}(-1)^n x^{2n}=1-x^2+x^4-+\ldots$, die Graphen berühren sich also an der Stelle Null genau von dritter Ordnung.

20. Wegen $s(x)=\int_0^x\sqrt{1+e^{2t}}\,dt$ folgt $\frac{1}{2}e^x+\sinh x+C(x)=\int_0^x\sqrt{1+e^{2t}}\,dt$. Durch Differentiation erhält man $\frac{1}{2}e^x+\cosh x+C'(x)=\sqrt{1+e^{2x}}$, also

$$C'(x)=\sqrt{1+e^{2x}}-e^x-\tfrac{1}{2}e^{-x}=e^x(\sqrt{1+e^{-2x}}-1-\tfrac{1}{2}e^{-2x})$$
$$=e^x\left[\sum_{n=0}^{\infty}\binom{\frac{1}{2}}{n}(e^{-2nx})-1-\tfrac{1}{2}e^{-2x}\right]=\sum_{n=2}^{\infty}\binom{\frac{1}{2}}{n}\cdot e^{-(2n-1)x}.$$

Durch Integration ergibt sich

$$C(x)=-\sum_{n=2}^{\infty}\binom{\frac{1}{2}}{n}\cdot\frac{1}{2n-1}\cdot e^{-(2n-1)x}+K.$$

Wegen $C(0)=-\frac{1}{2}$ erhält man

$$K=\sum_{n=2}^{\infty}\binom{\frac{1}{2}}{n}\cdot\frac{1}{2n-1}-\frac{1}{2},$$

also

$$C(x)=\sum_{n=2}^{\infty}\binom{\frac{1}{2}}{n}\cdot\frac{1}{2n-1}\cdot(1-e^{-(2n-1)x})-\tfrac{1}{2}.$$

Für große x kann $e^{-(2n-1)x}$ vernachlässigt werden, daher ist

$$\sum_{n=2}^{\infty}\binom{\frac{1}{2}}{n}\cdot\frac{1}{2n-1}-\tfrac{1}{2}=-\tfrac{13}{24}+\tfrac{1}{80}-\tfrac{5}{896}+\tfrac{7}{2304}-+\cdots=-0{,}53\ldots$$

ein Näherungswert von C, also $s(x)\approx\frac{1}{2}e^x+\sinh x-0{,}53$.

21. $|f(x)-p(x)|=\left|\int_0^x\frac{\sin t}{t}\,dt-p(x)\right|=\left|\int_0^x\sum_{n=0}^{\infty}\frac{(-1)^n t^{2n}}{(2n+1)!}\,dt-p(x)\right|=\left|\sum_{n=0}^{\infty}\frac{(-1)^n x^{2n+1}}{(2n+1)!(2n+1)}-p(x)\right|.$

Wählt man $p(x)=\sum_{k=0}^{n-1}\frac{(-1)^k x^{2k+1}}{(2k+1)!(2k+1)}$, so ergibt sich (da die Reihe alternierend ist)

$$|f(x)-p(x)|=\left|\sum_{k=n}^{\infty}\frac{(-1)^k x^{2k+1}}{(2k+1)!(2k+1)}\right|\leqq\frac{|x|^{2n+1}}{(2n+1)!(2n+1)}$$

$$\leqq\frac{2^{2n+1}}{(2n+1)!(2n+1)}\leqq\tfrac{1}{2}\cdot 10^{-2}\quad\text{für alle } x\in[-2,2].$$

Diese Ungleichung ist erfüllt für alle $n\geqq 3$, daher ist $p(x)=x-\frac{1}{18}x^3+\frac{1}{600}x^5$.

22. $-\int_0^x\frac{\ln(1-t)}{t}\,\mathrm{d}t=\int_0^x\sum_{n=1}^{\infty}\frac{t^{n-1}}{n}\,\mathrm{d}t=\sum_{n=1}^{\infty}\frac{t^n}{n^2}\Big|_0^x=\sum_{n=1}^{\infty}\frac{x^n}{n^2}.$

23. Es ist $z^2=\frac{1}{2}(1-\sqrt{3}\cdot\mathrm{j})=\cos\varphi+\mathrm{j}\cdot\sin\varphi$ mit $\varphi=\frac{10}{6}\pi$.
Wegen $|z^2|=1$ ist $|z^2|^n=1$ für alle $n\in\mathbb{N}_0$. Daher sind die s_n die Eckpunkte eines regelmäßigen Sechsecks (vgl. Bild 377.1). Danach sind s_{6n} und s_{6n-5} für alle $n\in\mathbb{N}$ reell.

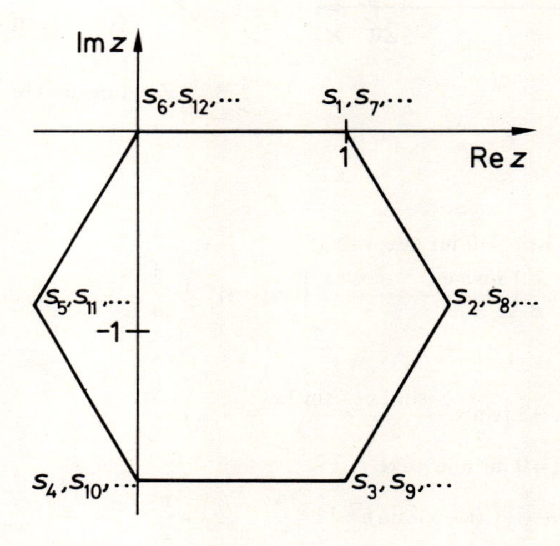

377.1 Zu Aufgabe 23

1.3

1. a) $a_0=\frac{1}{\pi}\int_0^{2\pi}x\,\mathrm{d}x=2\pi,\qquad a_n=\frac{1}{\pi}\int_0^{2\pi}x\cdot\cos nx\,\mathrm{d}x=0$

$b_n=\frac{1}{\pi}\int_0^{2\pi}x\cdot\sin nx\,\mathrm{d}x=\frac{1}{\pi}\left[\frac{\sin nx}{n^2}-\frac{x\cdot\cos nx}{n}\right]_0^{2\pi}=-\frac{2}{n}$ für alle $n\in\mathbb{N}$.

Fourier-Reihe:

$\pi-2\cdot\sum_{n=1}^{\infty}\frac{\sin nx}{n}=\pi-2\left(\sin x+\frac{\sin 2x}{2}+\ldots\right);$

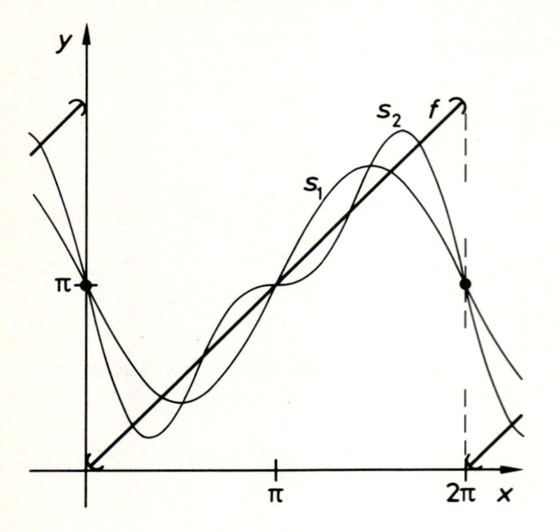

378.1 Zu Aufgabe 1a)

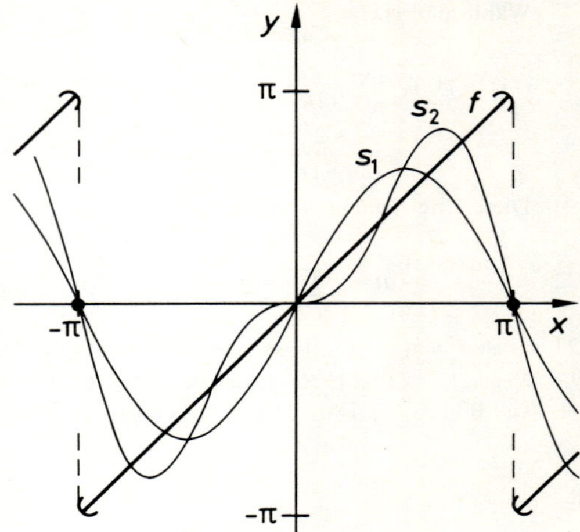

378.2 Zu Aufgabe 1b)

b) f ist ungerade, daher ist $a_n=0$ für alle $n\in\mathbb{N}_0$,

$$b_n=\frac{2}{\pi}\int_0^{\pi} x\cdot\sin nx\,\mathrm{d}x=\frac{2}{\pi}\left[\frac{\sin nx}{n^2}-\frac{x\cdot\cos nx}{n}\right]_0^{\pi}=(-1)^{n+1}\cdot\frac{2}{n},$$

Fourier-Reihe:

$$2\cdot\sum_{n=1}^{\infty}(-1)^{n+1}\cdot\frac{\sin nx}{n}=2\left(\sin x-\frac{\sin 2x}{2}+\frac{\sin 3x}{3}-+\dots\right);$$

c) f ist ungerade, also $a_n=0$ für alle $n\in\mathbb{N}_0$,

$$b_n=\frac{2}{\pi}\int_0^{\frac{1}{2}\pi} x\cdot\sin nx\,\mathrm{d}x+\frac{2}{\pi}\int_{\frac{1}{2}\pi}^{\pi}(\pi-x)\cdot\sin nx\,\mathrm{d}x=\frac{4}{\pi}\cdot\frac{1}{n^2}\cdot\sin\frac{n}{2}\pi,$$

also

$$b_{2n}=0 \quad\text{und}\quad b_{2n-1}=\frac{4}{\pi}\cdot(-1)^{n+1}\cdot\frac{1}{(2n-1)^2}\text{ für alle } n\in\mathbb{N},$$

Fourier-Reihe:

$$\frac{4}{\pi}\cdot\sum_{n=1}^{\infty}(-1)^{n+1}\cdot\frac{\sin(2n-1)x}{(2n-1)^2}=\frac{4}{\pi}\left(\sin x-\frac{\sin 3x}{3^2}+-\dots\right);$$

d) f ist gerade, daher ist $b_n=0$ für alle $n\in\mathbb{N}$,

$$a_0=\frac{2}{\pi}\int_0^{\pi} x^2\,\mathrm{d}x=\tfrac{2}{3}\pi^2.$$

$$a_n=\frac{2}{\pi}\int_0^{\pi} x^2\cdot\cos nx\,\mathrm{d}x=\frac{2}{\pi}\left[\frac{2x\cdot\cos nx}{n^2}+\left(\frac{x^2}{n}-\frac{2}{n^3}\right)\cdot\sin nx\right]_0^{\pi}=(-1)^n\cdot\frac{4}{n^2},$$

Fourier-Reihe:

$$\tfrac{1}{3}\pi^2+4\cdot\sum_{n=1}^{\infty}\frac{(-1)^n}{n^2}\cdot\cos nx=\tfrac{1}{3}\pi^2+4\cdot(-\cos x+\tfrac{1}{4}\cos 2x-\tfrac{1}{9}\cos 3x+-\dots).$$

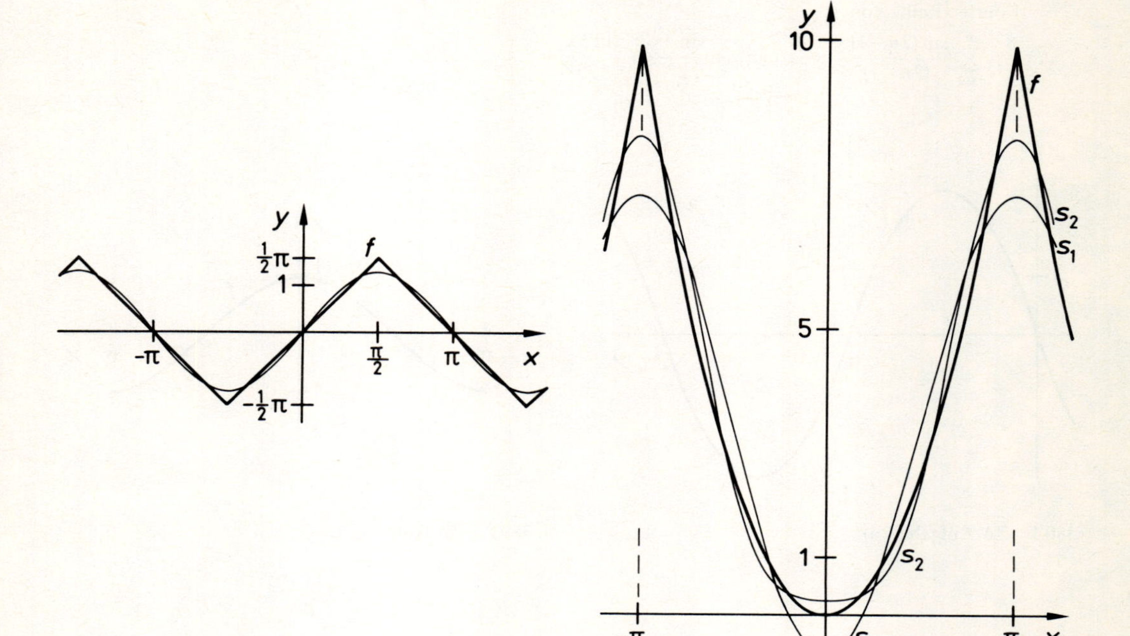

379.1 Zu Aufgabe 1c)

379.2 Zu Aufgabe 1d)

2. a) s. Bild 380.1

b) $f(20)=f(20-6\pi)=f(1{,}15\ldots)=2{,}29\ldots,$
$f(30)=f(30-8\pi)=f(4{,}86\ldots)=-2{,}44\ldots;$

c) Wegen $\lim\limits_{x\uparrow\pi} x(\pi-x)=\lim\limits_{x\downarrow\pi}(x^2-3\pi x+2\pi^2)=0$ ist f an der Stelle π stetig.
Wegen $\lim\limits_{x\downarrow 0} x(\pi-x)=\lim\limits_{x\uparrow 2\pi}(x^2-3\pi x+2\pi^2)=0$ ist f an der Stelle 0 und, da f 2π-periodisch ist, auch an der Stelle 2π stetig, also ist f auf $\mathbb{R}$ stetig.

$$f_l'(\pi)=\lim_{h\uparrow 0}\frac{(\pi+h)\cdot(-h)}{h}=-\pi,\qquad f_r'(\pi)=\lim_{h\downarrow 0}\frac{(\pi+h)^2-3\pi(\pi+h)+2\pi^2}{h}=-\pi,\quad\text{also}\quad f'(\pi)=-\pi,$$

$f_r'(0)=\pi,\qquad f_l'(0)=f_l'(2\pi)=\pi,\qquad$ also $f'(0)=\pi.$

Damit ist

$$f'(x)=\begin{cases}\pi-2x & \text{für } 0\leqq x<\pi\\ 2x-3\pi & \text{für } \pi\leqq x<2\pi\end{cases}$$

f' ist auf $\mathbb{R}$ stetig, jedoch nicht differenzierbar, denn es ist $f_l''(\pi)=-2$, aber $f_r''(\pi)=2$;

d) f ist (wie man zeigen kann) ungerade, also $a_n=0$ für alle $n\in\mathbb{N}_0$,

$$b_n=\frac{2}{\pi}\int_0^{\pi} x(\pi-x)\cdot\sin nx\,\mathrm{d}x=\frac{4}{\pi n^3}(1+(-1)^{n+1}).$$

Fourier-Reihe von f:

$$\frac{8}{\pi}\cdot\sum_{n=1}^{\infty}\frac{\sin(2n-1)x}{(2n-1)^3}=\frac{8}{\pi}\cdot\left(\sin x+\frac{\sin 3x}{27}+\frac{\sin 5x}{125}+\dots\right).$$

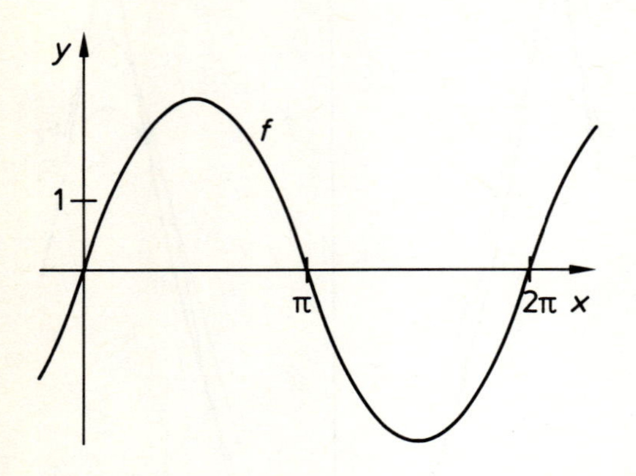

380.1 Zu Aufgabe 2a)

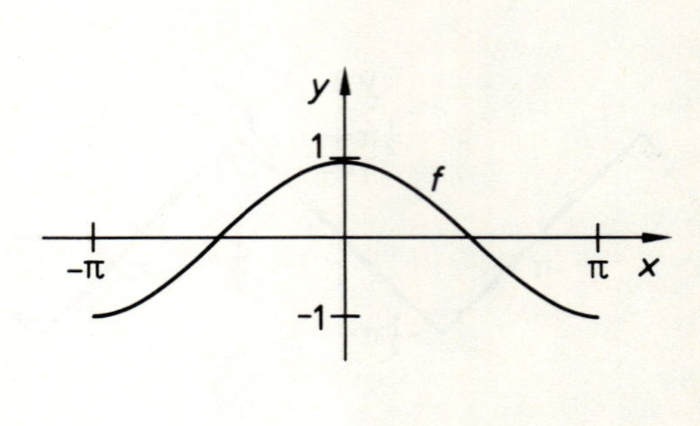

380.2 Zu Aufgabe 3a)

3. a) s. Bild 380.2

b) An der Stelle π und $-\pi$ ist f beliebig oft differenzierbar. Wir betrachten die Stelle $\frac{1}{2}\pi$, aus Symmetriegründen gilt dasselbe dann an der Stelle $-\frac{1}{2}\pi$.

Wegen $\lim\limits_{x\uparrow\frac{1}{2}\pi} f(x)=\lim\limits_{x\downarrow\frac{1}{2}\pi} f(x)=0$ ist f an der Stelle $\frac{1}{2}\pi$ stetig. f ist auf $\mathbb{R}$ differenzierbar, und es gilt:

$$f'(x)=\begin{cases}\frac{4}{\pi^3}\cdot x^3-\frac{3}{\pi}\cdot x & \text{für } |x|<\frac{1}{2}\pi\\ -\sin x & \text{für } \frac{1}{2}\pi\leqq|x|\leqq\pi.\end{cases}$$

f' ist an der Stelle $\frac{1}{2}\pi$ stetig, da $\lim\limits_{x\uparrow\frac{1}{2}\pi} f'(x)=\lim\limits_{x\downarrow\frac{1}{2}\pi} f'(x)=-1$ ist.

Wegen $f_l''(\frac{1}{2}\pi)=f_r''(\frac{1}{2}\pi)=0$ ist f auf $\mathbb{R}$ zweimal differenzierbar, und es gilt

$$f''(x)=\begin{cases}\frac{12}{\pi^3}\cdot x^2-\frac{3}{\pi} & \text{für } |x|<\frac{1}{2}\pi\\ -\cos x & \text{für } \frac{1}{2}\pi\leqq|x|\leqq\pi.\end{cases}$$

Wegen $f_l'''(\frac{1}{2}\pi)=\frac{12}{\pi^2}$, aber $f_r'''(\frac{1}{2}\pi)=1$, ist f genau zweimal auf $\mathbb{R}$ differenzierbar.

c) f ist gerade, daher ist $b_n=0$ für alle $n\in\mathbb{N}$,

$$a_0=\frac{2}{\pi}\int_0^{\frac{1}{2}\pi}\left(\frac{1}{\pi^3}x^4-\frac{3}{2\pi}x^2+\frac{5\pi}{16}\right)\mathrm{d}x+\frac{2}{\pi}\int_{\frac{1}{2}\pi}^{\pi}\cos x\,\mathrm{d}x=\frac{2\pi}{10}-\frac{2}{\pi},$$

$$a_1=\frac{2}{\pi}\int_0^{\frac{1}{2}\pi}\left(\frac{1}{\pi^3}x^4-\frac{3}{2\pi}x^2+\frac{5\pi}{16}\right)\cdot\cos x\,\mathrm{d}x+\frac{2}{\pi}\int_{\frac{1}{2}\pi}^{\pi}\cos^2 x\,\mathrm{d}x=\frac{1}{2}+\frac{48}{\pi^4},$$

$$a_n=\frac{2}{\pi}\int_0^{\frac{1}{2}\pi}\left(\frac{1}{\pi^3}x^4-\frac{3}{2\pi}x^2+\frac{5\pi}{16}\right)\cdot\cos nx\,\mathrm{d}x+\frac{2}{\pi}\int_{\frac{1}{2}\pi}^{\pi}\cos x\cdot\cos nx\,\mathrm{d}x,$$

also

$$a_{2n}=(-1)^{n+1}\left(\frac{1}{2\pi n^2}+\frac{3}{2\pi^3 n^4}-\frac{2}{\pi(4n^2-1)}\right),\qquad a_{2n+1}=\frac{48}{\pi^4}\cdot\frac{(-1)^n}{(2n+1)^5}$$

Fourier-Reihe von f:

$$\frac{\pi}{10}-\frac{1}{\pi}+\left(\tfrac{1}{2}+\frac{48}{\pi^4}\right)\cdot\cos x+\sum_{n=1}^{\infty}\left(\frac{1}{2\pi n^2}+\frac{3}{2\pi^3 n^4}-\frac{2}{\pi(4n^2-1)}\right)(-1)^{n+1}\cdot\cos 2nx$$

$$+\frac{48}{\pi^4}\cdot\sum_{n=1}^{\infty}(-1)^n\cdot\frac{1}{(2n+1)^5}\cdot\cos(2n+1)x.$$

4. a) f ist gerade, daher ist $b_n=0$ für alle $n\in\mathbb{N}$,

$$a_0=\frac{4}{\pi}\int_0^{\frac{1}{2}\pi}t^2\,\mathrm{d}t=\frac{\pi^2}{6},$$

$$a_n=\frac{4}{\pi}\int_0^{\frac{1}{2}\pi}t^2\cdot\cos 2nt\,\mathrm{d}t=(-1)^n\cdot\frac{1}{n^2},$$

Fourier-Reihe von f:

$$\frac{\pi^2}{12}+\sum_{n=1}^{\infty}\frac{(-1)^n}{n^2}\cdot\cos 2nt=\frac{\pi^2}{12}-\cos 2t+\tfrac{1}{4}\cos 4t-+\dots$$

b) f ist ungerade, daher ist $a_n=0$ für alle $n\in\mathbb{N}_0$,

$$b_n=\frac{4}{\pi}\int_0^{\frac{1}{2}\pi}\cos t\cdot\sin 2nt\,\mathrm{d}t=\frac{8}{\pi}\cdot\frac{n}{4n^2-1},$$

Fourier-Reihe von f:

$$\frac{8}{\pi}\cdot\sum_{n=1}^{\infty}\frac{n}{4n^2-1}\cdot\sin 2nt=\frac{8}{\pi}(\tfrac{1}{3}\sin 2t+\tfrac{2}{15}\sin 4t+\dots).$$

5. a) f ist 2π-periodisch und ungerade, also $a_n=0$ für alle $n\in\mathbb{N}_0$,

$$b_n=\frac{2A}{\pi}\int_{\frac{1}{4}\pi}^{\frac{3}{4}\pi}\sin nt\,\mathrm{d}t=\frac{4A}{n\pi}\cdot\sin n\frac{\pi}{2}\cdot\sin n\frac{\pi}{4},$$

daher ist

$$b_{4n-3}=\frac{2\sqrt{2}A}{\pi}\cdot\frac{(-1)^{n+1}}{4n-3},\qquad b_{4n-1}=\frac{2\sqrt{2}A}{\pi}\cdot\frac{(-1)^n}{4n-1},\qquad b_{2n-2}=b_{2n}=0.$$

Fourier-Reihe:

$$\frac{2\sqrt{2}A}{\pi}\cdot\sum_{n=1}^{\infty}\frac{(-1)^{n+1}}{4n-3}\cdot\sin(4n-3)t+\frac{2\sqrt{2}A}{\pi}\cdot\sum_{n=1}^{\infty}\frac{(-1)^n}{4n-1}\cdot\sin(4n-1)t$$

$$=\frac{2\sqrt{2}A}{\pi}(\sin t-\tfrac{1}{3}\sin 3t-\tfrac{1}{5}\sin 5t+\tfrac{1}{7}\sin 7t+\dots).$$

b) f ist T- periodisch und gerade, also $b_n=0$ für alle $n\in\mathbb{N}$,

$$a_0=\frac{4}{T}\int_0^{\frac{1}{2}\tau}\mathrm{d}t=\frac{2\tau}{T},\qquad a_n=\frac{4}{T}\int_0^{\frac{1}{2}\tau}\cos\frac{2\pi}{T}nt\,\mathrm{d}t=\frac{2}{\pi n}\cdot\sin\frac{\pi n\tau}{T},$$

Fourier-Reihe: $\dfrac{\tau}{T}+\dfrac{2}{\pi}\cdot\sum_{n=1}^{\infty}\dfrac{1}{n}\cdot\sin\dfrac{\pi n\tau}{T}\cdot\cos\dfrac{2\pi}{T}nt.$

c) f ist T-periodisch und gerade, also $b_n=0$ für alle $n\in\mathbb{N}$,

$$a_0=\frac{\tau}{T},\qquad a_n=\frac{4}{T}\int_0^{\frac{1}{2}\tau}\left(1-\frac{2}{\tau}t\right)\cdot\cos\frac{2\pi}{T}nt\,\mathrm{d}t=\frac{2T}{\tau\pi^2n^2}\cdot\left(1-\cos n\frac{\pi\tau}{T}\right).$$

Fourier-Reihe: $\dfrac{\tau}{2T}+\dfrac{2T}{\tau\pi^2}\cdot\sum_{n=1}^{\infty}\dfrac{1}{n^2}\left(1-\cos n\dfrac{\pi\tau}{T}\right)\cdot\cos\dfrac{2\pi}{T}nt.$

d) f hat die Periode 4 und ist ungerade, also $a_n=0$ für alle $n\in\mathbb{N}_0$,

$$b_n=\int_0^1 t\cdot\sin\frac{\pi}{2}nt\,\mathrm{d}t+\int_1^2(2-t)\cdot\sin\frac{\pi}{2}nt\,\mathrm{d}t=\frac{2}{n^2\pi^2}\cdot\sin n\frac{\pi}{2},$$

daher ist $b_{2n}=0$ und $b_{2n-1}=\dfrac{(-1)^{n+1}\cdot 8}{(2n-1)^2\pi^2}$,

Fourier-Reihe:

$$\frac{8}{\pi^2}\cdot\sum_{n=1}^{\infty}\frac{(-1)^{n+1}}{(2n-1)^2}\cdot\sin\frac{\pi}{2}(2n-1)t=\frac{8}{\pi^2}\left(\sin\frac{\pi}{2}t-\tfrac{1}{9}\sin\frac{3\pi}{2}t+-\ldots\right).$$

6. a) S. Bild 382.1. Da f ungerade ist, ist $a_n=0$ für alle $n\in\mathbb{N}^0$

$$b_n=\frac{2a}{\alpha\pi}\int_0^{\alpha}x\cdot\sin nx\,\mathrm{d}x+\frac{2a}{\pi}\int_{\alpha}^{\pi-\alpha}\sin nx\,\mathrm{d}x+\frac{2a}{\alpha\pi}\int_{\pi-\alpha}^{\pi}(\pi-x)\cdot\sin nx\,\mathrm{d}x=\frac{2a}{\alpha\pi n^2}\cdot(\sin n\alpha+\sin n(\pi-\alpha)),$$

daher ist

$$b_{2n-1}=\frac{4a}{\alpha\pi}\cdot\frac{\sin(2n-1)\alpha}{(2n-1)^2}\quad\text{und}\quad b_{2n}=0\qquad\text{für alle } n\in\mathbb{N},$$

Fourier-Reihe:

$$\frac{4a}{\alpha\pi}\cdot\sum_{n=1}^{\infty}\frac{\sin(2n-1)\alpha}{(2n-1)^2}\cdot\sin(2n-1)x=\frac{4a}{\alpha\pi}(\sin\alpha\cdot\sin x+\tfrac{1}{9}\sin 3\alpha\cdot\sin 3x+\tfrac{1}{25}\sin 5\alpha\cdot\sin 5x+\ldots).$$

b) Für $\alpha=\dfrac{\pi}{3}$ lautet die Fourier-Reihe:

$$\frac{6\sqrt{3}a}{\pi^2}(\sin x-\tfrac{1}{25}\sin 5x+\tfrac{1}{49}\sin 7x-\tfrac{1}{121}\sin 11x+-\ldots).$$

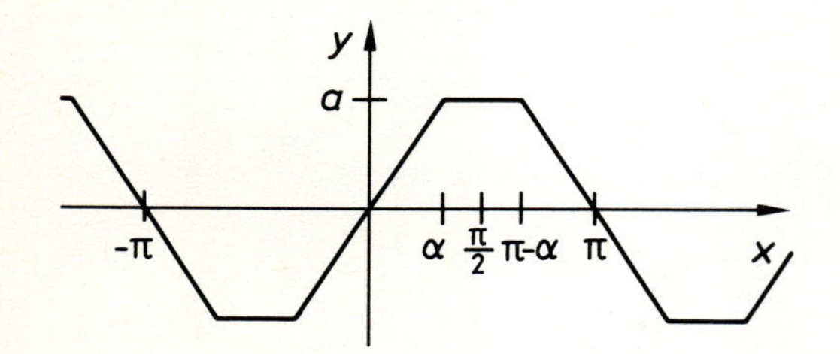

382.1 Zu Aufgabe 6a)

382.2 Zu Aufgabe 7d)

7. a) Ist $a\in\mathbb{Z}$, so ist $\sin ax$ die Fourier-Reihe von f. Im folgenden sei daher $a\in\mathbb{R}\setminus\mathbb{Z}$, dann ist

$$a_n=\frac{1}{\pi}\int_0^{2\pi}\sin ax\cdot\cos nx\,\mathrm{d}x=\frac{a(1-\cos 2a\pi)}{\pi(a^2-n^2)},\qquad b_n=\frac{1}{\pi}\int_0^{2\pi}\sin ax\cdot\sin nx\,\mathrm{d}x=\frac{n\cdot\sin 2a\pi}{\pi(a^2-n^2)},$$

Fourier-Reihe:

$$s(x)=\frac{1-\cos 2a\pi}{2a\pi}+\frac{a}{\pi}\cdot\sum_{n=1}^{\infty}\frac{(1-\cos 2a\pi)}{a^2-n^2}\cdot\cos nx+\frac{1}{\pi}\cdot\sum_{n=1}^{\infty}\frac{n\cdot\sin 2a\pi}{a^2-n^2}\cdot\sin nx.$$

f hat an der Stelle 0 einen Sprung, die Fourier-Reihe nimmt dort das arithmetische Mittel der einseitigen Grenzwerte an, also gilt $s(0)=\frac{1}{2}\sin 2a\pi$.

b) Aus $s(0)=\frac{1}{2}\sin 2a\pi$ folgt:

$$\tfrac{1}{2}\sin 2a\pi=\frac{1-\cos 2a\pi}{2a\pi}+\frac{a}{\pi}(1-\cos 2a\pi)\cdot\sum_{n=1}^{\infty}\frac{1}{a^2-n^2},$$

also

$$\sum_{n=1}^{\infty}\frac{1}{n^2-a^2}=\frac{1}{2a^2}-\frac{\pi}{2a}\cdot\frac{\sin 2a\pi}{1-\cos 2a\pi}.$$

c) Aus $\lim\limits_{a\to 0}\sum\limits_{n=1}^{\infty}\frac{1}{n^2-a^2}=\lim\limits_{a\to 0}\left(\frac{1}{2a^2}-\frac{\pi}{2a}\cdot\frac{\sin 2a\pi}{1-\cos 2a\pi}\right)=\lim\limits_{a\to 0}\frac{1-\cos 2a\pi-a\pi\sin 2a\pi}{2a^2(1-\cos 2a\pi)}$

folgt durch Vertauschung der Grenzprozesse:

$$\sum_{n=1}^{\infty}\frac{1}{n^2}=\lim_{a\to 0}\frac{2\sin^2 a\pi-2a\pi\sin a\pi\cdot\cos a\pi}{4a^2\sin^2 a\pi}=\lim_{a\to 0}\frac{\sin a\pi-a\pi\cos a\pi}{2a^2\sin a\pi}=\lim_{a\to 0}\frac{\pi^2\sin a\pi}{4\sin a\pi+2a\pi\cos a\pi}$$

$$=\lim_{a\to 0}\frac{\pi^3\cos a\pi}{4\pi\cos a\pi+2\pi\cos a\pi-2a\pi^2\sin a\pi}=\frac{\pi^2}{6}.$$

d) S. Bild 382.2

8. a) f ist π-periodisch und gerade, also ist $b_n=0$ für alle $n\in\mathbb{N}$,

$$a_0=\frac{4}{\pi}\int_0^{\frac{1}{2}\pi}\cos x\,\mathrm{d}x=\frac{4}{\pi},\qquad a_n=\frac{4}{\pi}\int_0^{\frac{1}{2}\pi}\cos x\cdot\cos 2nx\,\mathrm{d}x=\frac{4}{\pi}(-1)^{n+1}\cdot\frac{1}{(2n-1)(2n+1)},$$

Fourier-Reihe:

$$\frac{2}{\pi}+\frac{4}{\pi}\cdot\sum_{n=1}^{\infty}\frac{(-1)^{n+1}}{4n^2-1}\cdot\cos 2nx=\frac{2}{\pi}+\frac{4}{\pi}\left(\frac{1}{1\cdot 3}\cos 2x-\frac{1}{3\cdot 5}\cos 4x+-\ldots\right).$$

b) Wegen $f(0)=1$ und $\cos 0=1$ erhalten wir:

$$1=\frac{2}{\pi}+\frac{4}{\pi}\left(\frac{1}{1\cdot 3}-\frac{1}{3\cdot 5}+\frac{1}{5\cdot 7}-+\ldots\right),\text{ woraus }\frac{\pi}{4}-\frac{1}{2}=\frac{1}{1\cdot 3}-\frac{1}{3\cdot 5}+\frac{1}{5\cdot 7}-+\ldots\text{ folgt.}$$

9. Die Ausgangsspannung sei u_A, dann ist $u_A(t)=|u_0\cdot\sin\omega t|$. u_A hat die primitive Periode $\frac{\pi}{\omega}$ und ist gerade, also ist $b_n=0$,

$$a_0=\frac{4\omega}{\pi}|u_0|\int_0^{\frac{\pi}{2\omega}}\sin\omega t\,\mathrm{d}t=\frac{4}{\pi}|u_0|,\qquad a_n=\frac{4\omega}{\pi}|u_0|\int_0^{\frac{\pi}{2\omega}}\sin\omega t\cdot\cos 2n\omega t\,\mathrm{d}t=-\frac{4}{\pi}|u_0|\cdot\frac{1}{(2n+1)(2n-1)},$$

also gilt

$$u_A(t)=\frac{2}{\pi}|u_0|-\frac{4}{\pi}|u_0|\cdot\sum_{n=1}^{\infty}\frac{1}{4n^2-1}\cdot\cos 2n\omega t$$

$$=\frac{2}{\pi}|u_0|-\frac{4}{\pi}|u_0|\left(\frac{1}{1\cdot 3}\cos 2\omega t+\frac{1}{3\cdot 5}\cos 4\omega t+\frac{1}{5\cdot 7}\cos 6\omega t+\ldots\right).$$

10. a) $c_n=\frac{1}{2\pi}\int\limits_{-\pi}^{0}\mathrm{e}^{(1-\mathrm{j}n)x}\,\mathrm{d}x+\frac{1}{2\pi}\int\limits_0^{\pi}\mathrm{e}^{-(1+\mathrm{j}n)x}\,\mathrm{d}x=\frac{1+(-1)^{n+1}\cdot\mathrm{e}^{-\pi}}{\pi(1+n^2)},$

Fourier-Reihe: $\frac{1}{\pi}\cdot\sum\limits_{n=-\infty}^{\infty}\frac{1+(-1)^{n+1}\mathrm{e}^{-\pi}}{1+n^2}\cdot\mathrm{e}^{\mathrm{j}nx};$

b) $c_n=\frac{1}{2}\int\limits_{-1}^{0}\mathrm{e}^{-(1+\mathrm{j}n\pi)x}\,\mathrm{d}x+\frac{1}{2}\int\limits_0^1\mathrm{e}^{(1-\mathrm{j}n\pi)x}\mathrm{d}x=\frac{(-1)^n\cdot\mathrm{e}-1}{1+n^2\pi^2},$

Fourier-Reihe: $\sum\limits_{n=-\infty}^{\infty}\frac{(-1)^n\cdot\mathrm{e}-1}{1+n^2\pi^2}\cdot\mathrm{e}^{\mathrm{j}n\pi x}.$

2. Funktionen mehrerer Veränderlichen

2.1

1. a) D ist ein abgeschlossener Kreis vom Radius 3 mit dem Mittelpunkt $(2, -1)$.

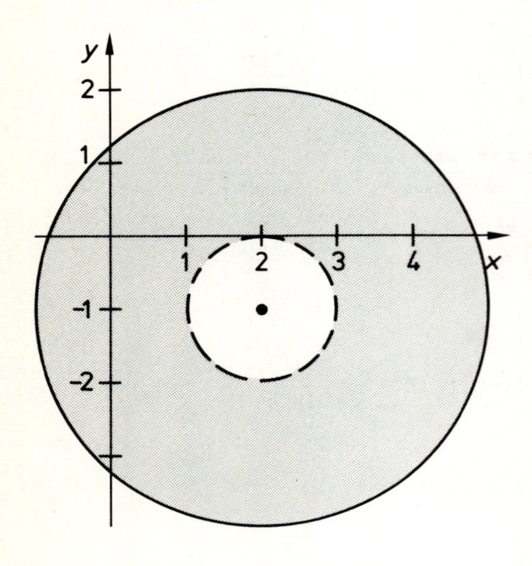

384.1 Zu Aufgabe 1b)

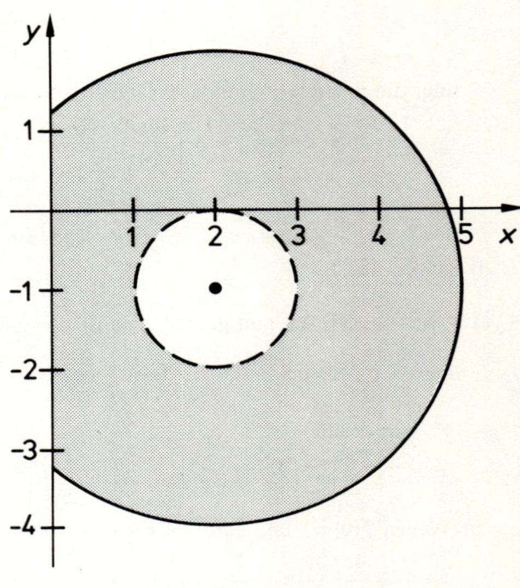

384.2 Zu Aufgabe 1c)

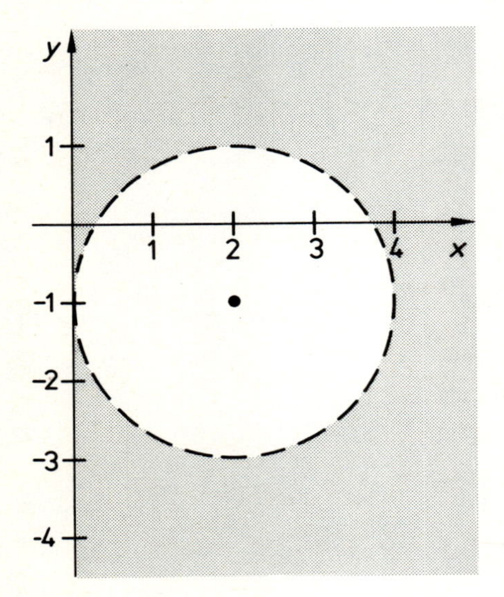

384.3 Zu Aufgabe 1d)

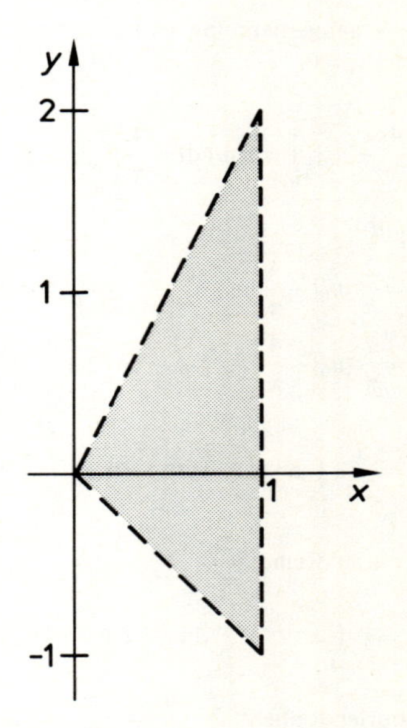

384.4 Zu Aufgabe 1e)

b) D ist weder offen noch abgeschlossen, D ist beschränkt (s. Bild 384.1).
c) D ist beschränkt und weder offen noch abgeschlossen (s. Bild 384.2).
d) D ist nicht beschränkt und weder offen noch abgeschlossen (s. Bild 384.3).
e) D ist beschränkt und offen. Man beachte, daß $(0,0) \notin D$ ist (s. Bild 384.4).
f) D ist nicht beschränkt und offen (s. Bild 385.1).
g) D ist nicht beschränkt und weder offen noch abgeschlossen. Man beachte, daß $(0,0) \notin D$ gilt (s. Bild 385.2).
h) D ist beschränkt und offen (s. Bild 385.3).
i) D ist dieselbe Menge wie in der vorigen Aufgabe, vgl. Bild 385.3.

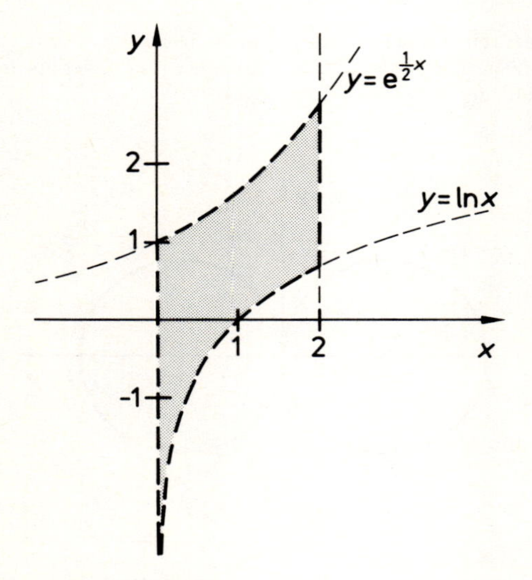

385.1 Zu Aufgabe 1f)

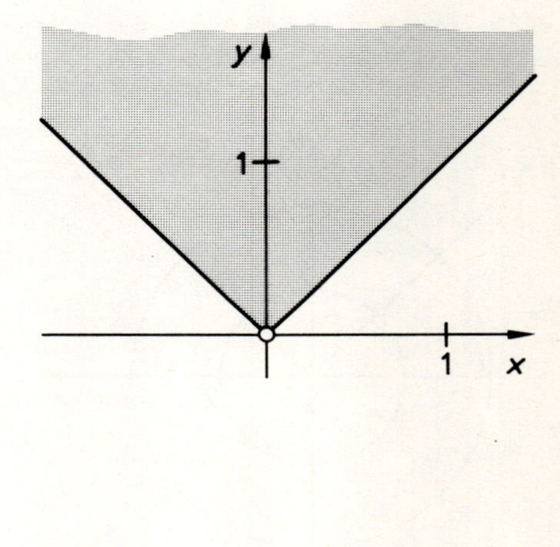

385.2 Zu Aufgabe 1g)

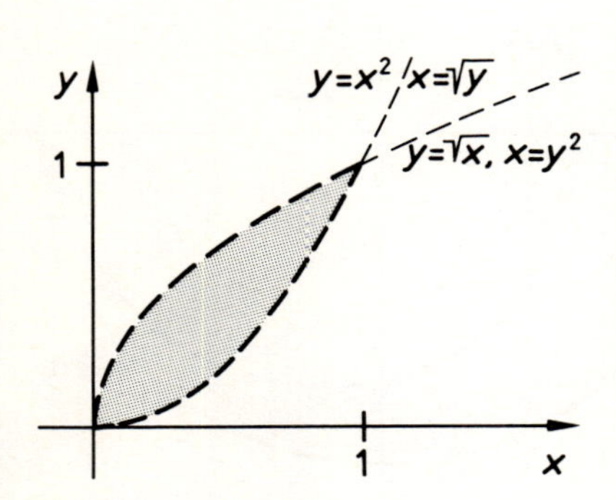

385.3 Zu Aufgabe 1h) und i)

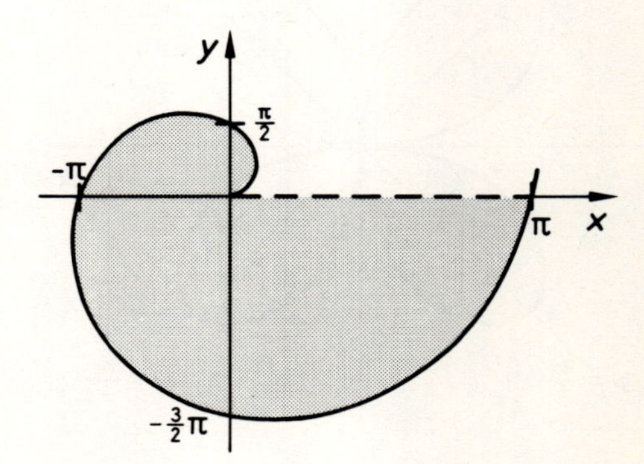

385.4 Zu Aufgabe 2a)

2. a) Durch $r=\varphi$ wird eine Spirale beschrieben (s. Bild 385.4).

b) Siehe Bild 386.1.

c) Die Gleichung $r=\cos\varphi$ beschreibt einen Kreis: In kartesischen Koordinaten erhält man nämlich

$$r=\sqrt{x^2+y^2}=\cos\varphi=\frac{x}{r}=\frac{x}{\sqrt{x^2+y^2}} \quad \text{und daraus}$$

$(x-\frac{1}{2})^2+y^2=\frac{1}{4}$. Analog $r=-\cos\varphi$ (s. Bild 386.2).

d) Siehe Bild 386.3.

e) Die erste der zwei Ungleichungen beschreibt das Innere eines Kreises vom Radius 2π. Die durch $r=\varphi$ bzw. $r=2\varphi$ beschriebenen Begrenzungskurven sind Spiralen. Die „äußere“ dieser Spiralen, $r=2\varphi$, verläßt in $P=(-2\pi, 0)$ den Kreis, so daß von hier die Kreislinie der Rand ist (s. Bild 386.4).

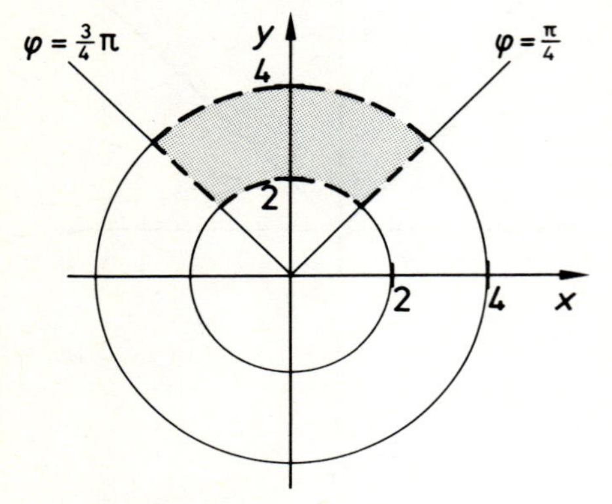

386.1 Zu Aufgabe 2b)

386.2 Zu Aufgabe 2c)

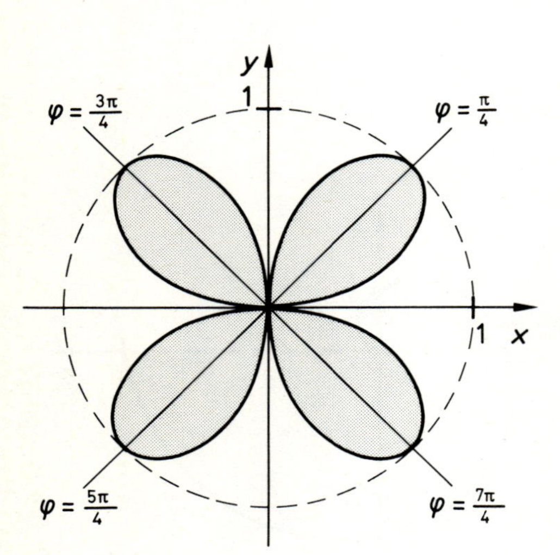

386.3 Zu Aufgabe 2d)

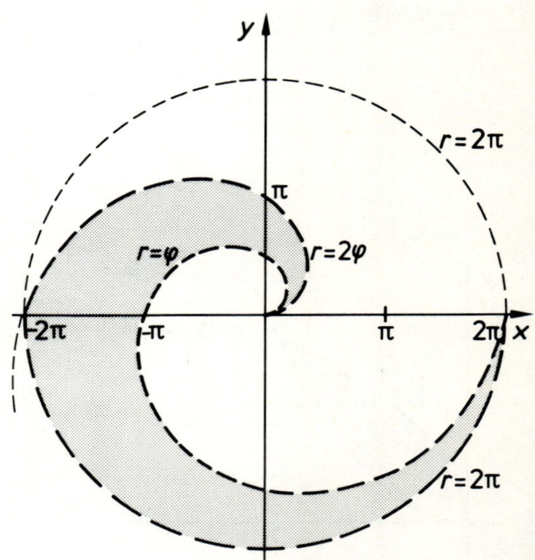

386.4 Zu Aufgabe 2e)

3. a) D ist eine beschränkte abgeschlossene Menge (s. Bild 387.1).
   b) D ist eine beschränkte abgeschlossene Menge (s. Bild 387.2).
   c) D ist beschränkte abgeschlossene Menge. D entsteht, indem die in Bild 387.3 skizzierte Figur um die z-Achse rotiert.
   d) D ist eine beschränkte abgeschlossene Menge. Der Rotationskörper D entsteht, indem die in Bild 388.2 schraffiert wiedergegebene Figur um die z-Achse rotiert (s. Bild 388.1).

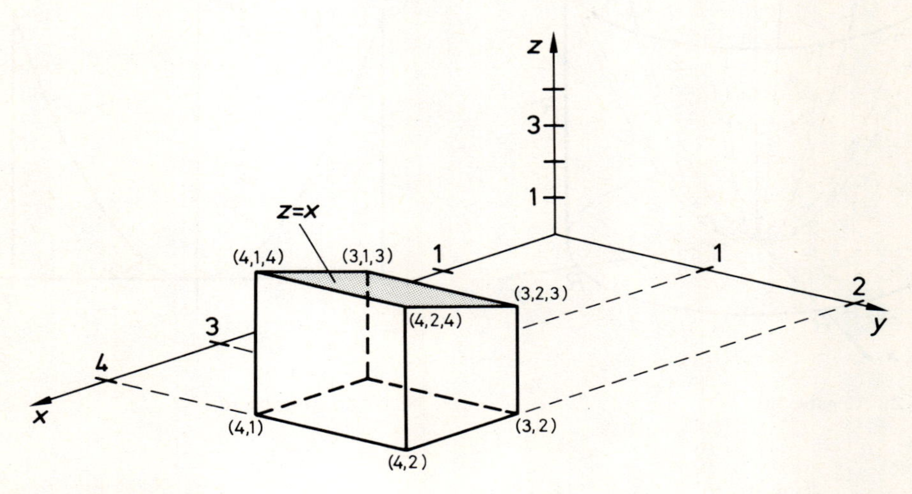

387.1 Zu Aufgabe 3a)

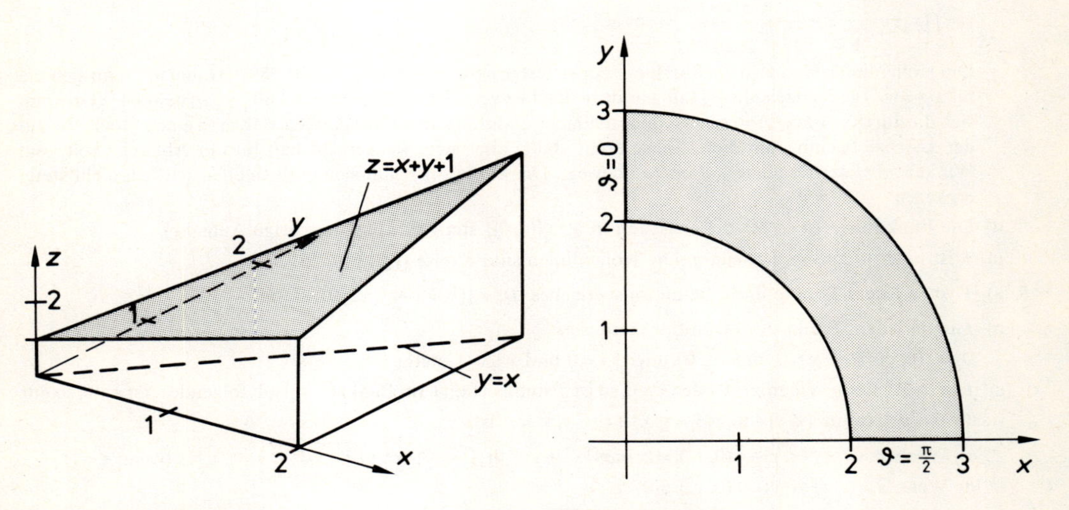

387.2 Zu Aufgabe 3b)

387.3 Zu Aufgabe 3c)

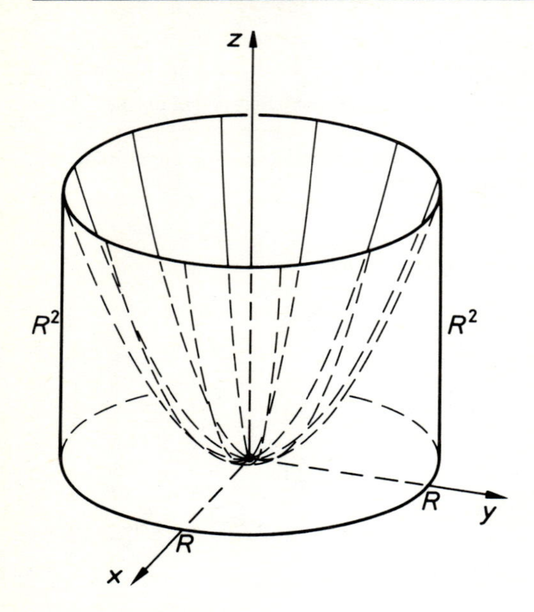

388.1 Zu Aufgabe 3d)

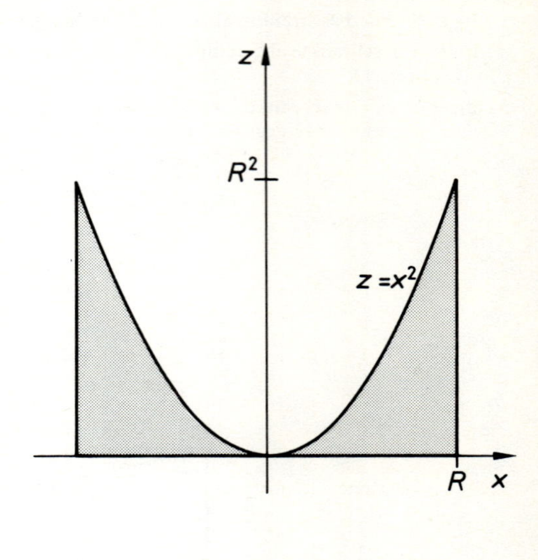

388.2 Zu Aufgabe 3d)

4. a) f ist auf $\mathbb{R}^2$ definiert und stetig. Die Höhenlinien sind Ellipsen, wie in Bild 389.1 dargestellt. Die Werte von c in $f(x, y) = c$ sind an die entsprechenden Höhenlinien geschrieben (s. Bild 389.1).
   b) f ist auf $\mathbb{R}^2$ definiert und stetig. Nach Beispiel 114.1 ist das Schaubild von $z = f(x, y)$ eine Ebene im Raum, die Höhenlinien sind Geraden (s. Bild 389.2).
   c) Die Funktion f ist in $\mathbb{R}^2 \setminus \{(0, 0)\}$ definiert und stetig. In Polarkoordinaten erhält man

$$z = f(x, y) = \frac{x}{\sqrt{x^2 + y^2}} = \frac{r \cdot \cos \varphi}{r} = \cos \varphi.$$

   Die Höhenlinien sind also die durch $\varphi = \text{const.}$ festgelegten Strahlen aus Bild 389.3. Dabei hat man sich die mit ($\varphi = 60°$) gekennzeichnete Halbgerade in der dort vermerkten Höhe $z = \cos 60° = \frac{1}{2}$ zu denken. Man kann sich die durch $z = f(x, y) = \cos \varphi$ definierte Fläche dadurch entstanden denken, daß man einen Stock, der auf der z-Achse beginnt, um die z-Achse dreht, dabei aber stets waagerecht hält und in Abhängigkeit vom Winkel φ bei der Drehung auf und ab bewegt. Die Funktion f läßt sich in $(0, 0)$ offensichtlich nicht stetig ergänzen.
   d) Die Funktion f ist in $\mathbb{R}^2$ definiert und in $\mathbb{R}^2 \setminus \{(0, 0)\}$ stetig (s. auch die vorige Aufgabe).
   e) f ist in $\mathbb{R}^2$ definiert und stetig. Die Höhenlinien sind Kreise (vgl. Bild 389.4).

5. a) f ist in jedem Punkte ihres Definitionsbereiches $D_f = \{(x, y) \in \mathbb{R}^2 \mid x \geqq 0\}$ stetig.
   b) f ist in jedem Punkt des Definitionsbereiches
   $D_f = \{(x, y) \in \mathbb{R}^2 \mid [x > 0 \text{ und } y \geqq 0] \text{ oder } [x < 0 \text{ und } y \leqq 0]\}$ stetig.
   c) f ist in $\mathbb{R}^2$ stetig: Wenn $x > 0$ oder $x < 0$, so ist f stetig in (x, y). Im Punkt $(0, y_0)$ gilt folgendes: Ist $\varepsilon > 0$, so gilt für $\delta = \sqrt{\varepsilon}$, wenn $|(x, y) - (0, y_0)| = \sqrt{x^2 + (y - y_0)^2} < \delta$ ist:
   α) Wenn $x > 0$: $|f(x, y) - f(0, y_0)| = |x \cdot \cos(x^2 + y) - 0| \leqq |x| \leqq \sqrt{x^2 + (y - y_0)^2} < \delta = \sqrt{\varepsilon} < \varepsilon$ (wenn $\varepsilon < 1$).
   β) Wenn $x = 0$: $|f(x, y) - f(0, y_0)| = 0 < \varepsilon$.
   γ) Wenn $x < 0$: $|f(x, y) - f(0, y_0)| = |x|^2 \leqq \sqrt{x^2 + (y - y_0)^2}^{\,2} < \delta^2 = \varepsilon$.

d) f ist für alle $(x, y) \neq (0, 0)$ stetig, in $(0, 0)$ nicht stetig: Längs der y-Achse $(x=0)$ ist $f(0, y) = (e^y - 1) \cdot y^{-2}$ (wenn $y \neq 0$) für $y \to 0$ nicht konvergent (Regel von L'Hospital), f also nach Satz 124.1 in $(0, 0)$ nicht stetig.

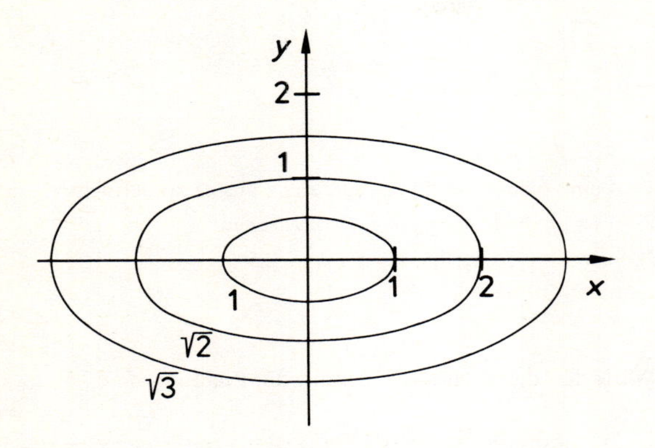

389.1 Höhenlinien zu Aufgabe 4a)

389.2 Höhenlinien zu Aufgabe 4b)

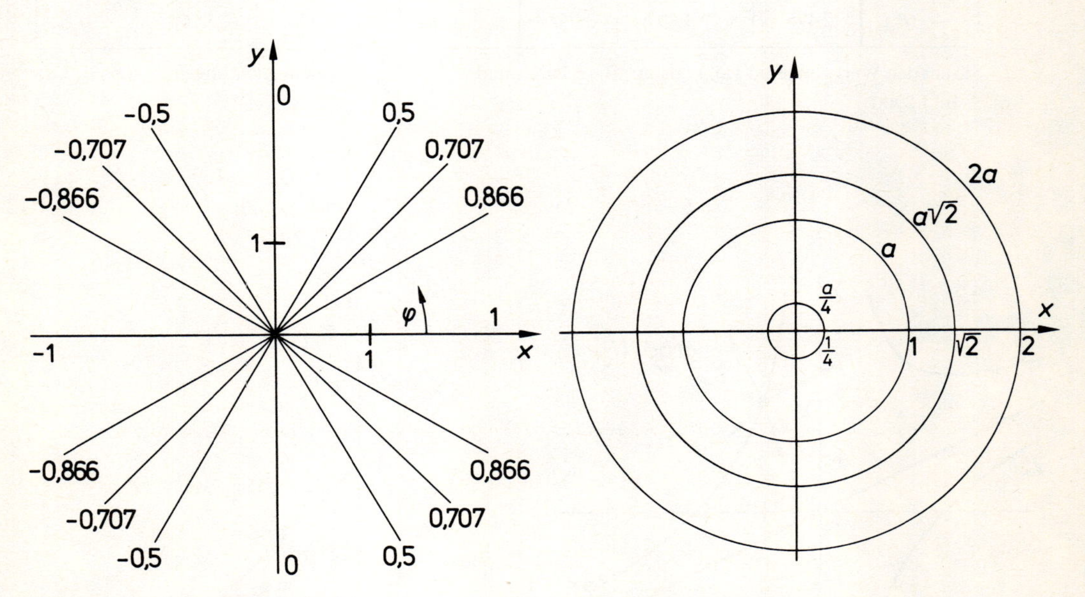

389.3 Höhenlinien zu Aufgabe 4c)

389.4 Höhenlinien zu Aufgabe 4e)

6. $z = \ln(x^2 + y^2)$.

7. Die Gleichung der Fläche ist $z = g(\sqrt{x^2+y^2})$, nach Satz 122.2 ist f mit $f(x, y) = g(\sqrt{x^2+y^2})$ stetig; dabei ist $D_f = \{(x, y) \in \mathbb{R}^2 \mid a^2 \leqq x^2 + y^2 \leqq b^2\}$.

2.2

1. a) $f_x(x, y)=x+y$, $f_y(x, y)=x$, $f_{xx}(x, y)=f_{xy}(x, y)=f_{yx}(x, y)=1$, $f_{yy}(x, y)=0$; alle partiellen Ableitungen höherer als zweiter Ordnung sind für alle (x, y) Null.

b) In allen Punkten, da f_x und f_y stetig sind (Satz 138.1).

c) Da $f_x(P_0)=3$ und $f_y(P_0)=1$, ist $\mathrm{d}f(P_0)=3\cdot \mathrm{d}x+\mathrm{d}y$.

d) $f(P_0)=2{,}5$; $f(P)=2{,}695$; $f(P)-f(P_0)=0{,}195$.

e) $a=3\cdot \mathrm{d}x+\mathrm{d}y=3\cdot 0{,}1-0{,}1=0{,}2$.

f) Beide sind für kleine $\mathrm{d}x$, $\mathrm{d}y$ etwa gleich, a ist als eine Näherung für die Differenz aus d) zu betrachten.

g) $f(P)=2{,}695$ und $f(P_0)+a=2{,}7$; diese letzte Zahl ist als Näherung für $f(P)$ anzusehen.

h) Nach (133.1) ist $l(x, y)=2{,}5+3\cdot(x-1)+(y-2)$, ausmultipliziert: $l(x, y)=3x+y-2{,}5$.

i) Diese Zahl ist gleich $f(P_0)+a$ aus g). Man rechne mit h) nach.

j) $\operatorname{grad} f(x, y)=(x+y, x)$ (nach a)).

k) Aus der Definition ergeben sich folgende Werte für die Richtungsableitung in Richtung $\vec{a}$:

$\frac{\partial f}{\partial \vec{a}}(P_0)=\frac{\vec{a}}{|\vec{a}|}\cdot \operatorname{grad} f(P_0)$, wegen $\operatorname{grad} f(P_0)=(3, 1)$ (auf drei Stellen gerundet):

$\vec{a}$	(2, 3)	(−1, −3)	(3, 2)	(3, 1)	(−2, −3)	(−3, −1)	(−1, 3)
$\frac{\partial f}{\partial \vec{a}}(P_0)$	2,496	−1,897	3,051	3,162	−2,496	−3,162	0

l) Sie hat den Wert von $|\operatorname{grad} f(P_0)|$, also $\sqrt{10}=3{,}162\ldots$ und wird angenommen in Richtung $\operatorname{grad} f(P_0)=(3, 1)$.

m) S. Bild 390.1

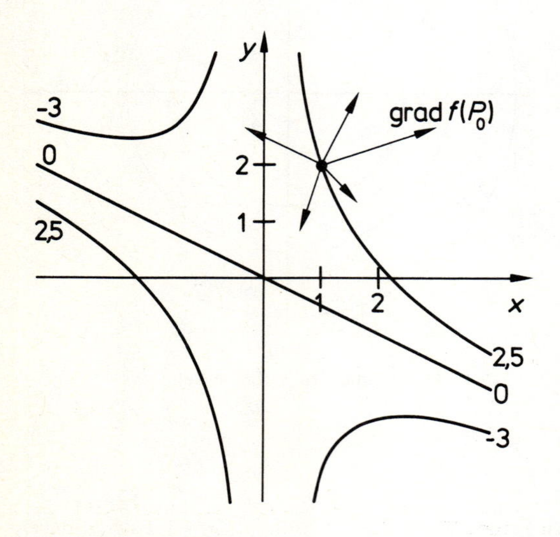

390.1 Zu Aufgabe 1m)

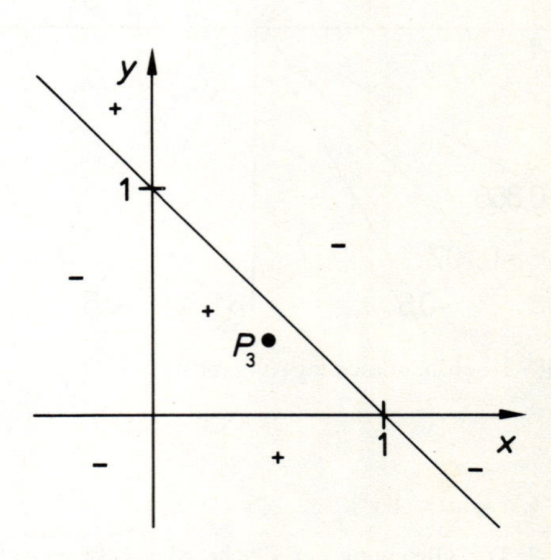

390.2 Zu Aufgabe 2

2. Aus den notwendigen Bedingungen (f ist als Polynom überall differenzierbar)
$f_x(x, y) = x^2 y^2(3-4x-3y) = 0$
$f_y(x, y) = x^3 y\ (2-2x-3y) = 0$
erhält man die Lösungen, indem man je einen der Faktoren jeder dieser zwei Gleichungen Null setzt: $P_1 = (0, y)$, $P_2 = (x, 0)$ [x und y jeweils beliebig], $P_3 = (\frac{1}{2}, \frac{1}{3})$. Da $f_{xx}(x, y) = 6xy^2(1-2x-y)$, $f_{yy}(x, y) = 2x^3(1-x-3y)$ und $f_{xy}(x, y) = x^2 y(6-8x-9y)$, erhält man für die Zahl Δ aus (143.1) in P_1 und P_2 jeweils 0, in P_3 ist $\Delta > 0$; da $f_{xx}(P_3) < 0$, liegt in P_3 ein relatives Maximum von f.
Um zu einem Ergebnis über P_1 und P_2 zu gelangen, skizzieren wir die 0-Höhenlinie von f: Sie besteht aus den drei Geraden mit den Gleichungen $x = 0$, $y = 0$, und $1 - x - y = 0$ (Bild 390.2). Aus den Vorzeichen von $f(x, y)$ geht hervor, daß in P_1 und P_2 keine Extrema liegen (eigentliche Extrema können hier ohnehin nicht liegen!). In dem von den Höhenlinien gebildeten abgeschlossenen Dreieck muß f nach Satz 123.2 ein Extremum haben, d.h. es folgt auch so, daß in P_3 ein Extremum liegen muß; da $f(P_3) > 0$, handelt es sich um ein Maximum.

3. Aus den Gleichungen $f_x(x, y) = 0$ und $f_y(x, y) = 0$ berechnet man den Punkt $P_1 = (\frac{1}{2}, 1) \in D$.
Die Punkte von C, die nicht innere Punkte von C sind, müssen gesondert untersucht werden, sie bilden die drei C begrenzenden Geraden (Bild 391.1).
1) $-1 \leqq x \leqq 1$ und $y = 0$: $f(x, y) = f(x, 0) = x^2 - 2x$. Diese Funktion (einer Variablen) hat in $[-1, 1]$ relative Extrema bei -1 und 1, d.h. f kann in den Punkten $P_2 = (-1, 0)$ und $P_3 = (1, 0)$ Extrema haben.
2) $0 \leqq y \leqq 2$ und $x = 1$: $f(x, y) = f(1, y) = 1 + y + y^2 - 2 - \frac{5}{2}y$. Diese Funktion hat relative Extrema bei $y = 0$, $y = \frac{3}{4}$ und $y = 2$, d h. f kann in den Punkten $P_3 = (1, 0)$, $P_4 = (1, \frac{3}{4})$ und $P_5 = (1, 2)$ Extrema haben.
3) $y = x + 1$ und $-1 \leqq x \leqq 1$: $f(x, y) = 3x^2 - \frac{3}{2}x - \frac{3}{2}$. Diese Funktion hat in $[-1, 1]$ relative Extrema bei $x = -1$, $x = 1$ und $x = \frac{1}{4}$, d.h. f kann in den Punkten $P_6 = (-1, 0)$, $P_7 = (1, 2)$ oder $P_8 = (\frac{1}{4}, \frac{5}{4})$ Extrema haben.

Die folgende Tabelle enthält die zu den P_i gehörenden Funktionswerte $f(P_i)$:

P_i	$(\frac{1}{2}, 1)$	$(-1, 0)$	$(1, 0)$	$(1, \frac{3}{4})$	$(1, 2)$	$(\frac{1}{4}, \frac{5}{4})$
$f(P_i)$	$-\frac{7}{4}$	3	-1	$-\frac{25}{16}$	0	$-\frac{27}{16}$

a) f hat auf C in P_2 ein absolutes Maximum und in P_1 ein absolutes Minimum.
b) f hat in D kein absolutes Maximum, da $P_2 \notin D$ und f stetig in C ist, in P_1 hat f ein absolutes Minimum in D.

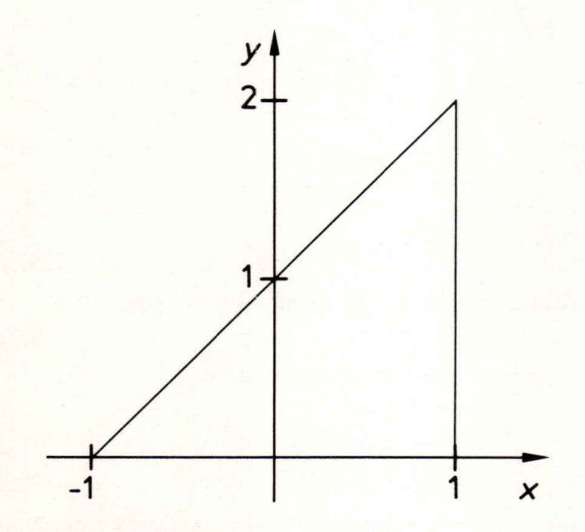

391.1 Zu Aufgabe 3

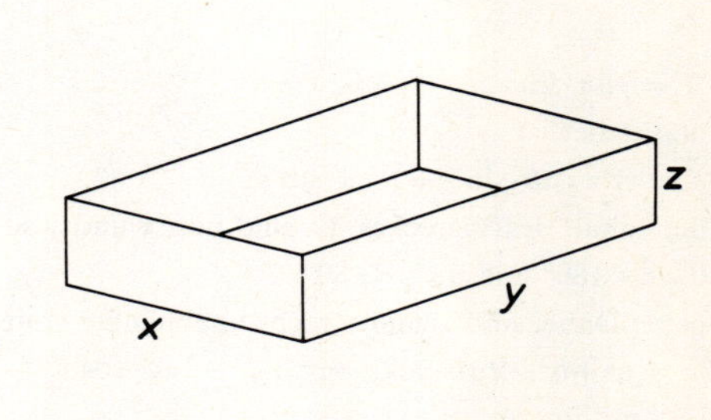

391.2 Zu Aufgabe 6

4. Setzt man $x - 3 = r \cdot \cos\varphi$ und $y + 1 = r \cdot \sin\varphi$, so erhält man $f(x, y) = r \cdot (r^2 - 4)$. Daher liegt bei $r = 0$, d.h. im Punkte $(3, -1)$ ein relatives Maximum von f. Die Punkte auf der Kreislinie ($r = 2$) sind relative Minima, natürlich uneigentliche.

5. Das Minimum von $f(x, y, z)=x+y+z$ unter den Nebenbedingungen $x^2+y^2+z^2=1$ und $x^2+y^2=\frac{1}{2}$ ist zu berechnen. Die Multiplikatorenregel von Lagrange liefert das Gleichungssystem

$$1+2\lambda x+2\mu x =0$$
$$1+2\lambda y+2\mu y =0$$
$$1+2\lambda z =0$$
$$x^2+y^2+z^2-1 =0$$
$$x^2+y^2-\tfrac{1}{2} =0.$$

Das System hat die vier Lösungen $P_1=(\frac{1}{2}, \frac{1}{2}, \sqrt{\frac{1}{2}})$, $P_2=(-\frac{1}{2}, -\frac{1}{2}, \sqrt{\frac{1}{2}})$, $P_3=(\frac{1}{2}, \frac{1}{2}, -\sqrt{\frac{1}{2}})$ und $P_4=(-\frac{1}{2}, -\frac{1}{2}, -\sqrt{\frac{1}{2}})$. Vergleich der Funktionswerte $f(P_i)$ zeigt, daß in P_1 das Maximum liegt mit $f(P_1)=1+\sqrt{\frac{1}{2}}=1{,}707\ldots$ und in P_4 das Minimum liegt mit $f(P_4)=-f(P_1)$.

6. Sind x, y und z die Kantenlängen, so ist $V=xyz=32$ und die Oberfläche $f(x, y, z)=xy+2xz+2yz$ (Bild 391.2). Es ist das Minimum von $f(x, y, z)$ unter der Nebenbedingung $xyz-32=0$ zu bestimmen, wobei natürlich x, y und z positiv sind.

   Mit der Multiplikatoren-Regel von Lagrange erhält man die Lösung $x=y=4$ und $z=2$. Die Oberfläche ist $48\ \mathrm{m}^2$.

7. Es seien A, B, C und D die Ecken des Viereckes, x bzw. y die Winkel bei B bzw. D (s. Bild 392.1). Dann gilt für den Inhalt A_1 des Dreieckes ABC bzw. A_2 von ACD:

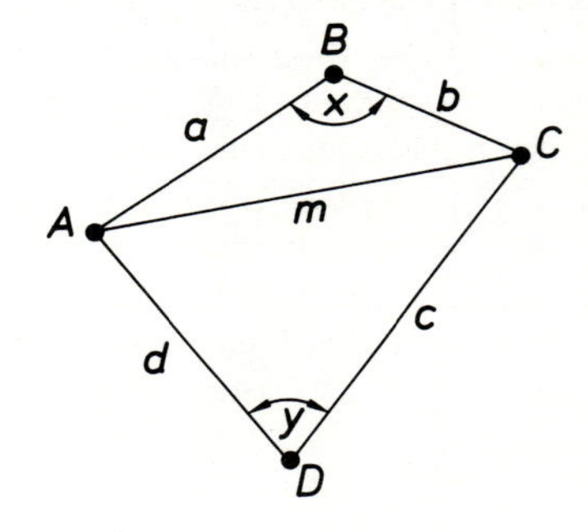

392.1 Zu Aufgabe 7

$$A_1=\tfrac{1}{2}ab\cdot\sin x, \qquad A_2=\tfrac{1}{2}cd\cdot\sin y$$

und daher ist

$$f(x, y)=\tfrac{1}{2}ab\cdot\sin x+\tfrac{1}{2}\cdot cd\cdot\sin y \tag{392.1}$$

der Inhalt des Viereckes. Es sind nun x und y so zu bestimmen, daß $f(x, y)$ maximal wird, wobei o.B.d.A.

$$0<x<180^\circ \text{ und } 0<y<180^\circ \tag{392.2}$$

gelte. Dabei sind x und y nicht unabhängig voneinander, denn nach dem Kosinussatz ist

$$m^2=a^2+b^2-2ab\cdot\cos x=c^2+d^2-2cd\cdot\cos y$$

und mithin gilt

$$g(x, y)=a^2+b^2-c^2-d^2-2ab\cdot\cos x+2cd\cdot\cos y=0. \tag{392.3}$$

Es ist also das Maximum von f unter der Nebenbedingung $g(x, y)=0$ zu berechnen. Mit $F=f+\lambda g$ erhält man für (148.1) und (148.2)

$$\frac{\partial F}{\partial x}=\tfrac{1}{2}ab\cdot\cos x+2\lambda ab\cdot\sin x=0 \tag{392.4}$$

$$\frac{\partial F}{\partial y}=\tfrac{1}{2}cd\cdot\cos y-2\lambda cd\cdot\sin y=0 \tag{392.5}$$

$g \quad = a^2 + b^2 - c^2 - d^2 - 2ab \cdot \cos x + 2cd \cdot \cos y = 0.$ (393.1)

Da $ab \neq 0$ und $cd \neq 0$, bekommt man aus (392.4) bzw. (392.5)

$\cos x + 4\lambda \cdot \sin x = 0$

$\cos y - 4\lambda \cdot \sin y = 0.$

Elimination von λ aus diesen Gleichungen ergibt

$\cos x \cdot \sin y + \sin x \cdot \cos y = 0.$ (393.2)

Nach dem Additionstheorem (97.1) aus Band 1 ist die linke Seite dieser Gleichung gleich $\sin(x+y)$, so daß man

$\sin(x+y) = 0$ (392.3)

bekommt. Nach (392.2) hat diese Gleichung die Lösung

$x + y = 180°.$ (393.4)

Da die Winkelsumme im Viereck 360° beträgt, zeigt das übrigens, daß im gesuchten Fall möglichst großen Flächeninhaltes die vier Eckpunkte auf einem Kreis liegen. Aus (392.3) folgt $\cos x = -\cos y$, und daher aus (393.1)

$$\cos x = \frac{a^2 + b^2 - c^2 - d^2}{2(ab + cd)} \qquad (393.5)$$

woraus x bestimmt werden kann unter Beachtung von (392.2).

8. $(3, -2)$ ist der tiefste Punkt, $(-3, 2)$ ist der höchste Punkt.

9. R ist so zu bestimmen, daß $f(R) = \sum_{i=1}^{6} \left(\frac{1}{R} U_i - I_i\right)^2$ ein Minimum wird. $f'(R) = 0$ liefert $R \approx 4993\,\Omega$.

10. Es ist $\operatorname{grad} f(x, y, z) = (2y^3, 6xy^2 - z^2, -2yz)$ und daher $\operatorname{grad} f(P) = (2, 11, 2)$.

    a) $\frac{\partial f}{\partial \vec{a}}(P) = \frac{\vec{a}}{|\vec{a}|} \cdot \operatorname{grad} f(P) = \frac{4}{5}\sqrt{10} \approx 2{,}53.$

    b) $\frac{\partial f}{\partial(-\vec{a})}(P) = -\frac{\partial f}{\partial \vec{a}}(P) = -\frac{4}{5}\sqrt{10}.$

    c) Am größten in Richtung des Gradienten $(2, 11, 2)$, die Ableitung in dieser Richtung ist $\sqrt{129} \approx 11{,}36$. Am kleinsten in entgegengesetzter Richtung $-(2, 11, 2)$ mit der Richtungsableitung $-\sqrt{129}$.

11. Die erste Koordinate von $\operatorname{grad} fg$ ist $(fg)_x = f_x \cdot g + f \cdot g_x$, die erste von $f \cdot \operatorname{grad} g + g \cdot \operatorname{grad} f$ ist ebenfalls $f \cdot g_x + g \cdot f_x$. Entsprechendes gilt für die beiden anderen Koordinaten.

12. Nach der Kettenregel (154.1) und (154.2) ist.

$$u_x = u_r \cdot r_x + u_\varphi \cdot \varphi_x = 2r \cdot \cos\varphi - 16 \cdot \sin 2\varphi \cdot \frac{1}{r} \cdot \sin\varphi,$$

$$u_y = u_r \cdot r_y + u_\varphi \cdot \varphi_y = 2r \cdot \sin\varphi - 16 \cdot \sin 2\varphi \cdot \frac{1}{r} \cos\varphi.$$

13. Nach der Kettenregel gilt

$u_x(x, t) = f'(x + ct) + g'(x - ct),$

$u_{xx}(x, t) = f''(x + ct) + g''(x - ct),$

$u_t(x, t) = f'(x + ct) \cdot c - g'(x - ct) \cdot c,$

$u_{tt}(x, t) = f''(x + ct) \cdot c^2 + g''(x - ct) \cdot c^2.$

Hieraus folgt in der Tat $u_{tt} = c^2 \cdot u_{xx}$.

14. g ist in $\mathbb{R}^2$ stetig und es gilt

$g_x(x, y) = 4x \cdot (x^2 + y^2 - 4)$ und $g_y(x, y) = 4y \cdot (x^2 + y^2 + 4).$ (393.6)

Daher sind g_x und g_y in $\mathbb{R}^2$ stetig. Es gilt $g_y(x, y) = 0$ genau dann, wenn $y = 0$. Aus $g(x, y) = 0$ folgt dann $x = 0$ oder $x = \pm\sqrt{8}$. In diesen drei Punkten $(0, 0)$, $(-\sqrt{8}, 0)$ und $(\sqrt{8}, 0)$ läßt sich aufgrund von Satz 163.1 über implizite

Funktionen keine Aussage über die Auflösbarkeit von $g(x, y)=0$ nach y machen. Nach dem Satz über implizite Funktionen gilt in jedem anderen Punkt (x, y), in dem $g(x, y)=0$ ist: Diese Gleichung ist in einer Umgebung von x nach y auflösbar mit der Lösung $y=f(x)$, für die gilt

$$f'(x)=-\frac{g_x(x, y)}{g_y(x, y)}=-\frac{x}{y}\cdot\frac{x^2+y^2-4}{x^2+y^2+4}. \tag{394.1}$$

Daher ist $f'(x)=0$ genau dann, wenn $x=0$ oder $x^2+y^2=4$ ist. $x=0$ liefert wegen $g(x, y)=0$ auch $y=0$, einen der ausgeschlossenen Punkte (hier verschwinden Zähler und Nenner von $f'(x)$). $x^2+y^2=4$ liefert wegen $g(x, y)=0$ die Werte $y=-1$ oder $y=1$. Also gilt $f'(x)=0$ in diesen vier Kurvenpunkten: $(\sqrt{3}, 1)$, $(\sqrt{3}, -1)$, $(-\sqrt{3}, 1)$ und $(-\sqrt{3}, -1)$. Diese Kurve ist auch in Band 2, Beispiel 186.2 behandelt, hier ist $a=\sqrt{8}$, es handelt sich um eine Lemniskate. Im Bild 187.1a aus Band 2 findet man diese vier Punkte, die relative Extrema der durch $g(x, y)=0$ definierten Lemniskate sind, der Punkt $(0, 0)$ erweist sich als sogenannter Doppelpunkt der Kurve.

15. Nach der Leibnizschen Regel, Satz 166.1, gilt (wir lassen die Argumente z.T. der besseren Übersichtlichkeit wegen fort):

$$w_x=\int_a^x f'((u-x)\cdot(u-y))\cdot(-u+y)\cdot g(u)\,du+f(0)\cdot g(x)+\int_b^y f'((u-x)\cdot(u-y))\cdot(-u+y)\cdot h(u)\,du,$$

$$w_{xy}=\int_a^x [f''((u-x)\cdot(u-y))\cdot(-u+x)\cdot(-u+y)+f'((u-x)\cdot(u-y))]\cdot g(u)\,du$$

$$+\int_b^y [f''((u-x)\cdot(u-y))\cdot(-u+x)\cdot(-u+y)+f'((u-x)\cdot(u-y))]\cdot h(u)\,du.$$

Hieraus folgt, wenn abkürzend $(u-x)\cdot(u-y)=t$ gesetzt wird:

$$w_{xy}-w=\int_a^x [f''(t)\cdot t+f'(t)-f(t)]\cdot g(u)\,du+\int_b^y [f''(t)\cdot t+f'(t)-f(t)]\cdot h(u)\,du.$$

Nach Voraussetzung ist die in der eckigen Klammer stehende Summe für alle $t\in\mathbb{R}$ Null, so daß auch $w_{xy}-w=0$ ist.

16. a) Da $P_y(x, y)=x^2$ und $Q_x(x, y)=2xy$, ist die Integrabilitätsbedingung für diese Differentialform nicht erfüllt, sie ist daher kein totales Differential.

b) Es ist $P_y=Q_x$, die Integrabilitätsbedingung also erfüllt. Um eine Funktion f zu bestimmen, deren totales Differential die gegebene Differentialform ist, haben wir die zwei Gleichungen $f_x=P$ und $f_y=Q$ zu lösen. Aus $f_x(x, y)=P(x, y)=y\mathrm{e}^x+2xy$ folgt $f(x, y)=y\mathrm{e}^x+x^2y+g(y)$, mit einer geeigneten Funktion g, die nicht von x abhängt. Daraus folgt $f_y(x, y)=\mathrm{e}^x+x^2+g'(y)=Q(x, y)=\mathrm{e}^x+x^2+y^4$. Daher ist $g'(y)=y^4$ und $g(y)=\frac{1}{5}y^5+c$ für jede Zahl $c\in\mathbb{R}$. Daher ist für jede Zahl c die Funktion f mit $f(x, y)=y\mathrm{e}^x+x^2y+\frac{1}{5}y^5$ eine solche, deren totales Differential df die gegebene Differentialform ist.

17. a) Es ist $\frac{\partial}{\partial T}\left(\frac{\mathrm{R}T}{V}\right)=\frac{\mathrm{R}}{V}$ und $\frac{\partial}{\partial V}c(T)=0$, daher ist die Integrabilitätsbedingung nicht erfüllt, δQ also kein totales Differential. In der Wärmelehre besagt dieses Ergebnis, daß die dem Gase zugeführte Wärmemenge keine Zustandsgröße ist, d.h. nicht nur vom (durch V und T) gekennzeichneten Zustand des Gases abhängt, sondern auch davon, wie es in diesen Zustand gekommen ist, vom „Vorleben" sozusagen.

b) Damit $f(T)\cdot\delta Q$ totales Differential ist, muß nach der Integrabilitätsbedingung gelten $\frac{\partial}{\partial T}\left(f(T)\cdot\frac{\mathrm{R}T}{V}\right)=\frac{\partial}{\partial V}(f(T)\cdot c(T))$. Die rechte Seite verschwindet, es ergibt sich daher $f'(T)\cdot\frac{\mathrm{R}T}{V}+f(T)\cdot\frac{\mathrm{R}}{V}=0$, also $f'(T)=-\frac{1}{T}\cdot f(T)$. Die Funktion f mit $f(T)=\frac{1}{T}$ hat diese Eigenschaft $\left(\text{weitere sind } f(T)=\frac{a}{T} \text{ für jede Zahl } a\text{, das sind allerdings auch alle}\right)$. Also ist $dS=\frac{\delta Q}{T}=\frac{\mathrm{R}}{V}dV+\frac{c(T)}{T}dT$ totales Differential einer Funktion S von (V, T).

c) Ist $c(T)=c_V$ konstant, so ist $\frac{\partial S}{\partial V}=\frac{R}{V}$, also $S=R\cdot\ln V+g(T)$, ferner ist $\frac{\partial S}{\partial T}=c_V=g'(T)$, also $g(T)=c_V\cdot\ln T$.
Daher bekommt man $S=R\cdot\ln V+c_V\cdot\ln T$. S heißt die **Entropie** des Gases.

2.3

1. $^G\!\int f\,dg=\int\limits_2^5\int\limits_0^{\sqrt{x}}(x+2xy)\,dy\,dx=\frac{2}{5}\sqrt{5}^5+\frac{1}{3}\cdot 5^3-\frac{2}{5}\sqrt{2}^5-\frac{1}{3}\cdot 2^3=59{,}09\ldots.$

2. G ist die obere Hälfte des Einheitskreises, daher ist die Beschreibung von G in Polarkoordinaten durch $0\leqq r\leqq 1$ und $0\leqq\varphi\leqq\pi$ gegeben. Ferner ist in Polarkoordinaten $dg=r\,dr\,d\varphi$. Damit ist wegen $f(x,y)=r\cdot\cos\varphi+r\cdot\sin\varphi$
$^G\!\int f\,dg=\int\limits_0^{\pi}\int\limits_0^{1}r(\cos\varphi+\sin\varphi)\cdot r\,dr\,d\varphi=\frac{2}{3}.$

3. Die Darstellung von G in Polarkoordinaten entnimmt man Bild 395.1: $0\leqq\varphi\leqq\pi$ und $0\leqq r\leqq R\cdot\sin\varphi$. Ferner sind in Polarkoordinaten $dg=r\,dr\,d\varphi$ und $f(x,y)=r^2$. Damit bekommt man
$^G\!\int f\,dg=\int\limits_0^{\pi}\int\limits_0^{R\cdot\sin\varphi}r^2 r\,dr\,d\varphi=\frac{3}{32}\pi R^4.$

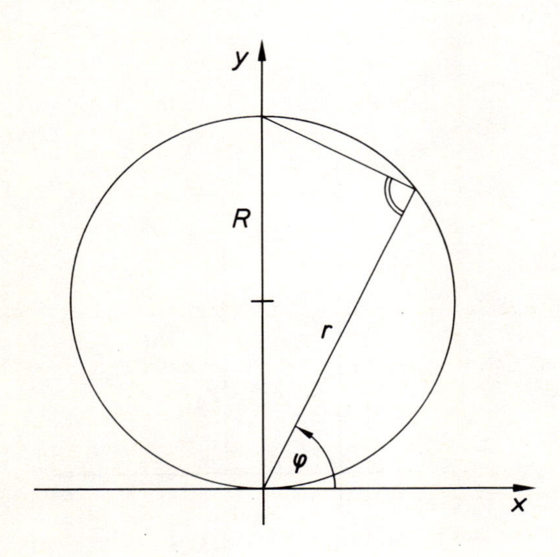

395.1 Zu Aufgabe 3

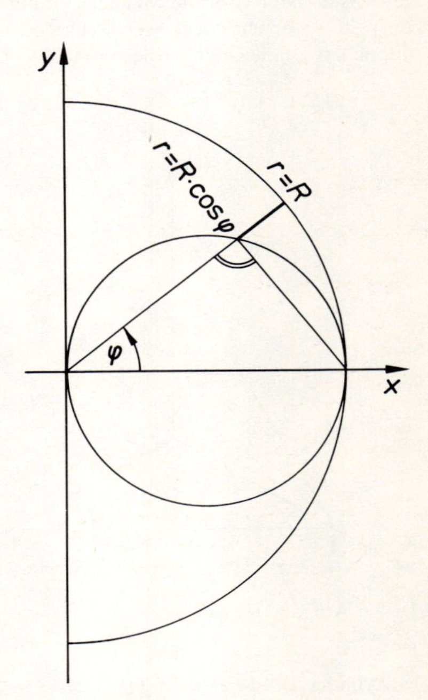

395.2 Zu Aufgabe 4

4. a) Bild 395.2 entnimmt man die Polarkoordinatendarstellung von G (Satz von Thales): G besteht aus der durch die Ungleichungen $R\cdot\cos\varphi\leqq r\leqq R$ und $0\leqq\varphi\leqq\frac{1}{2}\pi$ sowie $R\cdot\cos\varphi\leqq r\leqq R$ und $\frac{3}{2}\pi\leqq\varphi\leqq 2\pi$ beschriebenen Menge. Diese zwei Ungleichungspaare lassen sich auch durch das eine Paar $R\cdot\cos\varphi\leqq r\leqq R$ und $-\frac{1}{2}\pi\leqq\varphi\leqq\frac{1}{2}\pi$ beschreiben.

b) $^G\!\int f\,dg=\int\limits_{-\frac{\pi}{2}}^{\frac{\pi}{2}}\int\limits_{R\cdot\cos\varphi}^{R}r^3\,dr\,d\varphi=\frac{5}{32}\pi\cdot R^4.$

c) Der Flächeninhalt A von G ist $\frac{1}{2}\cdot R^2\pi-\frac{1}{4}R^2\pi=\frac{1}{4}R^2\pi$. Damit ergibt sich für den Schwerpunkt:

$$x_s=\frac{1}{A}\cdot {}^G\!\!\int x\,\mathrm{d}g=\frac{1}{A}\int\limits_{-\frac{\pi}{2}}^{\frac{\pi}{2}}\int\limits_{R\cdot\cos\varphi}^{R} r\cdot\cos\varphi\cdot r\,\mathrm{d}r\,\mathrm{d}\varphi=\frac{4}{3\pi}R\cdot(2-\tfrac{3}{8}\pi),$$

und aus Symmetriegründen $y_s=0$.

d) Mit den Bezeichnungen von c) ist nach der ersten Guldinschen Regel das Volumen gleich $2\pi A x_s=\frac{2}{3}\pi\cdot(2-\frac{3}{8}\pi)\cdot R^3$.

5. Der Würfel wird durch $-\frac{a}{2}\leqq x\leqq\frac{a}{2}$, $-\frac{a}{2}\leqq y\leqq\frac{a}{2}$, $-\frac{a}{2}\leqq z\leqq\frac{a}{2}$ in kartesischen Koordinaten beschrieben. Daher ist

$${}^K\!\!\int f\,\mathrm{d}k=\int\limits_{-\frac{a}{2}}^{\frac{a}{2}}\int\limits_{-\frac{a}{2}}^{\frac{a}{2}}\int\limits_{-\frac{a}{2}}^{\frac{a}{2}}(x^3+x\mathrm{e}^z)\,\mathrm{d}z\,\mathrm{d}y\,\mathrm{d}x=0.$$

Dieses Resultat hätte man auch aus der Tatsache schließen können, daß f eine in x ungerade Funktion ist und K zur y, z-Ebene symmetrisch ist.

6. Nach Bild 396.1 wird die Menge K in der x, y-Ebene durch die durch die zwei Ungleichungen $0\leqq x\leqq 1$ und $0\leqq y\leqq 1-x$ beschriebene Menge (Dreieck) begrenzt, in z-Richtung durch $0\leqq z\leqq 1-x-y$ festgelegt. Diese drei doppelten Ungleichungen bestimmen K. Daher ist

$${}^K\!\!\int f\,\mathrm{d}k=\int\limits_0^1\int\limits_0^{1-x}\int\limits_0^{1-x-y}(2x+y+z)\,\mathrm{d}z\,\mathrm{d}y\,\mathrm{d}x=\tfrac{1}{6}.$$

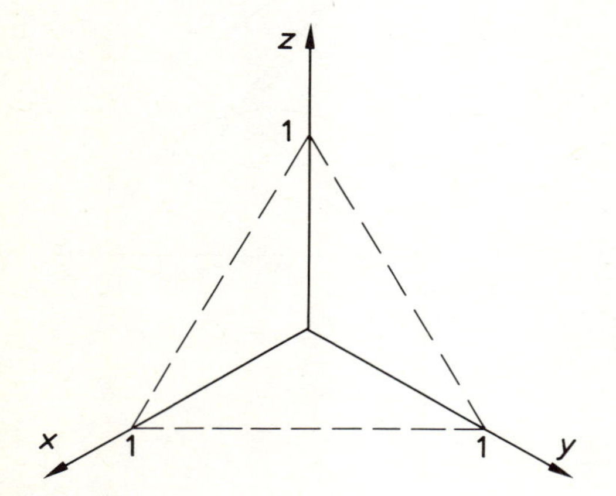

396.1 Zu Aufgabe 6

396.2 Zu Aufgabe 9

7. In Zylinderkoordinaten ist $f(x, y, z)=r^2+z^2$, $\mathrm{d}k=r\,\mathrm{d}r\,\mathrm{d}\varphi$, und K wird durch $0\leqq r\leqq R$, $0\leqq\varphi\leqq 2\pi$, $0\leqq z\leqq h$ beschrieben. Daher erhält man

$${}^K\!\!\int f\,\mathrm{d}k=\int\limits_0^R\int\limits_0^{2\pi}\int\limits_0^h(r^2+z^2)\cdot r\,\mathrm{d}z\,\mathrm{d}\varphi\,\mathrm{d}r=\tfrac{1}{6}\pi R^2 h\cdot(3R^2+2h^2).$$

8. Wir verwenden Kugelkoordinaten. Dann ist (s. (183.1)) $f(x, y, z)=r^2\cdot\sin^2\vartheta$ und $\mathrm{d}k=r^2\cdot\sin\vartheta\,\mathrm{d}r\,\mathrm{d}\varphi\,\mathrm{d}\vartheta$, ferner ist die Kugel K durch $0\leqq r\leqq R$, $0\leqq\varphi\leqq 2\pi$, $0\leqq\vartheta\leqq\pi$ beschrieben. Daher bekommt man

$${}^K\!\!\int f\,\mathrm{d}k=\int\limits_0^R\int\limits_0^{2\pi}\int\limits_0^{\pi} r^2\cdot\sin^2\vartheta\cdot r^2\cdot\sin\vartheta\,\mathrm{d}\vartheta\,\mathrm{d}\varphi\,\mathrm{d}r=\tfrac{8}{15}\pi R^5.$$

9. Wir beschreiben den herausgebohrten Teil K^* in Zylinderkoordinaten: In der x, y-Ebene erhält man als untere Begrenzung nach Bild 197.1 (s. Aufgabe 3) den Kreis mit der Beschreibung $0\leqq\varphi\leqq\pi$ und $0\leqq r\leqq R\cdot\sin\varphi$. Zur

Beschreibung des herausgebohrten Teiles „läuft" z vom Kegelmantel zur Höhe h: $z_0 \leqq z \leqq h$. Hierin ist nach Bild 396.2: $\frac{z_0}{r} = \frac{h}{R}$, also $z_0 = r \cdot \frac{h}{R}$. Daher bekommt man als Volumen V^* des herausgebohrten Teiles K^*:

$$V^* = {}^{K^*}\!\!\int \mathrm{d}k = \int_0^{\pi} \int_0^{R\cdot\sin\varphi} \int_{\frac{h}{R}\cdot r}^{h} r\,\mathrm{d}z\,\mathrm{d}r\,\mathrm{d}\varphi = \left(\tfrac{1}{4}\pi - \tfrac{4}{9}\right)\cdot R^2 h$$

und daher, da $\frac{1}{3}\pi R^2 h$ das Volumen des Kegels ist, als gesuchtes Volumen V des Restkörpers $\frac{1}{3}\pi R^2 h - V^* = \left(\frac{1}{12}\pi + \frac{4}{9}\right)\cdot R^2 h$.

10. Wählt man Zylinderkoordinaten mit der z-Achse als Drehachse (s. Beispiel 104.3), so erhält man nach (185.4) wegen $x^2 + y^2 = r^2$ und $\mathrm{d}k = r\,\mathrm{d}r\,\mathrm{d}\varphi\,\mathrm{d}z$ für das gesuchte Trägheitsmoment θ:

$$\theta = {}^{K}\!\!\int r^2 r \rho\,\mathrm{d}r\,\mathrm{d}\varphi\,\mathrm{d}z = \int_0^{R} \int_0^{2\pi} \int_{\frac{h}{R}r}^{h} \rho r^3\,\mathrm{d}z\,\mathrm{d}\varphi\,\mathrm{d}r = \tfrac{3}{10} M R^2,$$

wobei $M = \frac{1}{3}\pi R^2 h \cdot \rho$ die Masse des Körpers ist.

11. Nach dem Satz von Steiner und Aufgabe 10 erhält man
$\theta = \frac{3}{10} M R^2 + M R^2 = \frac{13}{10} M R^2$.

12. Das Koordinatensystem sei so gelegt, wie in Bild 397.1 gezeigt, dabei liege die Drehachse in der x, z-Ebene. Der Abstand des Punktes $P = (x, y, z)$ von der Drehachse sei a, sein Abstand von der z-Achse r, wenn

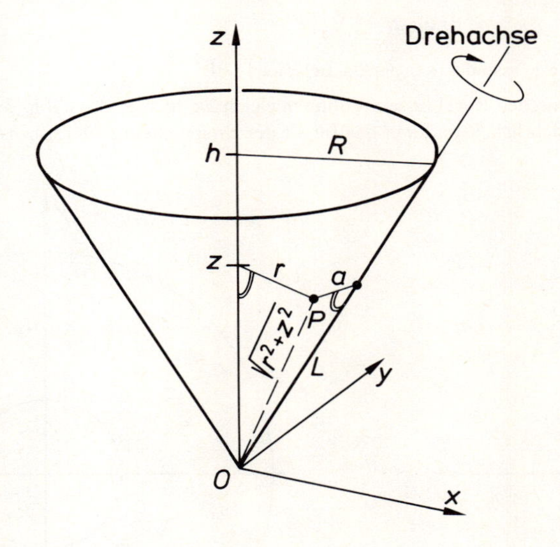

397.1 Zu Aufgabe 12

Zylinderkoordinaten verwendet werden. Man entnimmt dem Bild, daß $L^2 = r^2 + z^2 - a^2$ ist. Ferner ist L die Länge der Projektion des Ortsvektors von P auf die Drehachse, also die von (x, y, z) auf $(R, 0, h)$ – man beachte, daß die Drehachse in der x, z-Ebene liegt. Daher ist

$$L = \frac{1}{\sqrt{R^2 + h^2}} \cdot (x, y, z) \cdot (R, 0, h) = \frac{1}{\sqrt{R^2 + h^2}} \cdot (R r \cdot \cos\varphi + z h),$$

wenn Zylinderkoordinaten verwendet werden. Setzt man $b = \sqrt{R^2 + h^2}$, so folgt aus dieser Gleichung und der vorigen

$$L^2 = r^2 + z^2 - a^2 = \frac{1}{b^2} \cdot (R r \cdot \cos\varphi + z h)^2,$$

daher hat man für den Abstand a des Punktes P von der Drehachse

$$a^2 = r^2 + z^2 - \frac{1}{b^2} \cdot (R^2 r^2 \cdot \cos\varphi + z^2 h^2 - 2Rhrz \cdot \cos\varphi). \tag{398.1}$$

Da der Kegel in Zylinderkoordinaten durch

$$0 \leqq r \leqq R, \quad 0 \leqq \varphi \leqq 2\pi, \quad \frac{h}{R} r \leqq z \leqq h \tag{398.2}$$

beschrieben wird und $dk = r\,dr\,d\varphi\,dz$ gilt, folgt für das gesuchte Trägheitsmoment nach (187.4)

$$\theta = {}^K\!\!\int a^2 \cdot \rho\, dk = \rho \cdot \int_0^R \int_{\frac{h}{R}r}^{h} \int_0^{2\pi} \left[r^2 + z^2 - \frac{1}{b^2}(R^2 r^2 \cos^2\varphi + z^2 h^2 - 2Rhrz \cdot \cos\varphi) \right] \cdot r\, d\varphi\, dz\, dr$$

$$= \rho \cdot \frac{2\pi}{b^2} \int_0^R \int_{\frac{h}{R}r}^{h} [b^2 r^3 + b^2 z^2 r - \tfrac{1}{2} R^2 r^3 - h^2 z^2 r]\, dz\, dr = \tfrac{3}{20} M R^2 \cdot \frac{R^2 + 6h^2}{R^2 + h^2},$$

wobei $M = \rho \frac{\pi}{3} R^2 h$ die Masse des Kegels ist.

13. Wir verwenden Zylinderkoordinaten. Dann ist in (185.4): $a^2 = r^2$. Mit den aus Beispiel 187.1 bekannten Grenzen erhalten wir das Trägheitsmoment

$$\theta = {}^K\!\!\int r^2 \rho\, dk = \rho \cdot \int_a^R \int_0^{2\pi} \int_{-\sqrt{R^2 - r^2}}^{\sqrt{R^2 - r^2}} r^3\, dz\, d\varphi\, dr = \tfrac{1}{5} M (2R^2 + 3a^2).$$

Hierin ist $M = \rho \cdot V$ die Masse des Körpers, s. Beispiel 187.1.

14. Nach der ersten Guldinschen Regel ist sein Volumen gleich $2\pi \cdot a^2 \pi \cdot R$, da (s. Bild 398.1) die x-Koordinate des Schwerpunktes offensichtlich R und $a^2 \pi$ der Inhalt des entsprechenden Kreises ist.

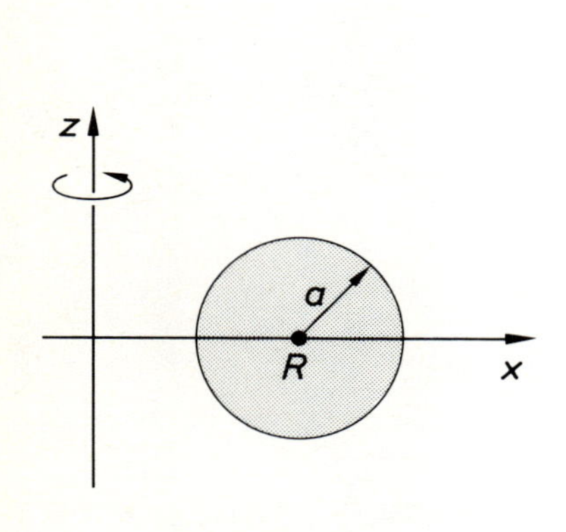

398.1 Zu Aufgabe 14 und 15

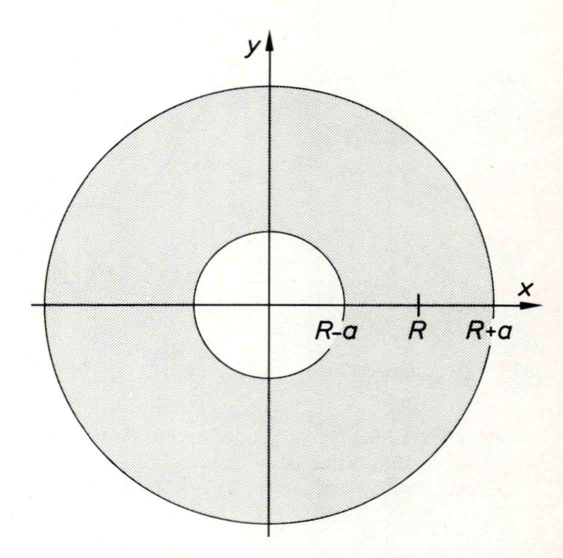

398.2 Zu Aufgabe 15

15. Wir wählen Zylinderkoordinaten, die z-Achse als Drehachse, der Torus liege wie in Beispiel 117.1 bzw. Bild 398.1. Dann wird der Torus durch folgende Ungleichungen beschrieben (s. Bild 398.2):

$0 \leqq \varphi \leqq 2\pi$ und $R-a \leqq r \leqq R+a$ und $-\sqrt{a^2-(r-R)^2} \leqq z \leqq \sqrt{a^2-(r-R)^2}$.
Daher bekommen wir für sein Trägheitsmoment

$$\theta = \rho \cdot \int_0^{2\pi} \int_{R-a}^{R+a} \int_{-\sqrt{a^2-(r-R)^2}}^{\sqrt{a^2-(r-R)^2}} r^3 \, dz \, dr \, d\varphi = \mathrm{M} \cdot (\mathrm{R}^2 + \tfrac{3}{4} a^2),$$

worin $M = \rho \cdot V = 2\pi^2 \rho a^2 R$ die Masse des Torus ist (s. Aufgabe 14).

16. Wir rechnen in Zylinderkoordinaten. Dann ist (s. Bild 196.1) das Trägheitsmoment

$$\theta = {}^K\!\!\int a^2 \cdot \rho \, dk = \rho \cdot \int_0^R \int_0^{2\pi} \int_0^h r^2 \cdot c \cdot (r^2 + r_0^2) \cdot r \, dz \, d\varphi \, dr = \tfrac{1}{6} \pi c h R^4 \cdot (2R^2 + 3r_0^2).$$

17. Wir berechnen den Schwerpunkt der oberen Hälfte der Kugel mit dem Mittelpunkt (0, 0, 0). Aus Symmetriegründen ist dann $x_s = y_s = 0$. Nach (185.3) ist ferner

$$z_s = \frac{1}{M} \cdot {}^K\!\!\int z \, dm. \tag{399.1}$$

Wir verwenden Kugelkoordinaten. Dann ist die Halbkugel K durch

$0 \leqq r \leqq R$ und $0 \leqq \varphi \leqq 2\pi$ und $0 \leqq \vartheta \leqq \tfrac{1}{2}\pi$

beschrieben, ferner ist $dk = r^2 \cdot \sin \vartheta \, dr \, d\varphi \, d\vartheta$ (s. (182.1)). Damit erhalten wir aus (399.1) und $z = r \cdot \cos \vartheta$

$$z_s = \frac{1}{M} \rho \int_0^{\frac{1}{2}\pi} \int_0^{2\pi} \int_0^R r \cdot \cos \vartheta \cdot r^2 \cdot \sin \vartheta \, dr \, d\varphi \, d\vartheta = \tfrac{3}{16} R.$$

18. Der Zylinder liege wie der in Bild 196.1. Dann erhalten wir

$$\theta = \rho \cdot \int_0^h \int_0^{2\pi} \int_0^R r^2 r \, dr \, d\varphi \, dz = \tfrac{1}{2} M R^2,$$

worin M die Masse des Zylinders sei.

19. Nach dem Satz von Steiner und Aufgabe 18 erhalten wir für das Trägheitsmoment $\tfrac{1}{2} MR^2 + MR^2 = \tfrac{3}{2} MR^2$.

2.4

1. Der Vektor im Punkte (2, 1) ist $\vec{v}(2,1) = (3,1)$, er ist in Bild 399.1 mit seiner x- und y-Koordinate eingezeichnet. Die Vektoren in den Punkten auf der durch $y = -x$ bestimmten Geraden (im Bild gestrichelt) haben alle die x-Koordinate 0, sind also zur y-Achse parallel. „Unterhalb" dieser Geraden haben alle Vektoren negative, „oberhalb" positive x-Koordinate. Die y-Koordinate für jeden Vektor auf der y-Achse ist 0, diese Vektoren sind also zur x-Achse parallel, ferner ist $\vec{v}(0,0) = (0,0)$. Für alle anderen Punkte ist die y-Koordinate positiv.

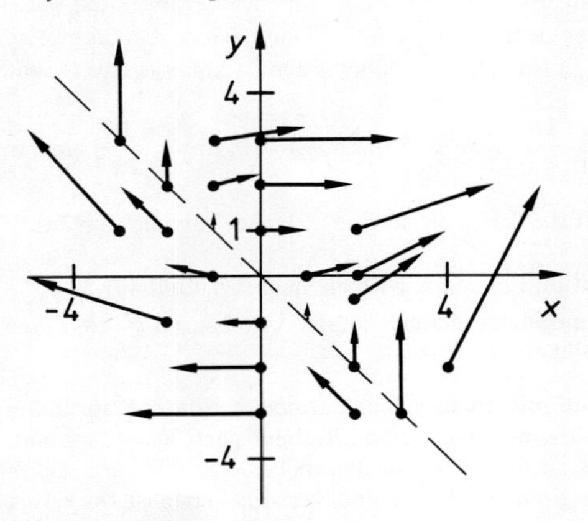

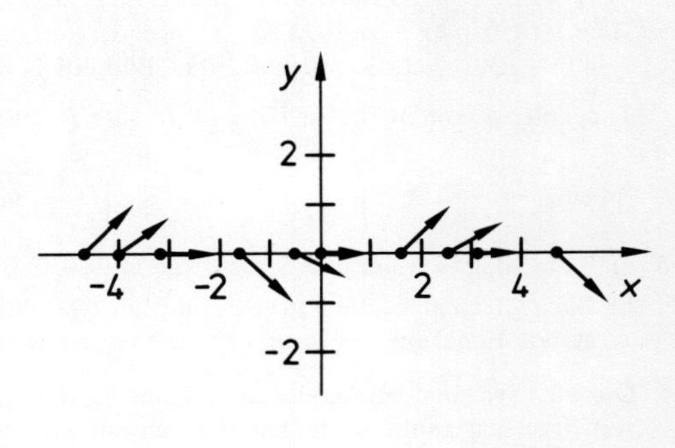

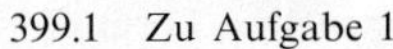
399.1 Zu Aufgabe 1

399.2 Zu Aufgabe 2

2. Alle Vektoren $\vec{v}$ des Feldes haben die x-Koordinate 1. Da $\vec{v}(x, y)$ nicht von y abhängt, sind Vektoren in Punkten mit gleicher x-Koordinate gleich. In Bild 399.2 sind daher nur Vektoren in Punkten auf der y-Achse skizziert.

3. Beide Vektorfelder sind im Zylinder $Z=\{(x, y, z) | x^2+y^2 \leqq 1\}$ definiert. Die Vektoren $\vec{v}$ der Felder haben die x- und y-Koordinate 0. Auf dem Rand von Z, d.h. dem Zylindermantel, ist $\vec{v}=\vec{0}$, im Innern von Z ist die z-Koordinate positiv, auf der z-Achse am größten, nämlich 1. Die Felder sind zur z-Achse symmetrisch (aber keine Zylinderfelder, da die Vektoren $\vec{v}$ zur z-Achse parallel sind, mit ihr also keinen rechten Winkel bilden). Da $\vec{v}$ nicht von z abhängt, sind auch Vektoren in Punkten mit gleichem x und y gleich: Jede zur x,y-Ebene parallele Schnittebene zeigt dasselbe Bild. Die Bilder 400.1 und 400.2 zeigen daher nur Schnitte in der x, z-Ebene.

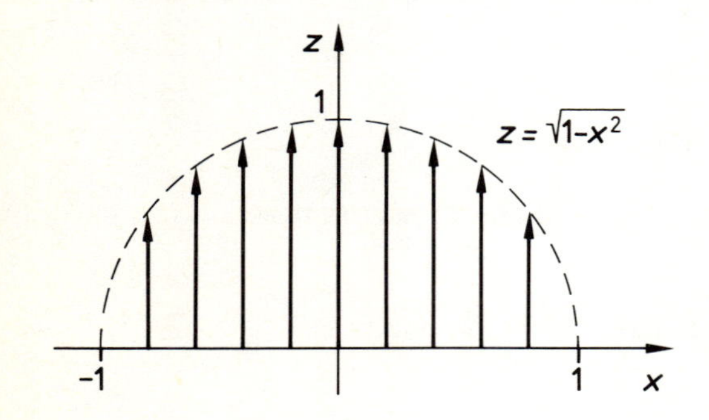

400.1 Zu Aufgabe 3a)

400.2 Zu Aufgabe 3b)

Durch Rotation um die z-Achse und Verschiebung parallel zur z-Achse entsteht daraus das vollständige Bild. Stellt man sich den Zylindermantel als Rohr vor, das von einer Flüssigkeit durchströmt wird (in z-Richtung), so ist wegen der Reibung i.allg. die Geschwindigkeit an der Wandung Null und in der Mitte am größten, außerdem ist sie symmetrisch zur Mittelachse verteilt. Das Geschwindigkeitsfeld einer solchen Strömung hat die Form, wie sie die Felder a) bzw. b) haben.

4. Es handelt sich um eine Art Schraubenlinie, deren „Ganghöhe" nach oben kleiner wird, die aber konstanten Radius R hat. Geht man von $\vec{r}(0)=(R, 0, 0)$ aus, so ist der erste Umlauf in $\vec{r}(2\pi)=(R, 0, \sqrt{2\pi}) =(R; 0; 2{,}50\ldots)$ beendet, dieser Punkt liegt 2,50... über dem Anfangspunkt. Der nächste Umlauf ist in $\vec{r}(4\pi)=(R, 0, \sqrt{4\pi})=(R; 0; 3{,}54\ldots)$ beendet, er liegt also 3,54... über dem Anfangspunkt und $3{,}54\ldots - 2{,}50\ldots = 1{,}03\ldots$ über $\vec{r}(2\pi)$ (s. Bild 401.1).
Tangentenvektor in $\vec{r}(t)$ ist $\dot{\vec{r}}(t)=\left(-R \cdot \sin t, R \cdot \cos t, \frac{1}{2} \cdot \sqrt{\frac{1}{t}}\right)$, also in $\vec{r}(2\pi)$: $\dot{\vec{r}}(2\pi)=\left(0, R, \frac{1}{2}\sqrt{\frac{1}{2\pi}}\right)$ und in $\vec{r}(4\pi)$: $\dot{\vec{r}}(4\pi)=\left(0, R, \frac{1}{2}\sqrt{\frac{1}{4\pi}}\right)$. Da $\sqrt{\frac{1}{4\pi}}<\sqrt{\frac{1}{2\pi}}$, verläuft die Tangente in $\vec{r}(4\pi)$ „flacher" als die in $\vec{r}(2\pi)$.

5. a) Es handelt sich um eine Spirale, die in $(0, 0, 0)$ beginnt und in der x, y-Ebene liegt (vgl. Bild 401.2).
   b) Für $t \leqq 0$ entsteht die Kurve aus der für $t \geqq 0$ durch Spiegelung letzterer an der x-Achse, da $t^2 \cdot \cos t$ eine gerade Funktion in t ist und $t^2 \cdot \sin t$ ungerade (vgl. Bild 401.2).

6. Diese Kurve entsteht aus der in Aufgabe 5a dadurch, daß mit wachsendem Parameter t die z-Koordinate von $\vec{r}(t)$ linear zunimmt. Es handelt sich um eine Art Schraubenlinie, deren „Radius" nach oben zunimmt. Sie liegt auf einer Fläche, die entsteht, wenn die in der x, z-Ebene liegende Parabel $z=\sqrt{x}$ um die z-Achse rotiert. Ihre „Ganghöhe" ist konstant 2π. Die Kurve beginnt in $(0, 0, 0)$ und verläuft zunächst im ersten Oktanden ($x>0, y>0, z>0$). Bild 401.3 zeigt diese Kurve in einer nicht ganz maßstabsgerechten Form.

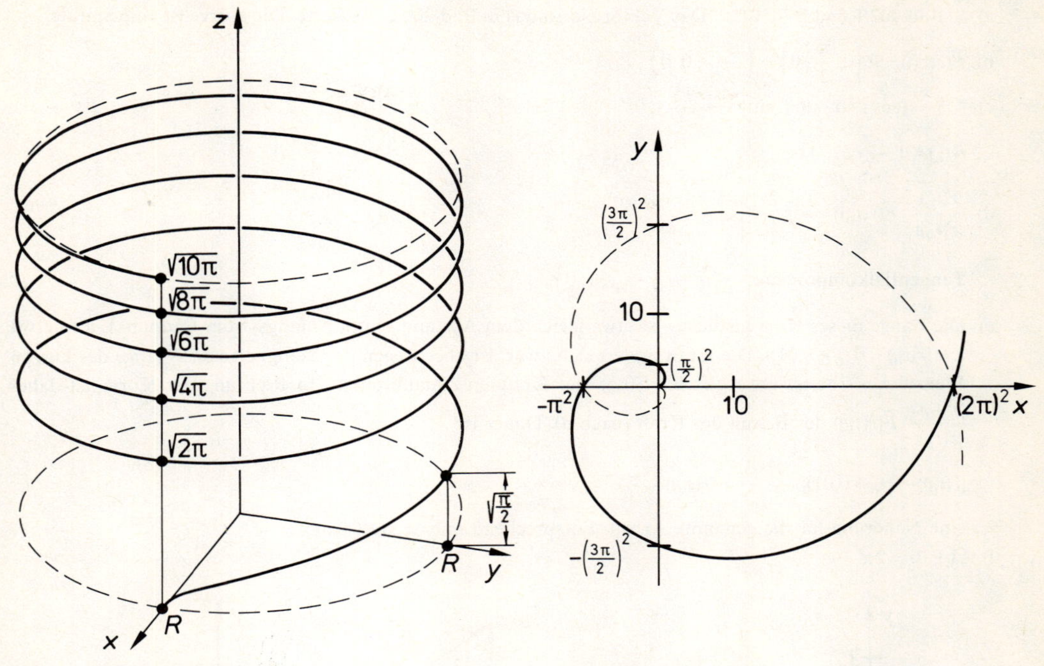

401.1 Zu Aufgabe 4

401.2 Zu Aufgabe 5

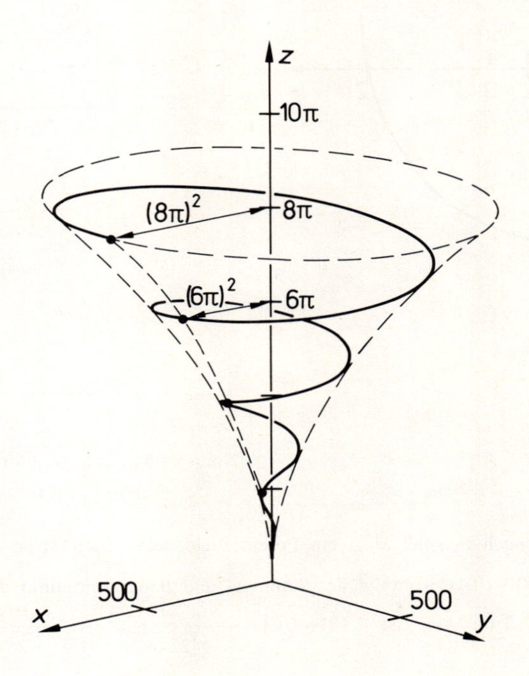

401.3 Zu Aufgabe 6

7. a) S. Bild 402.1 und Bild 402.2. Das Vektorfeld ist das in Bild 204.2 skizzierte. Die Kurve ist eine Spirale.

   b) $\vec{F}(\vec{r}(t_0)) = F\left(0, \frac{\pi}{2}, 0\right) = \left(-\frac{2}{\pi}, 0, 0\right)$

   c) $\dot{\vec{r}}(t) = (\cos t - t \cdot \sin t, \sin t + t \cdot \cos t, 0)$

   $\dot{\vec{r}}(t_0) = \left(-\frac{\pi}{2}, 1, 0\right)$

   d) $\frac{\dot{\vec{r}}(t_0)}{|\dot{\vec{r}}(t_0)|} \cdot \vec{F}(\vec{r}(t_0)) = \frac{2}{\sqrt{\pi^2+4}}$

   Tangentialkomponente: $\frac{4}{\pi^2+4} \cdot \left(-\frac{\pi}{2}, 1, 0\right)$

   e) Die Länge dieses Kurvenstückes ist etwa gleich dem Abstand seines Anfangs- vom Endpunkt, also etwa $L = |\vec{r}(t_0) - \vec{r}(t_0 + 0{,}01)|$. Die Kraft ändert sich zwar, ist aber wegen der Stetigkeit von $\vec{F}$ längs des kurzen Wegstückes überall etwa gleich $\vec{F}(\vec{r}(t_0))$, der Kraft im Anfangspunkt. In Richtung der Kurve ist daher $\frac{\dot{\vec{r}}(t_0)}{|\dot{\vec{r}}(t_0)|} \cdot \vec{F}(\vec{r}(t_0))$ der Betrag der Kraft (nach d). Daher ist

   $|\vec{r}(t_0) - \vec{r}(t_0 + 0{,}01)| \cdot \frac{\dot{\vec{r}}(t_0)}{|\dot{\vec{r}}(t_0)|} \vec{F}(\vec{r}(t_0))$

   eine Näherung für die genannte Arbeit. Entsprechend mit Δt statt 0,01.

   f) ${}^C\!\int \vec{F} \, d\vec{r} = 2\pi$.

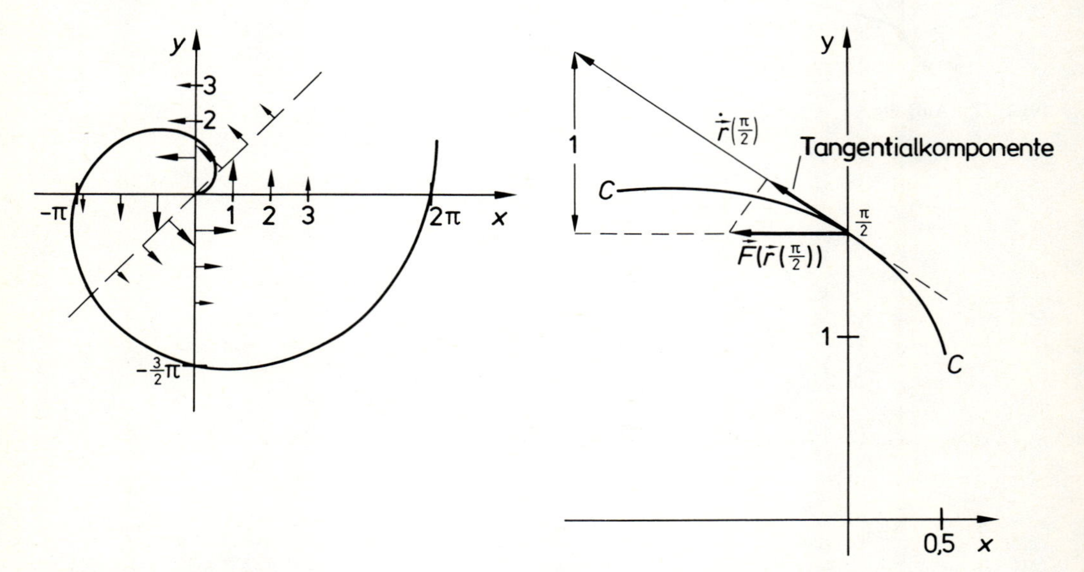

402.1 Zu Aufgabe 7a)

402.2 Zu Aufgabe 7

8. Das Vektorfeld E ist nach Beispiel 215.1 ein Potentialfeld, sein Potential ist U mit $U(x, y, z) = -\frac{1}{|\vec{r}|} + c$. Daher ist ${}^C\!\int \vec{E} \, d\vec{s} = U(B) - U(A)$, wobei A der Anfangs- und B der Endpunkt der Kurve C ist: $A = \vec{r}(2) = (8, 2, -1)$ und $B = (27, 3, 0)$. Also ist $U(B) - U(A) = -\frac{1}{\sqrt{27^2+3^2}} + \frac{1}{\sqrt{8^2+2^2+1^2}} = \sqrt{\frac{1}{69}} - \sqrt{\frac{1}{738}} \approx 0{,}0836$.

9. a) Es ist $\vec{v}(\vec{r}(t))=(2t+3, 2t^5, t^4-2t^2)$ und $\dot{\vec{r}}(t)=(4t,\ 1,\ 3t^2)$. Daher

$${}^C\!\int \vec{v}\,d\vec{r}=\int_0^1 (2t+3,\ 2t^5,\ t^4-2t^2)\cdot(4t,\ 1, 3t^2)\,dt=\tfrac{288}{35}\approx 8{,}23.$$

b) Da $\vec{v}$ kein Potentialfeld ist (die Integrabilitätsbedingungen sind nicht erfüllt), ergibt sich nicht notwendig auch $\frac{288}{35}$. Eine Parameterdarstellung der durch (0, 0, 0) und (2, 1, 1) gehenden Geraden ist $\vec{r}(t)=(2t, t, t)$, für $0\leqq t\leqq 1$ erhält man den gewünschten Teil. Daher ist

$\vec{v}(\vec{r}(t))=(2t+3, 2t^2, t^2-2t)$, $\quad \dot{\vec{r}}(t)=(2, 1, 1)$

und damit

$${}^C\!\int \vec{v}\,d\vec{r}=\int_0^1 (4t+6+2t^2+t^2-2t)\,dt=8.$$

10. Nach Beispiel 213.1 ergibt sich 4π.

11. $\vec{v}(\vec{r}(t))=(2\cdot\cos t-\sin t, 0, 0)$, $\dot{\vec{r}}(t)=(-\sin t, \cos t, 0)$ und also ${}^C\!\oint \vec{v}\,d\vec{r}=\int\limits_0^{2\pi} (-2\cdot\sin t\cdot\cos t+\sin^2 t)\,dt=\pi$.

Nach der Folgerung nach Definition 212.1 ist das Feld nicht konservativ.

12. Da die Integrabilitätsbedingungen erfüllt sind, ist $\vec{v}$ ein Potentialfeld. Ist U Potential, so folgt aus (wir lassen Argumente teilweise fort) $U_x=2xy+2z\cdot\sin x\cdot\cos x$ durch Integration nach x für U die Gleichung $U=x^2y+z\cdot\sin^2 x+f(y,z)$. Dann wegen $U_y=x^2+z$ weiter $x^2+f_y(y,z)=x^2+z$, so daß $f_y(y,z)=z$ und daher $f(y,z)=yz+g(z)$. Daher ist $U=x^2y+z\cdot\sin^2 x+yz+g(z)$. Da $U_z=y+\sin^2 x$ ist, gilt $\sin^2 x+y+g'(z)=y+\sin^2 x$. Also ist $g'(z)=0$ und g konstante Funktion. Als Ergebnis hat man also das Potential $U=x^2y+z\cdot\sin^2 x+yz+c$.

13. Diese Differentialform ist totales Differential der Funktion U aus der vorigen Aufgabe.

14. Da nach Aufgabe 12 gilt $\vec{v}=\operatorname{grad} U$ mit $U=x^2y+yz+z\cdot\sin^2 x+c$, ist ${}^C\!\int \vec{v}\,d\vec{r}=U(B)-U(A)$, wobei $B=\vec{r}(2)=(1, 1, \ln 2)$ bzw. $A=\vec{r}(1)=(1, 1, 0)$ der End- bzw. Anfangspunkt von C ist. Daher ${}^C\!\int \vec{v}\,d\vec{r}=(1+\sin^2 1)\cdot\ln 2\approx 1{,}18$.

15. Nach Beispiel 221.2 gilt:

a) Wenn die z-Achse umlaufen wird, ist ${}^C\!\int \vec{v}\,d\vec{r}=\pm 2\pi$, je nach dem Durchlaufungssinn. Wird die z-Achse nicht umlaufen, verschwindet das Integral.

b) Entsprechend den unter a) genannten Fällen bekommt man $\pm 2n\pi$ bzw. 0.

16. $\vec{v}$ ist Potentialfeld und $f(x,y,z)=xy+c$ Potential ($c\in\mathbb{R}$). Die Differentialform $y\,dx+x\,dy+0\,dz$ ist totales Differential von f.

17. ${}^C\!\int \operatorname{grad} f\,d\vec{r}=f(B)-f(A)$, wobei $B=(16;4\cdot\ln 4;16)$ bzw. $A=(1,0,2)$ End- bzw. Anfangspunkt von C ist. Also ist ${}^C\!\int \operatorname{grad} f\,d\vec{r}=e^{16}+16\cdot\ln(16^2+16\cdot\ln^2 4+1)-e-\ln 2\approx 8{,}89\cdot 10^6$.

18. $\vec{v}$ ist Potentialfeld im zulässigen Bereich $D=\{(x,y,z)\,|\,z>0\}$, da die Integrabilitätsbedingungen erfüllt sind. Weil die Kurve C in D liegt und geschlossen ist (Anfangs- und Endpunkt (1, 0, 6)), ist ${}^C\!\int \vec{v}\,d\vec{r}=0$.

19. $\vec{v}$ ist Potentialfeld, da $U=\ln(x^2+y^2)$ Potential von $\vec{v}$ ist.

a) Wenn der Kreis die z-Achse (auf der $\vec{v}$ nicht definiert ist) nicht umschließt, ist ${}^C\!\int \vec{v}\,d\vec{r}=0$.

b) Wenn der Kreis die z-Achse umschließt und einmal durchlaufen wird, so ist ${}^C\!\int \vec{v}\,d\vec{r}={}^D\!\int \vec{v}\,d\vec{r}$, wobei D ein Kreis mit der Parameterdarstellung $\vec{r}(t)=R\cdot(\cos t, \sin t, 0)$ ist, wobei $0\leqq t\leqq 2\pi$, der den gegebenen Kreis C schneidet. *Da* $\vec{v}(\vec{r}(t))=\operatorname{grad}\ln R$ und $\dot{\vec{r}}(t)=(-\sin t, \cos t, 0)$, ergibt sich ${}^C\!\int \vec{v}\,d\vec{r}=0$. Wird der Kreis mehrfach durchlaufen, ergibt sich natürlich ebenfalls 0.

20. Da $\vec{v}$ Potentialfeld ist und die Gerade in einem zulässigen Bereich liegt (er läßt sich offensichtlich geeignet wählen), ist ${}^C\!\int \vec{v}\,d\vec{r}=U(B)-U(A)$ wobei $U(x,y,z)=\ln(x^2+y^2)$.

21. Es ist $\dfrac{\partial}{\partial x}(cV+dW)=cV_x+dW_x$ gleich der ersten Koordinate von $cv+dw$, da nach Voraussetzung V_x bzw. W_x erste Koordinate von v bzw. w ist. Analog die beiden weiteren Koordinaten.

22. Da $\vec{v}(P)$ zu P_0 hin bzw. von P_0 fort zeigt $(P \neq P_0)$, steht $\vec{v}(P)$ senkrecht auf der Tangente in P des durch P gehenden Kreises mit Mittelpunkt P_0. Daher verschwindet das innere Produkt $\vec{v}(P) \cdot \dot{\vec{r}}(t)$, der Integrand von ${}^C\!\int \vec{v}\, d\vec{r}$ ist also Null, daher auch das Linienintegral. Das gilt auch, wenn C Teil eines solchen Kreises ist.

23. Das Feld ist konservativ, $U = \frac{1}{4}|\vec{r}|^4 + c$ Potential von $\vec{v}$.

24. $\operatorname{div} \vec{v} = 0$ und $\operatorname{rot} \vec{v} = \vec{0}$, das Feld ist daher quell- und wirbelfrei.

25. Beide Felder sind quellfrei. Für das Feld aus Aufgabe 3a) gilt $\operatorname{rot} \vec{v} = \left(-\frac{y}{\sqrt{1-x^2-y^2}}, \frac{x}{\sqrt{1-x^2-y^2}}, 0 \right)$, für das aus 3b) gilt $\operatorname{rot} \vec{v} = (-2y, 2x, 0)$. Keines dieser zwei Felder ist also wirbelfrei. Beide Felder hängen nicht von z ab.

26. Es sei $\vec{v} = (v_1, v_2, v_3)$.

a) Bildet man von $\operatorname{rot} \vec{v}$ die Divergenz, so erhält man in den Bezeichnungen von Definition 224.1 und (224.2):

$$\operatorname{div} \operatorname{rot} \vec{v} = \frac{\partial^2 v_3}{\partial x\, \partial y} - \frac{\partial^2 v_2}{\partial x\, \partial z} + \frac{\partial^2 v_1}{\partial y\, \partial z} - \frac{\partial^2 v_3}{\partial y\, \partial x} + \frac{\partial^2 v_2}{\partial z\, \partial x} - \frac{\partial^2 v_1}{\partial z\, \partial y}.$$

Da es auf die Differentitationsreihenfolge nicht ankommt, ist diese Summe gleich Null (Satz 132.1).

b) Es sei $P \in D$. Da D offen ist, existiert eine Kugel K mit $P \in K \subset D$. Nach Definition 214.1 ist $\vec{v} = \operatorname{grad} f$ ein Potentialfeld. Nach Satz 220.1 gelten für $\vec{v}$ in dem zulässigen Bereich K die Integrabilitätsbedingungen (220.4), also $\operatorname{rot} \vec{v} = \vec{0}$.

c) Es gilt

$$\operatorname{div}(f \cdot \vec{v}) = \frac{\partial}{\partial x} f \cdot v_1 + \frac{\partial}{\partial y} f \cdot v_2 + \frac{\partial}{\partial z} f \cdot v_3$$
$$= f_x \cdot v_1 + f_y \cdot v_2 + f_z \cdot v_3 + f \cdot \frac{\partial v_1}{\partial x} + f \cdot \frac{\partial v_2}{\partial y} + f \cdot \frac{\partial v_3}{\partial z} = (\operatorname{grad} f) \cdot \vec{v} + f \cdot \operatorname{div} \vec{v}.$$

d) Die erste Koordinate von $\operatorname{rot}(f \cdot \vec{v})$ lautet

$$\frac{\partial}{\partial y} f \cdot v_3 - \frac{\partial}{\partial z} f \cdot v_2 = f_y \cdot v_3 - f_z \cdot v_2 + f \cdot \frac{\partial v_3}{\partial y} - f \cdot \frac{\partial v_2}{\partial z},$$

die erste Koordinate von $f \cdot \operatorname{rot} \vec{v} + (\operatorname{grad} f) \times \vec{v}$ lautet

$$f \cdot \left(\frac{\partial v_3}{\partial y} - \frac{\partial v_2}{\partial z} \right) + (f_y \cdot v_3 - f_z \cdot v_2);$$

also sind beide einander gleich. Entsprechend kann man die Gleichheit der übrigen zwei Koordinaten bestätigen.

27. Durch Ausrechnen bestätigt man diese Produktregel.

3. Komplexwertige Funktionen

3.1

1. Vgl. Bild 405.1

a) $w=u+\mathrm{j}v=\dfrac{1}{(1+\mathrm{j})t}=\dfrac{1}{2t}-\dfrac{1}{2t}\mathrm{j},\ \dfrac{u}{v}=-1$, Gerade durch $w=0$ mit Anstieg -1.

b) $w=u+\mathrm{j}v=\dfrac{1}{2+\mathrm{j}t}=\dfrac{2}{4+t^2}-\mathrm{j}\dfrac{t}{4+t^2},\ \dfrac{u}{v}=-\dfrac{2}{t},\ u=\dfrac{2}{4+4\dfrac{v^2}{u^2}},\quad 4u^2+4v^2=2u,\ (u-\tfrac{1}{4})^2+v^2=(\tfrac{1}{4})^2$,

Kreis um $w=\frac{1}{4}$ mit Radius $\frac{1}{4}$.

c) $w=u+\mathrm{j}v=\dfrac{1}{t+j}=\dfrac{t}{1+t^2}-\mathrm{j}\dfrac{1}{1+t^2},\ \dfrac{u}{v}=-t,\ v=\dfrac{-1}{1+\dfrac{u^2}{v^2}}=\dfrac{-v^2}{u^2+v^2},\ u^2+(v+\tfrac{1}{2})^2=(\tfrac{1}{2})^2$,

Kreis um $w=-\frac{1}{2}\mathrm{j}$ mit Radius $\frac{1}{2}$.

d) $w=u+\mathrm{j}v=\dfrac{1}{-t+\mathrm{j}(1-t)}=\dfrac{-t}{1-2t+2t^2}+\mathrm{j}\dfrac{t-1}{1-2t+2t^2},\ \dfrac{u}{v}=\dfrac{-t}{t-1},\ t=\dfrac{u}{u+v}$,

$u=\dfrac{-t}{1-2t+2t^2}=\dfrac{-u(u+v)}{u^2+v^2},\ (u+\tfrac{1}{2})^2+(v+\tfrac{1}{2})^2=\tfrac{1}{2}$, Kreis um $w=-\frac{1}{2}(1+\mathrm{j})$ mit Radius $\sqrt{\frac{1}{2}}$.

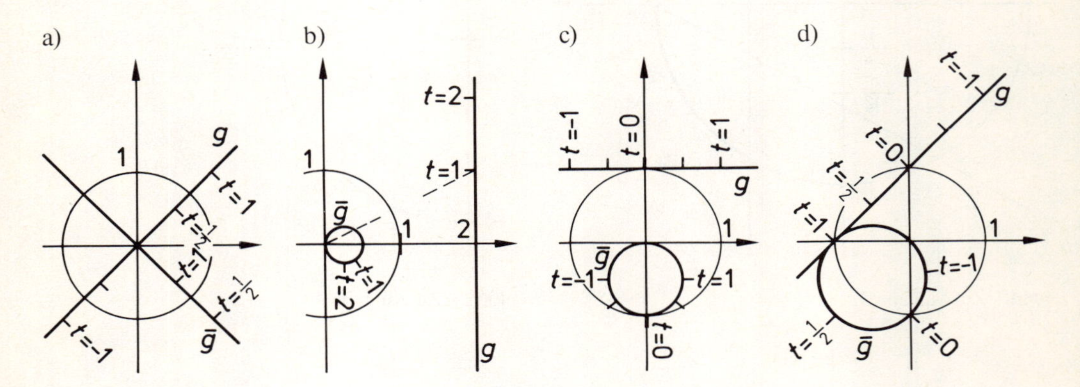

405.1 Zu Aufgabe 1

2. a) Kreis um $w=0$ mit Radius $\frac{1}{4}$.

b) Der von $z=0$ am weitesten entfernte Punkt des Kreises ist $z=4$. Es geht der Kreis k durch $z=0$, also ist $\bar{k}$ eine Gerade und zwar durch $w=\frac{1}{4}$ parallel zur imaginären Achse.

c) Der von $z=0$ am weitesten entfernte Punkt des Kreises ist $z=6\mathrm{j}$. Es geht der Kreis k durch $z=0$, also ist $\bar{k}$ eine Gerade und zwar durch $w=-\frac{1}{6}\mathrm{j}$ parallel zur reellen Achse.

d) Der von $z=0$ am weitesten entfernte Punkt des Kreises ist $z=2+2\mathrm{j}$. Es geht der Kreis k durch $z=0$, also ist $\bar{k}$ eine Gerade und zwar durch $w=\frac{1}{4}-\mathrm{j}\frac{1}{4}$ mit dem Anstieg $+1$.

e) Der von $z=0$ am weitesten entfernte Punkt des Kreises k ist $z=3$, dem Nullpunkt am nächsten liegt $z=-1$. Ein Durchmesser des Kreises $\bar{k}$ geht also von $w=\frac{1}{3}$ nach $w=-1$. $\bar{k}$ ist ein Kreis um $w=-\frac{1}{3}$ mit dem Radius $\frac{2}{3}$.

3. Vgl. Bild 406.1
   Der erste Rand ist ein Kreis k_1 um $z=0$ mit dem Radius 6, weshalb $\overline{k_1}$ ein Kreis um $w=0$ mit dem Radius $\frac{1}{6}$ ist.
   Der zweite Rand ist ein Kreis k_2 um $z=6$ mit dem Radius 6, der durch $z=0$ geht. $\overline{k_2}$ ist also eine Gerade. Von $z=0$ am weitesten entfernt auf k_2 ist $z=12$. Die Gerade $\overline{k_2}$ geht durch $w=\frac{1}{12}$ und ist parallel zur imaginären Achse.
   Der dritte Rand ist ein Kreis k_3 um $z=3+3\sqrt{3}\,\mathrm{j}$ mit dem Radius 6, der durch $z=0$ geht. $\overline{k_3}$ ist also eine Gerade. Von $z=0$ am weitesten entfernt auf k_3 ist $z=6+6\sqrt{3}\,\mathrm{j}$, auf der Geraden $\overline{k_3}$ liegt deshalb $w=\dfrac{1}{6+6\sqrt{3}\,\mathrm{j}}=\dfrac{1-\sqrt{3}\,\mathrm{j}}{24}$ dem Punkt $w=0$ am nächsten. $\overline{k_3}$ hat den Anstieg $\dfrac{1}{\sqrt{3}}$.

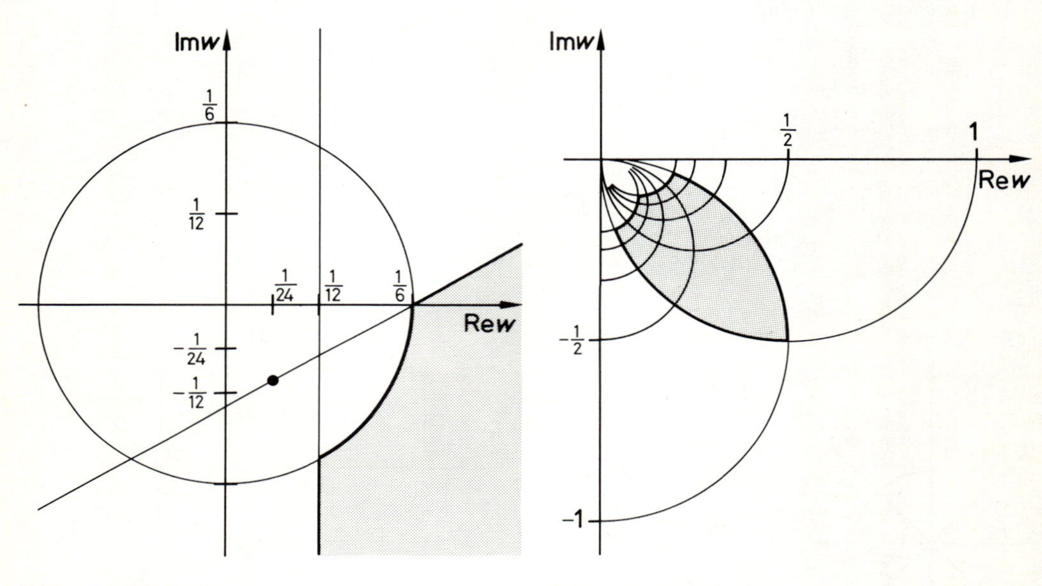

406.1 Zu Aufgabe 3

406.2 Zu Aufgabe 4

4. Vgl. Bild 406.2
   1. Geradenschar: g ist jeweils eine Parallele zur imaginären Achse im Abstand a ($a=1, 2, 3, 4, 5$). $\bar{g}$ ist jeweils ein Kreis mit einem Durchmesser von $w=0$ nach $w=\dfrac{1}{a}$.
   2. Geradenschar: g ist jeweils eine Parallele zur reellen Achse im Abstand b ($b=1, 2, 3, 4, 5$). $\bar{g}$ ist jeweils ein Kreis mit einem Durchmesser von $w=0$ nach $w=-\dfrac{1}{b}\mathrm{j}$.

5. a) Aus $z=a\cdot z+b$ folgt für $a\neq 1$: $z=\dfrac{b}{1-a}$ ist Fixpunkt. Für $a=1$ besitzt f keinen Fixpunkt.
   b) Aus $z=\dfrac{1}{z}$ folgt: $z_1=+1$ und $z_2=-1$ sind Fixpunkte von f.
   c) Aus $1=a+b$ und $-2=a(1+\mathrm{j})+b$ folgt $a=3\mathrm{j}$, $b=1-3\mathrm{j}$. Die lineare Funktion $w=3\mathrm{j}z+(1-3\mathrm{j})$ besitzt die gewünschten Eigenschaften.

3.2

1. Vgl. Bild 407.1

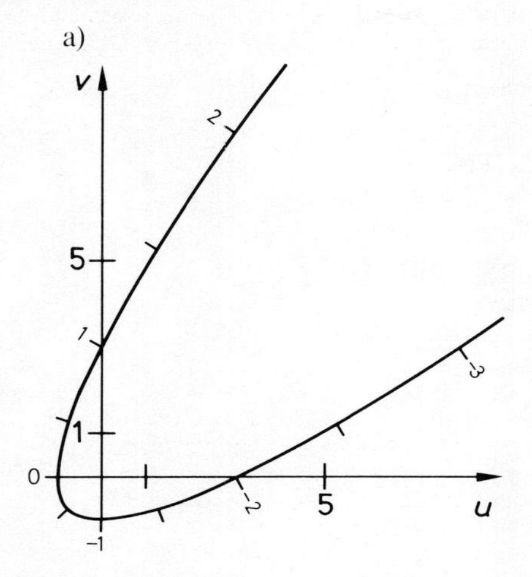

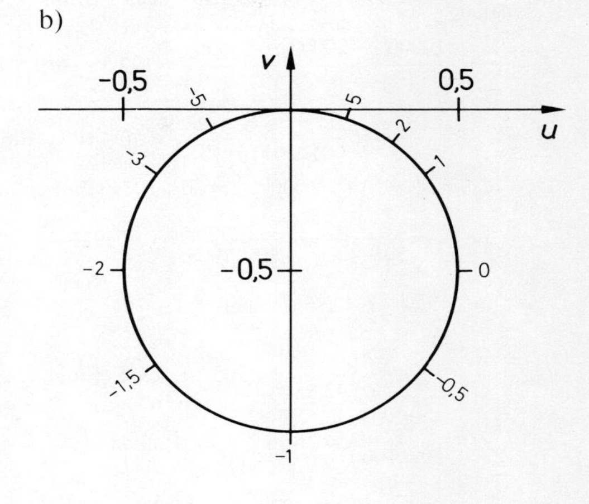

407.1 Zu Aufgabe 1

a) $u=t^2-1,\ v=t(t+2)$ für $w=u+\mathrm{j}v$.

b) $u=\dfrac{(1+t)}{1+(1+t)^2},\ v=\dfrac{-1}{1+(1+t)^2}$ für $w=u+\mathrm{j}v$.

2. a) $f'(t)=\lim\limits_{h\to 0}\dfrac{f(t+h)-f(t)}{h}=\lim\limits_{h\to 0}\dfrac{(1+\mathrm{j})(t+h)^2+2\mathrm{j}(t+h)-1-(1+\mathrm{j})t^2-2\mathrm{j}t+1}{h}$

$=\lim\limits_{h\to 0}\dfrac{1}{h}\left((1+\mathrm{j})(2th+h^2)+2\mathrm{j}h\right)=(1+\mathrm{j})2t+2\mathrm{j}$

b) $f'(t)=\lim\limits_{h\to 0}\dfrac{1}{h}\left(\dfrac{1}{1+\mathrm{j}+(t+h)}-\dfrac{1}{1+\mathrm{j}+t}\right)=\lim\limits_{h\to 0}\dfrac{1+\mathrm{j}+t-1-\mathrm{j}-(t+h)}{h(1+\mathrm{j}+t+h)(1+\mathrm{j}+t)}=\dfrac{-1}{(1+\mathrm{j}+t)^2}$.

3.3

Für die Einheiten gilt: $1\,\mathrm{H}=1\,\dfrac{\mathrm{Vs}}{\mathrm{A}},\ 1\,\mathrm{F}=1\,\dfrac{\mathrm{As}}{\mathrm{V}},\ 1\,\Omega=1\,\dfrac{\mathrm{V}}{\mathrm{A}}$.

1. $\underline{Z}=R+\mathrm{j}\omega L+\dfrac{1}{\mathrm{j}\omega C}=5000+\mathrm{j}\left(1000\cdot 0{,}4-\dfrac{1}{1000\cdot 2\cdot 10^{-6}}\right)=5000-100\,\mathrm{j}$

$\underline{Z}=5001\cdot \mathrm{e}^{\mathrm{j}(-1{,}14576^\circ)}$ (Einheit: $1\,\Omega$). Wegen $\underline{U}=\underline{Z}\cdot\underline{I}$ eilt $\underline{I}$ um $1{,}14576^\circ$ voraus ($\varphi_{\mathrm{U}}=0^\circ$, $\varphi_{\mathrm{I}}=1{,}14576^\circ$).

$\underline{I}=\dfrac{10}{5001}\cdot \mathrm{e}^{\mathrm{j}\cdot 1{,}14576^\circ}=0{,}001999+\mathrm{j}\,0{,}000040$ (Einheit: 1 A)

$\underline{U}_{\mathrm{R}}=R\cdot\underline{I}=5000(0{,}001999+\mathrm{j}\,0{,}000040)=9{,}996+\mathrm{j}\,0{,}2$ (Einheit 1 V)

$\underline{U}_{\mathrm{L}}=\mathrm{j}\omega L\cdot\underline{I}=\mathrm{j}\cdot 1000\cdot 0{,}4(0{,}001999+\mathrm{j}\,0{,}000040)=-0{,}016+\mathrm{j}\,0{,}8$ (Einheit 1 V)

$\underline{U}_{\mathrm{C}}=\dfrac{\underline{I}}{\mathrm{j}\omega C}=\dfrac{0{,}001999+\mathrm{j}\,0{,}000040}{\mathrm{j}\cdot 1000\cdot 2\cdot 10^{-6}}=-500\,\mathrm{j}(0{,}001999+\mathrm{j}\,0{,}000040)=0{,}020-\mathrm{j}$ (Einheit 1 V)

2. $\underline{Y}=\frac{1}{R}+\frac{1}{j\omega L}+j\omega C=\frac{1}{R}+j\left(\omega C-\frac{1}{\omega L}\right)=\frac{1}{5000}+j\left(1000\cdot 10^{-6}-\frac{1}{1000\cdot 0{,}5}\right)$

$=\frac{1}{5000}+j(0{,}001-0{,}002)=0{,}0002-j\,0{,}001$ (Einheit: $1\,\Omega^{-1}$)

$\underline{Z}=\frac{1}{\underline{Y}}=\frac{10000}{2-10\,j}=\frac{20000+100000\,j}{104}=192{,}3+j\,961{,}5$ (Einheit: $1\,\Omega$)

3. $\underline{Z}_1=R_1+\frac{1}{j\omega C}=50-\frac{j}{1000\cdot 10\cdot 10^{-6}}=50-100\,j$ (Einheit: $1\,\Omega$)

$\underline{Z}_2=R_2+j\omega L=20+j\cdot 1000\cdot 0{,}1=20+100\,j$ (Einheit: $1\,\Omega$)

$\underline{Y}=\underline{Y}_1+\underline{Y}_2=\frac{1}{50-100\,j}+\frac{1}{20+100\,j}=0{,}005923-j\cdot 0{,}001615$ (Einheit: $1\,\Omega^{-1}$)

$\underline{Z}=\frac{1}{\underline{Y}}=157{,}14+j\cdot 42{,}85$ (Einheit: $1\,\Omega$)

$\underline{I}_{\text{ges}}=\frac{\underline{U}}{\underline{Z}}=\frac{220}{157{,}15+j\,42{,}85}=1{,}303-j\cdot 0{,}355$ (Einheit: 1 A)

$\underline{I}_1=\frac{\underline{U}}{\underline{Z}_1}=\frac{220}{50-100\,j}=0{,}88+j\cdot 1{,}76$ (Einheit: 1 A)

$\underline{I}_2=\frac{\underline{U}}{\underline{Z}_2}=\frac{220}{20+100\,j}=0{,}423-j\cdot 2{,}115$ (Einheit: 1 A)

4. Vgl. Bild 408.1

a) $\underline{Z}=R+j\omega L,\ \underline{U}=\underline{Z}\cdot\underline{I}=(R+j\omega L)\,I_0$

b) $\underline{Y}_1=\frac{1}{R_1}+\frac{1}{j\omega L_1}=\frac{R_1+j\omega L_1}{j\omega L_1 R_1},\qquad \underline{Z}=R+\frac{(\omega L_1)^2 R_1}{R_1^2+(\omega L_1)^2}+j\left(\omega L+\frac{\omega L_1 R_1^2}{R_1^2+(\omega L_1)^2}\right)$

c) $\underline{Z}=R+\frac{1}{j\omega C}=R-\frac{j}{\omega C},\qquad \underline{U}=\underline{Z}\cdot\underline{I}=R\cdot I_0-j\frac{I_0}{\omega C}$

d) $\underline{Z}=R+j\left(\omega L-\frac{1}{\omega C}\right)$

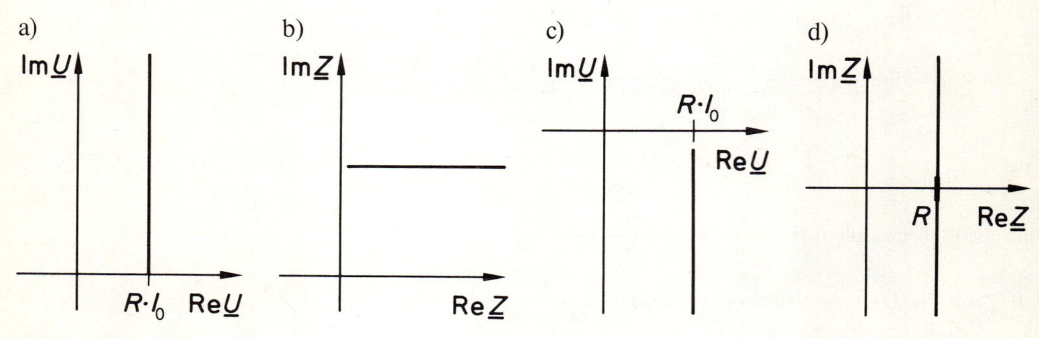

408.1 Zu Aufgabe 4

5. Sonderfall von 4b): Vgl. Bild 409.1a)

$\omega=2\pi f=100\,\pi$ (Einheit: $1\,\text{s}^{-1}$)

$\underline{Z}=R+j\cdot 100\cdot\pi\cdot 0{,}05+j\frac{100\cdot\pi\cdot 0{,}1\cdot 200}{200+j\cdot 100\cdot\pi\cdot 0{,}1}=R+4{,}816+46{,}37\,j$ (Einheit: $1\,\Omega$)

$\underline{Y} = \frac{R + 4{,}816 - 46{,}37\,\mathrm{j}}{(R + 4{,}816)^2 + 46{,}37^2}$, Kreis durch $\underline{Y} = 0$ mit dem Radius $\frac{1}{92{,}7}$ und dem Mittelpunkt in $\underline{Y} = -\frac{1}{92{,}7}\,\mathrm{j}$.

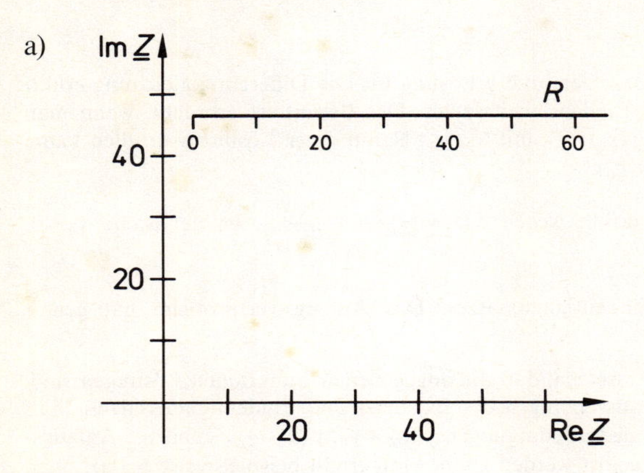

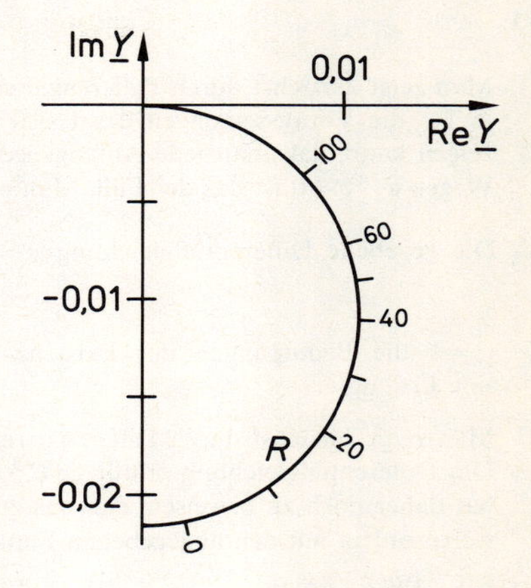

409.1 Zu Aufgabe 5

6. $\underline{Y}_1 = \frac{1}{\mathrm{j}\omega L} + \mathrm{j}\omega C = \mathrm{j}\left(\omega C - \frac{1}{\omega L}\right)$

$$\underline{Z} = R + \frac{1}{\underline{Y}_1} = R - \frac{\mathrm{j}\omega L}{(\omega C)(\omega L) - 1} = 500 - \mathrm{j}\,\frac{1500\,L}{2{,}25\,L - 1} \text{ (Einheit: } 1\,\Omega)$$

$\underline{Y} = \frac{1}{\underline{Z}} = \frac{2{,}25\,L - 1}{500(2{,}25\,L - 1 - 3\,\mathrm{j}\,L)}$, (Einheit: $1\,\Omega^{-1}$), Kreis um $\underline{Y} = 0{,}001$ mit Radius $0{,}001$ (vgl. Bild 409.2 b)).

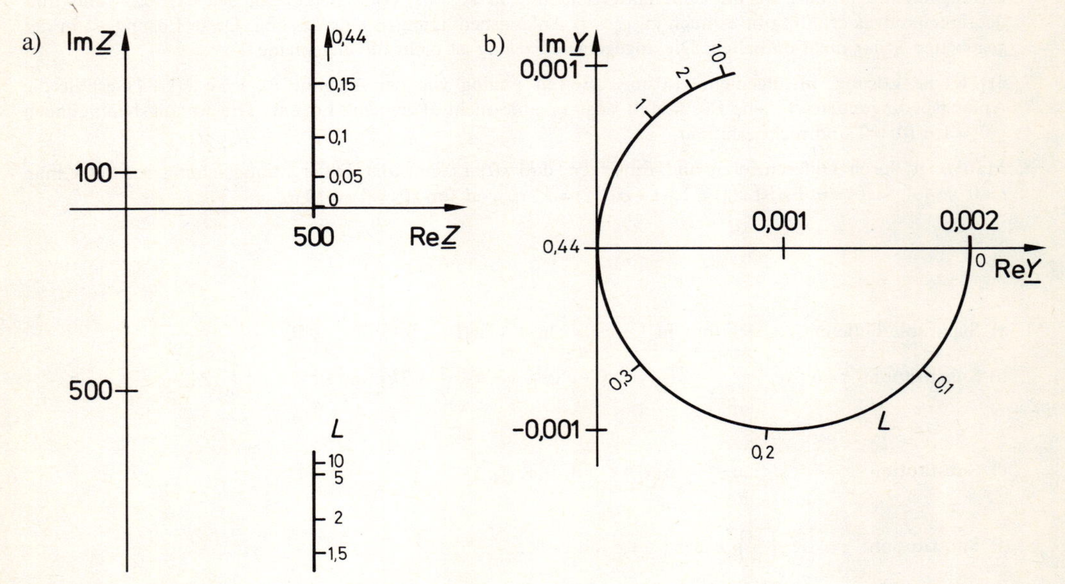

409.2 Zu Aufgabe 6

4. Gewöhnliche Differentialgleichungen

4.1

1. Man zeigt zunächst durch Differenzieren und Einsetzen, daß y Lösung ist. Die Differentialgleichung erfüllt in $\mathbb{R}^2$ die Voraussetzungen des Existenz- und Eindeutigkeitssatzes. Der Beweis ist erbracht, wenn man zeigen kann, daß man jede Anfangsbedingung $y(x_0)=y_0$ mit $x_0, y_0 \in \mathbb{R}$ mit einer Lösung y erfüllen kann. Wegen $e^{-4x_0} \neq 0$ ist das der Fall. Man erhält $c = y_0 e^{4x_0}$.

2. Die gegebene Differentialgleichung $y' = f(x, y)$ erfüllt wegen $f_y(x, y) = -\frac{1}{2\sqrt{y+\frac{x^2}{4}}}$ an der Stelle $x_0 = 0$, $y_0 = 1$ die Bedingungen des Existenz- und Eindeutigkeitssatzes. Das Anfangswertproblem hat genau eine Lösung.

3. Man zeigt zunächst durch Differenzieren und Einsetzen, daß die angegebenen Funktionen Lösungen sind. Die Differentialgleichung erfüllt in $\mathbb{R}^3$ die Voraussetzungen des Existenz- und Eindeutigkeitssatzes. Man hat daher noch zu beweisen, daß das zu den Anfangsbedingungen $y(x_0)=y_0$, $y'(x_0)=y_1$ gehörige Anfangswertproblem mit den angegebenen Funktionen gelöst werden kann. Man erhält beispielsweise bei a):
   $a \cdot e^{x_0} + b \cdot e^{-x_0} = y_0, \quad a \cdot e^{x_0} - b \cdot e^{-x_0} = y_1,$
   also
   $a = \frac{1}{2} e^{-x_0}(y_0 + y_1), \quad b = \frac{1}{2} e^{x_0}(y_0 - y_1).$

4. Unter Zuhilfenahme von 3a folgt $a+b=0$, $a-b=1$, also $a=\frac{1}{2}$, $b=-\frac{1}{2}$.

5. Unter Zuhilfenahme von 3a folgt $a+b=0$, $a\,e + b\,e^{-1} = 1$, also $a = \frac{-e}{1-e^2}$, $b = \frac{e}{1-e^2}$.

6. Man zeigt durch Differenzieren und Einsetzen, daß y Lösung ist. Es folgt $y(0) = y''(0) = a+b+d$, $y'(0) = y'''(0) = a-b+c$. Die Anfangsbedingungen $y(0)=0$, $y'(0)=0$, $y''(0)=1$, $y'''(0)=1$ sind mit der Lösung nicht erfüllbar. Da die Differentialgleichung in $\mathbb{R}^5$ die Voraussetzungen des Existenz- und Eindeutigkeitssatzes erfüllt, gibt es auch zu diesen Anfangsbedingungen eine Lösung. Diese Lösung ist in der gegebenen Schar nicht enthalten. Die angegebene Lösung ist nicht die allgemeine.

7. a) Keine Lösung, b) allgemeine Lösung (Beweis analog wie bei Aufgabe 3), $y = e^{-x}(x+1)$ erfüllt die Anfangsbedingungen, c) keine Lösung, d) Lösung, aber nicht allgemeine Lösung. Die Anfangsbedingungen $y(0)=1$, $y'(0)=0$ sind nicht erfüllbar.

8. Man zeigt durch Differenzieren und Einsetzen, daß $v(t)$ Lösung der Differentialgleichung ist. Setzt man $t=0$, so folgt $v(0)=0$. Es ist $v(1) = 2\,g(1-e^{-0,5}) = 7{,}7\ldots$ und $\lim\limits_{t\to\infty} v(t) = 2g = 19{,}62\ldots$.

4.2

1. a) Separable Differentialgleichung: $\ln|1+y^2| = 2\ln|x| - \ln|1+x^2| + c$ mit $c \in \mathbb{R}$;

   b) Substitution: $z = x - y$: $\frac{-2}{\tan\frac{x-y}{2} - 1} = x + c$ und $y = x - \frac{\pi}{2} + 2k\pi$ mit $c \in \mathbb{R}$ und $k \in \mathbb{Z}$;

   c) Substitution: $z = \frac{y}{x}$: $\arctan\frac{y}{x} = \ln|x| + c$ mit $c \in \mathbb{R}$;

   d) Substitution: $z = \frac{y}{x}$: $\left(\frac{y}{x}\right)^2 = 2\ln|x| + c$ mit $c \in \mathbb{R}$;

   e) lineare Differentialgleichung erster Ordnung: $y = k \cdot e^{-2x} + \frac{1}{5}(2 \cdot \cos x + \sin x)$ mit $k \in \mathbb{R}$;

f) lineare Differentialgleichung erster Ordnung: $y=\frac{k}{x}+\frac{1}{3}x^2$ mit $k\in\mathbb{R}$;

g) Substitution: $z=\frac{y}{x}$: $-\ln\left|1-2\frac{y^2}{x^2}\right|=4\cdot c\ln|x|$ mit $c\in\mathbb{R}$ und $y=\pm\frac{1}{\sqrt{2}}x$;

h) Substitution: $z=\frac{y}{x}$: $\frac{x^2}{2y^2}+\frac{x}{y}-2\ln\left|\frac{y}{x}\right|=2\ln|x|+c$ mit $c\in\mathbb{R}$;

i) Substitution: $z=\frac{y}{x}$: $-\frac{y}{x}-2\ln\left|1-\frac{y}{x}\right|=\ln|x|+c$ mit $c\in\mathbb{R}$;

j) Substitution: $z=3x-2y$: $3x-2y-2\ln|3x-2y+2|=-x+c$ mit $c\in\mathbb{R}$;

k) lineare Differentialgleichung erster Ordnung: $y=(k+x)\cdot\cos x$ mit $k\in\mathbb{R}$;

l) lineare Differentialgleichung erster Ordnung: $y=k\cdot\cos x-2\cos^2 x$ mit $k\in\mathbb{R}$.

2. a) Die Substitution führt auf die lineare Differentialgleichung erster Ordnung $z'-\frac{2}{x}z=-2$.

Lösung: $z=k\cdot x^2+2x$ mit $k\in\mathbb{R}$, also $y=\pm\frac{1}{\sqrt{k\cdot x^2+2x}}$ und $y=0$.

b) Die Substitution liefert die lineare Differentialgleichung erster Ordnung $z'-3z=x$.
Lösung: $z=k\cdot e^{3x}-\frac{1}{9}(3x+1)$ mit $k\in\mathbb{R}$, also $y=\sqrt[3]{k\cdot e^{3x}-\frac{1}{9}(3x+1)}$.

3. a) Allgemeine Lösung: $y=k\cdot e^{-2x}+\frac{1}{4}(2x-1)$; $y(0)=1$, also $k=\frac{5}{4}$, d.h. $y=\frac{5}{4}e^{-2x}+\frac{1}{4}(2x-1)$.

b) Allgemeine Lösung: $y=\frac{k}{x^2}+e^x\left(1-\frac{2}{x}+\frac{2}{x^2}\right)$; $y(1)=e$, also $k=0$, d.h. $y=e^x\left(1-\frac{2}{x}+\frac{2}{x^2}\right)$.

4. a) $x+yy'=0$; b) $y'=-y\tan x$; c) $1-y^2+xyy'=0$; d) $y=xy'+(y')^3$;

e) Die Gleichung der Kreisschar lautet $(x-c)^2+y^2=1$, die Differentialgleichung dieser Kurvenschar ist $y^2(1+(y')^2)=1$;

f) Die Gleichung der Parabelschar ist $y=cx^2$ mit $c\in\mathbb{R}$, die zugehörige Differentialgleichung lautet $x\cdot y'=2y$.

5. a) Differentialgleichung der orthogonalen Trajektorien: $x\cdot y'=y$, Lösung: $y=k\cdot x$ mit $k\in\mathbb{R}$;

b) $x^2+2y^2=k$ mit $k\in\mathbb{R}^+$;

c) $y^2=-x^2\ln|x|+\frac{1}{2}x^2+k$ mit $k\in\mathbb{R}$;

d) $y^2=-x^2+4x-4\ln|x+1|+k$ mit $k\in\mathbb{R}$.

Für die Lösung der Aufgaben 6−11 gilt folgendes Bild:

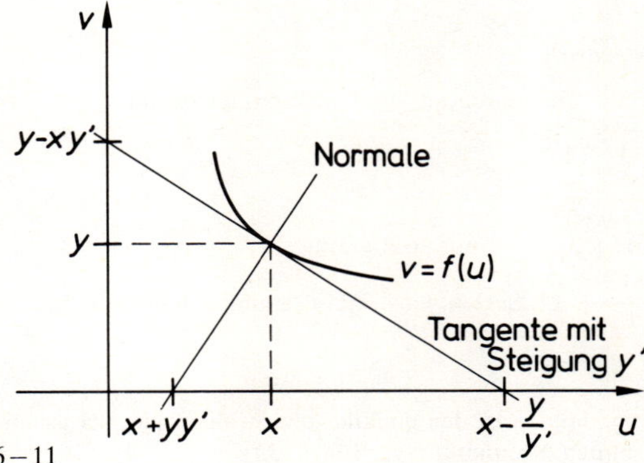

411.1 Zu den Aufgaben 6−11

6. Da der Fußpunkt des Lotes vom Berührungspunkt der Tangente auf die x-Achse die Strecke zwischen dem Ursprung des Koordinatensystems und dem Schnittpunkt der Tangente mit der x-Achse halbiert, folgt die Differentialgleichung $\left(x-\frac{y}{y'}\right)-x=x$, d.h. $y'=-\frac{y}{x}$. Die allgemeine Lösung ist $y=\frac{c}{x}$ mit $c\in\mathbb{R}$. Das sind Hyperbeln.

7. Aus Bild 411.1 folgt $y-xy'=\sqrt{x^2+y^2}$. Diese Differentialgleichung hat die allgemeine Lösung $y=\frac{1-k^2x^2}{2k}$ mit $k\neq 0$.

8. Aus Bild 411.1 ergibt sich $\frac{y}{y'}=c$. Die allgemeine Lösung ist $y=K\cdot e^{\frac{x}{c}}$.

9. Es folgt $\frac{y}{y'}=yy'$, d.h. $y=\pm x+c$ mit $c\in\mathbb{R}$.

10. Das geometrische Mittel $\sqrt{x\cdot y}$ aus den Koordinaten x, y eines Punktes ist nur für $x, y\geqq 0$ oder $x, y<0$ definiert.
Ist $x, y\geqq 0$, so ergibt sich
    a) für $y'\geqq 0$ die Differentialgleichung $yy'=\sqrt{xy}$. Die allgemeine Lösung ist $\sqrt{y^3}=\sqrt{x^3}+c$ mit $c\in\mathbb{R}$. Aus $y(0)=0$ folgt $c=0$ und wir erhalten $y=x$ für $x\geqq 0$.
    b) für $y'<0$ die Differentialgleichung $-yy'=\sqrt{xy}$. Die allgemeine Lösung ist $-\sqrt{y^3}=\sqrt{x^3}+c$ mit $c\in\mathbb{R}$. Aus $y(0)=0$ folgt wieder $c=0$. Die Gleichung $-\sqrt{y^3}=\sqrt{x^3}$ ist nur für $x=y=0$ erfüllt.

    Ist $x, y<0$, so ergibt sich
    a) für $y'\geqq 0$ die Differentialgleichung $-yy'=\sqrt{xy}$. Wir erhalten als Lösung $y=x$ für $x<0$.
    b) für $y'<0$ die Differentialgleichung $yy'=\sqrt{xy}$. Wir erhalten $x=y=0$.

11. Wir erhalten die Differentialgleichung $\frac{1}{2}x(y+y-xy')=\pm 1$. Die allgemeine Lösung ist $y=c\cdot x^2\pm\frac{2}{3x}$ mit $c\in\mathbb{R}$.

12. Bezeichnen wir die Öffnungsfläche mit A und die Höhe des Wassers in der Halbkugel zur Zeit t mit $h(t)$, so hat das bis zur Zeit t durch das Loch geflossene Wasser das Volumen
$$V_1=A\cdot\int_0^t 0{,}6\sqrt{2\,\mathrm{g}}\sqrt{h(\tau)}\,\mathrm{d}\tau.$$
Durch diesen Ausfluß sinkt der Wasserspiegel in der Halbkugel von der Höhe $h(0)=R$ (Radius der Halbkugel) auf die Höhe $h(t)$. Das Volumen des Wassers in der Halbkugel nimmt nach Band 2 Definition 219.1 ab um
$$V_2=\pi\cdot\int_0^{R-h(t)}(R^2-x^2)\,\mathrm{d}x$$
$$=\pi\cdot(R^2(R-h(t))-\tfrac{1}{3}(R-h(t))^3).$$
Aus $V_1=V_2$ ergibt sich durch Differentiation die Differentialgleichung
$$\pi\cdot(h^2-2\cdot R\cdot h)\,h'=A\cdot 0{,}6\cdot\sqrt{2\,\mathrm{g}}\sqrt{h}.$$
Die allgemeine Lösung ist
$$\pi\cdot(\tfrac{2}{5}\sqrt{h^5}-\tfrac{4}{3}R\sqrt{h^3})=A\cdot 0{,}6\sqrt{2\,\mathrm{g}}\cdot t+c \text{ mit } c\in\mathbb{R}.$$
Aus $h(0)=R$ folgt $c=-\frac{14\pi}{15}\sqrt{R^5}$. Setzen wir $h=0$, so ergibt sich $t=2206{,}56\ldots$. Der Behälter ist also nach etwa 36,8 Minuten leer.

13. Wir wählen die x-Achse so, daß sie zu den einfallenden Strahlen parallel ist und legen den Sammelpunkt der reflektierten Strahlen in den Nullpunkt (vgl. Bild 413.1).

Aus Bild 413.1 folgt, da die Tangente die Steigung y' und der Strahl durch den Nullpunkt die Steigung $\frac{y}{x}$ haben, nach Band 1, (104.1)

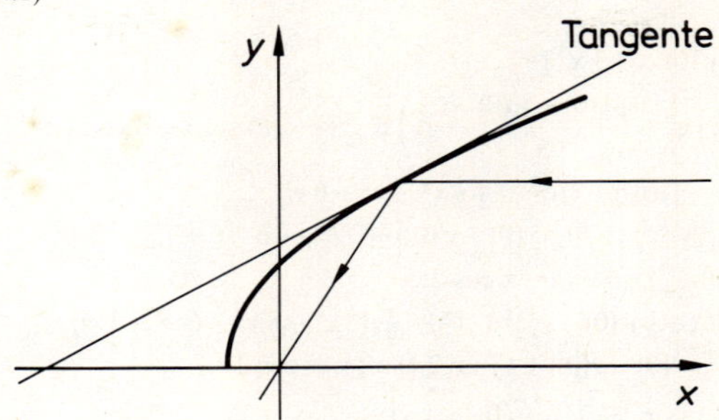

413.1 Zu Aufgabe 13

$$y' = \frac{\frac{y}{x} - y'}{1 + \frac{y}{x} \cdot y'}, \text{ also } y' = \frac{x}{y}\left(-1 + \sqrt{1 + \left(\frac{y}{x}\right)^2}\right).$$

Die allgemeine Lösung ist $y^2 = k^2 + 2kx$ mit $k \in \mathbb{R}$. Das sind Parabeln mit dem Brennpunkt im Nullpunkt.

14. $\lim\limits_{t \to \infty} i(t) = \frac{U_0}{R}$.

15. $\lim\limits_{t \to \infty} i(t) = 0$.

4.3

1. a) $y = A\,e^x + B\,e^{-8x}$ mit $A, B \in \mathbb{R}$; b) $y = e^{-4x}(A + B \cdot x)$;
   c) $y = e^{-4x}(A \cos 3x + B \sin 3x)$; d) $y = A + B\,e^{-8x}$;
   e) $y = A \cos \sqrt{8}x + B \sin \sqrt{8}x$; f) $y = e^{2x}(A + Bx)$.

2. a) $y = A \cos x + B \sin x - \cos x \ln \left|\frac{\tan \frac{x}{2} + 1}{\tan \frac{x}{2} - 1}\right|$;
   b) $y = A \cos x + B \sin x + \sin x \cdot \ln \left|\tan \frac{x}{2}\right|$;
   c) $y = e^{-x}(A + Bx + \frac{1}{6}x^3)$;
   d) $y = A\,e^x + B\,e^{-4x} - \frac{1}{34}(5 \sin x + 3 \cos x)$;
   e) $y = A + B\,e^{-x} + \frac{1}{3}x^3 - x^2 + 6x$;
   f) $y = A \cos x + B \sin x + \frac{1}{2}x \cdot \sin x$.

3. a) $y = e^{-x}(A + Bx + \frac{1}{6}x^3)$;
   b) $y = A\,e^x + B\,e^{-4x} - \frac{1}{34}(5 \sin x + 3 \cos x)$;
   c) $y = A + B\,e^{-4x} + \frac{1}{3}x^3 - x^2 + 6x$;
   d) $y = A\,e^x + B\,e^{-5x} + \frac{1}{108}e^x(6x^3 - 3x^2 + x) - \frac{1}{25}(5x + 4)$;
   e) $y = A \cos 2x + B \sin 2x - \frac{1}{4} \cdot x \cdot \cos 2x$;

f) $y=A+B\,e^{-4x}+\frac{1}{128}(8x^4-8x^3+6x^2-3x)$;

g) $y=e^x(A\cos 2x+B\sin 2x)-\frac{1}{4}x\cdot e^x\cdot\cos 2x$.

4. Vgl. Aufgabe 3.

5. a) $y=e^{-x}[y(0)+(y(0)+y'(0))\,x+\frac{1}{6}x^3]$;

b) $y=\left(\dfrac{4y(0)+y'(0)}{5}+\frac{1}{10}\right)e^x+\left(\dfrac{y(0)-y'(0)}{5}-\frac{1}{85}\right)e^{-4x}-\frac{1}{34}(5\sin x+3\cos x)$;

c) $y=y(0)+\frac{1}{4}y'(0)-\frac{3}{2}+(-\frac{1}{4}y'(0)+\frac{3}{2})e^{-4x}+\frac{1}{3}x^3-x^2+6x$;

d) $y=(\frac{1}{6}(5\,y(0)+y'(0))+\frac{2675}{16200})\,e^x+(\frac{1}{6}(y(0)-y'(0))-\frac{83}{16200})\,e^{-5x}+\frac{1}{108}e^x(6x^3-3x^2+x)-\frac{1}{25}(5x+4)$;

e) $y=y(0)\cos 2x+(\frac{1}{2}y'(0)+\frac{1}{8})\sin 2x-\frac{1}{4}x\cos 2x$;

f) $y=y(0)+\frac{1}{4}y'(0)+\frac{3}{512}+(-\frac{1}{4}y'(0)-\frac{3}{512})\,e^{-4x}+\frac{1}{128}(8x^4-8x^3+6x^2-3x)$;

g) $y=e^x\cdot(y(0)\cos 2x+[\frac{1}{2}(y'(0)-y(0))+\frac{1}{8}]\sin 2x)-\frac{1}{4}x\,e^x\cos 2x$.

6. a) $y=A\cos x+B\sin x+x\cdot\sin x+\cos x\cdot\ln|\cos x|$;

b) $y=A\,e^x+B\,e^{2x}-e^x(\frac{1}{2}x^2+x)$;

c) $y=e^{3x}(A+Bx)+\frac{1}{27}(3x^2+4x+2)+\frac{1}{4}e^x$;

d) $y=e^{-2x}(A\cos 3x+B\sin 3x)+\frac{1}{325}e^x(17\sin x-6\cos x)$.

7. a) $y=\frac{1}{2}(5\sin x-x\cdot\cos x)$;

b) $y=\frac{7}{2}e^{-x}(1+x)+x-2-\frac{1}{2}\cos x$;

c) $y=A\cos 3x+B\sin 3x+\frac{1}{9}x^2-\frac{2}{81}+\frac{1}{13}e^{2x}$ mit $A=30{,}57\ldots$, $B=6{,}92\ldots$.

8. Man differenziert zweimal und eliminiert die Parameter.

a) $y''-4y'+3y=0$;

b) $y''-9y=0$;

c) $y''-4y'+20y=0$.

9. Man erhält die Differentialgleichung $20\ddot{x}(t)+20x(t)=0$. Die allgemeine Lösung ist $x(t)=A\cos t+B\sin t$ mit $A, B\in\mathbb{R}$. Aus den Anfangsbedingungen $x(0)=0{,}05$, $\dot{x}(0)=0$ folgt $x(t)=0{,}05\cdot\cos t$. Man erhält eine ungedämpfte Schwingung mit der Amplitude 0,05.

10. Es ergibt sich die Differentialgleichung $20\ddot{x}(t)+20x(t)=3\sin 4t$. Die allgemeine Lösung ist $x(t)=A\cos t+B\sin t-0{,}01\sin 4t$. Aus den Anfangsbedingungen $x(0)=0{,}05$, $\dot{x}(0)=0$ folgt $A=0{,}05$, $B=16$. Die Lösung ist also $x(t)=0{,}05\cos t+0{,}04\sin t-0{,}01\sin 4t$.

11. Man erhält die Differentialgleichung $20\ddot{x}(t)+120\dot{x}(t)+20x(t)=3\sin 4t$. Die allgemeine Lösung ist $x(t)=A\,e^{(-3+\sqrt{8})t}+B\,e^{(-3-\sqrt{8})t}-\frac{1}{1780}(5\sin 4t+8\cos 4t)$.
Aus den Anfangsbedingungen $x(0)=0{,}05$, $\dot{x}(0)=0$ folgt $A=0{,}058\ldots$, $B=-0{,}0036\ldots$.

12. Das Problem wird beschrieben durch die Differentialgleichung $\ddot{i}(t)+\dfrac{R}{L}\dot{i}(t)+\dfrac{1}{L\cdot C}i(t)=0$. Setzt man die Zahlenwerte ein, so folgt $\ddot{i}(t)+10^4\cdot\dot{i}(t)+4\cdot 10^5\cdot i(t)=0$. Die Lösungen der zugehörigen charakteristischen Gleichung sind $\lambda_1\approx-10^4$, $\lambda_2\approx-40$. Die allgemeine Lösungen der Differentialgleichung ist daher
$i(t)=A\cdot e^{-10^4 t}+B\cdot e^{-40t}$ mit $A, B\in\mathbb{R}$.
Aus $i(0)=0$ folgt $B=-A$ und
$i(t)=A(e^{-10^4 t}-e^{-40t})\approx-A\,e^{-40t}$.
Wir setzen $i(t)=-A\,e^{-40t}$. Für die Ladung $q(t)$ des Kondensators gilt $\dot{q}(t)=i(t)$ und $q(t)=C\cdot u_c(t)$. Wir erhalten wegen $\lim\limits_{t\to\infty}q(t)=0$

$$q(t)=\frac{A}{40}e^{-40t},\ \text{also}\ q(0)=\frac{A}{40}=50\cdot 10^6\cdot 10,\ \text{d.h.}\ A=0{,}02.$$

Daraus folgt $i(t)=-0{,}02\,e^{-40t}$. Wegen $u_c(t)=10+\dfrac{1}{C}\int\limits_0^t i(\tau)\,d\tau$ ist $u_c(t)=10\,e^{-40t}$.

13. Aus Gleichung (349.1) folgt mit (349.3) und $u_c(t) = \frac{1}{C}\,q(t)$ die gegebene Differentialgleichung.

4.4

1. a) Man erhält für die Funktion x die Differentialgleichung $\ddot{x} - 4\dot{x} - 12x = -\mathrm{e}^t - 4\mathrm{e}^{-t}$. Daraus folgt $x(t) = A\mathrm{e}^{6t} + B\mathrm{e}^{-2t} + \frac{1}{15}\mathrm{e}^t + \frac{4}{7}\mathrm{e}^{-t}$. Aus der ersten Gleichung des Systems erhält man $y(t) = -A\mathrm{e}^{6t} + B\mathrm{e}^{-2t} + \frac{4}{15}\mathrm{e}^t + \frac{3}{7}\mathrm{e}^{-t}$.

   b) Es ist $\ddot{x} - 2\dot{x} - 3x = \cos t - \sin t - 2t$ und
   $x(t) = A\,\mathrm{e}^{3t} + B\,\mathrm{e}^{-t} + \frac{1}{10}(-3\cos t + \sin t) + \frac{1}{9}(6t - 4)$ und
   $y(t) = -A\,\mathrm{e}^{3t} + B\,\mathrm{e}^{-t} + \frac{1}{10}(-2\cos t + 4\sin t) + \frac{1}{9}(3t - 5)$.

   c) $\ddot{x} - 6\dot{x} - 16x = -3t^2 + 7t + 5$, also
   $x(t) = A\,\mathrm{e}^{8t} + B\,\mathrm{e}^{-2t} + \frac{1}{512}(96t^2 - 296t - 37)$ und
   $y(t) = A\,\mathrm{e}^{8t} - B\,\mathrm{e}^{-2t} + \frac{1}{512}(-160t^2 + 216t - 37)$.

   d) $\ddot{x} - 2\dot{x} - 8x = 3\cos t$, also
   $x(t) = A\,\mathrm{e}^{4t} + B\,\mathrm{e}^{-2t} - \frac{1}{85}(27\cos t + 6\sin t)$
   $y(t) = A\,\mathrm{e}^{4t} - B\,\mathrm{e}^{-2t} - \frac{1}{85}(-7\cos t - 11\sin t) - \frac{1}{3}\mathrm{e}^t$.

2. a) $x(t) = [\frac{1}{2}(x(0) - y(0)) + \frac{1}{35}]\,\mathrm{e}^{6t} + [\frac{1}{2}(x(0) + y(0)) - \frac{2}{3}]\,\mathrm{e}^{-2t} + \frac{1}{15}\mathrm{e}^t + \frac{4}{7}\mathrm{e}^{-t}$;
   $y(t) = -[\frac{1}{2}(x(0) - y(0)) + \frac{1}{35}]\,\mathrm{e}^{6t} + [\frac{1}{2}(x(0) + y(0)) - \frac{2}{3}]\,\mathrm{e}^{-2t} + \frac{4}{15}\mathrm{e}^t + \frac{3}{7}\mathrm{e}^{-t}$;

   b) $x(t) = [\frac{1}{2}(x(0) - y(0)) - \frac{1}{180}]\,\mathrm{e}^{3t} + [\frac{1}{2}(x(0) + y(0)) + \frac{3}{4}]\,\mathrm{e}^{-t} + \frac{1}{10}(-3\cos t + \sin t) + \frac{1}{9}(6t - 4)$;
   $y(t) = -[\frac{1}{2}(x(0) - y(0)) - \frac{1}{180}]\,\mathrm{e}^{3t} + [\frac{1}{2}(x(0) + y(0)) + \frac{3}{4}]\,\mathrm{e}^{-t} + \frac{1}{10}(-2\cos t + 4\sin t) + \frac{1}{9}(3t - 5)$;

   c) $x(t) = [\frac{1}{2}(x(0) + y(0)) - \frac{37}{640}]\,\mathrm{e}^{8t} + [\frac{1}{2}(x(0) - y(0)) - \frac{333}{640}]\,\mathrm{e}^{-2t} + \frac{1}{512}(96t^2 - 296t - 37)$;
   $y(t) = [\frac{1}{2}(x(0) + y(0)) - \frac{37}{640}]\,\mathrm{e}^{8t} - [\frac{1}{2}(x(0) - y(0)) - \frac{333}{640}]\,\mathrm{e}^{-2t} + \frac{1}{512}(-160t^2 + 216t - 37)$;

   d) $x(t) = [\frac{1}{2}(x(0) + y(0)) + \frac{145}{510}]\,\mathrm{e}^{4t} + [\frac{1}{2}(x(0) - y(0)) + \frac{1}{30}]\,\mathrm{e}^{-2t} - \frac{1}{85}(27\cos t + 6\sin t)$
   $y(t) = [\frac{1}{2}(x(0) + y(0)) + \frac{29}{102}]\,\mathrm{e}^{4t} - [\frac{1}{2}(x(0) - y(0)) + \frac{1}{30}]\,\mathrm{e}^{-2t} - \frac{1}{85}(-7\cos t - 11\sin t) - \frac{1}{3}\mathrm{e}^t$.

3. a) $x(t) = \frac{9}{16}(\mathrm{e}^{7t} - \mathrm{e}^{-t}) + \frac{t}{2}\,\mathrm{e}^{-t}$, $\quad y(t) = \frac{9}{16}(\mathrm{e}^{7t} + \mathrm{e}^{-t}) - \frac{1}{8}\mathrm{e}^{-t}(4t + 1)$;

   b) $x(t) - \mathrm{e}^t$; $y(t) = -\mathrm{e}^t$.

4. Es ist $i(t) = -C_1\dot{u}_1(t)$, da der Kondensator C_1 entladen wird und $i(t) = i_1(t) + i_2(t) = \frac{1}{R_2}\,u_1(t) + C_2\dot{u}_2(t)$.
   Daraus folgt
   $$-C_1\dot{u}_1(t) = \frac{1}{R_2}\,u_1(t) + C_2\dot{u}_2(t). \tag{415.1}$$
   Weiterhin gilt
   $$u_1(t) = i_2(t)\,R_1 + u_2(t) = R_1\,C_2\dot{u}_2(t) + u_2(t). \tag{415.2}$$
   Aus (415.2) folgt
   $$\dot{u}_2(t) = \frac{1}{R_1 C_2}\,u_1(t) - \frac{1}{R_1 C_2}\,u_2(t), \tag{415.3}$$
   eine Gleichung des Differentialgleichungssystems.
   Aus (415.1) folgt mit (415.3)
   $$\dot{u}_1(t) = -\frac{1}{C_1}\left(\frac{1}{R_1} + \frac{1}{R_2}\right)u_1(t) + \frac{1}{R_1 C_1}\,u_2(t), \tag{415.4}$$
   die andere Gleichung des Systems.

Für $u_1(t)$ ergibt sich die Differentialgleichung

$$\ddot{u}_1(t) - \left(\frac{1}{R_1 C_1} + \frac{1}{R_2 C_1} + \frac{1}{R_1 C_2}\right) \dot{u}_1(t) + \frac{1}{R_1 R_2 C_1 C_2} u_1(t) = 0.$$

Die Lösung λ_1, λ_2 der zugehörigen charakteristischen Gleichung sind negativ (vgl. 4.4.2). Die allgemeine Lösung ist

$u_1(t) = A\,e^{\lambda_1 t} + B\,e^{\lambda_2 t}$ mit $A, B \in \mathbb{R}$; $\lambda_1, \lambda_2 \in \mathbb{R}^-$.

Aus Gleichung (415.4) folgt dann $u_2(t)$. Die Konstanten A, B lassen sich aus den Anfangsbedingungen $u_1(0) = u_0$, $u_2(0) = 0$ bestimmen. Die Diskussion der Lösung erfolgt wie in Abschnitt 4.4.2.

Sachverzeichnis